高等职业教育农业农村部"十三五"规划教材
"十二五"职业教育国家规划教材
经全国职业教育教材审定委员会审定

观赏树木

第三版

潘文明 主编

中国农业出版社

北京

内容简介

本教材是高等职业院校园林技术、园林工程技术、园艺技术、景观设计等专业"园林树木"或"观赏树木"课程使用的教材。

本教材共有10章，前有绪论，后有实训指导、附录，主要内容有观赏树木分类的基础知识及习性、树种调查与规划、美化特性、园林应用、针叶观赏类、阔叶观赏类、观赏竹类、观赏棕榈类和观赏蔓木类。

本教材编写的特点：一是注重科学性，以自然分类系统为序；二是注重系统性，充分考虑南北方差异；三是注重实用性，将栽培养护相对一致的种类编排在一起，便于学生的学和教师的教，也有利于树种配置时参考。另外，为拓宽学生的知识面，本教材摘录了与学习本课程有关的小资料。

本教材也可供同类专业的函授学员、从事园林绿化相关工作的管理和工程技术人员使用，还可作为五年制高等职业学校相关专业学生使用。

第三版编审人员名单

主　编　潘文明

副主编　王立新

编　者　（以姓名笔画为序）

　　　　王立新　朱启酒　许桂芳　连永权

　　　　邱国金　沈浩峰　陈立人　赵　晖

　　　　程建国　裴淑兰　潘文明

审　稿　汤庚国　龚维红

第一版编审人员名单

主　编　潘文明

编　者　朱启酒

　　　　邱国金

　　　　程建国

审　稿　汤庚国

第二版编审人员名单

主　编　潘文明

副主编　王立新

编　者　（以姓名笔画为序）

　　　　王立新（温州科技职业技术学院）

　　　　许桂芳（长沙环境保护职业技术学院）

　　　　连永权（黑龙江畜牧兽医职业技术学院）

　　　　陈立人（苏州农业职业技术学院）

　　　　裴淑兰（山西林业职业技术学院）

　　　　潘文明（苏州农业职业技术学院）

审　稿　汤庚国（南京林业大学）

　　　　龚维红（苏州农业职业技术学院）

树木是中国古典园林构成的四大要素之一，因此，"观赏树木"必定是园林技术、园林工程技术、园艺技术、景观设计类专业的核心课程。本教材在 21 世纪农业部高职高专规划教材的基础上修订，相对基础好，编写人员都是长期从事"观赏树木"教学的、具有丰富教学经验的教师，是他们多年教学实践和科研成果的结晶。

该教材在内容选择和编排上具有创新性，绪论、总论、各论按照前提、中心和目的展开，各论部分更是将在园林绿化过程中栽培养护相对一致的类型编排在一起，体现了科学性、适用性和实用性的统一。

该教材注重图文并茂、语言简洁、通俗易懂，相信本教材的出版不仅能为我国高等职业教育人才培养服务，也必将能为国家的"生态文明"建设和园林绿化产业的发展助一臂之力。

汤庚国

2014 年 2 月

"观赏树木"是高职高专院校园林技术、园林工程技术与园艺技术类专业的核心课程。《观赏树木》作为21世纪农业部高职高专规划教材于2001年4月出版，第二版于2009年出版，又经过数年的教学实践过程，得到了使用者的普遍认可（已连续印刷多次），2013年第三版获"十二五"职业教育国家规划教材选题立项，2014年经全国职业教育教材审定委员会审定通过。

这次修订的基本原则是：明确修订是在第二版的基础上进行，适当删去不合理的或过时的内容，增加近年来运用较多的新树种和新资料。

本教材在编写过程中，力求做到内容丰富、文字简练、图文并茂、资料新、形式新、覆盖面广兼顾南北方，每章节前有明确的知识和技能目标，后附有学习小资料、小结、复习与思考，便于学生对章节内容的理解和掌握，也有利于拓展学生的知识面。

本教材由苏州农业职业技术学院潘文明主编，温州科技职业技术学院王立新副主编。山西林业职业技术学院裴淑兰、长沙环境保护职业技术学院许桂芳、黑龙江职业学院连永权、苏州天行绿化景观有限公司沈浩峰参加编写，苏州农业职业技术学院陈立人老师参与统稿和图片的处理。其中，潘文明、沈浩峰编写绪论、第一至第五章并统稿；王立新编写第八、第九、第十章；裴淑兰编写第六章、实训指导、附录和第七章中的榆科、蔷薇科、豆科、木樨科、忍冬科；许桂芳编写第七章中的木兰科、蜡梅科、樟科、小檗科、水青树科、连香树科、领春木科、悬铃木科、金缕梅科、交让木科、杜仲科、桑科、杨梅科、五桠果科、山茶科、杜英科、木棉科、锦葵科、山榄科、野茉莉科、山龙眼科、千屈菜科、瑞香科、桃金娘科、蓝果树科、山茱萸科、冬青科、黄杨科、省沽油科、无患子科、橄榄科、漆树科、楝科、芸香科、酢浆草科、五加科、夹竹桃科、紫葳科、茜草科；连永权编写第七章中的胡桃科、山毛榉科、桦木科、木麻黄科、椴树科、梧桐科、大风子科、柽柳科、杨柳科、杜鹃花科、柿树科、海桐科、茶藨子科、胡颓子科、石榴科、使君子科、卫矛科、大戟科、鼠李科、七叶树科、械树科、苦木科、茄科、紫草科、马鞭草科、唇形科、玄参科。特邀南京林业大学博士生导师汤庚国教授、苏州农业职业技术学院龚维红副教授审稿。在编写过程中得到编者所在学院领导的大力支持；在此一并表示衷心感谢。

由于编写时间仓促、编者水平有限，错误和不足在所难免，敬请大家批评指正。

编　者

2014 年 2 月

第一版前言 《

　　观赏树木是园林的重要组成部分，随着我国城市建设的发展，人民生活水平的提高，环境绿化美化已成为人们的普遍要求，为了适应我国园林事业发展的需要，结合全国各地农林类高等职业教育的情况，在中国农业出版社的精心策划和组织下，编写了一整套教材，计14本，填补了农林种植类高等职业教育教材的空白。

　　我国国土辽阔，气候、土壤差异很大，而我国观赏树木种类又极其繁多、习性各异。要想做到适地适树就必须了解树木的种类、分布、生物学特性、生态特性以及利用价值。本教材内容比较全面，尽量做到图文并茂，各校在教学过程中可根据当地的实际情况，内容上可作适当增减。在编写过程中，参考了本专业的高等院校、中等专业学校有关课程的教材和其他文献，图、表多参照有关书籍绘制或复制。

　　本教材由潘文明任主编并编写绪论，第1、第2、第3、第4、第5章；朱启酒编写第6章、实验实训指导和附录；邱国金编写第7（部分）、第8章；程建国编写第7章（部分）、第9、第10章；龚维红绘制了部分插图；徐红进行了文字处理。由南京林业大学园林学院副院长、博士生导师汤庚国教授审稿。此稿的编写得到了江苏省苏州农业职业技术学院多媒体课件制作室赵军、蒋春的大力协助，在此一并表示感谢！

　　由于编写时间仓促，特别是业务水平和教学经验有限，缺点错误在所难免，恳请读者给予指正。

编　者

2001年3月

本教材是 2001 年中国农业出版社出版的 21 世纪农业部高职高专规划教材《观赏树木》的第二版。观赏树木是高职高专园艺与园林类专业的主干课程。

《观赏树木》作为 21 世纪农业部第一批高职高专规划教材于 2001 年 4 月出版以来，经过数年的教学实践过程，得到了使用者的普遍认可（连续印刷多次），基本完成了农业高职高专院校教材从无到有的历史转变，教材也基本把握了高职高专教育教学改革的方向和职业教育理念，突出了教材"以应用为目的，以能力为本位，理论知识以必需、够用为度"的基本定位。在此对参加第一版《观赏树木》编写的各位老师表示衷心的感谢。同时，也必须清醒地看到，由于主客观各方面条件的原因，第一版《观赏树木》确实还存在诸多不足，对此本人表示诚挚的歉意，也深切感受到必须进行较大幅度修改，才能适应高等职业教育飞速发展的需要。

这次修订的基本原则是：明确修订是在第一版的基础上，因此第一版中仍适用的素材首先采用，不合理或过时的内容舍弃不用，增加的章节或内容应着重处理好与前后内容的关系，注意做好合理的衔接。

本教材在编写过程中，力求做到内容丰富、文字简练、图文并茂、资料新、形式新、覆盖面广兼顾南北方，每章节后有思考题、小结和小资料，便于学生对章节的理解和掌握，拓展学生的知识面，书后有附录供学生参考。

本教材的编写分工如下：潘文明编写绪论、第一章至第四章，并负责统稿；陈立人编写第五章；裴淑兰编写第六章，第七章的榆科、蔷薇科、豆科、木犀科、忍冬科，实训实习及附录；许桂芳编写第七章的木兰科、蜡梅科、樟科、小檗科、水青树科、连香树科、领春木科、悬铃木科、金缕梅科、虎皮楠科、杜仲科、桑科、杨梅科、五桠果科、山茶科、藤黄科、杜英科、木棉科、锦葵科、山榄科、野茉莉科、山龙眼科、千屈菜科、瑞香科、桃金娘科、珙桐科、山茱萸科、冬青科、黄杨科、省沽油科、无患子科、橄榄科、漆树科、楝科、芸香科、酢浆草科、夹竹桃科、紫葳科、茜草科；连永权编写第七章的胡桃科、壳斗科、桦木科、木麻黄科、椴树科、梧桐科、大风子科、柽柳科、杨柳科、杜鹃花科、柿树科、海桐科、虎耳草科、胡颓子科、石榴科、使君子科、卫矛科、大戟科、鼠李科、七叶树科、槭树科、苦木科、茄科、紫草科、马鞭草科、唇形科、玄参科；王立新编写第八、九、十章。特邀南京林业大学汤庚国教授担任主审，苏州农业职业技术学院龚维红副教授担任副主审。在编写过程中得到编者所在学院领导和同行的大力支持，在此一并表示衷心感谢。

　　由于编写时间仓促、编者水平有限，错误和不足在所难免，敬请读者批评指正。

潘文明

2008 年 12 月

目录 《

1

观赏树木

绪　论

一、观赏树木与观赏树木学的定义

我国国土辽阔，地跨寒、温、热三带，山岭逶迤，江川纵横，奇花异木种类繁多，风景旅游资源极为丰富，可以说是一个多彩多姿的大花园。从概念上来讲，凡适合于各种风景名胜区、休疗养胜地和城乡各类园林绿地应用的木本植物包括乔木、灌木、木质藤本和竹子等，统称为观赏树木；而以园林绿化建设为宗旨，对观赏树木的分类、习性、繁殖、栽培管理和应用等方面进行系统研究的学科称为观赏树木学。

二、我国丰富的观赏树木资源及宝贵的科学遗产

我国被西方人士称为"园林之母"，观赏树木资源极为丰富。各国园林界、植物学界对中国评价极高，视中国为世界园林植物重要发祥地之一。中国各种名贵的观赏树木，几百年来不断传至西方，对于他们的园林事业和园艺植物育种工作发挥了极其重要的作用。许多著名观赏植物的品种，都是由我国勤劳、智慧的劳动人民培育出来的，例如，桃花的栽培历史在 3 000 年以上，培育出了 100 多个品种，在公元 3 世纪时传至伊朗，以后才辗转至欧洲的德国、西班牙、葡萄牙等国，到 15 世纪才传入英国，而美国则从 16 世纪才开始栽培桃花。目前虽然有些名贵的观赏珍品业已散失，有些植物的品种登录权不在中国（目前中国已有梅花和桂花的国际品种登录权），但坚信只要党和政府高度重视，从事园林绿化事业的科技工作者坚持不懈的努力，相信在不久的将来定将能恢复并争取更多的品种登录权。

我国观赏树木资源有以下特点：

1. 种类繁多　我国原产的木本植物约为 7 500 种，其中乔木树种约 2 500 种，而原产欧洲的仅为 250 种，原产北美洲的也只有 600 种，在世界树种总数中占有极高的比例。以中国观赏树木在英国丘园（Royal Botanic Gardens，Kew）引种驯化成功的种类而论（1930 年统计），即可发现中国种类确实远比世界其他地区丰富。另据已故中国树木分类学家陈嵘教授在《中国树木分类学》（1937）一书中统计，中国原产的乔灌木种类，竟比全世界其他北温带地区所产的总数还多。非我国原产的乔木种类仅有悬铃木、刺槐、酸木树（Oxydendron）、箬棕（Sabal）、岩梨（Arbutus）、山月桂（Kalmia）、北美红杉、落羽杉、金松、罗汉柏、南洋杉等十多个属而已。

探究中国树木种类丰富的原因：一方面是因为中国幅员辽阔、气候温和以及地形变化多样；另一方面是地史变迁的因素。原来早在新生代第三纪以前，全球气候暖热而湿润，树木生长极为繁茂，当时银杏科就有 15 个属以上，水杉则广布于欧亚大陆直达北极圈。到新生代第四纪时，由于大冰川由北向南移动，因为中欧山脉多为东西走向，所以北方树种为大山阻隔而几乎全部受冻灭绝，这就是北部、中部欧洲树种稀少的历史原因。由于我国冰川属于山地冰川，有不少地区未受到冰川的直接影响，因而保存了许多欧洲已经灭绝的树种，如银

杏、水杉、银杉、水松、鹅掌楸等被欧洲人称为"活化石"的树种。

2. 分布集中　我国是很多著名观赏树木科、属的分布中心，在相对较小的地区内，集中原产众多的种类。现以20属为例，从中国产的种类占世界总种数的百分比中证明我国确是若干著名观赏树种的分布中心（表0-1）。

表0-1　我国原产树种占世界总种数的百分比
（陈有民.1990.园林树木学）

属　名	我国原产种数	世界总种数	百分比（%）	备　注
金粟兰	15	15	100	
山茶	195	220	89	西南、华南为分布中心
猕猴桃	53	60	88	
丁香	25	30	83	主产东北至西南
石楠	45	55	82	
油杉	9	11	82	主产华东、华南、西南
溲疏	40	50	80	西南为分布中心
毛竹（刚竹）	40	50	80	主产黄河以南
蚊母树	12	15	80	主产西南、华东、华南
杜鹃花	500余	800	75	西南为分布中心
槭	150	205	73	
花楸	60	85	71	
蜡瓣花	21	30	70	主产长江以南
含笑	35	50	70	主产西南至华东
椴树	35	50	70	主产东北至华南
海棠	22	35	63	
木樨	25	40	63	主产长江以南
枸子	60	95	62	西南为分布中心
绣线菊	65	105	62	
南蛇藤	30	50	60	

3. 多姿多彩　我国地域辽阔，生态类型和环境变化多，所以经过长期的影响就形成许多变异种类。以常绿杜鹃为例，其植株习性、形态特点、生态要求和地理分布等差别极大、变幅甚广。小型的平卧杜鹃高仅5～10cm，巨型的大树杜鹃高达25m，径围2.6m。花序、花形、花色、花香等差别也很大。

4. 特点突出　在我国有许多仅产于中国的特有科、属、种，例如银杏科的银杏属，松科的金钱松属，杉科的台湾杉属、水杉属、水松属，柏科的福建柏属，瑞香科的结香属，蜡梅科的蜡梅属，珙桐科的珙桐属，杜仲科的杜仲属，榆科的青檀属，大风子科的山桐子属等。

我国还有在长期栽培中培育出独具特色的品种及类型，如黄香梅、龙游梅、红花含笑、重瓣杏花等，这些都是杂交育种中的珍贵种质资源。

此外，我国还有大量专门论述观赏树木方面的专著，如晋代戴凯之的《竹谱》为我国最早的树木方面的专著，宋代欧阳修的《洛阳牡丹记》和范成大的《梅谱》也很有影响，清代汪灏等人共同编著的《广群芳谱》更是园林植物方面的巨著。

三、观赏树木在城乡建设中的作用

树木是构成世界的基本要素之一。自从有人类以来，树木一直与人类共存。树木是强大生命力的象征，甚至还赋有某些个性。远古时代的人类和自然界的接触远比现代人与自然界的接触要多，那时人们在直接感受自然界的各种现象和威力的环境下繁衍生息，因此能体会到来源于自然界，尤其是来源于树木的神奇力量。早期的人类认为树木是一种不可理解的超越自然的物体，树木在冬季落叶，春季萌芽展叶，能生而复死，死而复生。据《冰洲远古文集》（Edda）记载：树木的根深达地狱，绿色树冠伸入天堂，因此它把天堂、人间和地狱联结在一起，是连接天堂和地狱的桥梁。在各民族的宗教、神话和民间传说中，都有神树的描述。同时，人类一方面要从自然界获取所需的自然资源；另一方面人类在改造自然界的进程中，也造成了对环境的污染和破坏。

现在世界各国都高度重视城市建设和环境保护工作，将"最佳宜居城市"的建设列为各自的目标。我国是世界上最大的发展中国家，尽管经过改革开放30多年的建设，已取得到辉煌的成果，经济总量已跃居世界前列，但人均拥有量仍较低，还正处于社会主义初级阶段，党和政府坚持科学发展观引领全局，在大力发展经济、改善人民生活的同时也十分重视环境保护工作，不但建立了相应的机构，还采取了一系列节能减排和评比考核措施，使许多地方的生态环境有了明显的改善。进入21世纪，人们更加崇尚自然，提出了"既要金山银山，更要绿水青山"的口号，并将山川秀美确定为社会主义现代化和现代文明的重要标志。党的十七大报告中更是将"生态文明"建设列入治国方略，党的十八大报告中更具体地将"美丽中国"列入"生态文明"建设的目标，但由于工业生产的迅猛发展、产业结构的不尽合理和人们在认识上、措施上和技术上的差距，不少城市和工矿企业集中的地区仍出现了不同程度的污染，给国家的可持续发展和人民的健康带来了一定的影响。

观赏树木能够改善城市环境条件，集中表现在以下几个方面：

1. 观赏树木能改善温度条件　众所周知，人在树荫下会感到凉爽宜人，这主要是树冠遮挡了阳光，减少了阳光的辐射热，树叶的光合作用和蒸腾作用吸收了部分热量，并降低了小气候的温度所致。不同的树种有不同的降温能力，这主要取决于树冠大小、树叶密度等因素。

2. 观赏树木能提高空气湿度　树木的蒸腾作用能显著提高树木周围的空气湿度，椴树等树种具有很强的增加空气湿度的能力，如将各树木或树丛作大面积种植，则提高小环境湿度的效果尤为显著。据测定：一般树林中的空气湿度要比空旷地高7%～14%。

3. 观赏树木能自然净化空气　由于树木在光合作用过程中能吸收二氧化碳（CO_2）放出氧气（O_2），而人呼出的二氧化碳只占树木吸收二氧化碳的1/20，这样大量的二氧化碳被树木吸收，又能不断放出氧气，从而就能积极恢复并维持生态自然循环和自然净化的能力，如：一棵生长100年的孤植水青冈，高25m，树冠直径15m，它的树冠覆盖面积为160m²，其外部叶片的叶表总面积为1 600m²（Bernatzky，1967），其叶片"内部"的表面积（叶片内部细胞（间）壁的总和）可达160 000m²（Wcotter，1950），仅从这些数字，即可了解到树木的功能所能达到的显著程度。

4. 观赏树木能吸收有害气体 观赏树木除了能吸收二氧化碳（CO_2）放出氧气（O_2）外，还具有吸收不同有害气体（如 SO_2 等）的能力，可在环境保护上发挥相当大的作用。

5. 观赏树木能滞尘杀菌消噪声 树木的枝叶不仅可以阻滞空气中的烟尘，相当于滤尘器，而且可以分泌多种杀菌素，杀死空气中的部分细菌，还可以减弱噪声。

此外，观赏树木还有防风固沙、美化绿化、防止水土流失、涵养水源等多种作用。但应注意的是：城市园林绿地可以发挥温湿效益的最小面积为 $3hm^2$（绿化覆盖率 80% 左右），最佳面积为 $5hm^2$，因此，保持一定面积的绿地显得十分重要，在城乡绿化中要保持绿地的合理布局，做到点、线、面的有机结合，尤其要重视生态廊道或绿道的建设。

四、本课程学习的主要内容

观赏树木的内容包括绪论、总论和各论三部分。绪论是头绪、条理，绪论是教学之始的重点；总论讲授基础理论和基本知识，为学好各论奠定基础；各论讲授树木的识别、习性、繁殖及应用等，重点是应用。

五、学习本课程的方法

学好观赏树木，解决树种识别问题是前提，研究观赏树木的栽培与养护是重点，观赏树木的科学合理配置与应用是目的。要提升课堂的活力，教学一定要有内涵和教授的技巧，要充分利用现代教育技术，一定要充分发挥主观能动性，体验学习本课程的乐趣。

由于观赏树木的种类繁多、地域性差异很大，形态、习性各有不同，所以要注意理论联系实际，多做观察记载，增加思考和讨论的时间，多做分析、比较和归纳工作，并善于抓住要点，坚持这种学习方法定会有较大的收获。

学习小资料

小资料 1 城市绿化 BOT 方式：BOT 是英文 BUILD - OPERATE - TRANSFER 的缩写，通常直译为"建设—经营—转让"，其实质是基础设施投资、建设和经营的一种方式，以政府和私人机构之间达成协议为前提，由政府和私人机构颁布特许，允许其在一定时期内筹集资金建设某一基础设施，并管理和经营该设施及其相应的产品与服务。BOT 能够保持市场机制发挥的作用，同时为政府干预提供了有效的途径，是适合基础设施建设的新型融资方式，对亟待发展的我国基础设施建设而言，具有特殊的意义。

小资料 2 果树在新农村建设项目中的作用：春花、夏荫、秋实起码有三季可赏的价值。正因如此，果树是我国劳动人民最早引入居地的食用与景观兼备的植物，也是西方国家人民所向往的伊甸园中的主要植物。果树在庭院或村落的栽培史即是果树生产的发展史，在东、西方文明史中均占有重要的地位，在建设社会主义新农村进程中，以果树的传统文化配以现代的花文化，科学规划、合理种植，营造出的村镇景观可将村镇文化发挥得淋漓尽致。此外，果树中有些是鸟嗜植物，这些植物在形成"鸟语花香"的意境中发挥着重要作用，必将成为园林绿化树种选择的"新宠"。

　　小资料3　绿道：是包含线性元素的绿色土地网络，是具有生态、游憩、文化、审美等多功能的可持续发展的绿色开敞空间。一般城市中所谓的绿带、林荫大道、公园道及两侧建有步行系统的休闲性城市道路都属于绿道。绿道连接城市与乡村，将绿地、林地、农田、果园、民宅、水景等巧妙融合，不仅是野生动物迁移的生物廊道，更是人们亲近大自然的通道。徜徉其中，满目青翠，呼吸清新的空气，聆听鸟儿的鸣唱，回归自然，放缓心境。因此，绿道某种意义上破解了人们解决生活温饱后面临的生态温饱问题，可谓关乎群众身心健康的民生工程。绿道，为慢生活铺路。

第一章

观赏树木分类基础知识

> 【知识目标】1. 了解观赏树木分类的意义、单位和方法。
> 　　　　　　2. 了解观赏树木自然分类法的几个系统及特点。
> 　　　　　　3. 学会植物拉丁学名的发音规则、音节划分和重音的标记。
> 【技能目标】1. 会编制等距（定距）和平行两种类型的植物检索表。
> 　　　　　　2. 会查阅分科、分属和分种检索表，能利用检索表检索未知树种的名称。
> 　　　　　　3. 掌握常见 100 种以上观赏树木的拉丁学名。

第一节　观赏树木分类的意义

一、观赏树木分类的必要性

地球上的植物约有 50 万种，而高等植物有 35 万种以上，其中已经被利用的观赏树木仅为一小部分。因此，挖掘利用和提高植物为人类服务的范围和效益是既引人入胜又繁重艰巨的任务。而对这样浩瀚的种类，必须首先有科学、系统的识别和整理分类方法，才能进一步扩大和提高对它们的利用。

二、观赏树木分类的单位

观赏树木分类的方法主要有两类：人为分类法和自然分类法。人为分类法是人为的分类系统，着眼于应用的方便，例如本草学是为了医药目的而分类的；自然分类法是根据植物进化系统和植物之间亲缘关系而分类的。

分类的单位有界、门、纲、目、科、属、种七级，其中，科是植物分类的重要单位；种是植物分类的基本单位。

种是自然界中客观存在的一种类群，这个类群中的所有个体都有着极其近似的形态特征和生理、生态特性，个体之间可以自然交配产生正常的后代而使种族延续，他们在自然界又占有一定的分布区域。种具有相对稳定性，但它又不是绝对固定永远一成不变的，它在长期的种族延续中是不断地产生变化的，所以在同种内会发现具有相当差异的集团，种下又可分为亚种、变种和变型。亚种是种内的变异类型，这个类型除了在形态构造上有显著的变化特点外，在地理分布上也有一定范围的地带性分布区域。变种也是种内的变异类型，虽然在形态构造上有显著变化，但是没有明显的地带性分布区域。变型是指在形态特征上变异比较小的类型。

三、观赏树木分类的依据

1. 植物形态学 即利用植物器官的外部形态特征，如根、茎、叶、花、果实、种子等作为分类的重要依据。

2. 植物解剖学 即利用显微镜对植物体内部组织结构进行观察比较后分类，一般用于较高等级的分类。

3. 孢粉学 即研究植物的孢子和花粉，以此作为分类的依据。

4. 细胞分类学 即对细胞中染色体数目、结构、形态及行为进行研究后分类。

5. 植物化学分类学 即以植物化学成分为依据进行分类。

6. 植物分子分类学 即利用直接测定 DNA 序列进行比较后分类。

目前观赏树木的分类仍采用最为原始的植物形态学分类法。

第二节 观赏树木的自然分类法

树木自然分类的几个系统有恩格勒系统、哈钦松系统、克朗奎斯特系统。

一、恩格勒（A. Engler）系统

德国的恩格勒主编了两部巨著，即《植物自然分科志》（1887—1899）和《植物分科志要》（1924）。这两部书的目、科、属、种采用他自己的系统描述了全世界的植物，内容非常丰富并有插图，很多国家采用了这个系统。它的特点是：

（1）认为单性而又无花被（柔荑花序）是较原始的特征，所以将木麻黄科、杨柳科、桦木科、荨麻科等放在木兰科和毛茛科之前。

（2）认为单子叶植物较双子叶植物原始。

（3）目与科的范围较大。

在 1964 年，该系统根据多数植物学家的意见，将错误的部分加以更正，即认为单子叶植物是较高级的植物，而放在双子叶植物之后，目、科的范围亦有些调整。由于恩格勒等人的著作极为丰富，其系统较为稳定而实用，所以在世界各国及中国北方多采用，例如《中国树木分类学》和《中国高等植物图鉴》等书均采用该系统。

二、哈钦松（J. Hutchinson）系统

英国的哈钦松在其著作《有花植物志科》（1926 和 1934）中公布了这个系统。它继承了19 世纪英国植物学家边沁与虎克的系统，并以美国植物学家板施（C. E. Bessey，1845—1915）的植物进化学说为基础加以改革而建立的。它的特点是：

（1）认为单子叶植物比较进化，故排在双子叶植物之后。

（2）在双子叶植物中，将木本与草本分开，并认为木本为原始性状，草本为进化性状。

（3）认为花的各部分呈离生状态，螺旋状排列，具多数离生雄蕊，两性花等性状均较原始；而花的各部分呈合生或附生、轮状排列、具少数合生雄蕊，单性花等性状属于较进化的性状。

（4）认为在具有萼片和花瓣的植物中，如果它的雄蕊和雌蕊在解剖上属于原始性状时，

则比无萼片与花瓣的植物为较原始。

(5) 单叶和叶呈互生排列现象属于原始性状，复叶或叶呈对生或轮生排列现象属于较进化的现象。

(6) 目和科的范围较小。

目前很多人认为哈钦松系统较为合理，但是原书中未包括裸子植物。我国南方学者采用哈钦松系统者较多，例如《广州植物志》及《海南植物志》。

三、克朗奎斯特（A. Cronquist）系统

克朗奎斯特系统是由美国学者克朗奎斯特在 1981 年提出的新分类系统。该系统能较好地反映被子植物的进化亲缘关系，总体上要较恩格勒系统和哈钦松系统更科学、更自然、更合理。

将被子植物门分为单子叶植物和双子叶植物两个纲。双子叶植物纲下分为 6 个亚纲：木兰亚纲、金缕梅亚纲、石竹亚纲、五桠果亚纲、蔷薇亚纲和菊亚纲；单子叶植物纲下分为 5 个亚纲：泽泻亚纲、棕榈亚纲、鸭跖草亚纲、姜亚纲和百合亚纲。科的范围与哈钦松系统基本上一致。

本教材的各论部分，为了实际检索植物种类的方便，裸子植物采用郑万钧等的系统，被子植物采用克朗奎斯特系统。

第三节　观赏树木的人为分类法

一、按生长习性分

1. 乔木类　树体高大（6m 以上），具有明显主干的直立树木。又可依其高度分为伟乔（31m 以上）、大乔（21～30m）、中乔（11～20m）和小乔（6～10m）四级。

2. 灌木类　树体矮小（通常在 6m 以下），主干低矮，有几个茎而没有主茎的。

3. 丛木类　树体矮小而干茎自地面呈多数生出而无明显的主干。

4. 藤木类　能缠绕或攀附他物而向上生长的木本植物。依其生长特点又可分为绞杀类、吸附类、卷须类和蔓条类。

5. 匍地类　干、枝等均匍地生长，与地面接触部分可生出不定根而扩大占地范围，如铺地柏等。

6. 竹木类　如竹子等。

二、按对环境因子的适应能力分

1. 按热量因子　可分为耐寒树种、不耐寒树种和半耐寒树种。

2. 按水分因子　可分为耐旱树种、中生树种和耐湿树种。

3. 按光照因子　可分为阳性树种、中性树种和阴性树种。

4. 按土壤因子　可分为喜酸性土树种、耐碱性土树种、耐瘠薄土树种和海岸树种等四类。

5. 按空气因子　可分为抗风树种、抗污染树种、抗粉尘树种和卫生保健树种等四类。

6. 按移植难易　可分为易移植成活及不易移植类。

7. 按繁殖方法 可分为有性繁殖类及无性繁殖类。

8. 按整形修剪特点 可分为宜修剪整形类及不宜修剪整形类。

9. 按对病虫害的抗性 可分为抗性类及易感染类。

三、按观赏特性分

1. 赏树形树木类（形木类） 如雪松、南洋杉等。

2. 赏叶树木类（叶木类） 如枫香、黄栌等。

3. 赏花树木类（花木类） 如白玉兰、鸽子树等。

4. 赏果树木类（果木类） 如枸子、柿子等。

5. 赏枝干树木类（干枝类） 如红瑞木、白皮松等。

6. 赏根树木类（根本类） 如榕树、池杉等。

四、按园林用途分

1. 独赏树（孤植树、标本树、赏形树）类 如南洋杉、雪松、广玉兰等。

2. 庭荫树类 如梧桐、银杏、白玉兰等。

3. 行道树类 如二球悬铃木、槐、香樟等。

4. 防护树类 如胡杨、沙棘、水杉等。

5. 林丛类 如水杉、侧柏、落羽杉等。

6. 花木类 如郁李、珍珠梅、月季等。

7. 藤木类 如紫藤、凌霄、鸡血藤等。

8. 植篱及绿雕塑类 如大叶黄杨、圆柏、黄杨等。

9. 地被植物类 如铺地柏、蔓长春花、常春藤等。

10. 屋基种植类 如八角金盘、洒金桃叶珊瑚等。

11. 桩景类（包括地栽及盆栽） 如五针松、榔榆、雀梅等。

12. 室内绿化装饰类 如橡皮树、发财树、幸福树等。

五、按经济用途分

1. 果树类（含水果和干果） 如苹果、梨等。

2. 淀粉树类（木本粮食植物类） 如板栗、枣等。

3. 油料树类（木本油料植物类） 如油茶、胡桃等。

4. 木本蔬菜类 如香椿、枸杞等。

5. 药用树类（木本药用植物类） 如杜仲、牡丹等。

6. 香料树类（木本香料植物类） 如花椒、肉桂等。

7. 纤维树类 如桑树等。

8. 乳胶树类 如漆树、橡胶树等。

9. 饲料树类 如榆树、刺槐等。

10. 薪材类 如马尾松等。

11. 观赏装饰类 如发财树等。

12. 其他经济用途类 如竹类等。

第四节　植物拉丁学名

一、概述

1. 拉丁语字母和发音

印刷体		国际音标		印刷体		国际音标	
大写	小写	名称	发音	大写	小写	名称	发音
A	a	[a]	[a]	N	n	[en]	[n]
B	b	[be]	[b]	O	o	[o]	[o]
C	c	[tse]	[k] [ts]	P	p	[pe]	[p]
D	d	[de]	[d]	Q	q	[ku]	[k]
E	e	[e]	[e]	R	r	[er]	[r]
F	f	[ef]	[f]	S	s	[es]	[s]
G	g	[ge]	[g]	T	t	[te]	[t]
H	h	[ha]	[h]	U	u	[u]	[u]
I	i	[i]	[i]	V	v	[ve]	[v]
J	j	[jota]	[j]	W	w	[ve]	[v]
K	k	[ka]	[k]	X	x	[iks]	[ks]
L	l	[el]	[l]	Y	y	[ipsilon]	[i]
M	m	[em]	[m]	Z	z	[zeta]	[z]

2. 语音的分类

（1）元音。

单元音6个：a，e，i，o，u，y。

双元音4个：ae，oe，au，eu。双元音均是长元音，读一个音，划音节时不能分开，发音如下：ae＝e，oe＝e，au＝a＋u，eu＝e＋u。

（2）辅音。

浊辅音：b，d，g，j，v，z，l，m，n，r。

清辅音：p，t，k，f，s，c，h，q，x。

双辅音：ch，ph，rh，th。双辅音读一个音，划音节时不能分开，发音如下：ch＝k或h，ph＝f，rh＝r，th＝t。

3. 音节　音节是发音单位，元音是构成音节的主要组成部分，每个音节必须有一个元音。通常由一个元音与一个或多个辅音构成一个音节，元音如前后无辅音字母时可以单独构成一个音节，因此，一个学名中有几个元音就有几个音节，辅音（或双辅音）不能单独成为一个音节。

4. 重音　通常以"｀"符号加在重音的元音字母上。重音音节的规则是：双音节的词，重音在第一音节上；三个或三个以上音节的词，倒数第二音节的元音发长音时，重音就在倒数第二音节上；倒数第二音节的元音发短音时，则重音在倒数第三音节上。

二、拉丁学名的组成

植物的学名是国际上通用的植物名称，均用拉丁文或拉丁化的其他外文组成，故称为植物的拉丁学名。每种植物的学名均采用林奈的双命名法，由两部分组成：属名和种名，种名之后附以命名人的姓氏，如银杏的学名 *Ginkgo biloba* Linn.，*Ginkgo* 是属名（银杏属），*biloba* 是种名，意为二裂的（指叶），Linn. 为命名人林奈 Linnaeus 的缩写。

属名为单数的名词，第一字母必须大写，多属古拉丁或古希腊对该属的称呼，也用作表示特征、产地、纪念人名；种名通常为形容词或名词的所有格，第一字母小写，性应与属名一致，种名通常表示形态特征、产地或用途，不同植物可能出现相同种名，但各种植物的属名决不重复。

变种是在种名之后加 var.（varietas 的缩写）、变种名及变种命名人，变型是在种名之后加 f.（forma 的缩写）、变型名及变型定名人；品种是在种名之后加 cv.（cultivar 的缩写）及品种名，不写命名人，品种名第一字母大写，品种名外面加单引号，如：龙柏 *Sabina chinensis*（Linn.）Ant. cv. Kaizucca，或写为 *Sabina chinensis* 'Kaizucca'。

三、中名的命名原则

（1）一种植物只应有一个全国通用的中文名称。

（2）一种植物的通用中文名称应以属名为基础，再加上说明其形态、生境、分布等的形容词，如：华北卫矛等。

（3）中文属名是植物中名的核心，应采用通俗易懂、形象生动、使用广泛，与形态、生态、用途有联系而不致于引起混乱的中名作为属名。

（4）集中分布于少数民族地区的植物宜采用少数民族所惯用的原来名称。

（5）凡名称中有古僻字或显著迷信色彩会带来不良影响的不可用。

（6）凡纪念中外名人、今人的名称尽量取消，但已经广泛通用的经济植物名称，可酌情保留。

第五节　植物检索表

分类检索表是鉴别植物必不可少的工具。一般有分科、分属及分种等三种检索表。鉴别植物时，利用这些检索表，初步查出该植物的科、属、种，然后再与植物志中该种植物的描述性状进行核对，如果完全相符才能确定为该种植物。

检索表的编制原则是根据一群植物不同的特征和相同的特征采用两两相对的方法来编制的，好的检索表在选择特征上应明显，应用起来才能方便，但对大群植物编制检索表并非易事，必须对该群植物中每种植物的性状充分熟悉后才能编制出来。常用的检索表有平行和定距（等距）两种形式。

一、平行检索表

本类检索表中每一相对性状的描写紧紧并列以便比较，在一种性状描述结束即列出所需的名称或一个数字。此数字重新列于较低的一行之首，与另一组相对性状平行排列；如此继

续下去直至查出所需名称为止。现以松科分亚科检索表为例:

1. 叶针形,通常2、3或5针一束,基部为叶鞘所包围,常绿;球果次年成熟,种鳞宿存,背面上方具鳞盾及鳞脐 ·· Ⅰ.松亚科
1. 叶条形或针形、螺旋状着生,不成束 ·· 2
2. 叶条形、扁平或具四棱,枝仅一种类型;球果当年成熟 ···················· Ⅱ.冷杉亚科
2. 叶条形或针形,枝有长、短枝之分,叶在长枝上螺旋状散生,在短枝上簇生,落叶或常绿;球果当年或次年成熟 ·· Ⅲ.落叶松亚科

二、定距(或等距)检索表

本检索表中对某一种性状的描述是从书页左边一定距离开始,而与其相对的性状描述亦是从书页左边同一距离处开始;其下一级的两个相对性状的描述又均在更大一些的距离上开始;如此逐级下去,距书页左方愈来愈远,直至检索出所需要的名称为止。现以植物界的分门检索表为例如下:

1. 植物体无根、茎、叶的分化,没有胚胎 ·· 低等植物
  2. 植物体不为藻类和菌类所组成的共生体
    3. 植物体内有叶绿素或其他光合色素,为自养生活方式 ···················· Ⅰ.藻类植物门
    3. 植物体内无叶绿素或其他光合色素,为异养生活方式 ···················· Ⅱ.菌类植物门
  2. 植物体为藻类和菌类所组成的共生体 ···································· Ⅲ.地衣植物门
1. 植物体内有根、茎、叶的分化,有胚胎 ·· 高等植物
  4. 植物体有茎、叶,而无真根 ·· Ⅳ.苔藓植物门
  4. 植物体有茎、叶,也有真根
    5. 不产生种子,用孢子繁殖 ·· Ⅴ.蕨类植物门
    5. 产生种子,用种子繁殖或其他 ·· Ⅵ.种子植物门

在植物分类学书籍中,通常主要根据花、果的构造形态进行编制检索表,但是为了生产实际上使用的方便,尤其是在不开花的季节使用方便起见,也有仅用枝、叶、芽等形态编制检索表。至于使用哪种形式,可以根据情况而定。一般种类较多时使用平行检索表,种类较少时使用等距检索表较为方便。

学习小资料

小资料 1 生物多样性:是世界上生物体的变异性,包括遗传变异及其组成的集合,其概念包括基因是物种的组成部分;物种是生态系统的组成部分;改变其中任何一级构成都会改变其他部分三个层次,因此也可以说生物多样性是生物和它们组成的系统的总体多样性和变异性,包括物种内、物种之间和生态系统的多样性。生物多样性与园林绿化的关系就目前的理解是:自然界种类繁多的植物遗传特征是繁殖、培育园林植物的原始材料;生物多样性是形成城市绿化中稳定的生态系统的必要条件;植物园、动物园、城市大型园林和风景区是进行生物多样性保护和向群众宣传的重要场所。

小资料 2 植物资源保护:充分利用植物资源是社会生产的需要,保护植物资源的再生能力和它的存在及其形成的生态环境,是为了长期稳定地利用植物资源,生产更多的产品,而不是消极地让其自生自灭,永远处于自然状态,这就是保护植物资源的目的。因此,植物

资源保护应该包括四个方面：首先是保护植物资源的存在，这是前提，建立植物园和自然保护区是保护种质资源的重要措施，创造条件建立种子库是极其重要的有效措施；其次是要保护植物资源的再生能力，在利用植物资源强度上，一定要考虑到它的恢复能力和再生能力；第三是要保护植物资源的多样性，在利用某种植物资源时，不应以损伤其他植物资源为代价；第四是要保护植物资源形成的生态环境，没有这些生态环境就会影响植物的生长发育，甚至引起死亡。

　　小资料3　动物与植物的关系：尽管相当多的植物依赖特定的动物而生存，比如需要特定的昆虫为之授粉，但事实上，植物可以不依赖动物而存在，而动物的生存却离不开植物。动、植物之间最重要、最密切的关系可能是授粉和散布种子。在动物出现之前，植物类型以苔藓、蕨类以及针叶树为主，因为它们大多为风媒花。有花植物的出现和它们在许多地区逐渐占据主导地位，都与其能利用动物授粉和散布种子（传播距离远远大于风力传播）密切相关。

本章小结

　　植物分类是进行识别的基础，自从人类有了利用植物的活动，人们就开始辨别植物。植物分类的依据有植物形态、植物解剖、孢粉研究等多个方面；分类的基本单位是界、门、纲、目、科、属、种，其中科为重要单位，种为基本单位，有时为了更有效地进行区别还增加亚科、亚属等，种以下还再细分亚种、变种、变型、品种等；树木的拉丁学名是国际通用的名称，主要有属名和种加词组成，其后附有命名人的姓氏缩写；树木的中名命名也有一定的规则；植物的分类系统主要有恩格勒系统和哈钦松系统，现在有人较推崇的新系统是克朗奎斯特系统；人为分类的目的是为了方便应用；检索表是用来鉴别植物种类的工具，常用的检索表有平行和定距（等距）两种形式。

复习与思考

　　1. 试比较自然分类法和人为分类法的主要优缺点。
　　2. 试比较定距（等距）检索表和平行检索表的区别，并说出其主要优缺点。
　　3. 试述树种中名命名的规则。

实训实习

　　1. 利用校园观赏树木10种编制平行检索表和定距检索表各1个。
　　2. 标注50种常见的观赏树木拉丁学名音节、重音，并准确读出。

第二章

观赏树木的习性

植物在同化外界物质的过程中，通过细胞的分裂和扩大（也包括某些分化过程在内）导致体积和重量的不可逆增加称为生长；在其生活史中，建立在细胞、组织、器官分化基础上的结构和功能（难以用简单数字等表达的质）的变化称为发育。生长与发育关系密切，生长是发育的基础。植物从播种开始，萌发成幼苗，长大成树，开花结实，衰老直至死亡的全过程称为生命周期；植物一年中经历的生活周期称为年周期，由于树木是多年生的木本植物，因此存在着两个生长发育周期（即年周期和生命周期）。研究树木的生长发育规律，对正确选用树种和制定栽培措施，有预见性地调控树木的生长发育，做到快速育好苗，使其在移植成活并健壮长寿的基础上，充分发挥园林绿化功能，具有十分重要的意义。

第一节　观赏树木的生长发育特性

一株正常的树木，主要由树根、枝干（或藤木枝蔓）、树叶等组成（在一定树龄范围内，还含有花果等）。习惯上把树木的根系根称为地下部；把枝干及其分枝形成的树冠（包括叶、花、果）称为地上部；地上部与地下部交界处，称为根颈，根颈是最易受到伤害的部分，在栽植和养护过程中要特别当心，引起重视。

一、观赏树木各器官的生长发育

（一）根系的生长

根系是树木的重要器官，它除了杷植株固定在土壤之内，吸收水分、矿质养分和少量的有机物质以及贮藏一部分养分外，还能将无机养分合成有机物质或合成某些特殊物质。树木根系没有自然休眠期，只要条件合适，就可全年生长或随时可由停顿状态迅速过渡到生长状态。其生长势的强弱和生长量的大小，随土壤的温度、水分、通气与树体内营养状况及其他器官的生长状况而异。

在适宜的土壤条件下，树木的多数根集中分布在地下深 40～80cm 范围内，具吸收功能的根则通常分布在深 20cm 左右的土层中；至于根系的水平分布范围，多数与树木的冠幅大小一致。所以，应在树冠外围于地面的水平投影处附近挖掘施肥沟，才有利于养分的充分吸收。此外，由于树根有明显的趋肥、趋水特性，在栽培管理上应提倡深耕改土，施肥要达到一定深度，诱导根系向下生长，防止根系"上翻"，以提高树木的适应性。

1. 根系的年生长动态 根系的伸长生长在一年中是有周期性的。根的生长周期与地上部不同，但其生长与地上部密切相关，往往是交错进行的。一般根系生长要求的温度在 8～38℃，最适土温为 20～28℃，比萌芽要低，因此春季根开始生长比地上部早。在春季根开始生长后，即出现第一个生长高峰，这次生长程度、发根数量与树体贮藏营养水平有关。然后是地上部开始迅速生长，而根系生长相对趋于缓慢。当地上部生长趋于停止时，根系生长出现一个大高峰，其强度大，发根多。落叶前根系生长还可能有小高峰。在一年中，树根生长出现高峰的次数和强度与树种、年龄等有关。据报道，生于美国乔治亚州的美国山核桃，根生长高峰一年内可多达 4～8 次。

2. 根的生命周期 从生命活动的总趋势来看，树根的寿命应与该树种的寿命长短相一致，但根的寿命受环境条件的影响很大，并与根的种类及功能密切相关。不同类别树木以一定的发根方式（侧生式或二叉式）进行生长。幼树期根系生长很快，一般都超过地上部的生长速度。树木幼年期根系领先生长的年限因树种而异。随着树龄增加，根系生长速度趋于缓慢，并逐年与地上部的生长保持着一定的比例关系。在整个生命过程中，根始终发生局部的自疏与更新。当树木衰老，地上部濒于死亡时，根系仍能保持一段时期的寿命。

3. 影响根系生长的因素

（1）土壤温度。树种不同，开始发根所需要的土壤温度很不一致。一般原产温带、寒带的落叶树木需要的温度低；而热带、亚热带树种所需的温度较高。根的生长都有最适温度及上、下限温度，温度过高或过低对根系生长都不利，甚至造成伤害。由于土壤不同深度的温度随季节而变化，分布在不同土层中的根系活动也不同。以我国中部地区为例，早春土壤化冻后，地表 30cm 以内土层温度上升较快，温度也适宜，表层根系活动较强烈；夏季表层土壤温度过高，30cm 以下土层温度较适合，中层根系较活跃；90cm 以下土层，周年温度变化小，根系往往常年都能生长，所以冬季根的活动以下层为主。

（2）土壤湿度。土壤含水量达最大持水量的 60%～80% 时，最适宜根系的生长，过干易促使根木栓化和发生自疏；过湿则缺氧而抑制根的呼吸作用，造成停长或腐烂死亡。可见选栽树木要根据其喜干、喜湿程度，正确进行灌水和排水。

（3）土壤通气。土壤通气对根系生长影响很大。一般在通气良好处的根系密度大、分枝多、须根量大；通气不良处发根少、生长慢或停止，易引起树木生长不良和早衰。城市由于铺装路面多、市政工程施工夯实以及人流踩踏频繁，土壤紧实，影响根的穿透和发展，也不利于浇水；内外气体不易交换，引起有害气体的累积中毒，从而影响根系的生长。

（4）土壤营养。在一般土壤条件下，其养分状况不致于使根系处于完全不能生长的程度，但可影响根系的质量，如发达程度、细根密度、生长时间的长短。根有趋肥性，有机肥有利于树木发生吸收根；适当施无机肥对根的生长也有好处，但施肥必须遵循施肥的基本原则，即"薄肥勤施"。

（5）树体有机养分。根的生长与执行其功能依赖于地上部所供应的糖类，土壤条件好时，根的总量取决于树体有机养分的多少。叶受害或结实过多，根的生长就受阻碍，此时即使施肥，一时作用也不大，须保叶或通过疏果来改善。

此外，土壤类型、土层厚度、母岩分化状况及地下水位高低，对根系的生长与分布都有密切关系。

（二）芽的生长

芽是多年生植物为适应不良环境条件和延续生命活动而形成的一种重要器官。它是带有生长锥和原始小叶片而呈潜伏状态的短缩枝或是未伸展的紧缩的花或花序，前者称为叶芽，后者称为花芽。

1. 芽序　定芽在枝上按一定规律排列的顺序称为芽序。因为定芽着生的位置是在叶腋间，所以芽序与叶序相同。树木的芽序对枝条的着生位置和方向有密切关系。了解芽序对幼树整形，安排主枝方位很有用处。

2. 萌芽力和成枝力　树木叶芽萌芽能力的强弱称为萌芽力，常用萌芽数占该枝芽总数的百分率来表示，所以又称为萌芽率。凡是枝条上叶芽在一半以上都能萌发的则为萌芽力强或萌芽率高。萌芽力强的树种，一般来说耐修剪，树木易成形，因此萌芽力也是修剪的依据之一。枝条上的叶芽萌发后，并不是全部都能抽成长枝，枝条上的叶芽萌发后能够抽成长枝的能力称为成枝力。不同树种的成枝力不同，一般来说成枝力强，树冠密集，幼树成形快，效果也好。

3. 芽的早熟性和晚熟性　枝条上的芽形成后到萌发所需的时间长短因树种而异。有些树种在生长季早期形成的芽，当年就能萌发，即具有这种当年形成、当年萌发成枝的芽称为早熟性芽；当年形成、第二年才能萌发成枝的芽称为晚熟性芽。

4. 芽的异质性　同一枝条上不同部位的芽存在着大小、饱满程度等差异称为芽的异质性。这是由于在芽的形成时，树体内部的营养状况、外界环境条件和着生的位置不同而造成的。所以，一般长枝条的基部和顶端部分或者秋梢上的芽质量较差，中部的最好；而中、短枝中、上部的芽较为充实饱满；树冠内部或下部的枝条因光照不足，其上的芽质量较差。

5. 芽的潜伏力　树木枝条基部的芽或上部的某些副芽，在一般情况下不萌发而呈潜伏状态。当枝条受某种刺激或树冠外围枝处于衰弱时，能由潜伏芽萌发抽生新梢的能力称为芽的潜伏力，也称为潜伏芽的寿命。潜伏芽也称为隐芽。潜伏芽寿命长的树种容易更新复壮。

（三）枝干的生长

树体枝干系统及所形成的树形，决定于枝芽特性，芽抽枝、枝生芽，两者关系极为密切。茎枝的生长构成了树木的骨架——主干、中心干、主枝、侧枝等。枝条的生长使树冠逐年扩大，每年萌生的新枝上着生叶片和花果，并形成新芽，使之合理分布于空间，充分接受阳光，进行光合作用，形成产量并发挥绿化功能。了解树木的枝芽特性，对树木的整形修剪有重要意义。

1. 枝的生长类型　茎的生长方向与根相反，是背地性的，多数是垂直向上生长，也有呈水平或下垂生长的。茎枝除由顶端的加长和形成层活动的加粗生长外，还具有居间生长，如禾本科的竹类。树木依枝茎生长习性可分以下三类：

（1）直立生长。茎干以明显的背地性垂直地面，枝直立或斜生于空间，多数树木都是如此。在直立茎的树木中，也有些变异类型，依枝的伸展方向可分为：①紧抱型；②开张型；③下垂型；④龙游型（扭旋或曲折）等。

（2）攀援生长。茎长得细长柔软，自身不能直立，但能缠绕或具有适应攀附他物的器官（卷须、吸盘、吸附气根、钩刺等），借他物为支柱，向上生长。在园林上把具有缠绕茎和攀援茎的木本植物统称为木质藤本，简称藤木。

（3）匍匐生长。茎蔓细长，自身不能直立，又无攀附器官的藤木或无直立主干的灌木，常匍匐于地生长，这类树木在园林中常用作地被植物。

2. 分枝方式 树木除少数种不分枝（如：棕榈科的许多种）外，大致有三大分枝方式：

（1）总状分枝（单轴分枝）。枝的顶芽具有生长优势，能形成通直的主干或主蔓，同时依次发生侧枝；侧枝又以同样方式形成次级侧枝。这种有明显主轴的分枝方式称为总状分枝式，如银杏、水杉、松柏类、毛白杨、银桦、落羽杉等，以裸子植物为最多。

（2）合轴分枝。枝的顶芽经一段时期生长后，先端分化出花芽或自枯，而由邻近的侧芽代替延长生长；以后又按上述方式分枝生长，这样就形成了曲折的主轴，这种分枝式称为合轴分枝式，如成年的桃、杏、李、柳、核桃、苹果、梨等，以被子植物为最多。

（3）假二叉分枝。具对生芽的树木，顶芽自枯或分化为花芽，由其下对生芽同时萌发生长所代替，形成叉状延长枝，以后如此继续，其外形上似二叉分枝，因此称为假二叉分枝。这种分枝式实际上是合轴的另一种形式，如：丁香、泡桐、梓树等。

树木的分枝方式不是一成不变的。许多树木年幼时呈总状分枝，生长到一定树龄后，就逐渐变为合轴或假二叉分枝。因而在幼、青年树上，可见到两种不同的分枝方式，如玉兰等，同时可见到总状分枝式与合轴分枝式及其转变痕迹。

了解树木的分枝习性，对培养观赏树形、整形修剪、提高光能利用率或促使早成花等都有重要意义。

3. 顶端优势 树木顶端的芽或枝条比其他部位的生长占有优势地位，称为顶端优势。一个近于直立的枝条，其顶端的芽能抽生最强的新梢，而侧芽所抽生的枝，其生长势多呈自上而下递减的趋势，最下部的芽则不萌发。如果去掉顶芽或上部芽，即可促使下部腋芽和潜伏芽的萌发。一般乔木都有较强的顶端优势，越是乔化的树种，其顶端优势也越强；反之则弱。

4. 干性与层性 树木中心干的强弱和维持时间的长短称为树木的干性，简称干性。凡是中心干明显而坚挺、并能长期保持优势的树种，称为干性强，这是乔木树种的共性，即枝干的中轴部分比侧生部分具有明显的相对优势。

由于顶端优势和芽的异质性的原因，使强壮的一年生枝产生部位比较集中，使主枝在中心干上的分布或二级枝在主枝上的分布形成明显的层次，这种现象称为树木的层性，简称层性。层性是顶端优势和芽的异质性综合作用的结果，一般顶端优势强而成枝力弱的树种层性明显，如黑松、枇杷、广玉兰等。干性与层性对研究园林树形及其演变和整形修剪，都具有重要意义。

（四）叶的生长

叶片是叶芽中前一年形成的叶原基发展起来的。其大小与前一年或前一生长时期形成叶原基时的树体营养和当年叶片生长日数，迅速生长期的长短有关。单个叶片自展叶到叶面积停止增加，不同树种、品种和不同枝梢是不一样的。因此，不同部位和不同叶龄的叶片，其光合能力也是不一样的。初展的幼嫩叶，由于叶组织量少，叶绿素浓度低，光合产量低，随叶龄增加，叶面积增大，生理上处于活跃状态，光合效能大大提高，直至达到一定的成熟度为止，然后随叶片的衰老而降低。展叶后在一定时期内光合能力很强；常绿树也以当年的新叶光合能力为最强。

由于叶片出现的时期有先后，同一树上就有各种不同叶龄的叶片，并处于不同发育时期。总的来说，在春季，叶芽萌动生长，此时枝梢处于开始生长阶段，基部先展的叶的生理较活跃，随着枝的伸长，活跃中心不断向上转移，而基部叶渐趋衰老。

叶幕是指叶在树冠内集中分布区而言，它是树冠叶面积总量的反映。观赏树木的叶幕随树龄、整形、栽培目的与方式不同，其形状和体积也不相同。具中心干的成年树多呈圆头形；老年树多呈钟形，具体依树种而异。藤木叶幕随攀附的构筑物体形而异；落叶树木叶幕在年周期中有明显的季节变化，从春天发叶到秋季落叶能保持5～10个月的生活期；常绿树木，由于叶片的生存期长，而且老叶多在新叶形成之后逐渐脱落，故其叶幕比较稳定。

（五）开花与结果

1. 开花　一个正常的花芽，当花粉粒和胚囊发育成熟，花萼与花冠展开，这种现象称为开花。在园林生产实践中，开花的概念有着更广泛的含义，如裸子植物的孢子球和某些观赏植物的有色苞片或叶片的展现都称为开花。开花是植物生命周期幼年阶段结束的标志，在年生长周期中是一个重要的物候期。因此，了解观赏树木的开花习性，掌握开花规律，有助于提高观赏效果，增加经济效益。

（1）开花的顺序性。开花的顺序性有以下特点：

① 树种间开花的先后与花芽萌动先后相一致，不同树种开花早晚不同，长期生长在温带、亚热带的树木，除在特殊小气候环境外，同一地区各树木每年开花期相互之间有一定顺序性。

② 同种不同品种开花也有一定的顺序性。凡品种较多的花木，按花期可分为早花、中花、晚花三类品种。

③ 雌雄同株异花树木的开花有前后，雌、雄花既有同时开的，也有雌花先开或雄花先开的。

④ 同一树体上不同部位枝条的开花早晚也不同，一般短花枝先开，长花枝和腋花芽后开；向阳面比背阴面的外围枝先开。同一花序开花早晚也不同。具伞形总状花序的苹果，其顶花先开；而具伞房花序的梨，则基部边花先开，柔荑花序基部先开。

（2）开花的类别。开花的类别有以下三类：

① 先花后叶类。此类树木在春季萌动前已完成花器分化，花芽萌动不久即开花，先开花后长叶，如银芽柳、迎春、梅、桃、白玉兰等，常能形成一树繁花的景观。

② 花叶同放类。此类树木花器也是在萌芽前完成分化，开花和展叶几乎同时进行，如海棠、榆叶梅等；此外，多数能在短枝上形成混合芽的树种也属此类，如苹果、核桃等。

③ 先叶后花类。此类部分树木是由上一年形成的混合芽抽生相当长的新梢，于新梢上开花，如柿树、葡萄、枣等；此外多数树木花器是在当年生长的新梢上形成并完成分化，一般于夏、秋开花，在树木中属开花最迟的一类，如木槿、紫薇、桂花等；有些能延迟到初冬，如枇杷、油茶等。

（3）花期延续时间。花期延续时间长短因树种、品种、外界环境以及树体营养状况的不同而有差异。如青壮年树比衰老树的开花期长而整齐；春季和初夏开花的树种花期相对短而整齐，夏、秋开花者花期相对长而不整齐。

（4）每年开花次数。因树种、品种、树体营养状况、环境条件而不同。

① 一次开花。多数树种每年只开一次花。

② 再（二）度开花。树木再次开花有两种情况：一种是花芽发育不完全或因树体营养不足，部分花芽延迟到春末夏初才开花；另一种是秋季发生再次开花现象，这是典型的再度开花。一般树木再度开花时的繁茂程度不如春天，原因是由于树木花芽分化的不一致性。这种一年再度开花现象，既可能由"不良条件"引起，也可能由"条件改善"引起，还可以由这两种条件的交替变化引起，出现再度开花一般对树木的影响不大。

③ 多次开花。有些树种或栽培品种一年内有多次开花的习性，如茉莉花、月季、四季桂、佛手、柠檬等，紫玉兰中也有多次开花的变异类型。

2. 结果 经授粉受精后，子房膨大发育成果实称为结果。从花谢后至果实达到生理成熟时止，须经过细胞分裂、组织分化、种胚发育、细胞膨大和细胞内营养物质的积累和转化等过程。为了使果实发育充分，必须满足果实发育的栽培措施。首先应从根本上提高包括上一年在内的树体贮藏养分的水平；其次在花前追施氮肥并灌水，开花期注意防治病虫害，花后叶面喷肥；再次要保证相应数量的叶面积，注意通风透光。

二、观赏树木生长发育的相关性

植物体各部分之间存在着相互联系、相互促进或相互抑制的关系，即某一部位或器官的生长发育，常能影响另一部位或器官的形成和生长发育的现象。这种表现为相互促进或抑制的关系称为"相关性"，这主要是由于树体内营养物质的供求关系和激素等调节物质的作用，是制订栽培措施的重要依据之一。

1. 顶端生长与侧枝生长的关系 除去顶芽则优势位置下移，并促进较多的侧芽萌发。修剪时用短截来削弱顶端优势，以促进分枝。

根的顶端生长对侧根的形成有抑制作用，切断主根先端有利于促进侧根，切断侧根可多发侧生须根。对实生苗多次移植，有利于出圃成活。对于壮老龄树，深翻改土，切断一些有一定粗度的根，有利于促发须根、吸收根，以增强树势，更新复壮。

2. 地上部与地下部的关系 "本固则枝荣"，地上部与根系间存在着对养分相互供应和竞争关系，但树体能通过各生长高峰错开来自动调节这种矛盾。根常在较低温度下比枝叶先行生长，当新梢旺盛生长时，根生长缓慢；当新梢渐趋停长时，根的生长则趋达高峰；当果实生长加快时，根生长缓慢；秋后秋梢停长和采果后，根生长又常出现一个小的生长高峰。

树的冠幅与根系的分布范围有密切关系。在青壮年期，一般根的水平分布都超过冠幅，而根的深度小于树高。树冠和根系在生长量上常持一定的比例，称为根冠比。根冠比值大者，说明根的机能活性强，但根冠比常随土壤等环境条件而变化。

当地上部遭到自然灾害或较重修剪后，表现出新器官的再生和局部生长转旺，以建立新的平衡。移植树木时，常伤根很多，如能保持空气湿度，减少蒸腾以及在土壤有利生根的条件下，可轻剪或不剪树冠，利用萌芽后生长点多、产生激素多，来促进根系迅速再生而恢复。但在一般条件下，为保证成活，多对树冠进行较重修剪，以求在较低水平上保持平衡。

地上部或地下部任何一方过多地受损，都会削弱另一方，从而影响整体。

地上部主干上的大骨干枝与地下部大骨干根有局部的对应关系，即"哪边枝叶旺，哪边根就壮"，这是因为同一方向根系与枝叶的营养交换有对应关系之故。

3. 营养生长与生殖发育的关系　没有良好的营养生长，就难有植物的生殖生长。根、茎、叶的主要功能是吸收、合成和输导，称为营养器官；花、果实和种子从进化论观点看，主要是繁衍后代，所以称为生殖器官。营养生长是生殖发育的基础，生殖器官的数量和强度又影响营养生长。营养生长和生殖发育的相互依赖、竞争和抑制主要表现在营养物质分配上，生物首先要保证世代的延续，所以，生殖器官是影响物质分配最显著的器官。当然，这两者在养分供求上，表现出十分复杂的关系。

在调节营养生长和生殖生长的关系时，除了注意数量上的适宜以外，还要注意时间上的协调，务必使营养生长与生殖生长相互适应。

4. 树高生长与直径生长的关系　树木每年以新梢生长来不断扩大树冠，新梢生长包括加长生长和加粗生长这两个方面。一年内枝条生长达到的粗度与长度，称为年生长量；在一定时间内，枝条加长和加粗生长的快慢，称为生长势。生长量和生长势是衡量树木生长强弱和某些生命活动状况的常用指标，也是栽培措施是否得当的判断依据之一。

树干及各级枝的加粗生长都是形成层细胞分裂、分化、增大的结果。在新梢伸长生长的同时，也进行加粗生长，但加粗生长高峰稍晚于加长生长，停止也较晚。新梢由下而上增粗，形成层活动的时期、强度依枝生长周期、树龄、生理状况、部位及外界温度、水分等条件而异。新梢生长越旺盛，则形成层活动越强烈，且时间长。一般每发一次枝，树就增粗一次。

第二节　观赏树木的物候观测

树木的各个器官随季节性气候变化而发生的形态变化称为树木的物候。物候是树木年周期的直观表现，可作为树木年周期划分的重要依据。我国是世界上最先从事物候观测的国家之一，至今还保存有 800 多年前的物候观测资料。

一、物候观测的意义

物候观测在气候学、地理学和生态学等学科均具有重要意义。观赏树木的物候观测主要有以下方面意义：首先，掌握了树木的季相变化，可以为观赏树木种植设计、选配树种、形成四季景观提供依据，达到科学性与艺术性的统一；其次，可以为观赏树木栽培提供生物学依据，如确定繁殖时期、栽植季节和树木周年养护管理等。

二、物候观测的方法

观赏树木物候观测法应在与中国物候观测法的总则和乔灌木各发育时期观测特征相统一的前提下，增加特殊要求的细则项目，如为观赏的春、秋叶色变化以便确定最佳观赏期。

1. 观测点的选定　必须具备下列条件：

（1）观测点可以多年观测，不轻易移动。

（2）所选的观测点基本上具有代表性。

（3）观测点选定之后，将地点、名称、生态、环境、地形、位置、土壤、植被等详细记载。

2. 观测目标的选定　作为观测目标所选的树种应该是发育正常，开花结实 3 年以上者，树冠、枝叶较匀称，体形中庸；在同地同种树有许多株时，宜选 3～5 株作为观测对象，并观测树冠南面中、上部外侧枝条；对属雌雄异株的树木最好同时选有雌株和雄株，并在记录中注明雌（♀）、雄（♂）性别；观测植株选定后，应作好标记，并绘制平面位置图存档。

3. 观测时间　应长年进行，可根据观测目的要求和项目特点，在保证不失时机的前提下，来决定间隔时间的长短，一般 3～5d 观测一次，但在开花、展叶期要每天观测，冬季深休眠期可停止观测。一天中最好在 14：00～15：00 观测，但也应随季节、观测对象的物候表现情况灵活掌握。

4. 观测部位　一般应选向阳面的枝条或上部枝（因物候表现较早），若树顶部不易看清，宜用望远镜或用高枝剪剪下小枝观察；无条件时可观察下部的外围枝。观测时应靠近植株观察各发育期，不可远站粗略估计进行判断。

5. 观测记录和人员　物候观测应随看随记，不应凭记忆事后补记；人员应固定，标准应统一，记录要认真，责任心要强。

三、物候观测的内容

1. 根系生长期　利用根窖和根箱，一般不进行。

2. 树液流动期　以伤口出现水滴状分泌物为准，如核桃等。

3. 萌芽期　树木由休眠转入生长的标志。

（1）芽膨大（始）期。具鳞芽者，当芽鳞开始分离，侧面显露出浅色的线形或角形时，为芽膨大始期（具裸芽者，如枫杨等，不记芽膨大期）。

（2）芽开放期或显蕾期。树木鳞片裂开，芽顶部出现新鲜颜色的幼叶或花蕾顶部时，为芽开放（绽放）期。此期在园林中已有一定的观赏价值，给人带来春天的气息。不同树种的具体特征不同。

4. 展叶期

（1）展叶开始期。小叶出现第一批 1～2 片平展叶；针叶树以幼针叶从叶鞘中开始出现；具复叶的树木，以其中 1～2 片小叶平展时为准。

（2）展叶盛期。阔叶树以其半数枝条上的小叶完全平展时为准，针叶树以新针叶长度达老针叶长度 1/2 时为准。

（3）春色叶呈现始期。以春季所展的新叶整体上开始呈现有一定观赏价值的特有色彩时为准。

（4）春色叶变色期。以春叶特有色彩整体上消失时为准，如由各种红色变为绿色等。

5. 开花期

（1）开花始期。在选定观测的同种数株树上，见到一半以上植株有 5％的花瓣（只有一株亦按此标准）完全展开时；针叶树类和其他以风媒传粉为主的树木，以轻摇树枝见散出花粉时为准。

（2）开花盛期。在观测树上见有一半以上的花蕾都展开花瓣或一半以上的柔荑花序松散下垂或散粉时为开花盛期；针叶树可不记开花盛期。

（3）开花末期。在观测树上残留约5％的花时，为开花末期；针叶树类和其他风媒树木以散粉终止时或柔荑花序脱落时为准。

（4）多次开花期。有些一年一次于春季开花的树木，在某些年份于夏秋间或初冬再度开花。应详记开花日期，分析原因。

6. 果实生长发育和落果期 自坐果至果实或种子成熟脱落止。

（1）幼果出现期。子房开始膨大，苹果以直径0.8cm为准。

（2）果实生长周期。选定幼果，每周测量其纵径、横径或体积，直到采收或成熟脱落时止。一般不测定。

（3）生理落果期。坐果后，树下出现一定数量脱落的幼果的时期。有多次落果的应分别记载落果次数、落果数量。

（4）果实或种子成熟期。当观测树上有1/2的果实或种子变为成熟色时，为果实或种子成熟期。较细致的观测可再分为以下两期。

① 初熟期。当树上有少量果实或种子变为成熟色时为果实和种子初熟期。

② 全熟期。树上的果实或种子绝大部分变为成熟时的颜色并尚未脱落时，为果实或种子的全熟期，此期为树木主要采种期。不同类别的果实或种子成熟时有不同的颜色，有些树木的果实或种子为跨年成熟，应标明。

（5）脱落期。脱落期又可细分为两个时期。

① 开始脱落期。见成熟种子开始散布或连同果实脱落，如松属的种子散布，杨属、柳属飞絮等。

② 脱落末期。成熟种子或连同果实基本脱落完，但有些树木的果实和种子在当年终以前仍留树上不落，应在"果实脱落末期"栏中写"宿存"，观果树木应加记具有一定观赏效果的开始日期和最佳观赏期。

7. 新梢生长周期 由叶芽萌动开始至枝条停止生长为止。新梢的生长分一次梢（春梢）、二次梢（夏梢或秋梢）、三次梢（秋梢）。

（1）新梢开始生长期。选定的主枝一年生延长枝（或增加中、短枝）上顶部营养芽（叶芽）开放为一次梢（春梢）开始生长期；一次梢顶部腋芽开放为二次梢开始生长期；以及三次以上梢开始生长期，其余类推。

（2）新梢停止生长期。以所观察的营养枝形成顶芽或梢端自枯不再生长为止。二次以上梢类推记录。

8. 花芽分化期 一般按树种的开花习性以主要花枝上花芽分化期为准，取芽3～5个。一般情况下不做观测。

9. 叶秋季变色期 系指由于正常季节变化，树木出现变色叶，其颜色不再消失，并且新变色的叶在不断增多至全部变色的时期。注意不能与因夏季干旱或其他原因引起的叶变色混同。

（1）秋叶开始变色期。当观测树木的全株叶片有5％开始呈现为秋色叶时，为开始变色期。

（2）秋叶全部变色期。全株所有的叶片完全变色时，为秋叶全部变色期。

（3）可供观秋色叶期。以部分（30％～50％）叶片呈现秋色叶观赏起止日期为准。

10. 落叶期 观测树木秋、冬开始落叶至树上叶子全部落尽止（指树木秋冬的自然落叶）。

（1）落叶始期。约有 5％叶片脱落。

（2）落叶盛期。全株有 30％～50％的叶片脱落。

（3）落叶末期。全株叶片脱落达 90％～95％。

（4）无叶期。树上的叶子已全部脱落，树木进入休眠期。至于少数树木的个别干枯叶片长期不落则属例外，应加以说明。

第三节　观赏树木的生态习性

观赏树木与环境是一个相互紧密联系的辩证统一体。植物所生活的空间称为环境，是植物生存地点周围一切因素的总和，任何物质都不能脱离环境而单独存在。植物的环境主要包括有气候因子（温度、水分、光照、空气、雷电、风、雪、雨、霜等）、土壤因子（成土母质、土壤结构、土壤理化性质等）、地形地势因子（坡度、坡向、海拔等）、生物因子（动物、植物、微生物等）及人类的活动等方面。通常将植物具体所生存于其间的小环境，称为生境。

环境中所包含的各种因子中，有少数因子对植物没有影响或者在一定阶段中没有影响，而大多数的因子均对植物有影响。这些对植物有直接间接影响的因子称为生态因子（因素）。生态因子中，对植物的生活属于必需的，即没有它们植物就不能生存的因素称为生存条件，例如对绿色植物来讲，氧气、二氧化碳、光、热、水及无机盐类这六个因素都是生存条件。

在生态因子中，有的并不直接影响于植物，而是以间接的关系来起作用的，例如地形地势因子是通过其变化影响了热量、水分、光照等产生变化，从而影响到植物，这些因子可称为间接因子。所谓间接因子，是指其对植物生长的影响关系是属于间接关系，但并非意味着其重要性降低，事实上在园林绿化建设中，许多具体措施都必须充分考虑这些间接因子。

在研究植物与环境的关系中，必须掌握以下几个基本观念：

1. 综合作用　环境中的各生态因子间是互相影响、紧密联系的，它们组合成综合的总体，对植物的生长生存起着综合的生态、生理作用。

2. 主导因子　在生态因子对植物的生态、生理综合影响中，有的生态因子处于主导地位或在某个阶段中起着主导作用，但对植物的一生来讲主导因子不是固定不变的。

3. 生存条件的不可代替性　生态因子间虽互有影响、紧密联系，但生存条件间是不可代替的，任何一种生存条件都不能用另一种生存条件来代替。

4. 生存条件的可调性　生存条件虽然具有不可代替性，但如果只表现为某生存条件在数量方面的不足，则可由其他生存条件在量上的增强而得到调剂，并收到相近的生态效应，但是这种调剂是有限度的。

5. 最低量定律和限制因子　德国的李比西（Liebig，1843）研究不同因子对植物生长的作用发现，作物产量常不是受环境中较充足的水、二氧化碳等植物体大量需要的营养物限制，而受土壤中储存数量很少、植物需要也少的微量元素硼所制约。或者说，植物生长依赖那些表现为最低量的化学元素，称为最低量定律。布莱克曼（Blackman，1905）进一步提出限制因子的概念，他列举 5 个能够控制光合作用速率的因子，即可利用二氧化碳的数量、有效水分数量、太阳辐射强度、叶绿素存在数量、叶绿体温度等，认为其中的任何一个若处于最低量时就将控制这个过程的速率，甚至在其他因子都很丰富的情况下也会使光合作用过程停滞，这样的因子称为限制因子。

6. 生态幅　各种植物对生存条件及生态因子变化强度都有一定的适应范围，超出这个范围就会引起死亡，这种适应范围称为"生态幅"。不同的植物以及同一植物不同的生长发育阶段的生态幅常具有很大差异。

7. 种的分布区及其类型　一个物种由若干植物个体组成，它们所占有的全部地域构成该种的"分布区"。植物种的个体并不是布满该种分布区的所有空间，而是有选择地分布在适宜生活的"生境"，分布区内生境的差异使分布区内部带有不同程度的空间不连续性，把植物种的个体分割成数目不一的若干群体单元，称为"种群"。种群内产生的不定变异，如果对适应该生境更有利，则逐渐在种群内扩散并占有优势。但不同生境具有不同的选择力，因而种内各种群间出现某些适应差异，并能遗传后代，或者说生境可比作一个筛子，它从群体成分内筛出最适于生存的那些基因型，称为"生态型"。按植物分布区形状归纳成两大类型，即连续分布区（区内该种植物重复出现在适宜它生存的生境，各部分之间没有被不可逾越的生态障碍隔断而失去交流繁殖体的可能性）和间断分布区（区内该种植物分裂为相距遥远的两部分或更多部分，中间被高山、海洋、不适宜气候或土壤等障碍隔开，各部分的种群间失去了基因交流的机会）。

第四节　城市环境概述

城市环境是指影响城市人类活动的各种自然的或人工的外部条件的总和。狭义的城市环境主要指物理环境及生物环境，包括大气、土壤、地质、地形、水文、气候、生物等自然环境及建筑、管道、废弃物等人工环境；广义的城市环境还包括社会环境、经济环境和美学环境等。

一、城市气候因子的特点

城市是人类对自然环境施加影响最强烈的地方。高度密集的人口在一个有限地区进行生产和生活的结果，使集中的能量放出大量的热。城市雾障虽减弱了太阳辐射，但并未减少城市的热量。城市下垫面的热容量大，蓄热较多。雾障反而使城市下垫面吸收累积和反射的热量以及生产、生活能源释放的热量不易得到扩散，这是城市产生"热岛"效应和减小昼夜温差的主要原因。概括起来，城市气候有以下特点：①气温较高；②空气湿度低，但多雾；③云多、降水多；④形成城市风；⑤太阳辐射强度减弱；⑥日照持续时间缩短。

1. 城市的光因子　城市树木接受光量的差异几乎从无限大到零。空气污染极大地降低了辐射强度，加之城市建筑又因其大小、方向和街道宽窄的不同而改变了太阳辐射状况，即使在同一街道两侧，也会出现很大差异。在北半球地区，一条东西向的街道，光量北侧多于南侧；南北向的街道，两边光量基本相同。由于受光的不同，导致树木偏冠，树木和建筑物之间距离太近，迫使树木形成朝向街道方向的不对称生长。虽然街道地面和建筑物的反射可补偿部分辐射，但光线不足总会使树木的根量减少。

2. 城市的温度因子　城市热岛效应是城市气候最明显的特征之一，它是指城市气温高于郊区气温的现象。据徐兆生等人观测，北京城区年平均温度比其周围郊区高 $0.7 \sim 1.5℃$。

城市街道和建筑物受热后，如同一块人造的不透水岩石，其温度远远超过植物覆盖区。由于城市的温度较高，春天来得较早，秋季结束较迟，使城区的无霜期延长，极端温度趋向缓和，但这些适宜于树木生长的因素，则会由于温度升高、湿度降低而丧失。

3. 城市的水分因子　城市降水的变化主要表现在降水量和暴雨天数的增加上，据周淑贞（1994）统计，上海市区的降水比郊区高 3.3%～9.2%，究其原因是城市的热岛效应、建筑物的阻碍和凝结核增多。但是，由于街道和路面的封闭，自然降水几乎全排入下水道，树木得不到充足的水分，使水分平衡经常处于负值。由于高温，降水利用率低，植物蒸发量变小，使城市的相对湿度和绝对湿度均较开阔的郊区低。为维持树木的水分平衡，人工灌溉成为必需。城市水系对城市温度、湿度及土壤均有相当大的影响。

4. 城市的空气因子　除含一般干洁空气的组成成分外，还含有其他污染物，它们可能呈气态、雾态或液态、固态。主要有二氧化硫（SO_2）、氟化氢（HF）、氯气（Cl_2）、氯化氢（HCl）、二氧化氮（NO_2）等。超过一定浓度的有害气体和悬浮微粒改变了城市空气的性质，而且对人体和树木有害。

5. 城市雾障　城市空气因子的变化主要表现为大气污染，它们的数量决定烟雾的厚度、高度和浑浊度。近年来还出现了不同程度的雾霾。

二、城市土壤因子的特点

城市树木极少生长在自然土壤中，它们多半被栽植在贫瘠的基质（如煤渣、灰烬和破瓦残垣以及各种缺少腐植质和营养物质的生土）中，清除秋季落叶也切断了土壤矿物质的营养循环，同时由于旧城市土壤中石灰的含量较高，对多数树木的生长不利。

1. 城市土壤物理性质的特点　由于中国人口众多，城市街道及游览区的游人集中，土壤因踩踏或过度铺装，尤其造成地表结实，不利或隔绝土中气体与大气间的交换，影响根系生长，土壤变劣，造成树木早衰，变成"小老树"，甚至死亡。

2. 城市土壤化学性质的特点　城市的现代工业发展和能源种类造成的污染沉降物和有毒气体随雨水进入土壤。当土壤中的有害物含量超过土壤的自净能力时，就发生土壤污染。大气污染的沉降物（或随降水）、污染水、残留量高且残留期长的化学农药、特异性除莠剂、重金属元素以及放射性物质等都会造成土壤污染。

3. 城市土壤生物学性质的特点　土壤污染后，破坏土中微生物系统的自然生态平衡，还会引起病菌的大量繁衍和传播，造成疾病蔓延。土壤被长期污染，结构破坏，土质变坏，土壤微生物活动受抑制或破坏，肥力渐降或盐碱化。

4. 城市土壤肥力的特点　土壤中有些有毒物质（如砷、镉、过量的铜和锌）能直接影响植物生长和发育，或在体内积累。有些污染物引起土壤 pH 的变化，如 SO_2 形成"酸雨"使土壤酸化，使氮不能转化为供植物吸收的硝酸盐或铵盐；使磷酸盐变成难溶性的沉淀；使铁转化为不溶性的铁盐，从而影响植物生长；又如碱性粉尘（水泥粉尘等）能使土壤碱化，使植物吸收水分和养分变得困难或引起缺绿症。

三、城市其他环境因子

1. 城市的地上线路　树木和树冠上的电线经常发生矛盾。不是树木干扰电线，就是树木要不断遭受过量的修剪，而使树冠残缺不全，影响观赏树木的美观。

2. 城市的地下管线　在根区铺设管道、电缆和下水道都属于对树木有危害的工程。原则上应在树木分枝分布范围以外铺设管线。由于在施工过程中总会损伤一些树木的根，因此必须同时对树冠进行适当的修剪，以平衡地上与地下部分水分，尽快恢复树势。

四、城市环境因子对树木的影响

城市环境较自然环境更为复杂，除较空旷处主要考虑土壤条件外，其他地方多须从地上环境（地形及其形成的小气候）和地下环境（包括管道等）两方面来加以分析。两方面对树木的影响都较大时（如：街道环境，尤其是土壤与大气都有严重污染的地段），除选择适合地上环境的树种外，往往只能采取改土的办法。

五、观赏树木对城市环境因子的影响

人们一般都知道绿地和森林（树木）有益于人的健康，但人们对于树木与健康究竟有什么关系并没有清晰的概念，但树木能改变气候恶化带来的不良影响是肯定的（如前述）。

第五节　观赏树木群体及其生长发育规律

一、植物群体

植物群体是生长在一起的植物集体。按其形成和发展与人类栽培活动的关系，可分为两类：一类是植物自然形成的，称为自然群体或植物群落；另一类是人工形成的，称为人为群体或栽培群体。

自然群体（植物群落）是由生长在一定地区内，并适应于该区域环境综合因子的许多互有影响的植物个体所组成，它有一定的组成结构和外貌，是依历史的发展而演变的。一个植物群体应视为该地区各种条件密切相关的植物整体，它的发生、发展与该地区的环境因子、各种植物种本身的习性及各植物体间的相互关系等综合影响有着极其密切的关系。在自然界中，到处都可以见到自然植物群体，如在高山及纬度较高地区的针叶林和针阔混交林。

栽培群体完全由人类的栽培活动而创造。它的发生、发展总规律虽然与自然群体相同，但它的形成与发展的具体过程、方向和结果都受人的栽培管理活动所支配。在园林中有各种树丛、林荫道、绿篱等，这些都是栽培群体。

群体虽然是由个体所组成，但其发展规律却不能完全以个体的规律来代替。应加强对群体的研究，保证园林植物能按照人们的目的要求来充分发挥其作用，以达到园林绿化的多种功能。

二、植物的生活型

生活型是植物对所在环境综合条件长期适应而表现在外貌上的类型。它是植物体与环境间某种程度上统一性的反映。具有相同生活型的各种植物对环境的适应途径和方式是相同的，但生活型与分类无关。

生活型可综合概括为一个大体系，包括：①树上的附生植物；②高位芽植物［依高度可分为四种类型，即大高位芽植物（30m以上）、中高位芽植物（8～30m）、小高位芽植物（2～8m）、矮高位芽植物（0.25～2m）］；③地上芽植物；④地面芽植物（在对植物不利的

季节，植物体的地上部一直死亡到土壤水平面上，仅有被死地被物或土壤保护的植物体的下部仍然存活并在地面处有芽的植物）；⑤地下芽植物（在恶劣环境下以埋在土表以下的芽渡过不利环境的植物）；⑥水生植物；⑦一年生植物；⑧内生植物（生活在不同物体内部、不直接接触外界环境的植物）；⑨土壤微生物；⑩浮游植物。

三、植物的生态型

生态型是一个种对某一特定生境发生基因型反应的产物。换言之，就是同一种植物由于长期适应不同环境而发生的变异性和分化性的个体群，这些个体群在形态、生态特征和生理特性上均有稳定性，并有遗传性。因此，一个植物种分布区越广，其生态型就越多。

生态型根据其形成的主要影响因子可分为：

1. 气候生态型　即同一个种长期受不同气候的影响而形成不同的生态型。

2. 土壤生态型　主要是长期在不同土壤条件的影响下形成的。

3. 生物生态型　主要是在生物因子的长期作用下形成的，有的种长期生长在不同的群落中，由于植物之间竞争等关系的不同，可分化为不同的生态型。

优秀的园林工作者不仅要能培育和栽培好不同的生态型植物，而且应善于应用不同生态型的植物去创造出不同的、丰富多彩的园林景色。

四、植物群体的组成结构

1. 自然群体的组成结构　各种自然群体均由一定的植物组成，并有其形态外貌上的特征。

（1）群体的组成成分。群体是由不同的植物种类所组成，但各个种在数量上并不是均等的。将在群体中数量最多或所占面积最大的种类称为优势种。优势种可以是一种或几种，是本群体的主导者，对群体的影响最大。

（2）群体的外貌。主要取决于优势种的生活型，其他依次为群体中植物个体的疏密程度、种类的多寡、色相、季相、植物生活期的长短、群体的分层现象等亦可影响群体的形态外貌。

2. 栽培群体的组成结构　栽培群体完全是人为创造的，因此，其组成结构的类型是多种多样的。栽培群体所表现的形态外貌受组成成分、主要的植物种类、栽培的密度和方式等因子所制约。

五、植物群体的分类和命名

（一）植物自然群体的分类和命名

1. 植物自然群体的分类　中国植被编辑委员会经过多年的工作，在 1980 年出版的《中国植被》中对植被的分类采用了三级制，即高级单位为"植被型"、中级单位为"群系"、基本单位为"群丛"；同时又在每级单位之上各设一个辅助单位，即植被型组、群系组、群丛组；此外，又可根据需要，在每级主要分类单位之下设亚级，即植被亚型、亚群系等。

（1）植被型组。凡是建群种生活型相近，而且群落的形态外貌相似的植物群落联合为植被型组。全国共计 10 个植被型组，分别为：针叶林、阔叶林、竹林、灌丛及灌草丛、草原及稀树草原、荒漠（包括肉质刺灌丛）、冻原及高山植被、草甸、沼泽及水生植被、栽培植被型组。

（2）植被型。在植被型组内将建群种生活型（1级或2级）相同或近似而同时对水热条件生态关系一致的植物群落联合为植被型。全国共计29个植被型，其中阔叶林型组最为复杂，可分为落叶阔叶林、常绿与落叶阔叶混交林、常绿阔叶林、硬叶常绿阔叶林、季雨林、雨林、珊瑚岛常绿林和红树林等8种类型。

（3）植被亚型。植被亚型是植被型的辅助或补充单位，是在植被型内根据优势层片或指示层片的差异进一步划分而成的。

（4）群系组。根据建群种亲缘关系近似（同属或相近的属）、生活型（3级或4级）近似或生境相近而分为群系组。同一群系组的各群系，其生态特点一定是相似的。

（5）群系。凡是建群种或共建种相同（在热带或亚热带有时是标志种相同）的植物群落联合为群系。这是最重要的中级分类单位。

（6）亚群系。亚群系是在生态幅度比较广的群系内的辅助单位，是根据次优势层片及其所反映的生境条件面而划分的，对于大多数群系无需再划分亚群系。

（7）群丛组。将层片结构相似，并且其优势层片与次优势层片的优势种或标志种相同的植物群落联合称为群丛组，如在兴安落叶松林群系内又可分为兴安落叶松—杜鹃群丛组。

（8）群丛。所有层片结构相同，各层片的优势种或标志种相同的植物群落联合为群丛，这是植被分类的基本单位。

2. 植物自然群体（植物群落）的命名

（1）分层记载法。在命名时写出群体各层次优势种的名称，并在其间连以横线。如果同一层次中有几个优势种，则均应写出，但须在其间附以"＋"号。

（2）简要记载法。在群体中选出两个优势种来代替该群体。

在一般应用中多采用分层记载法，它可给人们以较明确的组成结构内容。

（二）植物栽培群体的分类和命名

1. 植物栽培群体的分类　一般来讲，首先按经营目的分为各种类型，其次依其群体的组成分为"单一群体"和"混合群体"两大类，这两类又分别有其生长、发育规律，并结合生境与人工栽培技术措施的不同而有不同的产品效益。

2. 园林栽培群体的命名　我国著名园林树木学家陈有民主张：在园林中对组成配植结构单元的群体，首先记明各层次的主要种类和次要种类的名称，然后在前面标明园林配植结构和用途的专门名词，即成为该园林栽培群体的名称。如单纯树种的栽培群体有"自然风景式油松纯林"，混交种植的群体有"林荫道式油松＋槭树群体"等。

总之，园林植物栽培群体的命名应充分体现园林植物配植的特点，能给人以明确的概念并具有较丰富的内容。

六、群体的生长发育和演替

群体是由个体组成的，是一个紧密相关的集体，同时也是一个整体。研究群体的生长发育和演变的规律时，既要注意组成群体的个体状况，也要从整体的状况以及个体与集体的相互关系上考虑。

根据陈有民的意见，群体的生长发育可以分为以下几个时期：

1. 群体的形成期（幼年期）　自种子或根茎开始萌发到开花前的阶段属于本期。在本期内不仅植株的形态与以后诸期不同，而且在生长发育的习性上亦有明显区别。如植物的独立生活能力弱，与外来其他种类的竞争能力较小，但植株本身与环境相统一的遗传可塑性却较强。一般言之，处于本期的植物群体要比后述各期都有较强的耐阴能力或需要适当的荫蔽和较良好的水湿条件。在园林绿化工作中，人们常常采取合理密植、丛植、群植等措施，控制一定的密度，以保证该种植物群体的顺利发展。

2. 群体的发育期（青年期） 是指群体中的优势种从始花、结实到树冠郁闭后的一段时期，或先从形成树冠（地上部分）的郁闭到开花结实止的一段时间。本期由于植株间树冠彼此密接形成郁闭状态，因而大大改变了群体内的环境条件。在群体中的个体之间，由于对营养的争夺，结果有的个体表现生长健壮，有的则生长衰弱，处于被压迫状态以至于枯死，即产生了群体内部同种间的自疏现象，而留存适合于该环境条件的适当株数。与此同时，群体内不同种类间也继续进行着激烈的斗争，从而逐渐调整群体的组成与结构关系。

3. 群体的相对稳定期（成年期） 是指群体经过自疏及组成成分间的生存竞争后的相对稳定期。这时群体的外貌多表现为：层次结构明显、郁闭度高等。各种群体相对稳定期的长短有很大差别。

4. 群体的衰老期及群体的更新与演替（老年及更替期） 由于组成群体主要树种的衰老与死亡以及树种间斗争继续发展的结果，整个群体不可能永恒不变，必然发生群体的演变现象。例如，由于个体的衰老，形成树冠的稀疏，日光透入树下，土地变得干燥，从而引起与之相适应的植物种类和生长状况的改变，为群体优势种的演替创造了条件。

园林绿化工作者的主要任务是要掌握其变化规律，改造自然群体，引导其向有利于园林绿化需要的方向发展。对于栽培群体，在规划设计之初就要能预见其发展过程，并在栽培养护过程中保证其具有较长期的稳定性。

学习小资料

小资料 1 树木的生理特点：一是营养代谢类型的变化，通过叶绿素进行光合作用合成糖类称为碳素同化作用，通过根系吸收的氮素在细胞中合成含氮物质进而合成蛋白质称为氮素同化作用，树木同化的有机营养贮藏在各级枝干和根系中，落叶树于秋、冬尤为明显；二是营养物质的运输和分配，其总趋势是由制造营养的器官向需要营养的器官运送，在运送的过程中仍进行复杂的生理生化变化；三是营养物质的消耗与积累，树木各部分的生长发育、组织分化和呼吸作用都要消耗大量的营养物质，树种营养物质的积累主要决定于已经停止生长的健全叶片同化功能的强弱和各器官养分的多少。树木的季节贮藏养分是调节不同季节性供应的营养水平，影响到器官建造功能的稳定性；常备贮藏养分影响分化水平、适应能力及健康状况，保证季节性贮藏养分及时消耗并使常备贮藏养分水平年年有增长是管好树木的前提。

小资料 2 生态城市建设中的十大误区：城市越大越好；楼房越高越好；草坪面积越大越好或所有城市都必须种树；城市广场必须用大树来点缀；广场越大越好，道路越宽越好；将城市的生物多样性简单地等同于植物种类的多而杂；城市绿化就是克隆自然；旧的不去，新的不来；人居环境良好的标志就是房子是否造得漂亮；生态住宅区的标志就是高绿化率。

小资料 3 花卉品种国际登录常识：花卉（观赏植物）品种的国际登录是发展中外花卉园林事业中一项极为重要的基础研究，对保证花卉品种名称的一致性、准确性、稳定性极其重要。1959 年经国际园艺科学的倡导者和组织者的努力，成立了国际园艺学会（International Society for Horticultural Science，简称 ISHS）。在国际园艺学会之下设 12 个专业委员会，其中命名与登录委员会（Commission for Nomenclature and Registration）负责组织并掌握世界范围内主要观赏及有关栽培植物的命名和登录工作，主要是依靠权威专业部门和权威专家，逐步组织并健全世界性的栽培品种国际登录体系。每一个不同栽培植物类群国际登录权威都是经国际园艺学会下的命名与登录委员会的批准方可进行工作。目前，全世界有 16 个国家（地区）86 个国际登录权威（ICRA）在正常工作，这 86 个国际登陆权威中，北美洲 40 个（其中美国 37 个），欧洲 30 个（其中英国 23 个），大洋洲 10 个，亚洲 4 个（其中中国 2 个），非洲 2 个。

本章小结

生长是发育的基础，由于树木是多年生的木本植物，存在着两个生长发育周期（即年周期和生命周期），研究树木的生长发育规律，对正确选用树种和制定栽培养护措施具有十分重要意义。树木的生长发育既受到本身一些习性的影响，又受到环境条件的影响，同时还存在着植物体各部分之间相互联系的关系，即树木生长发育的相关性。物候是树木年周期的直观表现，可作为树木年周期划分的重要依据。物候观测是否准确取决于观测点、观测目标或对象、观测时间、观测部位及观测人员的选定是否科学，观测标准制定是否合理。环境条件对树木的生长发育也有很大的影响，要正确区分生态因子和生存条件，要辩证理解植物与环境关系中的几个基本概念，如综合作用、主导因子、生存条件的不可代替性、生存条件的可调性和生态幅等。城市生态环境不同于自然界中天然形成的环境，有其特殊性，作为园林工作者必须对城市的环境有一个全面的了解。树木个体生长有一定的规律，群体生长的规律也要加以研究，必须树立大生态理念，使群体的形成能朝着人们预期的方向发展，并有较长的稳定期。

复习与思考

1. 试述生长与发育的关系。
2. 观赏树木在生长发育过程中有哪些相关性，利用相关性我们可以开展哪些研究工作？
3. 物候观测要注意哪些方面？并充分利用学习本课程的时间在校园内选择 5 种树木进行物候观测。
4. 如何准确理解生态因子与生存条件，生活型与生态型等概念？
5. 试述树木群体生长发育可分为哪几个阶段，各阶段有何特点。
6. 准确理解群落的概念，选择某一区域或某一绿地分析当地植物群落的合理性。
7. 比较自然群落和栽培群落的优缺点。
8. 建立一个科学合理的植物群落主要要考虑哪些因素？

实训实习

1. 选定校园内 5 种观赏树木进行为期半年的物候观测。
2. 选定校园内数量最多的树种测定其胸径和冠幅，并进行相关性分析。
3. 选定 1 个样方（100m²）进行植物群体分析。

第三章

观赏树木的调查与规划

【知识目标】1. 了解树种的天然分布及其影响的因子。

2. 了解树种规划的基本原则和主要内容。

3. 了解树种调查的主要项目和内容。

4. 了解开展树木引种与苗木调配的意义。

5. 了解古树名木的概念及其保护的意义。

【技能目标】1. 掌握树种调查的方法。

2. 熟悉树种调配的过程，会进行树种的调配。

3. 会根据引种树木的生长发育情况判断引种是否成功。

4. 能初步掌握古树名木保护的方法。

5. 能初步掌握古树名木复壮的方法。

第一节 植物的水平分布与垂直分布

一、影响植物分布的因子

植物的环境主要包括气候因子（温度、水分、光照、空气）、土壤因子、地形地势因子、生物因子及人类活动等方面。因此，影响植物分布的因子也包括温度、水分、光照、土壤等直接因子以及地形地势、生物因子、人类活动等间接因子。

二、植物的水平分布

植物的水平分布主要受纬度、经度的影响，而地形及土壤因子亦起着一定的作用。气候带的基本状况是自赤道向两极热量随纬度的提高而逐渐减少，并依经线的方向距离海洋越远时，由海洋性气候渐变为大陆性气候，植物就是受这种变化的影响而形成自然的水平分布带。这种分布的状况可用模式图表示（图3-1）。

图3-1仅是水平分布规律概括性的模式，实际上由于江湖、河流、土壤、地形地势等的影响，会使树木的水平分布情况远比模式所显示的复杂得多，有时还呈犬牙交错状分布。

三、植物的垂直分布

这是指在山区由于海拔高度的变化而形成不同的植物分布带。从海拔低处向海拔高处上升，每上升100m，年平均温度下降0.6℃，而相对湿度有所增加。垂直分布的模式是从热

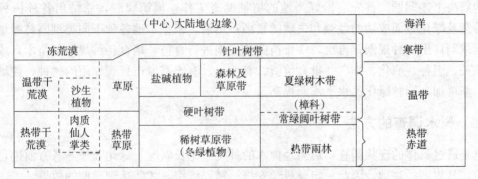

(中心)大陆地(边缘)						海洋
冻荒漠			针叶树带			寒带
温带干荒漠	沙生植物	草原	盐碱植物	森林及草原带	夏绿树木带	温带
			硬叶树带		(樟科)常绿阔叶树带	
热带干荒漠	肉质仙人掌类	热带草原	稀树草原带(冬绿植物)		热带雨林	热带赤道

图 3-1　植物水平分布模式

(陈有民.1990.园林树木学)

带雨林过渡到常绿阔叶林带、落叶阔叶林带、针叶林带、灌木带、高山草甸带、高山冻荒漠带直至雪线（图 3-2）。一般来说，除了热带的高山外，极难见到全部各带的垂直分布，只能见到少数的几带。

此外，就某个植物种的自然分布而言，它是依该种的生长发育特性及其对综合环境因子的适应关系而形成该种的垂直分布和水平分布区的。各种植物生长分布的状况，除了生态方面的作用外，还受到地史变迁、种的历史发展及人类生产活动的巨大影响，因此，不同的种类其分布区的大小、分布的中心地区以及分布的方式（如连续的分布区或间断分布区等）均有其各自的特点。作为园林工作者在不同气候区对大面积地形复杂区域进行绿化时，必须对植物的水平和垂直分布的总规律有所掌握。

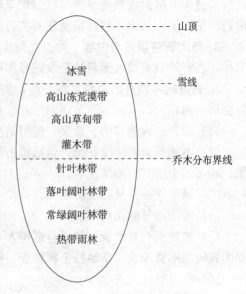

图 3-2　植物垂直分布模式

(陈有民.1990.园林树木学)

第二节　我国城镇树种调查与规划

一、我国城镇树种调查与规划的意义

园林绿化建设的飞速发展给园林行业注入了新的活力，园林绿化工作受到了前所未有的关注。生态园林、城市森林、碳汇林业、生物多样性、生态文明、生态文化等概念已深入人心，人们认识到植树造林不应仅从物质生产角度，更应从人类生活环境的改善和生态文明建设的高度来理解。但目前的现状是绿化成活率和保存率均不高，很多地区用大量资金盲目地引进不能在本地区生长的苗木或将大量的大树甚至古树引进城，造成了人力、物力、财力的极大浪费，也使原生态地环境遭受破坏，几乎所有的城市都存在苗木种类缺乏或缺少各种类型用途规格的苗木等问题，严重影响了园林建设水平的提高。究其原因，主要是缺乏对气候土壤分区和各种不同树种生态习性的认识，其次是盲目跟风和互相攀比。

为解决上述问题，首先应做好当地的树种调查工作，摸清家底，总结出各种树种在生长、管理及绿化方面成功的经验和失败的教训；然后，根据本地各种不同类型园林绿地对树种的要求制订出树种规划；再次，安排苗圃按规划进行育苗，培育各种规格的苗木，或组织技术攻关，引种、驯化、推广一批有价值、有前途、有丰富城市景观作用的树种，使城市的树种不断增加，园林绿化的水平不断提高。

二、树木调查的方法

这是通过具体的现状调查，对当地树木的种类、生长状况、绿化效果等各方面进行综合的评价，是规划的基础，因此一定要科学安排、精心组织，才能达到预期的效果。

1. 确定人员与组织培训　首先由当地园林绿化部门挑选具有相当业务水平、工作认真负责的技术人员组成调查组；其次组织全体人员进行培训，确定记载标准，对一些疑难问题进行讨论，统一认识；然后根据任务实行分片包干，组内人员进行合理分工。

2. 确定调查项目与内容　为提高效率，根据确定的调查项目与内容事先印制调查记录卡片，在野外只需填入测量数字及记号即可。

3. 做好树木调查的总结　在外业调查结束后，应将资料集中进行分析总结。总结一般包括以下内容：

（1）前言。说明目的、意义、组织情况及调查方法等。

（2）本地的自然环境状况。包括城市的自然地理位置、地形地貌、自然植被、海拔、气象、水文、土壤、污染情况等。

（3）城市性质及社会经济简况。

（4）本市园林绿化现况。

（5）树种调查总结表。包括行道树表、公园现有树种表、本地抗污染树种表、城市及近郊的古树名木资源表、本地特色树种表、树种调查统计表等。

（6）经验教训。

（7）群众意见。

（8）参考资料。

（9）附件。包括有关的图片、腊叶标本。

三、树种规划的原则

1. 基本符合森林植被区的自然规律，并充分发挥人的主观能动性　在分析自然因素与树种关系时，应注意最适条件和极限条件；在选择规划树种时，不仅应重视当地分布的树种（即乡土树种），而且应以积极的态度引用经过引种驯化、有把握的外来树种，以丰富当地园林绿化的形式和内容。

2. 符合城市的性质特征　好的树种规划应体现出不同性质城市的特点和要求。确定的基调树种和骨干树种要求对本地的适应性强、病虫害少，并能抵抗、吸收多种有害气体，栽培管理简便等。

3. 重视"适地适树"原则　"适地适树"在园林建设中应包括更多的内涵。在进行树种规划时，既应注意乡土树种，又应注意已成功引进的外来树种，并积极扩大外来树种，在扩大引入外来树种的同时又充分利用乡土树种，最后达到生物多样性的目的。

4. 注意特色的表现　从园林建设的整体上讲，应该提倡每个城市都有自己的特色。地方特色的表现通常有两种方式：一是以当地著名、为人们所喜爱的树种来表示；另一种是以某些树种的运用手法和方式来表示。因此，在树种规划时可根据调查结果确定几种在当地生长良好而又为广大市民所喜爱的树种作为表达当地特色的特色树种。

5. 注意园林建设实际要求　树种规划的目的是为园林建设服务的，因此在进行树种规划时必须考虑到园林绿化中的实际问题，即应考虑到速生树和慢生树，一般树种和骨干树种，落叶树和常绿树，乔木和灌木、丛木、藤木的比例，构成复层混交、相对稳定的人工植物群落，既要照顾到目前又要考虑到长远的需要。

总之，有了树种的规划就可使园林建设工作少走弯路，保证园林建设工作水平的不断提高。

四、树种规划的名单

在树种调查的基础上，遵循上述原则，制定当地城市绿化的基调树种、骨干树种及一般树种名单。基调树种指各类园林绿地均要使用、数量最大、能形成全城统一基调的树种，一般以 1～4 种为宜；骨干树种指对城市印象影响最大的道路、广场、公园的中心点、边界等地应用的树种，骨干树种能形成全城的绿化特色，一般以 20～30 种为宜；一般树种种类多少不限，通常可选用 100 种或更多。需要说明的是：一个城市树种的规划并不是一成不变的，随着科学技术的进步和社会经济的发展，人们对园林的要求也会提高，对树种选择也就有新的要求。

第三节　观赏树木的引种

一、引种驯化的概念

引种是把某种栽培或野生植物突破原有的分布区，引进到新地种植的过程。驯化是把当地野生或从外地引种的植物经过人工培育，使其适应在新环境条件下生长发育的过程。引种的目的或是为了驯化，或只是为育种提供原始材料。

二、引种的途径、方法和步骤

观赏树木引种的途径有国内和国外两个方面。国内引种包括采种、挖苗、剪取插条、接穗以及收集植物的其他繁殖体；国外引种以种子交换为主，有条件时也可采取与国内相似的方法。

国内引种，尤其是到本地或邻近自然区域引种，在整个引种工作中应占据重要的地位。一方面，地方种具有较强的适应性和稳定性等突出优点；另一方面，反映地区特色，寻找那些可以利用而尚未利用的野生树木资源，是丰富园林绿化树种资源的主要途径。

国际种子交换是引种的另一条重要途径，具有经济、简便的优点，只有通晓世界树木资源状况，选择适宜的引种对象，引种效果才会显著。例如：南京林业大学已成功地从国外引种了池杉、北美枫香、加拿大糖槭、意大利杨、火炬松、湿地松等重要的园林绿化树种，并成功地育成了杂交马褂木等优良品种。

引种的步骤主要有三个：选择鉴定原始材料，栽培试验，生产推广。推广种苗的同时应介绍栽培技术，以利于推广成功。

三、树木引种成功的评价指标

（1）引种植物在引种区内不再需要特殊的保护措施，能露地越冬、越夏和开花。

（2）不降低原有的优良性状和经济价值。

（3）没有严重的病虫危害。

（4）种子繁殖的植物要从种子幼苗木开始长到成熟植株，能正常开花结实并产生具有生命力的种子为止，即能传宗接代。

（5）无性繁殖植物通过栽培，只要能正常生长、开花和正常无性繁殖即可。

第四节 观赏树木的经营

一、种苗调配的意义

党的十七大报告，在全面建设小康社会奋斗目标中，第一次明确提出了"建设生态文明"的新要求，并强调在经济社会发展过程中要"建设生态文明，基本形成节约能源资源和保护生态环境的产业结构、增长方式、消费模式"，坚持走生产发展、生活宽裕、生态良好的文明发展道路。党的十八大报告更是提出了"美丽中国"的建设目标。绿化是建设生态文明的基础，苗木又是绿化的基础，苗木产业在建设生态文明、构建人与自然和谐发展的宏大工程中，肩负着神圣的职责和光荣的使命。然而，由于我国南北东西之间自然条件的差异和习惯，经济社会发展还很不平衡，因此，在园林绿化建设中必然要进行种苗调配。

当前我国绿化苗木业先发展地区市场空间出现萎缩，生产日渐过剩，需要进一步拓展市场；新兴产区生产能力不断增强，市场竞争日趋激烈。长江三角洲地区拥有良好的自然地理条件和植物资源，所培育的苗木适应范围广，同时经过多年的发展，积累了丰富的品种资源和较为成熟的培育技术，产品营销能力强，生产经营成本相对较低，一些适应性广的苗木品种在市场竞争中占有明显的优势，北苗南育仍有一定的空间，但由于品种的适应性、运输成本和长途运输对苗木质量的影响等因素，苗木就地培育与应用无疑具有明显的竞争优势，这一问题也必须引起重视。

二、种苗调配的方法

苗木产业现代化的内涵至少包含以下几点：

1. 科学选种 在适地适树的前提下，尽可能选育优良树种，避免盲目追风引进新品种。

2. 容器化育苗 容器育苗省地、省工，不破坏苗圃地的土壤和肥力，质量好，标准一致，出圃率高，易搬动，移栽成活率高，还不受绿化施工季节的影响。

3. 设施化生产 目前已经成熟的先进技术有穴盘育苗、全光照间歇喷雾扦插、大棚温室、滴灌、遮阳、容器育苗、智能温室等。

4. 标准化管理 苗木生产过程中必须实行标准化管理，对苗木的株行距、摘心抹芽、修剪整形、施肥追肥、病虫害防治等都要按规范操作，有了标准化生产和管理，才能有满足市场需要的标准化产品。

5. 产业化经营 产业化是小生产向社会化大生产转变的必然趋势，产业化的核心是龙头企业。

6. 社会化服务 生产的社会化必将产生社会分工的专业化，还有市场信息化、结算现代化、环境法制化和提高组织化程度等，都应在实现"六化"的同时相应得到解决。

种苗调配的方法是要认真进行苗木市场走势分析，进行科学有效的需求预测，根据需求的信息找到最理想的上下家，早作安排，完成种苗调配任务。种苗调配过程中要充分发挥苗木行业协会的作用，并尽量到苗木生产基地直接进货，减少中间环节，降低销售成本，提高综合效益。

三、种苗调配过程中的成本核算

种苗调配中的成本核算应包括种苗调配过程中所发生的全部生产费用的总和。它包括支付给生产工人的工资、奖金，所消耗的主、辅材料费用、运输费、植物检疫检验费、周转材料的推销费或租赁费，以及销售、管理部门所发生的全部费用支出。

第五节　古树名木

一、古树名木的概念及保护的意义

1. 古树名木的概念 古树名木是我国的宝贵财富，不是一般树木可比拟的。古树名木必须具备"古"或"名"，是历朝历代栽植遗留下来的树木，或者为了纪念特殊的历史事件而栽植的作为见证的树木。古树名木一般应具备以下的条件：

（1）树龄在百年以上的古老树木。

（2）具有纪念意义的树木。

（3）国外贵宾栽植的"友谊树"，或外国政府赠送的树木，如北美红杉等。

（4）稀有珍贵的树种，或本地区特有的树种。

（5）风景区起点缀作用，又与历史掌故有关的树木。

凡树龄在300年以上的树木为一级古树；其余为二级古树。古树名木往往一身而二任，当然也有名木不古或古树不名者，都应引起重视，加以保护和研究。

2. 保护和研究古树名木的意义 我国是一个历史悠久、文化发达的文明古国，除文字、文物记载证明外，古树也是一个有力的见证者，它们记载着一个国家、一个民族文化发展历史，是一个国家、一个民族、一个地区文明程度的标志，是活的历史，有着丰富的科学内涵，是探索大自然奥妙的钥匙，也是进行科学研究的宝贵资料，它们对研究一个地区千百年来气象、水文、地质和植被的演变，有重要的参考价值。我国五千年的华夏文化，光辉灿烂，历史上保存下来的名木古树数量之多、种类之繁，与人文关系之密切，世所罕见。众多的古树名木，如果按朝代顺序排列，有商银杏、周柏、秦松、汉槐、晋杉、六朝松、隋梅、唐杏（银杏）、宋樟、明栗、清柳等均可作为历史的见证。我国还有很多古老树木，散生在庙宇、祠堂内外，村寨附近，后龙山上，被僧侣、村民奉为"佛树""神树""风水树""祖宗树"等，具有强烈的教化色彩。古树与宗教、民俗文化融为一体，受到一代又一代人的崇敬和爱护。古往今来，文人名士有很多吟叹赞颂树木的诗词、碑刻流传下来，诗为树吟、树为诗传，影响久远。保护和研究古树名木概括起来有以下几点：

（1）古树名木是历史的见证。

（2）古树名木可以为文化艺术增添光彩。

（3）古树名木是历代陵园、名胜古迹的佳景之一。

（4）古树是研究古自然史的重要资料。

（5）古树对于研究树木生理具有特殊意义。

（6）古树对于树种规划有很大的参考价值。

二、古树名木的调查登记

古树名木是我国的活文物，是无价之宝，各省市应组织专人进行细致全面的调查，摸清我国的古树名木资源。调查内容包括树种、树龄、树高、冠幅、胸径、生长势、生长地的环境（土壤、气候等情况）以及对观赏及研究的作用、养护措施等，同时还应搜集有关古树的历史及其他资料，如有关古树的诗、画、图片及神话传说等，总之应逐步建立和健全我国的古树名木资源档案。

在调查、分级的基础上，要实行分级养护管理，对于生长一般、观赏及研究价值不大的可实施一般的养护管理，对于年代久远、树姿奇特、兼有观赏价值和文史价值的，应拨专款、派专人养护，并随时记录备案。

三、古树名木的保护措施

古树名木比一般观赏树木的价值高，但其寿命已长，树体生长势衰弱，根系生长力减退，死枝数目增多，伤口愈合速度减慢，抗逆性差，极易遭受不良因素的影响，甚至导致死亡，因此，对古树名木的管理工作要比较细致，要为古树名木创造良好的生长环境，具体措施有以下几点：

1. 保持原生态环境　古树在某一地区的特定环境下生活了千百年，适应了当地的生态环境，因此，不要随便搬迁，也不应在古树周围修建房屋、挖土、架设电线、铺设管道、倾倒废土、垃圾及污水等。

2. 保持土壤的通透性　在生长季进行多次中耕松土，冬季进行深翻，施适量的有机肥料，改善土壤的结构及透气性，使根系和好气性微生物能够正常的生长和活动，为了防止人为的撞伤和刻伤树皮，保持土壤的疏松透气性，在古树周围应设立栅栏隔离游人，避免践踏，同时在古树周围一定范围内不得铺装水泥路面。

3. 加强肥水管理　由于古树年老，生长势弱，根系吸收能力差，施肥时不能施生肥（即没有发酵完全的肥料）、浓肥；土壤积水对树木的危害极大，应开设盲沟排除积水，以保持土壤中有适当的空气含量。

4. 防治病虫害　古树因树势衰弱，抗逆能力差，常易遭受病虫的危害。一旦发现，应及时防治。

5. 补洞、治伤　衰老的古树加上人为的损伤、病菌的侵袭，使木质部腐烂蛀空，造成大小不等的树洞，对树木生长影响很大。除有特殊观赏价值的树洞外，一般应及时填补。填补时，先刮去腐烂的木质部，用硫酸铜或硫黄粉消毒，然后在空洞内壁涂水柏油（木焦油）等防腐剂，为恢复观赏价值，表面用1：2的水泥黄沙加色粉面按树木皮色皮纹装饰。如树洞过大，则要用钢筋水泥或填砌砖块填补树洞并加固，再涂以油灰粉饰。

6. 防治自然灾害　古树一般树体高大，遇雷雨天气易遭雷击，因此在较高大的古树上要安装避雷针，以免雷电击伤树木。对树木空朽、树冠生长不均衡、有偏冠现象的树木，应在树干一定部位支撑三角架进行保护。此外，应定期检查树木生长情况，及时截去枯枝，保持树冠的完整性。

7. 堆土筑台　堆土筑台可起保护作用，也有防涝效果。筑台比堆土收效更佳，可在台边留孔排水。

8. 整形修剪　对于一般古树可将弱枝进行缩剪或锯去枯死枝，通过改变根冠比达到养分集中供应，有利发出新枝。对于特别有价值的珍贵古树，以少整枝、少短截、轻剪、疏剪为主，基本保持原有树形为原则。

四、古树名木的复壮

对生长衰弱、濒临死亡的树木应加强恢复长势和复壮的工作，利用树木衰老期向心更新的特点进行更新。萌芽力和成枝力强的树种，当树冠外围枝条衰弱枯梢时，用回缩修剪截去枯弱枝更新，修剪后应加强肥水管理，勤施薄肥，促发新枝，组成茂盛的树冠。对于萌蘖能力强的树种，当树木地上部分死亡后，根颈处仍能萌发健壮的根蘖枝，可对死亡或濒临死亡而无法抢救的古树干截除，由根蘖枝进行更新。

此外，对树势衰弱的古树，可采用桥接法使之恢复生机。具体做法是：在需桥接的古树周围，均匀种植 2～3 株同种幼树，幼树生长旺盛后，将幼树枝条桥接在古树树干上，即将树干一定高度处皮部切开，将幼树枝削成楔形插入古树皮部，用绳子扎紧，愈合后，由于幼树根系的吸收作用强，在一定程度上改善了古树体内的水分和营养状况，对恢复古树的长势有较好的效果。

地面铺梯形砖和草皮，设置围栏禁止游人践踏；做渗井透气存水，将新根引过来，改善根的生长条件；埋透气管等均可起到复壮树势的作用。

最后，对已经枯死、根深不易倒伏的古树桩如桧柏、银杏等，可适当整形修饰后，以观姿态或在旁植藤或菊，使之缠绕或吸附其上，组成有一定观赏价值的桩景，以丰富景观。

学习小资料

小资料 1　生态园林：生态园林是继承和发展传统园林的经验，遵循生态学的原理，建设多层次、多结构、多功能、科学的植物群落，建立人类、动物、植物相联系的新秩序，达到生态美、科学美、文化美和艺术美。以经济学为指导，强调直接经济效益、间接经济效益并重，应用系统工程发展园林，使生态、经济和社会效益同步发展，实现良性循环，为人类创造清洁、优美、文明的生态系统。总之，生态园林的科学内涵至少包括以下三点：一是依靠科学的配置；二是充分利用绿色植物；三是一个美化的景观。

小资料 2　生态城市：是一种理想的城市模式，是社会和谐、经济高效、生态良性循环与自然和谐生存的人类聚居在，表现为空间布局合理、基础设施完善、环境整洁优美、生态安全舒适，自然、城市、人融为有机整体，形成互惠互生结构。生态城市的基本特征有六个，即和谐性、高效性、持续性、整体性、区域性和全球性。建设生态城市规划应遵循五项原则：一是生态保护战略；二是生态基础设施；三是居民的生活标准；四是文化历史保护；

五是将自然融入城市。

小资料3 城市森林：是由多种植物构成的有机复合体，具有一定的水平结构和垂直结构，植物种类和数量的变化使群落在外部景观特征和内部的生态学过程方面都有所变化。有的学者根据城市森林的生态功能和侧重点不同，把它划分成六种类型，即观赏型、保健型、科普知识型、生产型和文化环境型。无论哪种类型，森林改善环境的功能是最根本的，在城市环境建设过程中应一直强调体现以人为本的思想。我国城市森林建设的基本思路是：坚持以人为本，人与自然和谐相处，突出生态建设、生态安全、生态文明的城市建设理念，以建设布局合理、功能完备、效益显著的城市森林生态系统为重点，科学规划，部门推动，政府实施，全民参与，加快城市森林建设，改善城市生态环境，促进城市经济社会可持续发展。

小资料4 绿量（三维绿色生物量）：指所有生长中的植物茎、叶所占据的空间体积。绿量是从植物茎、叶的生理功能和生态学能量转换利用出发，来说明绿地植物构成的合理性及生态效益水平。测算方法是通过对一定区域内不同园林植物的植株进行大量的实地测定，根据不同植物个体的叶面积与胸径、冠高或树幅的相关关系，建立计算不同植株个体绿量的回归模型。根据一个地区或一片绿地园林植物的组成结构、植株大小，应用回归模型再计算出这一地区或绿地绿量的总和。

小资料5 生物入侵：是指某种生物从外地自然传入或人为引种后成为野生状态，并对本地生态系统造成一定危害的现象。外来生物在其原产地有许多防止其种群恶性膨胀的限制因子，其中捕食和寄生性天敌的作用十分关键，它们能将其种群密度控制在一定数量之下。因此，那些外来物种在原产地通常并不造成较大的危害。但是一旦它们侵入新的地区，失去了原有天敌的控制，其种群密度则会迅速增长并蔓延成灾，如目前在中国泛滥的一枝黄花。

本章小结

植物的水平分布主要受纬度、经度的气候带影响，而地形及土壤因子亦起着一定的作用，不同树种其分布区的大小、分布的中心地区以及分布的方式均有其各自的特点，园林工作者在不同气候区对大面积地形复杂区域进行绿化时必须掌握总的规律，以便少走弯路。树种调查是园林工作者工作的基础，通过调查可以为树种的规划服务。树木的引种与驯化也是必须掌握的技能，任何一个城市在绿化过程中均要引种一些新的树种，引种必须科学，不能盲目。古树名木是每个城市宝贵的财富，保护好古树名木是每个园林工作者的天职，但如何保护有很深的学问，需要加以研究和探索。

复习与思考

1. 试述树木的分布主要受哪些因素的影响。
2. 结合社会实践或实习调查当地的绿化树种，并列出基调树种、骨干树种等。
3. 试述树种引种成功的标准。
4. 城市树种规划的主要原则是什么？
5. 古树名木保护与复壮的措施有哪些？

第四章

观赏树木的美化特性

【知识目标】了解观赏树种各自独具的形态、色彩、风韵、芳香等美的特性。
【技能目标】能欣赏树木的美。

第一节　观赏树木的形态美

在美化配植中，树形是构景的基本因素之一，它对园林境界的创作起着巨大的作用，不同形状的树木经过妥善的配植和安排，可以产生韵律感、层次感等种种艺术组景的效果。至于在庭前、草坪、广场上的孤植树，则更可说明树形在美化配植中的巨大作用。当然，一个树种的树形并非永远不变，它随着生长发育过程而呈现出规律性的变化，园林工作者必须掌握这些变化的规律，对其变化能有预见性，才能成为优秀的园林建设者。

所谓某种树有什么样的树形，一般均指在正常的生长环境下，其成年树的外貌而言。

一、树冠形（图 4-1）

1. 圆柱形　如塔柏、钻天杨等。

2. 笔形　如铅笔柏、塔杨等。

3. 尖塔形　如雪松、窄冠侧柏等。

4. 圆锥形　如圆柏、毛白杨等。

5. 卵形　如球柏、加拿大杨等。

6. 广卵形　如侧柏、香樟等。

7. 钟形　如欧洲山毛榉等。

8. 球形　如五角枫等。

9. 扁球形　如榆叶梅等。

10. 倒钟形　如槐等。

11. 倒卵形　如刺槐、千头柏等。

12. 馒头形　如馒头柳等。

13. 伞形　如龙爪槐、合欢等。

14. 风致形　由于自然环境因子的影响而形成的各种富于艺术风格的体形，如黄山迎客松等。

15. 棕榈形　如棕榈、椰子等。

16. **芭蕉形**　如芭蕉等。

17. **垂枝形**　如垂柳等。

18. **龙枝形**　如龙爪柳等。

19. **半球形**　如金老梅等。

20. **丛生形**　如翠柏等。

21. **拱枝形**　如连翘、迎春等。

22. **偃卧形**　如鹿角桧等。

23. **匍匐形**　如铺地柏、平枝栒子等。

24. **悬崖形**　如生于高山岩石隙中之松树。

25. **扯旗形**　如在山脊多风处的树木。

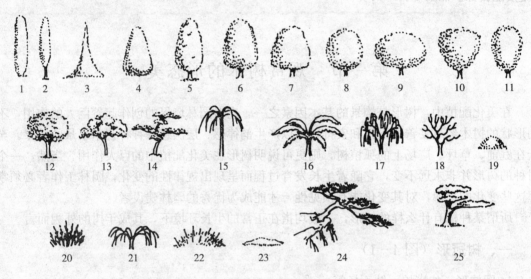

图 4-1　树冠形

1. 圆柱形　2. 笔形　3. 尖塔形　4. 圆锥形　5. 卵形　6. 广卵形　7. 钟形　8. 球形　9. 扁球形　10. 倒钟形
11. 倒卵形　12. 馒头形　13. 伞形　14. 风致形　15. 棕榈形　16. 芭蕉形　17. 垂枝形　18. 龙枝形　19. 半球形
20. 丛生形　21. 拱枝形　22. 偃卧形　23. 匍匐形　24. 悬崖形　25. 扯旗形

二、枝干形

枝干与根蔓较为显露，落叶后则更为显露。具体有以下几种：

1. **直立形**　树干挺直，表现出雄健的特色。

2. **偃卧形**　树干沿着近乎水平的方向伸展，由于在自然界中常常存在于悬崖峭壁或水体的岸畔，故有悬崖式与临水式之称，都具有奇突与惊险的意味。

3. **并丛形**　两条以上树干从基部或接近基部处平行向上伸展，有丛茂的情调。

4. **连理形**　由两株或两株以上树木的主干顶端互相合生而形成。这在热带地区不足为奇，但在北方则须由人工嫁接而成。在同一树上两条枝梢局部合生的称为"交柯"。连理、交柯在我国的习俗上都认为是吉祥的，如在苏州著名的古典园林留园中就有"古木交柯"这一景点（图 4-2）。

5. **盘结形**　由人工将树木的枝、干、根、蔓等加以屈曲与盘结而成，是热带树木的露根、板根、垂枝和蜷枝等特点的极度强调,演变到图案化的境地,具有苍老与优美的情调(图4-3)。

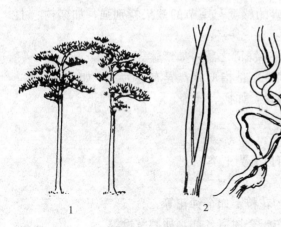

图4-2 连理形枝干
1.连理枝 2.交柯形

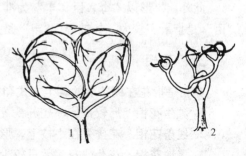

图4-3 盘结形枝干
1.郁李 2.结香

6. 屈曲形 是树枝的自然屈曲状态,在落叶后更为清晰显露,这类树木可以称为"赏枝式"。屈曲形同雪景相配合是协调的,季节的内容会因而丰富,季节的特色也能因之而加强(图4-4)。

三、叶形

观赏树木的叶具有极其丰富多彩的形貌。其形状变化万千,大小相差悬殊,在造园上起着不同的效应,可归纳为如下四类:

1. 针叶树 叶片细小,具有细碎、强劲的感觉,如雪松、云杉等。

2. 小叶树 叶片较小,具有紧密、厚实的感觉,如瓜子黄杨、油橄榄等。

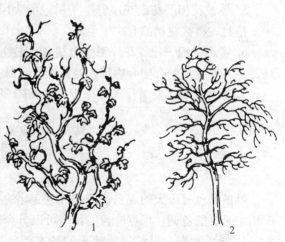

图4-4 屈曲形枝干
1.龙桑 2.龙枣

3. 阔叶树 叶片阔大,具有豪放、疏松的效应,大多数的阔叶树种。

4. 大叶树 叶片甚大,一树上叶片不多,具有清疏、潇洒的意味,如椰子树。

四、花果芽苞形

果实和芽苞所起的效应,基本上同花一样。花形结合花色,在视觉上才更为显著,单就花的形状,可以分作五类:

1. 细散花 花朵或花序的形体很小而不显著,形的效应微弱,作为景物,略有丰富其内容的作用,如珍珠梅、六月雪等。

2. 瑶团花 花朵聚集成簇成球,形体较大,并起到丰富景物的效果与季节的效应,引人注目,如八仙花等。

3. 大朵花 花朵的形体较大,欣赏价值较高,这类花往往具有雍容华贵的情调,如牡丹等。

4. 繁锦花 花开满树,盛极一时,繁华昌盛的感觉与季节的效果特别强,如栾树、七叶树等。

5. 垂序花 花序下垂,能随风而动,有飘逸、潇洒之感,如紫藤等。

此外,果形以"奇、巨、丰"为准。所谓"奇"是指形状奇异有趣为主,如象耳豆等;"巨"是指果实较大,如柚等;"丰"是指丰盛数量,如橘、柿等。

五、花相

花相是指花在枝条上的着生方式和相貌,可以分为七类:

1. 独生花相 形较奇特,如苏铁等。

2. 线条花相 花排列在小枝上,形成长形的花枝,如金钟花等。

3. 星散花相 花朵或花序数量较少,且散布于全树冠各部,如鹅掌楸等。

4. 团簇花相 花朵或花序形大而多,其中呈纯式团簇花相的有玉兰、木兰等;呈衬式团簇花相的有八仙花等。

5. 覆被花相 花或花序着生于树冠的表层,形成覆伞状,其中纯式覆被花相的有泡桐等,呈衬式覆被花相的有广玉兰等。

6. 密满花相 花或花序密生全树各小枝上,使树冠形成一个整体的大花团,花感最为强烈,其中纯式的有榆叶梅等,衬式的有火棘等。

7. 干生花相 花着生于茎干上,种类不多,如可可、木菠萝等。

第二节 观赏树木的色彩美

一、叶色

叶的颜色有极大的观赏价值,叶色变化的丰富难以用笔墨形容,虽为高超的画家亦难调配出它具有的色调,根据叶色的特点可以分为以下几类:

1. 绿色叶类 绿色虽属叶子的基本颜色,但仔细观察则有嫩绿、浅绿、鲜绿、浓绿、黄绿、蓝绿、墨绿、暗绿等差别,将不同绿色的树木搭配在一起,能形成美妙的色感。

(1)叶色深浓绿色。如油松、圆柏、雪松、女贞、桂花等。

(2)叶色浅淡绿色。如水杉、落羽杉、落叶松、七叶树、玉兰。

2. 春色叶类及新叶有色类 对春季新发生的嫩叶有显著不同叶色的,统称为"春色叶树",如臭椿、五角枫、桂圆木(山麻杆)的春叶呈红色,黄连木春叶呈紫红色;还有一类不论季节,只要发生新叶,就具色彩,宛若开花的效果,统称为新叶有色类,如铁力木等。

3. 秋色叶类 凡在秋季叶子能有显著变化的树种,均称为"秋色叶树",各国园林工作者均极重视。

(1)秋叶呈红色或紫红色。如鸡爪槭、五角枫、茶条槭、枫香、爬山虎、樱花、漆树、盐肤木、黄连木、柿、黄栌、美国红栎、南天竹、乌桕、卫矛、红槲、山楂等。

(2)秋叶呈黄或黄褐色。如银杏、白蜡、鹅掌楸、梧桐、无患子、白桦、栾树、麻栎、悬铃木、胡桃、落叶松、金钱松、水杉等。

4. 常色叶类 有些树的变种或变型，其叶常见为异色，而不必待秋季来临，特称为"常色叶树"。全年树冠呈紫色的有紫叶小檗、紫叶李、紫叶桃等；全年叶均为红色的有红叶石楠、红花檵木等，全年叶为金黄色的有金叶鸡爪槭、金叶女贞、金叶雪松、金叶圆柏等；全年叶均具斑驳彩纹的有金心黄杨、星点木等。

5. 双色叶类 某些树种，其叶背与叶表的颜色显著不同，在微风中就形成特殊的闪烁变化的效果，这类树种特称为"双色叶树"，如银白杨、胡颓子、栓皮栎、红背桂、青紫木等。

6. 斑色叶类 绿叶上具有其他颜色的斑点或花纹，如洒金桃叶珊瑚、变叶木等。

二、干枝色

树木干枝的色彩虽多，但往往不及树冠色彩（叶色）明显，较淡的色彩能在色彩较深的建筑物为背景的时候被强调出来，而与建筑物有相互彰显的作用。干枝有较特殊而明显的色彩在落叶后更为显现，有配合冬季雪景园林，使这一园林的内容显得更为丰富的作用。现将干枝有显著颜色的树种举例如下：

1. 呈暗紫色 如紫竹等。

2. 呈红褐色 如赤松、山桃、红桦、杉木等。

3. 呈黄色 如金竹、黄桦等。

4. 呈红色 如红瑞木等。

5. 呈绿色 如梧桐、竹类。

6. 呈白色 如白皮松、毛白杨、柠檬桉、白桦、悬铃木等。

7. 呈斑驳色彩 如黄金嵌碧玉竹、木瓜、榔榆等。

8. 呈灰色褐色 一般树种常是此色。

三、花色

花色一定要在花期一致与花或花序所占的比例较大时才显现出来，而花色显明的植物有极一时灿烂之致。至于花期不一致，花或花序所占比重不大的种类，则至少在色彩上不会有考虑的价值。花有加强季节特色的作用，在园林运用中是比较值得注意的。花色的显著与否还决定于花期、花型、花形、花朵疏密及着生部位等因素。根据花色可分为如下类型：

1. 隐色花 花部的色彩在色调本身或在同枝叶的对比上并不显著，对游赏者的吸引力不大，所以一般不能要求这类花在园林中发挥花色的效果。

2. 淡色花 花色淡素，效果不很强，但在夏日也能令人产生快意。

3. 艳色花 花色艳丽、显著，最宜与春景的新绿、嫩红相配合而相得益彰。万紫千红在情调上是富丽的，至于秋江冷艳，也很能打破寂寞。

4. 异色花 花色特殊，四季都能引人注目，配置在园林的局部，有强调这一局部的作用。

四、果实芽苞色

果实和芽苞的色彩在园林中所起的效应与花略同，能使园林内容丰富，果实的颜色有着更大的观赏意义。"一年好景君须记，正是橙黄橘绿时"，苏轼这首诗描绘出一幅美妙的景色，这正是果实的色彩效果。现将各种果色的树木分列如下：

1. 果实呈红色 如桃叶珊瑚、小檗类、平枝栒子、山楂、冬青、枸杞、火棘、花楸、樱桃、郁李、欧李、麦李、枸骨、金银木、南天竹、珊瑚树、紫金牛、柿、橘等。

2. 果实黄色 如银杏、杏、瓶兰、柚、佛手、金柑、枸橘、木瓜、梨、贴梗海棠、沙棘、南蛇藤等。

3. 果实呈蓝紫色 如紫珠、葡萄、十大功劳、李、蓝果忍冬、桂花、白檀等。

4. 果实呈黑色 如小叶女贞、小蜡、刺楸、女贞、五加、荚蒾、毛梾、鼠李、君迁子、金银花、黑果忍冬等。

5. 果实呈白色 如红瑞木、芫花、雪果、湖北花楸等。

第三节　观赏树木的动态美

一、观赏树木的演变

1. 生长 生长是树木不同于建筑物和山岩水体的主要特点。由于生长的结果必然会引起形状、大小、色彩、姿态及组织等一系列特性的时空变化，这意味着事物是不断向前发展而不是静止的。

2. 荣枯 随着季节的进展，落叶树的萌芽与落叶是最明显的，但常绿树也同样有花开花落、叶荣叶枯等物候变化，比生长尤为强烈。这些因季节而转变的色彩与形状，突出表现着季节的特色。

3. 年龄 年龄是生长的必然结果，高龄树木存在于园林中，不仅有雄伟、古老与苍劲的特点，而且能表达出这一园林的历史悠久性。

二、树木的感应

1. 反光 反光是接受日光而引起的效果，叶面的朝向一致、叶面光滑而蜡质层或角质层较厚的都有较强烈的反射作用。这一效果的发挥容易使景物更为辉煌，并且还有令人迷离与幻想的作用。

2. 发声 发声一般是植物接受风、雨的作用而发生的效果，比较突出的是叶片相撞击的萧瑟之声，有无限凄楚的情调。气流通过细小而均匀的树叶间的空隙而振动，特别是当植物群植的时候，能发出汹涌的，如海涛一般的声音，则是具有十分雄伟的情调。发声同样不受视线的限制，也能加强气氛，起着引人入胜的作用。

3. 生姿 生姿是柔软的枝梢接受风的作用而不断变换树形的效应，表现出不同姿态的效果，能使人感到景物有如此柔顺的意味。

三、树木的引致

1. 含烟带雨 在树丛间增加了一片雾，枝条、叶、花上增加一些水珠，都能增加景物艳丽的感觉。

2. 荫重凉生 树列的荫影在人的视觉上可以增加景物的丰富性与阴凉的感觉，树丛遮住日光，在夏天能给予人们实际的阴凉。

3. 雪枝露华 枝条上的积雪、花朵上的露珠，是增加艳丽的因素。此外，雪枝在冬季才有，能强调出季节的特色；露华在早晨才有，能强调出时间的特色。

第四节 观赏树木的芳香美

观赏树木花朵的大小和色彩虽不甚明显，但能较远距离地散发馥郁的香气。以花的芳香而论，目前虽无一致的标准，但可分为天香（如牡丹）、冷香（如梅花）、清香（如茉莉）、甜香（如桂花）、浓香（如白兰花）、淡香（如白玉兰）、幽香（如树兰）。不同的芳香对人会引起不同的反应，有的起兴奋作用，有的却引起了反感。在园林中，许多国家常有所谓"芳香园"的设置，即利用各种香花植物配置而成，使人的欣赏从视觉延伸到嗅觉，进而拓展到味觉、触觉、听觉，如牡丹园、丁香园、茉莉花园、蔷薇园、梅园（如苏州香雪海）等。

第五节 观赏树木的意境美

意境美统称风韵美、内容美或象征美，即树木具有的一种比较抽象却是极富于思想感情的美。最为人们所熟知的如松、竹、梅被称为"岁寒三友"，象征着坚贞、气节和理想，代表着高尚的品质。其他如松、柏因四季常青，又象征着长寿、永年；紫荆象征兄弟和睦；含笑表示深情；红豆表示相思、恋念；石榴表示子孙满堂、多子多福；桂花表示高贵；牡丹表示雍容华贵；而对于杨树、柳树，却有"白杨萧萧"表示惆怅、伤感，"垂柳依依"表示感情上依依不舍、惜别等。

树木联想美的形成是比较复杂的，它与民族的文化传统、各地的风俗习惯、文化教育水平、社会的历史发展等有关。我国具有悠久的文化，在欣赏、讴歌大自然中的植物美时，曾将许多植物的形象美概念化或人格化，赋予丰富的感情。如我国习惯以桑、梓代表乡里，以梧桐象征高雅圣洁、大吉大利、招财进宝、招贤纳士、政通人和，出现于文学中。

树木的意境多是由文化传统逐渐形成的，但它并不是一成不变的，而是随着时代的发展发生转变。如梅花，古代总是受文人"疏影横斜"的影响，带有孤芳自赏的情调，而现在却可以"待到山花烂漫时，她在丛中笑"的富有积极意义和高尚理想的内容去转化它。梅花在冰中孕蕾，在雪中开花，不畏寒威，独步早春，是刚强意志和崇高品格的象征，人们把它看作高洁的化身，对它的评价极高，"岁寒三友"中有梅，"四君子"里亦有梅。古人说梅具四德：初生蕊为元，开花为亨，结子为利，成熟为贞；又说梅花五瓣为五福的象征：一是快乐，二是幸运，三是长寿，四是顺利，五是和平。我国劳动人民在长期植梅咏梅过程中，逐步形成了梅文化。

此外，我国诗词歌赋、史实传记及风俗习惯中，不乏以其局部为材料或对象，而成为另一种事物的象征者，流风遗韵，传诵不衰。

总之，园林工作者应善于继承和发展树木的意境美，将其巧妙地运用于树木的配植艺术中，充分发挥树木美对人们精神文明的培育作用。

 学习小资料

小资料1 干花制作工艺：以龙柳枝条为例，第一步是脱皮，方法有三：一是刚收割的

新鲜柳条直接手工脱皮；二是成捆放入河里，用重物压入水中沤制，半个月皮腐烂后捞出脱皮；三是用厚塑料膜密封或放置房间内，通入高温蒸汽蒸煮一段时间后脱皮。第二步是漂白，漂白剂为双氧水或 84 消毒液等化学药剂。第三步是染色，根据客户要求或自身创作想法，将柳条染成适宜的颜色，也可用胶带缠贴等方法，在柳条上制作图案或不同颜色，成为纯天然的干枝。第四步是干燥，根据生产需要，将漂白或染色后的柳条干燥，方法有二：一是利用太阳光自然干燥，二是堆码在货架上，放入干燥房内进行干燥；最后要注意环保措施，对漂白、染色等化学药剂集中进行无害化处理后，再进行排放，防止环境污染。

小资料 2 彩叶造型植物：是彩叶植物和造型植物的统称，无论是单独的两者亦或是两者的结合，都已成为目前人居绿化的新宠。彩叶植物一般枝繁叶茂，易于形成大面积的群体景观，色彩鲜艳且易于打理；而与彩叶植物不同，造型植物则由于自身特点不适于大面积种植。彩叶造型植物不仅同普通植物具有净化空气的功效，更是人居生活中夺目的景观，正是由于集实用性与观赏性于一身，彩叶造型植物的发展前景不可估量。健康高质量的人居环境需要彩叶造型植物来妆点，但在发展人居环境的同时，更应做到提高彩叶造型植物的价值，共同促进，共同成长。

本章小结

观赏树木美可分为单体美和群体美，本章只介绍单体美。每个观赏树种都有自己独具的形态、色彩、风韵、芳香等美的特色，这些特色又能随季节及年龄的变化而有所丰富和发展，如春季梢头嫩绿、花团锦簇，夏季绿叶成荫、浓荫覆地，秋季嘉实累累、色香俱备，冬季白雪挂枝、银装素裹，一年之中，四季各有不同的丰姿与妙趣。不同国家、民族或地区对不同树木常形成带有一定思想感情的看法，观赏树木有时会成为美好理想的象征，这也是当代园林工作者需要了解的知识。

复习与思考

1. 结合省花、市花的评选了解观赏树木意境美的意义。
2. 了解当地的市树、市花或省树、省花，写出其含义或精神。
3. 了解常用的观赏树木的寓意，并将其与园林植物配置结合起来。

实训实习

1. 调查当地的主要色叶树种（列表），并指出其意境美。
2. 调查当地的观果植物，说明其在引诱鸟类而促进"鸟语花香"境界形成中的作用。

第五章

观赏树木的园林应用

在中国古典园林中，观赏树木作为四要素之一（其他为山水、建筑、道路），无疑占有很大的比例，当今园林更强调其生态价值，因此，不论是自然风景园林或是城市中的人造园林，虽然性质、作用、功能、风格等极其悬殊，但树木的用量与所起的作用同样十分巨大。同时，树木是总的三维城市结构不可分割的一部分，它可限定建筑物之间的空间，并赋予其某种含意，也美化了建筑物自身。利用不同树形的变化，采取孤植、小规模丛植或大量呈带状种植等不同方式，可以用于限定各个空间，提供观景的自然焦点，或者软化建筑物硬线条的不良影响。树种的选择应反映出设计者对场所使用的目的，以及对建筑风格特点的理解，树木应具适当的体量、外形、纹理和色彩，可作为改善城市设施的因素来种植，也可以发挥其多种功能为目的而种植。

第一节　观赏树木的造景作用

1. 构成景物　园林中的不少景物是由一株或多株树木，或配合其他景物所构成。树姿优美、奇特，或经人工整修的树木，或古树名木，单独可以成为园林中的一个景物。而行道树、绿篱、树坛、树群、树丛及森林等则是由多数树木所构成的景物。

园林中的优形树单独栽植时称为孤植，孤植的树木主要表现植物的个体美，孤植树的构图位置应十分突出，其本身最好具备以下几个条件：①树的体形巨大；②树姿优美，并能四面观；③开花繁茂；④花如有香，香气浓郁；⑤树冠轮廓富有变化；⑥叶色具有丰富的季相变化。

园林内的孤植树，常布置在大草坪或林中空地的构图重心上，与周围的景点取得均衡与呼应。树周围宜空旷，须留出一定的视距，供游人观赏，最佳视距一般为树高的 4 倍。此外，在开朗的水边、可以眺望远景的高地，或在自然式园路、河岸或溪流转弯处，布置姿态优异、色彩突出的孤植树，用以引导游人继续前进。

2. 分区作界　行道树、绿篱、树群等景物，无论在形式上或功能上与墙、胸墙、栏杆等有共同之处，所以同样可用于分区作界。

绿篱是用园林植物成行紧密种植而成的篱笆，因栽培容易、取材方便、外观既美观大方又有活泼的生机气息，故在园林中应用极广，绿篱的园林功能主要有以下几点：①划分园林境界；②组织园林空间；③防止灰尘；④减弱噪声；⑤防风遮阳；⑥充当背景，衬托雕塑、园林小品、喷泉、花坛、花境等；⑦作为绿化屏障，掩蔽不雅观局部。

　　绿篱依造型不同，可分为整齐型绿篱和自然型绿篱两类。

　　3. 改观地形　在平坦处栽种有高矮变化的树木，在远观上可以造成地形起伏的效果，因而改观了原来平坦的地形；反之，如在低洼处栽种较高的树种，在较高处栽种矮小的树种，同样能使原有起伏的地形改观为平坦的地形。

　　4. 丰富色彩　树木的叶色、花色、枝干、芽苞色等都是十分丰富的。不同的树木有不同的色彩，植物的不同部分也有不同的色彩，不同季节中植物所呈现出来的色彩亦不相同。此外，树木还能够衬托出其他景物的色彩，而使色彩更为显著。

　　5. 增强气氛　树木是自然物，有树木就显得有自然的生气，而随着树木的形状、色彩以及配合运用上所起的不同效果，气氛便更加生动。这是其他素材所不能代替的。

　　观赏一棵孤植树即可给人们带来视觉上的享受，而在城市景观中，更为常见的是大量自然分布的树冠枝叶同各种不同类型的建筑物相互衬托，其总体效果要比各自的局部效果更加优越。在建筑物的环境中，树木可以起到色彩、纹理和形式上的对比作用，从而将自然的外形和各种色彩引入到道路和建筑物的人造地貌中。

　　各种树木往往能引起人们某种特殊的联想。如柳树习惯上常会使人联想到水，其在风中摇曳的浅色叶片往往使人联想到绵绵雨丝。树木给人的印象不单是外形上的直感，当风吹拂叶片，相互摩擦而发出沙沙声时，可使人们想到宁静的乡村，带来迥异于城市噪声的情趣。香花、熟果、落叶均能引起人们对大自然的遐想，缓解了城市环境的气氛。

　　6. 控制视线　树木可以阻挡、限制视线而透露风景线，造成园林中的轴线，从而加强了园林的层次与整体性。障景（图5-1）、夹景（图5-2）、框景（图5-3）等多数由树木组成。

图5-1　障　景

图5-2　夹　景

　　7. 加强季节特点　落叶树的荣枯有强烈的季节色彩。植物的芽是按季节展开的，花是按季节开放的，果实是按季节成熟的，叶是按季节凋落的。叶色能随季节改变的树种，更能强调出季节的特色。

　　此外，树木在春季，它们嫩绿的叶片和繁茂的花朵使人感到欢快；夏季，其硕大的树冠

图5-3 漏景

给地面留下片片绿荫；成熟的果实使秋天的色彩富于生机；即使在冬季，树叶已经脱落，其裸露的枝条柔和、纤细、雕塑般的冬态，以及在砖墙和地面投下的婆娑阴影，或在蓝天的衬托下显示出其鲜明的轮廓，仍可使人们赏心悦目。

8. 填充空隙 林下、山隈、水涯往往都有一些空隙地带，即使任意种上些树木也能增加美景，并发挥一定的生态效益。

9. 覆盖地面 用丛林来代替草地，比草地更有幽深、厚重和渺茫的感觉；在较大面积的空地上，丛林与草地并用，能增加高度的变化而使内容更为丰富。

一般认为，凡具观赏价值，可栽活在园林广场、隙地或阴湿林地的多年生草本、藤本和矮小丛生、密生以及可观花、赏果的矮性花卉、灌木，均可选择作为园林地被植物，如箬竹、菲白竹、鹅毛竹、铺地柏、杜鹃花、金丝桃、金丝梅、蔓长春花、络石、常春藤、薜荔、倭海棠、迎春花等。

在公园、风景区的广场、空地、池畔、水际、山坡、园路两旁、园舍前后、宅边闲地、林下石边栽植地被植物，实属必不可少。

第二节 观赏树木与建筑物的配合作用

在以建筑物为主体，树木处于配合地位时，树木的作用有：

1. 衬托建筑物 用树丛或若干高大乔木作为建筑物的背景时，由于高低起伏的优美天际线，能使建筑物的形状、色彩分外明显，从而衬托出建筑物的特色（图5-4）。

图5-4

图5-5

51

2. 联系建筑物 建筑物与建筑物间、建筑物与其他景物间以及建筑物与地面间，常由于形状、色彩、地位及本质的不同而有不相联系或虽相联系而不相协调的现象。绿篱、行道树等有使彼此相互联系与协调的作用（图5-5）。

3. 彰显建筑物 由于树木间的一定间隙能构成限制视线的框架作用，使建筑物的一部分或全部特别明显地被人注意。此外，树木所表现出来的线条、形状与色彩都有彰显建筑物的线条、形状与色彩的效果（图5-6）。

4. 装饰建筑物 蔓性观赏树木可利用其特化的器官攀附于棚架或点缀墙面、屋面；经强度整枝修剪的花木，配合栽种于窗前或门前，并使干枝有规律地围附在窗框或门框上，做成花窗与花门等（图5-7）。

图5-6

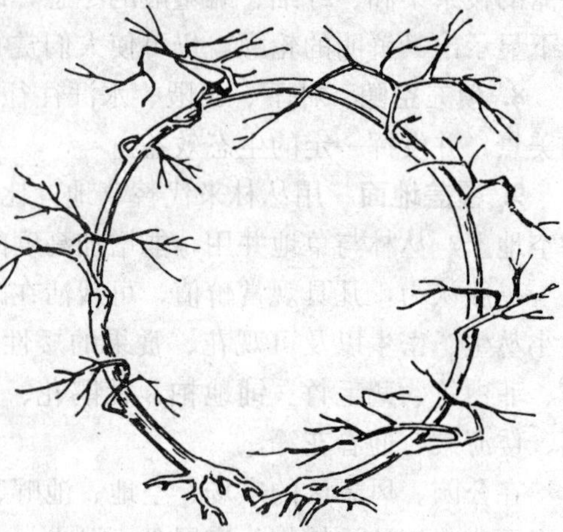

图5-7

5. 代替建筑物 形、色比较优良、特殊的树木，单植时可以代替华表、雕像等装景；高绿篱与中、低绿篱往往用以代替围墙与栏杆，或以绿室、格子为材料装饰亭、台（图5-8）。

图5-8

6. 隐蔽建筑物 必须隐蔽的处所或外观不美的建筑物或一些军事设施的一部分或全部，一般均可用树木来加以隐蔽或隔离（图5-9）。

7. 纠正缺陷 过低、过高的门窗与平庸漫长或广大的墙面等，都是建筑物在观瞻上的缺陷，可以利用树木与建筑物的对比关系来造成错觉或增加平面、阴影的变化加以纠正（图5-10）。

图 5-9　　　　　　　　　　　　　　　　　图 5-10

第三节　观赏树木的配植

　　配植是利用树木塑造景观，充分利用和发挥树木本身形体、线条和色彩上的自然美，构成一幅动态的画面供人们欣赏。从各国配植的传统中可以简单地归纳为以下几点：①植物配植总是根据总体形式确定的，植物的种植要沿着整体规划的框架发展；②决定园林总体形式的是社会的思潮、制度，地域的特点（包括气候、地形等）；③园林建设中植物配植的成熟程度和发展速度是由社会的财富和科学技术的水平决定的；④各种哲学思想包括文学家、画家的主张会渗透给造园家，统治者、业主、工程建设的决策者也要把对工程的想法或要求传达给造园家，而造园家的造诣直接表现在园林的水平上。

一、树木配植的原则

　　1. 生态适应的原则　　树木是具有生命的有机体，它有自己生长发育的特性，同时又与其所处的生境间有着密切的关系，所以要科学合理地配植树木就应在了解树木生态习性的基础上，按照"师法自然，顺应自然，模拟自然"的要求，做到适地适树，因地制宜。

　　2. 美观协调的原则　　观赏树木的应用应注重形体、色彩、姿态和意境等方面的美感，在配植时应充分发挥树木本身具有变化的外形、多样的颜色和丰富的质感等方面的特点，运用艺术手段，符合功能要求，创造充满诗情画意的植物景观。

　　3. 满足功能的原则　　城乡有各种各样的园林绿地，设置的目的各不相同，主要功能要求也不一样，在进行树木配植时应首先着重考虑满足主要目的功能的要求，然后考虑如何配植才能取得较长期稳定的效果。

　　4. 经济实用的原则　　在满足生态适应、美观协调、满足功能原则的前提下，应考虑以最经济的手段获得最佳的景观效果。因此，在树木选用过程中要充分利用乡土树种，适当选用园林结合生产树种和经过引种驯化的外来树种，尽量少用大树及珍贵树种，并注意景观建设的长短期效果结合问题。

二、树木配植的方式

（一）按配植的形式分类

1. 规则式　　植株的株行距和角度按照一定的规律进行种植，又可分为左右对称和辐射对称两类。其中左右对称有对植、列植和三角形种植；辐射对称有中心式、圆形、多角形和多边形种植。

2. 自然式　自然式也称为不规则式，主要有不等边三角形和镶嵌式配植等。

3. 混合式　在一定单元面积上采用规则式与不规则式相结合的配植方式称为混合式。

（二）按配植的景观分类

1. 孤植（独植、单植）　孤植的目的是为充分表现树木的个体美，通常选用体形高大、雄伟或姿态奇异的树种，或花、果的观赏效果显著的树种。所以种植地点不能孤立地只注意到树种，而必须考虑其与环境间的对比及烘托关系。一般应选择开阔空旷的地点，如大面积的草坪上、花坛中心、道路交叉点、道路转折点等处。

可用作孤植的树种有雪松、榕树、白皮松、银杏、南洋杉、日本金松、七叶树、槐树、广玉兰、木棉、金钱松、枫香等。

2. 丛植　丛植是指由三五株或一二十株同种或异种树木以不等距离种植在一起，其树冠线彼此密接而成为一个整体轮廓线的种植方式。丛植有较强的整体感，少量株数的丛植亦有独赏树的艺术效果。丛植的目的主要是发挥集体的作用，它对环境有较强的抗逆性，在艺术上强调了整体美。

丛植需严格考虑种间关系和株间关系，在整体上注意适当密植，以促使树丛及早郁闭；在混交时尽量考虑阳性树与阴性树、速生树与慢生树、乔木与灌木的有机结合，并注意病虫害防治问题。不能将转主寄主的2种植物种植在一起。

3. 群植（树群）　群植是指以一两种乔木为主，与数种乔木或灌木搭配，组成20～30株或更多的较大面积的树木群体。群植体现的是群体美，可应用于较大面积的开阔场地上作为树丛的陪衬（伴景），也可种植在草坪或绿地的边缘作为背景。两组树群相邻时又可起到透景、框景的作用。

树群不但有形成景观的艺术效果，还有改善环境的效果。在群植时应注意树群的林冠线轮廓以及色相、季相效果，做到"春季早临，秋色晚归，四季常青，三季有花"，更应注意树木间、种类间的关系（因种间及株间关系是保持种群稳定性的主导因素），务求能保持较长时期的相对稳定性。

4. 林植　林植是指较大规模成带成片的树林状种植方式，这是将森林学、造林学的概念和技术措施按照园林的要求引入于自然风景区和城市绿化建设中的配植方式。园林中的林植方式包括自然式林带、密林（郁闭度一般为0.7～1.0）和疏林（郁闭度一般为0.4～0.6）等形式，通常有纯林和混交林等结构。应用林植除应注意群体内、群体间及群体与环境间的生态关系外，还应注意林冠线及季相的变化，以及按照园林休憩游览的要求留有一定大小的林间空地等。

5. 散点植　散点植是指以单株或双株、三株的丛植为一个点，在一定面积上进行有节奏和韵律的散点种植，强调点与点之间的相互呼应，特点是既体现个体的特性又使其处于无形的联系中。

三、配植的艺术效果

树木配植的艺术效果是多方面的、复杂的，需要细致的观察、体会才能领会其奥妙。其艺术效果主要有以下几种：

1. 丰富感　在建筑物屋基种植可丰富建筑物立面景观。

2. 平衡感　平衡分为对称平衡和不对称平衡，前者是用体量上相等或相近的树木以相等的距离进行配植而产生的效果，后者是用不同的体量以不同距离进行配植而产生的效果。

3. 稳定感 在园林局部或园景一隅中常可见到一些设施物的稳定感是由于配植了植物后才产生的。

4. 严肃与轻快 应用常绿针叶树，尤其是尖塔形的树种常形成庄严肃穆的气氛，如云杉、冷杉等；应用一些树冠线条圆缓流畅的树种常形成柔和轻快的气氛，如垂柳等。

5. 强调与缓解 运用树木的体形、色彩特点加强某个景物，使其突出显现的配植方法称为强调，具体采用对比、烘托、陪衬以及透视线等手法；对于过分突出的景物，用配植的手段使之从"强烈"变为"柔和"的配植方法称为缓解，景物经缓解后可与周围环境更为协调，而且可增加艺术感受的层次感。

至于配植上的韵味效果，颇有"只可意会不可言传"的意味，需要细心品味，慢慢领略其意味。总之，欲充分发挥树木配植的艺术效果，除应考虑美学构图上的原则外，必须了解树木是具有生命的有机体，它有自己的生长发育规律和各异的生态习性要求，在掌握有机体自身及其与环境因子相互影响的规律基础上，还应具备较高的栽培管理技术，并有较深的文学、艺术修养，才能使配植艺术达到较高的水平。

第四节 观赏树木的整形与修剪

一、整形与修剪的意义

整形与修剪是一项十分重要的技术，其可以调节树势，创造和保持合理的树冠结构，形成优美的树姿，甚至构成有一定特色的园景。在城市道路绿化中，可以解决地上电缆与树木的矛盾；在果树生产中更具有保持丰产、优质的巨大意义。

二、整形与修剪的原则

修剪是指对植株的某些器官，如茎、枝、叶、花、果等部分进行剪短或疏除的措施；整形是对植株施行一定的修剪措施而形成某种树体结构而言的。因此，两者是紧密相关的，整形是目的，修剪是手段。其原则有以下三点：①根据园林绿化对树木的要求；②根据树种的生长发育习性；③根据树木生长地点的环境条件进行整形修剪。

三、修剪的时期和方法

1. 修剪的时期 总的来说，可分为休眠期修剪（又称为冬季修剪）和生长期修剪。生长期修剪又可分为春季修剪和夏季修剪。

2. 修剪的方法 休眠期修剪的主要方法有截干和剪枝；生长期修剪的主要方法有折裂、除芽（抹芽）、摘心、捻梢、屈枝（弯枝、缚枝、盘枝）、摘叶（打叶）、摘蕾和摘果等；在休眠期或生长期均可采用的方法有去蘖、切刻、纵伤、横伤、环剥和断根等。

四、整形的时期和形式

1. 整形的时期 整形的时期与修剪的时期是统一的（特殊情况除外）。

2. 整形的形式 概括起来有自然式、人工式和自然与人工混合式三种。

五、各种园林用途树木的整形与修剪

1. 松柏类 一般来说，对松柏类树种多不行修剪整形，或仅采取自然式整形的方式，每年仅将病枯枝剪除即可。

2. 庭荫树　主干高度应与周围环境的要求相适应，一般无固定规则而主要视树种的生长习性而定，但树冠以尽可能大些为宜，以树冠占树高的 2/3 以上为佳，不能小于 1/2。

3. 行道树　行道树的主干高度以不妨碍车辆及行人通行为宜，一般为 2.5～4.0m，树冠高度以占全树高的 1/3～1/2 为宜，过小会影响树木的生长量及健康状况。

4. 花灌木类　先开花后展叶的种类可在春季开花后修剪老枝并保持理想树姿，用重剪进行枝条的更新，用轻剪维持树形；花开于当年新梢的种类可在冬季或早春修剪整形；对于生长季中开花不绝的，除早春重剪老枝外还应在花后将新梢修剪，以便再次发枝开花；观赏枝条及观叶的种类应在冬季或早春施行重剪，促使萌发更多枝条及叶；萌芽力极强的种类或冬季易干梢的种类可在冬季自地面刈去，使翌春重新萌发新枝。

5. 藤木类　在自然风景区中，对藤本植物很少进行修剪管理，但在一般的园林绿地中则有以下几种处理方式：棚架式、凉廊式、篱垣式、附壁式和直立式。

第五节　观赏树木的造型

园林植物造型是利用技术人员独具匠心的构思，巧妙的技艺，采用栽培管理、整形修剪、打架造型等手法，创造出美妙的艺术形象。它融园艺学、文学、雕塑、建筑学等于一体，体现并能满足人们崇尚自然及对美好环境的追求。

现代园林是一种与现代生活同步，供人们陶冶情操、自由欢娱的生态型公共空间。现代园林中植物的造型运用现代设计的语言，把各种植物进行组合，艺术地处理成点、线、面的形式，体现出极强的象征性和装饰性，富有极强的节奏感和韵律美。植物造型的方法及表现形式都明显地体现出强烈的现代感。尽管不同时期、不同国家的植物造型各有不同表现形式，但最终的目的都是要创造出能引起人们美感的艺术形象。

园林植物的造型包括两个方面的任务：一方面是在培育过程中根据植物的习性，结合艺术设计，通过整形修剪逐步塑造植物形态，提高苗木的使用价值，进而提高经济价值；另一方面是在居住区、广场、道路、公园等城市绿地对现有的植物，根据环境的需要和植物本身的属性，通过整形修剪逐步塑造植物形态，提高植物的观赏价值，发挥更大的社会效益。园林植物造型的主要形式有：

一、绿篱

绿篱又称为树篱或植篱，在园林中主要起分隔空间，遮蔽视线，衬托景物，美化环境等作用。按其观赏部位可分为花篱、果篱、彩叶篱、枝篱、刺篱等；按高度可分为高篱、中篱、低篱等；按形状可分为整形式和自然式等。植篱的应用在我国已有 3 000 多年的历史，"折柳樊圃"广见记载，但在我国传统园林中，绿篱未见广泛应用，而在现代园林中却有应用过多的趋势。

各种植篱有不同的选择条件，但总的要求是树种要有较强的萌芽更新能力和耐阴力，以生长较缓慢、叶片较小为好。

整形式绿篱在栽植方式上通常多用直线形，但在园林中为了特殊的需要亦可栽成各种曲线形或几何形，在修剪整形时，立面的形体必须与平面的栽植形式相协调。此外，在不同的小地形中，运用不同的整形修剪方式可收到改造地形的效果。

在修剪过程中，经验丰富者可随手剪去；不熟练者则应先用线绳定型，然后以线为界进行修剪。绿篱最易发生下部干枯空裸现象，因此在整形修剪时，使其侧断面呈梯形，不能呈倒梯形，养护也以不产生空裸现象为目标。绿篱的养护工作主要有两项，即松土施肥和修剪。

二、绿雕塑

将树木单植或丛植，然后修剪整形成鸟、兽、建筑物或具有纪念、教育意义的雕塑等称为绿雕塑。绿雕塑在园林中具有特殊情趣的景物效果，在欧洲始于古罗马时代，在我国也有悠久历史。

绿雕塑作为园林绿化美化的一种表现形式，随着科学技术的进步和人们欣赏水平的不断提高，在城市绿化中越来越得到广泛应用。实践证明，绿雕塑在众多的园林植物中有着不可替代的独特功能和效果。绿雕塑的类型主要有两种：一种是纯装饰型，一种是装饰与实用结合型。其多用于规则式园林，一般来说，由于养护上需工极多，故目前使用仍较少。

绿雕塑的塑造首先要科学选择树种，适于作绿雕塑的树种以常绿树为主，落叶树种偶有应用，并以生长缓慢者最为适宜，必须符合生态学基本原理；其次要从小定向培养，精心设计造型；再次要进行经常性的修剪，从定植、生长、成型都要从幼树开始，逐步修剪才能培育出优美的效果。养护管理的要点是经常松土施肥，使其保持充实丰满的姿态，并经常修剪，注意保持体形完整。

三、造型树

植物造景有许多方法，其中之一就是造型树。国外将造型树列为绿雕塑的一种。但由于造型树在形成手法上不同于绿雕塑，为我国某些地方的民间传统，且在我国有不断流行的趋势，故有必要单独列出进行阐述。

造型树一般是园林工程师仿照自然界古树名木的奇姿异态，结合自己的构思，运用栽培技术进行艺术加工，经过多年精心培养构造出优美的树形。造型树的形式有直干式、屈干式、悬崖式、双干式等。

🌿学习小资料

小资料 1　植物空间的营造：植物空间，顾名思义，就是通过地形和植物围合的自然空间。一座精巧的自然式花园，通常由若干个主次分明、大小各异的植物空间序列组成。中国书法和篆刻中"密不透风、疏可跑马"的表现手法，是中国传统对空间的审美。园林中植物空间的营造，常借用这两句话强调疏密、虚实的对比。音乐讲究"起、承、转、合"的基本构架，同样，植物空间序列在自然式花园中也会受到"起、承、转、合"的节奏支配，分析人的行为习惯，根据人流的方向，通过入口空间、主题铺垫空间、附属空间的层层递进，最终进入高潮部分——主题空间，然后再由过渡空间到达下一个空间序列，如此循环交替，彼此连通，互为依存，同时也突出了空间序列的统一性和整体性。

小资料 2　盆景与长寿：我国有位先生谈及人与自然的关系时说："休息的'休'字，是人依木而得以休生养息。"一字道出了人不能离开绿色的树木而生存。盆景是集农业科学、工艺美术于一体的一门艺术，一盆盆景可以历千年而不朽，方寸之中再现森林自然本色，又称盆景是大自然的缩影。制作盆景，首先要使其进入身欲动，心欲静，形欲劳，神欲安的境界。忘却一切，专心一致地完成一盆作品，才能真正达到陶其情、冶其性的目的。先贤管子曾经说过："寿必居处所宜。"素有"花木之乡"美誉的江苏如皋，人们生活在"前有大树、后有大竹、院内盆景、青藤遮屋"的环境里，过着"闲来檐前听鸟唱，种树栽花快活忙"的日子，故能长寿也。

小资料3 组合盆栽：是指将一种或多种观赏植物搭配种植在一个或多个容器中，或是将多种盆栽植物聚集摆放在特定空间内，营造美好自然意境及庭院景致的花卉艺术作品。能够通过植物的不同姿态、色彩、质感、花果特征体现设计者的情趣，是一种充满创意和乐趣的新兴园艺产品，具有较高的实用和观赏价值。

本章小结

植物是造园四大要素之一，而且是唯一具有生命的要素，园林中没有观赏树木或植物就没有生机和活力。杨鸿勋先生在《江南古典园林艺术》中总结出园林中植物材料的九个功能，即隐蔽围墙、拓展空间，笼罩景象、成荫投影，分隔联系、含蓄景深，装点山水、衬托建筑，陈列鉴赏、景象点题，渲染色彩、突出季相，表现风雨、借听天籁，散布芬芳、招蜂引蝶，根叶花果、四时清供。在园林中如何配植观赏树木使配植的效果达到最佳也要进行认真的思考。观赏树木的整形、修剪与造型是园林工作者应该掌握的一门基本技术，通过整形、修剪与造型可大大提高树木的观赏效果，近年来各地均高度重视。

复习与思考

1. 综述观赏树木在园林造景中的作用。
2. 试述园林植物配置的主要原则。
3. 试述整形与修剪的关系。
4. 试述整形修剪的主要方法。
5. 试比较绿篱与绿雕塑的区别。

实训实习

1. 分析观赏树木与建筑物之间关系，并指出其优缺点。
2. 选定校园内的1～2种花灌木进行修剪，观察其修剪反应。
3. 选定校园内的1～2种常绿树进行造型并不断维护。

第六章

针 叶 观 赏 类

【知识目标】1. 了解针叶树的基本术语。
　　　　　　2. 了解针叶树与阔叶树的主要区别。
　　　　　　3. 了解针叶树木在园林绿化建设中的作用。
【技能目标】识别针叶树种至少 50 种。

种子植物是具有由胚珠发育形成的种子，以种子繁殖后代的高等植物，根据胚珠是否包于子房之内分为裸子植物和被子植物两大类。它们最主要的区别是裸子植物的胚珠裸露，被子植物的胚珠包于子房之内。裸子植物多为木本，叶多为针形、条形、刺形或鳞形，所以又称为针叶树种。

第一节　针叶树的特性及在园林中的应用

一、针叶树的特征和特性

针叶树种主要是乔木或灌木，稀为木质藤本。茎有形成层，能产生次生构造，次生木质部具管胞，稀具导管，韧皮部无伴胞。叶多为针形、条形、刺形或鳞形，无托叶。球花单性，雌雄同株或异株，胚珠裸露，不包于子房内。种子有胚乳，子叶 2 至多数。

裸子植物发生发展的历史悠久，最早出现在34 500万～39 500万年的古生代的泥盆纪，在古生代的石炭纪、二叠纪发展最为繁盛，在中生代的三叠纪、侏罗纪、白垩纪发展趋于衰退，在新生代的第三纪和第四纪，随地史、气候的多次重大变化，新的种类不断产生，古老的种类相继死亡，尤其第四纪冰川期后，大部分种类在地球上绝迹。现存的裸子植物中有不少种类是第三纪后的子遗植物，如我国的银杏、水杉等。

针叶树种多生长缓慢，寿命长，适应范围广，多数种类在林区组成针叶林或针阔混交林，为林业上的主要用材和绿化树种，也是制造纤维、树脂、单宁等的原料树种，有些种类的枝叶、花粉、种子及根皮可入药，具有很高的经济价值。

二、针叶树在园林中的应用

针叶树种以常绿、高大、树形独特和良好的适应环境能力备受园林工作者的厚爱。主要有以下用途：

1. 独赏树　又称孤植树、独植树。主要表现树木的体形美，可以独立成为景物观赏，如雪松、南洋杉、金钱松、日本金松、巨杉（世界爷）被称为世界五大庭园观赏树种。

2. 庭荫树 又称绿荫树。主要用以形成绿荫供游人纳凉避免日光曝晒，也能起到装饰作用，如银杏、油松、白皮松等。

3. 行道树 是以美化、遮阳和防护为目的，在道路两侧栽植的树木，如银杏、圆柏、油松、雪松、侧柏、湿地松、火炬松等。

4. 群丛与片林 在大面积风景区中，常将针叶树种群丛栽植或植为片林，以组成风景林，如松柏混交林、针阔混交林，常用树种主要有油松、侧柏、红松、马尾松、云杉、冷杉、柳杉等。

5. 绿篱及绿雕塑 绿篱主要起分隔空间、划分场地、遮蔽视线、衬托景物、美化环境以及防护等作用。在针叶树种中，常用的绿篱树种主要有侧柏、圆柏等，常用作绿雕塑材料的树种主要是东北红豆杉。

6. 地被材料 主要起到遮盖地表、固沙固土的作用。针叶树中常用作地被材料的树种主要有沙地柏、铺地柏等。

第二节 我国园林中常见的针叶树

一、银杏科 Ginkgoaceae

落叶乔木，有长、短枝之分。叶扇形，先端常二裂，二叉状脉，在长枝上螺旋状散生，在短枝上簇生。球花单性，雌雄异株，雄球花柔荑花序状，雌球花有长柄，柄端分叉，顶生胚珠各一。种子核果状，外种皮肉质，中种皮骨质，内种皮膜质。球花期4～5月，种熟期9～10月。

银杏科树种发生于古生代石炭纪末期，至中生代三叠纪、侏罗纪种类繁盛，有15属之多，第四纪冰川期后，仅孑遗1属1种，即银杏属银杏，为我国特产。

银杏属 *Ginkgo* L.

银杏（白果树、公孙树、鸭掌树）*Ginkgo biloba* L.（图6-1）

【识别要点】同科特征。

【变种、变型、品种】银杏观赏价值很高，主要有下列种类：

（1）黄叶银杏（f. *aurea*）。叶黄色。

（2）塔状银杏（f. *fastigiata*）。大枝的开张角度较小，树冠呈尖塔柱形。

（3）'裂叶'银杏（'Lacinata'）。叶形大，缺刻深。

（4）'垂枝'银杏（'Pendula'）。枝下垂。

（5）斑叶银杏（f. *variegata*）。叶有黄斑。

银杏有雄株、雌株之分，为了美化城市或结合生产，有必要加以区别，其主要形态特征见表6-1，以供参考。

图6-1 银 杏

【分布】自辽宁南部至华南，西至西南，均有栽培；浙江天目山有野生。在宋代传入日本，18世纪中叶又由日本传至欧洲，再从欧洲传至美洲。

表 6-1 银杏雄株、雌株的主要形态特征

	雄 株	雌 株
主枝开张角度	较小，树冠稍瘦，形成较迟	较大，树冠宽大，顶端较平，形成较早
叶裂深度	较深，常超过叶中部以上	较浅，未达叶的中部
秋叶变色及落叶	较晚	较早
球花短枝	较长（1~4cm）	较短（1~2cm）

【习性】喜光，耐寒，深根性，喜温暖湿润及肥沃平地，忌水涝，寿命长，树龄可达千年。如山东省莒县定林寺内的春秋时代银杏，距今3 000多年，主干粗壮，胸围15.7m，被称为"天下银杏第一树"。

【繁殖】可用播种、分蘖、嫁接、扦插等方法繁殖。实生苗在移苗前，先切断主根，促使多发侧根，可裸根移栽。因枝条萌发力弱，一般不宜剪枝。

【用途】银杏树姿雄伟，叶形奇特，秋呈金黄，又少发病虫害，寿命极长，为珍贵园林绿化树种，国家二级重点保护树种。宜作庭荫树、行道树、独赏树。利用银杏作行道树时，应选择雄株，以免种实污染行人衣物。银杏的木材为一类商品材，结构细，可做高档家具及工艺品；种子可食用，又可入药，有止咳化痰、补肺、通经、利尿的功效。

二、南洋杉科 Araucariaceae

常绿乔木，大枝轮生。叶披针形、针形或鳞形，螺旋状互生，稀为两列状排列。雌雄异株或同株，雄蕊和珠鳞多数，螺旋状排列，雄球花圆柱形，单生或簇生，花药4~20；雌球花单生枝顶，椭圆形或近球形，每珠鳞有一倒生胚珠。球果大，直立，卵圆形或球形；种鳞木质，有1粒种子，2~3年成熟。

南洋杉科共2属约40种，产于南半球热带、亚热带地区。我国引入2属4种。

南洋杉属 Araucaria Juss.

常绿乔木，大枝轮生。叶螺旋状互生。球花雌雄异株。球果大，每种鳞有1粒种子。种子与苞鳞合生，无翅或两侧有翅。

分 种 检 索 表

1. 叶较小，钻形、鳞形、卵形或三角形，长0.6~1.8cm；种子两侧有翅 ……………………… 2
1. 叶较大，矩圆状披针形至长椭圆形，长5~12cm；种子一侧有翅 …………………… 贝壳杉
2. 叶卵形或三角状锥形，上下扁；苞鳞先端长尾状尖头向后反曲 …………………… 南洋杉
2. 叶四棱状钻形，两侧扁；苞鳞先端三角状尖头向上弯曲 ……………………… 异叶南洋杉

1. 南洋杉 Araucaria cunninghamia Sweet（图6-2）

【识别要点】常绿乔木，枝轮生。侧生小枝密，下垂，近羽状排列。叶两型：侧枝及幼枝叶多呈针形、钻形，开展，排列疏松；老枝及果枝叶则排列紧密，卵形或三角状钻形。球果种鳞有弯曲的刺状尖头。

【变种、变型、品种】

（1）'银灰'南洋杉（'Glauca'）。叶呈银灰色。

（2）'垂枝'南洋杉（'Pendula'）。枝下垂。

【分布】原产大洋洲东南沿海地区，我国广州、厦门、海南等地可露地栽培，长江以北则为温室栽植。

【习性】喜温暖湿润气候，不耐严寒，喜生于肥沃土壤，较抗风，不耐干旱。速生，萌蘖性强，耐砍伐。

【繁殖】可用播种、扦插繁殖。种子发芽率低，注意将种皮破伤后进行催芽。

【用途】南洋杉树形高大，枝条轮生而平展，姿态非常优美，是世界五大庭园观赏树种之一，最宜孤植为园景树或作纪念树，亦可作行道树。北方盆栽供观赏，是极好的大会会场景装饰材料。

2. 异叶南洋杉（诺和克南洋杉）*A. heterophylla* (Salisb.) Franco (*A. excelsa* R. Br.)

【识别要点】常绿乔木，树冠塔形。大枝轮生，平展，侧生小枝羽状密生略下垂。叶锥形，4棱，长7~18mm，通常两侧扁，螺旋状互生，先端锐尖。球果近球形，苞鳞先端向上弯曲。

图6-2　南洋杉

【分布】原产澳洲诺福克岛，我国福州、厦门、广州等地有栽培，长江流域及北方城市常温室盆栽观赏。

【习性】喜温热气候，不耐寒。

【繁殖】以播种繁殖为主，也可扦插繁殖。

【用途】树姿优美，其轮生枝形成层层叠叠的美丽树形，可作庭园观赏及行道树。

3. 贝壳杉 *Araucaria dammara* (Lamb.) Rich.

【识别要点】常绿乔木，树冠圆锥形。大枝平展，近轮生，小枝略下垂。叶矩圆状披针形至长椭圆形，长5~12cm，革质，深绿色，具多条不明显平行细脉；叶在主枝上螺旋状着生，在侧枝上对生或互生。种子与苞鳞离生，仅一侧有翅。

【分布】原产马来半岛和菲律宾。我国厦门、福州、广州等地有栽培。

【习性】喜温热气候，不耐寒。

【繁殖】播种繁殖。种子应随采随播，也可沙藏或与苔藓混藏。播种前须浸种处理。

【用途】树形优美，可作庭园观赏树。

三、松科 Pinaceae

常绿或落叶乔木，稀灌木。叶针形、锥形、条形，螺旋状排列，单生、簇生或束生。球花单性，雌雄同株，雄蕊和珠鳞都为螺旋状排列，珠鳞腹面各具倒生胚珠2，每一珠鳞下有一苞鳞，珠鳞和苞鳞明显分离。球果木质或革质，种子有翅或无翅，熟时种鳞脱落或宿存。

松科共10属约230种，多分布于北半球；我国有10属117种及近30个变种，其中引栽24种及2变种，分布遍于全国。松科多数树种为组成森林和营造用材林的重要树种。

分属检索表

1. 叶针形，2~5针一束；常绿；种鳞有鳞盾和鳞脐 …………………………………………………………… 松属

1. 叶条形、钻形或针形，单生或簇生，不成束 ……………………………………………… 2
2. 枝有长、短枝之分，叶在长枝上螺旋状着生，短枝上簇生；球果当年或翌年成熟 ………… 3
2. 枝均为长枝，叶在枝上螺旋状着生；球果当年成熟 …………………………………………… 6
3. 叶针形，坚硬；常绿；球果翌年成熟 ……………………………………………… 雪松属
3. 叶条形，坚硬或柔软；常绿或落叶；球果当年成熟 ………………………………………… 4
4. 叶坚硬；常绿；球花单生于长枝叶腋 ……………………………………………… 银杉属
4. 叶柔软；落叶；球花生于短枝顶端 …………………………………………………………… 5
5. 种鳞革质，宿存；叶较窄，宽 1.8mm ……………………………………………… 落叶松属
5. 种鳞木质，脱落；叶较窄，宽 2~4mm ……………………………………………… 金钱松属
6. 球果腋生，熟时种鳞自中轴处脱落；叶上面中脉凹下 ……………………………… 冷杉属
6. 球果顶生，种鳞宿存 ……………………………………………………………………………… 7
7. 球果直立；雄球花簇生枝顶；叶两面中脉隆起 ……………………………………… 油杉属
7. 球果下垂，稀直立；雄球花单生叶腋 ………………………………………………………… 8
8. 一年生枝有明显叶枕；叶钻形或条形，四面或仅上面有气孔带 …………………… 云杉属
8. 一年生枝有微隆起的叶枕；叶条形，下面有气孔带 ………………………………………… 9
9. 球果长 5~8cm，苞鳞伸出种鳞外，先端 3 裂 ……………………………………… 黄杉属
9. 球果长 1.5~3.5cm，苞鳞不伸出种鳞，先端不裂或 2 裂 ………………………… 铁杉属

（一）冷杉属 *Abies* Mill.

常绿乔木，树冠圆锥形。大枝轮生，小枝对生。叶扁平条形，背面有 2 条白色气孔带。球花单性，雌雄同株。球果直立，当年成熟，种鳞脱落。种子具翅。

冷杉属约 50 种，分布于亚洲、欧洲、北非、北美洲及中美洲。我国 22 种。

分 种 检 索 表

1. 球果的苞鳞上端露出或仅先端尖头露出 ……………………………………………………… 2
1. 球果的苞鳞不露出；叶先端突尖或渐尖；种翅较种子长 …………………………… 辽东冷杉
2. 一年生枝密生毛；球果较小，长 4.5~9.5cm，紫黑色或紫褐色 …………………… 臭冷杉
2. 一年生枝凹槽中有或无毛；球果较大，长 12~15cm，黄褐色或灰褐色 …………… 日本冷杉

1. 日本冷杉 *Abies firma* Sieb. et Zucc. （图 6-3）

【识别要点】常绿乔木，小枝具纵沟槽及圆形平叶痕。叶长 2~3.5cm，叶端常 2 裂，背面气孔带不明显，螺旋状着生并两侧展开，每侧又分层。球果长苞鳞露出。

【分布】原产日本，我国华东（庐山、杭州、莫干山、崂山）、华中地区有栽培。

【习性】喜凉爽湿润气候，耐阴，不耐烟尘。生长较快。

【繁殖】播种，也可扦插繁殖。

【用途】树形优美，叶色常绿，可作庭园观赏树。

2. 臭冷杉（东陵冷杉）*Abies nephrole-pis*（Trauty.）Maxim. （图 6-4）

【识别要点】常绿乔木，树冠尖塔形至

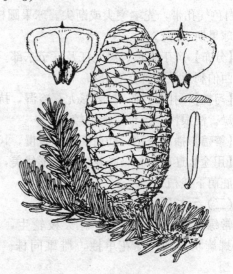

图 6-3 日本冷杉

圆锥形。树皮青灰白色,一年生枝淡黄褐色或淡灰褐色,密生褐色短柔毛。叶上面亮绿色,背面有 2 条白色气孔带,先端凹缺或微裂。球果熟时紫褐色,直立无柄。球花期 4～5 月,球果期 9～10 月。

【分布】分布于东北和华北地区,常生于海拔 1 600m 以上排水良好的缓坡。

【习性】耐阴性强,喜生于冷湿气候与湿润深厚土壤,根系浅,在排水不良处生长较差。

【繁殖】播种繁殖。幼苗期可全光育苗或设遮阳棚,当年不间苗,次年间苗,2～3 年生苗要进行换床移栽,以促发根系。

【用途】臭冷杉树冠塔形,宜列植、丛植或成片种植。可在海拔较高的自然风景区与云杉等树种混交种植。

3. 辽东冷杉（杉松）*Abies holophylla* Maxim. （图 6 - 5）

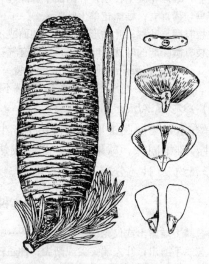

图 6 - 4　臭冷杉　　　　　　　　　图 6 - 5　辽东冷杉

【识别要点】常绿乔木,树冠阔圆锥形,老龄时为广伞形。叶条形,上面凹下,下面有 2 条白色气孔带,先端突尖或渐尖。球果圆柱形,直立,近无柄,熟时淡褐色。球花期 4～5 月,球果期 10 月。

【分布】产于吉林、黑龙江及辽宁东部。为长白山及牡丹江山区主要森林树种之一。俄罗斯西伯利亚及朝鲜亦有分布。

【习性】耐阴性强,较云杉尤喜冷湿,抗寒力较强,喜生于土层肥厚的阴坡,不耐高温及干燥。浅根性。抗烟尘能力较差。

【繁殖】播种繁殖,幼苗期生长缓慢,10 年后速度加快。

【用途】辽东冷杉枝条轮生,树形优美,宜在公园列植或片植,可在建筑物北侧及其他林冠庇荫下栽植。

（二）云杉属 *Picea* Dietr.

常绿乔木,树冠圆锥形。大枝轮生,小枝有叶枕,芽鳞宿存。叶扁平条形或四棱形,螺旋状排列。球花单性,雌雄同株。球果下垂,当年成熟,种鳞宿存,革质。种子具翅。

云杉属约 50 种,分布于北半球。我国有 20 种 5 变种,引种 2 种。

分 种 检 索 表

1. 红皮云杉 *Picea koraiensis* Nakai.（图 6-6）

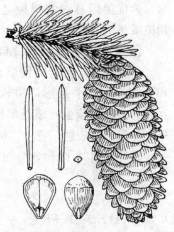

【识别要点】常绿乔木，树冠尖塔形。小枝上有明显叶枕，一年生枝淡红褐色或淡黄褐色，芽鳞反卷，叶锥形，先端尖，横切面菱形。球果卵状圆柱形或圆柱状矩圆形，熟时褐色。球花期 5～6 月，球果期 9～10 月。

【分布】东北小兴安岭、吉林山区海拔 400～1 800m 地带。朝鲜及俄罗斯乌苏里地区也有分布。

【习性】耐阴性较强，浅根性，适应性较强，较耐湿，喜空气湿度大及排水良好、土层深厚的环境条件。

【繁殖】播种繁殖。应适当密播，幼苗期要经常灌溉，苗木生长慢，当年不间苗，3～4 年进行移栽。

图 6-6　红皮云杉

【用途】红皮云杉树姿优美，既耐寒，又耐湿，可孤植、列植或成丛栽植，是常用的造园树种。

2. 白杆（麦氏云杉）*Picea meyeri* Rehd. et Wils.（图 6-7）

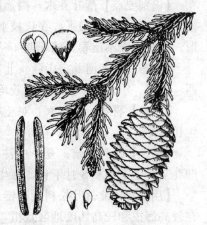

【识别要点】常绿乔木，树冠狭圆锥形。一年生小枝黄褐色，芽鳞反卷。叶四棱状，条形，微弯曲，先端钝，白色气孔带明显，呈粉状青绿色，横断面菱形。球果长圆状圆柱形，初时浓紫色，熟时黄褐色。球花期 4～5 月，球果期 10 月。

【分布】我国特产树种，在国产云杉中分布较广，山西、河北、内蒙古、辽宁、黑龙江、河南、北京等地均有栽培。

【习性】耐阴性强，为阴性树种，耐寒，浅根性，喜空气湿润气候，在土层深厚的土壤中生长好，根系分布深。

图 6-7　白　杆

【繁殖】播种繁殖。幼苗不喜光，应设遮阳棚，冬季应注意保护，防止受到晚霜及旱风的袭击。适当密播，当年不间苗，苗期常灌溉。

【用途】白杆树形端正，枝叶茂密，叶色灰白，下枝不易秃干，最适孤植、丛植。

3. 青杆（细叶云杉）*Picea wilsonii* Mast.（图 6-8）

【识别要点】常绿乔木，树冠圆锥形。一年生枝淡黄绿、淡黄色，2～3 年生枝淡灰或灰色，芽鳞紧贴小枝。叶针状四棱形，较短，排列较密，白色气孔带不明显，青绿色。球果卵状圆柱形或圆柱状卵形。球花期 4 月，球果期 11 月。

【分布】分布于华北、西北及湖北、四川等地。北京、西安、太原等城市常见栽培。

【习性】耐阴性强，阴性树种，耐寒，喜冷凉湿润气候，适应力强，喜排水良好、土层深厚、适当湿润的微酸性土壤。

【繁殖】播种繁殖。适当密播，当年不间苗，苗期生长较慢，10年生可长到2m。

【用途】青杆树形整齐，枝叶茂密，叶色青绿，为优美园林观赏树种之一，可孤植、对植、列植或丛植。

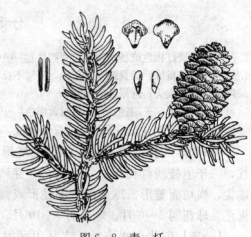

图6-8 青杆

（三）落叶松属 *Larix* Mill.

落叶乔木，树冠圆锥形。大枝平展，有长枝和短枝。叶扁平条形，柔软，在长枝上螺旋状互生，短枝上簇生。球花单性，雌雄同株，近球形。球果当年成熟，直立；种鳞革质，宿存。种子具翅。

落叶松属共18种，分布于北半球寒冷地区。我国10种1变种，引种2种。

分 种 检 索 表

1. 球果种鳞上部边缘不反卷；一年生枝无白粉 ·················· 华北落叶松
1. 球果种鳞上部边缘反卷；一年生枝有白粉 ·················· 日本落叶松

1. 华北落叶松 *Larix principis-rupprechtii* Mayr. （图6-9）

【识别要点】落叶乔木，树冠圆锥形。树皮暗灰褐色，不规则鳞状开裂。一年生小枝淡褐黄。叶窄条形，扁平，在长枝上螺旋状互生，在短枝上呈轮生状。球果长圆状卵形或卵圆形，种鳞边缘不反卷。球花期4~5月，球果期9~10月。

【分布】产于河北、山西、北京海拔1 400m以上的高山地带。辽宁、内蒙古、山东、陕西、甘肃、宁夏、新疆等地有栽培。

【习性】喜光，极耐寒，对土壤适应性强。寿命长，根系发达，生长快，在山地棕壤土生长最好。

【繁殖】播种繁殖。夏季应注意防高温日灼和雨季的排水，一年生苗有两个生长高峰，即在7月中下旬和8月下旬，在生长高峰到来之前注意肥水管理。

【用途】华北落叶松树冠圆锥形，叶色鲜绿，轻柔而潇洒，可形成美丽的景区。最适宜在较高海拔和较高纬度地区栽植，可孤植、丛植、片植。

2. 日本落叶松 *Larix kaempferi* (Lamb.) Carr. （图6-10）

【识别要点】落叶乔木，树冠卵状圆锥形。一年生枝淡黄色或淡红褐色，有白粉。叶扁平条形，在长枝上螺旋状互生，在短枝上呈轮生状。球果广卵形，长2~3cm，种鳞上部边缘向后反卷。

【分布】原产日本。我国北京、山东、河南、河北、江西等地有栽培。

【习性】喜光，生长快，抗病力强。在风大、干旱环境下，或在瘠薄、黏重土壤上生长不良。对水分要求较高。

【繁殖】播种繁殖。幼苗期应适当遮阳。

【用途】日本落叶松叶色鲜绿，树冠端丽，可作造园树种或风景区绿化树种，栽植密度不宜过大，否则下枝易枯死。

图 6-9 华北落叶松

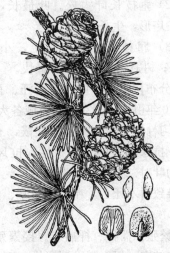

图 6-10 日本落叶松

（四）金钱松属 *Pseudolarix* Gord.

金钱松 *Pseudolarix amabilis*（Nelson）Rehd.（图 6-11）

【识别要点】落叶乔木，树冠阔圆锥形。树皮赤褐色，长片状剥裂。大枝不规则轮生。叶条形，在长枝上互生，短枝上轮状簇生。球果卵形或倒卵形，有短柄，当年成熟，淡红褐色。球花期 4～5 月，球果期 10～11 月。

【分布】产于安徽、江苏、浙江、江西、湖南、湖北、四川等省。在西天目山生于海拔 100～1 500m 处，在庐山生于海拔 1 000m 处。

【习性】喜光，幼时稍耐阴，耐寒，抗风力强，不耐干旱，喜温凉湿润气候，在深厚肥沃、排水良好的沙质壤土上生长良好。金钱松属于有真菌共生的树种，菌根多则对生长有利。

【繁殖】播种繁殖。播后最好用菌根土覆土。

【用途】金钱松夏叶碧绿，秋叶金黄，15～30 枚小叶轮生于短枝上，就好像一枚枚金钱，为世界五大庭园观赏树种之一。可孤植或丛植。

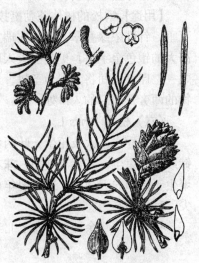

图 6-11 金钱松

（五）雪松属 *Cedrus* Trew.

雪松 *Cedrus deodara*（Roxb.）Loud（图 6-12）

【识别要点】常绿乔木，树冠圆锥形。大枝平展，不规则轮生。叶针形，三棱状，在长枝上螺旋状散生，在短枝上簇生。球果椭圆状卵形，直立，熟后脱落。种子具翅。球花期 10～11 月，球果期翌年 9～10 月。

【品种】在南京地区根据树形和分枝情况可分为三个类型：

（1）厚叶雪松。叶短，长 2.8～3.1cm，厚而尖；枝平展而开张；小枝略垂或近平展；

树冠壮丽，生长较慢，绿化效果较好。

（2）垂枝长叶雪松。叶最长，平均长 3.3～4.2cm；树冠尖塔形，生长较快。

（3）翘枝雪松。枝斜上，小枝略垂；叶长 3.3～3.8cm；树冠宽塔形，生长最快。

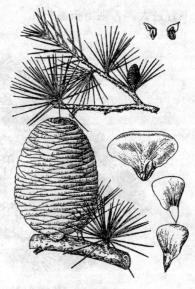

【分布】原产印度、阿富汗、喜马拉雅山西部。我国自 1920 年引种，现在长江流域各大城市均有栽培。

【习性】喜光，喜温凉气候，有一定的耐阴力，阳性树种，抗寒性较强。浅根性，抗风性不强，抗烟尘能力弱，幼叶对二氧化硫极为敏感，受害后迅速枯萎脱落，严重时导致树木死亡。在土层深厚、排水良好的土壤上生长最好。

【繁殖】播种、扦插或嫁接繁殖。30 年以上的雪松才能开花结实，但由于受到授粉方面的影响，往往结实率不高，种源相对比较困难，故雪松的繁殖一般采用扦插法，在春季发芽前或雨季进行，插条基部用 α-萘乙酸 0.05% 水溶液浸 5～6s，然后插入基质中，注意保持好空气湿度。

图 6-12 雪 松

【用途】雪松的树体苍劲挺拔，主干耸直雄伟，树冠形如宝塔，大枝四向平展，小枝微下垂，针叶浓绿叠翠。尤其在瑞雪纷飞之时，皎洁的雪片纷积于翠绿色的枝叶上，形成许多高大的银色金字塔，更是引人入胜，不愧为风景树的"皇后"，也是世界五大庭园观赏树种之一。印度民间将其视为圣树。最宜孤植于草坪中央、建筑前庭中心、广场中心或主要建筑物的两旁及园门的入口处。

（六）松属 *Pinus* L.

常绿乔木。大枝轮生。叶两型：原生叶为鳞形，单生于长枝；次生叶为针形，2 针、3 针或 5 针束生，基部有叶鞘。球花单性，雌雄同株，雄球花聚生于新梢下部，雌球花单生或聚生于新梢的近顶端。球果翌年成熟，种鳞木质，宿存，具有鳞盾、鳞脊、鳞脐，有或无刺尖。种子多有翅。

松属共 100 余种，广布于北半球。我国 22 种 10 变种，引入 16 种 2 变种。

分 种 检 索 表

1. 叶鞘早落，叶内具 1 条维管束 ·· 2
1. 叶鞘宿存，叶内具 2 条维管束 ·· 5
2. 叶 5 针一束 ·· 3
2. 叶 3 针一束；树皮灰绿色，鳞片状剥落，内皮乳白色 ·········· 白皮松
3. 种子无翅 ·· 4
3. 种子具宽翅，翅与种子近等长 ······································ 日本五针松
4. 球果熟时种子不脱落；小枝密被褐色毛 ····························· 红松
4. 球果熟时种子脱落；小枝无毛 ··· 华山松
5. 枝条每年生 1 轮；一年生球果生于近枝顶；叶 2 针 1 束 ·········· 6
5. 枝条每年生 2 至数轮；一年生球果生于小枝侧面；叶 3 针或 2、3 针并存 ···· 10

1. 白皮松 *Pinus bungeana* Zucc. ex Endl. （图 6-13）

【识别要点】常绿乔木，树冠阔圆锥形。树皮灰绿色，鳞片状剥落，内皮乳白色，树干上形成乳白色或灰绿色花斑。枝条疏大而斜展。叶 3 针一束，叶鞘早落。球果圆锥状卵形，熟时淡黄褐色。球花期 4～5 月，球果期翌年 9～10 月。

【分布】为我国特产，是东亚唯一的 3 针松。分布于山西、河南、陕西、甘肃、四川、湖北等地，北京、南京、上海等地有栽培。

【习性】阳性树种，喜光，幼树稍耐阴，较耐寒，耐干旱，不择土壤，喜生于排水良好、土层深厚的土壤。对二氧化硫及烟尘污染有较强的抗性。

白皮松为深根性树种，较抗风，生长速度中等。寿命长，有 1 000 年以上的古树，如北京戒台寺的九龙松（白皮松）是唐代武德年间栽种，距今已有 1 300 多年；北京北海公园团城上的古白皮松，被乾隆封为"白袍将军"。

图 6-13 白皮松

【繁殖】播种繁殖。播种前应进行浸种催芽，适当早播，可减少立枯病的发生。当年苗高 3～4cm，冬初时注意埋土防寒，二年生苗长到 10cm 左右进行第一次裸根苗移植，4～5 年生时进行第二次带土球移植。白皮松主根长，侧根少，移植时注意少伤根。

【用途】白皮松为我国特产的珍贵树种，自古以来即用于配植在宫廷、寺院、名园之中。树干斑驳如白龙，衬以青翠的树冠，可谓独具奇观。宜栽植于庭院、屋前、亭侧，或与山石配植，植于公园、街道绿地或纪念场所。古人曾云："松骨苍，宜高山，宜幽洞，宜怪石一片，宜修竹万竿，宜曲涧粼粼，宜寒烟漠漠"，道出了松类的观赏特性。明代张著在《白松》诗中写道："叶坠银钗细，花飞香粉乾，寺门烟雨里，混作白龙看"，为白皮松姿态写真。

2. 华山松 *Pinus armandii* Franch. （图 6-14）

【识别要点】常绿乔木，树冠广圆锥形。幼树树皮灰绿色，老则裂成方形厚块固着树干上。大枝开展，轮生现象明显。叶 5 针一束，柔软，边缘有细锯齿，叶鞘早落。球果圆锥状长卵形，成熟时种鳞张开，种子脱落。种子无翅有棱。球花期 4～5 月，球果期翌年 9～10 月。

【分布】原产山西、甘肃、河南、湖北及西南各省，各地均有栽培。

【习性】喜光，幼苗需适当庇荫。喜温凉湿润气候，抗寒性强，不耐炎热和盐碱。能适应多种土壤，最宜深厚、湿润、疏松的中性或微酸性壤土。对二氧化硫抗性较强。

【繁殖】播种繁殖。幼苗稍耐阴，也可在全光下生长。

【用途】华山松高大挺拔，针叶叠翠，冠形优美，生长迅速，是优良的园林绿化树种，可作园景树、庭荫树、行道树、丛植、列植或群植。

3. 马尾松 *Pinus massoniana* Lamb. (*P. sinensis* Lamb.) （图6-15）

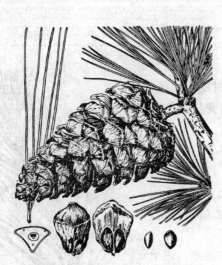

图6-14 华山松

图6-15 马尾松
1. 雄球花枝　2. 针叶　3. 叶横剖面
4. 芽鳞　5. 雄蕊　6. 球果枝
7. 种鳞　8. 种子

【识别要点】常绿乔木，青年期树冠呈狭圆锥形，老则开张如伞状。树皮红褐色，不规则片状裂。一年生小枝淡黄褐色，轮生。叶2针一束，叶鞘宿存。球果长卵形，有短柄，熟时栗褐色，脱落。球花期4月，球果期翌年10~12月。

【分布】分布极广，北自河南及山东南部，南至广东、广西、台湾，东自沿海，西至四川中部及贵州，遍布于华中、华南各地。

【习性】喜光，强阳性树种，喜温暖湿润气候，耐寒性差，喜酸性黏质壤土，对土壤要求不严，耐干旱瘠薄，不耐盐碱，在钙质土上生长不良。深根性，侧根多，是南方荒山绿化的先锋树种。

【繁殖】播种繁殖。播前进行浸种催芽，并用0.5%的硫酸铜溶液浸泡消毒。

【用途】马尾松是江南及华南自然风景区绿化和造林的重要树种。

4. 樟子松 *Pinus sylvestris* var. *mongolica* Litvin. （图6-16）

【识别要点】常绿乔木，幼树树冠尖塔形，老树呈圆顶或平顶。叶2针一束，长4~9cm，扭曲，叶鞘宿存。球果长卵形，果柄下弯。球花期5~6月，球果期翌年9~10月。

【分布】大兴安岭山地，小兴安岭北部海拉尔以西、以南沙丘地区，北京、辽宁、新疆等地有栽培。

【习性】喜光，很耐寒，耐瘠薄，能生于沙地及石砾地带，生长较快，不耐重盐碱及积水。深根性，根系发达。

【繁殖】播种繁殖。幼苗耐阴性很弱，不要遮阳。

【用途】樟子松耐干旱瘠薄，是工矿区很好的绿化树种。在东北地区主要用于用材林、防护林和"四旁"绿化树种。也可孤植于庭园绿地供观赏。

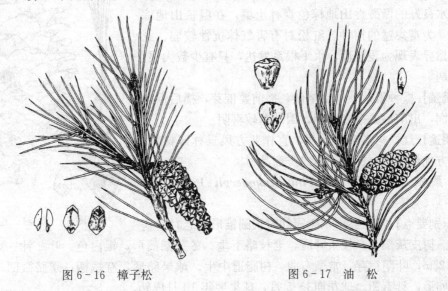

图 6-16 樟子松　　　　　　图 6-17 油 松

5. 油松 *Pinus tabulaeformis* Carr.（图 6-17）

【识别要点】常绿乔木，幼树树冠塔形或广卵形，老树则呈盘状或伞形。叶 2 针一束，长 10～15cm，叶鞘宿存，基部稍扭曲。球果卵形，无柄或有极短柄，宿存枝上达数年之久。球花期 4～5 月，球果期翌年 10 月。

【变种】

(1) 黑皮油松（var. *mukdensis*）。乔木，树皮深灰色，二年生以上小枝灰褐色或深灰色。产于河北承德以东至辽宁沈阳、鞍山等地。

(2) 扫帚油松（var. *umbraculifera*）。小乔木，树高 8～15m，树冠呈扫帚形。主干上部的大枝向上斜伸。产于辽宁千山慈祥观附近，供观赏用。

【分布】华北为分布中心，西北、西南亦有，辽宁的开原、清原一带是其分布的东北界限。

【习性】温带树种，强阳性，喜光，幼苗稍需庇荫。耐寒，耐干旱瘠薄，深根性，不耐水涝，不耐盐碱，以深厚肥沃的棕壤及淋溶褐土生长最好。油松的寿命很长，在泰山上有 3 株"五大夫"松，北京北海团城上的"遮荫侯"及潭柘寺、戒台寺均有非常著名的油松古树，如戒台寺内的"活动松"牵一枝而动全身，已成为园林中的奇景。

【繁殖】播种繁殖。可春播、秋播，一般进行春播。春播前先进行催芽处理。

【用途】松树的树干苍劲挺拔，四季常青，不畏风雪严寒，象征坚贞不屈、不畏强暴的气质。加之其树形优美，年龄愈老姿态愈奇，适于孤植、群植或混交种植于庭园，也是营造风景林的重要树种，可选用元宝枫、栎类、桦木、侧柏等作为其伴生树种。

6. 红松 *Pinus koraiensis* Sieb. et Zucc.（图 6-18）

【识别要点】常绿乔木，树冠卵状圆锥形。树皮灰褐色，块状脱落，内皮红褐色。一年生枝密生黄褐色或红褐色柔毛。叶 5 针一束，粗硬而直，叶鞘早落。球果圆锥状卵形，熟时不开裂或微开裂，种子不脱落。球花期 6 月，球果期 9～10 月。

【分布】产于东北三省，长白山、完达山和小兴安岭分布极多。在朝鲜、俄罗斯、日本北部亦有分布。

【习性】中等喜光，喜凉爽气候，耐寒性强，喜深厚肥沃、排水良好的微酸性山地棕色森林土壤，在温带山地棕色土上，为富集锰的树种。红松对有害气体抗性较弱。红松在自然界表现为浅根性，水平根系发达，只有少数大根，抗风力弱。

【繁殖】播种繁殖。种皮坚硬，播前要催芽，播后保持床面湿润，出苗后要搭遮阳棚，因幼苗较喜阴。

【用途】红松树形高大壮丽，宜作北方风景林区材料，也是北方优良的用材树种，为二类商品材。

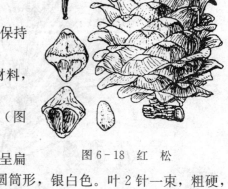

7. 黑松（日本黑松）*Pinus thunbergii* Parl. （图 6-19)

图 6-18 红　松

【识别要点】常绿乔木，树冠幼时狭圆锥形，老时呈扁平伞状。树皮灰黑色。枝条开展，老枝略下垂。冬芽圆筒形，银白色。叶2针一束，粗硬，长6～12cm，叶鞘宿存，常微弯曲，树脂道中生。球果卵形，有短柄；鳞脐微凹，有短刺。种子倒卵形，具有翅。球花期3～5月，球果翌年10月成熟。

【分布】原产日本和朝鲜。我国山东沿海、辽东半岛、江苏、浙江、安徽等地有栽植。

【习性】喜光，幼树稍耐阴，喜温暖湿润的海洋性气候，极耐海潮风和海雾，耐干旱，耐瘠薄，耐盐碱，对土壤要求不严，喜生于沙质壤土。

【繁殖】播种繁殖。种皮坚硬，播前要催芽。

【用途】黑松为著名的海岸绿化树种，宜作防风、防潮、防沙林带及海滨浴场附近的风景林区、行道树或庭荫树。也是优良的用材树种，又可作嫁接日本五针松和雪松的砧木。

8. 日本五针松（五针松）*Pinus parviflora* Sieb. et Zucc. （图6-20)

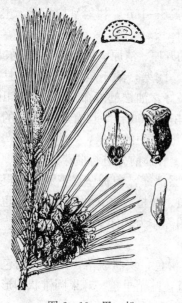

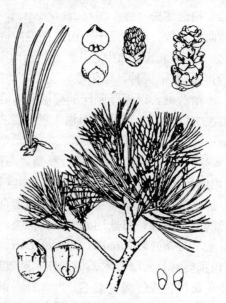

图 6-19 黑　松

图 6-20 日本五针松

【识别要点】常绿乔木，树冠圆锥形。树皮灰黑色，呈不规则鳞片状剥落，内皮赤褐色。一年生小枝淡褐色，密生淡黄色柔毛。冬芽长圆锥形，黄褐色。叶5针一束，细而短，长3～6cm，基部叶鞘脱落，内侧两面有白色气孔线，蓝绿色，微弯曲，树脂道边生。球果卵圆形或卵状椭圆形，熟时淡褐色。种子倒卵形，较大，种翅短于种子。

【分布】原产日本南部。我国长江流域各城市及青岛等地有栽培。各地盆栽。

【习性】喜光，能耐阴，忌湿畏热，不耐寒，生长慢，不适于沙地生长。移栽成活率较低。

【繁殖】常嫁接繁殖，也可播种、扦插。嫁接多用切接，腹接亦可。

【用途】日本五针松为珍贵的园林观赏树种，宜与山石配植形成优美的园景。品种多，也适宜作盆景、桩景等用。

9. 赤松（日本赤松）*Pinus densiflora* Sieb. et Zucc.

（图6-21）

【识别要点】常绿乔木，树冠圆锥形或扁平伞形。树皮橙红色，呈不规则薄片状剥落。一年生枝橙色或淡黄色，略被白粉，无毛。冬芽长圆状卵形，栗褐色。叶2针一束，细软且较短，长5～12cm，叶鞘宿存，暗绿色，树脂道边生。球果长圆形，有短柄。球花期4月，球果翌年9～10月成熟。

【分布】产于我国北部沿海山地；日本、朝鲜、俄罗斯也有分布。

【习性】喜光，耐瘠薄，不耐盐碱，喜酸性或中性排水良好的土壤。深根性，抗风力强。

【繁殖】播种繁殖。

【用途】可作园林观赏树种。

图6-21 赤 松

10. 火炬松 *Pinus taeda* L. （图6-22）

【识别要点】常绿乔木，树冠紧密圆头状，形似火炬。树皮红褐色，深裂，宽鳞片状脱落。小枝黄褐色。冬芽长圆形，有松脂，淡褐色，芽鳞分离而端反曲。叶3针一束，罕2针或4针一束，细硬，长12～23cm，树脂道中生。球果长圆形，浅红褐色，无柄，对称着生；鳞脐小，具反曲刺。

【分布】原产美国东南部低山区，是重要的用材树种。我国南方有栽植，生长较马尾松快，干形直，可推广为长江以南低山、丘陵地带造林绿化树种。

【习性】较耐阴，喜温暖湿润气候及酸性土壤，耐干旱瘠薄，不耐水湿和盐碱，对土壤要求不严，喜生于沙质壤土。

【繁殖】播种繁殖。播种前需对种子消毒。

【用途】可作园林观赏树种、用材。

11. 湿地松 *Pinus elliottii* Engelm. （图6-23）

【识别要点】常绿乔木，树干通直。树皮灰褐色，纵裂成不规则大鳞片状剥落。小枝粗壮。冬芽圆柱形，先端渐狭，红褐色，无树脂。叶2针、3针一束并存，较粗硬，长15～25（30）cm，叶鞘宿存，树脂道内生。球果圆锥形，常2～4聚生，有短柄；鳞脐疣状，有短刺。种子卵圆形，种翅易脱落。球果翌年9月成熟。

【分布】原产北美洲东南沿岸，我国长江流域至华南地区有栽培，生长较马尾松快，已

图 6-22　火炬松

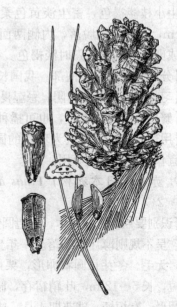

图 6-23　湿地松

成为我国南方速生优良用材树种之一。

【习性】强阳性树种，喜温暖多雨气候，较耐水湿和盐土，不耐干旱，抗风力强。

【繁殖】播种繁殖，也可扦插。播前要消毒及浸种处理。

【用途】湿地松苍劲而速生，适应性强，材质好，松脂产量高。可在长江以南的园林和自然风景区应用。

四、杉科 Taxodiaceae

常绿或落叶乔木。叶鳞状，披针形、钻形或条形，螺旋状排列，稀交互对生。球花单性，雌雄同株，雄蕊和珠鳞均螺旋状着生，稀交互对生；雄球花单生、簇生或呈圆锥花序状，每个雄蕊有花药 2～9；雌球花单生枝顶，每珠鳞有 2～9 个胚珠，苞鳞和珠鳞结合或半结合。球果当年成熟，种鳞扁平或盾形，木质或革质，每种鳞有种子 2～9。种子有窄翅。

杉科共 10 属 16 种，主要分布于北温带。我国产 5 属 7 种，引入栽培 4 属 7 种。

分属检索表

1. 常绿乔木；无冬季脱落的小枝；种鳞木质或革质 ·································· 2
1. 落叶或半常绿乔木；有冬季脱落的小枝；种鳞木质 ························· 5
2. 2 叶合生，两面中央有 1 条纵槽，轮状簇生在枝端；种鳞木质 ········ 金松属
2. 叶单生，螺旋状散生或小枝上叶基扭成假二列状 ························· 3
3. 种鳞（苞鳞）扁平，革质；叶条状披针形 ································· 杉木属
3. 种鳞盾形，木质 ·· 4
4. 叶钻形；球果近无柄，直立，种鳞上部有 3～7 裂齿 ··················· 柳杉属
4. 叶条形或鳞形；球果有柄，下垂，种鳞无裂齿 ····················· 北美红杉属
5. 叶与种鳞均对生；叶条形，二列状排列；种子扁平，周围有翅 ········· 水杉属

（一）水杉属 *Metasequoia* Miki ex Hu et Cheng

现仅我国有1种，第四纪冰川期后的孑遗植物。

水杉 *Metasequoia glyptostroboides* **Hu et Cheng** （图6-24）

【识别要点】落叶乔木，干基常膨大，幼树树冠尖塔形，老树则为广圆头形。小枝与侧芽均对生。叶扁平条形，交互对生，叶基扭转成羽状二列，冬季叶与无芽小枝一起脱落。球果深褐色，近球形，具长柄。球花期2月，球果期11月。

【分布】原产四川省石柱县、湖北省利川县磨刀溪、水杉坝一带及湖南省龙山、桑植等地。水杉是1941年由干铎教授首先在湖北省利川县发现，当时正值冬季，没有采回完整的标本。1946年王战教授等专程前往采取标本，经胡先骕、郑万钧两位教授1948年定名后，轰动了世界科学界，一致认为这是20世纪的最大发现之一。

【习性】喜光，喜温暖湿润气候，具有一定的抗寒性，喜深厚肥沃的酸性土，喜排水良好，较耐盐碱。对二氧化硫等有害气体抗性较弱。

图6-24 水杉

【繁殖】播种或扦插繁殖。由于水杉40～60年才开始进入盛果期，所以种源相对来说较为困难，一般多采用扦插法。

【用途】水杉树姿优美，叶形秀丽，叶色随季节而变化，春天柔嫩翠绿，婀娜妩媚；盛夏则黛绿浓郁，熏风袅袅；秋霜初降，则变为橙黄色、橘红色，若与枫树混植，则火红金黄，浑然成趣。在园林中可丛植、列植或孤植、片植。水杉生长快、适应性强、病虫害少，是很有前途的优良速生树种。在风景区绿化，可作为首选树种。

（二）杉木属 *Cunninghamia* R. Br.

杉木 *Cunninghamia lanceolata* （Lamb.） Hook. （图6-25）

【识别要点】常绿乔木，幼树树冠尖塔形，大树则为广圆锥形。树皮褐色，长条片状脱落。叶披针形或条状披针形，略弯曲呈镰刀状，革质，坚硬，深绿而有光泽，在主枝与主干上常有反卷状枯叶宿存。球果卵圆至圆球形，熟时棕黄色，种子具翅。球花期4月，球果期10月。

【分布】分布广，产于长江流域或秦岭以南16个省（区），其中浙江、福建、江西、湖南、广东、广西为杉木的中心产区，东部垂直分布通常在海拔1 000m以下，西南

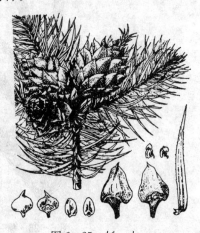

图6-25 杉木

部可达海拔1 800m。多为人工林，栽培历史悠久。

【习性】亚热带树种，喜温暖湿润气候，喜光，怕风，怕旱，不耐寒，喜深厚肥沃、排水良好的酸性土壤。

【繁殖】播种或扦插繁殖。在苗期要有遮阳，保证有较高的空气湿度和土壤水分，防止立枯病的发生。

【用途】杉木树干端直，不易秃干，适于园林中群植或植为行道树。1804 年及 1844 年英国引种，在英国南方生长良好，视为珍贵的观赏树。

（三）柳杉属 *Cryptomeria* D. Don

常绿乔木。叶钻形，螺旋状互生。雄球花单生叶腋，密集成短穗状花序状；雌球花单生枝顶。球果种鳞木质，宿存。

柳杉属共 2 种。我国 1 种，引种 1 种。

分 种 检 索 表

1. 叶端内曲；苞鳞尖头及种鳞先端裂齿较短，每种鳞有 2 粒种子 ……………………………………… 柳杉
1. 叶直伸；苞鳞尖头及种鳞先端裂齿较长，每种鳞有 2～5 粒种子 ……………………………… 日本柳杉

1. 柳杉（孔雀杉）*Cryptomeria fortunei* Hooibrenk（图 6-26）

【识别要点】常绿乔木，树冠塔形。树皮赤棕色，长条片剥落。小枝下垂，绿色。叶钻形，幼树及萌生枝条叶较长，达 2.4cm，一般长 1.0～1.5cm，叶微向内曲，四面有气孔线。球果熟时深褐色，种鳞约 20 枚，苞鳞尖头和种鳞顶端的齿缺均较短，每种鳞有 2 粒种子。球花期 4 月，球果期 10～11 月。

【分布】产于浙江、福建、江西。北自江苏、安徽南部，南至广东、广西，西至四川、云南各省均有栽培，河南、山东也有少量栽培。

【习性】中等阳性树种，稍耐阴，略耐寒，喜温暖湿润、空气湿度大、夏季较凉爽的山地环境，在土层深厚、湿润而透水性较好、结构疏松的酸性壤土生长良好。

【繁殖】播种、扦插繁殖。夏季要设遮阳棚，冬季设暖棚。

【用途】柳杉树形高大，极为雄伟，最适孤植、对植，也可丛植或群植。

图 6-26 柳 杉　　　　　图 6-27 日本柳杉

2. 日本柳杉 *Cryptomeria japonica* **（L. f.）D. Don**（图 6 - 27）

【识别要点】常绿乔木，树冠塔形。树皮赤棕色，长条片剥落。小枝略下垂，绿色。叶钻形，长 0.4～2cm，先端直伸，几乎不内曲，四面有气孔线。球果熟时深褐色，种鳞20～30 枚，苞鳞尖头和种鳞顶端的齿缺均较长，每种鳞有 3～5 粒种子。球花期 4 月，球果期 10～11 月。

【分布】原产日本，我国长江流域一带城市和山区有栽培。

习性、繁殖、用途与柳杉相同。

（四）金松属 *Sciadopitys* Sieb. et Zucc.

本属只 1 种，原产日本。

日本金松（金松） *Sciadopitys verticillata* **（Thunb）Sieb. et Zucc.**（图 6 - 28）

【识别要点】常绿乔木，树冠圆锥形。枝近轮生，水平开展。叶有两种：一种为鳞形叶，膜质，散生在嫩枝上；另一种叶扁平条形，20～30 枚轮状簇生在枝端，长 8～12cm，两面中央均有一沟槽，背面有 2 条白色气孔线。球果卵状长圆形。种子扁平，有狭翅。

【分布】原产日本。我国庐山、青岛、南京、上海、杭州、武汉等地有栽培。

【习性】喜阴，有一定的抗寒性，喜深厚、肥沃、排水良好的土壤。生长慢。

【繁殖】播种、扦插或分株繁殖。种子发芽率极低。移栽较易成活。

图 6 - 28　日本金松

【用途】日本金松是世界著名的五大庭园观赏树之一，又是著名的防火树种。最适孤植、对植，也可丛植或群植。

（五）北美红杉属 *Sequoia* Lindl.

本属只 1 种。

北美红杉（长叶世界爷） *Sequoia simpervirens* **（Lamb.）Lindl.**（图 6 - 29）

【识别要点】常绿大乔木，树冠圆锥形。树皮红褐色，厚 15～25cm。枝平展。叶两型：主枝叶卵状长圆形，长约 0.6cm，螺旋状排列；侧枝叶条形，长 0.8～2cm，基部扭转成羽状二列，表面暗绿色，背面有 2 条白色气孔带，中脉明显。球果卵状椭圆形或卵形，淡红褐色，当年成熟。种子淡褐色，两侧有翅。

【分布】原产美国西海岸。我国南京、上海、杭州等地有栽培。

【习性】喜温暖湿润气候及排水良好的土壤。生长快，根萌蘖力强，寿命长。

【繁殖】播种、扦插繁殖。扦插易成活。种子发芽率极低。移栽较易成活。

图 6 - 29　北美红杉

【用途】树体高大，树干端直，气势雄伟，是世界著名树种之一。

（六）水松属 *Glyptostrobus* Endl.

本属仅1种，在新生代时欧、亚、美洲均有分布，第四纪冰川期后，仅存于我国。

水松 *Glyptostrobus pensilis* K. Koch （图6-30）

【识别要点】常绿乔木，树冠圆锥形。树皮呈扭状长条浅裂，干基部膨大，有膝状呼吸根。枝条稀疏，大枝平展或斜展，小枝绿色。叶互生，有三种类型：主枝具鳞形叶，螺旋状排列，不脱落；一年生短枝及萌生枝无芽，具条状钻形及条形叶，常排成2～3列假羽状，冬季均与小枝同落。球果倒卵形，成熟后种鳞脱落。种子椭圆形微扁，具翅。球花期1～2月，球果期10～11月。

图6-30 水 松

【分布】我国特产，星散分布于华南和西南地区，长江流域以南公园有栽培。

【习性】强阳性树种，喜温暖湿润气候及湿润酸性土壤，不耐寒，很耐水湿。根系发达。

【繁殖】播种、扦插繁殖。

【用途】树形美丽，宜作防风护堤及水边湿地绿化树种。也常植于园林水边观赏。用材，材质轻软。球果及树皮均可提取单宁，种子可作紫色染料，叶可入药。

（七）落羽杉属（落羽松属） *Taxodium* Rich.

落叶或半常绿乔木。主枝宿存，侧生小枝冬季脱落；冬芽球形。叶螺旋状排列，基部下延，两型：主枝叶钻形，宿存；侧生小枝叶条形，二列状，冬季脱落。球花单性，雌雄同株。球果具短柄，种鳞木质。

落羽杉属共3种，原产北美洲及墨西哥。我国引种栽培。

分种检索表

1. 落叶乔木 ··· 2
1. 常绿或半常绿乔木；叶扁平条形，羽状二列，排列紧密 ····················· 墨西哥落羽杉
2. 叶扁平条形，叶基扭转排成羽状二列；大枝水平开展 ································ 落羽杉
2. 叶钻形，螺旋状排列；大枝向上伸长 ··· 池杉

1. 落羽杉（落羽松）*Taxodium distichum* (L.) Rich. （图6-31）

【识别要点】落叶乔木，树冠幼时圆锥形，老时成伞形。树干基部常膨大，具膝状呼吸根。树皮红褐色，长条状剥落。大枝近平展，小枝略下垂，侧生短枝成二列。叶扁平条形，互生，羽状排列，淡绿色，秋季红褐色。球果圆球形或卵圆形，熟时淡褐黄色。球花期5月，球果期翌年10月。

【分布】原产美国东南部，我国长江流域及其以南地区有栽培。

【习性】喜光，喜温暖湿润气候，极耐水湿，有一定的抗寒性，喜湿润、富含腐殖质的土壤，抗风力强。

【繁殖】播种、扦插繁殖。播种前需浸种催芽。

【用途】树形整齐美观，羽状叶丛秀丽，秋叶红褐色，是世界著名的园林树种之一。最

宜在水旁配植，又有防风护岸的作用。也是优良的用材树种。

图 6-31　落羽杉

图 6-32　池　杉

2. 池杉（池柏） *Taxodium ascendens* **Brongn.** （图 6-32）

【识别要点】落叶乔木，树冠尖塔形。树干基部膨大，常具膝状呼吸根。树皮褐色，长条状剥落。大枝向上伸展，二年生枝褐红色，当年生小枝常略向下弯垂。叶多钻形略扁，螺旋状互生，贴近小枝。球果圆球形或长圆状球形，有短柄，熟时褐黄色。球花期 3～4 月，球果期 10 月。

【分布】原产北美洲东南部，我国长江流域有栽培。

【习性】喜光，不耐阴，喜温暖湿润气候及深厚疏松的酸性、微酸性土壤，极耐水湿，也耐干旱，有一定的抗寒性。生长较快，萌芽力强，抗风力强。

【繁殖】播种、扦插繁殖。播种前需浸种催芽。

【用途】树形优美，枝叶秀丽婆娑，秋叶棕褐色，是观赏价值很高的园林树种。最宜在水滨湿地成片栽植，也可孤植或丛植，构成园林佳景。也适于在农田水网地区、水库附近以及"四旁"造林绿化并生产木材。

3. 墨西哥落羽杉（墨杉） *Taxodium mucronatum* **Tenore**（图 6-33）

【识别要点】常绿或半常绿乔木。树皮长条片状裂。大枝水平开展，侧生短枝螺旋状散生，第二年春季脱落。叶扁平条形，长约 1cm，互生，排成羽状二列。球果卵球形。

【分布】原产墨西哥及美国西南部，我国南京、上海、武汉等地有栽培。

图 6-33　墨西哥落羽杉

【习性】喜温暖湿润气候，耐水湿，对碱性土壤适应性较强。

五、柏科 Cupressaceae

常绿乔木或灌木。叶鳞形或刺形，交互对生或 3 枚轮生。球花单性，雌雄同株或异株，雄蕊和珠鳞交互对生或 3 枚轮生，雌球花有珠鳞 3～12，苞鳞与珠鳞结合，仅尖端分离。球果熟时开裂或肉质不开裂呈浆果状。种子有翅或无翅。

　　柏科共 22 属约 150 种，广布全世界。我国产 8 属 30 种 6 变种，引入栽培 5 属约 15 种，分布遍于全国，多为优良用材树种和庭园观赏树种。

分 属 检 索 表

（一）侧柏属 *Platycladus* Spach

本属仅 1 种，我国特产。

侧柏 *Platycladus orientalis*（L.）Franco（图 6 - 34）

【识别要点】常绿乔木，幼树树冠卵状尖塔形，老树为广圆形。树皮薄片状剥离。大枝斜伸，小枝直展，扁平。叶全为鳞片状。雌雄同株，球花单生小枝顶端。球果卵形，熟前绿色，肉质，种鳞顶端有反曲尖头，熟后开裂，种鳞红褐色。球花期 3～4 月，球果期 10～11 月。

图 6-34 侧柏

【变种与品种】在园林中应用的品种有：

　　（1）'千头'柏（'Sieboldii'）。丛生灌木，无明显主干，树高 3～5m，枝密生，树冠呈紧密卵圆形或球形。叶鲜绿色。球果白粉多。千头柏遗传稳定，可以播种繁殖。近年来园林上应用较多，其观赏性比原种好，可栽作绿篱或园景树。

　　（2）'金塔'柏（'金枝'侧柏）（'Beverleyensis'）。树冠塔形。叶金黄色。在南京、杭州等地有栽培，北京近年来开始引种，但要栽在背风向阳处，否则越冬困难。

　　（3）'洒金千头'柏（'Aurea Nana'）。密丛状小灌木，树冠圆形至卵圆形，高约 1.5m。叶淡黄绿色，入冬略转褐绿色。在杭州一带有栽培。

　　（4）'北京'侧柏（'Pekinensis'）。常绿乔木，高 15～18m。枝较长，略开展，小枝纤细。叶甚小，两边的叶彼此重叠。球果圆形，通常仅有种鳞 8 枚。北京侧柏是一个优美栽培品种，1861 年在北京附近发现，并引入英国。

　　（5）'金叶千头'柏（'金黄球'柏）（'Semperaurea'）。矮形紧密灌木，树冠近于球形，高达 3m。叶全年呈金黄色。

　　（6）'窄冠'侧柏（'Zhaiguancebai'）。树冠窄，枝向上伸展或略上伸展。叶光绿色。生长旺盛。江苏徐州有栽培。

【分布】原产华北、东北，全国各地均有栽培。

【习性】喜光，也有一定的耐阴能力，喜温暖湿润气候，耐干旱，耐瘠薄，耐寒，抗盐性强，适应性很强。耐修剪。

【繁殖】播种繁殖。春季播种，播前需进行催芽处理。侧柏幼苗期须根发达，移栽易成活。春季移植小苗要带土球，雨季可以进行裸根苗移植。

【用途】侧柏是我国应用最广泛的园林树种之一，自古以来就栽植于寺庙、陵墓地和庭园中。北京中山公园的辽代古柏有千年左右，仍然生长健壮，枝繁叶茂。这里介绍一个既符合树种习性又能充分发挥观赏特性的优秀实例：在北京的天坛公园内，大片的侧柏和桧柏与皇穹宇、祈年殿的汉白玉台栏杆和青砖路形成强烈的烘托作用，充分地突出了主体建筑，很好地表达了主题思想。大片柏林形成了肃静清幽的气氛，而祈年殿、皇穹宇及天桥等在建筑形式上、色彩上均与柏林互相呼应，出色地表现了"大地与天通灵"的主题。天坛的地下水位较高，土壤肥厚而且湿润，非常有利于侧柏的生长。

侧柏耐干旱瘠薄，是荒山绿化首选的造林树种。在北京卧佛寺的樱桃沟内有一景——"石上松"，其实就是侧柏，它完全长在石头缝中，仍然枝繁叶茂，可见其适应能力非同一般。传说《红楼梦》的作者曹雪芹经常前来观赏，这里的"松"这"石"丰富了他的想象，从而构思出了贾宝玉和林黛玉的"木石"姻缘。在山区营造侧柏时，以混交林为宜，可与桧柏、油松、黄栌、臭椿等混合种植，效果比纯林更好。侧柏耐修剪，而且下枝不易秃干，是选作绿篱的好材料。

（二）罗汉柏属 *Thujopsis* Sieb. et Zucc.

本属仅1种。

罗汉柏（蜈蚣柏）*Thujopsis dolabrata* Sieb. et Zucc.（图6-35）

【识别要点】常绿乔木，树冠圆锥形。大枝平展，不整齐状轮生，枝端常下垂，小枝扁平。叶鳞片状，宽大而厚，长4~7mm，先端钝，对生；两侧鳞叶先端略内弯，尖；叶表绿色，叶背有明显白色气孔带。球果近球形，种鳞木质，扁平，每种鳞有种子3~5粒。种子椭圆形，灰黄色，两边有翅。

【分布】原产日本。我国青岛、庐山等地有栽培。

【习性】阳性树种，耐阴性强，喜温凉湿润环境及排水良好的土壤，不耐寒。

【繁殖】播种、扦插或嫁接繁殖。

【用途】树姿优美，鳞叶绿白相映，可栽作园景树。各地常盆栽观赏。

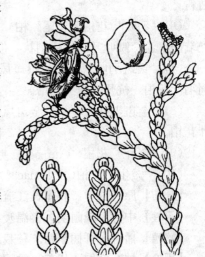

图6-35 罗汉柏

（三）扁柏属 *Chamaecyparis* Spach

常绿乔木。小枝平展，互生，排成平面。鳞叶对生，背面常有白粉。球花单性，雌雄同株，单生枝顶。球果圆球形，当年成熟，种鳞盾形，3~6对，每种鳞有种子2粒。种子微扁，两侧有宽翅。

分 种 检 索 表

1. 鳞叶先端锐尖；球果径约 0.6cm ·· 日本花柏
1. 鳞叶先端钝，肥厚；球果径 0.8～1cm ··· 日本扁柏

1. 日本花柏（花柏）Chamaecyparis pisifera（Sieb. et Zucc.）Endl. （图 6-36）

【识别要点】常绿乔木，树冠圆锥形。小枝片平展而略下垂。鳞叶先端尖锐，略开展，侧面叶较中间叶稍长；叶表绿色，叶背有白色线纹。球果圆球形，径约 0.6cm。种子三角状卵形。

图 6-36　日本花柏

【变种与品种】常见品种有：

（1）'线'柏（'Filifera'）。灌木或小乔木；小枝细长而圆，下垂如线。鳞叶小，先端锐尖。以侧柏为砧木嫁接繁殖。

（2）'金线'柏（'Filifera Aurea'）。似线柏，但小枝及叶为金黄色。生长较慢。杭州等地有栽培。

（3）'绒'柏（'Squarrosa'）。灌木或小乔木，树冠塔形；枝密生，大枝近平展，小枝非扁形；叶条状刺形，柔软，背面有 2 条白色气孔线。以侧柏为砧木嫁接。

（4）'金绒'柏（'Squarrosa Aurea'）。似绒柏，但叶为黄色。

（5）'卡'柏（'Squarrosa Intermedia'）。幼树冠圆球形。叶如绒柏而较短，密生，有白粉。

（6）'羽叶'花柏（'凤尾'柏）（'Plumosa'）。小乔木，树冠紧密；小枝羽状，近直立，先端向下卷。鳞叶开展，略刺状，但较软。扦插易成活。

（7）'银斑羽叶'花柏（'银斑凤尾'柏）（'Plumosa Argentea'）。枝端叶银白色，其余同羽叶花柏。杭州等地有栽培。

（8）'金斑羽叶'花柏（'金斑凤尾'柏）（'Plumosa Aurea'）。枝端叶金黄色，其余同羽叶花柏。

（9）'金叶'花柏（'Aurea'）。叶金黄色。

（10）'矮生'花柏（'Pygmaea'）。植株矮小。

【分布】原产日本。我国长江流域各城市有栽培。

【习性】中性，较耐阴，喜温暖湿润气候及深厚的沙壤土，耐寒性较差。

【繁殖】播种、扦插繁殖。移栽适宜期为秋季。

【用途】枝叶纤细、优美、秀丽，尤其有些品种具有独特的姿态，观赏价值很高。在园林中可孤植、丛植或作绿篱用。

2. 日本扁柏 Chamaecyparis obtusa（Sieb. et Zucc.）Endl. （图 6-37）

【识别要点】常绿乔木，树冠尖塔形，干皮赤褐色。鳞叶较厚，两侧叶对生成 Y 形，且较中间叶为大。球果圆球形，径0.8～1cm，种鳞常 4 对。球花期 4 月，球果期 10～11 月。

【变种与品种】常见品种有：

（1）'云片'柏（'Breviamea'）。小乔木，树冠窄塔形；小枝片先端圆钝，片片平展如云。

（2）'金边云片'柏（'Breviamea Aurea'）。小枝片先端金黄色，其余同片云柏。

（3）'孔雀'柏（'Tetragona'）。灌木，生叶小枝四棱形，在主枝上成长短不一的二列状或三列状。

（4）'金孔雀'柏（'Tetragona Aurea'）。鳞叶金黄色，其余同孔雀柏。

（5）'凤尾'柏（'Filicoides'）。灌木，小枝短，末端鳞叶枝短而扁平，排列密集；鳞叶先端钝，常有腺体。

（6）'金凤尾'柏（'Filicoides Aurea'）。新枝叶金黄色，其余同凤尾柏。

（7）'矮'扁柏（'Nana'）。灌木，高约 60cm，枝叶密生，暗绿色。

（8）'金枝矮'扁柏（'Nana Aurea'）。新枝叶金黄色，其余同矮扁柏。

（9）'金叶'扁柏（'Aurea'）。新叶金黄色。

（10）'黄叶'扁柏（'Crippsii'）。叶淡黄色。

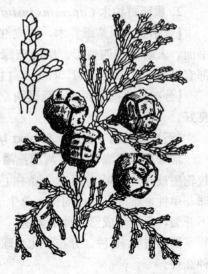

图 6-37　日本扁柏

【分布】原产日本。我国长江流域有栽培。

【习性】较耐阴，喜凉爽湿润气候及较湿润而排水良好的肥沃土壤。浅根性。

【繁殖】原种播种，栽培变种扦插繁殖。种子可保存 1 年，发芽率约 60％。扦插易生根，成活率约 60％。

【用途】树姿优美，枝叶秀丽。在园林中可作园景树、行道树、树丛、风景林及绿篱用。

（四）柏木属 Cupressus L.

常绿乔木。球果圆球形，翌年成熟，种鳞盾形，每种鳞有种子 5 至多粒。种子两侧有窄翅。

分 种 检 索 表

1. 小枝扁平，排成平面；种鳞 4 对，每种鳞有种子 5～6 粒 …………………………… 柏木
1. 小枝圆柱或四棱形，不排成平面；每种鳞有种子多粒 …………………………… 墨西哥柏木

1. 柏木 Cupressus funebris Endl.（图 6-38）

【识别要点】常绿乔木，树冠狭圆锥形，干皮淡褐灰色。小枝扁平，细长下垂。鳞叶先端尖，偶有线状刺叶。球果径 1～1.2cm，有尖头。球花期 3～5 月，球果翌年 5～6 月成熟。

【分布】产于长江流域以南温暖多雨地区。

【习性】喜光，稍耐阴，耐干旱瘠薄，稍耐水湿，喜温暖湿润气候，不耐寒，对土壤适应性强，喜石灰质土壤。浅根性，侧根发达，能生于岩缝中。

【繁殖】播种繁殖。播种前需浸种催芽。

【用途】树冠整齐，枝叶浓密，树姿优美。在园林中宜植于公园、建筑物前、陵墓、古迹和自然风景区。材质优良，是南方石灰岩山地造林用材树种。

2. 墨西哥柏木 *Cupressus lusitanica* Mill.

【识别要点】常绿乔木，树皮红褐色。小枝下垂，不排成平面，末端小枝四棱形。鳞叶蓝绿色，被白粉，先端尖，背部有纵脊。球果径 1～1.5cm，有白粉。

【分布】原产墨西哥。我国南京、上海等地有栽培，生长良好。

（五）圆柏属（桧属） *Sabina* Mill.

常绿乔木或灌木。叶两型：鳞形叶交互对生；刺形叶 3 枚轮生或对生，叶表面有 2 条白色气孔带，叶基下延生长。球花单性，雌雄异株或同株，单生于枝顶。球果肉质浆果状，不开裂，常翌年成熟。种子无翅。

圆柏属约 50 种，分布于北半球。我国约 17 种 3 变种，引种 2 种。

图 6-38 柏 木

分 种 检 索 表

1. 常绿乔木；叶鳞形、刺形 ·· 2
1. 常绿灌木 ·· 3
2. 鳞叶先端钝；刺叶 3 枚轮生或交互对生，等长；球果有种子 1～4 粒 ···················· 圆柏
2. 鳞叶先端尖；刺叶交互对生，不等长；球果有种子 1～2 粒 ···················· 北美圆柏
3. 叶鳞形、刺形，交互对生；匍匐灌木 ···················· 沙地柏
3. 叶全为刺形叶，3 叶轮生 ···················· 4
4. 匍匐灌木；叶上面有 2 条白色气孔线；球果有种子 2～3 粒 ···················· 铺地柏
4. 直立灌木；叶两面均被白粉；球果仅有 1 粒种子 ···················· 翠蓝柏

1. 圆柏（桧柏） *Sabina chinensis*（L.）Ant.
（图 6-39）

【识别要点】常绿乔木，树冠尖塔形或圆锥形，老树为广卵形、球形或钟形。树皮浅纵条剥离，有时扭转状。老枝常扭曲状。叶两型：幼树全为刺形叶，大树刺形叶和鳞形叶兼有，老树则全为鳞形叶。球果球形，次年或第三年成熟，熟时肉质不开裂呈浆果状。球花期 4 月，果球期多翌年 10～11 月。

【变种与品种】在园林中应用的栽培变种和品种有：

（1）‘龙’柏（‘Kaizuka’）。树形圆柱状，大枝斜展或向一个方向扭转。全为鳞形叶，排列紧密，幼叶淡黄绿色，后变为翠绿色。球果蓝黑，略有白粉。

（2）‘金枝球’柏（‘Aureoglobosa’）。丛生灌木，树冠近球形。多为鳞叶，小枝顶端初叶呈金黄色。

（3）‘球’柏（‘Globosa’）。丛生灌木，近球形，

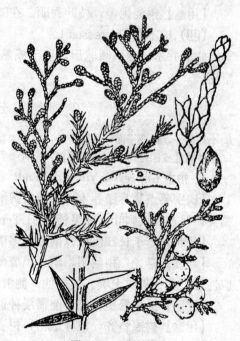

图 6-39 圆 柏

枝密生。全为鳞叶，间有刺形叶。

（4）'金叶'桧（'Aurea'）。直立窄圆锥形灌木，高3～5m，枝上伸。小枝具刺形叶及鳞形叶，刺形叶具灰蓝色气孔带，窄而不明显，中脉及边缘黄绿色，鳞形叶金黄色。

（5）'金龙'柏（'Kaizuka Aurea'）。叶全为鳞形叶，枝端的叶为金黄色。华东一带城市园林中常见栽培。

（6）'鹿角'桧（'万峰'桧）（'Pfitzeriana'）。丛生灌木，干枝自地面向四周斜展、上伸，状似鹿角，风姿优美。园林中常见栽培。

（7）'丹东'桧（'Dandong'）。常绿乔木，高达 10m，树冠圆柱状尖塔形或圆锥形。侧枝生长势强，主枝生长势弱，冬季叶色呈深绿色。本变种耐寒性较强，最适宜修剪整形和作绿篱。

（8）'沈阳'桧（'Shenyang'）。常绿乔木，高达 15m，幼树圆锥状，大树则为尖塔形。枝向上直展，密生。幼树多为刺形叶，大树多为鳞形叶，叶色深绿。全为雄株，雄球花长椭圆形。本变种耐寒性强，目前仅在沈阳、哈尔滨、长春有栽培。

（9）'西安'桧（'Xian'）。常绿乔木，高达 15m，树冠塔形。枝条紧密，斜上生长。幼树或大树无鳞状叶或极少鳞状叶。本变种为雄株无性系，只用扦插繁殖，成活率较高。树势粗壮优美，叶色鲜绿，观赏价值极高。

（10）'塔'柏（'Pyramidalis'）。树冠圆柱状塔形，枝条紧密。通常全为刺形叶。华北及长江流域栽培。

【分布】原产我国东南部及华北地区，吉林、内蒙古以南均有栽培。

【习性】喜光，耐阴性很强，耐寒，耐热，对土壤要求不严，对多种有害气体有一定的抗性，阻尘和隔音效果很好。耐修剪。

【繁殖】播种或扦插繁殖。栽培变种大多用扦插繁殖。

【用途】圆柏是园林上应用最广的树种之一，耐修剪又耐阴，而且下枝不易秃干，选作绿篱比侧柏好，可以进行各种造型修剪。在园林上常用作行道树、庭园树，可孤植、列植、丛植。圆柏树形优美，青年期呈整齐圆锥形，老树则干枝扭曲，奇姿古态，甚为独景，在苏州光福司徒庙有 4 株古柏，由于姿态奇古，而分别得"清""奇""古""怪"之名。圆柏在园林上应用时，应注意勿与苹果园、梨园靠近，也不能与之混栽，以免锈病发生，因桧柏是梨锈病的中间寄主。

2. 沙地柏（叉子圆柏、新疆圆柏）Sabina vulgaris Ant.（图 6-40）

【识别要点】匍匐灌木，高不及 1m。叶两型：刺形叶生于幼树上，常交互对生或兼有 3 枚轮生；鳞形叶常生于壮龄植株或老树上，交互对生，斜方形，先端微钝或急尖，背面中部有明显腺体。球果生于弯曲的小枝顶端，倒三角状卵形，含种子 1～5 粒。球花期 4～5 月，球果期 9～10 月。

【分布】产于西北及内蒙古，南欧至中亚、

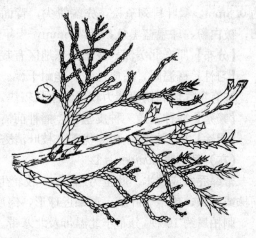

图 6-40　沙地柏

蒙古也有分布。北京、西安、大连、沈阳、长春、哈尔滨等地均有栽培。

【习性】极耐干旱，生于石山坡及沙地和林下，耐寒，生长势旺。

【繁殖】扦插繁殖。

【用途】可作园林绿化中的护坡、地被及固沙树种。亦可造型或作绿篱。

3. 铺地柏（爬地柏、匍地柏）*Sabina procumbens* (Endl.) Iwata et Kusaka（图6-41）

图6-41　铺地柏

【识别要点】匍匐灌木，贴近地面伏生。叶全为刺形叶，3叶交叉轮生，叶上面有2条白色气孔线，基部有2个白色斑点，叶基下延生长。球果球形，内含种子2～3粒。球花期4～5月，球果期9～10月。

【分布】原产日本，我国各地常见栽培。

【习性】阳性树种，喜石灰质的肥沃土壤，忌低湿地，耐寒。

【繁殖】扦插繁殖。

【用途】可作园林绿化中的护坡、水土保持、地被及固沙树种，也可配植于假山岩石园或草坪角隅。

4. '翠蓝'柏（翠柏、粉柏）*Sabina squamata* (Buch.-Ham.) Aut. 'Meyeri'

【识别要点】常绿直立灌木，分枝硬直而开展。叶全为刺形叶，3叶轮生，两面均显著被白粉，故呈翠蓝色。球果仅具1粒种子。

【分布】我国各地栽培。

【习性】喜光，能耐侧方庇荫，喜凉润气候及肥沃的钙质土壤，不耐低湿地。耐修剪，寿命长。

【繁殖】扦插、嫁接（以侧柏为砧木）繁殖。

【用途】树冠浓郁，叶色翠蓝，适合孤植，点缀假山石或建筑物。

5. 北美圆柏（铅笔柏）*Sabina virginiana* (L.) Aut.

【识别要点】常绿乔木，树冠窄圆锥形。树皮红褐色，裂成长条状。生鳞叶小枝细，径约0.8mm。鳞叶排列疏松，先端锐尖，背面近基部常有下凹腺体；刺叶常交叉对生，上面凹，被白粉。球果蓝黑色，径约6mm，当年成熟，内含1粒种子。

【分布】原产北美洲。我国华东地区有栽培。

【习性】喜温暖，适应性强，能耐干燥、低湿和沙砾地，喜酸性和中性土，也较耐盐碱土。抗有毒气体和锈病能力较强。生长较快。

【繁殖】播种繁殖。种皮坚硬，播种前需层积催芽处理。

【用途】树形挺拔，树姿优美，枝叶清秀。宜在草坪中孤植或列植于甬道两侧。

（六）刺柏属 *Juniperus* L.

常绿乔木或灌木。叶全为刺形，3枚轮生，基部有关节，不下延生长。球花单性，雌雄同株或异株，单生于叶腋。球果近球形，肉质浆果状，2～3年成熟。种子常3粒，无翅。

刺柏属约10种，分布于北温带及北寒带。我国3种，引进1种。

杜松 *Juniperus rigida* Sieb. et Zucc.（图6-42）

【识别要点】常绿乔木，树冠圆柱形，老则圆头状。大枝直立，小枝下垂。叶全为条状刺形，坚硬，上面有深槽，内有一条白色气孔带，下面有明显纵棱。球果球形，两年成熟，熟时淡褐黑色或蓝黑色。球花期5月，球果期翌年10月。

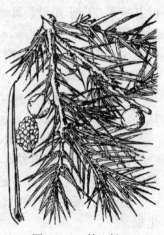

【分布】产于东北、华北各地，西至陕西、甘肃、宁夏等地。

【习性】强阳性树种，有一定的耐阴性，喜冷凉气候，比圆柏更耐寒。主根长而侧根发达，对土壤要求不严，以向阳、适湿的沙质壤土为宜。

【繁殖】播种及扦插繁殖。

【用途】杜松树冠圆柱状，树形高大，观赏效果好，在北方园林可搭配应用。抗风力强，对海潮风有相当强的抗性，是良好的海岸庭园树种之一。在栽植时，避免与苹果树、梨树混植，以防止梨锈病发生。

图6-42 杜 松

六、罗汉松科 Podocarpaceae

常绿乔木或灌木。叶条形、披针形、椭圆形、钻形或鳞形，螺旋状着生，稀为对生或近对生。雌雄异株，稀同株，雄球花穗状，腋生或顶生，雄蕊多数，各具花药2；雌球花腋生或顶生，通常仅顶端或部分珠鳞具1倒生胚珠。种子核果状或坚果状，全部或部分为肉质或干薄的假种皮所包。具胚乳，子叶2。

罗汉松科共8属约130种，分布于热带、亚热带及南温带地区，多数产于南半球。我国产2属14种3变种。

罗汉松属 *Podocarpus* L´Hér. ex Pers.

常绿乔木，球花雌雄异株，稀同株。种子核果状，全为肉质假种皮所包，生于肉质或干瘦种托上。

分 种 检 索 表

1. 叶两面中脉显著，螺旋状互生；种托肥厚肉质 ⋯⋯⋯⋯⋯⋯⋯⋯⋯⋯⋯⋯⋯⋯⋯⋯⋯⋯⋯ 2
1. 叶无明显中脉，有多数平行脉，对生或近对生；种托不肥厚 ⋯⋯⋯⋯⋯⋯⋯⋯⋯⋯⋯⋯ 竹柏
2. 乔木；叶条状披针形，先端尖 ⋯⋯⋯⋯⋯⋯⋯⋯⋯⋯⋯⋯⋯⋯⋯⋯⋯⋯⋯⋯⋯⋯⋯⋯ 罗汉松
2. 常为灌木状；叶长椭圆形或椭圆状披针形，先端钝圆 ⋯⋯⋯⋯⋯⋯⋯⋯⋯⋯⋯⋯ 大理罗汉松

1. 罗汉松（罗汉杉、土杉）*Podocarpus macrophyllus*（Thunb.）D. Don（图6-43）

【识别要点】常绿乔木，树冠广卵形。树皮灰色，呈薄片状脱落。枝较短而横斜密生。叶条状披针形，长7～12cm，宽7～10mm，先端尖，两面中脉显著，侧脉缺，叶面暗绿，叶背淡绿或粉绿色。雄球花3～5簇生叶腋，圆柱形；雌球花单生叶腋。种子卵形，熟时紫色，外被白粉，着生于肉质膨大的种托上，有柄。球花期4～5月，种熟期8～11月。

【变种与变型】

（1）狭叶罗汉松（var. *angustifolius*）。叶长5～9cm，宽3～6mm，叶端渐狭成长尖头，

叶基楔形。产于四川、贵州、江西等省，广东、江苏有栽培。

（2）小罗汉松（var. *maki*）。小乔木或灌木，枝直上着生。叶密生，长2～7cm，较窄，两端略钝圆。原产日本，在我国江南各地常见栽培。

（3）短叶罗汉松（var. *maki* f. *condensatus*）。叶特别短小。江苏、浙江等地有栽培。

【分布】产于长江流域以南，西至四川、云南。

【习性】半阴性树种，喜排水良好而湿润的沙质壤土，耐潮风，在海边生长较好。耐寒性较弱，在华北地区只能盆栽。

【繁殖】播种及扦插繁殖。扦插时以在梅雨季节为好，易生根。

【用途】树形优美，绿白色的种子衬以大10倍的肉质红色种托，好似披着红色袈裟正在打坐参禅的罗汉，故而得名罗汉松。满树紫红点点，颇富情趣。宜孤植作庭荫树，

图6-43 罗汉松

或对植、散植于厅、堂之前。罗汉松耐修剪，适应海岸环境，特别适宜作海岸绿化树种。北方为温室盆栽，供观赏。

2. 大理罗汉松 *Podocarpus forrestii* Craib. et W. W. Smith（图6-44）

【识别要点】常为灌木状，高达3m。叶长椭圆形或椭圆状披针形，长5～8cm，宽0.6～1.3cm，厚革质，先端钝圆，表面深绿色，背面微具白粉，有短柄；互生。种子生于肉质种托上。

【分布】产于云南大理苍山海拔2 500～3 000m地带。昆明、大理等地栽植。

【习性】喜生于阴湿处。

图6-44 大理罗汉松

图6-45 竹柏

3. 竹柏（大叶沙木、猪油木）*Podocarpus nagi*（Thunb.）Zoll. et Mor. ex Zoll.（图6-45）

【识别要点】常绿乔木，树冠圆锥形。树皮近平滑，红褐色或暗红色，裂成小块薄片。

叶长卵形、卵状披针形或披针状椭圆形，长 3.5～9cm，宽 1.5～2.5cm，似竹叶，上面深绿，背面淡绿，平行脉，无明显中脉。雄球花常呈分枝状。种子球形，熟时紫黑色，有白粉。球花期 3～5 月，种熟期 10 月。

【分布】产于浙江、福建、江西、湖南、广东、广西、四川等省（自治区）海拔 1 600m 以下山地，多与常绿阔叶树混生成林。长江流域有栽培。

【习性】为阴性树种，适生于温暖湿润、土壤深厚疏松的环境。不耐修剪。

【繁殖】播种及扦插繁殖。幼苗期应搭设遮阳棚。

【用途】竹柏的枝叶青翠而有光泽，树形美观，是南方园林中很好的庭荫树、行道树，亦是"四旁"绿化的优良树种。

七、三尖杉科（粗榧科）Cephalotaxaceae

常绿乔木或灌木，小枝通常对生。叶条形或条状披针形，基部扭转成二列，上面中脉隆起，下面有两条宽气孔带。雌雄异株，雄球花腋生，雄蕊通常有 3 个花药；雌花具长梗，生于苞片的腋部，每花有苞片 2～20，各有两个直生胚珠。种子核果状，全为肉质假种皮所包被。子叶 2，具胚乳。

三尖杉科共 1 属约 9 种，产于东亚。我国为分布中心，有 7 种 3 变种。

三尖杉属（粗榧属）*Cephalotaxus* Sieb. et Zucc.

常绿灌木或小乔木，小枝对生，芽鳞宿存。叶扁平条形，螺旋状着生，基部扭转成二列状。球花单性，雌雄异株。种子核果状，全为肉质假种皮所包。

分 种 检 索 表

1. 灌木或小乔木；叶较短，长 2～5cm ······································· 粗榧
1. 乔木；叶较长，长 5～10cm ··· 三尖杉

1. 粗榧 *Cephalotaxus sinensis*（Rehd. et Wils.）Li.（图 6 - 46）

【识别要点】常绿灌木或小乔木。树皮灰色或灰褐色，呈薄片状脱落。叶条形，通常直，端渐尖，长 2～5cm，宽约 3mm，几无柄，上面绿色，背面气孔带白色。种子 2～5 粒着生于总梗上部。球花期 4 月，种熟期翌年 10 月。

【分布】为我国特有树种，产于长江流域以南至广东、广西，西至甘肃南部、陕西南部、河南、四川、云南东南部、贵州东北部，生于海拔 2 000m 以下的山地。

【习性】喜光，喜温凉湿润气候，喜肥，抗虫害能力很强，有一定的抗寒性，北京在背风向阳处可露地越冬。生长缓慢，萌芽力较强，耐修剪，不耐移植。

【繁殖】播种或扦插繁殖。播前进行层积催芽处理。

【用途】粗榧可作绿化的基础种植材料，与其他树配植。

图 6 - 46　粗　榧

在北方栽植时要栽在背风向阳处，适当采取防寒措施。

2. 三尖杉 *Cephalotaxus fortunei* Hook. f.（图 6 - 47）

【识别要点】常绿乔木。叶条状狭披针形，略弯，长 4～13cm，宽 3.5～4.5mm，先端渐尖，基部楔形，排列较松散。种子椭圆状卵形，熟时具红色假种皮。球花期 4 月，种熟期 8～10 月。

【分布】主产于长江流域及河南、陕西、甘肃的部分地区。

【习性】喜温暖湿润气候，耐阴，不耐寒。

【繁殖】播种及扦插繁殖。幼苗期应搭设遮阳棚。

【用途】园林树种。木材富有弹性，纤维发达，宜作扁担、农具柄；种子含油率 30％以上，供工业用油。叶、枝、种子、根可提炼多种生物碱，有治癌作用。

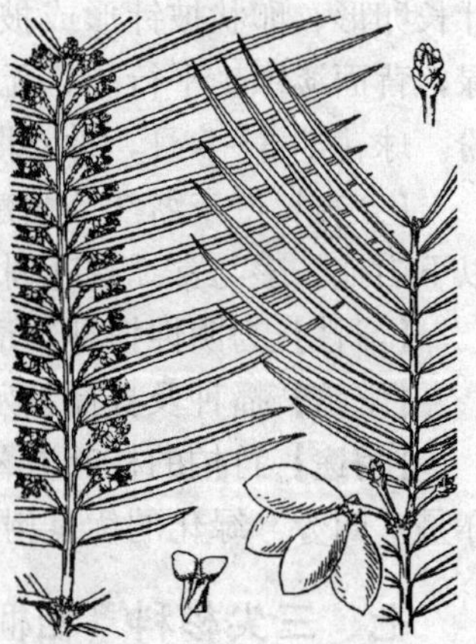

图 6-47　三尖杉

八、红豆杉科（紫杉科）Taxaceae

常绿乔木或灌木。叶条形或条状披针形，基部常扭转成二列。雌雄异株，稀同株，雄球花单生叶腋，或成短穗状集生枝顶，雄蕊多数，各具花药 3～9；雌球花单生或成对生于叶腋，顶部的苞片着生 1 个直生胚珠。种子当年或翌年成熟，全部或部分包被于杯状或瓶状的肉质假种皮中。有胚乳，子叶 2。

红豆杉科共 5 属 23 种，其中 4 属分布于北半球，1 属分布于南半球。我国 4 属 12 种 1 变种，另有 1 栽培种。

分 属 检 索 表

1. 叶表中脉明显；种子上部或顶端露出肉质假种皮外 ┄┄┄┄┄┄┄┄┄┄┄┄┄┄ 红豆杉属
1. 叶表中脉不明显；种子全部包于肉质假种皮内 ┄┄┄┄┄┄┄┄┄┄┄┄┄┄┄┄ 榧树属

（一）红豆杉属（紫杉属）*Taxus* L.

常绿乔木，小枝互生。叶条形，螺旋状互生，基部扭转排成羽状二列，背面有两条气孔带。球花单性，雌雄异株，雌球花有数枚鳞片，最上部有一盘状珠托，着生 1 胚珠。种子坚果状，生于杯状红色肉质假种皮内，上部露出。

红豆杉属约 11 种，分布于北半球。我国 4 种 1 变种。

分 种 检 索 表

1. 叶常直形；种子有 3～4 棱脊，种脐三角形或四方形 ┄┄┄┄┄┄┄┄┄┄┄ 东北红豆杉
1. 叶常微弯曲；种子有 2 棱脊，种脐椭圆形或近圆形 ┄┄┄┄┄┄┄┄┄┄┄┄┄┄┄ 2
2. 叶长 1～3.5cm，宽 2～2.5mm，叶缘稍反曲 ┄┄┄┄┄┄┄┄┄┄┄┄┄┄┄┄ 红豆杉
2. 叶长 2～3.5cm，宽 3～4.5mm，叶缘不反曲 ┄┄┄┄┄┄┄┄┄┄┄┄┄┄┄ 南方红豆杉

1. 东北红豆杉（紫杉）*Taxus cuspidata* Sieb. et Zucc.（图 6-48）

【识别要点】常绿乔木。树皮红褐色，有浅裂纹。叶条形，排成两列，V 形斜展，表面深绿色，有光泽。种子卵圆形，紫红色，假种皮肉质杯状，浓红色。球花期 5～6 月，种子 10 月成熟。

【栽培品种】矮丛紫杉（矮紫杉、枷罗木）（var. *umbraculifera* Mak.）半球状常绿灌木，植株较矮。叶较紫杉密而宽。耐寒，耐阴，嫩枝扦插易成活。

【分布】产于吉林及辽宁东部长白山林区中。日本、朝鲜、俄罗斯也有分布。

（一）水杉属 Metasequoia Miki ex Hu et Cheng

现仅我国有 1 种，第四纪冰川期后的孑遗植物。

水杉 *Metasequoia glyptostroboides* Hu et Cheng

（图 6-24）

【识别要点】落叶乔木，干基常膨大，幼树树冠尖塔形，老树则为广圆头形。小枝与侧芽均对生。叶扁平条形，交互对生，叶基扭转成羽状二列，冬季叶与无芽小枝一起脱落。球果深褐色，近球形，具长柄。球花期 2 月，球果期 11 月。

【分布】原产四川省石柱县、湖北省利川县磨刀溪、水杉坝一带及湖南省龙山、桑植等地。水杉是 1941 年由干铎教授首先在湖北省利川县发现，当时正值冬季，没有采回完整的标本。1946 年王战教授等专程前往采取标本，经胡先骕、郑万钧两位教授 1948 年定名后，轰动了世界科学界，一致认为这是 20 世纪的最大发现之一。

图 6-24 水 杉

【习性】喜光，喜温暖湿润气候，具有一定的抗寒性，喜深厚肥沃的酸性土，喜排水良好，较耐盐碱。对二氧化硫等有害气体抗性较弱。

【繁殖】播种或扦插繁殖。由于水杉 40~60 年才开始进入盛果期，所以种源相对来说较为困难，一般多采用扦插法。

【用途】水杉树姿优美，叶形秀丽，叶色随季节而变化，春天柔嫩翠绿，婀娜妩媚；盛夏则黛绿浓郁，熏风袅袅；秋霜初降，则变为橙黄色、橘红色，若与枫树混植，则火红金黄，浑然成趣。在园林中可丛植、列植或孤植、片植。水杉生长快、适应性强、病虫害少，是很有前途的优良速生树种。在风景区绿化，可作为首选树种。

（二）杉木属 Cunninghamia R. Br.

杉木 *Cunninghamia lanceolata*（Lamb.）Hook.（图 6-25）

【识别要点】常绿乔木，幼树树冠尖塔形，大树则为广圆锥形。树皮褐色，长条片状脱落。叶披针形或条状披针形，略弯曲呈镰刀状，革质，坚硬，深绿而有光泽，在主枝与主干上常有反卷状枯叶宿存。球果卵圆至圆球形，熟时棕黄色，种子具翅。球花期 4 月，球果期 10 月。

【分布】分布广，产于长江流域或秦岭以南 16 个省（区），其中浙江、福建、江西、湖南、广东、广西为杉木的中心产区，东部垂直分布通常在海拔 1 000m 以下，西南

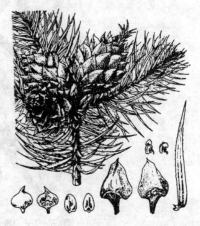

图 6-25 杉 木

部可达海拔1800m。多为人工林，栽培历史悠久。

【习性】亚热带树种，喜温暖湿润气候，喜光，怕风，怕旱，不耐寒，喜深厚肥沃、排水良好的酸性土壤。

【繁殖】播种或扦插繁殖。在苗期要有遮阳，保证有较高的空气湿度和土壤水分，防止立枯病的发生。

【用途】杉木树干端直，不易秃干，适于园林中群植或植为行道树。1804年及1844年英国引种，在英国南方生长良好，视为珍贵的观赏树。

（三）柳杉属 *Cryptomeria* D. Don

常绿乔木。叶钻形，螺旋状互生。雄球花单生叶腋，密集成短穗状花序状；雌球花单生枝顶。球果种鳞木质，宿存。

柳杉属共2种。我国1种，引种1种。

分 种 检 索 表

1. 叶端内曲；苞鳞尖头及种鳞先端裂齿较短，每种鳞有2粒种子 ······························· 柳杉
1. 叶直伸；苞鳞尖头及种鳞先端裂齿较长，每种鳞有2～5粒种子 ························ 日本柳杉

1. 柳杉（孔雀杉） *Cryptomeria fortunei* **Hooibrenk**（图6-26）

【识别要点】常绿乔木，树冠塔形。树皮赤棕色，长条片剥落。小枝下垂，绿色。叶钻形，幼树及萌生枝条叶较长，达2.4cm，一般长1.0～1.5cm，叶微向内曲，四面有气孔线。球果熟时深褐色，种鳞约20枚，苞鳞尖头和种鳞顶端的齿缺均较短，每种鳞有2粒种子。球花期4月，球果期10～11月。

【分布】产于浙江、福建、江西。北自江苏、安徽南部，南至广东、广西，西至四川、云南各省均有栽培，河南、山东也有少量栽培。

【习性】中等阳性树种，稍耐阴，略耐寒，喜温暖湿润、空气湿度大、夏季较凉爽的山地环境，在土层深厚、湿润而透水性较好、结构疏松的酸性壤土生长良好。

【繁殖】播种、扦插繁殖。夏季要设遮阳棚，冬季设暖棚。

【用途】柳杉树形高大，极为雄伟，最适孤植、对植，也可丛植或群植。

图6-26 柳 杉　　　　　图6-27 日本柳杉

2. 日本柳杉 *Cryptomeria japonica* (L. f.) D. Don（图 6 - 27）

【识别要点】常绿乔木，树冠塔形。树皮赤棕色，长条片剥落。小枝略下垂，绿色。叶钻形，长 0.4～2cm，先端直伸，几乎不内曲，四面有气孔线。球果熟时深褐色，种鳞 20～30 枚，苞鳞尖头和种鳞顶端的齿缺均较长，每种鳞有 3～5 粒种子。球花期 4 月，球果期 10～11 月。

【分布】原产日本，我国长江流域一带城市和山区有栽培。

习性、繁殖、用途与柳杉相同。

（四）金松属 *Sciadopitys* Sieb. et Zucc.

本属只 1 种，原产日本。

日本金松（金松）*Sciadopitys verticillata*（Thunb）Sieb. et Zucc.（图 6 - 28）

【识别要点】常绿乔木，树冠圆锥形。枝近轮生，水平开展。叶有两种：一种为鳞形叶，膜质，散生在嫩枝上；另一种叶扁平条形，20～30 枚轮状簇生在枝端，长 8～12cm，两面中央均有一沟槽，背面有 2 条白色气孔线。球果卵状长圆形。种子扁平，有狭翅。

【分布】原产日本。我国庐山、青岛、南京、上海、杭州、武汉等地有栽培。

【习性】喜阴，有一定的抗寒性，喜深厚、肥沃、排水良好的土壤。生长慢。

【繁殖】播种、扦插或分株繁殖。种子发芽率极低。移栽较易成活。

图 6 - 28　日本金松

【用途】日本金松是世界著名的五大庭园观赏树之一，又是著名的防火树种。最适孤植、对植，也可丛植或群植。

（五）北美红杉属 *Sequoia* Lindl.

本属只 1 种。

北美红杉（长叶世界爷）*Sequoia simpervirens*（Lamb.）Lindl.（图 6 - 29）

【识别要点】常绿大乔木，树冠圆锥形。树皮红褐色，厚15～25cm。枝平展。叶两型：主枝叶卵状长圆形，长约0.6cm，螺旋状排列；侧枝叶条形，长 0.8～2cm，基部扭转成羽状二列，表面暗绿色，背面有 2 条白色气孔带，中脉明显。球果卵状椭圆形或卵形，淡红褐色，当年成熟。种子淡褐色，两侧有翅。

【分布】原产美国西海岸。我国南京、上海、杭州等地有栽培。

【习性】喜温暖湿润气候及排水良好的土壤。生长快，根萌蘖力强，寿命长。

【繁殖】播种、扦插繁殖。扦插易成活。种子发芽率低。移栽较易成活。

图 6 - 29　北美红杉

【用途】树体高大，树干端直，气势雄伟，是世界著名树种之一。

（六）水松属 Glyptostrobus Endl.

本属仅1种，在新生代时欧、亚、美洲均有分布，第四纪冰川期后，仅存于我国。

水松 *Glyptostrobus pensilis* **K. Koch**（图6-30）

【识别要点】常绿乔木，树冠圆锥形。树皮呈扭状长条浅裂，干基部膨大，有膝状呼吸根。枝条稀疏，大枝平展或斜展，小枝绿色。叶互生，有三种类型：主枝具鳞形叶，螺旋状排列，不脱落；一年生短枝及萌生枝无芽，具条状钻形及条形叶，常排成2～3列假羽状，冬季均与小枝同落。球果倒卵形，成熟后种鳞脱落。种子椭圆形微扁，具翅。球花期1～2月，球果期10～11月。

【分布】我国特产，星散分布于华南和西南地区，长江流域以南公园有栽培。

【习性】强阳性树种，喜温暖湿润气候及湿润酸性土壤，不耐寒，很耐水湿。根系发达。

【繁殖】播种、扦插繁殖。

图6-30 水 松

【用途】树形美丽，宜作防风护堤及水边湿地绿化树种。也常植于园林水边观赏。用材，材质轻软。球果及树皮均可提取单宁，种子可作紫色染料，叶可入药。

（七）落羽杉属（落羽松属）Taxodium Rich.

落叶或半常绿乔木。主枝宿存，侧生小枝冬季脱落；冬芽球形。叶螺旋状排列，基部下延，两型：主枝叶钻形，宿存；侧生小枝叶条形，二列状，冬季脱落。球花单性，雌雄同株。球果具短柄，种鳞木质。

落羽杉属共3种，原产北美洲及墨西哥。我国引种栽培。

分 种 检 索 表

1. 落羽杉（落羽松）*Taxodium distichum*（L.）**Rich.**（图6-31）

【识别要点】落叶乔木，树冠幼时圆锥形，老时成伞形。树干基部常膨大，具膝状呼吸根。树皮红褐色，长条状剥落。大枝近平展，小枝略下垂，侧生短枝成二列。叶扁平条形，互生，羽状排列，淡绿色，秋季红褐色。球果圆球形或卵圆形，熟时淡褐黄色。球花期5月，球果期翌年10月。

【分布】原产美国东南部，我国长江流域及其以南地区有栽培。

【习性】喜光，喜温暖湿润气候，极耐水湿，有一定的抗寒性，喜湿润、富含腐殖质的土壤，抗风力强。

【繁殖】播种、扦插繁殖。播种前需浸种催芽。

【用途】树形整齐美观，羽状叶丛秀丽，秋叶红褐色，是世界著名的园林树种之一。最宜在水旁配植，又有防风护岸的作用。也是优良的用材树种。

图6-31 落羽杉

图6-32 池 杉

2. 池杉（池柏）*Taxodium ascendens* Brongn.（图6-32）

【识别要点】落叶乔木，树冠尖塔形。树干基部膨大，常具膝状呼吸根。树皮褐色，长条状剥落。大枝向上伸展，二年生枝褐红色，当年生小枝常略向下弯垂。叶多钻形略扁，螺旋状互生，贴近小枝。球果圆球形或长圆状球形，有短柄，熟时褐黄色。球花期3~4月，球果期10月。

【分布】原产北美洲东南部，我国长江流域有栽培。

【习性】喜光，不耐阴，喜温暖湿润气候及深厚疏松的酸性、微酸性土壤，极耐水湿，也耐干旱，有一定的抗寒性。生长较快，萌芽力强，抗风力强。

【繁殖】播种、扦插繁殖。播种前需浸种催芽。

【用途】树形优美，枝叶秀丽婆娑，秋叶棕褐色，是观赏价值很高的园林树种。最宜在水滨湿地成片栽植，也可孤植或丛植，构成园林佳景。也适于在农田水网地区、水库附近以及"四旁"造林绿化并生产木材。

3. 墨西哥落羽杉（墨杉）*Taxodium mucronatum* Tenore（图6-33）

【识别要点】常绿或半常绿乔木。树皮长条片状裂。大枝水平开展，侧生短枝螺旋状散生，第二年春季脱落。叶扁平条形，长约1cm，互生，排成羽状二列。球果卵球形。

【分布】原产墨西哥及美国西南部，我国南京、上海、武汉等地有栽培。

图6-33 墨西哥落羽杉

【习性】喜温暖湿润气候，耐水湿，对碱性土壤适应性较强。

五、柏科 Cupressaceae

常绿乔木或灌木。叶鳞形或刺形，交互对生或3枚轮生。球花单性，雌雄同株或异株，雄蕊和珠鳞交互对生或 3 枚轮生，雌球花有珠鳞 3～12，苞鳞与珠鳞结合，仅尖端分离。球果熟时开裂或肉质不开裂呈浆果状。种子有翅或无翅。

柏科共 22 属约 150 种，广布全世界。我国产 8 属 30 种 6 变种，引入栽培 5 属约 15 种，分布遍于全国，多为优良用材树种和庭园观赏树种。

分 属 检 索 表

1. 球果种鳞木质或革质，熟时开裂 ………………………………………………………… 2
1. 球果种鳞肉质，熟时不开裂或仅顶端开裂 …………………………………………………… 5
2. 种鳞扁平或鳞背隆起但不呈盾形；球果长圆状卵形，当年成熟 …………………………… 3
2. 种鳞盾状而隆起；球果圆球形，次年或当年成熟 …………………………………………… 4
3. 每种鳞有种子 2 粒；小枝较窄，背面无明显白粉带 …………………………………… 侧柏属
3. 每种鳞有种子 3～5 粒；小枝较阔，背面有宽大明显白粉带 ……………………………… 罗汉柏属
4. 小枝扁平；球果较小，当年成熟，每种鳞有种子常为 2～3 粒 ……………………………… 扁柏属
4. 小枝不扁平；球果较大，次年成熟，每种鳞有种子 5 至多粒 …………………………… 柏木属
5. 叶鳞形、刺形；刺形叶基部无关节，下延生长；冬芽不显著 …………………………… 圆柏属
5. 叶全为刺形；叶基部有关节，不下延生长；冬芽显著 …………………………………… 刺柏属

（一）侧柏属 *Platycladus* Spach

本属仅 1 种，我国特产。

侧柏 *Platycladus orientalis* （L.） Franco（图 6-34）

【识别要点】常绿乔木，幼树树冠卵状尖塔形，老树为广圆形。树皮薄片状剥离。大枝斜伸，小枝直展，扁平。叶全为鳞片状。雌雄同株，球花单生小枝顶端。球果卵形，熟前绿色，肉质，种鳞顶端有反曲尖头，熟后开裂，种鳞红褐色。球花期 3～4 月，球果期 10～11 月。

图 6-34 侧 柏

【变种与品种】在园林中应用的品种有：

（1）'千头'柏（'Sieboldii'）。丛生灌木，无明显主干，树高 3～5m，枝密生，树冠呈紧密卵圆形或球形。叶鲜绿色。球果白粉多。千头柏遗传稳定，可以播种繁殖。近年来园林上应用较多，其观赏性比原种好，可栽作绿篱或园景树。

（2）'金塔'柏（'金枝'侧柏）（'Beverleyensis'）。树冠塔形。叶金黄色。在南京、杭州等地有栽培，北京近年来开始引种，但要栽在背风向阳处，否则越冬困难。

（3）'洒金千头'柏（'Aurea Nana'）。密丛状小灌木，树冠圆形至卵圆形，高约 1.5m。叶淡黄绿色，入冬略转褐绿色。在杭州一带有栽培。

（4）'北京'侧柏（'Pekinensis'）。常绿乔木，高 15～18m。枝较长，略开展，小枝纤细。叶甚小，两边的叶彼此重叠。球果圆形，通常仅有种鳞 8 枚。北京侧柏是一个优美栽培品种，1861 年在北京附近发现，并引入英国。

（5）'金叶千头'柏（'金黄球'柏）（'Semperaurea'）。矮形紧密灌木，树冠近于球形，高达 3m。叶全年呈金黄色。

（6）'窄冠'侧柏（'Zhaiguancebai'）。树冠窄，枝向上伸展或略上伸展。叶光绿色。生

长旺盛。江苏徐州有栽培。

【分布】原产华北、东北、全国各地均有栽培。

【习性】喜光，也有一定的耐阴能力，喜温暖湿润气候，耐干旱，耐瘠薄，耐寒，抗盐性强，适应性很强。耐修剪。

【繁殖】播种繁殖。春季播种，播前需进行催芽处理。侧柏幼苗期须根发达，移栽易成活。春季移植小苗要带土球，雨季可以进行裸根苗移植。

【用途】侧柏是我国应用最广泛的园林树种之一，自古以来就栽植于寺庙、陵墓地和庭园中。北京中山公园的辽代古柏有千年左右，仍然生长健壮，枝繁叶茂。这里介绍一个既符合树种习性又能充分发挥观赏特性的优秀实例：在北京的天坛公园内，大片的侧柏和桧柏与皇穹宇、祈年殿的汉白玉台栏杆和青砖路形成强烈的烘托作用，充分地突出了主体建筑，很好地表达了主题思想。大片柏林形成了肃静清幽的气氛，而祈年殿、皇穹宇及天桥等在建筑形式上、色彩上均与柏林互相呼应，出色地表现了"大地与天通灵"的主题。天坛的地下水位较高，土壤肥厚而且湿润，非常有利于侧柏的生长。

侧柏耐干旱瘠薄，是荒山绿化首选的造林树种。在北京卧佛寺的樱桃沟内有一景——"石上松"，其实就是侧柏，它完全长在石头缝中，仍然枝繁叶茂，可见其适应能力非同一般。传说《红楼梦》的作者曹雪芹经常前来观赏，这里的"松"这"石"丰富了他的想象，从而构思出了贾宝玉和林黛玉的"木石"姻缘。在山区营造侧柏时，以混交林为宜，可与桧柏、油松、黄栌、臭椿等混合种植，效果比纯林更好。侧柏耐修剪，而且下枝不易秃干，是选作绿篱的好材料。

（二）罗汉柏属 *Thujopsis* Sieb. et Zucc.

本属仅1种。

罗汉柏（蜈蚣柏）*Thujopsis dolabrata* Sieb. et Zucc.（图6-35）

【识别要点】常绿乔木，树冠圆锥形。大枝平展，不整齐状轮生，枝端常下垂，小枝扁平。叶鳞片状，宽大而厚，长4~7mm，先端钝，对生；两侧鳞叶先端略内弯，尖；叶表绿色，叶背有明显白色气孔带。球果近球形，种鳞木质，扁平，每种鳞有种子3~5粒。种子椭圆形，灰黄色，两边有翅。

【分布】原产日本。我国青岛、庐山等地有栽培。

【习性】阳性树种，耐阴性强，喜温凉湿润环境及排水良好的土壤，不耐寒。

【繁殖】播种、扦插或嫁接繁殖。

【用途】树姿优美，鳞叶绿白相映，可栽作园景树。各地常盆栽观赏。

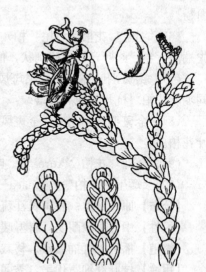

图6-35 罗汉柏

（三）扁柏属 *Chamaecyparis* Spach

常绿乔木。小枝平展，互生，排成平面。鳞叶对生，背面常有白粉。球花单性，雌雄同株，单生枝顶。球果圆球形，当年成熟，种鳞盾形，3~6对，每种鳞有种子2粒。种子微扁，两侧有宽翅。

分 种 检 索 表

1. 鳞叶先端锐尖；球果径约 0.6cm ·· 日本花柏
1. 鳞叶先端钝，肥厚；球果径 0.8～1cm ··· 日本扁柏

1. 日本花柏（花柏）Chamaecyparis pisifera（Sieb. et Zucc.）Endl.（图 6-36）

【识别要点】常绿乔木，树冠圆锥形。小枝片平展而略下垂。鳞叶先端尖锐，略开展，侧面叶较中间叶稍长；叶表绿色，叶背有白色线纹。球果圆球形，径约 0.6cm。种子三角状卵形。

图 6-36 日本花柏

【变种与品种】常见品种有：

（1）'线'柏（'Filifera'）。灌木或小乔木；小枝细长而圆，下垂如线。鳞叶小，先端锐尖。以侧柏为砧木嫁接繁殖。

（2）'金线'柏（'Filifera Aurea'）。似线柏，但小枝及叶为金黄色。生长较慢。杭州等地有栽培。

（3）'绒'柏（'Squarrosa'）。灌木或小乔木，树冠塔形；枝密生，大枝近平展，小枝非扁形；叶条状刺形，柔软，背面有 2 条白色气孔线。以侧柏为砧木嫁接。

（4）'金绒'柏（'Squarrosa Aurea'）。似绒柏，但叶为黄色。

（5）'卡'柏（'Squarrosa Intermedia'）。幼树冠圆球形。叶如绒柏而较短，密生，有白粉。

（6）'羽叶'花柏（'凤尾'柏）（'Plumosa'）。小乔木，树冠紧密；小枝羽状，近直立，先端向下卷。鳞叶开展，略刺状，但较软。扦插易成活。

（7）'银斑羽叶'花柏（'银斑凤尾'柏）（'Plumosa Argentea'）。枝端叶银白色，其余同羽叶花柏。杭州等地有栽培。

（8）'金斑羽叶'花柏（'金斑凤尾'柏）（'Plumosa Aurea'）。枝端叶金黄色，其余同羽叶花柏。

（9）'金叶'花柏（'Aurea'）。叶金黄色。

（10）'矮生'花柏（'Pygmaea'）。植株矮小。

【分布】原产日本。我国长江流域各城市有栽培。

【习性】中性，较耐阴，喜温暖湿润气候及深厚的沙壤土，耐寒性较差。

【繁殖】播种、扦插繁殖。移栽适宜期为秋季。

【用途】枝叶纤细、优美、秀丽，尤其有些品种具有独特的姿态，观赏价值很高。在园林中可孤植、丛植或作绿篱用。

2. 日本扁柏 Chamaecyparis obtusa（Sieb. et Zucc.）Endl.（图 6-37）

【识别要点】常绿乔木，树冠尖塔形，干皮赤褐色。鳞叶较厚，两侧叶对生成 Y 形，且较中间叶为大。球果圆球形，径0.8～1cm，种鳞常 4 对。球花期 4 月，球果期 10～11 月。

【变种与品种】常见品种有：

（1）'云片'柏（'Breviamea'）。小乔木，树冠窄塔形；小枝片先端圆钝，片片平展如云。

（2）'金边云片'柏（'Breviamea Aurea'）。小枝片先端金黄色，其余同片云柏。

（3）'孔雀'柏（'Tetragona'）。灌木，生叶小枝四棱形，在主枝上成长短不一的二列状或三列状。

（4）'金孔雀'柏（'Tetragona Aurea'）。鳞叶金黄色，其余同孔雀柏。

（5）'凤尾'柏（'Filicoides'）。灌木，小枝短，末端鳞叶枝短而扁平，排列密集；鳞叶先端钝，常有腺体。

（6）'金凤尾'柏（'Filicoides Aurea'）。新枝叶金黄色，其余同凤尾柏。

（7）'矮'扁柏（'Nana'）。灌木，高约60cm，枝叶密生，暗绿色。

（8）'金枝矮'扁柏（'Nana Aurea'）。新枝叶金黄色，其余同矮扁柏。

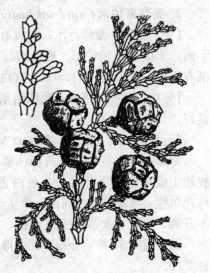

图6-37　日本扁柏

（9）'金叶'扁柏（'Aurea'）。新叶金黄色。

（10）'黄叶'扁柏（'Crippsii'）。叶淡黄色。

【分布】原产日本。我国长江流域有栽培。

【习性】较耐阴，喜凉爽湿润气候及较湿润而排水良好的肥沃土壤。浅根性。

【繁殖】原种播种，栽培变种扦插繁殖。种子可保存1年，发芽率约60%。扦插易生根，成活率约60%。

【用途】树姿优美，枝叶秀丽。在园林中可作园景树、行道树、树丛、风景林及绿篱用。

（四）柏木属 Cupressus L.

常绿乔木。球果圆球形，翌年成熟，种鳞盾形，每种鳞有种子5至多粒。种子两侧有窄翅。

分 种 检 索 表

1. 小枝扁平，排成平面；种鳞4对，每种鳞有种子5～6粒 ······ 柏木
1. 小枝圆柱或四棱形，不排成平面；每种鳞有种子多粒 ······ 墨西哥柏木

1. 柏木 Cupressus funebris Endl.（图6-38）

【识别要点】常绿乔木，树冠狭圆锥形，干皮淡褐灰色。小枝扁平，细长下垂。鳞叶先端尖，偶有线状刺叶。球果径1～1.2cm，有尖头。球花期3～5月，球果翌年5～6月成熟。

【分布】产于长江流域以南温暖多雨地区。

【习性】喜光，稍耐阴，耐干旱瘠薄，稍耐水湿，喜温暖湿润气候，不耐寒，对土壤适应性强，喜石灰质土壤。浅根性，侧根发达，能生于岩缝中。

【繁殖】播种繁殖。播种前需浸种催芽。

【用途】树冠整齐，枝叶浓密，树姿优美。在园林中宜植于公园、建筑物前、陵墓、古迹和自然风景区。材质优良，是南方石灰岩山地造林用材树种。

2. 墨西哥柏木 *Cupressus lusitanica* Mill.

【识别要点】常绿乔木，树皮红褐色。小枝下垂，不排成平面，末端小枝四棱形。鳞叶蓝绿色，被白粉，先端尖，背部有纵脊。球果径 1～1.5cm，有白粉。

【分布】原产墨西哥。我国南京、上海等地有栽培，生长良好。

（五）圆柏属（桧属）*Sabina* Mill.

常绿乔木或灌木。叶两型：鳞形叶交互对生；刺形叶 3 枚轮生或对生，叶表面有 2 条白色气孔带，叶基下延生长。球花单性，雌雄异株或同株，单生于枝顶。球果肉质浆果状，不开裂，常翌年成熟。种子无翅。

圆柏属约 50 种，分布于北半球。我国约 17 种 3 变种，引种 2 种。

图 6-38 柏 木

分 种 检 索 表

1. 常绿乔木；叶鳞形、刺形 ………………………………………………………………… 2
1. 常绿灌木 …………………………………………………………………………………… 3
2. 鳞叶先端钝；刺叶 3 枚轮生或交互对生，等长；球果有种子 1～4 粒 ………………… 圆柏
2. 鳞叶先端尖；刺叶交互对生，不等长；球果有种子 1～2 粒 …………………………… 北美圆柏
3. 叶鳞形、刺形，交互对生；匍匐灌木 …………………………………………………… 沙地柏
3. 叶全为刺形叶，3 叶轮生 ………………………………………………………………… 4
4. 匍匐灌木；叶上面有 2 条白色气孔线；球果有种子 2～3 粒 …………………………… 铺地柏
4. 直立灌木；叶两面均被白粉；球果仅有 1 粒种子 ……………………………………… 翠蓝柏

1. 圆柏（桧柏）*Sabina chinensis*（L.）Ant.（图 6-39）

【识别要点】常绿乔木，树冠尖塔形或圆锥形，老树为广卵形、球形或钟形。树皮浅纵条剥离，有时扭转状。老枝常扭曲状。叶两型：幼树全为刺形叶，大树刺形叶和鳞形叶兼有，老树则全为鳞形叶。球果球形，次年或第三年成熟，熟时肉质不开裂呈浆果状。球花期 4 月，果球期多翌年 10～11 月。

【变种与品种】在园林中应用的栽培变种和品种有：

（1）'龙'柏（'Kaizuka'）。树形圆柱状，大枝斜展或向一个方向扭转。全为鳞形叶，排列紧密，幼叶淡黄绿色，后变为翠绿色。球果蓝黑，略有白粉。

（2）'金枝球'柏（'Aureoglobosa'）。丛生灌木，树冠近球形。多为鳞叶，小枝顶端初叶呈金黄色。

（3）'球'柏（'Globosa'）。丛生灌木，近球形，

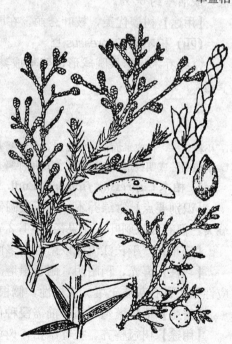

图 6-39 圆 柏

枝密生。全为鳞叶，间有刺形叶。

（4）'金叶'桧（'Aurea'）。直立窄圆锥形灌木，高3～5m，枝上伸。小枝具刺形叶及鳞形叶，刺形叶具灰蓝色气孔带，窄而不明显，中脉及边缘黄绿色，鳞形叶金黄色。

（5）'金龙'柏（'Kaizuka Aurea'）。叶全为鳞形叶，枝端的叶为金黄色。华东一带城市园林中常见栽培。

（6）'鹿角'桧（'万峰'桧）（'Pfitzeriana'）。丛生灌木，干枝自地面向四周斜展、上伸，状似鹿角，风姿优美。园林中常见栽培。

（7）'丹东'桧（'Dandong'）。常绿乔木，高达 10m，树冠圆柱状尖塔形或圆锥形。侧枝生长势强，主枝生长势弱，冬季叶色呈深绿色。本变种耐寒性较强，最适宜修剪整形和作绿篱。

（8）'沈阳'桧（'Shenyang'）。常绿乔木，高达 15m，幼树圆锥状，大树则为尖塔形。枝向上直展，密生。幼树多为刺形叶，大树多为鳞形叶，叶色深绿。全为雄株，雄球花长椭圆形。本变种耐寒性强，目前仅在沈阳、哈尔滨、长春有栽培。

（9）'西安'桧（'Xian'）。常绿乔木，高达 15m，树冠塔形。枝条紧密，斜上生长。幼树或大树无鳞状叶或极少鳞状叶。本变种为雄株无性系，只用扦插繁殖，成活率较高。树势粗壮优美，叶色鲜绿，观赏价值极高。

（10）'塔'柏（'Pyramidalis'）。树冠圆柱状塔形，枝条紧密。通常全为刺形叶。华北及长江流域栽培。

【分布】原产我国东南部及华北地区，吉林、内蒙古以南均有栽培。

【习性】喜光，耐阴性很强，耐寒，耐热，对土壤要求不严，对多种有害气体有一定的抗性，阻尘和隔音效果很好。耐修剪。

【繁殖】播种或扦插繁殖。栽培变种大多用扦插繁殖。

【用途】圆柏是园林上应用最广的树种之一，耐修剪又耐阴，而且下枝不易秃干，选作绿篱比侧柏好，可以进行各种造型修剪。在园林上常用作行道树、庭园树，可孤植、列植、丛植。圆柏树形优美，青年期呈整齐圆锥形，老树则干枝扭曲，奇姿古态，甚为独景，在苏州光福司徒庙有 4 株古柏，由于姿态奇古，而分别得"清""奇""古""怪"之名。圆柏在园林上应用时，应注意勿与苹果园、梨园靠近，也不能与之混栽，以免锈病发生，因桧柏是梨锈病的中间寄主。

2. 沙地柏（叉子圆柏、新疆圆柏）*Sabina vulgaris* Ant.（图 6-40）

【识别要点】匍匐灌木，高不及 1m。叶两型：刺形叶生于幼树上，常交互对生或兼有 3 枚轮生；鳞形叶常生于壮龄植株或老树上，交互对生，斜方形，先端微钝或急尖，背面中部有明显腺体。球果生于弯曲的小枝顶端，倒三角状卵形，含种子 1～5 粒。球花期 4～5 月，球果期 9～10 月。

【分布】产于西北及内蒙古，南欧至中亚、

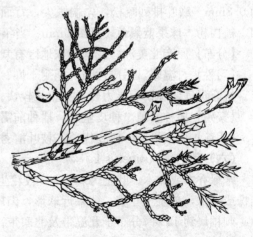

图 6-40 沙地柏

蒙古也有分布。北京、西安、大连、沈阳、长春、哈尔滨等地均有栽培。

【习性】极耐干旱，生于石山坡及沙地和林下，耐寒，生长势旺。

【繁殖】扦插繁殖。

【用途】可作园林绿化中的护坡、地被及固沙树种。亦可造型或作绿篱。

3. 铺地柏（爬地柏、匍地柏）*Sabina procumbens* (Endl.) Iwata et Kusaka（图6-41）

【识别要点】匍匐灌木，贴近地面伏生。叶全为刺形叶，3叶交叉轮生，叶上面有2条白色气孔线，基部有2个白色斑点，叶基下延生长。球果球形，内含种子2～3粒。球花期4～5月，球果期9～10月。

【分布】原产日本，我国各地常见栽培。

【习性】阳性树种，喜石灰质的肥沃土壤，忌低湿地，耐寒。

【繁殖】扦插繁殖。

【用途】可作园林绿化中的护坡、水土保持、地被及固沙树种，也可配植于假山岩石园或草坪角隅。

图6-41 铺地柏

4. '翠蓝'柏（翠柏、粉柏）*Sabina squamata* (Buch.-Ham.) Aut. 'Meyeri'

【识别要点】常绿直立灌木，分枝硬直而开展。叶全为刺形叶，3叶轮生，两面均显著被白粉，故呈翠蓝色。球果仅具1粒种子。

【分布】我国各地栽培。

【习性】喜光，能耐侧方庇荫，喜凉润气候及肥沃的钙质土壤，不耐低湿地。耐修剪，寿命长。

【繁殖】扦插、嫁接（以侧柏为砧木）繁殖。

【用途】树冠浓郁，叶色翠蓝，适合孤植，点缀假山石或建筑物。

5. 北美圆柏（铅笔柏）*Sabina virginiana* (L.) Aut.

【识别要点】常绿乔木，树冠窄圆锥形。树皮红褐色，裂成长条状。生鳞叶小枝细，径约0.8mm。鳞叶排列疏松，先端锐尖，背面近基部常有下凹腺体；刺叶常交叉对生，上面凹，被白粉。球果蓝黑色，径约6mm，当年成熟，内含1粒种子。

【分布】原产北美洲。我国华东地区有栽培。

【习性】喜温暖，适应性强，能耐干燥、低湿和沙砾地，喜酸性和中性土，也较耐盐碱土。抗有毒气体和锈病能力较强。生长较快。

【繁殖】播种繁殖。种皮坚硬，播种前需层积催芽处理。

【用途】树形挺拔，树姿优美，枝叶清秀。宜在草坪中孤植或列植于甬道两侧。

（六）刺柏属 *Juniperus* L.

常绿乔木或灌木。叶全为刺形，3枚轮生，基部有关节，不下延生长。球花单性，雌雄同株或异株，单生于叶腋。球果近球形，肉质浆果状，2～3年成熟。种子常3粒，无翅。

刺柏属约10种，分布于北温带及北寒带。我国3种，引进1种。

杜松 *Juniperus rigida* Sieb. et Zucc.（图6-42）

【识别要点】常绿乔木，树冠圆柱形，老则圆头状。大枝直立，小枝下垂。叶全为条状刺形，坚硬，上面有深槽，内有一条白色气孔带，下面有明显纵棱。球果球形，两年成熟，熟时淡褐黑色或蓝黑色。球花期5月，球果期翌年10月。

【分布】产于东北、华北各地，西至陕西、甘肃、宁夏等地。

【习性】强阳性树种，有一定的耐阴性，喜冷凉气候，比圆柏更耐寒。主根长而侧根发达，对土壤要求不严，以向阳、适湿的沙质壤土为宜。

【繁殖】播种及扦插繁殖。

【用途】杜松树冠圆柱状，树形高大，观赏效果好，在北方园林可搭配应用。抗风力强，对海潮风有相当强的抗性，是良好的海岸庭园树种之一。在栽植时，避免与苹果树、梨树混植，以防止梨锈病发生。

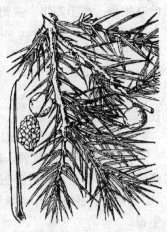

图 6-42　杜　松

六、罗汉松科 Podocarpaceae

常绿乔木或灌木。叶条形、披针形、椭圆形、钻形或鳞形，螺旋状着生，稀为对生或近对生。雌雄异株，稀同株，雄球花穗状，腋生或顶生，雄蕊多数，各具花药2；雌球花腋生或顶生，通常仅顶端或部分珠鳞具1倒生胚珠。种子核果状或坚果状，全部或部分为肉质或干薄的假种皮所包。具胚乳，子叶2。

罗汉松科共8属约130种，分布于热带、亚热带及南温带地区，多数产于南半球。我国产2属14种3变种。

罗汉松属 Podocarpus L'Hér. ex Pers.

常绿乔木，球花雌雄异株，稀同株。种子核果状，全为肉质假种皮所包，生于肉质或干瘦种托上。

分 种 检 索 表

1. 叶两面中脉显著，螺旋状互生；种托肥厚肉质 ·· 2
1. 叶无明显中脉，有多数平行脉，对生或近对生；种托不肥厚 ·················· 竹柏
2. 乔木；叶条状披针形，先端尖 ·· 罗汉松
2. 常为灌木状；叶长椭圆形或椭圆状披针形，先端钝圆 ·············· 大理罗汉松

1. 罗汉松（罗汉杉、土杉）Podocarpus macrophyllus（Thunb.）D. Don（图 6-43）

【识别要点】常绿乔木，树冠广卵形。树皮灰色，呈薄片状脱落。枝较短而横斜密生。叶条状披针形，长 7～12cm，宽 7～10mm，先端尖，两面中脉显著，侧脉缺，叶面暗绿，叶背淡绿或粉绿色。雄球花3～5簇生叶腋，圆柱形；雌球花单生叶腋。种子卵形，熟时紫色，外被白粉，着生于肉质膨大的种托上，有柄。球花期 4～5 月，种熟期8～11月。

【变种与变型】

（1）狭叶罗汉松（var. angustifolius）。叶长 5～9cm，宽3～6mm，叶端渐狭成长尖头，

叶基楔形。产于四川、贵州、江西等省，广东、江苏有栽培。

（2）小罗汉松（var. *maki*）。小乔木或灌木，枝直上着生。叶密生，长2～7cm，较窄，两端略钝圆。原产日本，在我国江南各地常见栽培。

（3）短叶罗汉松（var. *maki* f. *condensatus*）。叶特别短小。江苏、浙江等地有栽培。

【分布】产于长江流域以南，西至四川、云南。

【习性】半阴性树种，喜排水良好而湿润的沙质壤土，耐潮风，在海边生长较好。耐寒性较弱，在华北地区只能盆栽。

【繁殖】播种及扦插繁殖。扦插时以在梅雨季节为好，易生根。

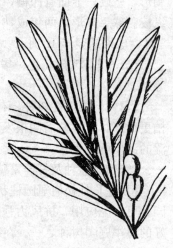

图6-43 罗汉松

【用途】树形优美，绿白色的种子衬以大10倍的肉质红色种托，好似披着红色袈裟正在打坐参禅的罗汉，故而得名罗汉松。满树紫红点点，颇富情趣。宜孤植作庭荫树，或对植、散植于厅、堂之前。罗汉松耐修剪，适应海岸环境，特别适宜作海岸绿化树种。北方为温室盆栽，供观赏。

2. 大理罗汉松 *Podocarpus forrestii* Craib. et W. W. Smith（图6-44）

【识别要点】常为灌木状，高达3m。叶长椭圆形或椭圆状披针形，长5～8cm，宽0.6～1.3cm，厚革质，先端钝圆，表面深绿色，背面微具白粉，有短柄；互生。种子生于肉质种托上。

【分布】产于云南大理苍山海拔2 500～3 000m地带。昆明、大理等地栽植。

【习性】喜生于阴湿处。

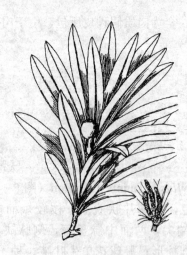

图6-44 大理罗汉松

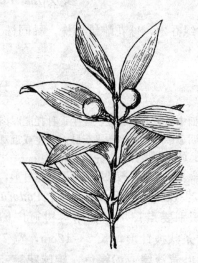

图6-45 竹 柏

3. 竹柏（大叶沙木、猪油木）*Podocarpus nagi*（Thunb.）Zoll. et Mor. ex Zoll.（图6-45）

【识别要点】常绿乔木，树冠圆锥形。树皮近平滑，红褐色或暗红色，裂成小块薄片。

叶长卵形、卵状披针形或披针状椭圆形，长 3.5～9cm，宽 1.5～2.5cm，似竹叶，上面深绿，背面淡绿，平行脉，无明显中脉。雄球花常呈分枝状。种子球形，熟时紫黑色，有白粉。球花期 3～5 月，种熟期 10 月。

【分布】产于浙江、福建、江西、湖南、广东、广西、四川等省（自治区）海拔 1 600m 以下山地，多与常绿阔叶树混生成林。长江流域有栽培。

【习性】为阴性树种，适生于温暖湿润、土壤深厚疏松的环境。不耐修剪。

【繁殖】播种及扦插繁殖。幼苗期应搭设遮阳棚。

【用途】竹柏的枝叶青翠而有光泽，树形美观，是南方园林中很好的庭荫树、行道树，亦是"四旁"绿化的优良树种。

七、三尖杉科（粗榧科）Cephalotaxaceae

常绿乔木或灌木，小枝通常对生。叶条形或条状披针形，基部扭转成二列，上面中脉隆起，下面有两条宽气孔带。雌雄异株，雄球花腋生，雄蕊通常有 3 个花药；雌花具长梗，生于苞片的腋部，每花有苞片 2～20，各有两个直生胚珠。种子核果状，全为肉质假种皮所包被。子叶 2，具胚乳。

三尖杉科共 1 属约 9 种，产于东亚。我国为分布中心，有 7 种 3 变种。

三尖杉属（粗榧属）*Cephalotaxus* Sieb. et Zucc.

常绿灌木或小乔木，小枝对生，芽鳞宿存。叶扁平条形，螺旋状着生，基部扭转成二列状。球花单性，雌雄异株。种子核果状，全为肉质假种皮所包。

分 种 检 索 表

1. 灌木或小乔木；叶较短，长 2～5cm ··· 粗榧
1. 乔木；叶较长，长 5～10cm ··· 三尖杉

1. 粗榧 *Cephalotaxus sinensis*（Rehd. et Wils.）Li.（图 6 - 46）

【识别要点】常绿灌木或小乔木。树皮灰色或灰褐色，呈薄片状脱落。叶条形，通常直，端渐尖，长 2～5cm，宽约 3mm，几无柄，上面绿色，背面气孔带白色。种子 2～5 粒着生于总梗上部。球花期 4 月，种熟期翌年 10 月。

【分布】为我国特有树种，产于长江流域以南至广东、广西，西至甘肃南部、陕西南部、河南、四川、云南东南部、贵州东北部，生于海拔 2 000m 以下的山地。

【习性】喜光，喜温凉湿润气候，喜肥，抗虫害能力很强，有一定的抗寒性，北京在背风向阳处可露地越冬。生长缓慢，萌芽力较强，耐修剪，不耐移植。

【繁殖】播种或扦插繁殖。播前进行层积催芽处理。

【用途】粗榧可作绿化的基础种植材料，与其他树配植。在北方栽植时要栽在背风向阳处，适当采取防寒措施。

图 6 - 46 粗榧

2. 三尖杉 *Cephalotaxus fortunei* Hook. f.（图 6 - 47）

【识别要点】常绿乔木。叶条状狭披针形，略弯，长 4～13cm，宽 3.5～4.5mm，先端渐尖，基部楔形，排列较松散。种子椭圆状卵形，熟时具红色假种皮。球花期 4 月，种熟期 8～10 月。

【分布】主产于长江流域及河南、陕西、甘肃的部分地区。

【习性】喜温暖湿润气候，耐阴，不耐寒。

【繁殖】播种及扦插繁殖。幼苗期应搭设遮阳棚。

【用途】园林树种。木材富有弹性，纤维发达，宜作扁担、农具柄；种子含油率 30% 以上，供工业用油。叶、枝、种子、根可提炼多种生物碱，有治癌作用。

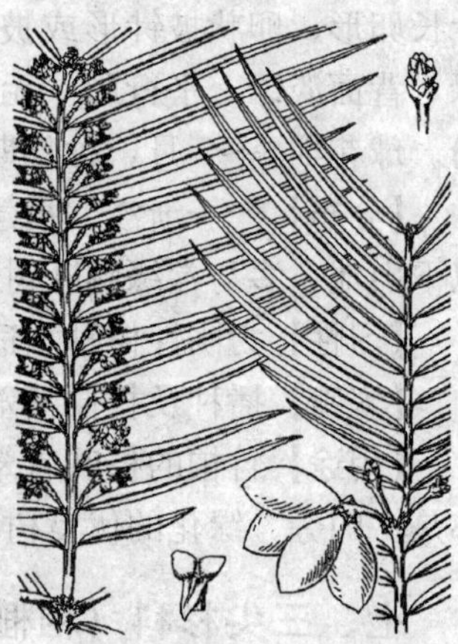

图 6-47 三尖杉

八、红豆杉科（紫杉科）Taxaceae

常绿乔木或灌木。叶条形或条状披针形，基部常扭转成二列。雌雄异株，稀同株，雄球花单生叶腋，或成短穗状集生枝顶，雄蕊多数，各具花药 3～9；雌球花单生或成对生于叶腋，顶部的苞片着生 1 个直生胚珠。种子当年或翌年成熟，全部或部分包被于杯状或瓶状的肉质假种皮中。有胚乳，子叶 2。

红豆杉科共 5 属 23 种，其中 4 属分布于北半球，1 属分布于南半球。我国 4 属 12 种 1 变种，另有 1 栽培种。

分 属 检 索 表

1. 叶表中脉明显；种子上部或顶端露出肉质假种皮外 ································· 红豆杉属
1. 叶表中脉不明显；种子全部包于肉质假种皮内 ································· 榧树属

（一）红豆杉属（紫杉属）Taxus L.

常绿乔木，小枝互生。叶条形，螺旋状互生，基部扭转排成羽状二列，背面有两条气孔带。球花单性，雌雄异株，雌球花有数枚鳞片，最上部有一盘状珠托，着生 1 胚珠。种子坚果状，生于杯状红色肉质假种皮内，上部露出。

红豆杉属约 11 种，分布于北半球。我国 4 种 1 变种。

分 种 检 索 表

1. 叶常直形；种子有 3～4 棱脊，种脐三角形或四方形 ····················· 东北红豆杉
1. 叶常微弯曲；种子有 2 棱脊，种脐椭圆形或近圆形 ······························· 2
2. 叶长 1～3.5cm，宽 2～2.5mm，叶缘稍反曲 ······························· 红豆杉
2. 叶长 2～3.5cm，宽 3～4.5mm，叶缘不反曲 ····························· 南方红豆杉

1. 东北红豆杉（紫杉）Taxus cuspidata Sieb. et Zucc.（图 6-48）

【识别要点】常绿乔木。树皮红褐色，有浅裂纹。叶条形，排成两列，V 形斜展，表面深绿色，有光泽。种子卵圆形，紫红色，假种皮肉质杯状，浓红色。球花期 5～6 月，种子 10 月成熟。

【栽培品种】矮丛紫杉（矮紫杉、枷罗木）（var. umbraculifera Mak.）半球状常绿灌木，植株较矮。叶较紫杉密而宽。耐寒，耐阴，嫩枝扦插易成活。

【分布】产于吉林及辽宁东部长白山林区中。日本、朝鲜、俄罗斯也有分布。

【习性】耐阴树种，抗寒性强，喜生于富含有机质的湿润土壤中，在空气温度较高处生长良好，忌积水和沼泽地。浅根性，侧根发达，甚耐修剪。

【繁殖】播种或扦插繁殖。春、夏季都可扦插，成活率较高。

【用途】树形端正，为高纬度地区珍贵的观赏树种，可孤植或群植，适合于整形修剪为各种造型。由于其生长缓慢，枝叶繁多而不易枯疏，故剪后可较长期保持一定形状。

图 6-48 东北红豆杉

2. 红豆杉 *Taxus chinensis* (Pilg.) Rehd.（图 6-49）

【识别要点】常绿乔木。树皮褐色，裂成条片状脱落。叶条形，长 1~3.2cm，宽 2~2.5mm，先端渐尖，叶缘微反曲，稍弯曲，排成二列，叶背有两条黄绿色或灰绿色宽气孔带。种子扁卵圆形，有 2 棱，种脐卵圆形，假种皮杯状，红色。

【分布】产于我国西部及中部地区。

【习性】喜温湿气候。

【繁殖】播种或扦插繁殖。

【用途】可供园林绿化用，为优良用材树种。

3. 南方红豆杉（美丽红豆杉）*Taxus mairei* (Lemée et Lévl.) S. Y. Hu et Liu（*T. chinensis* var. *mairei* Cheng et L. K. Fu.）（图 6-50）

【识别要点】常绿乔木。叶通常略弯如镰刀状，长 2~3.5cm，边缘不反卷，背面有两条黄绿色窄气孔带，绿色边带较宽，中脉带上的凸点较大，呈片状分布；或无凸点。种子卵形或倒卵形，微具 2 纵棱脊。

【分布】产于长江流域以南各省。日本、朝鲜、俄罗斯也有分布。

【习性】耐阴，喜温暖湿润气候及深厚肥沃、排水良好、富含腐殖质的酸性土壤。生长慢，寿命长。

【繁殖】播种、扦插繁殖。

图 6-49 红豆杉

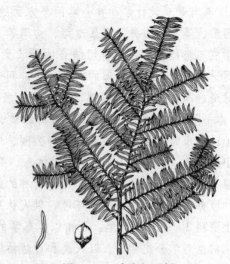

图 6-50 南方红豆杉

【用途】树姿古朴端庄，枝叶苍翠，秋季假种皮红色艳丽。可孤植、列植、群植于庭园、公园、草坪，也可作绿篱，或与其他树种组成观赏树群，或配于风景林。

（二）榧树属 *Torreya* Arn.

常绿乔木，大枝轮生，小枝对生。叶条形或条状披针形，硬直而尖，表面无明显中肋，对生，二列。种子核果状，全部被假种皮所包。

榧树 *Torreya grandis* **Fort. ex Lindl.** （图 6-51）

【识别要点】常绿乔木，树冠广卵形。一年生枝绿色，二年生枝黄绿色。叶条形，表面绿色，有光泽，背面有两条黄白色气孔带。种子椭圆形或卵圆形，假种皮肉质，淡紫褐色，外被白粉。球花期 4 月，种子翌年 10 月成熟。

【分布】我国特有树种，产于长江以南地区。

【习性】耐阴，喜温暖湿润、凉爽多雾气候及深厚、肥沃、排水良好的酸性或微酸性土壤，不耐寒。寿命长，抗烟尘。

【繁殖】播种繁殖。因种子富含油分，保存困难，需采后即播，也可层积后春播。

【用途】树冠整齐，枝叶繁密。适于孤植、列植、对植、丛植、群植。可作主景或背景。种子可食用或榨油，是我国特有的观赏兼干果树种。

图 6-51 榧 树

学习小资料

小资料 1 绿道：是指由那些为了多种用途（包括与可持续土地利用相一致的生态、休闲、文化、美学和其他用途）而规划、设计和管理的由线性要素组成的土地网络。在我国，"绿道"具有景观设计学和社会学两个方面的概念：一是指一种"绿色"景观线路，一般地沿着河滨、溪谷、山脊、风景道路、沟渠等自然和人工廊道建设，可供游人和骑车者徜徉其间，形成与自然生态环境密切结合的带状景观斑块走廊，承担信息、能量和物质的流动作用，促进景观生态系统内部的有效循环，同时加强各密近斑块之间的联系；二是指社会学方面的绿道，即让老百姓无障碍、少恐惧地表达自己的利益诉求，提高民众在精神生活上的"宜居水平"。景观绿道分成三类：郊野绿道、城市绿道和社区绿道。社区绿道主要连接居住区绿地；城市绿道主要连接城市里的公园、广场、游憩空间和风景名胜。

小资料 2 风景林：是指以旅游休息、卫生保健为主的森林。根据森林美学的原理、自然环境条件和不同树种的特性，注意树种的组成及其色彩和形态的配合，并适当配备道路、建筑和服务等设施，构成优美环境，供人休息和游憩。

小资料 3 景观生态学：是指以生态学的概念、理论和方法研究景观的结构、功能，及其变化的生态学分支学科。以人类和自然协调共生的思想为指导，通过将研究空间分异的地理学方法与研究生态系统动态的生态学方法相结合，研究景观在物质、能量和信息交换过程中形成的空间格局，内部功能和各部分相互关系，探讨其发生发展规律，建立景观的时空动态模型，以实现对景观合理保护和优化利用的目的。

本章小结

　　种子植物是以种子繁殖后代的高等植物，其中的裸子植物由于其胚珠裸露而得名。裸子植物多为木本，叶多为针形、条形、刺形或鳞形，所以又称为针叶树种。针叶树种多生长缓慢，寿命长，适应范围广，有很多重要的园林树种，如被誉为世界五大庭园观赏树种的均为针叶观赏类树种，它们分别是南洋杉、雪松、金钱松、日本金松和巨杉；也有不少是孑遗植物，如银杏、水杉等；某些树种还有特殊的经济用途，如树脂（松脂）、单宁等原料，更有大量的用材树种，如花旗松、落叶松等。

复习与思考

1. 简述裸子植物的主要形态特征。
2. 简述裸子植物和被子植物的主要区别。
3. 球果是由哪几部分构成的？
4. 松科、杉科、柏科的主要区别有哪些？
5. 世界著名的五大庭园树种是哪些？
6. 比较粗榧与三尖杉的主要区别。
7. 比较冷杉属与云杉属、落叶松属与金钱松属的异同点。
8. 比较池杉、落羽杉、墨西哥落羽杉的异同点。
9. 比较红松、华山松、日本五针松的异同点。
10. 比较赤松、油松、樟子松、马尾松、黑松、湿地松、火炬松的异同点。
11. 用定距式编制松属树种检索表。
12. 试述柳杉与日本柳杉的区别。
13. 比较落羽杉属与水杉属的异同点。
14. 比较圆柏属与刺柏属的异同点。
15. 比较圆柏与杜松、沙地柏与铺地柏的异同点。

第七章

阔 叶 观 赏 类

【知识目标】1. 了解阔叶树的主要识别特征。
　　　　　　2. 了解阔叶树中离瓣花和合瓣花的主要区别。
　　　　　　3. 了解阔叶树木在园林绿化建设中的作用。
【技能目标】识别阔叶树种 200 种以上。

第一节　阔叶树的特性及分类

阔叶树的基本特征是具典型的花。完全花由花萼、花冠、雄蕊和雌蕊组成。花各部每轮通常为 4～5 基数，雌蕊由 1 至多数心皮构成，胚珠生于子房中；由柱头接受花粉，经双受精作用，子房（或连同花托、花被）发育为果实。子叶 2 枚。阔叶树的输导组织发达，叶宽阔具网状脉，多为直根系。

阔叶树根据花瓣的连合与否，分为离瓣花类和合瓣花类。

第二节　我国园林中常见的阔叶树

一、木兰科 Magnoliaceae

常绿或落叶，乔木或灌木。单叶互生，全缘，稀分裂。托叶大，包被幼芽，脱落后在枝上留有环状托叶痕，或同时在叶柄上留有疤痕。花大，通常两性，单朵顶生或腋生。萼片 3，常花瓣状，花瓣 6 或更多，覆瓦状排列，雄蕊多数螺旋状排列在柱状花托的下部，离心皮雌蕊多数螺旋状排列在花柱上部。聚合蓇葖果，种子大，稀为聚合翅果，熟时脱落。

木兰科约 14 属 250 种，分布于亚洲东部和南部、北美洲的温带至热带。我国约 11 属 90 余种，主产东南部至西南部，是我国亚热带常绿阔叶林的重要组成树种。木兰科植物花大、美丽、芳香，多用作庭园观赏。

分 属 检 索 表

1. 叶全缘；聚合蓇葖果 ·· 2
1. 叶有裂片；聚合带翅坚果 ··· 鹅掌楸属
2. 花顶生，雌蕊群无柄 ··· 3

94

（一）木兰属 Magnolia L.

乔木或灌木，落叶或常绿。单叶互生，全缘。花两性，大而美丽，单生枝顶；萼片 3，常花瓣状；花瓣 6～12；雌蕊群无柄，稀有短柄；胚珠 2。蓇葖果聚合成球果状，各具 1～2 粒种子。种子有红色假种皮，成熟时悬挂于丝状种柄上。

木兰属约 90 种，分布于北美洲和亚洲，我国 30 余种。

分 种 检 索 表

1. 紫玉兰（辛夷、木笔、木兰）*Magnolia liliflora* **Desr.**（图 7-1）

【识别要点】落叶灌木，高 3～5m。小枝紫褐色。顶芽卵形，叶椭圆形，先端渐尖，背面沿脉有短柔毛，托叶痕长为叶柄的 1/2。花叶同放；花杯形，紫红色，内面白色。聚合蓇葖果圆柱形淡褐色。花期 4 月，果期 8～9 月。

【分布】原产我国湖北、四川、云南，现长江流域各省广为栽培。

【习性】喜光，幼时稍耐阴。不耐严寒，在肥沃、湿润的微酸性和中性土壤中生长最盛。根系发达，萌蘖强，较白玉兰耐湿。

【繁殖】扦插、压条、分株或播种繁殖。

【用途】紫玉兰的花"外烂烂以凝紫，内英英而积雪"，花大而艳，是传统的名贵春季花木。可配植在庭园的窗前和门厅两旁，丛植草坪边缘，或与常绿乔、灌木配植。常与山石配小景，与木兰科其他观花树木配植组成玉兰园。紫玉兰花蕾、树皮可入药，花可提芳香浸膏。

图 7-1 紫玉兰

2. 白玉兰（玉兰、望春花）Magnolia denudata Desr.（图 7 - 2）

【识别要点】落叶乔木。树冠卵圆形。花芽大，顶生，密被灰黄色长绢毛。叶宽倒卵形，先端宽圆或平截，有突尖的小尖头，叶柄有柔毛。花先叶开放，花大，单生枝顶，径 12～15cm，白色芳香，花被片 9，花萼与花瓣相似。聚合蓇葖果圆柱形。木质褐色，成熟后背裂露出红色种子。花期 3～4 月，果期 8～9 月。

图 7 - 2　白玉兰

【分布】我国北京及黄河流域以南至西南各地普遍栽植。白玉兰是上海市市花。

【习性】喜光，稍耐阴。较耐寒。喜肥，喜深厚、肥沃、湿润及排水良好的中性、微酸性土壤，微碱土亦能适应。根系肉质，易烂根，忌积水低洼处。不耐移植，不耐修剪，抗二氧化硫等有害气体能力较强。生长缓慢，寿命长。花期对温度敏感，昆明 12 月即开放，广州 2 月，上海 3 月下旬，北京则要 4 月中旬才开放。

【繁殖】播种、嫁接或压条繁殖。种子需及时搓去红色假种皮后沙藏，幼苗需遮阳，北方冬季需防寒。嫁接繁殖开花早，用紫玉兰作砧木。

【用途】白玉兰花大清香，亭亭玉立，为名贵早春花木，最宜列植堂前，点缀中堂。园林中常丛植于草坪、路边，亭台前后，漏窗、洞门内外，构成春光明媚的春景，若其下配植山茶等花期相近的花灌木则更富诗情画意。若与松树配植，再置数块山石，亦觉古雅成趣。花枝可瓶插。花蕾可入药，花可提取香精。

3. 二乔玉兰（朱砂玉兰）Magnolia soulangeana（Lindl.）Soul. -Bod.

【识别要点】落叶小乔木，高 6～10m。叶倒卵形，长 6～15cm，先端短急尖，基部楔形，背面多少有柔毛，侧脉 7～9 对。与玉兰的主要区别为：萼片 3，常花瓣状；花瓣 6，外面淡紫红色，内面白色。花期与玉兰相近。

为玉兰与木兰的天然杂交种，较亲本更耐寒、耐旱。欧美各国园林中甚普遍，并有许多园艺品种。我国各地也常见栽培观赏，有较多的变种与品种。如一年能几次开花的'常春'二乔玉兰、株矮而花瓣短圆的'丹馨'和花色深红或紫并能在春、夏、秋三次开花的'红远'等优良品种。

4. 广玉兰（荷花玉兰、洋玉兰）Magnolia grandiflora Linn.（图 7 - 3）

【识别要点】常绿乔木，高达 30m。树冠阔圆锥形。叶厚革质，倒卵状长椭圆形，先端钝，表面光泽，背面密被锈褐色绒毛。花期 5～6 月，果熟期 10 月。

图 7 - 3　广玉兰

【变种与品种】狭叶广玉兰（var. lanceolata）。叶较狭窄，椭圆状披针形，叶缘不呈波状，背面锈色毛较少。耐寒性较强。

【分布】原产北美洲东南部，生于河岸的湿润环境。我国 19 世纪末引入，现长江流域以南有栽培。

【习性】喜光，幼时耐阴。喜温暖湿润气候。稍耐寒。对土壤要求不严，适生于湿润肥沃的土壤，故在河岸、湖畔处生长好，但不耐积水，不耐修剪。在建筑煤渣混杂的垃圾土上或践踏过度的土壤上生长不良。抗二氧化硫（SO_2）、氯气（Cl_2）、氟化氢

（HF）、烟尘污染。根系深广，病虫害少，幼时生长缓慢，寿命长。

【繁殖】嫁接、压条、播种繁殖。嫁接用紫玉兰、天目木兰作砧木。实生苗对土壤适应性比嫁接苗强，但生长较慢，开花较迟，叶背锈毛较少。

【用途】广玉兰树姿雄伟壮丽，树荫浓郁，花大而幽香，是优良的城市绿化观赏树种，并被誉为"美国最华丽的树木"。可孤植草坪，对植在现代建筑的门厅两旁，列植作园路树，在开阔的草坪边缘群植片林，或在居民新村、街头绿地、工厂等绿化区种植，既可遮阳又可赏花，入秋种子红艳，深受群众喜爱。可利用其枝叶色深浓密的特点，为铜像或雕塑等作背景，使层次更为分明。花、叶、幼枝均可提取芳香油，叶可入药，种子榨油。

5. 厚朴 *Magnolia officinalis* Reld. et Wils. （图7-4）

【识别要点】落叶乔木，高15～20m。树皮紫褐色，有突起圆形皮孔。冬芽大，有黄褐色绒毛。叶簇生于枝端，倒卵状椭圆形，叶大，长30～45cm，叶表光滑，叶背有白粉，网状脉上密生有毛，叶柄粗，托叶痕达叶柄中部以上。花顶生，白色，具芳香。聚合果圆柱形。花期5月，先叶后花；果9月下旬成熟。

【分布】特产我国中部及西部，长江流域和陕西、甘肃南部。

【习性】喜光，喜温暖湿润气候及排水良好的酸性土壤。

【用途】叶大荫浓，白花美丽，可作庭荫树栽培及观赏树。树皮及花可入药。

6. 凹叶厚朴 *Magnolia officinalis* Reld. et Wils. var. *biloba*（图7-5）

【识别要点】形态与厚朴相似，与厚朴的主要区别为叶先端有凹口。花叶同放。聚合果大而红色，颇为美丽。

【分布】产于我国东南部。

【习性】中性偏阴树种，喜凉爽湿润气候及肥沃而排水良好的微酸性土壤，畏酷暑、干热。

【用途】树皮可药用，但品质较差。可栽作园林绿化及观赏树种。

图7-4　厚　朴
1. 花　2. 未成熟的果　3. 树皮

图7-5　凹叶厚朴

7. 天女花（天女木兰）*Magnolia sieboldii* Sieb. et Zucc. （图7-6）

【识别要点】落叶小乔木。小枝及芽有柔毛。叶椭圆形或倒卵状长圆形，较小，长6～

12cm，叶背有白粉和短柔毛。花单生，花瓣白色，6枚，有芳香；花萼淡粉红色，3枚，反卷，花柄细长。花期5～6月；果熟期9月，聚合果红色。

【分布】产于安徽（黄山）、江西、广西、辽宁。朝鲜、日本亦有分布。

【习性】喜凉爽湿润气候和肥沃湿润土壤。多生于阴坡湿润山谷。移植较困难，最好带土球移植。

【用途】天女花花朵洁白似玉，并有带紫色的雄蕊点缀，美丽而芳香，花色娇艳，形如荷花，花柄颇长，盛开时随风飘荡，芬芳扑鼻，有若天女散花，景色极其美观。可配植于庭园观赏或列植于草坪边缘。花可入药。

8. 望春玉兰 Magnolia biondii Pamp. （M. fragesii Cheng）

【识别要点】落叶乔木，高达12m。叶长椭圆状披针形或卵状披针形，长10～18cm，侧脉10～15对。花瓣6，白色，基部带紫红色；萼片3，狭小，长约为花瓣长的1/4；芳香；早春叶前开花。

【变型】紫望春玉兰（f. *purpurascens*）。花全为紫色；产于河南鲁山与南召交界处。

【分布】产于甘肃、陕西、河南、湖北、湖南、四川等地。

【习性】喜光，喜温凉湿润气候和微酸性土壤。

【用途】是优良园林观赏树种，北京园林绿地中常见栽培。

9. 夜合花（夜合、夜香木兰）Magnolia coco（Lour.）DC.（图7-7）

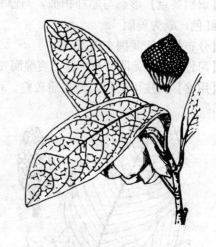

图7-6　天女花
1. 花枝　2. 聚合果

图7-7　夜合花

【识别要点】常绿灌木或小乔木，高2～4m；全体无毛。叶倒卵状长椭圆形，长7～18cm，先端长渐尖，基部狭楔形，网状脉明显下凹，革质；托叶痕达叶柄顶端。花被片9，外轮3片带绿色，里面6片白色，夜间极香，花柄粗而下弯；5～8月开花。

【分布】产于我国南部及越南，现东南亚各国广泛栽培。

【习性】较耐阴，喜温暖湿润气候及肥沃土壤，不耐寒。

【用途】是名贵香花观赏树种。花可熏茶及提制浸膏，花和根皮可入药。

（二）木莲属 Manglietia Blume

常绿乔木。花两性，顶生；花被片常9枚，排成3轮；雄蕊多数；雌蕊群无柄，心皮多数，螺旋状排列于一延长的花托上，每心皮有胚珠 4 或更多。聚合果近球状，果成熟时木质，顶端有喙，背裂为两瓣。

木莲属共 30 余种，分布于亚洲亚热带及热带；我国约 20 种。

1. 木莲 Manglietia fordiana（Hemsl.）Oliv.（图 7 - 8）

【识别要点】树高 20m。小枝具环状托叶痕，嫩枝及芽有褐色绢毛。单叶互生，叶厚革质，长椭圆状披针形，长 8～17cm，先端尖，基部楔形，叶柄红褐色。花白色，单生于枝顶。聚合果卵形，肉质，深红色，成熟后木质紫色，表面有疣点。花期 5 月，果熟期 10 月。

【分布】分布于长江以南地区，常散生于海拔 1 000～2 000m 的阔叶林中。

【习性】喜温暖湿润气候及酸性土壤。幼树耐阴，长大后喜光。

【用途】是南方绿化及用材树种。树荫浓密，花果美丽，宜作为园林观赏树种。树皮、果实可入药。

图 7 - 8　木　莲
1. 花枝　2. 雄蕊群和雌蕊群
3. 雄蕊　4. 聚合果

2. 红花木莲 Manglietia insignis（Wall.）Blume

【识别要点】树高达 30m；小枝无毛或幼时节上有毛。叶革质，倒披针形至长椭圆形，10～26cm，侧脉 12～24 对。花被片 9～12，基部 1/3 以下窄成爪状，外轮 3 片开展，下部黄绿色，中内轮 6～9 片，直立，乳黄白染粉红色（另有一种外轮花瓣翠绿色，仅中轮花瓣顶端粉红色），雄蕊长 1～1.8cm；花期 5～6 月。

【分布】产于我国湖南、广西、贵州、云南、西藏等地，以及缅甸北部、印度东部。

【习性】耐阴，喜湿润肥沃土壤。

【用途】树形优美，花色鲜艳，且有的一年能开两次花（5～6 月及 10 月下旬），是优良的园林绿化树种。在杭州一带已在推广应用。木材为家具等优良用材。

3. 乳源木莲（狭叶木莲）Manglietia yuyuanensis Law

【识别要点】树高达 8～15（22）m；与木莲相似，但本种除芽有金黄色柔毛外，全株无毛。叶较狭，倒披针形或狭倒卵状椭圆形，长 8～14cm，先端尾尖或渐尖，背面淡灰绿色。花被片 9，白色，外轮带绿色；花期 5 月。

【分布】产于粤南、湘南、皖南（黄山）、浙南及闽等地，生于海拔 700·～1 200m 的山地阔叶林中。

【用途】本种树干通直，树形端庄优美，枝叶茂密浓绿，花苞及花蕊红色，花瓣白色，颇为美丽，是理想的园林绿化树种。

（三）含笑属 Michelia L.

常绿乔木或灌木。花腋生，芳香；萼片花瓣状；花被 6～21，排为 2～3 轮；雌蕊群有柄，胚珠 2 枚至多数。聚合果中有部分果不发育，自背部开裂，种子 2 至数粒，红色或褐色。

含笑属约 60 种；我国有 35 种。

分 种 检 索 表

1. 含笑（香蕉花） *Michelia figo*（**Lour.**）**Spreng.**（图 7-9）

【识别要点】常绿灌木。树皮灰褐色，分枝密。芽、小枝、叶柄、花梗均密被锈色绒毛。叶革质，倒卵状椭圆形，先端钝短尖，背面中脉常有锈色平伏毛，托叶痕达叶柄顶端。花单生叶腋，淡黄色，边缘常紫红色，芳香，花径2~3cm。聚合果，先端有短尖的喙。花期 3~5 月，果熟期 7~8 月。

【分布】原产于我国华南，生于阴坡杂木林中，溪谷、岸边尤盛。长江流域及以南各地普遍露地栽培。

【习性】喜半阴、温暖多湿，不耐干燥和暴晒，喜肥沃湿润的酸性或微酸性土壤，不耐石灰质土壤，不耐干旱贫瘠，忌积水。耐修剪。对氯气有较强的抗性。

【繁殖】扦插、压条、嫁接或播种繁殖都可。幼苗需遮阳，江浙一带冬季需防寒。

图 7-9 含 笑

【用途】含笑"一点瓜香破醉眠，误他诗客枉流涎"，花香浓烈，花期长，树冠圆满，四季常青，是著名的香花树种。常配植在公园、庭园、居民新村、街心公园的建筑周围；落叶乔木下较幽静的角落、窗前栽植，则香幽若兰、清雅宁静，深受群众偏爱。花可熏茶，叶可提取芳香油。

2. 野含笑 *Michelia shinneriana* **Dunn.**

【识别要点】与含笑主要区别为：乔木，高达 15m。叶较大，长 7~11cm，先端渐尖，基部楔形。花淡黄色，芳香。

3. 白兰花（白兰、缅桂） *Michelia alba* **DC.**（图 7-10）

【识别要点】树体高达 17m。新枝及芽有白色绢毛。叶薄革质，长圆状椭圆形或椭圆状披针形，长 10~25cm，托叶痕不及叶柄长的 1/2。花白色，极芳香，花瓣披针形，10 枚以上。花期 4 月下旬至 9 月下旬，开放不绝。

【分布】原产印度尼西亚。我国华南各省多有栽培，在长江流域及华北有盆栽。

【习性】喜阳光充足、暖热多湿气候，喜肥沃、富含腐殖质而排水良好的微酸性沙质壤土。不耐寒。根肉质，怕积水。

【用途】著名香花树种。在华南多作庭荫树及行道树用，是芳香类花园的良好树种。花朵常作襟花佩戴是苏州著名的"三花"（茉莉花、玳玳花、白兰花）之一。

4. 黄兰（黄缅兰、黄玉兰）*Michelia champaca* L.

【识别要点】乔木，高达 30～40m。外形与白兰花很相似，与白兰花的主要区别为：花橙黄色，极芳香；托叶痕达叶柄中部以上，叶下面被长绢毛。

5. 峨眉含笑 *Michelia wilsonii* Finet et Gagnep.

【识别要点】乔木，树高达 20m；树皮光滑。幼嫩部分被淡褐色平伏短毛。小枝绿色，皮孔明显凸起。叶倒卵

图 7-10　白兰花

形或倒披针形，长 8～15（20）cm，背面灰白色，有毛；网脉细密，干时两面凸起，叶柄长 1.5～4cm。花被 9～12 片，花黄色，芳香。花期 3～5 月；果期 8～9 月，聚合果下垂，紫红色。

【分布】产于四川和湖北西部，生于海拔 600～2 000m 林中。

【用途】树形优美，花大而洁白芳香，是良好的园林绿化树种。

6. 深山含笑（光叶白兰花）*Michelia maudiae* Dunn（图7-11）

【识别要点】树高达 20m，全株无毛。顶芽窄葫芦形，被白粉。叶宽椭圆形，长 7～18cm，叶表深绿色，叶背有白粉，中脉隆起，网脉明显。花大，白色，芳香。聚合果长 10～12cm，种子斜卵形。花期 2～3 月，果 9～10 月成熟。

【分布】产于浙江、福建、湖南、广东、广西、贵州。

【习性】喜阴湿、酸性、肥沃的土壤。

【用途】是华南常绿阔叶林的常见树种。枝叶光洁，花大而早开，可植于庭园。花洁白如玉，花期长，且三年生树即可开花，宜植为园林观赏树种。花可供观赏及药用，亦可提取芳香油。

7. 醉香含笑（火力楠）*Michelia macclurei* Dandy（图 7-12）

【识别要点】常绿乔木，高达 20～30m；芽、幼枝、叶柄均被平伏短绒毛。叶倒卵状椭圆形，长 7～14cm，先端短尖或渐尖，基部楔形，厚革质，背面被灰色或淡褐色细毛，侧脉 10～15 对，网脉细，蜂窝状；叶柄上无托叶痕。花白色，花被片9～12，芳香；3～4 月开花。聚合果长 3～7cm。

【分布】产于我国广东、广西，以及越南北部，多生于海拔 600m 以下山谷地带。

【习性】喜温暖湿润气候及深厚的酸性土壤，萌芽力强，有一定抗火能力。

【用途】树干直，树形整齐美观，枝叶茂密，花有香气，是华南地区城市绿化的好树种。此外，材质优良，可供建筑及家具等用。

8. 乐昌含笑 *Michelia chapensis* Dandy（*M. tsoi* Dandy）（图 7-13）

【识别要点】常绿乔木，高 15～30m；小枝无毛，幼时节上有毛。叶薄革质，倒卵形至长圆状倒卵形，长 5.6～16cm，先端短尾尖，基部楔形。花被片 6，黄白色带绿色；花期 3～4 月。

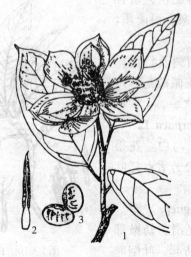

图 7-11 深山含笑
1. 花枝 2. 雄蕊 3. 种子

图 7-12 醉香含笑

【分布】产于湖南、江西、广东、广西、贵州。

【用途】树形壮丽，枝叶稠密，花清丽而芳香，是优良的园林绿化和观赏树种。南京以南地区都有引种栽培，在杭州一带已在园林中广泛应用。

9. 金叶含笑 *Michelia foveolata* Merr. ex Dandy（图 7-14）

【识别要点】乔木，高达 30m；幼枝及叶片密被黄褐色绒毛。叶厚革质，长椭圆形至广披针形，长 17～23cm，网状脉致密，结成蜂窝状。花被片 9～12，长 6～7cm，白色，稍带黄绿色，基部带紫色；花期 3～5 月。

【分布】产于湖南、江西、福建、广东、广西、云南等地，常生于海拔 500～1 800m 的山地林中。

【习性】喜温暖气候，较耐阴；生长较快。

【用途】其嫩叶背面的金色绒毛在阳光下闪耀着金属的光泽，有特殊的观赏价值。杭州

图 7-13 乐昌含笑

图 7-14 金叶含笑

等地有栽培。

10. 四川含笑（川含笑）*Michelia szechuanica* Dandy

【识别要点】乔木，高达 28m；分枝角度较小，树冠椭球形。幼枝有红褐色柔毛。叶革质，狭倒卵形至倒卵形，长 9～15cm，先端尾状短尖，基部楔形或广楔形，背面有红褐色柔毛。花被片 9，淡黄色；花期 4 月。

【分布】产于湖北、四川、贵州等地。

【用途】树体壮伟，枝叶浓密，是园林绿化的优良树种。在浙江杭州及富阳一带长势良好，值得推广发展。

（四）观光木属 *Tsoongiodendron* Chun.

常绿乔木。叶全缘，托叶与叶柄贴生。花腋生，花被片 9，每轮 3；花药侧裂；雌蕊群不伸出雄蕊群，具雌蕊群柄，心皮受精后全部合生，胚珠 12～16。聚合果表面弯拱起伏，果大，二列叠生，木质，横裂。外种皮肉质，红色；内种皮脆壳质。

我国特有属，仅 1 种。

观光木（香花木）*Tsoongiodendron odorum* Chun.（图 7-15）

【识别要点】树高达 25m。小枝、芽、叶柄、叶下面和花梗均被棕色糙伏毛。叶倒卵状椭圆形，叶柄长 1.2～2.5cm，托叶痕几达叶柄中部。花白色，花梗长约 6mm。聚合果长椭圆形。花期 3～4 月，果期 9～10 月。

【分布】产于福建、江西南部、广东、海南、广西及云南东南部。

【习性】喜光，幼树耐阴，喜温暖湿润气候及深厚、肥沃土壤。

【用途】树干挺直，树冠浓密，花多，芳香，宜作庭园绿化树和行道树。

（五）鹅掌楸属 *Liriodendron* L.

落叶乔木。冬芽外被 2 片鳞状托叶。叶马褂形，叶端平截或微凹，两侧各具 1～2 裂，托叶痕不延至叶柄。花两性，单生枝顶，萼片 3，花瓣 6，胚珠 2。聚合果纺锤形，由具翅小坚果组成。

鹅掌楸属现存仅 2 种，中国 1 种，北美洲 1 种。

图 7-15　观光木
1. 花枝　2. 花　3. 果枝

分 种 检 索 表

1. 叶两侧通常 1 裂，向中部凹入较深，老叶背面有乳头状白粉点 ……………………… 鹅掌楸
1. 叶两侧各有 1～2（3）裂，不向中部凹入，老叶背面无白粉…………………… 北美鹅掌楸

1. 鹅掌楸（马褂木）*Liriodendron chinense* Sarg.（图 7-16）

【识别要点】落叶乔木。树冠阔卵形。小枝灰褐色。叶马褂状，近基部有 1 对侧裂片，上部平截，叶背苍白色，有乳头状白粉点。花杯状，黄绿色，外面绿色较多，而内侧黄色较多。花被片 9，清香。聚合果纺锤形，翅状小坚果钝尖。花期 5～6 月，果熟期 10～11 月。

【分布】产于我国长江流域以南海拔 500～1 700m 山区。常与各种阔叶树混生。

【习性】中性偏阴性树种。喜温暖湿润气候，在湿润、深厚、肥沃、疏松的酸性、微酸性土壤上生长良好，不耐干旱贫瘠，忌积水。树干大枝易受雪压、日灼危害，对二氧化硫有一定抗性。生长较快，寿命较长。

【繁殖】播种、扦插繁殖。自然授粉所结的种子发芽率低，若人工授粉可提高种子的发芽率。

【用途】鹅掌楸叶形奇特，秋叶金黄，树形端正挺拔，是珍贵的庭荫树及很有发展前途的行道树。丛植草坪、列植园路，或与常绿针、阔叶树混交效果都好，也可在居民新村、街头绿地配植各种花灌木点缀秋景。如以此为上层树，配以常绿花木于其下效果更好。在低海拔地区，与其他树种混植或种植于建筑物东北向为宜。鹅掌楸是国家二级重点保护树种。

2. 北美鹅掌楸（美国鹅掌楸）*Liriodendron tulipifera* L.（图 7-17）

【识别要点】小枝紫褐色。叶鹅掌形，长 7～12cm，两侧各有 1～2 裂，偶有 3～4 裂者，裂凹浅平，老叶背无白粉。花较大。聚合果较粗壮，翅状小坚果的先端尖或突尖。花期 5～6 月，果 10 月成熟。

【分布】原产北美洲。我国青岛、南京、上海、杭州等地有栽培。

【习性】耐寒性比鹅掌楸强。生长速度快，寿命长。对病虫的抗性极强。

【用途】花朵较鹅掌楸美丽，树形更高大，为著名的庭荫树和行道树种。秋季叶变金黄色，是秋色叶树种之一。

3. 杂交鹅掌楸（杂种马褂木）*Liriodendron chinense×tulipifera*

由南京林业大学著名的林业育种专家叶培忠教授于1963 年用中国鹅掌楸与北美鹅掌楸杂交而成，叶形变异较大，花黄白色。杂种优势明显，生长势超过亲本，10 年生植株高可达 18m，胸径达 25～30cm。耐寒性强，在北京生长良好。

图 7-16 鹅掌楸
1. 花枝 2. 雄蕊 3. 聚合果 4. 小坚果

图 7-17 北美鹅掌楸

二、蜡梅科 Calycanthaceae

落叶或常绿灌木，有油细胞，鳞芽或柄下芽。单叶对生，羽状脉，全缘，无托叶。花两性，单生，芳香，有短梗，花托壶状，花萼瓣化，花被片螺旋状排列。花托发育为坛状果托，瘦果着生其中。

蜡梅科有 2 属 9 种，产于东亚和北美洲。我国有 2 属 7 种，供观赏。

分 属 检 索 表

1. 花直径约 2.5cm，雄蕊 6～8，冬芽有鳞片 ……………………………………………………… 蜡梅属

1. 花直径 5～7cm，雄蕊多数，冬芽为叶柄基部所包围 ·············· 夏蜡梅属

（一）蜡梅属 Chimonanthus Lindl.

灌木。鳞芽。叶前开花，雄蕊 5～6。果托坛状。

蜡梅属有 6 种，我国特产，分布于亚热带。

1. 蜡梅（黄梅花、香梅）Chimonanthus praecox（L.）Link.（图 7-18）

【识别要点】落叶丛生灌木，高达 3m。叶半革质，椭圆状卵形至卵状披针形，长 7～15cm，先端渐尖，叶基圆形或广楔形，叶表有硬毛，叶背光滑。花单生，径约 2.5cm，花被外轮蜡黄色，中轮有紫色条纹，有浓香。果托坛状，聚合果紫褐色。花期 12 月到翌年 3 月，远在叶前开放；果 8 月成熟。

【变种与品种】

（1）红心蜡梅（狗蝇梅或荤心蜡梅）（var. *intermedius*）。花较小，花瓣长尖，中心花瓣呈紫色，香气弱。

（2）馨口蜡梅（var. *grandiflora*）。叶较宽大，长达 20cm。外轮花被片淡黄色，内轮花被片有浓红紫色边缘和条纹。花亦较大，径 3～3.5cm。

（3）素心蜡梅（var. *concolor*）。内外轮花被片均为纯黄色，香味浓。

【分布】产于湖北、陕西等地，现各地有栽培。

【习性】喜光亦略耐阴，较耐寒。耐干旱，忌水湿，花农有"旱不死的蜡梅"的谚语，但仍以湿润土壤为好，最宜选深厚肥沃、排水良好的沙质壤土。生长势强，发枝力强。

图 7-18 蜡 梅
1. 花枝 2. 果枝 3. 果实
4. 种子 5. 雄蕊 6. 去花被后的花

【用途】花开于寒月早春，花黄如蜡，清香四溢，为冬季观赏佳品。配植于室前、墙隅均极适宜，作为盆花、桩景和瓶花亦独具特色。我国传统上喜用南天竹与蜡梅搭配，可谓色、香、形三者相得益彰，极得造化之妙。

2. 亮叶蜡梅（山蜡梅）Chimonanthus nitens Oliv.

【识别要点】常绿灌木，高达 2～3m。叶较蜡梅小，长卵状披针形，长 5～11cm，先端长渐尖或尾尖，革质而有光泽，背面多少有白粉。花较小，径约 1cm，花被 20～24 片，淡黄白色，香味差。9～11 月开花，翌年 6 月果熟。

【分布】产于湖北、湖南、安徽、浙江、江西、福建、广西、贵州、云南等地。

【习性】耐阴，喜温暖湿润气候及酸性土壤；根系发达，萌蘖性强。可作观赏。

（二）夏蜡梅属 Calycanthus L.

落叶灌木。芽包于叶柄基部。叶膜质，两面粗糙。花单生枝顶，花被片 15～30，多少带红色；雄蕊 10～20，退化雄蕊 11～25；单心皮雌蕊 11～35。果托梨形或钟形；瘦果长圆形，1 粒种子。

夏蜡梅属共 4 种，1 种产于我国，其他 3 种分布于北美洲。世界各地引种栽培。

夏蜡梅 Calycanthus chinensis Cheng et S. Y. Chang（图 7-19）

【识别要点】树高 2～3m，小枝对生。叶柄包芽。叶膜质，宽卵状椭圆形至倒卵形，全缘或具浅齿。花白色，径 4.5～7cm。花被片内外不同：外面 12～14 片，白色；内面 9～12

片，有紫色斑纹，无香气。果托钟形，瘦果褐色。花期
5～6月，果期10月。

【分布】本种于20世纪50年代在浙江昌化、天台海拔
600～800m处发现。

【习性】喜阴，喜温暖湿润气候及排水良好的湿润沙
壤土。

【用途】花大而美丽，可栽培供观赏。

三、樟科 Lauraceae

乔木或灌木，有油细胞，芳香。单叶互生、对生、近
对生或轮生，全缘，稀分裂，羽状脉、三出脉或离基三出
脉；无托叶。花小，两性或单性，形成花序，稀单生；单
花被，花部常3基数，花药瓣裂，子房上位，稀下位，1
室；胚珠1。浆果或核果，有时花被筒增大形成杯状或盘
状果托。种子无胚乳，子叶肉质。

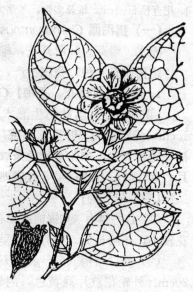

图7-19 夏蜡梅

樟科约45属2 500种，分布于热带、亚热带地区。我国约20属400余种，主产于长江
流域及以南各地。

分属检索表

1. 花两性，第3轮雄蕊花药外向 ·· 2
1. 花单性，雌雄异株 ··· 5
2. 落叶性，总状花序，花药4室 ·· 檫木属
2. 常绿性，聚伞状圆锥花序 ·· 3
3. 花被片脱落，叶三出脉或羽状脉，果生于肥厚果托上 ························ 樟属
3. 花被片宿存，叶为羽状脉，花柄不增粗 ··· 4
4. 花被裂片薄而长，向外开展或反曲 ·· 润楠属
4. 花被裂片厚而短，直立或紧抱果实基部 ··· 楠木属
5. 花药4室，能育雄蕊为12 ··· 木姜子属
5. 花药2室，伞形花序 ·· 6
6. 花被片6，能育雄蕊常为9；常绿或落叶 ······································· 山胡椒属
6. 花被片4，能育雄蕊常为12；常绿 ·· 月桂属

（一）樟属 Cinnamomum Trew.

常绿乔木或灌木。叶互生，稀对生，全缘，三出脉、离基三出脉或羽状脉，脉腋常有腺
体。圆锥花序，花两性，稀单性，花被裂片早落。浆果状核果，具果托。

樟属约250种；中国约产50种。

分种检索表

1. 果时花被片脱落；芽鳞明显，覆瓦状排列；叶互生，羽状脉或离基三出脉，脉腋带有腺窝 ············ 2
1. 果时花被片宿存；芽鳞少数，对生；叶对生或近对生，三出脉或离基三出脉，脉腋无腺窝 ············ 5
2. 老叶两面被毛，羽状脉，果托盘状，小枝叶下面及花序密被白色绢毛 ···················· 银木
2. 老叶两面无毛或近无毛，花序无毛，叶干时不为黄绿色 ·· 3

3. 叶下面侧脉脉腋无腺窝，羽状脉 ……………………………………………………………… 黄樟

3. 叶下面侧脉脉腋具腺窝 ……………………………………………………………………… 4

4. 离基三出脉，叶卵状椭圆形或卵形 …………………………………………………………… 樟树

4. 羽状脉，叶多为椭圆形 ………………………………………………………………………… 云南樟

5. 叶无毛或幼时略被毛，后脱落近无毛；花序多花，近总状或圆锥状 …………………………… 6

5. 叶幼时两面或下面被毛，老叶下面多少被毛 ………………………………………………… 7

6. 果托边缘平、波状或不规则齿裂，花序无毛，叶卵状长圆形或长圆状披针形 ………………… 浙江樟

6. 果托具整齐 6 齿裂 ……………………………………………………………………………… 阴香

7. 全株被灰白色柔毛或绢毛，花梗丝状；叶卵状长圆形，基部渐窄，沿叶柄下延 ……………… 川桂

7. 全株被暗黄色、黄褐色或锈色短柔毛或短绒毛 ……………………………………………… 8

8. 幼枝被绒毛或短绒毛，叶下面横脉不明显，叶下面和花序被黄色短绒毛 ……………………… 肉桂

8. 幼枝被平伏绢状短柔毛，叶下面和花序被平伏绢状短柔毛 ………………………………… 香桂

1. 樟树（香樟、小叶樟） *Cinnamomum camphora*（**L.**）**Presl.**（图 7 - 20）

【识别要点】常绿大乔木，高达 30m，树冠近球形。树皮灰褐色，纵裂，小枝无毛。叶互生，卵形、卵状椭圆形；背面有白粉，离基三出脉，脉腋有腺体。花序腋生，花小，黄绿色。浆果球形，紫黑色。花期 4～5 月，果期 8～11 月。

【分布】我国长江流域以南有分布，以江西、浙江、台湾最多。是我国亚热带常绿阔叶林的重要树种。

【习性】喜光，幼苗、幼树耐阴，喜温暖湿润气候，耐寒性不强。在深厚、肥沃、湿润的酸性或中性黄壤土、红壤土中生长良好，不耐干旱瘠薄和盐碱土，耐湿。萌芽力强，耐修剪。抗二氧化硫、烟尘污染能力强，能吸收多种有毒气体。较适应城市环境，耐海潮风。深根性，生长快，寿命长。

【繁殖】播种、扦插或萌蘖更新等方法繁殖。以播种为主。幼苗怕冻，苗期应移植以培育侧根生长。绿化应用 2m 以上大苗，移植时须带土球，可修枝疏叶，用草绳卷干保湿，要充分灌水或喷洒枝叶，时间以芽萌动后为好。

【用途】樟树树冠圆满，枝叶浓密青翠，树姿壮丽，是优良的庭荫树、行道树、风景树、防风林树种。孤植草坪、湖滨、建筑旁；炎夏浓荫铺地，深受人们喜爱。丛植时配植各种花灌木，或片植成林作背景都很美观。也是我国珍贵的造林树种。樟木是制造高级家具、雕刻、乐器的优良用材，树可提取樟脑油，供国防、化工、香料、医药工业用材，根、皮、叶可入药。

2. 黄樟 *Cinnamomum porrectum*（**Roxb.**）**Kosterm.**（图 7 - 21）

【识别要点】乔木，树高 20～25m，树皮纵裂。小枝具棱，灰绿色，无毛。叶椭圆状卵形，长 6～12cm，先端急尖，基部楔形或广楔形，革质，下面带粉绿色，无毛，羽状脉，脉腋无腺体。圆锥花序，花少，长 4.5～8cm；花期 3～5 月。果球形，黑色，果托倒圆锥形；果期 7～10 月。

【分布】产于我国长江以南广大地区；东南亚各国也有分布。

【习性】喜温暖湿润气候及肥沃疏松的酸性土壤，喜光，幼年耐阴；生长较快，萌芽力强。

【用途】是南方优良的用材和绿化树种。全树各部分可提制樟油和樟脑。

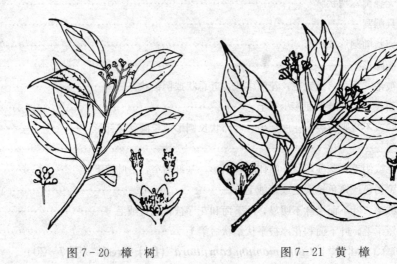

图 7-20 樟 树　　　　　　　图 7-21 黄 樟

3. 浙江樟（天竺桂）*Cinnamomum chekiangense* Nakai（图 7-22）

【识别要点】树高 10～16m。树皮光滑不裂，有芳香及辛辣味。叶互生或近对生，长椭圆状广披针形，长 5～12cm，离基三出脉并在表面隆起，脉腋无腺体，背面有白粉及细毛。5 月开黄绿色小花；果 10～11 月成熟，蓝黑色。

【分布】产于浙江、安徽南部、湖南、江西等地，多生于海拔 600m 以下较阴湿的山谷杂木林中。

【习性】中性树种，幼年期耐阴，喜温暖湿润的气候及排水良好的微酸性土壤。

【用途】树干端直，树冠整齐，叶茂荫浓，气势雄伟，在园林绿地中孤植、丛植、列植均相宜。且对二氧化硫抗性强，隔声、防尘效果好，可选作工矿区绿化及防护林带树种。枝、叶、果可提取芳香油。

图 7-22 浙江樟

4. 云南樟（臭樟）*Cinnamomum glanduliferum*（Wall.）Nees（图 7-23）

【识别要点】小乔木，高 5～10m。叶互生，椭圆形至长椭圆形，长 6～15cm，全缘，羽状脉或偶有离基三出脉，下面苍白色，密被平伏毛。花期 4～5 月；果球形，径约 1cm，果大，果 9～10 月成熟。

【分布】产于我国西南部；印度、缅甸、尼泊尔至马来西亚也有分布。

【习性】喜光，稍耐阴，喜温暖湿润气候，对土壤要求不严；萌芽力强，生长较快。

【用途】材质优良，枝、叶可提制樟油和樟脑。也可用作园林绿化树种。

5. 银木（大叶樟）*Cinnamomum septenrionale* Hand.-Mazz.

【识别要点】乔木，高达 25m；树皮灰色，光滑。小枝有棱，被白色绢毛。叶椭圆形或倒卵状长椭圆形，长 10～15cm，先端短渐尖，基部楔形，表面有短柔毛，背面有白色绢毛，羽状脉，脉腋在正面微凸起，在背面呈浅窝状，叶背面细脉明显。花序腋生，密被绢毛。果无毛，果托盘状。

【分布】主产四川西部，陕南、甘南及鄂西也有分布。

【用途】在川西一带常栽作庭荫树及行道树。材质优良，为高级家具用材；根材美丽，称为银木，供制作工艺美术品。

6. 阴香（广东桂皮）*Cinnamomum burmanii*（C. G. et Th. Ness）Bl.（图 7 - 24）

图 7 - 23 云南樟　　　　　　　　　图 7 - 24 阴香

【识别要点】乔木，高达 20m；树皮光滑。叶互生或近对生，卵状长椭圆形，长 5～12cm，离基三出脉，脉腋无腺体，背面粉绿色，无毛。圆锥花序长 2～6cm。果卵形，果托边具 6 齿裂片。

【分布】产于亚洲东南部，我国南部有分布。

【习性】较喜光，喜暖热湿润气候及肥沃湿润土壤。

【用途】树冠浓密，在广州、南宁等城市栽作行道树及庭园观赏树。又为用材、芳香油及药用（树皮）树种。

7. 肉桂（桂皮）*Cinnamomum cassia* Presl.（图 7 - 25）

【识别要点】常绿乔木，老树皮厚。小枝四棱形，密被灰色绒毛。叶长椭圆形，长 8～20cm，三出脉近于平行，在表面凹下，脉腋无腺体。圆锥花序腋生或近枝端着生，花白色。果椭圆形，紫黑色。花期 5 月，果 11～12 月成熟。

【分布】产于福建、广东、广西及云南等地，东南亚地区也有分布。

【习性】成年树喜光，稍耐阴，喜暖热多雨气候，怕霜冻，喜湿润、肥沃的酸性（pH4.5～5.5）土壤。生长较缓慢，深根性，抗风力强，萌芽力强，病虫害少。

【用途】树形整齐、美观，在华南地区可栽作庭园绿化树种。主要作为特种经济树种栽培。树皮即"桂皮"，是食用香料和药材，有祛风健胃、活血祛淤、散寒止痛等功效。

（二）润楠属 *Machilus* Nees

常绿乔木，稀落叶或灌木状。顶芽大，有多数覆瓦状

图 7 - 25 肉桂

鳞片。叶互生，全缘，羽状脉。花两性，成腋生圆锥花序，花被片薄而长，宿存并开展或反曲。浆果球形，果柄顶端不肥大。

润楠属共约 100 种；我国产 68 种，分布于西南、中南至台湾省。

1. 红楠（红润楠） *Machilus thunbergii* **Sieb. et Zucc.**（图 7-26）

【识别要点】树高达 20m。顶芽卵形或长卵形，芽鳞无毛。叶倒卵形至椭圆形，长 5～10cm，全缘，先端钝尖，基部楔形，两面无毛，背面有白粉。花序近顶生，外轮花被较窄，无毛。果球形，熟时蓝黑色。果梗肉质增粗，鲜红色。花期 4 月，果 9～10 月成熟。

【分布】产于江苏、浙江、江西、福建、台湾、湖南、广东、广西等地，朝鲜、日本及越南北部亦有分布。

【习性】喜温暖湿润气候，稍耐阴，有一定的耐寒能力，是楠木类中最耐寒者。喜肥沃湿润的中性或微酸性土壤，有较强的耐盐性及抗海潮风能力。生长较快，寿命长达 600 年以上。

【用途】叶色光亮，树形优美，果柄鲜红色，观赏价值高，值得开发利用。

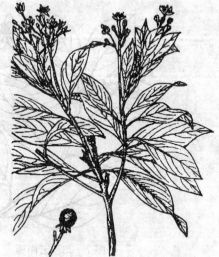

图 7-26 红 楠

2. 华东楠（大叶楠、薄叶润楠） *Machilus leptophyl-la* **Hand. - Mazz**（图 7-27）

【识别要点】乔木，高达 28m；小枝无毛。叶常集生枝端，长椭圆状倒披针形，长 12～15cm，先端尖，基部楔形，微弧曲，背面白粉显著，侧脉 14～20（24）对，在背面显著隆起。果球形，径约 1cm。

【分布】产于江苏南部、安徽、浙江、江西、湖南、福建、广东北部、广西及贵州，多于阴坡谷地与其他常绿阔叶树混生。

【习性】稍耐阴，喜温暖湿润气候；生长较快。

【用途】叶大荫浓，树形美观，可栽作庭荫树。材质优良，种子可榨油。

（三）楠木属 *Phoebe* **Ness**

常绿乔木或灌木。叶互生，羽状脉，全缘。花两性或

图 7-27 华东楠

杂性，圆锥花序，花被片 6，短而厚，宿存，直立或紧抱果实基部。果卵形或椭球形。

楠木属约 94 种，分布于亚洲、美洲的热带、亚热带。我国约 34 种，主产于西南、华南，多为珍贵用材树种。

分 种 检 索 表

1. 果椭圆形或长椭圆形，长 1cm 以上 ·· 2
1. 果卵形，长 1cm 以下 ·· 紫楠

2. 叶宽 3～7cm；种子多胚性，子叶不等大 ·· 浙江楠

2. 叶宽 1.5～4cm；种子单胚，子叶等大 ··· 3

3. 小枝疏生柔毛或有时近无毛，叶下面网脉甚明显 ····························· 楠木

3. 小枝密被柔毛，叶下面网脉略明显 ··· 桢楠

1. 楠木 *Phoebe bournei* (Hemsl.) Yang（图7-28）

【识别要点】常绿大乔木，高达 40m。树干通直，小枝有柔毛或近无毛。叶披针形或倒披针形，长 7～13cm，下面被短柔毛，网脉致密，叶柄长。果椭球形或长球形，长 1.1～1.5cm。花期 4 月，果期 10～11 月。

【分布】产于江西、福建、浙江、广东、广西、四川等地，生于海拔 1 000m 以下的阔叶林中。

【习性】耐阴，喜温暖湿润的气候及深厚肥沃、排水良好的中性或微酸性土壤。

【用途】珍贵用材树种。

图 7-28 楠 木

2. 桢楠 *Phoebe zhennan* S. Lee et F. N. Wei（图7-29）

【识别要点】乔木，高达 35m，树干通直；小枝密生柔毛。叶长椭圆形，稀为披针形或倒披针形，长 7～11cm，宽 2.5～4cm，先端渐尖，基部楔形，背面密被柔毛，中脉在表面下凹，在背面凸起，侧脉 8～13 对，网脉在背面略明显；叶柄长 1.2～2cm。花序开展，长 7.5～12cm。果椭球形，长 1.1～1.4cm，熟时黑色。

【分布】产于湖北西部、贵州西北部及四川盆地西部，在成都平原广为栽植。

【习性】喜光，幼年能耐阴，不耐寒，喜温暖湿润气候及深厚、肥沃而排水良好的酸性土壤，对大气污染抗性弱；深根性，萌蘖性强，生长较慢，寿命长。

【用途】材质优良，为高级家具、建筑等用材。树姿雄

图 7-29 桢 楠

伟，枝叶茂密秀美，是优良的庭荫树及观赏树种。在产区的园林、寺庙中常见栽植。

3. 紫楠 *Phoebe sheareri* (Hemsl.) Gamble.（图7-30）

【识别要点】常绿乔木，高达 20m。树皮灰褐色。小枝、叶及花序密被黄褐色或灰褐色柔毛或绒毛。叶倒卵状椭圆形，革质，背面网脉隆起密被黄褐色长柔毛，花期 4～5月，果熟期9～10月。

【分布】产于我国长江流域以南，散生于阔叶林中或成小片纯林。

【习性】耐阴，全光照下生长不良。喜温暖湿润气候及较阴湿环境，有一定耐寒能力，喜深厚、肥沃、湿润的酸性或中性壤土。深根性，萌芽力强，生长缓慢，有抗风、防火的功能。

【用途】紫楠树姿整齐优美，树形端正美观，叶大荫浓，是优美的庭荫树。木材坚硬耐腐，是珍贵的优良用材及芳香油树种。

4. 浙江楠 *Phoebe chekiangensis* C. B. Shang

【识别要点】树高达 23m。小枝具棱，密被柔毛。叶倒卵状椭圆形至倒卵状披针形，叶缘外卷，叶下面被灰褐色柔毛，网脉明显。圆锥花序腋生，总梗与花梗密被黄褐色绒毛，花被裂片卵形，两面被毛。果椭圆状卵形，长1.2～1.5cm，熟时蓝黑色。花期4～5月，果期9～10月。

【分布】产于浙江西北及东北部、福建北部及江西东部江苏南部有栽培。

【习性】适应性强，生长较快。

【用途】树姿高大雄伟，枝叶茂密，四季常青，是优良的园林绿化及用材树种。

（四）檫木属 *Sassafras* Trew

落叶乔木。叶互生，全缘或 3 裂。花两性或杂性，花序总状或短圆锥状；能育雄蕊 9，花药通常为 4 室。核果近球形，果柄顶端肥大，肉质，橙红色。

檫木属共 3 种，我国产 2 种。

图 7-30 紫楠

檫木 *Sassafras tsumu* (Hemsl.) Hems l. （图 7-31）

【识别要点】树高达 35m。树皮幼时绿色不裂，老时不规则纵裂。小枝绿色，无毛。叶多集生枝端，卵形，长8～20cm，全缘或常 3 裂，背面有白粉。花黄色，有香气。果熟时蓝黑色，外被白粉，果柄红色。花期 2～3 月，叶前开放；果7～8月成熟。

【分布】长江流域至华南及西南均有分布，垂直分布多在海拔 800m 以下。

【习性】喜光，不耐庇荫，喜温暖湿润的气候及深厚而排水良好的酸性土壤，在水湿低洼处不能生长。深根性，萌芽力强，生长快。

【用途】树干通直，叶片宽大而奇特，深秋叶变红黄色，春季又有小黄花于叶前开放，颇为秀丽，是良好的城乡绿化树种。也是中国南方红壤及黄壤山区主要速生造林树种。

图 7-31 檫木

（五）木姜子属 *Litsea* Lam.

单叶互生，羽状脉，全缘；花单性，雌雄异株，花药 4 室，能育雄蕊 12。

1. 山鸡椒（山苍子、木姜子）*Litsea cubeba* (Lour.) Pers. （图 7-32）

【识别要点】落叶灌木或小乔木，高 8～10m；小枝绿色，无毛，干后绿黑色。叶长椭圆形或披针形，长 6～12cm，先端渐尖，基部楔形，两面无毛。伞形花序有花 4～6 朵，花梗无毛。浆果球形，径约 5mm，熟时黑色。

【分布】广布于长江流域以南各省区山地。

【习性】喜光，稍耐阴，有一定的耐寒能力；浅根性，萌芽力强。

【用途】是重要的芳香油及药用树种，也可植于庭园观赏。

2. 豹皮樟 *Litsea coreana* **Levl. var.** *sinensis* **Yang et P. H. Huang**

【识别要点】常绿乔木；干皮薄鳞片状剥落，内皮黄褐色。叶长椭圆形，长 6～8cm，两面无毛，革质，叶柄有毛。伞形花序，花被片宿存。

【分布】产于江苏、浙江、安徽、湖北、河南、江西、福建。

【用途】干皮斑驳，状如豹皮，颇为奇特，是很好的观干树种。

（六）山胡椒属 *Lindera* **Thunb.**

落叶或常绿，乔木或灌木。叶互生，全缘。花单性，雌雄异株，花序伞形或簇生状，能育雄蕊常为 9 枚，花药 2 室，花被片 6。浆果状核果球形，果托盘状。

图 7 - 32　山鸡椒

山胡椒属约 100 种，主产于亚洲及北美洲的热带和亚热带；我国约产 50 种。

1. 香叶树 *Lindera communis* **Hemsl.** （图 7 - 33）

【识别要点】常绿乔木，高达 13m，有时呈灌木状；小枝绿色。叶互生，椭圆形或卵状长椭圆形，长 3～8cm，全缘，革质，羽状脉，表面有光泽，背面常有短柔毛。果近球形，径 0.8～1cm，熟时深红色。

【分布】产于我国华中、华南及西南地区，越南也有分布。

【习性】耐阴，喜温暖气候，耐干旱瘠薄，在湿润、肥沃的酸性土壤上生长较好；耐修剪。

【用途】叶绿果红，颇为美观，可栽作庭园绿化及观赏树种。叶和果可提取芳香油；种仁含油 50%，可供工业用油或食用。

2. 山胡椒 *Lindera glauca* **Sieb. et Zucc.** （图 7 - 34）

图 7 - 33　香叶树

图 7 - 34　山胡椒
1. 果枝　2. 芽　3、4. 雄蕊

【识别要点】落叶小乔木或为灌木状。树皮平滑，小枝灰白色。叶厚，纸质，椭圆形，长5～9cm，端尖，基部楔形，背面灰绿色，被灰黄色柔毛，叶缘波状，叶柄有毛，冬季叶枯而不落。伞形花序腋生，具花3～8，花被裂片有柔毛。果球形，果梗长1.5～1.7cm。花期3～4月，果期7～8月。

【分布】产于我国各地，日本、朝鲜、越南也有分布。

【习性】喜光，稍耐寒，耐干旱瘠薄土壤。萌芽力强。

【用途】叶秋季变为黄色或红色，经冬不凋，形成特殊景观，可作为香花树孤植或丛植，也可与其他乔、灌木共同组成风景林。

3. 狭叶山胡椒 *Lindera angustifolia* Cheng（图7-35）

【识别要点】与山胡椒的主要区别为：小枝黄绿色，花芽着生于叶芽两侧，叶椭圆状披针形。

（七）月桂属 *Laurus* L.

本属约2种，分布于大洋洲及地中海沿岸。我国引入栽培1种。

月桂 *Laurus nobilis* L.（图7-36）

【识别要点】常绿小乔木，高12m。小枝绿色有纵条纹。单叶互生，叶椭圆形至椭圆状披针形，叶缘细波状，革质，有光泽，无毛，叶柄紫褐色，叶片揉碎后有香气。花单性，雌雄异株，花小黄色，花序在开花前呈球状。果暗紫色。花期3～5月，果熟期6～9月。

【分布】原产地中海一带，我国南方地区有栽培。

【习性】喜光，稍耐侧阴。耐旱，萌芽力强，耐修剪。对烟尘、有害气体有抗性。

【繁殖】扦插繁殖成活率高。早春芽膨大时带土球移植。

【用途】月桂四季常青，苍翠欲滴，枝叶茂密，分枝低，可修剪成各种球形或柱体，孤植、丛植点缀草坪、建筑。常作绿墙分隔空间或作障景。叶可作调味香料。

图7-35 狭叶山胡椒
1.果枝 2.芽 3、4.花 5.雄蕊

图7-36 月桂

四、小檗科 Berberidaeae

灌木或多年生草本。单叶或复叶互生，稀对生或基生。花两性，整齐，单生或组成总状、聚伞或圆锥花序；花萼与花瓣相似，2至多枚，每轮3枚；雄蕊与花瓣同数，并与其对生，稀为其2倍，子房上位1室，胚珠倒生，浆果或蒴果。

小檗科有12属约650种，分布于北温带、热带高山和南美。我国约11属200种，各地都有分布。小檗科植物观赏价值较高，可观叶、果、花等，园林用途广泛。

分 属 检 索 表

1. 单叶；枝干节部具针刺 ……………………………………………………………………… 小檗属
1. 羽状复叶；枝无刺 ……………………………………………………………………………… 2
2. 一回羽状复叶，小叶缘有刺齿 ……………………………………………………………… 十大功劳属
2. 二至三回羽状复叶，小叶全缘 ……………………………………………………………… 南天竹属

（一）小檗属 *Berberis* Linn.

　　落叶或常绿灌木，枝常具刺，茎的内皮或木质部常呈黄色。单叶，互生或在短枝上簇生。花黄色，萼片6～9，花瓣状；花瓣6，近基部常有腺体2；雄蕊6枚，离生。浆果红或黑色。

　　小檗属约500种。我国约200种，多分布于西部、西南部。

分 种 检 索 表

1. 叶全缘或有少数齿牙 …………………………………………………………………………… 2
1. 叶缘有锯齿 ……………………………………………………………………………………… 3
2. 全缘，倒卵形或匙形；簇生状伞形花序 …………………………………………………… 日本小檗
2. 叶全缘或有时具刺状齿牙，狭倒披针形；总状花序 ……………………………………… 细叶小檗
3. 花5～8朵簇生；叶缘有疏齿；花柱特长 ………………………………………………… 长柱小檗
3. 总状花序下垂 ………………………………………………………………………………… 4
4. 叶缘有刺状细密尖齿；花瓣先端微凹 ……………………………………………………… 阿穆尔小檗
4. 叶缘有刚毛状刺齿；花瓣先端圆形 ………………………………………………………… 刺檗

1. 日本小檗（小檗）*Berberis thunbergii* DC.（图7-37）

　　【识别要点】落叶灌木，高2～3m。小枝通常红褐色，有沟槽，刺不分叉。叶倒卵形或匙形，长0.5～2cm，先端钝，基部急狭，全缘，表面暗绿色，背面灰绿色。花浅黄色，1～5朵呈簇生状伞形花序。浆果长椭圆形，长约1cm，熟时亮红色。花期5月，果期9月。

图7-37 日本小檗

　　【变种与品种】

　　（1）'紫叶'小檗（'Atropurpurea'）。在阳光充足的情况下，叶常年紫红色，为观叶佳品。北京等地常见栽培。

　　（2）'矮紫叶'小檗（'Atropurpurea Nana'）。植株低矮，叶常年紫色。

　　（3）'金边紫叶'小檗（'Golden Ring'）。叶紫红并有金黄色的边缘，在阳光下色彩更艳。

　　（4）'桃红'小檗（'Rose Glolw'）。叶桃红色，有时还有黄、红褐等色的斑纹镶嵌。

　　（5）'金叶'小檗（'Aurea'）。在阳光充足的情况下，叶常年保持黄色。

　　【分布】原产日本及我国东北南部、华北及秦岭，多生于海拔1 000m左右的林缘或疏林空地。各大城市有栽培。

　　【习性】喜光，稍耐阴。喜温暖湿润气候，亦耐寒。对土壤要求不严，喜深厚肥沃、排

水良好的土壤，耐旱。萌芽力强，耐修剪。

【用途】日本小檗春日黄花簇簇，秋日红果满枝。宜丛植草坪、池畔、岩石旁、墙隅、树下，可观果、观花、观叶，亦可栽作刺篱。紫叶小檗可盆栽观赏，是植花篱、点缀山石的好材料。果枝可插瓶，根、茎可入药。

2. 细叶小檗（波氏小檗） *Berberis poiretii* **Schneid.**（图 7 - 38）

【识别要点】落叶灌木，高达 1～2m；小枝紫褐色，刺常单生（短枝有时具三叉刺），有槽及瘤状突起。叶狭倒披针形，全缘或下部叶缘有齿，长 1.5～4cm。花黄色，呈下垂总状花序；5～6 月开花。浆果卵球形，鲜红色。

【分布】产于我国北部山地；蒙古、俄罗斯也有分布。

【习性】喜光，耐寒，耐干旱。

【用途】宜植于庭园观赏，或栽作绿篱。

3. 阿穆尔小檗（黄芦木） *Berberis amurensis* **Rupr.**（图 7 - 39）

图 7 - 38　细叶小檗

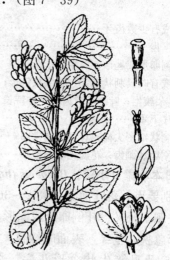

图 7 - 39　阿穆尔小檗

【识别要点】落叶灌木，树高达 2～3m。小枝灰黄色，二年生枝灰色，有沟槽，刺分三叉，长 1～2cm。叶椭圆形或倒卵形，长 5～10cm，先端急尖或圆钝，基部楔形，缘具刺状细密尖齿，背面网脉明显。花淡黄色，花瓣端微凹；10～25 朵呈下垂总状花序，长 6～10cm；5～6 月开花。浆果椭球形，长约 1cm，鲜红色。

【分布】产于我国东北及华北山地；俄罗斯、日本也有分布。

【习性】喜光，稍耐阴，耐寒性强，耐干旱。

【用途】花果美丽，宜植于草坪、林缘、路边观赏；枝有刺且耐修剪，是良好的绿篱材料。

4. 刺檗（普通小檗） *Berberis vulgaris* **L.**

【识别要点】落叶灌木，高达 3m；枝灰色，直立或拱形。叶长圆状匙形或倒卵形，长 2.5～3cm；缘有刚毛状刺齿，背面网脉不甚明显；叶在幼枝上常退化为三叉刺。花鲜黄色，花瓣端圆形；总状花序下垂，长达 5cm。浆果卵形，红色，味酸。5 月开花，10 月果熟。

【变种与品种】'紫叶'刺檗（'Atropurpurea'）。叶深紫色，常植于庭园观赏。此外，还有'金边''银边''银斑''黄果''白果'等园艺品种。

【分布】产于欧洲至亚洲东部。

【习性】耐寒性强，能耐−35℃低温。华北有栽培，供庭园观赏。

【用途】花朵黄色而密集、秋果红艳且挂果期长，可栽培观赏，宜丛植于草地边缘、林缘，也可点缀池畔或配植于岩石园中。

5. 长柱小檗 *Berberis lempergiana* Ahrendt

【识别要点】常绿灌木，高达 1m；枝有三叉刺。叶革质而坚硬，长椭圆形至披针形，长 4～6cm，缘有疏齿，背面灰绿色，光滑，无白粉。花黄色，花柱特别长；5～8 朵簇生；4～5 月开花。浆果蓝紫色，被白粉，具 1mm 长的宿存花柱。

【分布】产于浙江。

【习性】耐阴，喜温暖，不耐寒，喜湿润肥沃的酸性土。

【用途】秋叶红色，果也美丽，可植于庭园观赏。根、茎可供药用。

（二）十大功劳属 *Mahonia* Nutt

常绿灌木，枝上无针刺。一回奇数羽状复叶，互生，小叶边缘有刺齿，无柄，托叶小。总状花序簇生；花黄色，两性，外有小苞片；萼片 9 片，排为 3 轮；花瓣 6 片，排为 2 轮，内常有基生腺体 2 个；雄蕊 6 枚；心皮 1，柱头无柄，盾状。浆果球形，暗蓝色，少数红色，外被白粉。

十大功劳属共 110 种；我国 50 种。

分 种 检 索 表

1. 小叶 5～9 片，狭披针形，缘有刺齿 6～13 对 ················· 十大功劳
1. 小叶 7～15 片，卵形或卵状椭圆形，缘有刺齿 2～5 对 ········· 阔叶十大功劳

1. 十大功劳（狭叶十大功劳）*Mahonia fortunei*（Lindl.）Fedde（图 7-40）

【识别要点】树高 1～2m。树皮灰色，木质部黄色。小叶 5～9，侧生小叶狭披针形至披针形，长 5～11cm；顶生小叶较大，先端急尖或渐尖，基部楔形，边缘每侧有刺齿 6～13，侧生小叶柄短或近无。花黄色，4～8 条总状花序簇生。果卵形，蓝黑色，被白粉。花期 8～9 月，果期 10～11 月。

【分布】产于长江流域以南地区，四川、湖北、浙江等地。

【习性】耐阴，喜温暖气候及肥沃、湿润、排水良好的土壤，耐寒性不强。

【用途】长江流域园林中常见栽培观赏；常植于庭园、林缘及草地边缘，或作绿篱及基础种植。华北常盆栽观赏，温室越冬。

2. 阔叶十大功劳（土黄柏）*Mahonia bealei*（Fort）Carr.（图 7-41）

【识别要点】直立丛生灌木，全体无毛。小叶 9～15，卵形或卵状椭圆形，每边有 2～5 枚刺齿，厚革质，正面深绿色有光泽，背面黄绿色，边缘反卷，侧生小叶，基部歪斜。花黄色，有香气，花序 6～9 条。果卵圆形。花期 9 月至翌年 3 月，果熟期 3～4 月。

【分布】产于我国秦岭以南，多生于山坡、山谷的林下。各地多栽培。

【习性】喜光，较耐阴。喜温暖湿润气候，不耐寒，华北各地盆栽。喜深厚肥沃的土壤。耐干旱，稍耐湿。萌蘖性强。对二氧化硫抗性较强，对氟化氢敏感。

【繁殖】播种、分株、扦插繁殖。幼苗生长慢，需遮阳管理，移植容易成活。应及时疏剪枯枝、残花，以保持植株整洁。

【用途】阔叶十大功劳叶形奇特，树姿典雅，花果秀丽，是观叶树木中的珍品。常配植在建筑的门口、窗下、树荫前，用粉墙作背景尤美，也可装点山石、岩隙。适合作下木，分隔空间。根、茎可入药；茎含小檗碱，可提取黄连素。

图 7-40　十大功劳

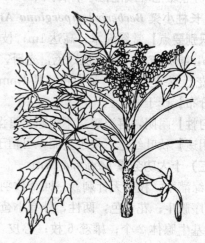

图 7-41　阔叶十大功劳

（三）南天竹属 *Nandina* Thunb.

南天竹属仅 1 种，产于我国及日本。

南天竹（天竺）*Nandina domestica* Thunb.（图 7-42）

【识别要点】常绿灌木，二至三回羽状复叶，互生，总柄基部有褐色抱茎的鞘，小叶全缘革质，椭圆状披针形，先端渐尖，基部楔形，无毛。圆锥花序顶生，花小，白色，花序长13～25cm。浆果球形，熟时红色。花期5～7月，果熟期9～10月。

【变种与品种】

（1）玉果南天竹（var. *leucocarpa*）。叶翠绿色，果黄绿色。

（2）五彩南天竹（var. *porphyrocarpa*）。叶狭长而密，叶色多变，常呈紫色。

（3）丝叶南天竹（var. *capillaries*）。叶细如丝。

【分布】产于我国及日本。国内外庭园普遍栽培。

图 7-42　南天竹

【习性】喜半阴，阳光不足生长弱，结果少，烈日暴晒时嫩叶易焦枯。喜通风良好的湿润环境。不耐严寒，黄河流域以南可露地种植。喜排水良好的肥沃湿润土壤，是钙质土的指示植物。生长较慢，实生苗需3～4年才开花。萌芽力强，萌蘖性强，寿命长。

【繁殖】分株，亦可播种繁殖。种子宜随采随播或沙藏，种子后熟期长，需经过120d左右萌发。幼苗忌暴晒，应注意施肥、修剪枯弱枝，以保持株型美观。

【用途】南天竹秋、冬叶色红艳，果实累累，姿态清丽，可观果、观叶、观姿态。丛植建筑前特别是古建筑前，配植粉墙一角或假山旁最为协调；也可丛植草坪边缘、园路转角、林荫道旁、常绿或落叶树丛前。常盆栽或制作装饰厅堂、居室、布置大型会场。枝叶或果枝配蜡梅是春节插花佳品。根、叶、果可入药。

五、水青树科 Tetracetraceae

水青树 Tetracetron sinense Oliv.（图7-43）

【识别要点】落叶乔木，高可达30～40m；有长、短枝。单叶互生，卵形，长7～14cm，掌状脉，先端渐尖，基部心形，缘密生腺齿，背面略有白粉；叶柄长2～3cm，托叶与叶柄合生。花小，两性，无柄，无花瓣，花萼4裂，雄蕊4枚，子房上位，花柱4；呈腋生穗状花序，下垂。蒴果矩圆形，长2～4mm，4深裂。

【分布】产于我国西部及西南部，多生于海拔1 500～3 500m的林中；越南、缅甸北部也有分布。

【习性】喜光，喜生于气候凉润、土壤湿润且排水良好的酸性土山地，深根性。

【用途】树形美观，幼叶带红色，可作庭荫树、观赏树及行道树。木材白色、细致，可作家具用。

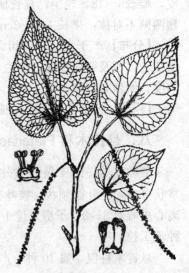

图7-43 水青树

六、连香树科 Cercidiphyllaceae

落叶乔木，无顶芽，侧芽具2芽鳞。有长枝和距状短枝。单叶对生。花单性，雌雄异株，腋生；萼4裂，膜质，无花瓣；雄花近无梗，雄蕊15～20枚，花丝细，花药2室、纵裂；雌花具梗，离心皮雌蕊2～6，胚珠多数，二列。聚合果2～6，沿腹缝线开裂，花柱宿存，种子有翅。木质部有导管。

连香树科1属1种1变种，分布于我国和日本，为古老子遗植物。

连香树 Cercidiphyllum japonicum Sieb. et Zucc.（图7-44）

【识别要点】树高达25m，树皮纵裂。叶圆形、扁圆形或卵圆形，长3～7.5cm，先端圆或钝，基部心形或圆形，两面无毛。花先叶开放或与叶同放。果圆柱状披针形，暗紫褐色。花期4～5月，果期8～9月。

【变种与品种】毛叶连香树（var. sinense）。叶下面中部以下叶脉两侧密被绒毛，有时毛延至叶柄上端。果上部渐尖。

【分布】产于山西、秦岭以南，西至四川，东至华东各地，南至南岭，生于海拔1 000m以下，西部至海拔2 500m，呈星散分布。日本也有分布。

【习性】喜光，喜温凉湿润气候和肥沃土壤，不耐干旱瘠薄。

【用途】秋叶黄红、鲜艳，可在庭园栽培，供观赏。

图7-44 连香树

七、领春木科 Eupteliaaceae

领春木 *Euptelea pleiospermum* Hook. f. et Thoms. （图7-45）

【识别要点】落叶乔木，高达15m。单叶互生，卵形，长5～13cm，先端突尖或尾状尖，基部广楔形且全缘，中部及以上有细尖锯齿，羽状脉。花两性，无花被，离生心皮，雌蕊6～18，轮生，具长柄；叶前开花。聚合翅果，果翅两侧不对称，果长1.2～2cm。

【分布】产于湖北、四川、甘肃、陕西、河南、安徽、浙江、江西及西南地区，多生于水沟、阴湿的山谷或林缘；印度、缅甸有分布。

【用途】树姿优美，北京植物园有引种生长良好。

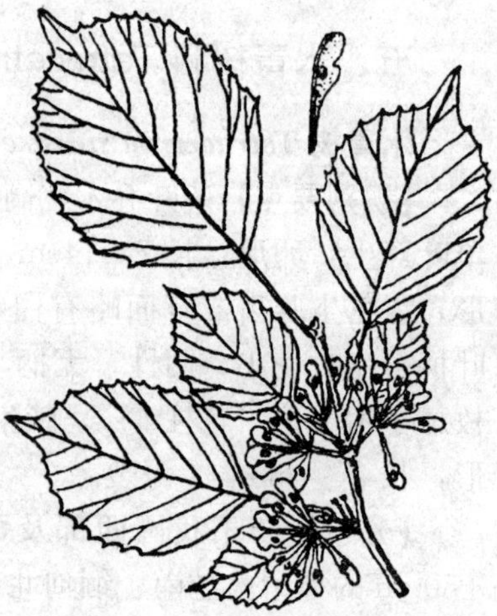

八、悬铃木科 Platanaceae

落叶乔木，树皮裂成薄片脱落。柄下芽；单叶互生，掌状分裂，托叶圆领状；枝叶有星状毛。花单性，雌雄同株，头状花序，萼片、花瓣3～8，离心皮雌蕊3～8，子房上位1室，胚珠1～2。果序球形，小坚果有棱角，基部有褐色长毛。种子1粒。

图7-45 领春木

悬铃木科仅1属10种，产于北美洲、欧洲东南部和印度。我国引入3种。

悬铃木属 *Platanus* Linn.

分 种 检 索 表

1. 叶通常3～5裂；总果柄常具2个球形果序或单生 ························· 2
1. 叶通常5～7深裂至中部或更深；总果柄具3～5个球形果序 ············· 法国梧桐
2. 叶中部裂片的长度与宽度近于相等；总果柄常具2个球形 ············· 英国梧桐
2. 叶中部裂片的宽度大于长度；果序常单生 ························· 美国梧桐

1. 英国梧桐（二球悬铃木）*Platanus acerifolia* Willd. （图7-46）

【识别要点】落叶乔木，高达35m，树冠广卵圆形。树皮灰绿色，裂成不规则的大块状脱落，内皮淡黄白色。嫩枝密生星状毛。叶基心形或截形，裂片三角状卵形，中部裂片长宽近相等。果序常2个生于总柄，花柱刺状。花期4～5月，果熟期9～10月。

【分布】本种是三球悬铃木与一球悬铃木的杂交种，1646年在英国伦敦育成，广泛种植于世界各地。我国引入栽培百余年，是上海、南京等长江中下游城市最主要的行道树种。

【变种与品种】

（1）'银斑'英国梧桐（'Argento Variegata'）。叶有白斑。

（2）'金斑'英国梧桐（'Kelseyana'）。叶有黄色斑。

（3）'塔形'英国梧桐（'Pyramidalis'）。树冠呈狭圆锥形。叶通常3裂，叶基圆形。

【习性】喜光，不耐阴。喜温暖湿润气候，在年平均气温13～20℃、降水量800～

1 200mm的地区生长良好。对土壤要求不严，耐干旱瘠薄，亦耐湿。根系浅，易风倒，萌芽力强，耐修剪。

【繁殖】扦插繁殖，亦可播种繁殖，实生苗根系比扦插苗发达，抗风强，但扦插苗树皮较光滑悦目。若作为行道树必须有通直的主干，在树高 3.2～3.4m 处截干，促其分枝，培养树冠。由于根系浅，在台风频繁处栽植需立支柱扶持。每年要进行 3～4 次抹芽、修剪工作，使其生长旺盛，遮阳效果好。

【用途】二球悬铃木树形优美，冠大荫浓，栽培容易，成荫快，耐污染，抗烟尘，对城市环境适应能力强，是世界著名的四大行道树种之一。可孤植、丛植作庭荫树，亦可列植于甬道两旁。但在应用时要注意其枝叶幼时具有大量星状毛，尤其是聚合果成熟后散落的小坚果上有褐色长毛，在空气中随风飘浮，污染环境，易引起呼吸道疾病，故在幼儿园、精密仪器车间等处不宜栽种。上海等地已培育出少果、少毛的悬铃木品种，并通过强修剪等技术措施来减少其污染。

图 7 - 46　英国梧桐
1. 花枝　2. 果枝
3. 雌蕊（系离心皮雌蕊）
4. 雄蕊　5. 果

2. 法国梧桐（三球悬铃木）*Platanus orientalis* L.（图7 - 47）

【识别要点】高达 30m；树皮薄片状剥落，灰褐色。与悬铃木主要区别是：叶片 5～7 深裂，中部裂片长大于宽；托叶长不足 1cm；果序 3～5 个生于同一果序柄上；宿存花柱有刺毛。

【分布】原产于欧洲东南部及亚洲西部。我国西北及山东、河南等地有栽培。

【习性】喜温暖湿润气候，耐寒性不强；生长快，寿命长。

【用途】我国长江流域有栽培，作行道树及庭荫树。北京有少量栽培。

3. 美国梧桐（一球悬铃木）*Platanus occidentalis* L.

【识别要点】与悬铃木主要区别为：叶多为 3～5 浅裂，中裂片宽大于长；球果多单生，偶 2 个；宿存花柱无刺毛。

【分布】原产于北美洲。我国有少量栽培。

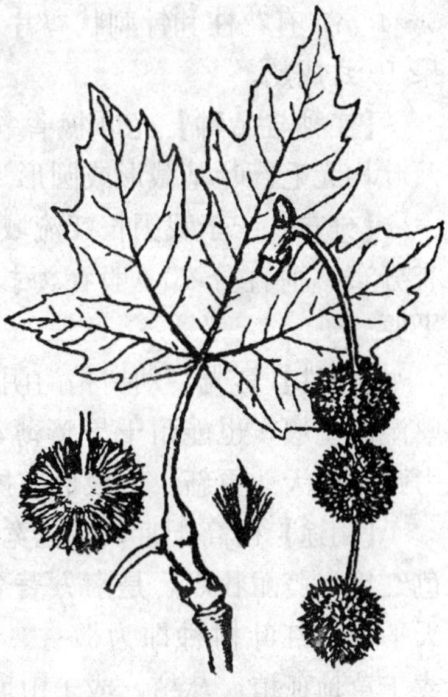

图 7 - 47　法国梧桐

九、金缕梅科 Hamamelidaceae

乔木或灌木。单叶互生，稀对生，常有托叶。花较小，单性或两性，呈头状、穗状或总状花序；萼片、花瓣、雄蕊通常均为 4～5 枚，有时无花瓣；雌蕊由 2 心皮合成，子房通常下位或半下位，2 室中轴胎座，花柱 2。蒴果 2 裂。

金缕梅科约 27 属 140 种，主产于东亚的亚热带；我国产 17 属约 76 种。

分 属 检 索 表

（一）枫香属 *Liquidambar* L.

落叶乔木，树液芳香。叶互生，掌状 3～5（7）裂，缘有齿，托叶线形，早落。花单性，雌雄同株，无花瓣；雄花无花被，头状花序常数个排成总状，花间有小鳞片混生；雌花常有数枚刺状萼片，头状花序单生，子房半下位，2 室，每室具数胚珠。果序球形，由木质蒴果集成；每果有宿存花柱，针刺状；成熟时顶端开裂，果内有 1～2 粒具翅发育种子，其余为无翅的不发育种子。

枫香属共约 6 种，产于北美洲及亚洲；我国产 2 种。

1. 枫香（枫树）*Liquidambar formosana* Hance（图7-48）

【识别要点】树高达 40m，树冠广卵形或略扁平。叶常为掌状 3 裂，长 6～12cm，基部心形或截形，裂片先端尖，缘有锯齿，幼叶有毛，后渐脱落。果序径 3～4cm，有花柱和针刺状萼片，宿存。花期 3～4 月，果 10 月成熟。

【变种与品种】光叶枫香（var. *monticola*）。幼枝及叶均无毛，叶基截形或圆形。

【分布】产于我国长江流域及其以南地区。日本亦有分布。垂直分布一般在海拔 1 500m 以下的丘陵及平原。

【习性】喜光，幼树稍耐阴，喜温暖湿润气候及深厚湿润土壤，也能耐干旱瘠薄，但较不耐水湿。萌蘖力强，可天然更新。深根性，抗风力强。

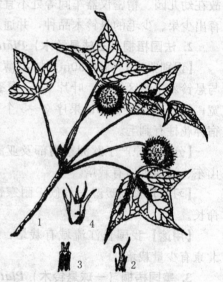

图 7-48 枫 香
1. 果枝 2. 花柱 3. 子房纵剖面 4. 果

【用途】树高干直，树冠宽阔，气势雄伟，深秋叶色红艳，美丽壮观，是南方著名的秋色叶树种。苏州天平山的红叶树种即为枫香。在园林中栽作庭荫树，或于草地孤植、丛植，或于山坡、池畔与其他树木混植。如与常绿树丛配合种植，秋季红绿相衬，会显得格外美丽。又因枫香具有较强的耐火性和对有毒气体的抗性，可用于工矿区绿化。

2. 北美枫香 *Liquidambar styraciflua* L.

【识别要点】落叶乔木；小枝红褐色，通常有木栓质翅。叶 5～7 掌状裂，背面主脉有明显白簇毛。

【分布】原产北美洲；我国南京、杭州等地有引种。

【用途】树形优美，秋叶红色或紫色，宜栽作观赏树。树脂可作胶皮糖的香料，并含苏合香，有药效。

（二）蚊母树属 *Distylium* Sieb. et Zucc.

常绿乔木或灌木。单叶互生，全缘，羽状脉，托叶早落。花单性或杂性，呈腋生总状花序；花小而无花瓣，萼片 1～5 或无；雄蕊 2～8 枚；子房上位，2 室，花柱 2，自基部离生。蒴果木质，每室具 1 粒种子。

蚊母树属共 18 种；我国产 12 种及 3 变种。

蚊母树 *Distylium racemosum* Sieb. et Zucc. （图 7 - 49）

【识别要点】常绿乔木，栽培时常呈灌木状，树冠球形。叶椭圆形或倒卵形，先端钝尖，全缘，厚单质，光滑无毛，两面网脉不明显。总状花序，蒴果卵形，密生星状毛，顶端有 2 宿存花柱。花期 4 月，果 9 月成熟。

【变种与品种】斑叶蚊母树（var. *sariegatum*）。叶较宽，具白色或黄色条斑。

【分布】产于广东、福建、台湾、浙江和海南岛，长江流域城市园林中有栽培。

【习性】喜光，能耐阴，喜温暖湿润气候，耐寒性不强，对土壤要求不严，耐贫瘠。萌芽力强，耐修剪，多虫瘿。对有害气体、烟尘均有较强抗性。寿命长。

图 7 - 49 蚊母树

【用途】枝叶密集，树形整齐，叶色浓绿，经冬不凋，春日开细小红花也很美丽。抗性强，防尘及隔声效果好，是理想的城市、工矿区绿化及观赏树种。可植于路旁、庭前草坪及大树下，或成丛、成片栽植作为分隔空间或作为其他花木的背景。亦可栽作绿篱和防护林带。

（三）檵木属 *Loropetalum* R. Br.

常绿灌木或小乔木，有锈色星状毛。叶互生，全缘。花两性，头状花序顶生；萼筒与子房愈合，萼齿 4；花瓣 4，带状线形；雄蕊 4 枚，药隔伸出如刺状；子房半下位。蒴果木质，熟时 2 瓣裂，每瓣又 2 浅裂，具 2 黑色有光泽的种子。

檵木属约 4 种，分布于东亚的亚热带地区；我国有 3 种 1 变种。

檵木（檵木莲子、檵花）*Loropetalum chinense*（R. Br.）Oliv. （图 7 - 50）

【识别要点】常绿灌木或小乔木。小枝、嫩叶及花萼均有锈色星状短柔毛。叶革质，全缘，卵形或椭圆形，长 2～5cm，先端尖，基部歪斜，背面密生星状柔毛。花瓣带状线形，黄白色，3～8 朵簇生于小枝端。蒴果褐色。花期 5 月，果 8 月成熟。

【变种与品种】红花檵木（var. *rubrum*）。叶暗紫色，花紫红色。是湖南株洲市市花。

【分布】产于我国长江中下游及其以南、北回归线以北地区。印度北部亦有分布。

【习性】喜光，耐半阴，耐旱，喜温暖气候及酸性土壤。适应性较强。

【用途】树姿优美，叶茂花繁。宜丛植于草地、林缘或园路转角，亦可植为花篱。红花檵木不仅春季开花繁茂，而且四季叶色为紫红色，是很好的彩色叶树种，在湖南园林绿化中大量用作色块、色带等地被绿化。可用作风景林的下木。盆栽历史悠久，是制作盆景的优良材料，变种红花檵木观赏价值更高，应推广利用。根、叶、花、果均可入药。

（四）红花荷属 *Rhodoleia* Champ. ex Hook. f.

1. 红花荷（红苞木）*Rhodoleia championii* Hook. f.（图7-51）

图7-50 檵 木

图7-51 红苞木

【识别要点】常绿小乔木，高达12m。单叶互生，卵形、椭圆形至倒卵状长椭圆形，长8～15cm，全缘，表面深绿而有光泽，背面青白色，革质；有长柄。花两性，花瓣匙形，长2.5～3.5cm，宽6～8mm，红色；5朵以上组成下垂的头状花序，长3～4cm，花序梗长2～3cm，花瓣状的总苞片15～20，红色，整个花序像1朵花。蒴果卵球形，长约1.2cm，上半部4裂。

【分布】产于我国广东、香港等地。

【用途】早春开花时满树红艳，是美丽的园林观赏树，也可栽作行道树。

2. 小花红花荷（小花红苞木）*Rhodoleia parvipetala* Tong

【识别要点】常绿乔木，高达20m。叶长椭圆形，罕卵形，侧脉不明显。花和花序均较小，花瓣长1.0～1.3cm，宽5～6cm；头状花序长2～2.3cm，花序梗长1～1.5cm。

【分布】产于我国滇东南、黔东南及广东、广西；越南北部也有分布。

【用途】树形秀丽，花玫瑰红色，早春开放。可作庭园绿化、观赏树和行道树。

（五）马蹄荷属 *Exbucklandia* R. W. Br.

1. 马蹄荷（合掌木）*Exbucklandia populnea*（R. Br.）R. W. Br.（图7-52）

【识别要点】常绿乔木，高达20m；小枝具环状托叶痕，有柔毛。单叶互生，心状卵形或卵圆形，长10～17cm，全缘，偶有3浅裂，基部心形，革质；托叶椭圆形，长2～3cm，合生，宿存，包被冬芽。花小，杂性；头状花序，腋生。蒴果卵形，长7～9mm，表面平滑；头状果序径约2cm。

【分布】产于亚洲南部，我国西南部有分布。

【习性】耐半阴，喜温暖湿润气候，不耐寒。

【用途】是优良用材树及美丽的庭荫树种。

2. 大果马蹄荷 Exbucklandia tonkinensis（Lec.）Steenis

常绿乔木，高达 30m。叶圆形或卵形，长 8～13cm，全缘（偶有 3 浅裂），基部楔形。蒴果长 1～1.5cm，表面有瘤状突起；头状果序长 3～4cm。产于我国南岭及其以南、西至西南地区。杭州植物园、南岳树木园有引种栽培。

（六）壳菜果属 Mytilaria Lec.

壳菜果 Mytilaria laosensis Lec.（图 7-53）

图 7-52　马蹄荷

图 7-53　壳菜果

【识别要点】常绿乔木，高达 25m；小枝具环状托叶痕。单叶互生，卵圆形，长 10～13cm，3～5 掌状浅裂，裂片全缘。花小，两性；肉质穗状花序。蒴果木质，4 瓣裂。

【分布】产于我国云南及广东、广西；越南、老挝也有分布。

【习性】耐半阴，喜暖热气候及酸性土壤；生长快，萌芽性强。

【用途】为优良用材及绿化树种。

（七）金缕梅属 Hamamelis Linn.

金缕梅 Hamamelis mollis Oliv.（图 7-54）

【识别要点】落叶灌木或小乔木，高达 10m；小枝幼时密被星状绒毛，裸芽有柄。单叶互生，倒广卵形，长 8～15cm，基部歪心形，缘有波状齿，侧脉 6～8 对，背面有绒毛。花瓣 4，狭长如带，长 1.5～2cm，黄色，基部常带红色，花萼深红色，芳香；花簇生，于早春叶前开放。蒴果卵球形，长约 1.2cm。

【变种与品种】橙花金缕梅（'Brevipetala'）。花橙色，叶较长。

【分布】产于长江流域，多生于山地次生林及灌丛中。

【习性】喜光，耐半阴，喜排水良好的壤土；生长慢。

【用途】花美丽而花期早，秋叶黄色或红色，宜植于园林绿地观赏。根可入药，治劳伤乏力。

图 7-54　金缕梅

（八）蜡瓣花属 Corylopsis Sieb. et Zucc.

蜡瓣花 *Corylopsis sinensis* Hemsl.（图 7 - 55）

【识别要点】灌木，高达 5m；小枝及芽具柔毛。单叶互生，倒卵状椭圆形，长 5～9cm，羽状脉，基部歪斜，缘有锐齿，背面有星状毛。花瓣 5，柠檬黄色，宽而有爪，芳香，退化雄蕊 2 裂，萼筒及子房均有星状毛；呈下垂总状花序；春天叶前开花。蒴果被褐色星状毛。

【分布】产于长江流域及其以南地区，多生于海拔 1 300～2 000m 山地。

【用途】花美丽而芳香，可植于庭园观赏。根皮及叶可药用。

十、虎皮楠科（交让木科）Daphniphyllaceae

交让木 *Daphniphyllum macropodum* Miq.（图 7 - 56）

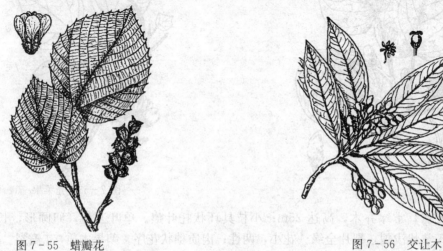

图 7 - 55　蜡瓣花　　　　　　　　　　　　　图 7 - 56　交让木

【识别要点】常绿乔木，高达 20m，有时灌木状；枝叶无毛。单叶互生，长椭圆形，长 10～20cm，先端短渐尖，基部楔形，全缘，厚革质；嫩枝、叶柄及中肋均带红紫色。花小，单性异株，无花瓣，雌花无花萼，柱头 2 裂；呈腋生短总状花序。核果红黑色，椭球形，有宿存柱头。

【分布】产于我国长江流域以南地区；日本、朝鲜也有分布。

【习性】中性偏阴树种，喜温暖湿润气候。新叶集生枝端，老叶在春天新叶长出后齐落，故名"交让木"。

【用途】可作为庭园观赏树。叶和种子可入药，治疗毒红肿。

十一、杜仲科 Eucommiaceae

杜仲科仅 1 属 1 种。我国特产。

杜仲 *Eucommia ulmoides* Oliv.（图 7 - 57）

【识别要点】落叶乔木，高达 20m，胸径 1m。树冠球形或卵形。植物体内有丝状胶质，小枝髓片状分割，顶芽缺。单叶互生，羽状脉。叶椭圆状，先端渐尖，基部宽楔、近圆形，有锯齿。翅果扁平，矩圆形。花期 4 月，叶前开放或与叶同放；果期 10 月。

【分布】分布广，主产区为湖北西部，四川东部，陕西、湖南和贵州北部等地。作为药用树种栽培历史悠久。

【习性】喜光，不耐庇荫。耐寒，喜土壤深厚肥沃，沙壤土、黏壤土都能生长，不耐干旱，过湿、过于贫瘠生长不良。生长较快，萌芽力强，深根性树种。

【繁殖】播种为主，亦可扦插、压条、分蘖繁殖。应在 20 龄以上的母树上采种。

【用途】杜仲树冠圆满，叶绿荫浓，在园林中作庭荫树、行道树，风景区植风景林，在山坡、水畔、建筑周围、街道孤植、丛植、群植都可以。养护简单，适生性强，经济价值高，市郊、农村、山区绿化造林，发展多种经营都可栽培。杜仲树体各部分都可以提炼优质硬橡胶，有高度的绝缘性，耐腐蚀，是优良的工业原料。树皮是重要的药材。木材不翘不裂、无虫蛀、有光泽，供建筑、家具等用。

图 7-57　杜　仲

十二、榆科 Ulmaceae

落叶乔木或灌木。小枝纤细，无顶芽。单叶互生，排成二列，有锯齿，基部常不对称，羽状脉或三出脉；托叶早落。单被花，花小，两性或单性同株，单生或簇生或呈短聚伞花序、总状花序；雄蕊 4～8 枚，与花萼同数对生；子房上位，1～2 室，柱头羽状 2 裂。翅果、坚果或核果。种子无胚乳。

榆科约 16 属 230 种，主产北温带。我国 8 属 50 余种，遍及全国。

分 属 检 索 表

1. 叶羽状脉，侧脉 7 对以上 ………………………………………………………………… 2
1. 叶三出脉，侧脉 6 对以下 ………………………………………………………………… 3
2. 花两性；翅果，翅在扁平果核周围；叶缘常为重锯齿 ……………………………… 榆属
2. 花单性；坚果；叶缘具整齐的单锯齿 ……………………………………………… 榉属
3. 坚果周围有翅；叶侧脉向上弯，不直达齿端 …………………………………… 青檀属
3. 核果球形 …………………………………………………………………………………… 4
4. 叶基部常歪斜，侧脉不伸入齿端 ……………………………………………………… 朴属
4. 叶基部不歪斜，侧脉直达齿端 …………………………………………………… 糙叶树属

（一）榆属 *Ulmus* L.

乔木，稀灌木。芽鳞紫褐色，花芽近球形。叶缘常为重锯齿，羽状脉。花两性，簇生或短总状花序。翅果扁平，周围具翅，顶端有缺口。

榆属约 45 种，分布于北半球。我国约 25 种。

分 种 检 索 表

1. 花在早春叶前开放，生于去年生枝上 …………………………………………………… 2
1. 花在秋季开放，簇生于叶腋 ……………………………………………………………… 榔榆
2. 翅果较小，长 1～2cm，无毛；小枝无木栓翅；叶缘具单锯齿 ………………………… 白榆
2. 翅果较大，长 2～3.5cm，有毛；小枝常具木栓翅；叶缘具重锯齿 ………………… 大果榆

1. 白榆（家榆、榆树）*Ulmus pumila* Linn.（图7-58）

【识别要点】落叶乔木，高达25m，树冠圆球形。叶椭圆状卵形或椭圆状披针形，先端尖或渐尖，基部一边楔形，一边近圆形，叶缘不规则重锯齿或单锯齿，无毛或脉腋微有簇生柔毛，老叶较厚。花簇生。翅果近圆形，熟时黄白色，无毛。花3~4月先叶开放；果熟期4~6月。

【变种与品种】

（1）'龙爪'榆（'Tortuosa'）。树冠球形，小枝卷曲下垂。以白榆为砧木嫁接繁殖。

（2）'垂枝'榆（'Pendula'）。枝下垂，树冠伞形。以白榆为砧木高接繁殖。我国西北及华北地区园林栽培供观赏。

【分布】产于我国东北、华北、西北及华东，尤以东北、华北、淮北平原常见。

图7-58 白 榆

【习性】喜光，耐寒，喜深厚、排水良好的土壤，耐盐碱，含盐量0.3％以下可以生长，不耐水湿。生长快，萌芽力强，但虫害多，在暖湿环境尤甚。耐修剪。根系发达，抗风，保持水土能力强。对烟尘和氟化氢等有毒气体抗性强。寿命长，可达百年以上。

【繁殖】播种繁殖。种子随采随播发芽好。

【用途】白榆冠大荫浓，树体高大，适应性强，是城镇绿化常用的庭荫树、行道树，是世界著名的四大行道树（法国梧桐、七叶树、椴树、榆树）之一。也可群植于草坪、山坡，常密植作树篱，是北方农村"四旁"绿化的主要树种，也是防风固沙、水土保持和盐碱地造林的重要树种。木材坚韧，供家具、桥梁、车辆等用。树皮纤维代麻，幼叶、嫩果、树皮可食。叶可作饲料。

2. 大果榆（黄榆、山榆）*Ulmus macrocarpa* Hance.（图7-59）

【识别要点】落叶乔木，高达10m，树冠扁球形。树皮灰黑色。小枝常有两条规则的木栓翅。叶倒卵形或椭圆形，重锯齿，质地粗厚，有短硬毛。翅果大，具红褐色长毛。花期3~4月，果熟期5~6月。

【分布】产于我国东北、华北和西北海拔1800m以下地区。

【习性】喜光，耐寒，稍耐盐碱，可在含盐量0.16％土壤中生长，耐干旱瘠薄。根系发达，萌蘖性强，寿命长。

【繁殖】播种繁殖。

【用途】叶在深秋变为红褐色，是北方秋色叶树种之一。材质较白榆好。

3. 榔榆 *Ulmus parvifolia* Jacq.（图7-60）

【识别要点】落叶乔木，高达25m，树冠扁球形至卵圆

图7-59 大果榆

形。树皮绿褐色或黄褐色，不规则鳞片状脱落。叶窄椭圆形、卵形或倒卵形，先端尖或钝尖，基部歪斜，单锯齿，质较厚，嫩叶背面有毛，后脱落。翅果椭圆形，较小。花期8~9月，果期10月。

【分布】产于我国秦岭北坡海拔1 100m，山西、河南、山东海拔400m以下的地区，及长江流域以南各省。

【习性】喜光，稍耐阴。喜温暖湿润气候，对土壤适应性强，耐干旱瘠薄，山地、溪边都能生长，耐湿。萌芽力强，耐修剪，生长速度中等，主干易歪，不通直。耐烟尘，对二氧化硫等有害气体抗性强。

【繁殖】播种繁殖。

【用途】小枝纤垂，树皮斑驳，秋叶转红，具较高的观赏价值，长江流域园林中常用。在公园和庭园水池边、草坪一角孤植作庭荫树，列植作行道树、园路树。亭榭、山石旁嵌植效果亦好。作上层树种，与槭类、杜鹃花配植则协调得体。

图7-60 榔榆

抗性强，可作工矿区、街头绿地绿化树种。老根枯干仍萌芽力强，是制作树桩盆景的优良材料。

（二）榉属 *Zelkova* Spach

落叶乔木。冬芽卵形，先端不贴近小枝。叶缘单锯齿，羽状脉。花单性，雌雄同株，雄花簇生于新枝下部，雌花单生或簇生于新枝上部。坚果小而歪斜，无翅。

榉属有6种，分布于亚洲中部、西部。我国有4种。

分 种 检 索 表

1. 小枝有柔毛；叶表面粗糙，背面密生柔毛 ……………………………………… 榉树
1. 小枝常无毛；叶表面较平滑，背面无毛或沿脉有毛 …………………………………… 2
2. 叶缘锯齿较钝；果径4～7mm，无皱纹 ………………………………………… 小叶榉
2. 叶缘锯齿锐尖；果径3～4mm，有皱纹 ………………………………………… 光叶榉

1. 榉树（大叶榉） *Zelkova schneideriana* Hand. - Mazz. （图7-61）

【识别要点】落叶乔木，树冠倒卵状伞形。树干通直，小枝有柔毛。叶椭圆状卵形，先端渐尖，桃形锯齿排列整齐，上面粗糙，背面密生灰色柔毛，叶柄短。坚果小，径2.5～4mm，歪斜且有皱纹。花期3～4月，果期10～11月。

【分布】产于我国黄河流域以南，多散生或混生于阔叶林中。江南园林习见。

【习性】喜光，喜温暖气候和肥沃湿润的土壤，耐轻度盐碱，不耐干旱、瘠薄。深根性，抗风强。幼时生长慢，6～7年后渐快。耐烟尘，抗污染。寿命长。

【繁殖】播种繁殖。种子发芽率较低，清水浸种有利于发芽。苗期应注意修剪以培养树干，否则易出现分叉现象。

【用途】树体高大雄伟，盛夏绿荫浓密，秋叶红艳。可孤

图7-61 榉 树

植、丛植于公园、广场草坪、建筑旁作庭荫树；与常绿树种混植作风景林；列植作行道树，也是农村"四旁"绿化树种。木材耐水湿，供高级家具、造船、桥梁等用。树皮是制造棉和绳索的原料。

2. 小叶榉（大果榉） *Zelkova sinica* **Schneid.** （图7-62）

【识别要点】与榉树的主要区别是：小枝常无毛；叶卵形或卵状长圆形，薄纸质，较小，长2~7cm，锯齿较钝，表面平滑，背面脉腋有簇毛；坚果较大，果径4~7mm，无毛及皱纹，顶端几乎不偏斜。

【分布】产于我国中部及东部，喜生于石灰质深厚、肥沃的山谷及平原。

【习性】喜光，不耐积水，不耐干旱瘠薄，对土壤要求不严。耐烟尘，抗有毒气体，抗病虫害能力较强。深根性，根系发达，抗风力强。生长较慢，寿命较长。

【繁殖】播种繁殖。

【用途】枝细叶美，绿荫浓密，树形雄伟。在园林中宜孤植、丛植或列植。是行道树、"四旁"绿化、厂矿区绿化和营造防风林的理想树种，又是制作盆景的好材料。用材树种。茎皮纤维强韧，可作为制人造棉和绳索的原料。

3. 光叶榉 *Zelkova serrata* **（Thunb.）Mak.** （图7-63）

图7-62 小叶榉

图7-63 光叶榉

【识别要点】落叶乔木，树冠扁球形。小枝紫褐色，无毛。叶卵形、椭圆状卵形或卵状披针形，厚纸质，锯齿锐尖，齿尖向外斜张，表面较光滑，背面无毛或沿叶脉有疏毛。果径3~4mm，有皱纹。

【分布】产于我国东北南部、华东、华中至西南各地。日本、朝鲜也有分布。

【习性】喜光，喜湿润肥沃的土壤，在石灰岩谷地生长良好，较耐瘠薄，较耐寒冷。寿命长。

【繁殖】播种繁殖。

【用途】同榉树。

（三）朴属 *Celtis* **L.**

落叶乔木，稀灌木。树皮不裂。冬芽小，卵形，先端贴枝。叶缘有锯齿，基部全缘，三出脉，侧脉弧形上弯。花杂性同株。核果近球形。

朴属约80种，分布于北温带、热带。我国产21种。

分种检索表

1. 小枝无毛或幼枝有毛后脱落 ··· 2

1. 小枝密生黄褐色绒毛 ·· 3
2. 果梗与叶柄近等长，果橙红色；叶背面沿脉与脉腋疏生毛 ················· 朴树
2. 果梗比叶柄长1倍以上，果黑紫色；叶两面无毛 ······························ 小叶朴
3. 叶长6～14cm；果单生叶腋，熟时橙红色 ······································ 珊瑚朴
3. 叶长3～8cm；果常2个腋生，熟时橙红色或带黑色 ······················· 紫弹树

1. 朴树（沙朴）Celtis sinensis Pers. （图7-64）

【识别要点】落叶乔木，高达20m，树冠扁球形。幼枝有短柔毛后脱落。叶宽卵形、椭圆状卵形，先端短渐尖，基部歪斜，中部以上有粗钝锯齿，三出脉，背面沿叶脉及脉腋疏生毛，网脉隆起。核果近球形，橙红色，果梗与叶柄近等长。花期4月，果熟期10月。

【分布】我国淮河流域、秦岭以南都有分布，农村习见。

【习性】喜光，稍耐阴，喜肥厚、湿润、疏松的土壤，耐干旱瘠薄，耐轻度盐碱，耐水湿。深根性，萌芽力强，抗风。耐烟尘，抗污染。

【繁殖】播种繁殖。育苗期要注意整形修剪，以养成干形通直、冠形美观的大苗。

【用途】树冠圆满宽广，树荫浓郁，最适合作庭荫树。也可以供街道、公路列植作行道树。城市的居民区、学校、厂矿、街头绿地及农村"四旁"绿化都可用，也是河网区防风固堤树种。亦可作桩景材料。

2. 小叶朴（黑弹树）Celtis bungeana Bl. （图7-65）

图7-64 朴 树

图7-65 小叶朴

【识别要点】落叶乔木，高达20m，树冠倒广卵形至扁球形。小枝无毛。叶长卵形，先端渐尖，基部歪斜，中部以上有疏浅粗钝齿或全缘，两面无毛，三出脉。核果近球形，单生，熟时紫黑色，果梗长为叶柄长的2倍以上，果核表面平滑。花期5月，果熟期9～10月。

【分布】产于我国东北南部、华北、长江流域及西南各地。

【习性】喜光，稍耐阴，耐寒，耐旱；喜深厚湿润的中性黏质土壤。深根性，萌蘖性强，生长慢，寿命长。

【繁殖】播种繁殖。

【用途】枝叶茂密，树形美观，树皮光滑，适宜作庭荫树及城乡绿化树种。

3. 珊瑚朴（大果朴）Celtis julianae Schneid.（图7-66）

【识别要点】落叶乔木，高达25m。树干通直，树冠卵球形。小枝、叶柄均密被黄褐色毛。叶较宽大，宽卵形、卵状椭圆形或倒卵状椭圆形，长6~14cm，先端短尖，中部以上有钝锯齿，三出脉，表面稍粗糙。核果大，径1~1.3cm，熟时橙红色，单生叶腋，味甜可食。花期4月，果熟期10月。

【分布】主产长江流域及河南、陕西等地。

【习性】喜光，稍耐阴，喜温暖气候及湿润肥沃土壤，也能耐干旱瘠薄，对土壤要求不严。深根性，抗烟尘及有毒气体，少病虫害，较能适应城市环境。

【繁殖】播种繁殖。秋播或种子沙藏至翌年春播。

【用途】树高干直，冠大荫浓，树姿雄伟，冬季及早春枝上生满红褐色花序，状如珊瑚，秋果红艳，颇具美观。最适合作庭荫树、行道树，孤植、丛植、列植或点缀于风景林中都很合适。也可作厂矿、街道及"四旁"绿化树种。

4. 紫弹树（紫弹朴）Celtis biondii Pamp.（图7-67）

图7-66 珊瑚朴

图7-67 紫弹树

【识别要点】落叶乔木，高达20m。幼枝密生红褐色或淡黄色柔毛。叶卵形或椭圆状卵形，长3~8cm，中部以上有锯齿，稀全缘，三出脉，幼叶两面疏生毛，老叶无毛。核果常2个腋生，熟时橙红色或带黑色，果梗长为叶柄长的2倍以上，果核有明显网纹。

【分布】产于我国长江流域及其以南地区。朝鲜、日本也有分布。

【用途】可作庭荫树。

（四）糙叶树属 Aphananthe Planch.

糙叶树属有5种，分布于东亚及大洋洲。我国有1种。

糙叶树（糙叶榆、牛筋树）Aphananthe aspera（Thunb.）Planch.（图7-68）

【识别要点】落叶乔木，高达20m，树冠圆球形。小枝暗褐色，初被平伏毛，后脱落。叶卵形，先端渐尖，三出脉，侧脉直伸锯齿先端，两面有平伏硬毛，粗糙。核果近球形，径约8mm，熟时黑色。花期4~5月，果期9~10月。

【分布】主产于我国长江流域及以南地区，多散生于山区的沟谷、溪流附近。

【习性】喜光，略耐阴，喜温暖湿润气候，对土壤适应性强，在湿润肥沃的酸性土壤中生长良好。耐烟尘，抗有害气体。寿命长。

【繁殖】播种繁殖。种子采后需堆放后熟，秋播或沙藏至翌年春播。

【用途】树干挺拔，冠大荫浓，是优良的庭荫树及池畔配景树，宜在草坪孤植或群植于谷地、溪边，浓荫覆地，别有风趣。亦可在工矿区及街头绿地种植。

（五）青檀属 Pteroceltis Maxim.

青檀属仅1种，我国特产。

青檀（翼朴）Pteroceltis tatarinowii Maxim.（图7-69）

【识别要点】落叶乔木，高达20m。树皮薄片状剥落。叶卵形，三出脉，侧脉不达齿端，基部全缘，先端有锯齿，背面脉腋有簇生毛。花单性，雌雄同株，小坚果周围有薄翅。花期4月，果熟期8~9月。

【分布】主产于我国黄河流域以南地区。常生于石灰岩低山区及河流、溪谷岸边。安徽皖南山区分布集中。

图7-68 糙叶树

【习性】喜光，稍耐阴，耐寒，对土壤要求不严，耐干旱瘠薄，亦耐湿，喜石灰岩山地。根系发达，萌芽力强，寿命长。

【繁殖】播种繁殖。主干易歪，小苗培育时需注意培养主干。

【用途】树体高大，树冠开阔，宜作庭荫树、行道树；可孤植、丛植于溪边、坡地，适合在石灰岩山地绿化造林。青檀树皮纤维优良，为制造著名的宣纸原料。

十三、桑科 Moraceae

图7-69 青檀

乔木、灌木或藤本，落叶或常绿，通常含乳汁，韧皮纤维发达。单叶互生，稀对生，有托叶。花单性，雌雄同株或异株，花小、单被，柔荑、头状或隐头花序；雄蕊通常4枚，与萼片同数，并与之对生，雌花被肉质。聚花果或隐花果，单果为瘦果、坚果或核果，外面常有宿存的肉质花萼。

桑科约78属1850种，分布于热带、亚热带及温带。我国有16属150余种，主要分布于长江流域及以南地区。

分 属 检 索 表

1. 隐头花序，小枝有环状托叶痕 ························· 榕属
1. 柔荑花序或头状花序 ····································· 2
2. 雌花与雄花均为头状花序，叶全缘 ····················· 桂木属
2. 雄花和雌花均为柔荑花序，或仅雄花为柔荑花序；叶缘有锯齿 ······ 3
3. 雌雄花均为柔荑花序，聚花果圆柱形 ····················· 桑属
3. 雄花序为柔荑花序，雌花序为头状花序，聚花果球形 ········· 构树属

（一）桑属 Morus L.

落叶乔木或灌木。无顶芽，芽鳞3～6。叶互生，3～5出脉，叶有锯齿或缺裂，托叶早落。花单性，雌雄异株或同株，组成柔荑花序；花被4片；雄蕊4枚；子房1室，柱头2裂。小瘦果藏于肉质花被内，集成聚花果（桑葚）。

桑属约12种，分布于北温带。我国有9种。

桑树（家桑）*Morus alba* Linn.（图7-70）

【识别要点】落叶乔木，高达16m。树冠倒卵圆形。叶卵形或宽卵形，先端尖或渐短尖，基部圆或心形，锯齿粗钝，幼树的叶常有浅裂、深裂，表面无毛，背面沿叶脉疏生毛，脉腋簇生毛。聚花果（桑葚）紫黑色、淡红色或白色，多汁味甜。花期4月，果熟期5～7月。

【变种与品种】

（1）'垂枝'桑（'Pendula'）。枝条下垂。

（2）'龙爪'桑（'Tortuosa'）。枝条自然扭曲。

【分布】原产我国中部，有约4 000年的栽培史，栽培范围广泛，以长江中下游各地栽培最多。

【习性】喜光，对气候、土壤适应性都很强。耐寒，不耐水湿。也可在温暖湿润的环境生长。喜深厚、疏松、肥沃的土壤，能耐轻度盐碱（0.24%）。抗风，耐烟尘，抗有毒气体。根系发达，生长快，萌芽力强，耐修剪，寿命长，一般可达数百年。

图7-70 桑树
1. 幼果枝 2. 雄花枝 3. 雄花
4. 雌花 5. 叶

【繁殖】播种、扦插、分根、嫁接繁殖皆可。

【用途】桑树树冠丰满，枝叶茂密，秋叶金黄。宜孤植作庭荫树，也可与喜阴花灌木配植树坛、树丛，或与其他树种混植风景林，果能吸引鸟类，能构成"鸟语花香"的自然景观。居民新村、厂矿绿地都可以用，是农村"四旁"绿化的主要树种。我国自古就有在房前屋后栽种桑树和梓树的传统，故常将"桑梓"代表故土、家乡。叶饲蚕，根、果入药，果酿酒，木材供雕刻。茎皮是制蜡纸、皮纸和人造棉的原料。

（二）构树属 Broussonetia L'Hér. ex Vent.

落叶乔木或灌木，枝叶有乳汁。无顶芽，侧芽小。单叶互生，有锯齿，三出脉，托叶早落。雌雄异株。雄花为柔荑花序，雄蕊4枚；雌花为头状花序，花柱丝状。聚花果球形，橙红色。

本属4种；我国产3种。

构树 *Broussonetia papyrifera*（L.）L'Hér. ex Vent.（图7-71）

【识别要点】落叶乔木，高达16m。树皮浅灰色，小枝密被丝状刚毛。叶卵形，叶缘具粗锯齿，不裂或有不规则2～5裂，两面密生柔毛。聚花果圆球形，橙红色。花期4～5月，果熟期7～8月。

【分布】全国各地有分布。

【习性】喜光。对气候、土壤适应性都很强。耐干旱瘠薄，亦耐湿，生长快，病虫害少，根系浅，侧根发达，根蘗性强，对烟尘及多种有毒气体抗性强。

【繁殖】埋根、扦插、分蘖繁殖。

【用途】构树枝叶茂密，适应性强，可作庭荫树及防护林树种，是工矿区绿化的优良树种。在城市行人较多处宜种植雄株，以免果实造成的污染。在人迹较少的公园偏僻处、防护林带等处可种植雌株，聚花果能吸引鸟类觅食，以增添山林野趣。

（三）柘属 *Cudrania* Trèc

柘属约 10 种，产于东亚、澳洲等地。我国有 8 种。

柘树（柘刺、柘桑）*Cudrania tricuspidata* （Carr.）Bur（图 7 - 72）

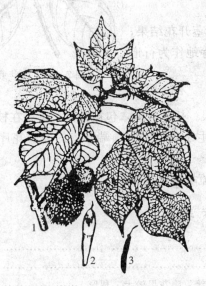

图 7 - 71 构 树

1. 果枝 2. 小瘦果 3. 雄花序

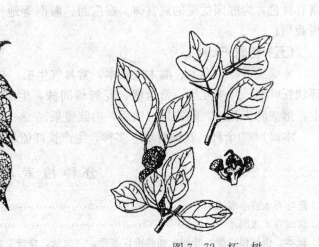

图 7 - 72 柘 树

【识别要点】落叶小乔木，高达 10m，常呈灌木状。树皮薄片状剥落。叶卵形或倒卵形，全缘，有时 3 裂。聚花果橘红色或橙黄色，球形表面皱缩，肉质。花期 5～6 月，果熟期 9～10 月。

【分布】主产我国华东、中南及西南各地，山野路边常见。

【习性】喜光，亦耐阴。耐寒，喜钙土树种，耐干旱瘠薄，多生于山脊的石缝中，适生性很强。生于较荫蔽湿润的地方，则叶形较大，质较嫩；生于干燥瘠薄的地区，叶形较小，先端常 3 裂。根系发达，生长较慢。

【繁殖】播种或扦插繁殖。

【用途】柘树叶秀果丽，适应性强，可在公园的边角、背阴、街头绿地作庭荫树或刺篱。繁殖容易、管理方便，是风景区绿化荒山、荒滩的先锋树种。

（四）桂木属 *Artocarpus* Forst.

常绿乔木，有顶芽。叶互生，羽状脉，全缘或羽状分裂，托叶形状大小不一。雌雄同株。雄花序长圆形，雄蕊 1 枚；雌花序球形，雌花花萼管状，下部陷入花序轴中，子房 1 室。聚花果椭球形，瘦果外被肉质宿存花萼。

桂木属约 60 种；我国 9 种，分布于华南。

木菠萝（树菠萝、菠萝蜜）*Artocarpus heterophyllus* Lam.（图 7 - 73）

【识别要点】常绿乔木，高达 15m，有时具板状根。小枝有环状托叶痕。叶椭圆形至倒卵形，全缘或 3 裂，两面无毛，背面粗糙，厚革质。雄花序圆柱形顶生或腋生；雌花序椭球形，生于树干或大枝上。聚花果圆柱形，长 25～60cm，重可达 20kg，外皮有六角形瘤状突起。花期 2～3 月，果期 7～8 月。

图 7 - 73　木菠萝

【分布】原产印度和马来西亚，为热带树种。我国华南有栽培。

【习性】极喜光，不耐寒，对土壤要求不严，在深厚肥沃、排水良好的酸性土上生长较好。生长快，寿命长。

【用途】树姿端正，冠大荫浓，花有芳香，老茎开花结果，富有特色，为庭园优美的观赏树。在广西、海南等地作为行道树栽培。

（五）榕属 Ficus L.

常绿或落叶，乔木、灌木或藤本，常具气生根。托叶合生，包被芽体，落后在枝上留下环状托叶痕。叶多互生，常全缘。花雌雄同株，生于囊状中空顶端开口的肉质花序托内壁上，形成隐头花序。隐花果，肉质，内藏瘦果。

本属 1 000 余种；我国有 120 多种，主产长江流域以南地区。

分 种 检 索 表

1. 榕树（细叶榕、正榕、小叶榕）Ficus microcarpa L. f.（图 7 - 74）

【识别要点】常绿大乔木。树冠广卵形，庞大。气生根纤细下垂，渐次粗大，可下垂及地，入土成根，复成一干，形似支柱。叶椭圆状卵形、倒卵形，基部楔形，全缘，羽状脉 5～6 对，叶两面细脉均不明显，叶薄革质、光滑无毛。隐花果腋生，扁球形，径约 8mm，黄色或淡红色，熟时暗紫色，花期 5 月；果熟期 7～12 月。

【变种与品种】

（1）'黄斑'榕（'Yellow Stripe'）。叶有不规则黄斑。

（2）'黄金'榕（'Golden Leaves'）。新芽乳黄色。

【分布】我国福建闽江以南，野生在山麓疏林、灌丛中或平原的村边、路旁。

【习性】喜光，亦能耐阴。喜暖热、多雨气候，不耐寒。在湿润肥沃的酸性土壤中生长较快。萌芽力强，抗污染，耐烟尘，抗风，病虫害少。深根性，适生性强，生长快，寿命长。

【用途】榕树树冠宽广，枝叶稠密，浓荫覆地，气根纤开，独木成林，姿态奇特古朴；是华南地区优良的庭荫树、行道树。抗污染，管理简便，是我国亚热带城市的特色树种。也可制作盆景。中国有许多城市以"榕城"著称，如福州。

2. 黄葛树（黄槲树、大叶榕）Ficus lacor Buch. -Ham.（图7－75）

图7-74 榕 树

图7-75 黄葛树

【识别要点】落叶乔木，高20m。树冠广卵形。单叶互生，叶薄革质，长椭圆形或卵状椭圆形，长8～16cm，全缘，叶面光滑无毛，有光泽。隐花果近球形，径5～8mm，熟时黄色或红色。

其原种笔管榕（F. virens）与黄葛树主要区别是其隐头花序有2～5mm的梗。

【分布】产于我国华南、西南，多生于溪边及疏林中，耐寒性较榕树稍强，新叶展放后鲜红色的托叶纷纷落地，甚为美观，是重庆市的市树。

3. 无花果（蜜果、映日果）Ficus carica L.（图7－76）

【识别要点】落叶小乔木，高达10m，常呈灌木状。枝粗壮。叶宽卵形近圆，基部心形或截形，3～5裂，锯齿粗钝或波状缺刻，上面有短硬毛粗糙，背面有绒毛。隐花果梨形，径5～8cm，绿黄色，熟后黑紫色，味甜有香气，可食。一年可多次开花结果。

【分布】原产地中海沿岸、西南亚地区。我国引种历史悠久，长江流域以南地区栽培较多。

【习性】喜光，喜温暖气候，不耐寒，冬季－12℃时小枝受冻。对土壤适应性强，喜深厚、肥沃、湿润的土壤，耐干旱、瘠薄。耐修剪，2～3龄开始结果，6～7龄进入盛果期，抗污染，耐烟尘。根系发达，生长快，病虫少，寿命可达百年以上。

【繁殖】扦插、分蘖、压条繁殖极易成活。通常用一年生枝扦插，翌年即可结果。

【用途】无花果果味甜美，栽培容易，是园林结合生产的理想树种。可用于庭院、绿地栽培或盆栽观赏。果实营养丰富，可鲜食或糖渍制罐头、蜜饯。

4. 印度橡皮树（印度胶榕）Ficus elastica Roxb.（图7－77）

【识别要点】常绿乔木，高可达45m，全体无毛。叶厚革质，有光泽，长椭圆形，长10～30cm，全缘；中脉显著，羽状侧脉多而细，且平行直伸。托叶大，淡红色，包被幼芽。

图 7-76 无花果
1. 果枝 2. 雄花 3. 雌花

图 7-77 印度橡皮树

【变种与品种】园艺上有很多斑叶的观赏品种。

（1）'美丽'胶榕（'红肋'胶榕）（'Decora'）。叶较宽而厚，幼叶背面中肋及叶柄皆为红色。

（2）'斑叶'胶榕（'Variegata'）。叶面有黄或黄白色斑。

（3）'三色'胶榕（'Tricolor'）。绿叶上有黄白色和粉红色斑。

【分布】原产印度、缅甸。引种我国华南露地栽培，长江流域及以北各大城市多作盆栽观赏，温室越冬。

【习性】喜温湿气候，不耐寒。

【用途】我国长江流域及北方各大城市多作盆栽观赏，温室越冬。华南温暖地区可露地栽培，作庭荫树及观赏树。乳汁可制硬橡胶。

5. 垂叶榕（垂榕、垂枝榕、吊丝榕）Ficus benjamina L.（图 7-78）

【识别要点】常绿乔木，高 20～25m，通常无气生根；干皮灰色，光滑或有瘤；枝下垂如柳，顶芽细尖，长达 1.5cm。叶卵状长椭圆形，长达 10cm，先端尾尖，革质而光亮，侧脉平行且细而多。隐花果近球形，径约 1cm，成对腋生，鲜红色。

【变种与品种】有'斑叶'（'Variegata'）、'金叶'（'Golden Leaves'）、'金边'（'Golden Princess'）等品种。

【分布】原产印度、东南亚、马来半岛及澳大利亚北部；我国有引种栽培。

【用途】枝叶优雅美丽，在暖地可作庭荫树、园景树、行道树和绿篱栽培；在温带地区常盆栽观赏。

〔附〕**木瓜榕（大果榕）F. auriculata Lour.**

乔木或灌木状。叶特大，广卵形，长 30～40cm，基部心形，先端尖或圆。果大如番木瓜，有丝状毛，生于枝或老茎上。产于喜马拉雅山脉地区。

6. 印度菩提树（菩提树、思维树）Ficus religiosa L.（图 7-79）

【识别要点】常绿乔木，高达 20m。叶薄革质，卵圆形或三角状卵形，长 9～17cm，全

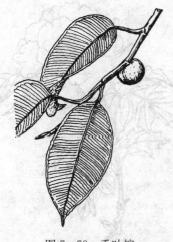

图 7-78　垂叶榕

图 7-79　印度菩提树

缘，先端长尾尖，基部三出脉，两面光滑无毛；叶柄长，叶常下垂。

【分布】原产印度，多植于寺庙。

【用途】华南有栽培，多作庭荫树及行道树。

7. 高山榕 _Ficus altissima_ Bl.（图 7-80）

【识别要点】常绿乔木，高达 25～30m，树冠开展；干皮银灰色。叶椭圆形或卵状椭圆形，长 10～30cm，先端钝，基部圆形，全缘，半革质，无毛，侧脉 4～5 对。隐花果红色或黄橙色，径约 2cm，腋生。

【分布】产于东南亚地区，我国广东、广西及滇南有分布。

【用途】叶大荫浓，红果多而美丽，宜作庭荫树、行道树及园林观赏树。在北美洲热带广泛栽作绿荫树。

图 7-80　高山榕

十四、芍药科 Paeoniaaceae（毛茛科）

宿根性草本或落叶灌木。芽大，芽鳞数枚。叶互生，羽状复叶或羽状分裂。花大，单生或数朵，红色、白色或黄色；萼片 5；雄蕊多数；心皮 2～5，离生。蓇葖果具数枚大粒种子。

仅 1 属，产北半球，30 余种，我国 12 种，多数花大而美丽，为著名观花植物，兼药用。

芍药属 _Paeonia_ L.

形态特征同科。

牡丹（富贵花、洛阳花）_Paeonia suffruticosa_ Andr.（图 7-81）

【识别要点】落叶灌木。分枝多而粗壮。2 回羽状复叶互生，小叶宽卵形至卵状长椭圆形，先端 3～5 裂，基部全缘。花两性，单生枝顶，花径 10～30cm，花型多种，有单瓣、半单瓣、半重瓣、重瓣；花色丰富，有黄、白、粉、红、紫、绿、蓝、黑色八大颜色，单瓣或重瓣；花萼绿色，大小不等；心皮5，被毛。蓇葖果长圆形，密生黄褐色硬毛。花期4～5月，果期9月。现约有300个品种。

【分布】原产我国西部及北部，现各地栽培，洛阳、菏泽为栽培中心。

【习性】喜光，但忌曝晒，以在弱阴下生长最好，尤其在花期若能适当遮阳可延长花期，较耐寒冷，喜温暖而不酷热的气候，耐干燥，不耐湿热，喜肥沃通气良好的壤土、沙壤土，不耐积水。

【繁殖】分株、嫁接、播种繁殖。分株或移植应在9月～10月上旬进行。

【用途】牡丹为世界著名的观花灌木，是我国特产名花，品种多，花姿美，花大色艳，富丽堂皇，有"国色天香""花中之王"的美称，具有幸福、美好、繁荣昌盛的象征意义。在园林中常作专类园及

图7-81 牡 丹

供重点美化用，也可植于花台、花池等观赏，或自然式孤植，或丛植于岩石旁、草坪边缘，或配植于庭院。也可盆栽作室内观赏或作切花材料。根皮为重要药材。

十五、胡桃科 Juglandaceae

落叶稀常绿乔木，常有芳香树脂。芽常叠生。奇数羽状复叶互生；无托叶。花单性，雌雄同株，雄花柔黄花序，生于上年生枝叶腋或新枝基部；雌花序穗状或柔黄花序，生于枝顶；单被或无被花，雌蕊由2心皮合成，子房下位，胚珠1，基生。核果或坚果。种子无胚乳。

胡桃科9属约63种，分布于北半球温带及热带，我国产7属25种，引入2种。

分 属 检 索 表

1. 枝髓片状 ⋯⋯⋯⋯⋯⋯⋯⋯⋯⋯⋯⋯⋯⋯⋯⋯⋯⋯⋯⋯⋯⋯⋯⋯⋯⋯⋯⋯⋯⋯⋯ 2
1. 枝髓充实，雄花序下垂，核果4裂 ⋯⋯⋯⋯⋯⋯⋯⋯⋯⋯⋯⋯⋯ 核桃属（胡桃属）
2. 裸芽或鳞芽，坚果有翅 ⋯⋯⋯⋯⋯⋯⋯⋯⋯⋯⋯⋯⋯⋯⋯⋯⋯⋯⋯⋯⋯⋯ 枫杨属
2. 鳞芽，核果肉质无翅 ⋯⋯⋯⋯⋯⋯⋯⋯⋯⋯⋯⋯⋯⋯⋯⋯⋯⋯⋯⋯⋯ 山核桃属

（一）核桃属（胡桃属）Juglans L.

核桃属共约16种，产于北温带；我国产4种，引入栽培2种。

分 种 检 索 表

1. 小叶5～9，全缘，背面脉腋簇生淡褐色毛，核果无毛 ⋯⋯⋯⋯⋯⋯⋯⋯⋯⋯⋯ 核桃
1. 小叶9～17，有细锯齿，背面有星状毛及柔软毛，核果有腺毛 ⋯⋯⋯⋯⋯⋯⋯ 核桃楸

1. 核桃（胡桃）*Juglans regia* L.（图7-82）

【识别要点】落叶乔木，高达25m。树冠广卵形至扁球形。树皮灰色，老时纵裂。新枝无毛。小叶5～9，椭圆状卵形或椭圆形，先端钝圆或微尖，全缘，背面脉腋簇生淡褐色毛。雌花1～3朵集生枝顶。核果球形，径4～5cm，外果皮薄，中果皮肉质，内果皮骨质。花期

4～5月，果熟期9～11月。

【分布】原产亚洲西南部的波斯（今伊朗）。我国已有2 000年的栽培历史，以西北、华北最多。

【习性】喜光，耐寒，不耐湿热。对土壤肥力要求较高，不耐干旱、瘠薄，不耐盐碱，在黏土、酸性、地下水位高时生长不良，深根性，萌蘖性强，有粗大的肉质根，怕水淹，虫害较多。

【繁殖】播种、嫁接或分蘖繁殖，砧木北方用核桃楸，南方用枫杨或化香。管理不善易产生大小年现象，故应进行合理的修剪、灌溉、施肥等工作。

【用途】核桃树冠开展，浓荫覆地，干皮灰白色，姿态魁伟美观，是优良的园林结合生产树种。孤植或丛植庭院、公园、草坪、隙地、池畔、建筑旁；居民新村、风景疗养区亦可用作庭荫树、行道树；核桃秋叶金黄色，宜在风景区装点秋色。核桃木材细腻，可供雕刻等用。种仁除食用外可制高级油漆及绘画颜料配剂。

2. 核桃楸 _Juglans mandshurica_ Maxim. （图7-83）

图7-82 核 桃
1. 果枝 2. 花枝 3. 雌花 4. 果纵面 5. 果横面

图7-83 核桃楸

【识别要点】落叶乔木，树冠广卵形，树皮灰色。奇数羽状复叶，小叶9～17，雌雄同株，雄花柔荑花序，雌花穗状花序，假核果。

【分布】分布于我国东北、华北。

【习性】阳性，耐寒性强，耐旱，深根性，抗风力强。

【繁殖】播种繁殖。

【用途】庭荫树、行道树、用材林。

（二）枫杨属 _Pterocarya_ Kunth

落叶乔木，枝髓片状，鳞芽或裸芽有柄。小叶有细锯齿，雄花序单生叶腋，雌花序单生新枝顶端。果序下垂，坚果有翅。

枫杨属约 9 种，分布于北温带，我国 7 种 1 变种。

枫杨（元宝树、枰柳）*Pterocarya stenoptera* DC.（图 7-84）

【识别要点】落叶乔木，高达 30m。树冠广卵形。裸芽密生锈褐色毛，侧芽叠生。羽状复叶互生，叶轴有翼。小叶 9～23，矩圆形或窄椭圆形，缘有细锯齿，叶柄顶生小叶常不发育。果序下垂，长 20～30cm，坚果近球形，两侧具 2 翅，似元宝。花期 4～5 月，果熟期 8～9 月。

【分布】产于我国华北、华中、华南和西南等地，黄河、淮河、长江流域最常见。

【习性】喜光，稍耐庇荫。喜温暖湿润气候。对土壤要求不严，耐水湿，山谷、河滩、溪边低湿地生长最好。稍耐干旱、瘠薄、耐轻度盐碱。深根性，主根明显，侧根发达。萌蘖性强，多虫害，不耐修剪，耐烟尘。寿命短。

【繁殖】播种繁殖，选 10～20 龄发育良好、干形通直、无病虫害的母树在白露前后采种，随采随播或沙藏后春播，播前用 40℃温水浸种 24h，有利于发芽。移植时间一般在清明前后。

图 7-84 枫杨
1. 花枝 2. 果枝 3. 叶背局部
4、5. 雄花 6. 雌花 7～10. 果

【用途】枫杨冠大荫浓，生长快，适应性强，常用作庭荫树孤植草坪一角、园路转角、堤岸及水池边；亦可作行道树，但因其不耐修剪，在空中多线路的城市干道需慎用，是黄河、长江流域以南"四旁"绿化、固堤护岸的优良速生树种。

（三）山核桃属 *Carya* Nutt.

落叶乔木，约 21 种，产于北美洲及东亚，我国产 4 种，引入 1 种。

薄壳山核桃（美国山核桃、长山核桃）*Carya illinoensis* K. Koch（图 7-85）

【识别要点】落叶乔木，高达 20m。树冠广卵形。鳞芽、幼枝有灰色毛。小叶 11～17，长圆形。果有 4（6）纵脊，果壳薄，种仁大。花期 5 月，果熟期 10～11 月。

【分布】原产北美洲及墨西哥。我国 1900 年引入，北京至海南岛都有栽培。

【习性】喜光，喜温暖湿润气候，有一定耐寒性，适生于疏松、排水良好、土层深厚肥沃的沙壤土、冲积土。不耐干旱、瘠薄，耐水湿。栽植在沟边、池旁的植株生长结果良好。深根性，根系发达，根部有菌根共生。生长快，实生树 12～15 龄开始结果，20～30 龄后盛果。嫁接树 5～6 龄可结果。寿命长。

【繁殖】播种、扦插、分蘖及嫁接繁殖。

【用途】薄壳山核桃树体高大，根深叶茂，园林中可作上层骨干树种。在适生地区宜孤植于草坪作庭荫树。该树耐水湿，适

图 7-85 薄壳山核桃

于河流沿岸、湖泊周围及平原地区"四旁"绿化。南京用作行道树，也可在风景区林植。木材供军工或雕刻用。种仁味美，炒货俗称"碧根果"，也是重要的干果油料树种。

（四）青钱柳属 *Cyclocarya* Iljinskaja

青钱柳 *Cyclocarya paliurus*（Batal.）Iljinskaja（图 7-86）

【识别要点】树体高达 30m。树皮灰褐色，深纵裂；幼枝密被褐色毛，后渐脱落。奇数羽状复叶，互生，小叶 7～9，椭圆形或长椭圆状披针形，边缘具细齿。花单性，雌雄同株，柔荑花序下垂，雄花序 2～4，集生上年枝叶腋；雌花序单生当年枝顶，花期 5～6 月。坚果具翅，圆盘状，果期 9 月。

【分布】产于安徽、江苏、浙江、江西、福建、台湾、广东。

【习性】喜光，幼苗稍耐阴，喜深厚肥沃土壤。较耐旱，萌芽力强，生长中速。

【繁殖】播种繁殖。

【用途】青钱柳树姿壮丽，枝叶舒展，果如铜钱，悬挂枝间，饶有风趣，宜植于庭园观赏。

图 7-86 青钱柳

十六、杨梅科 Myricaceae

常绿或落叶，灌木或乔木。单叶互生，具油腺点，芳香；无托叶。花单性，雌雄同株或异株，柔荑花序，无花被；雄蕊 4～8（2～16）枚；雌蕊由 2 心皮合成。核果，外被蜡质瘤点及油腺点。

杨梅科有 2 属约 50 种，分布于东亚及北美洲；我国产 1 属 4 种。

杨梅属 *Myrica* L.

常绿灌木或乔木。叶脉羽状，叶柄短。花通常雌雄异株，雄花序圆柱形，雌花序卵形或球形。

杨梅属约 50 种，分布于温带至亚热带；我国有 4 种，产于西南部至东部。

杨梅 *Myrica rubra* Sieb. et Zucc.（图 7-87）

【识别要点】常绿乔木，高达 12～15m；枝叶茂密，树冠球形；幼枝及叶背具黄色小油腺点。单叶互生，倒披针形，长 6～11cm，全缘或于端部有浅齿。花单性，雌雄异株，雄花序紫红色。核果球形，深红色，被乳头状突起；6～7 月果熟。

【变种与品种】品种很多，有红种、粉红种、白种和乌种四个品种群。

矮杨梅（*M. nana*）。常绿灌木，高达 1～2m。叶长椭圆状倒卵形，长 2.5～8cm，先端钝圆或尖，基部楔形，叶缘中部以上有粗浅齿。雄蕊 1～3 枚，雌花具 2 小苞片。果球形，径约 1.5cm，熟时紫红色。产于云南中部、西部、东北部及贵州西部，在昆明郊区山上常

图 7-87 杨 梅

见。果味酸，可食；根可入药。

【分布】分布于长江流域以南各地，以浙江栽培最多。

【习性】稍耐阴，不耐烈日直射，喜温暖湿润气候及酸性土壤，不耐寒；深根性，萌芽性强，对二氧化硫、氯气等抗性较强。果味酸甜，是南方重要的常绿果树。

【用途】杨梅枝叶繁密，树冠圆整，也宜植为庭园观赏。孤植或丛植于草坪、庭园，或列植于路边都很合适；若适当密植，用来分隔空间或屏障视线也很理想。

十七、壳斗科（山毛榉科）Fagaceae

常绿或落叶乔木，稀灌木。单叶互生，羽状脉；托叶早落。花单性，雌雄同株，单被花，花小；雄花为柔荑花序，雌花1～3朵生于总苞内；总苞单生、簇生或集生成穗状，子房下位，2～6室，胚珠2。总苞在果熟时木质化形成壳斗，外有鳞片或刺或瘤状突起，每壳斗具坚果1～3。种子1。子叶肥大，无胚乳。

壳斗科有8属900余种，分布于温带、亚热带及热带。我国有7属300余种。黑龙江以南广大地区都有栎类纯林或混交林，落叶类主产东北、华北及高山地区，常绿类是亚热带常绿阔叶林的主要树种。

分 属 检 索 表

1. 雄花序是直立柔荑花序；坚果1～3，壳斗球状，外面密生针刺；枝无顶芽，落叶 ………………… 栗属
1. 雄花序是下垂柔荑花序；坚果1，壳斗杯状或碗状 …………………………………………………… 2
2. 壳斗小苞片组成同心环带；常绿 ……………………………………………………………… 青冈属
2. 壳斗小苞片鳞状、线形或锥形分离，不结合成环；落叶稀常绿 …………………………………… 栎属

（一）栗属 Castanea Mill.

栗属约12种，分布于北半球温带及亚热带。我国有3种，除新疆、青海外各地均有分布。

板栗（栗子、毛板栗） *Castanea mollissima* Blume.
（图7-88）

【识别要点】落叶乔木。树冠扁球形。树皮灰褐色，不规则深纵裂。幼枝密生灰褐色绒毛。叶长椭圆形或长椭圆状披针形，先端渐尖或短尖，基部圆或宽楔形，侧脉伸出锯齿的先端，形成芒状锯齿，背面有灰白色短柔毛。雄花序有绒毛；总苞球形，径6～8cm，密被长针刺。坚果1～3。花期4～6月，果熟期9～10月。

【分布】产于我国辽宁以南各地，华北和长江流域各地栽培最多；多生于低山、丘陵、缓坡及河滩地带。

【习性】喜光，南方品种耐温热，北方品种耐寒、耐旱。对土壤要求不严，喜肥沃湿润、排水良好的沙质或砾质壤土，对有害气体抗性强。忌积水，忌土壤黏重。深根性，根系发达，萌芽力强，耐修剪，虫害较多。

【繁殖】播种或嫁接繁殖。实生苗6年左右开始结果，开花迟，产量低，生产上常用2～3龄的实生苗作砧

图7-88 板 栗
1. 花枝 2. 雄花 3. 雌花
4. 具壳斗的果

木，在展叶前后嫁接。

【用途】板栗树冠开展，枝叶茂密，浓荫奇果都很可爱。适宜在公园、庭园的草坪、山坡、建筑物旁孤植或丛植 2～3 株作庭荫树，可作为工矿区绿化树种，也适合作郊区"四旁"绿化树种，风景区作点缀树种，可以取得园林结合生产的效果。

（二）青冈属 *Cyclobalanopsis* Oerst.

青冈属约 150 种，主要分布于亚洲热带、亚热带。我国 70 余种。

青冈（青冈栎）*Cyclobalanopsis glauca*（Thunb.）Oerst.（图 7-89）

【识别要点】常绿乔木，高达 20m。树冠扁球形，小枝无毛。叶革质，倒卵状椭圆形或长椭圆形，先端渐尖或短突尖。基部圆或宽楔形，中部以上有疏锯齿，背面伏白色毛，老时脱落，常留有白色鳞秕。壳斗杯状，有 5～8 环带，上有薄毛。果椭圆形，无毛。花期 4～5 月，果 10～11 月成熟。

【分布】分布广泛，是本属中分布最北最广的一种，是长江流域以南地区组成常绿阔叶与落叶阔叶混交林的主要树种。

【习性】较耐阴。酸性或石灰岩土壤都能生长。在深厚、肥沃、湿润的地方生长旺盛，贫瘠处生长不良。深根性，萌芽力强。具抗有害气体、隔声及防火等功能。

图 7-89　青　冈

【繁殖】播种繁殖。移植需带土球。

【用途】青冈枝叶茂密，树荫浓郁，树冠丰满。宜用作庭荫树，2～3 株丛植，可配植在建筑物的阴面，常群植片林作常绿基调树种，有幽邃深山的效果。

（三）栎属（麻栎属）*Quercus* L.

栎属约 150 种，我国约 90 种，南北各地都有。

分 种 检 索 表

1. 落叶乔木 ……………………………………………………………………………………… 2
1. 常绿乔木或灌木状；叶倒卵形或椭圆形，中部以上疏生锯齿；壳斗杯形，小苞片鳞状三角形 … 乌冈栎
2. 叶缘芒状锯齿；壳斗小苞片粗刺状反卷；果翌年成熟 ………………………………………… 3
2. 叶缘波状或波状裂；壳斗小苞片鳞片状反卷或不反卷；果当年成熟 ………………………… 4
3. 老叶背面无毛，叶背淡绿色，小枝有毛，树皮坚硬深纵裂 ……………………………… 麻栎
3. 老叶背面密生灰白色星状毛，小枝无毛，树皮木栓层发达 ……………………………… 栓皮栎
4. 壳斗小苞片窄披针形，革质，红棕色，有褐色丝毛反卷，小枝及叶背面密生星状绒毛 …… 槲栎
4. 壳斗小苞片鳞片状，排列紧密，有灰色柔毛，小枝无毛，叶背面密生灰白色细绒毛 ……… 槲树

1. 麻栎（栎树、橡树、柞树）*Quercus acutissima* Carr.

【识别要点】落叶乔木，高达 30m。树冠广卵形。幼枝有黄色柔毛，后渐脱落。叶长椭圆状披针形。先端渐尖，基部圆或宽楔形，侧脉排列整齐，芒状锯齿，背面绿色，无毛或脉腋有毛。坚果球形，壳斗碗状，鳞片粗刺状，木质反卷，有灰白色绒毛。花期 3～4 月，果熟期为翌年 9～10 月。

【分布】产于我国辽宁南部、华北各省及陕西、甘肃以南，黄河中下游及长江流域较多。

常与枫香、栓皮栎、马尾松、柏木等混交或成小面积纯林。

【习性】喜光。耐寒，在肥沃深厚、排水良好的中性至微酸性沙壤土上生长最好，排水不良或积水地不宜种植，耐干旱、瘠薄。与其他树种混交能形成良好的干形。深根性，萌芽力强，但不耐移植。抗污染、抗烟尘、抗风能力都较强。寿命长。

【繁殖】播种繁殖或萌芽更新。种子发芽力可保持一年。

【用途】麻栎树干高耸，枝叶茂密，秋叶橙褐色，季相变化明显，树冠开阔，可作庭荫树、行道树。最适宜在风景区与其他树种混交植风景林。亦适合营造防风林、水源涵养林和防火林。麻栎木材坚韧耐磨，纹理直，耐水湿，可供建筑、家具、造船、枕木等用。种仁可酿酒、作饲料，叶为本属中饲养柞蚕最好的一种，枝及朽木可培养香菇、木耳。

2. 栓皮栎（软木栎）*Quercus variabilis* Bl.

【识别要点】落叶乔木，树冠广卵形。干皮暗灰色，深纵裂，木栓层特别发达。叶长椭圆形或长卵状披针形，叶背具灰白色绒毛，侧脉排列整齐，芒状锯齿。壳斗碗状，鳞片反卷，坚果球形或广椭圆形。花期5月，果熟期为翌年9～10月。

【分布】分布广，北自我国辽宁、河北、山西、陕西、甘肃南部，南到广东、广西，西到云南、四川、贵州，而以鄂西、秦岭、大别山区为其分布中心。其他同麻栎。

3. 槲栎（细皮青冈、细皮栎）*Quercus aliena* Bl.（图7-90）

【识别要点】落叶乔木，高达20m。树冠广卵形。小枝无毛，有淡褐色的皮孔。叶长椭圆状倒卵形，先端微钝或短渐尖，基部窄楔形，有波状钝齿，背面密生灰白色细绒毛。叶柄长1～3cm，无毛。壳斗杯状，小苞片鳞片状，排列紧密，有灰白色柔毛，坚果卵状椭圆形。花期4～5月，果熟期10月。

【分布】我国辽宁、河北、陕西、华南、西南都有分布，常与麻栎、白栎、木荷、枫香等混生。

【习性】喜光，耐寒，对土壤适应性强。耐干旱、瘠薄，萌芽力强。耐烟尘，对有害气体抗性强。

【繁殖】播种繁殖或萌芽更新。

【用途】槲栎叶形奇特，秋叶转红，枝叶丰满，可作庭荫树；若与其他树种混交植风景林，极具野趣，也可用于工矿区绿化。

4. 蒙古栎 *Quercus mongolica* Fisch.（图7-91）

【识别要点】落叶乔木，高达30m。幼枝具棱，无毛。叶倒卵形或倒卵状长椭圆形，先端短钝或短突尖，基部窄圆或耳形，具7～10对圆钝齿或粗齿，侧脉7～11对，雄花序长5～7cm，轴近无毛，雌花序长约1cm，有花4～5，1～2朵花结果。壳斗杯状，壁厚；小苞片三角形卵形，背部呈半球形瘤状突起，密被灰白色短绒毛；果卵形或长卵形。花期5～6月，果期9～10月。

【分布】分布于我国黑龙江、吉林、辽宁、内蒙古、河北、山东、山西等地；朝鲜、俄罗斯、日本也有分布。

【习性】喜光。深根性，耐干燥、瘠薄。耐寒性强，在－40℃低温地带不受冻害。

【繁殖】种子繁殖，秋播或沙藏春播。

【用途】种子可酿酒，叶可饲养柞蚕。树皮及壳斗可提制栲胶。树皮药用，可收敛止泻，治痢疾等。木材坚韧，耐腐，制枕木、船舶、车辆、胶合板等用。

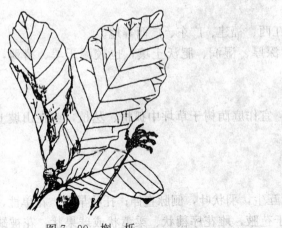

图 7-90　槲栎

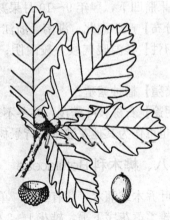

图 7-91　蒙古栎

5. 苦槠 _Castanopsis sclerophylla_（Lindl.）Schott.（图 7-92）

【识别要点】常绿乔木，高达 20m，树冠球形。叶革质，长椭圆形，长 7～14.5cm，中部以上有锯齿；表面绿色，背面灰绿色；4 月下旬新叶初发时，老叶始脱落，至 5 月中旬结束而新叶全盛。雄花序穗状，直立，雌花序腋生。总苞扁球形（壳斗），外有环列的瘤状突起包围坚果，果苞成串生于枝上，成熟时开裂。坚果圆锥形，柱头外露。

【分布】分布于江苏、浙江、安徽、江苏、湖北、陕西、四川、广东、福建、云南等省。生于海拔 1 000m 以下丘陵地区，为山林中的普遍树种。

【习性】温带树种，适生于深厚、湿润的中性和酸性土，能耐干燥、贫瘠的土壤。

【繁殖】播种繁殖。

【用途】苦槠枝叶茂密，冠大、荫浓，最适于低山丘陵地区的园林中孤植，群植或与其他暖带林混植，特别种植在广场和草坪上，气势雄伟。江南沿岸非盐碱地带可作防风带。

6. 石栎 _Lithocarpus glaber_（Thunb.）Nakai（图 7-93）

【识别要点】高达 17m，树皮灰褐色、平滑，一年生枝有灰黄色绒毛。单叶互生，叶片倒卵状长椭圆形或椭圆形，长 6～14cm，全缘或顶端有 2～4 个小齿。花单性，常雌雄同序，

图 7-92　苦槠

图 7-93　石栎

柔荑花序，直立；壳斗碟形或碗形，外壁小苞片呈鳞片状。坚果长椭圆形，直径约 1cm，被白粉，果脐凹下，翌年 9～10 月果熟。

【分布】产于湖北、湖南、浙江、江西、福建、广东、广西等地。

【习性】喜温暖气候，较耐阴；喜深厚、湿润、肥沃土壤，也较耐干旱、瘠薄，萌芽力强。

【繁殖】播种繁殖。

【用途】石栎枝叶繁茂，终冬不落，宜作庭荫树于草坪中孤植、丛植，或在山坡上成片种植，也可作为其他花灌木的背景树。

十八、桦木科 Betulaceae

落叶乔木或灌木。芽有鳞片。单叶互生，羽状叶，侧脉直伸；托叶早落。花单性，雌雄同株；雄柔荑花序下垂，雄花 1～3 生于苞腋，雌花序穗状、柔荑状或球果状。花被缺或萼筒状，2～3 朵生于苞腋，子房下位 2 室，倒生胚珠 1。坚果有翅或无翅，外面有总苞，果苞木质或革质，宿存或脱落。

本科有 6 属约 200 种，主产于北半球温带或寒带。我国有 6 属约 100 种。

分 属 检 索 表

1. 坚果扁平有翅，2～3 生于鳞片状的果苞内；雄花有花萼 ··· 2
1. 坚果无翅，生于叶状或囊状革质总苞内；雄花无花被 ··· 3
2. 每果苞有 3 个小坚果，果苞革质 3 裂，脱落；叶缘重锯齿，冬芽无柄 ··············· 桦木属
2. 每果苞有 2 个小坚果，果苞木质 5 裂，宿存；叶缘单锯齿，冬芽有柄 ··············· 桤木属
3. 坚果多数，个小；集生成穗状花序下垂，总苞叶状 ···································· 鹅耳枥属
3. 坚果 1，个大；簇生或单生，外有叶状、囊状或刺状总苞 ······························· 榛属

（一）桦木属 Betula L.

桦木属约 100 种，主产于北半球；我国产 26 种，主要分布于东北、华北至西南。

分 种 检 索 表

1. 树皮白色；叶三角状卵形或菱状三角形，侧脉 5～8 对；果翅宽于坚果 ··············· 白桦
1. 树皮橘红色或红褐色；叶长卵形，侧脉 10～14 对；果翅与坚果等宽 ··············· 红桦

1. 白桦（桦木、粉桦）Betula platyphylla Suk.（图 7 - 94A）

【识别要点】落叶乔木，高达 25m。树冠卵圆形。树皮白色，纸质薄片分层剥落。小枝红褐色，无毛，外有白色蜡层。叶三角状卵形、菱状三角形，先端渐尖，基部平截或宽楔形，侧脉 5～8 对，背面疏生油腺点，无毛或脉腋有毛，叶缘重锯齿。果序下垂单生、圆柱形；坚果小，果翅宽。花期 5～6 月，果熟期 8～10 月。

【分布】产于我国东北大兴安岭、小兴安岭、长白山，华北、西南亦有分布。在平原及低海拔地区生长不良。

【习性】喜光，不耐阴。耐严寒。对土壤适应性强，喜 pH 5～6 的酸性土，沼泽地、干燥阳坡及湿润阴坡都能生长。深根性，耐瘠薄，常与红松、落叶松、山杨、蒙古栎混生或成纯林。天然更新良好，生长较快，萌芽力强，寿命较短。

【繁殖】播种繁殖或萌芽更新。

【用途】白桦树干修直，枝叶扶疏，树皮粉白，宛如积雪，秋叶金黄，优美雅致。适宜寒温带城市公园、庭园及风景区作庭荫树，孤植、丛植于草坪、湖滨，列植路旁或与云杉、冷杉混交营造风景林。树皮可提取栲胶、桦皮油，叶可作染料，种子可炼油。

2. 红桦 Betula albo-sinensis Burk.（图 7 - 94B）

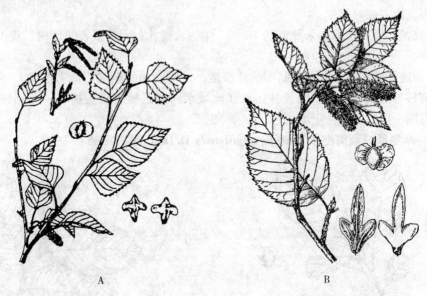

图 7 - 94
A. 白桦　B. 红桦

【识别要点】乔木，高达 30m，胸径 1m；树干常弯曲不直，树皮橘红色或红褐色，有光泽，纸质薄片分层剥落。芽无毛，小枝无毛，有时被树脂粒。叶长卵形、卵形，长 4～9cm，网脉间具 2～5 小齿。果序单生或 2 个并生，圆柱形，下垂长 3～4cm，小坚果椭圆形，翅较宽或近等宽。花期 4～5 月，果期 6～7 月。

【分布】分布于青海，甘肃，宁夏南部六盘山，陕西华山、太行山，四川北部、中部、东部，湖北西部，山西，河北，河南。

【习性】喜湿润，耐寒性强。早期生长较快，生长 20 年即可采伐利用。

【繁殖】播种。

【用途】木材淡红或淡红褐色，材质坚韧，纹理斜，结构细，断面有光泽，加工性能好，适于单板旋切，为胶合板、细木工、家具、枪托、飞机螺旋桨等优良用材。树皮含鞣质及芳香油，可提制栲胶及蒸制桦皮油。种子可榨油供工业用。

（二）桤木属（赤杨属）Alnus Mill.

桤木属约 40 余种，分布于北半球寒温带、温带及亚热带。我国有 11 种，除西北外各省均有分布。

1. 桤木（水冬瓜、水青冈）Alnus cremastogyne Burkill（图 7 - 95）

【识别要点】落叶乔木，高达 25m。树皮灰褐色，鳞状开裂。芽有短柄，小枝无毛。叶椭圆状倒披针形或椭圆形，先端短突尖或钝尖，基部楔形或近圆，背面密被树脂点，中脉下凹，锯齿疏细。雄花序单生。果序单生叶腋或小枝近基部，长圆形，果梗细长，果苞顶端 5 浅裂，小坚果倒卵形。花期 2～3 月，果熟期 11 月。

【分布】产于我国四川中部海拔3 000m以下。常组成纯林或与马尾松、杉木、柏木等混生，与楠木、柳杉混交生长良好。

【习性】喜光，喜温暖气候，对土壤适应性强，喜水湿，多生于溪边、河滩低湿地，干旱贫瘠的荒山、荒地也能生长。在深厚、肥沃、湿润的土壤上生长良好。根系发达、有根瘤，固氮能力强，速生。

【繁殖】播种繁殖。采种宜选10～15年生长健壮、无病虫害的母树。荒山、河滩天然更新良好。

【用途】桤木适于公园、庭园的低湿地、池畔种植庭荫树，颇有野趣；或与柏木、马尾松、柳杉等混交植片林、风景林。长江流域水网地区植农田防护林、公路绿化、河滩绿化等，可固土护岸、改良土壤。

2. 旱冬瓜（西南桤木）Alnus nepalensis D. Don（图7-96）

图7-95 桤木　　　　　　　　图7-96 旱冬瓜

【识别要点】乔木，高达20m，胸径1m；幼树皮淡绿色，老树皮灰褐色，鳞状开裂。冬芽有树脂，芽鳞2。幼枝被黄毛，有棱，叶椭圆状倒卵形、椭圆形或卵形，先端突短尖，侧脉8～16对，疏生不明显钝齿；萌芽的叶具粗锯齿。雌雄花序均多数，集成圆锥状。果序长圆形，小坚果倒卵形，果翅窄，为果宽的1/2。花期9～10月，翌年11月下旬至12月中旬果熟。

【分布】产于云南贡山、维西、西双版纳，贵州，四川南部，西藏东部、南部，广西西部。

【习性】喜湿暖气候，喜光，幼树稍耐阴。中性土或酸性土均能生长；喜疏松、湿润、肥沃土壤，也耐干旱、瘠薄，常生于干瘠石山、阳坡及湿润山谷或与云南松混生。

【繁殖】播种繁殖。

【用途】散孔材，红褐色，心边材区别不明显，有光泽，无特殊气味，纹理直，结构细致中等，材质轻软，可供家具、木模、农具、建筑装修用材，最适于制作茶叶包装箱，树叶为优质绿肥。

（三）鹅耳枥属 Carpinus L.

乔木。约有40余种，分布于北温带，主产亚洲东部。我国有30余种。

鹅耳枥（千金榆）*Carpinus turczaninowii* Hance

【识别要点】落叶乔木，高达15m。树冠紧密而不整齐。树皮暗褐灰色，浅纵裂。幼枝密生细绒毛，后渐脱落，小枝细。叶卵形、长卵形或卵圆形，先端渐尖，基部圆或近心形，叶缘重锯齿钝尖或有短尖头，脉腋有簇生毛，网脉不明显，叶柄细，有毛。果穗稀，果苞扁长圆形，一边全缘，一边有齿；坚果卵圆形有肋条，疏生油腺点。花期4～5月，果熟期8～9月。

【分布】广布于我国。垂直分布在海拔400～2100m阴坡密林或悬崖石缝中。

【习性】稍耐阴，耐寒，喜肥沃湿润的石灰质土壤，耐干旱、瘠薄。干旱阳坡、湿润河谷及林下都能生长。萌芽力强。

【繁殖】播种繁殖或萌芽更新。移植容易成活。

【用途】鹅耳枥叶形秀丽，果穗奇特，枝叶茂密。宜草坪孤植、路边列植或与其他树种混交成风景林。亦可作桩景材料，是石灰岩地区的造林树种。

（四）榛属 *Corylus* Linn.

榛属约20种，分布于北温带；我国有7种，分布于东北及西北，果可食。

榛（榛子、平榛）*Corylus heterophylla* Fisch. ex Bess. （图7-97）

【识别要点】落叶灌木或小乔木，高达7m。树皮灰褐色，有光泽，小枝有毛，叶广卵形至倒卵形，变异较大，先端突尖，基部心形或圆形，边缘有不整齐重锯齿，并在中部以上特别是近先端处有小浅裂，叶背有毛。坚果常3枚簇生，果苞钟形，先端6～9裂，叶质，半包坚果。花期4～5月，果熟期9月。

【分布】我国东北、内蒙古、华北、西北及四川、贵州等地有分布。在山坡中下部阳处习见。

【习性】喜光，耐寒，对土壤适应性强，耐干旱、瘠薄，稍耐盐碱。萌芽力强，生长较快，开花结实较早。

【繁殖】播种和分蘖繁殖。

【用途】榛适应性强，经济价值高，是北方风景区绿化及水土保持的重要树种。在公园里适当丛植几株，以增加野趣。

图7-97 榛

十九、木麻黄科 Casuarinaceae

木麻黄 *Casuarina equisetifolia* Forst. （图7-98）

【识别要点】常绿乔木，单叶，小枝轮生或近轮生，绿色或灰绿色，纤细形似木贼，具节，节间有沟棱，1对小苞片，萼片2，无花被。雄花柔荑状、穗状花序直生，雌花序球形，心皮2，合生成2室，上位子房，胚珠2。

【分布】分布于大洋洲、亚洲东南部、太平洋岛屿以及非洲东部，我国引种栽培。

【习性】本种对环境条件要求不高，根系深广，萌芽力强，生长迅速，具有耐干旱、抗风沙和耐盐碱的特性。

【繁殖】通常用种子繁殖，也可用半成熟的枝条扦插。

【用途】是热带防风固沙的先锋树种，美洲热带及亚洲东南沿海广泛栽种。

二十、五桠果科（第伦桃科）Dilleniaceae

五桠果属 Dillenia L.

乔木；单叶互生，大形，羽状脉隆起；花萼、花瓣各5，雄蕊极多，2列；果肉质，包藏于肥厚的宿存花萼内。

1. 五桠果（第伦桃）Dillenia indica L. （图7-99）

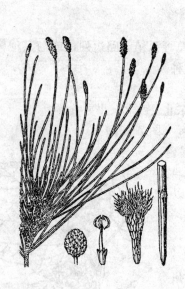

图7-98　木麻黄

图7-99　五桠果

【识别要点】常绿乔木，高达25～30m。叶倒卵状披针形，长15～30cm，先端渐尖，基部楔形，侧脉25～56对，缘有尖锯齿，背面脉上有毛。花单生枝顶，花瓣白色，长7～9cm，雄蕊黄色；花期7月。果球形，径9～14cm。

【分布】产于南亚及东南亚，我国海南、云南南部有分布；多生于山谷或水边。

【习性】深根性，抗风力较强。

【用途】树冠开展，亭亭如盖，宜作行道树及庭荫树。广州等华南城市有栽培。果多汁而带酸味，可加工成果酱、果汁等食用。

2. 小花五桠果（小花第伦桃）Dillenia pentagyna Roxb.

【识别要点】落叶乔木，高达15～20m；干皮呈薄片状剥落。小枝粗壮，无毛。叶倒卵状矩圆形，长20～50cm，侧脉32～60对，叶缘有浅波状齿，基部下延成窄翅状，背面近无毛。花较小，簇生于短侧枝上；花瓣黄色，长1.5～2cm；花期8月。果扁球形，径1.5～2cm，橙红色；11月下旬果熟。

【分布】产于南亚及东南亚，我国海南和云南南部有分布。

【习性】喜光，喜暖热气候，耐干旱；抗风力强，生长快。

【用途】冠大荫浓，可栽作庭荫树。果稍香甜，可食。

3. 大花五桠果（大花第伦桃） *Dillenia turbinata* **Finet et Gagnep**

【识别要点】落叶乔木，高达 25m。叶倒卵状长椭圆形，长 12～30cm，侧脉 15～25 对，背面有毛。花瓣黄色或淡红色，长 5～7cm；4～5 月开花。果近球形，径 4～5cm，暗红色。

【分布】产于我国云南南部、广西南部及海南；越南也有分布。

【用途】树冠浓密，花果美丽，果熟时酸甜可食，可作园林结合生产栽培。

二十一、山茶科 Theaceae

乔木或灌木。单叶互生。花两性，单生或簇生，稀聚伞或圆锥花序；萼片 5，苞片常对生于萼下，花瓣 5，雄蕊多数，花丝有时基部连合或成束；中轴胎座。蒴果、浆果或核果状。

山茶科约 30 属 500 种；我国 15 属 440 种。

分 属 检 索 表

1. 浆果，不开裂；叶簇生于枝端，侧脉不明显 ·· 厚皮香属
1. 蒴果，开裂 ··· 2
2. 种子大，球形，无翅；芽鳞 5 枚以上 ··· 山茶属
2. 种子小而扁，边缘有翅；芽鳞 3～4 枚 ··· 木荷属

（一）山茶属 Camellia L.

常绿小乔木或灌木。叶互生，革质，有锯齿，具短柄。花单生或簇生叶腋；萼片 5 至多数；花瓣 5；雄蕊多数，2 轮，外轮花丝连合，着生于花瓣基部，内轮花丝分离；子房上位，3～5 室，每室 4～6 胚珠。蒴果，室背开裂；种子球形或有角棱，无翅。

山茶属约 200 种；我国 190 余种，主产南部及西南部。

分 种 检 索 表

1. 花较小，径 4cm 以下，具下弯花梗，萼片宿存；果皮薄 ····························· 6
1. 花大，径 4～19cm，无花梗或近无梗；果皮厚 ·· 2
2. 子房无毛 ··· 3
2. 子房被毛 ··· 4
3. 叶片倒卵状矩圆形；花瓣先端 2 裂；果径 4～16cm，每室 8 粒种子 ········· 红花油茶
3. 叶片卵形至椭圆形；花瓣先端凹陷；果径 2～3cm，每室 1 粒种子 ············· 山茶
4. 花红色，径 8～19cm；小枝及叶柄无毛 ··· 云南山茶
4. 花白色，径 4～6.5cm；芽鳞、叶柄、果皮均有毛 ··································· 5
5. 芽鳞表面有粗长毛；叶卵状椭圆形 ··· 油茶
5. 芽鳞表面有倒生柔毛；叶椭圆形至长椭圆状卵形 ····································· 茶梅
6. 花白色，子房有毛 ·· 茶
6. 花黄色，子房无毛 ·· 金花茶

1. 红花油茶（浙江红花油茶） *Camellia chekiangoleosa* **Hu**（图 7－100）

【识别要点】灌木或小乔木，高 3～7m。树皮灰白色或淡褐色，光滑。叶片矩圆形至倒卵状椭圆形，有浅锯齿，两面无毛，表面光亮。花单生枝顶或近顶腋生；苞片 14～16，密生柔毛；花瓣 5～7，鲜红色，先端 2 裂；子房无毛。果卵状球形，径 4～16cm；每室种子 3～8。花期10～12 月，果期 8～10 月。

【分布】产于浙江南部、安徽南部、福建、江西、湖南等地。

【习性】喜湿润的酸性黄壤土，萌芽性及抗病虫害能力强。

【用途】枝叶繁密，叶质地厚实，表面有光泽，冬天开红花，色泽美丽，为优良观花树种。种子含油率28%～33%，榨油可供食用及制肥皂。

2. 山茶 Camellia japonica L. （图7-101）

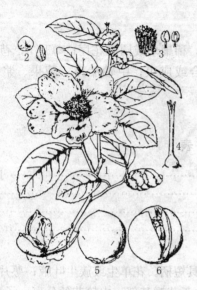

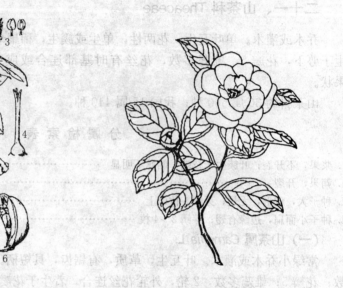

图7-100　红花油茶
1. 花枝　2. 苞片　3. 雄蕊　4. 雌蕊
5～7. 果实未裂、初裂至全裂

图7-101　山　茶

【识别要点】灌木或小乔木，高10～15m。小枝淡绿色或紫绿色。叶互生，长5～11cm，卵形、倒卵形或椭圆形，先端渐尖，基部楔形，叶缘有细齿，叶表有光泽，网脉不显著。花大，红色，无梗，腋生或单生枝顶，花径6～12cm，萼密被短毛；花瓣5～7或重瓣，顶端微凹；花丝基部连合成筒状；子房无毛。果近球形，径2～3cm，无宿存花萼；种子椭圆形。花期2～4月，果实11～12月成熟。

【变种与品种】

（1）白山茶（var. *alba*）。花白色。

（2）红山茶（var. *anemoniflora*）。花红色，5枚大花瓣。

（3）白洋茶（var. *alba-plena*）。花白色，重瓣，6～10轮，外瓣大，内瓣小，为规则的覆瓦状排列。

（4）紫山茶（var. *liliflora*）。花紫色，披针形叶。

（5）玫瑰山茶（var. *magnoliaeflora*）。花玫瑰色，近重瓣。

（6）重瓣花山茶（var. *polypetala*）。花白色有红纹，重瓣。

（7）金鱼茶（var. *spontanea* f. *trifida*）。花红色，单瓣或重瓣；叶3裂似鱼尾，常有斑纹。是观赏珍品。

（8）朱顶红（var. *chutinghung*）。花形似红山茶，朱红色，雄蕊2～3枚。

（9）鱼血红（var. *yuxiehung*）。花色深红，花形美观整齐，花瓣覆瓦状排列，外轮1～2

瓣有白斑。

（10）什样锦（var. *shiyangchin*）。花粉红色，常有白色或红色的条纹与斑点，花形整齐。

【分布】原产我国和日本。秦岭、淮河以南为露地栽培区，东北、华北、西北温室盆栽。

【习性】喜侧方庇荫；喜温暖湿润气候，不耐热，不耐严寒；喜肥沃湿润、排水良好的微酸性土壤（pH5～6.5），不耐盐碱及积水。

【用途】我国传统十大名花之一，品种达300多个，通常分3个类型，即单瓣、半重瓣、重瓣。本种叶色翠绿而有光泽，四季常青，花朵大，花色美，从11月即可开始观赏早化品种，晚花品种次年3月盛开，故观赏期长达5个月。开花期正值其他花较少的季节，故更为珍贵。材质优良，可细加工。种子含油率45％以上，为高级食用油。花、根入药，性凉，有解毒清热、止血的功能。

3. 云南山茶（滇山茶）*Camellia reticulata* Lindl.（图7-102）

【识别要点】常绿小乔木或大灌木，高3～11m。小枝灰褐色，无毛。叶片椭圆状卵形至卵状披针形，长7～12cm，锯齿细尖，叶表深绿而无光泽，网状脉显著。花大，淡红色至深紫色，多重瓣；2～3朵腋生或单生枝顶，无花；萼片大，内方数枚呈花瓣状；子房密被绒毛。蒴果扁球形，木质，无宿存萼片，内有种子1～3。花期12月至翌年4月。

图7-102　云南山茶

【分布】原产云南西部及中部海拔1 900～2 600m的沟谷、阴坡湿润地带，云南境内广泛栽培。

【习性】喜侧方庇荫；喜温暖湿润气候，耐寒性比红山茶弱，畏严寒酷暑；喜肥沃、湿润、排水良好的微酸性土壤，不耐盐碱及积水。

【用途】我国特产，云南省著名花木，全世界享有盛名。叶常绿，花艳丽，花朵繁密，妍丽可爱，花开时如天边云霞，形成一片花海。变种及品种达百余个，有很高的观赏价值和经济价值。

4. 油茶 *Camellia oleifera* Abel.（图7-103）

【识别要点】小乔木或灌木。树皮淡黄褐色，光滑不裂。幼枝红褐色，稍有毛。芽鳞有金黄色长毛。叶卵状椭圆形，厚革质，有锯齿；叶柄有毛。花白色，1～3朵腋生或顶生，无花梗；萼片多数，脱落；花瓣5～7，顶端2裂；雄蕊多数，外轮花丝仅基部合生；子房密生白色丝状绒毛。蒴果厚木质，2～3裂；种子1～3粒，黑褐色，有棱角。花期10～12月，果翌年9～10月成熟。

图7-103　油　茶
1. 花枝　2. 雄蕊　3. 雌蕊
4. 果　5. 种子　6. 幼苗

【分布】产于长江流域以南各地，以河南南部为北界。

【习性】喜温暖湿润气候，能忍受短期低温；喜光，幼年稍耐阴；喜深厚肥沃、排水良好的酸性土壤（pH4.5～6）。深根性，生长慢，寿命长。

【用途】重要木本油料树种及蜜源植物。种子含油率28%～38%，供食用及制造人造黄油或医药用。

5. 茶梅 Camellia sasangua Thunb.（图7-104）

【识别要点】小乔木或灌木，高3～13m，分枝稀疏。小枝、芽鳞、叶柄、子房、果皮均有毛，且芽鳞表面有倒生柔毛。叶椭圆形至长卵形。花白色，无柄，径3.5～7cm。蒴果，无宿存花萼，内有种子3粒。花期11月至翌年1月。

【分布】分布于长江流域以南地区。

【习性】性强健，喜光，喜温暖湿润环境，稍耐阴，不耐严寒和干旱，喜酸性土，有一定的抗旱性。

【用途】可作基础种植及常绿篱垣材料，开花时为花篱，故很受欢迎。

6. 茶 Camellia sinensis（L.）O. Ktze.（图7-105）

图7-104 茶梅　　　　　　　　　　　　　图7-105 茶

【识别要点】灌木或乔木，高1～6m。常呈丛生灌木状。叶革质，长椭圆形，叶端渐尖或微凹，基部楔形，叶缘浅锯齿，侧脉明显，背面幼时有毛。花白色，芳香，1～4朵腋生；花梗下弯；萼片5～7；花瓣5～9；子房有长毛，花柱顶端3裂。蒴果扁球形，萼宿存；种子棕褐色。花期10月，果翌年10月成熟。

【分布】原产我国，栽培历史悠久，现长江流域以南各地均有栽培。

【习性】喜温暖湿润气候，适宜年均温15～25℃，能忍受短期低温；喜光，稍耐阴；喜深厚肥沃、排水良好的酸性土壤。深根性，生长慢，寿命长。

【用途】花色白芳香，在园林中可作绿篱栽培，可结合茶叶生产，是园林结合生产的优秀灌木。

7. 金花茶 Camellia chrysantha（Hu）Thyama.（图7-106）

【识别要点】灌木或小乔木。高2～6m。干皮灰白色，平滑。嫩枝无毛。叶长椭圆形至宽披针形，长11～17cm，宽2.5～5cm，先端渐尖，叶基楔形，叶表侧脉显著下凹，革质。

花1～3朵腋生；苞片、萼片各5；花瓣金黄色，10～12枚；子房无毛，3室，花柱3，离生。蒴果扁圆形，端凹，无毛，萼宿存。花期11月至翌年3月，果期翌年10月。

【变种与品种】

（1）'夏花'金花茶（'Ptilosperma'）。常绿大灌木或小乔木。花期5～11月。

（2）'毛瓣'金花茶（'Pubipelata'）。常绿小乔木或灌木，枝、叶、花、果被短柔毛，花大。

（3）'薄叶'金花茶（'Chrysanthoides'）。常绿灌木，叶较薄，是金花茶中唯一叶片为纸质或膜质的种。

（4）'平果'金花茶（'Pingguoensis'）。常绿灌木，花瓣薄，淡黄色。

图7-106 金花茶

（5）'显脉'金花茶（'Euphlebia'）。常绿小乔木或灌木，叶脉明显，叶片宽大，有光泽。

（6）'凹脉'金花茶（'Impressinervis'）。常绿小乔木或灌木，叶脉向叶背凸出，网状小脉皱缩，叶面光亮，花梗较粗大，花瓣较多。

【分布】特产广西。生于海拔650m以下的常绿阔叶林或溪谷旁。近年各地引种。

【习性】喜温暖湿润环境，稍耐阴，不耐严寒和干旱，喜酸性土。

【用途】是我国最早发现的开黄花的山茶，多数品种具蜡质光泽，晶莹可爱，秀丽雅致，是山茶类群中的"茶族皇后"、园艺珍品、茶花育种的重要亲本材料。是国家一级重点保护树种。

（二）木荷属 *Schima* Reinw et Bl.

常绿乔木。叶片革质，全缘或有锯齿。花有长梗，单朵顶生或排成短总状花序；萼片5，宿存；花瓣5，白色；雄蕊多数，花丝着生于花瓣基部；花柱1，柱头5裂。蒴果球形，室背开裂；种子扁平，肾形，有翅。

木荷属共30种；我国19种。

木荷（荷树）*Schima superba* Gard. et Champ. （图7-107）

【识别要点】树高达30m。树冠广圆形。叶厚革质，深绿色，有钝锯齿。花白色，芳香，径约3cm，子房基部密被细毛。果扁球形，果柄粗。花期4～7月，果期9～10月。

【分布】原产华南、西南。长江流域以南广泛分布。

【习性】较喜光，喜暖热湿润气候，适生于土层深厚、富含腐殖质的酸性黄红壤山地，耐干旱、瘠薄土壤。幼苗极需庇荫，不耐水湿。较耐寒。深根性，生长较快。

【用途】树姿优美，四季常青，夏季白花芳香，秋、冬叶色染红，艳丽可爱。适作庭荫树和风景林。可与其他常绿树种混植，可配植在山坡、溪谷作为主体背景树种。对有害气体具有一定抗性；是著名的防火树种；木材珍

图7-107 木 荷

贵，树叶、根皮可入药。

（三）厚皮香属 Ternstroemia Mutis ex L. f.

常绿乔木或灌木。叶片革质，螺旋状互生，常集生于枝端，全缘，侧脉不明显，有短柄。花单生叶腋；花各部 5 数；雄蕊多数，2 轮排列，花药基部着生；每室有胚珠 2 至多数。浆果，有种子 2～4。

厚皮香属共 150 种；我国 20 种。

厚皮香（珠木树、猪血柴、水红树）Ternstroemia gymnanthera（Wight et Arn.）Sprague.（图 7－108）

【识别要点】小乔木；枝条灰绿色，粗壮，近轮生，多次分叉形成圆锥形树冠。叶基部渐窄下延，表面暗绿色，有光泽，中脉在表面显著下凹。花淡黄色，有浓香，常数朵集生枝梢。果近球形，萼片宿存。花期 6 月，果期 10 月。

【分布】分布于华东、华中、华南及西南各地。

【习性】喜阴湿环境，能忍受－10℃低温，常生于背阴、潮湿、酸性黄壤或黄棕壤的山坡，也能适应中性和微碱性壤土。根系发达，抗风力强，不耐重剪。

【繁殖】播种或扦插繁殖。

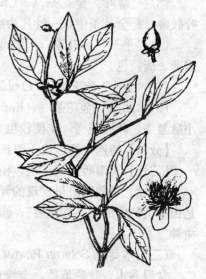

图 7－108　厚皮香

【用途】枝叶平展成层，树冠浑圆，叶质光亮，入冬转为绯红色，似红花满树，花开时节浓香扑鼻，色、香俱美。可植于门庭两侧、步道角隅、草坪边缘。病虫害少，对二氧化硫、氟化氢、氯气等抗性强，并能吸收有害气体，适于街道、厂矿绿化。木材坚硬致密，可作家具、雕刻等；种子榨油，树皮可提制栲胶。

二十二、藤黄科 Guttiferae

乔木、灌木或草本。常有黄色树脂。单叶对生或轮生，全缘，羽状脉，有腺点；无托叶。花两性或单性，单生或成各式花序；萼片、花瓣各 4（2）～5（6）；雄蕊多数，花丝分离或合生成束；子房上位，常 3～5 心皮，1 至多室，胚珠多数。蒴果、浆果或核果。

藤黄科约 40 属 1 000 种；我国 3 属 60 种。

分 属 检 索 表

1. 花两性，种子无假种皮 ……………………………………………………… 金丝桃属
1. 花单性，种子有假种皮 ……………………………………………………… 山竹子属

（一）金丝桃属 Hypericum L.

多年生草本或灌木。单叶对生或轮生，无柄或具短柄，全缘，有透明或黑色腺点；无托叶。花两性，常为聚伞花序或单生，黄色；萼片、花瓣各 5（4）；雄蕊合生为 3～5 束；上位子房，花柱 3～5。蒴果，室间开裂；种子圆筒状，无翅，无假种皮。

金丝桃属约 400 种；我国约 55 种 8 亚种。

分 种 检 索 表

1. 小枝圆柱形；花丝长于花瓣，花柱合生，仅端 5 裂 ·························· 金丝桃
1. 小枝有 2～4 棱；花丝短于花瓣，花柱 5 枚，分离 ·························· 金丝梅

1. 金丝桃 *Hypericum chinense* L. （图 7-109）

【识别要点】常绿、半常绿或落叶灌木，高 0.5～1m。全株光滑无毛。小枝圆柱形，红褐色。叶无柄，长椭圆形，长 4～8cm，基部渐狭而稍抱茎，上面绿色，背面粉绿色，网脉明显。花单生或 3～7 朵成聚伞花序；花瓣 5，鲜黄色；雄蕊多数，5 束，较花瓣长；花柱连合，仅顶端 5 裂。蒴果卵圆形。花期 6～7 月，果期 8～9 月。

【分布】分布于河北、山东、河南、陕西、江苏、浙江、福建、台湾、广东、广西、贵州、四川等地。

【习性】喜光，稍耐阴，稍耐寒，喜肥沃中性沙壤土，忌积水。常野生于湿润河谷或溪旁半阴坡。萌芽力强，耐修剪。

【用途】花似桃花，花丝金黄，花叶秀丽，仲夏叶色嫩绿，黄花密集，是南方庭园中常见的观赏花木，也可作切花材料。列植、丛植于路旁、草坪边缘、花坛边缘、门庭两旁均可，也可植为花篱。果可治百日咳，根有祛风湿的功效。

2. 金丝梅 *Hypericum patulum* Thunb. （图 7-110）

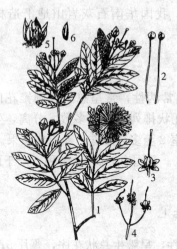

图 7-109 金丝桃
1. 植株上部 2. 雄花 3. 雌蕊
4. 幼果 5. 开裂的果实 6. 种子

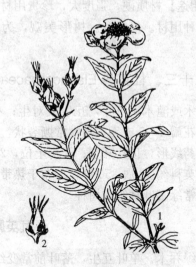

图 7-110 金丝梅
1. 植株上部 2. 果实

【识别要点】与金丝桃的区别为：金丝梅幼枝 2～4 棱；叶卵形至卵状长圆形；雄蕊短于花瓣，花柱离生；比金丝桃耐寒。

【分布】分布于河南伏牛山、陕西商县、甘肃东南部、江苏、浙江、福建、台湾、广东、广西、贵州、四川等地。

【习性】喜光，稍耐寒，喜肥沃中性沙壤土，忌积水。萌芽力强，耐修剪。

【用途】同金丝桃。根入药，有舒筋、活血、催乳、利尿的功效。

（二）山竹子属 *Garcinia* L.

乔木或灌木，通常具黄色树脂液。叶对生，全缘，侧脉斜伸，脉距较宽，有时有托叶。花单性，雌雄异株，稀两性或杂性，单生或排成聚伞、圆锥花序；萼片、花瓣通常4；雄蕊多数，分离或合生成1～5束；花柱极短或无，柱头盾状。浆果，具革质果皮；种子有肉质假种皮，富含油脂。

山竹子属有200余种，分布于东半球热带地区；我国10种，引种栽培3种。

金丝李 *Garcinia paucinervis* Chun et How. （图7-111）

【识别要点】乔木，高25m。全体无毛。叶长圆形，表面黄绿色或变为黑色，背面苍白色。侧脉5～7对，脉距2cm；叶柄较粗，长8～15mm；托叶小，三角形，早落。聚伞花序；花梗粗壮，长3～5mm；雄花单生叶腋，雄蕊多数，花丝极短，合生成4束，短于花瓣。果长椭圆形，鲜红色，顶部有宿存的半球形柱头；种子1，椭圆形。秋季开花；果期翌年3～4月。

【分布】分布于云南东部、广西南部等。

【习性】喜光，稍耐寒，喜肥沃中性沙壤土，忌积水。萌芽力强，耐修剪。

图7-111 金丝李
1. 果枝 2. 花

【用途】材质硬，强度大，珍贵用材，供建筑、车船、机械及特种用材。果可食。树形美观，为优良行道树。我国华南石灰岩山地上造林的首选树种。

二十三、杜英科 Elaeocarpaceae

乔木或灌木。单叶，互生或对生；有托叶。花通常两性，常呈总状或圆锥花序，萼片4～5；花瓣4～5或无，顶端常撕裂状，镊合状或覆瓦状排列；雄蕊多数，分离，生于花盘上，花药线形，顶孔开裂；子房上位，2至多室，每室2至多数胚珠。蒴果或核果。

杜英科约12属350种，分布于热带和亚热带地区。我国有3属50余种，产于西南至东部，为常绿阔叶林组成树种。

杜英属 *Elaeocarpus* L.

常绿乔木。单叶互生，落叶前常变红色。花常两性，呈腋生总状花序，萼片5；花瓣5，顶端常撕裂状，稀全缘，由环状花盘基部长出；雄蕊多数，花药线形，顶孔开裂；子房2～5室，每室有胚珠多粒。核果，3～5室，或仅1室发育，每室仅具1粒种子。

杜英属共约200种；我国有30种。

1. 杜英（胆八树）*Elaeocarpus decipinens* Hemsl（图7-112）

【识别要点】常绿乔木，高5～15m，干皮不裂；嫩枝被微毛。单叶互生，倒披针形至披针形，长7～12cm，宽2～3.5cm，先端尖，缘有钝齿，革质，叶柄长约1cm；绿叶丛中常存有少量鲜红的老叶。花下垂，花瓣4～5，白色，先端细裂如丝；腋生总状花序，长5～10cm；花期6～7月。核果椭球形，长2～3cm。

【分布】主产我国南部，常见于山地林中；日本也有分布。

【习性】稍耐阴，喜温暖湿润气候及排水良好的酸性土壤；根系发达，萌芽力强，耐修剪；对二氧化硫抗性强。

【用途】枝叶茂密，湖南、江苏等地常栽作城市绿化及观赏树种。

2. 山杜英 *Elaeocarpus sylvestris*（Lour.）Poir.

【识别要点】树体高达 10m；枝叶光滑无毛。叶倒卵形至倒卵状长椭圆形，长 4～8cm，先端钝，基部狭楔形，缘有浅钝齿，两面无毛，叶柄长 1～1.5cm。总状花序长 4～6cm。核果椭球形，长 1～1.2cm，紫黑色。

【分布】产于我国华南、西南、江西和湖南南部；越南、老挝、泰国也有分布。

图 7-112　杜　英

【用途】枝叶茂密，在暖地可选作城乡绿化树种。

二十四、椴树科 Tiliaceae

乔木或灌木，稀为草本；树皮富含纤维。单叶互生，稀对生；花两性，稀单性，整齐；聚伞或圆锥花序；萼片 5，稀 3 或 4；雄蕊多数，分离或成束；浆果、核果、坚果或蒴果。

椴树科约 60 属 450 种；我国有 13 属 94 种，引入 1 属 1 种。

（一）椴树属 *Tilia* L.

落叶乔木；顶芽缺，侧芽单生，芽鳞 2。叶互生，掌状脉 3～7，基部常心形或平截，偏斜，缘有锯齿；具长柄。花两性，花序梗下部有 1 枚大而宿存的舌状或带状苞片连生；花瓣基部常有 1 腺体；子房 5 室，每室有胚珠 2。坚果，内含种子 1～3。

椴树属约 80 种；我国约 35 种。

分 种 检 索 表

1. 叶背面仅脉腋有毛，上面无毛 ·· 2
1. 叶背面密被星状毛 ·· 3
2. 叶片先端常 3 裂，锯齿粗而疏 ··· 蒙椴
2. 叶片先端不分裂，或偶分裂，锯齿有芒尖 ··· 紫椴
3. 叶缘锯齿有芒状尖头，长 1～2mm；果有 5 条突起的棱脊 ··· 糠椴
3. 叶缘锯齿先端短尖；果无棱脊，有疣状突起 ··· 南京椴

1. 紫椴（籽椴）*Tilia amurensis* Rupr.（图 7-113）

【识别要点】树高达 30m。树皮浅纵裂，呈片状脱落；小枝呈"之"字形曲折。叶先端尾尖，基部心形，缘具细锯齿，有小尖头，背面脉腋有簇生毛。复聚伞花序，花黄白色，苞片下部 1/2 处与花序梗联合。果近球形，长 5～8mm，密被灰褐色星状毛。花期 6～7 月，果期 8～9 月。

【习性】喜光，喜冷凉湿润气候，耐寒。喜土层深厚、肥沃、湿润的棕壤土。深根性，萌芽力强，可萌芽更新。抗烟尘和抗有害气体能力强，虫害少。

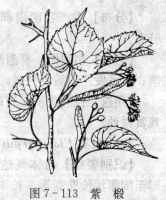

【分布】原产东北及山东、河北、山西等地。

【繁殖】播种繁殖，也可分株繁殖。

【用途】树体高大，树姿优美，夏季黄花满树，秋季叶色变黄，花序梗上的舌状苞片奇特美观，适宜作行道树和庭荫树。也是厂矿区绿化的好树种。优良用材树种；蜜源植物；花蕾入药。

2. 蒙椴（小叶椴、蒙古椴）*Tilia mongolica* Maxim.（图7-114）

图7-113 紫椴

【识别要点】落叶小乔木，高6～10m，树皮红褐色；小枝光滑无毛。叶广卵形至三角状卵形。花期7月，果9月成熟。

【分布】主产华北，东北及内蒙古也有分布。

【习性】喜光，耐寒，喜凉润气候，喜生于潮湿山地或干湿适中的平原；深根性，生长速度中等。

【繁殖】播种繁殖。

【用途】树形较矮，只宜在公园、庭园及风景区栽植，不宜作大街的行道树。

3. 南京椴（密克椴、米格椴）*Tilia miqueliana* Maxim.（图7-115）

图7-114 蒙椴

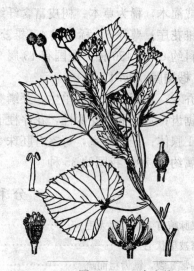

图7-115 南京椴

【识别要点】落叶乔木，小枝及芽密被星状毛。叶卵圆形，先端短渐尖，基部偏斜，心形或截形，叶缘有细锯齿，具短尖头。叶面无毛，背面密被星状毛。

【分布】产于江苏、浙江、安徽、江西等地。较糠椴分布偏南。

【习性】中性，喜温暖气候，较耐寒。

【繁殖】种子繁殖，但种子的休眠期长达2～3年。

【用途】优良的用材树种和蜜源植物，是非常珍稀的古老树种，花可以药用，其浸剂有发汗及解热作用。叶子可制茶。

（二）扁担杆属 *Grewia* L.

灌木或乔木，直立或攀缘状，有星状毛。叶互生，基部三出脉或脉常极多数。花丛生或排成聚伞花序或有时花序与叶对生；花萼显著，花瓣基部有腺体，雄蕊多数，分离；核果2～4裂。

本属约150种，我国约30种。

扁担杆（孩儿拳头）Grewia biloba G. Don.

【识别要点】落叶灌木或小乔木，高达3m。小枝密被黄褐色短毛。叶菱状卵形，先端渐尖，缘具不规则小锯齿，基部三出脉，聚伞花序与叶对生，有花3～8朵；花淡黄绿色。果橙黄色或红色，径7～12mm，2裂。花期6～7月，果期8～10月。

【分布】分布于长江流域及其以南各地，秦岭北坡也有分布。

【习性】喜光，略耐阴。耐寒，耐干旱、瘠薄。

【繁殖】可播种或分株繁殖。

【用途】果实橙红鲜丽，且可宿存枝头达数月之久，为良好的观果灌木。宜于园林中丛植、作绿篱，或植于假山岩石之中，也可作为疏林的下木。果枝可瓶插；果实可生食，亦可酿酒；茎皮可作麻类代用品；根及枝叶可入药。

二十五、梧桐科 Sterculiaceae

乔木、灌木或草本；体常被星状毛。叶互生，单叶或掌状分裂；托叶早落。花瓣5或缺；雄蕊多数，花丝常连合成管状，稀少数而分离，外轮常有退化雄蕊5枚；蓇葖果、蒴果或核果。

梧桐科约68属1 100种；我国有19属84种3变种。

（一）梧桐属 Firmiana L.

落叶乔木；小枝粗壮；顶芽发达，密被锈色绒毛。叶掌状分裂，互生。花单性，聚伞状圆锥花序，顶生；萼裂片花瓣状，5深裂；无花瓣；雄蕊10～12枚，花药聚生于雄蕊柱顶端；子房圆球形，有柄。蓇葖果成熟前沿腹缝线开裂为叶状果瓣，膜质，有2～4枚种子着生于果瓣近基部的边缘；种子球形，种皮皱缩。

梧桐属共15种；我国有3种。

梧桐（青桐）Firmiana simplex（L.）W. F. Wight.（图7-116）

【识别要点】树高达16m。树干端直，树冠卵圆形；干枝翠绿色，平滑。叶片基部心形，掌状3～5裂，全缘；叶柄与叶片近等长。萼裂片长条形，黄绿色带红，向外卷。果匙形，网脉明显。花期6月，果期9～10月。

【分布】分布于华东、华中、西南及华北各地。

【习性】喜光，喜温暖气候及土层深厚、肥沃、湿润、排水良好、含钙丰富的土壤。深根性，直根粗壮，萌芽力弱，不耐涝，不耐修剪。春季萌芽晚，但秋季落叶很早，故有"梧桐一叶落，天下尽知秋"之说。

【繁殖】以播种为主，也可扦插、分根繁殖。

【用途】树干端直，干枝青翠，绿荫深浓，叶大形美，且秋季转为金黄色，洁静可爱。为优美的庭荫树和行道树，孤植或丛植于庭前、宅后，草坪或坡地均很适宜。与棕榈、

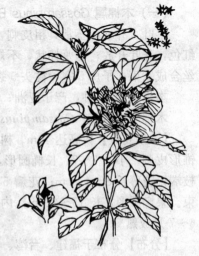

图7-116 梧 桐

竹子、芭蕉等配植，点缀山石园景，协调古雅，具有我国民族风格。对多种有害气体有较强抗性，可作厂矿绿化。

（二）苹婆属 Sterculia L.

苹婆（凤眼果）Sterculia nobilis Smith（图7-117）

【识别要点】亚热带常绿灌木，高达5~10m。树冠优美，树干褐色，粗糙健壮，木质脆。叶宽大互生，两面平滑，油绿秀丽。圆锥花序从二年生枝条抽出，倒悬于叶腋间，数十朵小花集成一穗，花有单性和两性，两性花白色或微带红晕，雄花多数，无花瓣；萼筒呈钟状，萼片5裂，细狭，先端又复连于顶点，使全花外观呈四面玲珑的灯笼状，别致无比。蓇葖果木质，初时绿色，熟时变成红色。

图7-117 苹婆

【分布】原产我国南方，福建、广东、四川、贵州、台湾均有栽培，印度、马来群岛亦有栽培。

【习性】对土壤要求不严，在瘠薄坡地和沙砾上均能生长，根系强壮，生长迅速。根部能发生不定芽，当露出地面时会蘖生小苗成株。

【繁殖】用扦插及播种繁殖。

【用途】苹婆树姿优美，花形美观，叶大而碧绿。国内外均作行道树及风景树。种子可食，味似板栗；果荚可药用；树皮含纤维，可制麻袋。

二十六、木棉科 Bombacaceae

乔木。单叶或掌状复叶，互生，托叶早落。花两性，大而美丽，单生或圆锥花序；具副萼，萼5裂；花瓣5，稀缺；雄蕊5至多数，花丝合生成筒状或分离；子房上位，2~5室，每室胚珠2至多数，中轴胎座。蒴果，室背开裂或不裂，果皮内壁有长毛。

木棉科约20属180种，主产美洲热带；我国1属2种，引入栽培6属10种。

（一）木棉属 Gossampinus Buch.-Ham.

落叶大乔木，茎常具粗皮刺，髓心大而疏松。掌状复叶，小叶全缘，无毛。花单生，常红色，先叶开放；花萼杯状，不规则5裂；花瓣5，倒卵形；雄蕊多数，排成多轮，外轮花丝合成5束；子房5室，柱头5裂，胚珠多数。蒴果木质，室间5裂。

本棉属约50种，产于亚洲；我国2种。

木棉（攀枝花）Gossampinus malobarica（DC.）Merr.（图7-118）

【识别要点】树高达40m。树干端直，树皮灰白色，枝轮生、平展。幼树树干及枝具圆锥形皮刺。小叶5~7，长椭圆形，长7~17cm，全缘，先端尾尖。花大，径约10cm，簇生枝端；花萼长3~4.5cm；花瓣5，红色，厚肉质；雄蕊多数，排成3轮，最外轮集生为5束。果椭圆形，长15~20cm，内有棉毛；种子多数，黑色。花期2~3月，先叶开放；果6~7月成熟。

【分布】分布于福建、台湾、广西、广东、四川、云南、贵州等地。

【习性】喜光，喜暖热气候，为热带季雨林的代表种。很不耐寒，较耐干旱。深根性，萌芽力强，生长迅速。树皮厚，耐火烧。

【用途】树形高大雄伟，树冠整齐，早春先叶开花，如火如荼，十分红艳美丽。在华南各城市栽作行道树、庭荫树及庭园观赏树，是最美丽的树种之一。杨万里有"即是南中春色别，满城都是木棉花"的诗句。木棉是广州市花。

（二）瓜栗属 *Pachira* Aubl.

1. 瓜栗（中美木棉）*Pachira aquatica* Aubl.（图 7-119）

图 7-118 木 棉

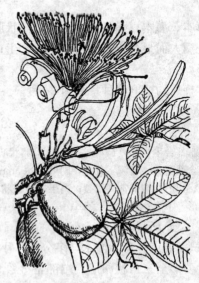

图 7-119 瓜 栗

【识别要点】常绿乔木，高达 18m；小枝栗褐色。掌状复叶互生，具长柄，小叶 5～7（9），长椭圆形至倒卵状长椭圆形，长达 30cm，全缘。花大，单生叶腋，花萼短筒状，花瓣5，长条形并反卷，绿白色至黄白色，或带粉红色，长达 35cm，雄蕊极多而长，上部开展，基部合生成管，花柱红色。蒴果卵形至椭球形，长达 30cm，5 瓣裂；种子无棉毛。

【分布】原产中美洲；我国华南有引种栽培。

【用途】花大而美丽，可供观赏。

2. 马拉巴栗（俗称发财树、大果木棉、招财树、美国花生）*Pachira macrocarpa* (Cham. et Schl.) Schl. ex Bailey

【识别要点】常绿或半落叶乔木，树皮光滑绿色，小叶 3～6，花瓣长达 15cm。马拉巴栗属于热带观叶植物。

【习性】马拉巴栗性喜高温和半阴环境，茎能贮存水分和养分，具有抗逆、耐旱特性，耐阴性强，容易栽培，喜肥沃、排水良好的沙质壤土。生长适宜温度 20～30℃，低于 10℃能生长，但低于 5℃容易受害，轻者落叶，重者死亡。

【用途】树姿优雅，树干苍劲、古朴，车轮状的绿叶转射平展，枝叶潇洒婆娑，观赏价值高，尤以 3～5 株及各种辫状或螺旋状造型，已成为室内观赏植物的佼佼者，曾被联合国环境保护组织评为世界十大室内观赏花木之一。盆栽用于美化厅、堂、宅，有"发财"的寓意，给人们美好的祝愿。

二十七、锦葵科 Malvaceae

草本、灌木或乔木。叶互生，单叶，常分裂；具托叶。花两性，单生、簇生或成花序；萼5裂，常具副萼；花瓣5，在芽内旋卷；雄蕊多数，连合成雄蕊柱，花药1室；中轴胎座。蒴果，室背开裂或分裂为数个果瓣；种子具油质胚乳。

锦葵科约50属1 000种；我国16属81种。

木槿属 Hibiscus L.

草本、灌木，稀为乔木。叶具掌状脉。花常单生于叶腋；萼钟状5齿裂，宿存，副萼较小；花瓣大而显著，基部与雄蕊柱合生；子房5室，花柱5裂，柱头头状。果室背5裂；种子肾形。

木槿属约200余种；我国24种。

分 种 检 索 表

1. 副萼基部合生，副萼长不过2mm；叶卵状心形，掌状3～5（7）裂，密被星状毛和短柔毛 …… 木芙蓉
1. 副萼全部离生，花瓣不分裂，副萼长达5mm；叶卵形或菱状卵形，不裂或端部3浅裂 ………………… 2
2. 叶菱状卵形，端常常3浅裂；蒴果密生星状绒毛 ………………………………………………… 木槿
2. 叶卵形，不裂；蒴果无毛 ………………………………………………………………………………… 扶桑

1. 木槿 Hibiscus syriacus L.（图7-120）

【识别要点】落叶灌木，多分枝；小枝密被黄色星状绒毛。叶菱形至三角状卵形，端部常3裂，边缘具不整齐齿缺，三出脉；花单生于枝端、叶腋，径5～8cm，花冠钟状，浅紫蓝色；果卵圆形，密被黄色星状绒毛。花自6月起陆续开放，延至9月；果期10月。

【变种】

（1）白花重瓣木槿（var. *alba-plena*）。花纯白，重瓣。

（2）琉璃重瓣木槿（var. *coruleus*）。枝直立，花重瓣，天青（绀）色。

（3）紫红重瓣木槿（var. *roseatriata*）。花重瓣，花瓣紫红色或带白带。

（4）斑叶木槿（var. *argenteo-variegata*）。叶片生有白斑。花紫色，重瓣。

【分布】原产东亚，我国各地均有栽培。

【习性】喜光，耐阴。喜温暖湿润气候，耐干旱及瘠薄土壤，抗寒性、萌芽力强，耐修剪，易整形。

【繁殖】以扦插为主，亦可播种或压条繁殖。

【用途】枝叶繁茂，为夏、秋炎热季节重要观花树木，花期长达4个月，花满枝头，娇艳夺目。因枝条柔软，作围篱时可进行编织，常用作花篱、绿篱。也可丛植或单植点缀于庭园、林缘或道旁。对有害气体抗性很强，又有滞尘功能，适宜工厂及街道绿化。全株均可入

图7-120 木 槿

药。是韩国的国花。

2. 木芙蓉（芙蓉花）Hibiscus mutabilis L.（图 7-121）

【识别要点】落叶灌木或小乔木；植株全体密被星状毛和短柔毛。叶大，卵圆状心形，掌状 3～5 中裂，基部心形，边缘具钝锯齿。花大，径约 8cm，单生枝端叶腋，花瓣白色或淡红色，后变深红色；花梗近顶端有关节。果扁球形，被淡黄色毛，果瓣 5；种子肾形，背面被长柔毛。花期 8～10 月，果期 10～11 月。

【变种与品种】栽培类型变化较多，主要有：

（1）红芙蓉和重瓣芙蓉。花粉红色，单瓣或半重瓣。

（2）白芙蓉和重瓣白芙蓉。花白色，单瓣或半重瓣。

（3）黄芙蓉。花黄色。

（4）鸳鸯芙蓉。花色红白相间。

（5）醉芙蓉。花重瓣，初开白色后变淡红色至深红色。

【分布】原产我国西南部，华南至黄河流域以南广为栽培。四川成都栽培尤盛，故有"蓉城"之称。

【习性】喜阳光，略耐阴。喜温暖湿润气候，不耐寒；不耐干旱，耐水湿。在肥沃临水之地生长最盛。在长江流域以北地区冬季地上部冻死，翌春从根部萌发新枝，秋季仍正常开花。

【用途】晚秋开花，花大色艳，花型随品种不同而有丰富变化。宜植于池旁水畔，波光花影，正如苏东坡的"溪边野芙蓉，花水相媚好"的诗句。可丛植于墙边、路旁，也可成片栽于坡地。对二氧化硫抗性很强，对氯气、氯化氢有一定抗性，可用于厂矿绿化。花、叶可入药。

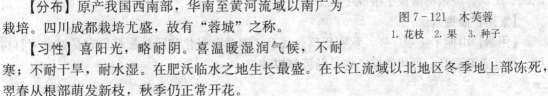

图 7-121　木芙蓉
1. 花枝　2. 果　3. 种子

3. 扶桑（朱槿）Hibiscus rosa-sinensis L.（图 7-122）

【识别要点】落叶大灌木，高达 6m。叶卵形至长卵形，缘有粗齿，基部全缘，三出脉，表面有光泽。花冠通常鲜红色，径 6～10cm，花丝和花柱较长，伸出花冠外，近顶端有关节。蒴果卵球形，顶端有短喙。全年花开不断，夏、秋最盛。

【变种与品种】重瓣扶桑（var. *rubro-plenus*）。花重瓣，花色多样。

【分布】产于华南，包括福建、台湾、广东、广西、云南、四川等。

【习性】喜光，喜温暖湿润气候，不耐寒。长江流域及其以北地区需温室越冬。

【用途】美丽的观赏花木，花大色艳，花期长，花色有红色、粉红色、橙黄色、黄色、粉边红心及白色等，有单瓣和重瓣。盆栽扶桑是布置节日公园、花坛、宾馆、会场及家庭的好材料。著名观赏花木。扶桑为马来西亚国花。

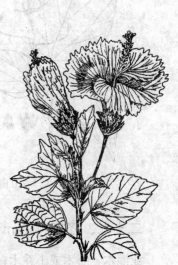

图 7-122　扶桑

二十八、大风子科 Flacourtiaceae

1. 山拐枣 *Poliothyrsis sinensis* Oliv. （图7-123）

【识别要点】落叶乔木，叶基部有3条主脉。花单性，雌雄同株，无花瓣，子房1室，有3条花柱。蒴果，种子周围有翅。

【分布】我国西南部至东部。

【习性】喜温暖湿润气候和深厚肥沃土壤。

【繁殖】播种繁殖。移栽大苗需带土球。

【用途】山拐枣树姿优美，为优美的庭园观赏树。

2. 山桐子 *Idesia polycarpa* Maxim. （图7-124）

【识别要点】落叶乔木。叶基部有5脉，叶柄叶基常有腺体。圆锥花序下垂，花单性，雌雄异株，无花瓣，雄花有极多数雄蕊；雌蕊子房1室，具5（3～6）个侧膜胎座，胚珠极多数。浆果，种子无翅。

【分布】日本和我国西部及中部地区有分布。

【习性】喜光，不耐阴，在向阳山谷坡地、沟边林缘长势旺盛，能天然更新。喜深厚、潮润、肥沃、疏松的酸性土壤或中性土壤。

【繁殖】播种繁殖。

【用途】山桐子树冠广展，秋实累累。宜于"四旁"绿化和园林配植。它是速生用材树种。种子含油率高，可代油棕。也是经济林树种。

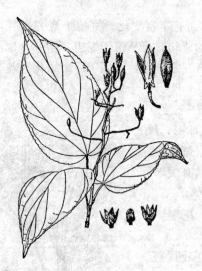

图7-123 山拐枣

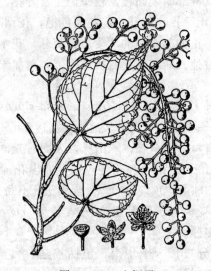

图7-124 山桐子

二十九、柽柳科 Tamaricaceae

亚灌木、灌木或小乔木；小枝纤细。单叶互生，小鳞片状；无托叶。花小，两性，整齐，单生或排成穗状、总状或圆锥花序；蒴果，种子顶端有束毛或有翅。

柽柳科共5属约120种；我国有4属27种。

柽柳属 *Tamarix* L.

落叶灌木或小乔木；非木质化小枝纤细，冬季凋落。叶鳞形，抱茎。总状花序，有时组成圆锥状，侧生或顶生，白色或淡红色；雄蕊 4～10 枚，离生；花盘具缺裂；花柱顶端扩大。果 3～5 瓣裂；种子多数，微小，顶部有束毛。

柽柳属约 90 种；我国约有 16 种。

柽柳（三春柳、红荆条）*Tamarix chinensis* Lour.

【识别要点】树高可达 7m。树冠圆球形；小枝细长下垂，红褐色或淡棕色。叶长 1～3mm，先端渐尖。总状花序集生为圆锥状复花序，多柔弱下垂；花粉红色或紫红色，花期春、夏季，有时一年 3 次开花。果期 10 月。

【分布】分布于长江流域中下游至华北、辽宁南部各地，福建、广东、广西、云南等地有栽培。

【习性】喜光，不耐庇荫。对气候适应性强，耐干旱，耐高温和低温。对土壤要求不严，耐盐土（0.6%）及碱土（pH7.5～8.5），叶能分泌盐分，为盐碱地指示植物。深根性，根系发达，抗风力强。萌蘖性强，耐修剪和刈条，耐沙割与沙埋。

【繁殖】以扦插为主，也可播种、压条或分株。

【用途】干红枝柔，叶纤如丝，花色美丽，经久不落，适配植于盐碱地的池边、湖畔、河滩，或作为绿篱、林带下木。有降低土壤含盐量的显著功效和保土固沙等防护功能，是改造盐碱地和建造海滨防护林的优良树种。老桩可作盆景，枝条可编筐。嫩枝、叶可药用。

三十、杨柳科 Salicaceae

落叶乔木或灌木，鳞芽。单叶互生，稀对生，有托叶。花单性，雌雄异株，无花被，雄蕊 2 至多数，雌蕊由 2 心皮合成，子房 1 室，柱头 2～4。种子小，基部有白色丝毛。

杨柳科有 3 属约 620 余种，分布于寒温带、温带和亚热带。我国产 3 属约 320 种，遍及全国。杨柳科植物易种间杂交，故分类较难。

分 属 检 索 表

1. 顶芽发达，芽鳞多数；叶较宽大，柄长，花序下垂，髓心五角形 ･･････････････････ 杨属
1. 顶芽缺，芽鳞 1；叶较窄长，柄短，花序直立，髓心近圆形･･････････････････････ 柳属

（一）杨属 *Populus* L.

杨属约 100 余种，分布于北温带，我国约产 60 种。

1. 叶两面灰蓝色，无毛；叶形多变，叶近全绿 ･･･････････････････････････････ 胡杨
1. 叶两面不为灰蓝色 ･･･ 2
2. 叶有裂、缺刻或波状齿，如叶缘锯齿（响叶杨）则叶柄顶端有 2 腺体，芽有柔毛 ････ 3
2. 叶缘有较整齐的钝锯齿，叶背面无毛或仅有短柔毛或幼叶背面疏有毛，芽无毛 ･････ 5
3. 叶缘波状或不规则缺裂，幼枝、幼芽密生绒毛，老叶及叶柄上的绒毛渐脱落变光滑 ･･････ 毛白杨
3. 叶 3～5 掌状裂或波状缺刻，幼枝、幼叶密生白色绒毛，老叶仍有白毛 ･･･････････ 4
4. 树冠宽阔，树皮白色，当年生枝绿灰褐色 ･･････････････････････････ 银白杨
4. 树冠窄塔形，树皮暗绿色，当年生枝绿色 ･････････････････････････ 新疆杨
5. 叶柄两侧压扁，无沟槽；叶缘半透明 ･･････････････････････････････ 6

5. 叶柄圆，有沟槽；叶缘不透明 ·· 7
6. 树冠卵形，嫩枝有棱，叶近三角形，叶柄顶端常有腺体 ·················· 加拿大杨
6. 树冠圆柱形，小枝圆，叶菱状三角形或菱状卵形 ···················· 钻天杨
7. 小枝圆柱状无棱脊，叶柄较细不带红色，叶卵形，先端渐长尖，基部圆或心形 ········ 青杨
7. 小枝有棱脊，叶柄粗短带红色 ·· 8
8. 叶小，长4～12cm，菱状卵形，先端短渐尖 ···························· 小叶杨
8. 叶大，长12～20cm，宽卵形，先端渐尖 ······························ 滇杨

1. 毛白杨 *Populus tomentosa* Carr. （图7-125）

【识别要点】落叶乔木，高达30m。树冠卵圆形或卵形。树干通直，树皮灰绿色至灰白色，皮孔菱形。芽卵形略有绒毛；叶卵形或三角状卵形，先端渐尖或短渐尖，基部心形或平截；叶缘波状缺刻或锯齿，背面密生白绒毛，后全脱落。叶柄扁，顶端常有2～4腺体，蒴果小。花期3～4月，叶前开花；果熟期4月下旬。

图7-125 毛白杨
1. 长枝叶 2. 短枝叶 3. 带花序的枝
4. 雌花 5. 果

【分布】原产我国，以黄河中下游为适生区。垂直分布在海拔1 200m以下。

【习性】强阳性树种；喜凉爽湿润气候，在暖热多雨的气候下易受病虫害。对土壤要求不严，喜深厚肥沃的壤土、沙壤土，不耐过度干旱瘠薄，稍耐碱。耐烟尘，抗污染；根系发达，萌芽力强。

【繁殖】以无性繁殖为主，多用埋条、留根、压条、分蘖繁殖。

【用途】毛白杨树体高大挺拔，姿态雄伟，叶大荫浓，生长较快，适应性强，寿命长。也常用作行道树、庭荫树或营造防护林；在城镇、街道、公路、学校、运动场、工厂、牧场周围列植、群植，不但可以遮阳，而且可以隔音、挡风尘，是工厂绿化、"四旁"绿化及防护林、用材林的重要树种。木材可供建筑、家具、胶合板、造纸及人造纤维等用；雄花序凋落后收集可供药用；树皮可提栲胶。

2. 银白杨 *Populus alba* L.

【识别要点】落叶乔木，高达35m。树冠广卵形或圆球形。树皮灰白色，光滑，老时纵深裂。幼枝、叶及芽密被白色绒毛。长枝上的叶广卵形或三角状卵形，常掌状3～5浅裂，裂片先端钝尖，缘有粗齿或缺刻，叶基截形或近心形；短枝上的叶较小，卵形或椭圆状卵形，缘有不规则波状钝齿；叶柄微扁，无腺体，老叶背面及叶柄密被白色绒毛。花期3～4月，果熟期4～5月。

【分布】我国新疆有野生天然林分布，西北、华北、辽宁南部及西藏等地有栽培。

【习性】喜光，不耐阴。耐严寒。耐干旱气候，但不耐湿热，主干弯曲常呈灌木状。耐贫瘠的轻碱土，但在黏重的土壤中生长不良。深根性，根系发达，固土能力强，根蘖多，抗风、抗病虫害能力强。

【繁殖】播种、分蘖、扦插繁殖。

【用途】银白杨树形高大，银白色的叶片在微风中摇曳，阳光照射下有奇特的闪烁效果。

可作庭荫树、行道树，或孤植、丛植于草坪，还可作固沙、保土、护岸固堤及荒沙造林树种。

3. 新疆杨 *Populus alba* L. var. *pyramidalis* Bge.

【识别要点】落叶乔木，高达 30m。树冠圆柱形。树皮灰绿色，光滑，老时灰色。短枝上的叶初有白绒毛，后脱落，叶广椭圆形，基部平截，缘有粗钝锯齿；长枝上的叶常 5～7 掌状深裂，边缘有不规则状粗锯齿，基部平截，表面光滑或局部有毛，背面有白色绒毛。

【分布】原产我国新疆，北方各省引种后生长良好，是大陆性干旱气候的乡土树种。

【习性】喜光，耐严寒。耐干热，不耐湿热。耐干旱，耐盐碱。生长快，深根性，萌芽力强。病虫害少，对烟尘有一定抗性。

【繁殖】扦插、埋条繁殖，嫁接常用胡杨作砧木。

【用途】新疆杨树姿优美、挺拔，常用作行道树、"四旁"绿化、防风固沙树种。

4. 青杨（家白杨）*Populus cathayana* Rehd.

【识别要点】落叶乔木，高达 30m。树冠宽卵形。树皮灰绿色平滑，枝、叶均无毛。短枝的叶卵形、椭圆状卵形，基部圆或近心形；长枝的叶常心形，叶柄圆。花期 4～5 月，果期 5～6 月。

【分布】产于我国东北、华北、西北和西南各省（自治区、直辖市）海拔 800～3 200m 处，生于沟谷、山麓、溪边，各地多栽培。

【习性】喜光，喜温凉气候，耐严寒。适生于土层深厚、肥沃、湿润、排水良好的沙壤土，忌低洼积水，但根系发达，耐干旱，不耐盐碱，生长快，萌蘖性强。

【繁殖】扦插或播种。用一年生苗干或幼壮母树的一、二年生萌条作为插穗。

【用途】青杨树冠丰满，干皮清丽，是西北高寒荒漠地区重要的庭荫树、行道树，并可用于河滩绿化、防护林及用材林，常和沙棘混交造林，可提高其生长量。

5. 加杨（加拿大杨）*Populus canadensis* Moench

【识别要点】落叶乔木，高达 30m。树冠开展呈卵圆形。树干通直，树皮纵裂。小枝无毛，芽先端反曲。叶近三角形，先端渐尖，基部平截或宽楔形，无腺体或稀有 1～2 个腺体，锯齿钝圆，叶缘半透明。花期 4 月，果熟期 5～6 月。

【变种与品种】

（1）'沙兰'杨（'Sacrau 70'）。树冠圆锥形、卵圆形，树干不直，树皮平滑带白色。侧枝轮生，小枝灰绿色至黄褐色；叶两面有黄色胶质，先端长渐尖，基部两侧偏斜，齿密。

（2）'意 214'杨（'I-214'）。树干通直，树皮初光滑，后变厚、纵裂，灰褐色。侧枝密集，不轮生，嫩枝红褐色；叶三角形，无胶质，先端渐尖，基部平截。

【分布】加杨是美洲黑杨（*P. deltoides* Marsh.）与欧洲黑杨（*P. nigra* L.）的杂交种，杂交优势明显，有许多栽培品种，广植于欧、亚、美各洲。我国 19 世纪中叶引入，哈尔滨以南均有栽培，尤以东北、华北及长江流域为多。

【习性】喜光，耐寒，在哈尔滨能生长。亦适应暖热气候，喜肥沃湿润的壤土、沙壤土，对水涝、盐碱和瘠薄土地均有一定耐性。生长快，病虫害较多。萌芽力、萌蘖性均较强，寿命较短。

【繁殖】扦插育苗成活率高。可裸根移植。

【用途】加杨树冠宽阔，叶片大而有光泽，宜作行道树、庭荫树、公路树及防护林等。

是华北及江淮平原常见的绿化树种。木材供造纸及火柴杆等用，花可入药。

（二）柳属 *Salix* L.

柳属约 520 种，主产于北半球，我国有 257 种。

1. 垂柳（水柳、柳树、倒杨柳）*Salix babylonica* L.（图 7-126）

【识别要点】落叶乔木，高达 18m。树冠倒广卵形，小枝细长下垂，褐色。叶披针形或条状披针形，先端渐长尖，基部楔形，细锯齿，托叶披针形。花期 3～4 月，果熟期 4～5 月。

【变种与品种】

金枝垂柳。枝条金黄色，观赏价值极高。有两个型号：841、842 均系欧洲黄枝白柳（父本）、南京垂柳（母本）杂交育成。均为乔木，雄性，落叶期间枝条金黄色，晚秋及早春枝条特别鲜艳。841 枝条下垂，叶平展似竹叶，树冠长卵圆形。842 枝条细长下垂、光滑，树冠卵圆形。应适宜地大力推广应用。

【分布】主产我国长江流域，平原地区水边常见栽培，华北、东北亦有栽培。

【习性】喜光。耐水湿，短期水淹至树顶不会死亡，树干在水中能生出大量不定根。喜肥沃湿润土壤，高燥地及石灰性土壤亦能适应。耐寒性不及旱柳，发芽早、落叶迟，生长快，多虫害。吸收二氧化硫能力强。在裸露的河滩地上天然成林。实生苗初期生长较慢，但萌芽力强，根系发达，能成大树，能抗风固沙，寿命长。

【繁殖】扦插为主，播种育苗一般在杂交育苗时应用。应选生长快、病虫害少的健壮植株作母树采种、采条。绿化宜用根径 4cm 以上的大苗。

【用途】垂柳婀娜多姿，清丽潇洒，"湖上新春柳，摇摇欲唤人"，最宜配植在湖岸水池边。若间植桃树，则绿丝婆娑，红枝招展，桃红柳绿为江南园林点缀春景的特色配植方式之一。可作庭荫树孤植草坪、水滨、桥头；亦可对植于建筑物两旁；列植作行道树。是固堤护岸的重要树种。亦适用于工厂绿化。

2. 旱柳（立柳）*Salix matsudana* Koidz.（图 7-127）

【识别要点】落叶乔木，高达 20m，树冠倒卵形。大枝斜展。叶披针形或条状披针形，先端渐长尖，基部窄圆或楔形，无毛，背面略显白色，细锯齿；嫩叶有丝毛，后脱落。花期 4 月，果熟期 4～5 月。

【变种与品种】

（1）龙爪柳（f. *tortuosa*）。小乔木，枝扭曲而生。各地庭园栽培，供观赏。

（2）馒头柳（f. *umbraculifera*）。树冠半圆形馒头状。各地栽培供观赏或作行道树。

（3）绦柳（f. *pendula*）。小枝细长下垂。栽培供观赏或作行道树。

【分布】原产我国，是我国北方平原地区最常见的乡土树种之一。

【习性】喜光，耐寒性较强。喜湿润、排水良好的沙壤土，河滩、河谷、低湿地都能生长成林。深根性，萌芽力强，生长快，但多虫害。

【繁殖】插条、插干极易成活，亦可播种繁殖。绿化宜用雄株。

【用途】旱柳枝条柔软，树冠丰满，是我国北方常用的庭荫树、行道树，常栽培在河湖岸边，对植于建筑物两旁。亦用作防护林及沙荒造林、农村"四旁"绿化等。是早春蜜源树种。

图 7-126　垂　柳

1. 叶枝　2. 果枝　3. 雄花　4. 雌花　5. 果

图 7-127　旱　柳

1. 叶枝　2. 果枝　3. 雄花　4. 雌花　5. 果

3. 银芽柳（棉花柳）Salix leucopithecia Kimura.

【识别要点】落叶灌木，高约2m。叶长椭圆形，缘具细锯齿，叶背面密被白毛，半革质。雄花序椭圆状圆柱形，长 3～6cm，早春叶前开放，盛开时花序密被银白色绢毛，颇为美观。

【分布】原产日本，我国江南一带有栽培，是当地重要的春季切花材料。

【习性】喜光，喜湿润，较耐寒，应选择雄株扦插繁殖，栽培后每年需重剪，以促其萌发更多的开花枝条。

三十一、杜鹃花科 Ericaceae

灌木，稀乔木。单叶互生，稀对生或轮生；无托叶。花两性，单生、总状或圆锥花序；花萼 4～5 裂，宿存；花冠合瓣，4～5 裂；雄蕊为花冠裂片的 2 倍，稀同数；花药常有芒，孔裂；中轴胎座，花柱 1。蒴果、浆果或核果。

杜鹃花科约 60 属 2 000 余种；我国约 20 属 1 000 种，分布全国各地，以西南地区为分布中心。

（一）杜鹃花属 *Rhododendron* L.

灌木，稀小乔木。叶互生，全缘。花有梗，常为伞形总状花序，顶生；花部 5 数；雄蕊 5 或 10 枚，有时更多；蒴果，室间开裂。

杜鹃花属共约 800 种；我国 600 种以上，重要观赏花木，为酸性土壤的指示植物。

分 种 检 索 表

1. 落叶灌木 ··· 2
1. 常绿灌木；密总状花序顶生，花冠白色 ··· 照白杜鹃
2. 叶散生；花 2～6 朵簇生枝顶 ·· 3
2. 叶常 3 枚轮生枝顶；花常成双（罕 3 朵）生于枝顶 ································· 满山红
3. 枝幼时有黄褐色长柔毛，后变光滑；叶两面均有糙伏毛，背面较密；花鲜红或深红色 ········· 杜鹃花
3. 枝、叶均疏生腺鳞；花淡红紫色 ··· 迎红杜鹃

1. 杜鹃花（映山红）*Rhododendron simsii* Planch.

【识别要点】落叶灌木，高可达 2m。枝条、苞片、花柄及花萼均有棕褐色扁平的糙伏毛；分枝多，枝条细而直。叶纸质，两面均有糙伏毛，背面较密。花 2～6 朵簇生枝顶；花冠鲜红或深红色，宽漏斗状，径约 4cm；雄蕊 10 枚，与花冠近等长，花药紫色；子房密被糙伏毛。果卵圆形，被糙伏毛。花期 4～5 月，果期 10 月。

【变种与品种】

（1）白花杜鹃（var. *eriocarpum*）。花白色或粉红色。

（2）紫斑杜鹃（var. *mesembrinum*）。花较小，白色，有紫色斑点。

（3）彩纹杜鹃（var. *vittatum*）。花上有白色或紫色条纹。

【分布】产于长江流域以南各地，东自台湾，西达四川、云南，北至河南、山东南部。现我国各地均有栽培。

【习性】稍喜光，喜温暖湿润环境，不耐烈日暴晒。喜酸性土，不耐碱性及黏质土壤。根系浅而细，喜排水良好土壤，不耐浓肥和水淹。

【繁殖】可播种、扦插、压条、嫁接及分株繁殖。

【用途】花茂色艳，万紫千红，为艳丽的观花树种。宜配植于路边、林缘、水边、花坛、草坪上，或稀疏的复层混交林下，如设置杜鹃专类园时，上层可配植松类和槭类树种，美丽壮观。根、叶、花可入药。为尼泊尔国花。

2. 照白杜鹃（照山白）*Rhododendron micranthum* Turcz.（图 7 - 128）

【识别要点】常绿灌木。枝条细瘦，被稀疏腺鳞及短柔毛。叶革质，倒披针形，上面有稀疏腺鳞，背面密被棕色腺鳞。总状伞形花序，约 20 朵花密集成球形；花冠钟形，白色，径约 1cm。果圆柱形，外被鳞片。花期 5～6 月，果期 8～9 月。

【分布】产于东北、华北、河南、山东、甘肃、四川、湖北等地。

【习性】喜冷凉气候，喜光，耐庇荫，喜肥沃湿润、排水良好的酸性土壤，耐干燥瘠薄，抗病虫害能力强。

3. 迎红杜鹃 *Rhododendron mucronulatum* Turcz.

落叶灌木，多分枝，植物全体被腺鳞。叶片较薄。花淡红紫色，2～5 朵簇生枝顶，先叶开放。分布于东北、华北、山东、江苏北部。

4. 满山红（山石榴、石郎头） *Rhododendron mariesii* **Hemsl. et Wils.**

落叶灌木，高1～2m。小枝常轮生，幼时有黄褐色长柔毛，后变光滑。叶常3片轮生枝顶。花淡紫红色，通常成对生于枝顶。先叶开放；花梗直立，有硬毛；萼5裂，雄蕊10枚，花丝无毛；子房密生棕色长柔毛。果圆柱形，密被长柔毛。花期4～5月，果期7～8月。产于长江流域各地，南达福建、台湾。

（二）马醉木属 *Pieris* **D. Don.**

1. 马醉木 *Pieris polita* **W. W. Sm. et J. F. Jeff.**（图7-129）

图7-128　照白杜鹃　　　　　　　　　图7-129　马醉木

【识别要点】常绿灌木，植株高达3.5m，冠幅3～4m。叶簇生枝顶，披针形或倒披针形，长7～12cm。总状花序簇生枝顶，长6～12cm；花冠坛状，长6～8mm，白色；花期4～5月。蒴果扁球形。

【分布】产于我国福建、浙江、安徽等地，日本也有分布。

【习性】喜温暖湿润气候及半阴环境，适生于富含腐殖质且排水良好的沙质壤土。

【繁殖】播种或扦插、压条繁殖。

【用途】树形优美，花色素雅，适于园林各类绿地栽植观赏，也可作坡地绿化。

2. 美丽马醉木 *Pieris formosa*（Wall.）**D. Don.**（图7-130）

【识别要点】常绿小乔木，高达5m。老枝灰绿色，无毛。叶常集生枝顶，披针形或椭圆状披针形，长5～12cm，宽1.5～3cm，先端渐尖，基部渐窄或稍圆，具锯齿，无毛；中脉明显，侧脉和网脉两面均明显；叶柄粗，长0.6～1cm，无毛。顶生圆锥花序，长12～15cm，花下垂，花萼深裂，长1.8mm，无毛；花冠白色或淡红色，长6～7mm，花丝被白色柔毛。果近球形，径约5.5mm，无毛。种子纺锤形，长2～2.5mm，常有3翅，悬垂于中轴上。

【分布】产于长江流域以南。

【习性】在南岭山地以南，广东乳源县莽山—八宝山海拔1 600～1 700m山顶及山脊地带，美丽马醉木和猴头杜鹃、冷箭竹、木荷、黄瑞木、海南茶梨等组成杜鹃矮丛林，土壤为山地草甸土。

【用途】叶有剧毒，煎汁可作农药杀虫，牲畜误食可中毒，俗称"马醉木"。

三十二、山榄科 Sapotaceae

乔木或灌木，有乳汁，幼嫩部常具锈色毛。单叶互生，革质，全缘，无托叶。花两性，辐射对称，单生、簇生叶腋内或着生于茎及老枝的节上；萼4～8裂；花冠管短，裂片1～2轮排列，与萼片同数或多1倍，常有全缘或撕裂成裂片状的附属体；雄蕊着生于花冠管上或在花冠裂片上，与花冠裂片对生，或多数并排成2～3轮，药室纵裂；子房上位，1～14室，每室有胚珠1颗，花柱单生。浆果，罕为蒴果。

山榄科共40属600余种，广布于全世界热带和亚热带地区。我国产6属15种，分布于东南和西南部。

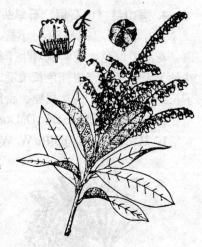

图 7-130　美丽马醉木

铁线子属 Manilkara Adans.

乔木或灌木。叶革质或近革质，互生；侧脉甚密。花数朵簇生于叶腋内；萼片6枚，二列排列，花冠裂片6，每一裂片的背部有2枚等大的花瓣状附属体；雄蕊6枚，着生于花冠裂片基部或花冠管的喉部，花瓣状，卵形，与花冠裂片互生；子房6～14室，每室有胚珠1颗。浆果；种子扁压形。

铁线子属约70种，分布于热带；我国产2种。

人心果 Manilkara zapota Van Royen（图7-131）

【识别要点】常绿乔木，高达25m。单叶互生，革质，矩圆形至卵状长椭圆形，长6～13cm，先端短尖或钝，有时微缺，基部楔形，全缘，羽状侧脉多而平行，中脉在背面甚凸起。花腋生，萼片6，花冠6裂，雄蕊6枚，退化雄蕊6枚（花瓣状）。浆果卵形或近球形，长4～8cm，褐色。

【分布】原产美洲热带。现广植于全球热带，我国华南有栽培。

【习性】性喜暖热湿润气候。

【用途】人心果是热带果树，品种很多。果可生食，味美可口，味甜如柿；又可制成饮料。树干流出的乳汁为制口香糖的原料。树皮内含有植物碱Sapotine，可治热症。本种宜作庭荫树，是良好的结合生产的热带园林树种。

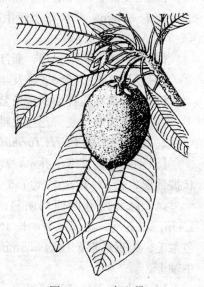

图 7-131　人心果

三十三、柿树科 Ebenaceae

乔木或灌木。单叶互生，稀对生，全缘；花单性，雌雄异株或杂性，单生或呈聚伞花序，常腋生；萼3～7裂，宿存；花冠3～7裂；雄蕊为花冠裂片的2～4倍，稀同数，生于花冠基部。浆果；种子1至多数，种皮薄，胚乳丰富，质硬。

柿树科共3属500余种；我国1属约57种。

柿属 *Diospyros* L.

落叶或常绿，乔木或灌木；无顶芽，芽鳞2～3。叶互生。雄花为聚伞花序，雌花及两性花多单生。萼4（3～7）裂，绿色；花冠钟形或壶形，白色，4～6（7）裂；雄蕊4～16枚。果基部有增大而宿存的花萼；种子扁平、大，稀无种子。

柿属约500种；我国约57种。

1. 柿 *Diospyros kaki* Thunb.

【识别要点】落叶乔木；主干暗褐色，树皮呈长方形方块状深裂，不易剥落；树冠开阔，球形或圆锥形。近革质，上面深绿色，有光泽，背面淡绿色。花钟状，黄白色，多为雌雄同株异花。果卵圆形或扁球形，形状多变，熟时橙黄色或鲜黄色；萼卵圆形，端钝圆，宿存。花期5～6月，果期9～10月。

【变种与品种】久经栽培，品种多达300个以上。通常分"甜柿"和"涩柿"两大类。

【分布】原产我国，各地均有栽培，尤以华北栽培最多。

【习性】喜光，喜温暖亦耐寒，能耐−20℃的短期低温。对土壤要求不严，微酸性、微碱性、中性土壤均可栽培；耐干旱瘠薄，但不耐水湿及盐碱。根系发达，寿命长，300年生的古树还能结果。

【繁殖】常用嫁接繁殖。

【用途】树冠广展如伞，叶大荫浓，秋日叶色转红，丹实似火，悬于绿荫丛中，至11月落叶后，还高挂树上，极为美观。果可食，营养丰富，享有"果中圣品"的美誉，为著名的木本粮食树种，是观叶、观果和结合生产的重要树种。可孤植、群植，或配以常绿灌木，背衬以常绿乔木，深秋季节，别有情趣。对有害气体抗性较强，可用于厂矿绿化。

2. 乌柿 *Diospyros cathayensis* Steward （图7-132）

【识别要点】常绿或半常绿小乔木，高10m左右；枝圆筒形，深褐色至黑褐色，有小柔毛，后变无毛，散生纵裂近圆形的小皮孔。叶薄革质，长圆状披针形，长4～9cm，宽1.8～3.6cm，两端钝，上面光亮，深绿色，背面淡绿色；叶柄短，长2～4mm，有微绒毛。雄花生聚伞花序上，极少单生，雌花单生，白色，芳香；种子褐色，长椭圆形，侧扁；宿存萼4深裂，裂片革质，卵形；花期4～5月，果期8～10月。

【分布】产于四川西部、湖北西部、云南东北部、贵州、湖南、安徽南部；生于海拔600～1500m的河谷、山地或山谷林中。

【习性】喜光，耐寒性不强，年平均温度15℃以上，年降水量750mm以上地区都可生长。对土壤适应性较强。以深厚、湿润、肥沃的冲积土生长最好。能耐短期积水，亦耐旱。

图7-132 乌 柿

【繁殖】播种繁殖。种子脱蜡后需催芽，优良品种用嫁接繁殖。自然条件下树干不易长直，小苗要加强管理，可适当密植、剥侧芽、施肥，以培育通直的大苗。

【用途】以根和果入药，治心气痛。

3. 君迁子 *Diospyros lotus* L.（图7-133）

【识别要点】落叶乔木，高达20m；树皮灰色，呈方块状深裂；小枝有褐色短灰毛，冬芽先端尖。叶长椭圆形或长椭圆状卵形，长6～13cm；叶端渐尖，叶基楔形或圆形，叶表光滑，叶背灰绿色，有灰色毛。

【分布】产于长江及黄河流域。

【习性】性强健，喜光，耐半阴；耐寒及耐旱性比柿树强；很耐湿。喜肥沃深厚土壤，对瘠薄土、中等碱土及石灰质土地也有一定的忍耐力。

【繁殖】用播种法繁殖。

【用途】树干挺直，树冠圆整，是良好的庭园树。

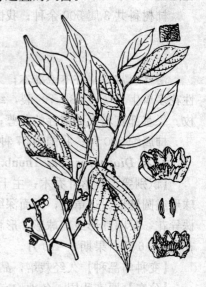

图7-133　君迁子

4. 瓶兰 *Diospyros armata* Hemsl.

【识别要点】半常绿或落叶乔木，高达5～13m，直径15～50cm；树冠近球形，枝多而开展，嫩枝有绒毛，枝端有时呈棘刺；冬芽很小，先端钝，有毛。叶薄革质或革质，椭圆形或倒卵形至长圆形，长1.5～6cm，宽1.5～3cm，先端钝或圆，基部楔形，叶片有微小的透明斑点，上面墨绿色，有光泽，下面有微小柔毛；叶柄长约3mm。果近球形，直径约2cm，黄色，有粗伏毛，果柄长1～1.2cm；宿存裂片4，卵形，长约1.2cm。花期5月，果期10月。

【分布】产于湖北宜昌、南沱一带，较少见。

【习性】喜阳，稍耐阴，喜温暖湿润的地带。

【用途】上海、杭州有栽培，供观赏。

三十四、野茉莉科（安息香科）Styracaceae

乔木或灌木，通常具星状毛或鳞片。单叶互生，无托叶。花辐射对称，两性，稀杂性，总状花序或圆锥花序，有时呈聚伞状排列，很少单生；花萼钟状或管状，4～5裂，宿存；花冠4～8裂，基部常合生；雄蕊为花冠裂片的2倍，稀同数，花丝常合生成筒；子房上位、半下位或下位，3～5室。核果或蒴果。

野茉莉科共12属130多种，多分布于美洲和亚洲的热带和亚热带地区。我国有9属约60种，大部分产于长江流域以南地区。

分属检索表

1. 果为不规则3瓣裂，宿存萼与果分离；子房上位 ……………………………………… 野茉莉属
1. 果不裂，宿存萼与果不分离，子房下位或半下位 …………………………………………………… 2
2. 伞房状圆锥花序，果有翅 ………………………………………………………………………… 白辛树属
2. 聚伞花序；果平滑无翅 …………………………………………………………………………… 秤锤树属

（一）野茉莉属 *Styrax* L.

灌木或乔木。叶全缘或稍有锯齿，被星状毛，叶柄较短。花排成腋生或顶生的总状或圆

锥花序，萼钟状，微 5 裂，宿存；花冠 5 深裂；雄蕊 10 枚，花丝基部合生；子房上位。核果球形或椭圆形。

野茉莉属约 100 种，分布于亚洲、北美洲及欧洲的热带或亚热带地区。我国约 30 种，主产于长江流域以南各地。

1. 野茉莉（安息香）Styrax japonica Sieb. et Zucc.（图 7 - 134）

【识别要点】落叶小乔木，高达 10m，树皮灰褐色或黑色，树冠开展。小枝细长，嫩枝及叶有星状毛，后脱落。单叶互生，叶椭圆形或倒卵状椭圆形，长 4～10cm，端微突尖或渐尖，基楔形，缘有浅齿，两面无毛，仅背面脉腋有簇生星状毛。花单生叶腋或 2～4 朵成总状花序，下垂；花萼钟状，无毛；花冠白色，5 深裂；雄蕊 10 枚，等长。核果近球形。花期 6～7 月。

【分布】本种是本属中在国内分布最广的一种，自秦岭和黄河以南，东起山东，西至云南东北部，南达台湾、广东。朝鲜、日本、菲律宾也有分布。

【习性】喜光，耐贫瘠土壤，喜微酸性的肥沃疏松土壤；生长快。

【用途】野茉莉花、果下垂，白色花朵掩映于绿叶中，饶有风趣，宜作庭园栽植观赏，也可作行道树。

2. 玉铃花 Styrax obassius Sieb. et Zucc.（图 7 - 135）

【识别要点】落叶小乔木，高 4～14m。单叶互生或小枝最下两叶近对生，叶柄基部膨大包芽；叶椭圆形至倒卵形，长 5～14cm，缘有锯齿，背面密被灰白色星状绒毛。花白色或带粉红色；单生于枝上部叶腋或 10 余朵成顶生总状花序，花垂向花序一侧；5～6 月开花。核果卵球形，长 1.4～1.8cm，端凸尖。

【分布】产于我国辽宁南部至华东、华中地区，多生于山区杂木林中。朝鲜、日本也有分布。

【习性】喜光，较耐寒，喜湿润而排水良好的肥沃土壤。

【用途】花美丽、芳香，宜植于庭园供观赏。

图 7 - 134 野茉莉　　　　　　　　　图 7 - 135 玉铃花

（二）白辛树属 Pterostyrax Sieb. et Zucc.

落叶乔木或灌木。叶缘有锯齿。伞房状圆锥花序生于侧枝顶端，花萼 5 齿裂，两面均被绒毛；花瓣 5，离生或基部稍合生；雄蕊 10 枚，花丝下部合生或近于分离，子房近下位。核果，果皮干硬，具棱或窄翅。

白辛树属约 4 种，为亚洲东部特有植物。我国有 3 种，分布于长江流域以南各地。

小叶白辛树 *Pterostyrax corymbosus* Sieb. et Zucc. （图 7 - 136）

【识别要点】落叶乔木，高达 15m；幼枝有灰色星状毛。单叶互生，椭圆形至广卵形或倒卵形，长 6～12cm，缘有尖锯齿，背面疏生星状毛。伞房状圆锥花序，花着生于分枝的一侧；花萼的 5 脉与萼齿互生；花瓣 5，白色；雄蕊 10 枚，下部合生成筒状；花柄短，顶端有关节；花期 4～5 月。核果倒卵形，有 5 棱翅，顶端喙状，有星状短柔毛。

【分布】产于我国华东及湖南、广东等地；日本也有分布。

【习性】喜光，较耐低湿；生长快。

【用途】花白色而美丽，可作园林绿化及观赏树种。上海、南京等城市有栽培。也可作河岸及低湿地造林树种。

〔附〕白辛树（*P. psilophyllus* Diels ex Perk.） 与小叶白辛树的主要区别是：白辛树叶背密被灰色星状绒毛；果具 5～10 棱，密被黄色长硬毛。产于我国中部至西南部，日本也有分布。

（三）秤锤树属 *Sinojackia* Hu

秤锤树 *Sinojackia xylocarpa* Hu（图 7 - 137）

图 7 - 136　小叶白辛树

图 7 - 137　秤锤树

【识别要点】落叶小乔木，高达 7m。单叶互生，椭圆形至椭圆状倒卵形，长 3～9cm，缘有硬骨质细锯齿，无毛或仅脉上疏生星状毛，叶脉在背面显著凸起。花白色，花冠 5～7裂，基部合生，雄蕊 10～14 枚，成轮着生于花冠基部；腋生聚伞花序；花期 4～5 月。果卵形，长约 2cm，木质，有白色斑纹，具钝或凸尖的喙；10～11 月果熟。

【分布】产于江苏，常生于山坡、路旁树林中。

【用途】花白色而美丽，果实形似秤锤，颇为奇特；宜作园林绿化及观赏树种。

（四）银钟花属 *Halesia* J. Ellia ex Linn.

银钟花 *Halesia macgregorii* Chun（图 7 - 138）

【识别要点】落叶乔木，高达 20m；树皮灰白色，小枝有棱。单叶互生，长椭圆形，长

7～11cm，先端渐尖或尾尖，基部楔形，缘具细锯齿，叶脉及叶柄常带红色，无毛。花2～7朵簇生；花萼具4齿，花冠钟形，4深裂，白色；雄蕊4长4短，花丝基部合生。核果椭球形，长3～4cm，具4宽翅。花期4月，叶前开放；果10月成熟。

【分布】产于我国南部。

【习性】喜光，喜温暖湿润气候；生长快。

【用途】花白色而美丽，果形奇特，为优美的观赏树种。

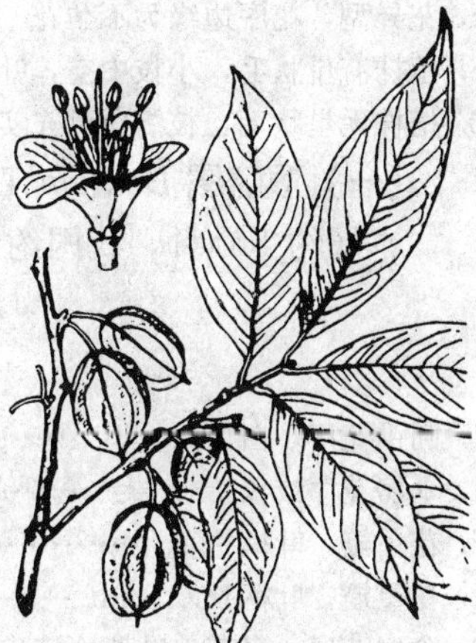

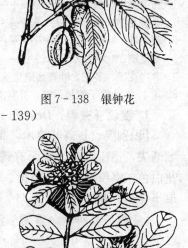

图7-138 银钟花

三十五、海桐科 Pittosporaceae

海桐科约160种，主要分布于亚洲及非洲。我国约40种，分布于西南和台湾。

海桐（臭海桐）Pittosporum tobira（Thunb.）Ait.（图7-139）

【识别要点】常绿灌木，高2～6m，树冠圆球形。分枝低；叶革质，倒卵形，全缘，先端圆钝，基部楔形，边缘反卷，叶面有光泽。伞房花序，顶生，花白色后变黄色，芳香。蒴果熟时三瓣裂，种子鲜红色。花期4～5月，果熟期10月。

【分布】原产我国江苏、浙江、福建、广东、台湾等省。长江流域及以南地区都有栽培。北京等地盆栽。

【习性】喜光，耐阴能力强。喜温暖湿润气候，不耐寒。对土壤适应性强，耐盐碱。萌芽力强，耐修剪。抗风性强，抗二氧化硫污染，耐烟尘。

【繁殖】播种、扦插繁殖。

图7-139 海 桐

【用途】海桐枝叶茂密，叶色亮绿，树冠圆满，白花芳香，种子红艳，适应性强，是园林中常用的观叶、观花、闻香树种。常配植于公园或庭园的道路交叉点、拐角处、台坡边、草坪一角，作下层常绿基调树种或绿篱，也是街头绿地、居民新村、工矿区常用的抗污染、绿化、美化树种，也可作海岸防护林树种。

三十六、虎耳草科 Saxifragaceae

草本、灌木或小乔木。单叶对生或互生；常无托叶。花两性、整齐，稀单性、不整齐。萼片、花瓣均为4～5，雄蕊与花瓣同数对生，或为其倍数，胚珠多数。蒴果、浆果或蓇葖果。种子小，常有翅。

虎耳草科约80属1 500种，主要分布于北温带。我国约27属近400种。

分 属 检 索 表

1. 叶对生，蒴果 ·· 2
1. 叶互生，浆果 ··· 茶藨子属
2. 花两性同型，无不孕花 ··· 3

2. 花异型，花序边缘为不孕花 ·· 八仙花属

3. 植株有星状毛，小枝中空，叶脉羽状，花基数 5 ······································· 溲疏属

3. 植株无星状毛，枝髓白色充实，叶脉 3～5 基出，花基数 4 ······················· 山梅花属

（一）溲疏属 *Deutzia* Thunb.

本属约 100 种，我国约 50 种，广布于南北各地，以西部最多，多为林下常见种。

分 种 检 索 表

1. 圆锥花序，白色 ··· 2
1. 伞房花序或仅 1～3 朵 ··· 3
2. 花单瓣，叶柄抱茎 ·· 溲疏
2. 花重瓣，叶柄长 0.5cm ··· 壮丽溲疏
3. 伞房花序，多花，叶背面疏生星状毛 ·· 小花溲疏
3. 花 1～3 朵生于侧枝顶端，叶背面密生白色星状毛 ··································· 大花溲疏

1. 溲疏（空疏）*Deutzia scabra* Thunb. （图 7-140）

【识别要点】落叶灌木，高 1.5m。小枝淡褐色。叶卵状，先端渐尖，锯齿细密，两面有锈褐色星状毛，叶柄短。圆锥花序，花白色或略带粉红色，单瓣，花梗、花萼密生锈褐色星状毛。蒴果半球形。花期 5 月，果期 7～8 月。

【变种与品种】'重瓣'溲疏（var. *scabra*）。花重瓣，稍有红晕。

【分布】产于我国华东各省，野生山坡灌丛中或路旁。

【习性】喜光，略耐半阴。喜温暖湿润气候，耐寒、耐旱。萌蘖力强。

【繁殖】扦插、播种、压条、分株繁殖。每年落叶后对老枝进行分期更新。

图 7-140 溲 疏

【用途】溲疏初夏白花繁密、素雅，常丛植草坪一角、建筑物旁、林缘配山石；若与花期稍晚的山梅花配植，则次年开花，可延长树丛的观花期；也可植花篱。花枝可切花插瓶，果可入药。

2. 大花溲疏 *Deutzia grandiflora* Bunge.

【识别要点】落叶灌木，高 2m。叶卵形，先端急尖，基部圆形，缘有小齿，表面散生星状毛，背面密被白色星状毛。花白色，花期 4 月；果期 6 月。

【分布】产于我国湖北、河南、内蒙古、辽宁等地，较溲疏耐寒。

（二）山梅花属 *Philadelphus* L.

山梅花属约 100 种，产于北温带。我国有 15 种 12 变种、变型。

分 种 检 索 表

1. 花萼密生灰白色平伏毛，叶背密生平伏短毛，脉上更多，蒴果倒卵形 ·········· 山梅花
1. 花萼外面无毛 ·· 2
2. 花梗、花序轴无毛，花乳白色。叶两面无毛或背面脉腋有簇生毛 ················ 太平花
2. 花梗微有毛，花纯白色。叶两面脉腋有毛，有时脉上有毛 ··················· 西洋山梅花

1. 太平花（京山梅花）*Philadelphus pekinensis* Rupr.（图7-141）

【识别要点】落叶灌木，高3m。树皮薄片状剥落；一年生枝紫褐色，无毛；二年生枝栗褐色，剥落。叶卵形或卵状椭圆形，先端长渐尖，基部宽楔形或圆，有锯齿，无毛或背面脉腋生毛，三出脉。花5～9朵组成总状花序，乳白色，微香。蒴果倒圆锥形。花期6月，果熟期8～9月。

【分布】产于我国辽宁、内蒙古、河北、山西、四川等地。

【习性】半阴性树种，能耐强光照。耐寒，喜肥沃、排水良好的土壤，耐旱，不耐积水。耐修剪，寿命长。

【繁殖】播种、扦插、分株繁殖。小枝易枯，应及时修剪枯枝、老枝及残花。

【用途】太平花的花乳白、淡香，花期长，是北方初夏优良的花灌木。常筑台栽植，如北京故宫、中山公园，也可丛植或片植草坪、大型花坛中心、园路转角、建筑周围、假山石旁、树林边缘。可栽植成花篱、花境。花枝可切花插瓶；嫩叶可食。

图7-141　太平花

2. 西洋山梅花 *Philadelphus coronarius* L.

【识别要点】落叶灌木，高3m。树皮片状剥落，小枝光滑无毛。柄下芽。叶卵形至卵状长椭圆形，长4～8cm，3～5主脉，缘具疏齿，叶光滑，仅叶背脉腋有毛。花纯白色，芳香，总状花序。花期5～6月，果熟期9～10月。

【分布】原产于南亚及小亚细亚一带。我国栽培分布较太平花偏南，上海、南京等地较常见，生长旺盛，花朵较大，色香均较太平花为好。

3. 东北山梅花 *Philadelphus schrenkii* Rupr.（图7-142）

【识别要点】灌木，高达4m。小枝对生，具白色髓心。叶对生，3～5出脉。总状花序，花白色，芳香；萼筒倒圆锥形或近钟形。蒴果椭圆形，胚珠多数。

【分布】产于我国东北，多生于海拔1500m以下山地疏林，为长白松或红松阔叶混交林下常见木，与毛榛、疣皮卫矛、东北溲疏等混生。朝鲜、俄罗斯有分布。

【习性】喜光。喜湿润，常混生于灌木丛中，林内或沿沟谷生长。

【繁殖】播种繁殖，扦插或压条易成活。

【用途】花芳香、美丽，为优良观赏树种；花含芳香油，可制浸膏。

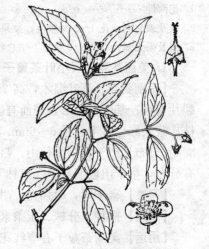

（三）八仙花属（绣球属）*Hydrangea* L.

八仙花属约80种，分布于东亚及美洲，我国约45种。

图7-142　东北山梅花

八仙花（绣球花）*Hydrangea macrophylla*（Thund.）Saringe.（图7-143）

【识别要点】落叶灌木。小枝粗壮，皮孔明显。叶宽卵形或倒卵形，大而有光泽，有粗锯齿，先端短尖，基部宽楔形，无毛或背面微有毛，叶柄粗。花序伞房状，顶生，径达

20cm，多为辐射状，不孕花，花白色、蓝色或粉红色。花期6～7月。

【变种与品种】

（1）大八仙花（var. *hortensis*）。花序球形，全为不孕花，初白色后变为蓝色或粉红色。

（2）银边八仙花（var. *maculata*）。叶缘白色，常盆栽，可观花、观叶。

【分布】原产我国，各地广泛栽培，长江流域以北盆栽。

【习性】喜阴，亦可光照充足。喜温暖湿润。不耐寒，上海呈亚灌木状，需防寒措施。喜腐殖质丰富、排水良好的疏松土壤，耐湿。八仙花在不同 pH 土壤中花色会有变

图7-143　八仙花

化：在酸性土中呈蓝色，碱性土则以粉红色为主。萌蘖力强，抗二氧化硫等有害气体能力强，病虫害少。

【繁殖】扦插、压条繁殖。花后应及时剪去残花枝，基部萌发的过多枝条应适当修剪。

【用途】八仙花花序大而美丽，花期长，栽培容易。常配植在池畔、林荫道旁、树丛下、庭园的荫蔽处，亦可配植于假山、土坡间，列植作花篱、花境及工矿区绿化。也可盆栽布置厅堂会场。花、根可入药。

（四）茶藨子属 *Ribes* L.

本属约200种，主产于北温带及南美。我国约50种。

分 种 检 索 表

1. 花单性，雌雄异株；小枝节上有1对小刺；浆果红色有毛 …………………………… 美丽茶藨子
1. 花两性 ………………………………………………………………………………………………… 2
2. 枝及果有刺；花1～2朵腋生；浆果绿色 ………………………………………… 刺李（刺果茶藨子）
2. 枝及果无刺；花5～10朵呈下垂总状花序；浆果黑色 ………………………………… 香茶藨子

1. 美丽茶藨子（小叶茶藨子）*Ribes pulchellum* Turcz.

【识别要点】落叶灌木，高2m。小枝有毛，节上有1对小刺。叶近圆形，掌状3深裂，裂片有齿；基部微心形，表面有硬毛，背面沿脉缘有毛。花序轴有绒毛，花淡红色，单性异株。浆果红色有毛。径5～6mm，花期5月；果熟期8～9月。

【分布】产于我国太行山、吕梁山、河北燕山、内蒙古大青山、乌拉山，东北、西北也有分布，生于山坡灌丛中、疏林下及沟边林缘。

【习性】喜半阴，耐强光。耐寒，喜湿润、肥沃、排水良好的土壤。萌蘖性强。

【繁殖】播种、分株、压条繁殖。

【用途】美丽茶藨子春季红花满枝，夏季红果累累，果味酸甜适度、富营养，是北方庭园、风景区、森林公园优良的观花、观果树种。丛植林缘、路边、草坪一隅，或配植于假山石、岩石园，亦可植作刺篱。果可食，木材做手杖。

2. 东北茶藨子 *Ribes mandshurica*（Maxim.）Kom.（图7-144）

【识别要点】落叶灌木，高达2m。小枝褐色，无毛。叶3裂，中裂片稍长，先端尖或渐

尖，侧裂片开展，具尖齿，基部心形，花序轴密被绒毛，萼裂片淡绿色或淡黄色，倒卵形，反曲。果球形，红色。花期5～6月，果期7～8月。

【分布】产于我国东北、河北、河南、山西、陕西、甘肃，生于林下。朝鲜和俄罗斯远东地区也有分布。

【习性】耐寒植物，不耐高温，喜湿润，不耐水湿，在沿岸低地容易烂根。喜腐殖质丰富的黏质壤土。

【繁殖】扦插、压条生根快，易繁殖。

【用途】春季落花满枝，夏季结果累累，供观赏。

3. 香茶藨子 *Ribes odoratum* Wendl. （图7-145）

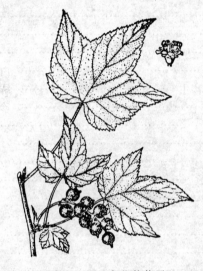

图7-144　东北茶藨子　　　　　　　图7-145　香茶藨子

【识别要点】直立丛生落叶灌木，高2m。小枝淡褐色有毛。叶卵圆形至圆肾形，掌状3～5裂，裂片有锯齿。花萼黄色，萼筒管状，长1.2～1.5cm；花瓣5，小形，长约2mm，紫红色，与萼片互生。花芳香。浆果黑色、紫黑色。花期4月，果熟期6～7月。

【分布】产于美国中部，我国东北及华北有分布。

【习性】喜光。耐寒，耐干旱、瘠薄，耐修剪，不耐涝。

【繁殖】分株、播种繁殖。管理粗放。

【用途】观赏应用，香茶藨子春季黄花繁而有浓香，颇似丁香，故有"黄丁香"之称，是良好的观赏树种。宜丛植于草坪、林缘、坡地、角隅。

三十七、蔷薇科 Rosaceae

乔木、灌木、藤本或草本，有或无刺。单叶或复叶，多互生，通常有托叶。花两性，整齐，单生或组成花序；花基数5，花萼基部多少与花托愈合成碟状或坛状萼管；心皮1至多数，离生或合生，子房上位或下位，胚珠1至数个。核果、梨果、瘦果、蓇葖果、蒴果。

本科性状变化极其多样，种类繁多。分4亚科，约124属3 300种，分布于世界各地，北温带尤多。我国有51属1 000多种。蔷薇科包括许多著名的果树及花木，是园艺、园林上特别重要的一科，产于全国各地。

分亚科检索表

1. 果为开裂的蓇葖果或蒴果；单叶或复叶，通常无托叶 ···················· 绣线菊亚科
1. 果不开裂；有托叶 ··· 2
2. 子房下位，心皮 2~5；梨果或浆果状 ·· 苹果亚科
2. 子房上位 ··· 3
3. 心皮通常多数；聚合瘦果或小核果；萼宿存；常为复叶 ···················· 蔷薇亚科
3. 心皮常为 1，稀 2 或 5；核果；萼常脱落；单叶 ····························· 李亚科

分 属 检 索 表

1. 蓇葖果，稀蒴果；多无托叶（绣线菊亚科） ····································· 2
1. 梨果、瘦果或核果，不开裂；有托叶 ·· 4
2. 蓇葖果；种子无翅；花小 ··· 3
2. 蒴果；种子有翅；花较大，花径 2cm 以上；单叶 ··························· 白鹃梅属
3. 单叶，无托叶；伞形、伞形总状、伞房或圆锥花序，心皮离生 ············ 绣线菊属
3. 一回羽状复叶，有托叶；大型圆锥花序，心皮基部连合 ···················· 珍珠梅属
4. 子房下位，心皮 2~5；梨果或浆果状（苹果亚科） ························· 5
4. 子房上位，少数下位（蔷薇属子房似下位） ·································· 12
5. 心皮成熟时坚硬骨质；果内有 1~5 个骨质小核 ····························· 6
5. 心皮成熟时革质或纸质；梨果 1~5 室，每室 1 或多数种子 ················ 8
6. 叶全缘；枝无刺 ··· 栒子属
6. 叶缘有锯齿或缺裂；枝常有刺 ·· 7
7. 常绿；心皮 5，每室胚珠 2；叶缘具锯齿 ······································ 火棘属
7. 落叶；心皮 1~5，每室胚珠 1；叶缘有缺裂 ·································· 山楂属
8. 伞房、复伞房或圆锥花序 ··· 9
8. 伞形或总状花序，有时花单生 ·· 10
9. 心皮合生；圆锥花序；种子大；常绿 ·· 枇杷属
9. 心皮成熟时顶端与萼筒分离；伞形、伞房或复伞房花序；梨果小 ··········· 石楠属
10. 梨果每室有种子多数；花单生或簇生 ··· 木瓜属
10. 梨果每室有种子 1~2 粒 ··· 11
11. 花柱基部合生 ··· 苹果属
11. 花柱离生 ·· 梨属
12. 心皮多数；瘦果，萼宿存；多复叶（蔷薇亚科） ···························· 13
12. 心皮常为 1；核果，萼脱落；单叶；无刺（李亚科） ························ 李属
13. 瘦果多数，生于坛状肉质花托内；羽状复叶；有刺 ························· 蔷薇属
13. 瘦果生于扁平或微凹花托上；单叶；无刺 ····································· 棣棠属

（一）绣线菊属 Spiraea L.

落叶灌木。单叶互生，有锯齿或裂；无托叶。花小，伞形、伞形总状、复伞房或圆锥花序；心皮 5，离生。蓇葖果。种子细小。

绣线菊属约 100 种，分布于北温带至亚热带山区，我国有 50 多种，多数种类耐寒。

分 种 检 索 表

1. 伞形或伞形总状花序，花白色，着生在上年生短枝顶端 ······················ 2

1. 复伞房花序或圆锥花序，花粉红色，着生在当年生枝顶端 ……………………………… 5
2. 伞形花序无总梗，有极小的叶状苞片位于花序基部 ……………………………………… 3
2. 伞形总状花序有总梗 …………………………………………………………………………… 4
3. 叶椭圆形至卵形，背面有柔毛 ……………………………………………………… 李叶绣线菊
3. 叶线状披针形，无毛 ………………………………………………………………………… 珍珠花
4. 叶先端急尖，菱状披针形或椭圆形，羽状脉 ……………………………………… 麻叶绣线菊
4. 叶先端圆钝，近圆形，先端 3 裂，3～5 出脉 ………………………………… 三桠绣线菊
5. 复伞房花序 ………………………………………………………………………… 粉花绣线菊
5. 圆锥花序 …………………………………………………………………………… 柳叶绣线菊

1. 李叶绣线菊（笑靥花） *Spiraea prunifolia* Sieb. et. Zucc.（图 7 - 146）

【识别要点】落叶灌木，高达 3m。叶椭圆形至卵圆形，长 2.5～5cm，叶缘中部以上有锐锯齿，叶背有细短柔毛或光滑。花白色，重瓣，花朵平展，中心微凹如笑靥，花径约 1cm，花梗细长，3～6 朵花组成无总梗的伞形花序。花期 4～5 月。

【分布】产于我国长江流域。日本、朝鲜亦有分布。

【习性】喜光，稍耐阴，耐寒，耐旱，耐瘠薄，亦耐湿，对土壤要求不严，在肥沃湿润土壤中生长最为茂盛。萌蘖性、萌芽力强，耐修剪。

【繁殖】扦插或分株繁殖。生长健壮，管理粗放。

【用途】春天展花，花色洁白，繁密似雪，如笑靥。可丛植于池畔、山坡、路旁或树丛的边缘，亦可成片群植于草坪及建筑物角隅。

图 7 - 146 李叶绣线菊

2. 麻叶绣线菊（麻叶绣球） *Spiraea cantoniensis* Lour.（图 7 - 147）

【识别要点】落叶灌木，高达 1.5m。枝细长拱形。叶菱状椭圆形，缘有缺刻状锯齿，羽状脉，两面无毛，叶背青蓝色。花白色，伞形花序有总梗。花期 4～5 月，果期 10～11 月。

【习性】喜光，稍耐阴，喜温暖湿润气候，耐寒，对土壤适应性强，耐瘠薄。萌芽力强，耐修剪。

【繁殖】扦插、分株为主，亦可播种繁殖。花后宜疏剪老枝及过密枝，冬施基肥。

【用途】花繁密，盛开时枝条全被细小的白花覆盖，形似一条条拱形玉带，洁白可爱，叶清丽。可成片配植于草坪、路边、斜坡、池畔、庭园一隅、台阶两旁、山石悬崖附近、建筑周围，或植花篱，也可单株或数株点缀花坛。

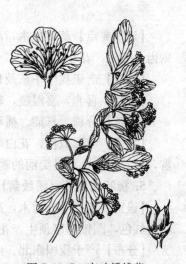

图 7 - 147 麻叶绣线菊

3. 三桠绣线菊（三裂绣线菊） *Spiraea trilobata* L.（图 7 - 148）

【识别要点】落叶灌木，高达 1.5m。叶近圆形，常 3 裂，基部圆形，掌状脉，无毛，叶缘中部以上有少数圆钝齿。花小，白色，伞房花序。花期 5～6 月。

【分布】产于我国东北及华南各地。

【习性】喜光，稍耐阴，耐严寒，对土壤要求不严，耐旱。性强健，生长迅速，耐修剪，栽培容易。

【繁殖】播种、分株、扦插繁殖。

【用途】晚春白花翠叶，是东北、华北庭园常见的花灌木，可植于岩石园、山坡、小路两旁，亦可作基础种植。

4. 珍珠花（喷雪花）*Spiraea thunbergii* Sieb.（图7-149）

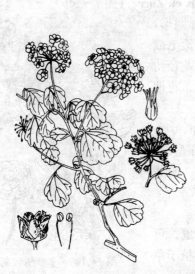

图7-148 三桠绣线菊

图7-149 珍珠花

【识别要点】落叶灌木，高1.5m。小枝幼时有柔毛。叶狭长披针形，中部以上有尖锐细锯齿，无毛。花小，白色，3～5朵成无总梗的伞形花序。花期3～4月。

【分布】产于我国华东及日本。我国东北南部及华北等地有栽培。

【习性】喜光，喜温暖，较耐寒，喜湿润而排水良好的土壤。

【繁殖】分株、扦插、播种繁殖。易栽培，管理一般。

【用途】叶形似柳，花白如雪，故又称"雪柳"，花蕾形若珍珠，开放时繁花满枝宛若喷雪，秋叶橘红色，是美丽的观花灌木。可植于草坪或作基础种植，也可作切花材料。

5. 柳叶绣线菊（绣线菊）*Spiraea salicifolia* L.（图7-150）

【识别要点】落叶灌木，高1～2m。叶长椭圆状披针形，长4～8cm，锯齿细尖，无毛。花粉红色，圆锥花序顶生。花期6～8月。

【分布】产于我国东北、内蒙古及河北。朝鲜、日本、蒙古、俄罗斯至欧洲东南部也有分布。

【习性】喜光，耐寒，喜肥沃湿润土壤，不耐干旱瘠薄。

【繁殖】播种、分株、扦插繁殖。

【用途】夏季开花，粉红色，极美丽。宜植于庭园观赏。

6. 粉花绣线菊（日本绣线菊）*Spiraea japonica* L. f.（图7-151）

图7-150　柳叶绣线菊　　　　　　　图7-151　粉花绣线菊

【识别要点】落叶灌木，高达1.5m。枝无毛或幼时有细毛。叶卵形至卵状长椭圆形，先端尖，叶缘有缺刻状重锯齿，叶背灰白色，脉上常具短柔毛。花粉红色至深粉红色，稀白色，雄蕊长于花瓣，复伞房花序，有柔毛，生于当年生枝端。花期6～7月，果期8～9月。

【变种及品种】

（1）'金山'绣线菊（S.×*bumalda* 'Gold Mound'）。由粉花绣线菊和其白花品种'Albiflora'杂交育成。矮生灌木，高40～60cm。新叶金黄色，夏季渐变黄绿色，秋叶橙红色，宿存不落。花粉红色。

（2）'金焰'绣线菊（S.×*bumalda* 'Gold Flame'）。由粉花绣线菊和其白花品种'Albiflora'杂交育成。矮生灌木。春叶黄红相间，下部红色，上部黄色，犹如火焰，秋叶紫铜色，宿存不落。花粉红色。

【分布】原产日本，我国华东有栽培。

【习性】喜光，稍耐阴，耐寒，耐干旱，适应性强。

【繁殖】播种、分株繁殖。

【用途】枝叶茂密，花色娇艳，花朵繁多。宜丛植于草坪、花坛、花境、园路拐角处、建筑物前，或作基础种植。根、叶、果可入药。

（二）珍珠梅属 *Sorbaria* A. Br. ex Aschers.

落叶灌木。奇数羽状复叶，互生，有锯齿；具托叶。花小，白色，大型圆锥花序顶生；萼片5，反卷；花瓣5；心皮5，基部相连。蓇葖果沿腹缝线开裂。种子多数。

珍珠梅属约9种，分布于亚洲，我国有5种。

1. 华北珍珠梅（珍珠梅）*Sorbaria kirilowii*（Regel）Maxim（图7-152）

【识别要点】落叶灌木，奇数羽状复叶，小叶13～21，披针形至卵状披针形，重锯齿。花蕾时似珍珠，雄蕊20枚，与花瓣等长或稍短。果矩圆形，果梗直立。花期6～8月，果熟期9～10月。

【分布】主产我国北部，生于海拔 200～1 500m 的山坡、河谷及杂木林中。

【习性】喜光，较耐阴，耐寒，对土壤要求不严。生长快，萌蘖性强，耐修剪。

【繁殖】分株、扦插繁殖为主，也可播种。

【用途】花、叶秀丽，花期长，是夏季少花季节很好的花灌木，北方庭园夏季主要的观花树种之一，可丛植于草坪、林缘、墙边、街头绿地、水旁，也可作花篱、作下木或在背阴处栽植。

图 7-152　华北珍珠梅

2. 东北珍珠梅 *Sorbaria sorbifolia*（L.）A. Br.

【识别要点】外形似华北珍珠梅，主要区别是：雄蕊 40～50 枚，长度为花瓣长度的 1.5～2 倍；花期较晚而短，6～7 月。

【分布】原产亚洲北部，我国东北及内蒙古有分布。北京及华北等地有栽培。

习性、繁殖、用途同华北珍珠梅。

（三）白鹃梅属 *Exochorda* L.

落叶灌木。单叶互生，全缘；托叶无或早落。花白色，较大，总状花序顶生；花萼 5，花瓣 5；雄蕊 15～30 枚；心皮 5，合生。蒴果具 5 棱。种子有翅。

白鹃梅属有 5 种，产于亚洲中部及东部，我国产 3 种。

白鹃梅 *Exochorda racemosa*（Lindl.）Rehd.（图 7-153）

【识别要点】落叶灌木，高 3～5m。枝条细弱开展。叶椭圆形，全缘，极少数顶端有锯齿，无托叶。花白色，总状花序。花期 5 月，果期 7～8 月。

【分布】产于我国华东、湖北等地。北京以南可栽培。

【习性】喜光，稍耐阴，耐寒，对土壤要求不严，耐干旱瘠薄。萌蘖性强。

【繁殖】播种、扦插繁殖。

【用途】花洁白如雪，秀丽动人，适于草坪、林缘、路边及假山、岩石间配植，也可在常绿树丛前栽植，似层林点雪，极有雅趣，可散植林间空地或庭园角隅，亦可作基础栽植。

图 7-153　白鹃梅

（四）枸子属 *Cotoneaster*（B. Ehrh）Medik

灌木。单叶互生，全缘；托叶小，早落。萼片、花瓣均为 5，雄蕊通常 20 枚；花柱 2～5，离生。梨果小，红色或黑色，内含 2～5 小核，具宿存萼片。

本属约 90 种，分布于亚、欧及北非的温带地区。我国产 60 余种，分布中心在西部、西南部。

分 种 检 索 表

1. 茎匍匐，枝水平成两列；花粉红色，1～2 朵，花瓣直立，倒卵形 ……………………………… 平枝枸子

1. 茎直立；花白色，多数，花瓣开展，近圆形 …………………………………………… 水栒子

1. 平枝栒子（铺地蜈蚣）*Cotoneaster horizontalis* Decne.（图7-154）

【识别要点】落叶或半常绿匍匐灌木，高不过0.5m。枝水平开展成整齐的两列。叶近圆形或宽椭圆形，背面有柔毛。花粉红色，1~2朵并生。果近球形，鲜红色，常含3小核。花期5~6月，果熟期9~10月。

【分布】产于我国湘、鄂、陕、甘、川、滇、黔等地，是西藏高原东南部亚高山灌木丛主要树种之一。

【习性】喜半阴，光照充足亦能生长，喜空气湿润，耐寒，对土壤要求不严，耐干旱瘠薄，石灰质土壤也能生长，不耐水涝。华北地区宜栽培于避风处或盆栽。

【繁殖】扦插、播种繁殖为主，亦可秋季压条。

【用途】树姿低矮，春季粉红色小花星星点点嵌于墨绿色叶之中，入秋红果累累，经冬不凋。适宜作基础种植材料、地面覆盖材料，或装饰建筑物，尤其是纪念性建筑物的墙面。

2. 水栒子（多花栒子）*Cotoneaster multiflora* Bunge.（图7-155）

图7-154 平枝栒子

图7-155 水栒子

【识别要点】落叶灌木，高2~4m。小枝细长拱形，幼时有毛后光滑，紫色。叶卵形，幼时叶背有柔毛，后光滑。花白色，聚伞花序。果近球形、倒卵形，径约8mm，红色，具1~2核。花期5月，果熟期9月。

【分布】广布于我国东北、华北、西北和西南，山坡杂木林中。

【习性】喜光，稍耐阴，极耐干旱和瘠薄。萌芽力强，耐修剪，性强健。

【繁殖】播种、扦插繁殖。

【用途】花洁白，果艳丽繁盛，是北方地区常见的观花、观果树种。宜丛植于草坪边缘、园路转角、坡地观赏。

（五）火棘属 *Pyracantha* Roem.

常绿灌木，常有枝刺。单叶互生；托叶小，早落。花小，白色，复伞房花序；雄蕊20枚；心皮5。梨果小，红色或橘红色，内含5小硬核。

火棘属有10种，分布于亚洲东部至欧洲南部。我国7种，主要分布于西南地区。

火棘（火把果、救兵粮） *Pyracantha fortuneane* (**Maxim**) **Li**（图7-156）

【识别要点】常绿灌木，高达3m，有枝刺。嫩枝有锈色柔毛。叶倒卵形或倒卵状长圆形，先端圆钝或微凹，基部下延至叶柄，叶缘细钝锯齿。花白色。果深红或橘红色。花期3～5月，果熟期8～11月。

【分布】产于我国华东、中南、西南、西北等地。生于海拔2 800m以下山谷、溪边灌丛中。

【习性】喜光，稍耐阴，耐寒性差，耐干旱，山地平原都能适应。萌芽力强。

【繁殖】扦插、播种繁殖。种子需沙藏处理。

【用途】枝叶茂盛，初夏白花繁密，入秋红果满树，经久不落，是优良的观果树种。以常绿或落叶乔木为背景，在林缘丛植作下木，配植于岩石园或孤植于草坪、庭园一角、路边或水池边。也可作绿篱或基础种植，宜作盆景。

图7-156 火 棘

（六）山楂属 *Crataegus* L.

落叶小乔木或灌木，通常有枝刺。单叶互生，叶缘有锯齿及裂；托叶较大。花白色，稀红色；伞房花序顶生；萼片、花瓣各5，雄蕊5～25枚，心皮1～5。梨果，内含1～5骨质小核。

山楂属约1 000种，分布于北半球。我国约17种。

山楂 *Crataegus pinnatifida* **Bunge.** （图7-157）

【识别要点】落叶小乔木，高达6m，有枝刺。叶宽卵形至三角状卵形，两侧各有3～5羽状深裂，基部1对裂片分裂较深，缘有不规则锐齿；托叶大而有齿。果球形，深红色，径约1.5cm。花期5～6月，果熟期9～10月。

【变种与品种】山里红（var. *major*）。果径约2.5cm。叶较大，羽状裂较浅。枝上无刺。树体较原种大而健壮，作果树栽培。

【分布】产于我国东北、华北等地。在丘陵、平原均广为栽培。

图7-157 山 楂

【习性】喜光，喜侧方遮阳，喜干冷气候，耐寒，耐旱，在排水良好的湿润肥沃沙壤土上生长最好。根系发达，萌蘖性强，抗氯气、氟化氢污染。

【繁殖】播种、嫁接、分株繁殖。种核坚硬，需沙藏层积两冬一夏才能萌发。常用根蘖苗作砧木嫁接山里红。注意清除根蘖。

【用途】树冠圆满，叶形秀丽，白花繁茂，红果艳丽可爱，是观果、观花、园林结合生产的优良树种，也是优美的庭荫树。孤植或丛植于草坪边缘、园路转角，可作刺篱或基础种植材料。果实供鲜食或加工食品，亦可入药。

（七）花楸属 *Sorbus* L.

落叶乔木或灌木。单叶或奇数羽状复叶，互生，有锯齿；有托叶。花白色，稀粉红色，复伞房花序顶生；雄蕊 15～20 枚，心皮 2～5。梨果。

花楸属 80 余种，广布于北半球温带。我国约 60 种。

分 种 检 索 表

1. 小叶长 3～5cm；果红色 ·· 百华花楸
1. 小叶长约 7.5cm；果白色或带粉红色 ·································· 湖北花楸

1. 百华花楸（花楸树）*Sorbus pohuashanensis*（Hance）Hedl. （图 7 - 158）

【识别要点】落叶小乔木，高达 8m。幼枝、冬芽有灰白色绒毛。奇数羽状复叶，小叶 11～15，长椭圆形，长 3～5cm，中部以上有锯齿，背面有柔毛，叶轴有绒毛；托叶大，有齿裂。花白色，总花梗和花梗密生绒毛。果近球形，红色，径 6～8mm，花萼宿存。花期 5～6 月，果期 9～10 月。

【分布】产于我国东北、华北、内蒙古高山地区。

【习性】较耐阴，耐寒，喜冷凉湿润气候及湿润的酸性或微酸性土壤。

【繁殖】播种繁殖。种子采后需沙藏层积处理，春天播种。

【用途】花叶美丽，果实鲜艳，秋叶红色，是良好的观花、观叶、观果树种。宜作庭荫树、行道树、独赏树、风景林树种。果为加工食用、酿酒、入药用材。

2. 湖北花楸 *Sorbus hupehensis* Schneid. （图 7 - 159）

图 7 - 158 百华花楸

图 7 - 159 湖北花楸

【识别要点】落叶乔木，高 5～10m。奇数羽状复叶，小叶 13～17，长椭圆形，长达 7.5cm，秋叶红色或橙色。花白色。果球形，白色或带粉红色，呈下垂果丛，宿存至冬季。花期 6 月。

【分布】产于我国中部及西部地区。

【习性】耐寒冷，喜湿润肥沃土壤。

【繁殖】播种繁殖。

【用途】花叶美丽，果实白色，秋叶红色或橙色，是良好的观花、观叶、观果树种。宜作庭荫树、行道树、独赏树、风景林树种。

（八）石楠属 Photinia Lindl.

灌木或乔木。单叶互生，常有锯齿，有托叶。花小，白色，伞房或圆锥花序；萼片5，宿存；花瓣5；雄蕊约20枚。梨果，顶端圆且洼。

石楠属约60余种，分布于亚洲东部及南部。我国约40余种，多分布于温暖的南方。

分 种 检 索 表

1. 石楠（千年红） *Photinia serrulata* **Lindl.** （图7-160）

【识别要点】常绿小乔木，高6～15m，树冠自然圆满。小枝无刺，无毛，冬芽大，红色。叶革质，有光泽，倒卵状椭圆形，先端尖，锯齿细尖，新叶红色。花白色；复伞房花序顶生。果球形，红色，1粒种子。花期5～6月，果10月成熟。

图7-160 石 楠

【分布】产于我国秦岭南坡、淮河流域以南，各地庭园多有栽培。

【习性】喜光，耐半阴，喜温暖气候，耐干旱瘠薄，可在石缝中生长，不耐积水。生长慢，萌芽力强，耐修剪，分枝密。有减噪声、隔音功能。抗二氧化硫、氯气污染。

【繁殖】播种、扦插、压条繁殖。种子层积沙藏后春播。7～9月扦插。

【用途】树冠圆满，树姿优美，嫩叶红艳，老枝叶浓绿光亮，秋果累累，是优良的观叶、观果树种。可作庭荫树，整形后孤植或对植点缀建筑的门庭两侧、草坪、庭园墙边、路角、池畔、花坛中心。街头绿地、居民新村、厂矿绿化都可应用，也可作绿墙、绿屏栽种。幼苗可作嫁接枇杷的砧木。

2. 椤木石楠（椤木） *Photinia davidsoniae* **Rehd. et Wils.** （图7-161）

【识别要点】常绿小乔木，高6～15m。树干及枝条有刺，幼枝褐色，有毛。叶革质，长椭圆形至倒卵状披针形，长5～15cm，先端渐尖而有短尖头，基部楔形，叶缘有细腺齿。花白色，花瓣无毛；复伞房花序顶生，花序梗、花柄疏生柔毛。梨果卵球形，黄红色，径7～10mm。花期5月，果9～10月成熟。

【分布】产于我国长江流域以南至华南地区。越南、缅甸、泰国也有分布。

【习性】喜光，喜温暖，耐干旱，对土壤要求不严。

【繁殖】播种、扦插繁殖。

【用途】花叶美丽，常植于庭园观赏，或作刺篱。

3. 光叶石楠（扇骨木） *Photinia glabra* **(Thunb.) Maxim.** （图7-162）

【识别要点】常绿小乔木，高7～10m。枝通常无刺。叶革质，椭圆形至椭圆状倒卵形，两端尖，细锯齿。花白色，径7~8mm，花瓣内侧基部有毛；复伞房花序顶生，花序梗及花柄无毛。梨果红色，卵形。花期4~5月，果9~10月成熟。

图7-161 椤木石楠

图7-162 光叶石楠

【分布】产于我国长江流域及其以南地区。日本、泰国、缅甸也有分布。

【繁殖】播种繁殖。

【用途】幼叶红色美丽，可作园林绿化及绿篱树种。

4. 满园春（倒卵叶石楠）Photinia lasiogyna（Franch.）Schneid.

【识别要点】常绿乔木，高达15m，树冠圆球形，分枝点低，常呈灌木状，短枝常成刺。叶革质，倒卵形至倒披针形，长5~10cm，先端圆钝或具凸尖，基部楔形，叶缘锯齿不明显。花白色，花梗及花萼有绒毛；复伞房花序顶生，有绒毛。梨果紫红色，有斑点。花期5月，果11月成熟。

【分布】产于浙江、江西、湖南至西南地区。

【习性】喜光，稍耐阴，喜温暖湿润气候，耐干旱瘠薄。萌芽力强。

【用途】枝叶茂密，宜作绿篱材料。

（九）枇杷属 Eriobotrya Lindl.

常绿小乔木。约30种，分布于亚洲温带及亚热带。我国有13种。

枇杷 Eriobotrya japonica（Thunb.）Lindl.（图7-163）

【识别要点】常绿小乔木。小枝粗壮，密生锈黄色绒色。叶革质，倒披针形至长圆形，先端尖，基部全缘，上部锯齿粗钝，叶面褶皱，有光泽，背面及柄密生灰棕色绒毛。花白色，芳香，圆锥花序。梨果长圆形至球形，橙黄色或橙红色。10~12月开花，果翌年5~6月成熟。

【分布】亚热带常绿果树。现我国四川、湖北仍有野生，长江流域以南久经栽培，江苏洞庭东、西山，浙江塘栖，福建莆田，湖南沅江地区都是枇杷的著名产区。

【习性】喜光照充足，稍耐侧阴，喜温暖湿润气候，不耐严寒。喜肥沃、湿润土壤。耐积水，冬季干旱生长不良。一年发3次新梢，花期忌风。抗二氧化硫及烟尘。深根性，生长慢，寿命长。

【繁殖】播种、嫁接繁殖为主，亦可高枝压条。可用实生苗或石楠苗作砧木。

【用途】树形整齐，叶大荫浓，冬日白花盛开，初夏果实金黄。多用于庭园中栽植，也可在草坪丛植，或公园列植作园路树，与各种落叶花灌木配植作背景。江南园林中，常配植于亭、台、院落之隅，点缀山石、花卉，富诗情画意。果可鲜食或加工罐头、酿酒，叶可入药。

（十）木瓜属 Chaenomeles Lindl.

有时具枝刺。单叶互生，有锯齿；托叶大。花单生或簇生，萼片5，花瓣5，雄蕊20枚或更多，花柱5，基部合生。梨果。种子褐色。

木瓜属约5种，我国产4种，日本产1种。

图7-163 枇杷

分 种 检 索 表

1. 小乔木，枝无刺；花单生，叶后开放，托叶卵状披针形；树皮薄片状剥落 ………………………… 木瓜
1. 灌木，有枝刺；花簇生，先叶或与叶同放；托叶肾形 ……………………………………………… 贴梗海棠

1. 贴梗海棠（皱皮木瓜）Chaenomeles speciosa（Sweet）Nakai（图7-164）

【识别要点】落叶灌木，高达2m。小枝开展，无毛，有枝刺。叶卵形至椭圆形，叶缘锯齿尖锐，表面无毛，有光泽；托叶肾形或半圆形，有尖锐重锯齿。花红色、淡红色、白色，3～5朵簇生在二年生枝上；萼筒钟状。梨果卵形至球形，径4～6cm，黄色、黄绿色，芳香，近无梗。花期3～5月，果熟期9～10月。

【分布】原产我国西北、西南、中南、华东，各地均有栽培。

【习性】喜光，亦耐阴，适应性强，耐寒，耐旱，耐瘠薄，不耐水涝。耐修剪。

【繁殖】扦插、压条或分株繁殖。花后应对上年枝条顶部适当短截，只留30cm，以促使分枝，可增加翌年开花量。实生苗4～5年后开花。

【用途】繁花似锦，花色艳丽，是常用的早春花木。常丛植于草坪一角、树丛边缘、池畔、花坛、庭园墙隅，也可与山石、劲松、翠竹配小景，种植花篱，作基础种植材料。是制作盆景的好材料，果供观赏、闻香，也可泡药酒、制蜜饯。

2. 木瓜 Chaenomeles sinensis（Thouin）Koehne（图7-165）

【识别要点】落叶小乔木，高达10m。树皮不规则薄片状剥落。嫩枝有毛，芽无毛。叶卵形、卵状椭圆形，叶缘芒状腺齿，嫩叶背面密生黄白色绒毛，后脱落；托叶卵状披针形，有腺齿。花单生叶腋，粉红色，叶后开放。梨果椭球形，暗黄色，木质，芳香。花期4～5月，果熟期8～10月。

【分布】原产于我国华东、中南、陕西等地，各地常见栽培。

【习性】喜光，耐侧阴，适应性强，喜肥沃、排水良好的轻壤或黏壤土，不耐积水和盐碱地。不易栽种在风口。生长较慢，约10年开花。

【繁殖】用榅桲、野海棠等作砧木嫁接繁殖，亦可播种繁殖。

图 7-164 贴梗海棠

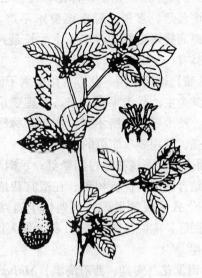

图 7-165 木 瓜

【用途】花艳果香，树皮斑驳，常孤植、丛植庭前院后，对植于建筑前、入口处，或以常绿树为背景丛植赏花观果。亦可与其他花木混植。在古建筑群中配植，古色古香，非常协调。果实可入药。

（十一）苹果属 *Malus* Mill.

单叶互生，有锯齿或裂；有托叶。花白色、粉红色至紫红色，伞形总状花序；雄蕊15～50枚，花药通常黄色；花柱2～5，基部合生。梨果，无或稍有石细胞。

苹果属约35种，分布于北温带。我国约20余种，多为果树、花灌木。

分 种 检 索 表

1. 萼片常宿存 ··· 2
1. 萼片脱落 ··· 4
2. 萼片较萼筒长，先端尖；叶缘锯齿钝圆；果扁球形或球形，果柄短粗 ··············· 苹果
2. 萼片较萼筒短或等长 ··· 3
3. 叶基宽楔形或近圆形；果实黄色，基部不凹陷 ··································· 海棠花
3. 叶基楔形；果实红色，基部凹陷 ··· 西府海棠
4. 萼片长于萼筒，狭披针形；花白色，花柱5，稀4 ······························· 山荆子
4. 萼片短于萼筒或等长，三角状卵形；花白色或粉红色 ··························· 5
5. 萼片先端尖；花梗细长下垂，花柱4～5 ··· 垂丝海棠
5. 萼片先端圆钝；花柱3，稀4 ··· 湖北海棠

1. 苹果 *Malus pumila* Mill. （图7-166）

【识别要点】落叶乔木，高达15m。小枝幼时密生绒毛，后光滑，紫褐色。叶椭圆形至卵形，缘有圆钝锯齿，幼时两面有毛，后表面光滑。花白色带红晕，萼片长尖，宿存。果扁球形，两端均凹陷。花期4～5月，果熟期7～11月。

【分布】原产欧洲东南部、小亚细亚及南高加索一带，在欧洲久经栽培。1870年传入我国烟台，现东北南部及华北、西北广为栽培。我国的重要水果，品种繁多。

【习性】喜光照充足，喜比较冷凉和干燥的气候，耐寒，不耐湿热、多雨，对土壤要求不严，在富含有机质、土层深厚而排水良好的沙壤土中生长最好，不耐瘠薄。对有害气体有一定的抗性。

【繁殖】嫁接繁殖，北方常用山荆子作砧木，华东则以湖北海棠为主。作为果树栽培，管理要求比较精细，且不同品种，技术要求有所不同。作为园林绿化栽培，宜选择适应性强、管理要求简单的品种栽培。

【用途】春季观花，白润晕红；秋时赏果，丰富色艳，是观赏结合食用的优良树种。在适宜栽培的地区可配植成"苹果村"式的观赏果园；可列植于道路两侧；在街头绿地、居民区、宅院可栽植1～2株，使人们更多一种回归自然的情趣。

图7-166 苹 果

2. 海棠花（海棠、西府海棠）Malus spectabilis Borkh.（图7-167）

【识别要点】落叶乔木，高达8m，树形峭立。枝条直立，小枝红褐色。叶椭圆形至长椭圆形，缘具紧贴细锯齿，背面幼时有柔毛。花蕾色红艳，开放后呈淡粉红色，萼片较萼筒短或等长，宿存。果近球形，黄色，径约2cm，基部不凹陷。花期4～5月，果期9月。

【变种与品种】'重瓣粉'海棠（'Riversii'）。叶较宽大。花重瓣，较大，粉红色。为北京庭园常见的观赏树种。

【分布】原产于我国北方，是久经栽培的观赏树种。

【习性】喜光，不耐阴，耐寒，对土壤要求不严，耐旱，亦耐盐碱，不耐湿。萌蘖性强。

【繁殖】播种、分株、嫁接繁殖。砧木以山荆子为主。

【用途】花枝繁茂，美丽动人，是著名观赏花木。宜配植在门庭入口两旁、亭台、院落角隅、堂前、栏外和窗边。在观花树丛中作主体树种，下配灌木类海棠衬以常绿乔木；亦可植于草坪边缘、水边池畔、园路两侧，可作盆景或切花材料。

3. 西府海棠（小果海棠）Malus micromalus Mak.（图7-168）

图7-167 海棠花

图7-168 西府海棠

【识别要点】落叶小乔木，高5m，树冠紧抱。枝条直伸，嫩枝有柔毛，后脱落。叶椭圆形，锯齿尖。花粉红色，花梗短，花序不下垂，花梗及花萼有白色绒毛，萼片短，有时脱落。果近球形，红色，萼洼、梗洼均下陷。花期4月，果期8～9月。

【分布】原产于我国中部，为山荆子与海棠花的杂交种，各地有栽培。

【习性】喜光，耐寒，耐旱，怕湿热，喜肥沃、排水良好的沙壤土。

【繁殖】嫁接、压条繁殖。砧木用山荆子或海棠。

【用途】春花艳丽，秋果红妍，是花果并茂的观赏树种。公园、街头绿地、居民新村可成片成丛栽植；也可丛植于草坪、假山旁，盆栽赏花亦美。果味酸甜可口，可鲜食或加工蜜饯。可作嫁接苹果的砧木。

4. 垂丝海棠 *Malus halliana*（Voss.）Koehne（图7-169）

【识别要点】落叶小乔木，高5m，树冠开展。小枝细，嫩枝有毛，后脱落。叶卵形至长卵形，锯齿细钝，中脉紫红色，幼叶疏被柔毛。花粉红色有紫晕，4～7朵簇生于小枝顶端，花梗细长下垂状，花梗与萼筒、萼片在向阳面紫红色。果倒卵形，紫色，径6～8mm。花期4月，果熟期9～10月。

【变种与品种】

（1）重瓣垂丝海棠（var. *parkmanii*）。花复瓣，花梗深红色。

（2）白花垂丝海棠（var. *spontanea*）。花较小，花梗较短，花白色。

【分布】原产于我国华东、华中、西南地区，野生在山坡丛林中。

【习性】喜光，亦耐阴，喜暖湿气候，耐寒，耐旱能力较差，喜肥沃湿润的土壤，稍耐湿。耐修剪。对有害气体抗性较强。

图7-169 垂丝海棠

【繁殖】嫁接繁殖，常用湖北海棠作砧木，也可扦插或压条。

【用途】春日繁花满树，娇艳美丽，是点缀春景的主要花木。常作主景树种，以常绿树丛为背景，配植各种花灌木装饰公园或庭园；或丛植于草坪、池畔、坡地，列植于园路旁；对植于门、厅出入处；窗前、墙边、阶前、园隅孤植效果都好。花枝可切花插瓶，树桩可制作盆景。

5. 湖北海棠（茶海棠）*Malus hupehensis*（Ramp.）Rehd.（图7-170）

【识别要点】落叶小乔木，高8～12m。小枝幼时有毛。叶卵状椭圆形，先端尖，基部常圆形，锯齿细尖。花蕾时粉红色，开放后白色，有香气；萼片紫色，三角状卵形，先端尖，较萼筒短或等长，脱落；花柱3～4。果球形，径约1cm，黄绿色稍带红晕。花期4～5月，果熟期9～10月。

【变种与品种】'粉花'湖北海棠（'Rosea'）。花粉红色，有香气。

【分布】产于我国中部、西部至喜马拉雅山脉地区。

【习性】喜光，喜温暖湿润气候，较耐水湿，不耐干旱。根系较浅。

【繁殖】播种、分蘖、扦插繁殖。

【用途】枝叶茂密，开花繁美、芳香，姿态美丽，为优良观花树种。嫩叶可代茶，俗称"海棠茶"。

6. 山荆子（山定子）*Malus baccata* **Borkh.** （图 7-171）

图 7-170　湖北海棠

图 7-171　山荆子

【识别要点】落叶乔木，高 10～14m，树冠近圆形。小枝细，暗褐色。叶卵状椭圆形，基部楔形至圆形，锯齿细尖，背面疏生柔毛或无毛。花白色，花柱 5 或 4；萼片狭披针形，长于筒部；花梗细，长 1.5～4cm。果近球形，径 8～10mm，红色或黄色；萼片脱落。花期 4～5 月，果期 9～10 月。

【分布】产于我国华北、东北及内蒙古。朝鲜、蒙古、俄罗斯也有分布。

【习性】喜光，较耐阴，耐寒，耐干旱，耐瘠薄，不耐积水。深根性，生长快。

【繁殖】播种、扦插、压条繁殖。

【用途】春天白花满树，秋季红果累累，经久不凋，是观花、观果的优良树种。宜作庭荫树、独赏树等。果可酿酒。

（十二）梨属 *Pyrus* L.

乔木，稀灌木。有时具枝刺。单叶互生，常有锯齿，具托叶。花白色，稀粉红色，伞形总状花序，雄蕊 20～30 枚，花药常红色；花柱 2～5，离生。梨果，富含石细胞。

梨属约有 30 种，原产亚洲、欧洲及北美洲。我国有 14 种。

分 种 检 索 表

1. 叶缘锯齿刺芒状，花柱 4～5；果较大，黄白色 ……………………………………… 白梨
1. 叶缘锯齿尖锐，花柱 2～3；果小，褐色 ……………………………………………… 杜梨

1. 白梨 *Pyrus bretschneideri* **Rehd.** （图 7-172）

【识别要点】落叶乔木，高 5～8m。小枝粗壮，幼时有毛。叶卵形或卵状椭圆形，有刺

芒状尖锯齿，齿端微向内曲，幼时有毛，后光滑。花白色，花柱5，稀4。果卵形或近球形，黄色或黄白色，花萼脱落。花期4月，果熟期8～9月。

【分布】原产于我国中部，栽培遍及华北、东北南部、西北及江苏、四川等地。

【习性】喜光，喜干冷气候，对土壤要求不严，耐干旱瘠薄。花期忌寒冷和阴雨。

【繁殖】嫁接繁殖为主，砧木常用杜梨。作为果树栽培技术要求较高，有很多著名的品种，如河北的鸭梨、山东莱阳的茌梨等。若作为园林观赏，一般用自然整枝法，栽种地应避免与圆柏混植。

【用途】白梨春季时节"千树万树梨花开"，一片雪白，是园林结合生产的好树种。宜成丛成片栽成观果园，可列植于道路两侧、池畔、篱边，亦可丛植于居民区、街头绿地。

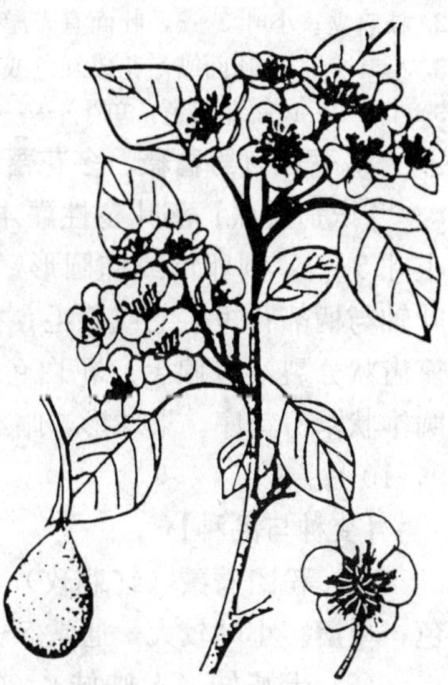

2. 杜梨（棠梨）*Pyrus betulaefolia* Bunge.（图7－173）

【识别要点】落叶乔木，高达10m。小枝常棘刺状，幼时密生灰白色绒毛。叶菱状卵形或长圆形，缘有粗尖齿，幼叶两面具灰白色毛，老时仅背面有毛。花白色，花柱2～3。果实小，径约1cm，近球形，褐色。花期4～5月，果熟期8～9月。

【分布】主产于我国北部，长江流域亦有。

【习性】喜光，稍耐阴，耐寒，对土壤要求不严，耐干旱瘠薄，耐盐碱。抗病虫害能力强。深根性，生长较慢，寿命长。

【繁殖】播种繁殖。

【用途】春季白花繁茂、美丽，宜在盐碱、干旱地区庭园种植，可丛植、列植于草坪边缘、路边。作北方栽培梨的砧木，是华北、西北防护林及沙荒造林树种。

图7－172 白 梨

图7－173 杜 梨

（十三）蔷薇属 *Rosa* L.

灌木，茎直立或攀缘，通常有皮刺。奇数羽状复叶，互生，具托叶，稀单叶而无托叶。花单生或伞房花序；萼片及花瓣常5；雄蕊多数，雌蕊通常多数，包藏于壶状花托内，花托老熟即变为肉质浆果状假果，特称蔷薇果，内含骨质瘦果。

蔷薇属约250种，主产于北半球温带及亚热带。我国70余种，分布全国。

分 种 检 索 表

1. 花柱伸出花托口外很长 ·· 2
1. 花柱不伸出花托口外或微伸出，短于雄蕊 ··· 3
2. 枝蔓性；小叶5～9，叶面无光泽，两面有毛，托叶齿状；伞房花序 ············· 蔷薇

2. 枝直立；小叶 3～5，叶面有光泽，无毛；花单生或呈伞房状 ························· 月季

3. 小叶 7～9，叶面皱；花玫红色或白色，单生或集生 ························· 玫瑰

3. 小叶 7～13；花黄色，单生 ························· 黄刺玫

1. 蔷薇（野蔷薇、多花蔷薇）*Rosa multiflora* Thunb.（图 7 - 174）

【识别要点】落叶蔓性灌木，枝细长，多皮刺，无毛。小叶 5～9，倒卵形或椭圆形，锯齿锐尖，两面有短柔毛，叶轴与柄都有短柔毛或腺毛；托叶与叶轴基部合生，边缘篦齿状分裂，有腺毛。花白色或微有红晕，单瓣，芳香，圆锥状伞房花序。果球形，暗红色。花期 5～7 月，果熟期 9～10 月。

图 7 - 174 蔷薇

【变种与品种】

（1）粉团蔷薇（红刺玫）（var. *cathayensis*）。花粉红色，单瓣。小叶较大，通常 5～7 枚。

（2）十姊妹（七姊妹）（var. *platyphylla*）。小叶较大。花重瓣，深红紫色，7～10 朵成扁平伞房花序。

（3）'白玉棠'（'Albo-Plena'）。皮刺较少。花白色，重瓣，多朵簇生，芳香。

（4）荷花蔷薇（f. *carnea*）。花重瓣，粉红色，多朵簇生。

【分布】产于我国黄河流域及以南地区的低山丘陵、溪边、林缘及灌木丛中。现全国普遍栽培。

【习性】喜光，耐半阴，耐寒，对土壤要求不严，可在黏重土壤上正常生长，喜肥，耐瘠薄，耐旱，耐湿。萌蘖性强，耐修剪。抗污染。

【繁殖】扦插、分株、压条或播种繁殖均容易成活，养护管理简单。

【用途】花洁白、芳香，树性强健，可用于垂直绿化，布置花墙、花门、花廊、花架、花柱，点缀斜坡、水池坡岸，装饰建筑物墙面或植花篱。是嫁接月季的砧木。花可提取芳香油。

2. 月季（月月红、长春花）*Rosa chinensis* Jacq.（图 7 - 175）

【识别要点】直立灌木，具钩状皮刺。小叶 3～7，广卵形至卵状椭圆形，缘有锯齿，叶柄和叶轴散生皮刺和短腺毛；托叶大部分附着在叶轴上。花数朵簇生，少数单生，粉红至白色；萼片常羽裂，缘有腺毛。果卵形至球形，红色。花 4～11 月多次开放，以 5 月、10 月两次花大色艳；果熟期 9～11 月。

【变种与品种】

（1）月月红（var. *semperflorens*）。茎较纤细，有刺或近无刺。小叶较薄，略带紫晕。花多单生，紫色至深粉红色，花梗细长而下垂。

（2）小月季（var. *minima*）。植株矮小，多分枝，高一般不过 25cm。叶小而狭。花小，径约 3cm，玫瑰红色，单瓣或重瓣。

（3）变色月季（f. *mutabilis*）。花单瓣，初开时硫黄色，继变橙色、红色，最后呈暗红色。

【分布】原产我国湖北、四川、云南、湖南、江苏、广东等地，现除高寒地区外各地普遍栽种。原种及多数变种在 18 世纪末、19 世纪初引至欧洲，通过杂交培育出了现代月季，目前品种已达万种以上。

【习性】喜光，气温在 22～25℃时生长最适宜，耐寒，耐旱，怕涝，喜肥。耐修剪。在生长季可多次开花。

【繁殖】扦插、嫁接繁殖。砧木为蔷薇。华北地区应在 11 月中旬前后灌冻水，重剪后，在基部培土防寒，以利安全过冬。生长季节应加强管理，注意施肥和花后修剪，及时剪除砧木上的萌芽条，要防治病虫害，雨季注意及时排涝。

【用途】月季花色艳丽，花型变化多，花期长，是重要的观花树种。常植于花坛、草坪、庭园、路边，也可布置花门、攀缘花廊，辟专类园，亦可盆栽观赏。

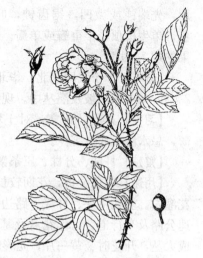

图 7-175　月　季

3. 玫瑰（徘徊花）*Rosa rugosa* Thunb.（图 7-176）

【识别要点】直立灌木，高达 2m。枝粗壮，密生皮刺及刚毛。小叶 7～9，椭圆形、倒卵状椭圆形，锯齿钝，叶质厚，叶面皱褶，背面有柔毛及刺毛；托叶与叶轴基部合生，有细齿，两面有绒毛。花单生或 3～6 朵集生，常为紫红色，径 6～8cm，芳香。花期 5～9 月，果熟期 9～10 月。

【变种与品种】

（1）白玫瑰（var. *alba*）。花白色。

（2）紫玫瑰（var. *typica*）。花玫瑰紫色。

（3）红玫瑰（var. *rosea*）。花玫瑰红色。

（4）重瓣紫玫瑰（var. *plena*）。花重瓣，紫色，浓香。

（5）重瓣白玫瑰（var. *alba-plena*）。花白色，重瓣。

【分布】原产于我国华北、西北、西南等地，各地都有

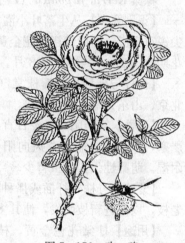

图 7-176　玫　瑰

栽培，以山东、北京、河北、河南、陕西、新疆、江苏、四川、广东最多。很多城市将其作为市花，如沈阳、银川、拉萨、兰州、乌鲁木齐等。山东省平阴为全国闻名的"玫瑰之乡"。

【习性】喜光照，阴处生长不良，开花少。耐寒，耐旱，喜凉爽通风的环境，喜肥沃、排水良好的土壤，忌黏土，忌地下水位过高或低洼地。萌蘖性强，生长迅速。

【繁殖】分株、扦插、嫁接繁殖。砧木用蔷薇较好。每年秋分时节应进行一次松土培土，并进行修剪，冬季施有机肥，促使翌年发新枝多开花。但分蘖过多时应适当除去一部分。

【用途】玫瑰花色艳香浓，是著名的观花闻香花木。在北方园林应用较多，江南庭园少有栽培。可植花篱、花境、花坛，也可丛植于草坪，点缀坡地，布置专类园。风景区结合水土保持可大量种植。花可作香料、食品工业原料；可提炼香精，其价格昂贵；也可入药。

4. 黄刺玫 *Rosa xanthina* Lindl.（图 7-177）

【识别要点】落叶灌木，高达 3m。小枝细长，散生硬直刺。小叶 7～13，宽卵形至近圆

形，先端钝或微凹，锯齿钝，叶背幼时稍有柔毛。花黄色，单生枝顶，半重瓣或单瓣。果红褐色。花期4～6月，果熟期7～9月。

【分布】产于我国东北、华北至西北，生于海拔200～2 400m的向阳山坡及灌丛中。现栽培较广泛。

【习性】喜光，耐寒，对土壤要求不严，耐旱，耐瘠薄，忌水涝。病虫害少。

【繁殖】扦插、分株、压条繁殖。

【用途】花色金黄，花期较长，是北方地区主要的早春花灌木。多在草坪、林缘、路边丛植，若筑花台亦可在高速公路及车行道旁，作花篱及基础种植。种植几年后即形成大丛，开花时金黄一片，光彩耀人，甚为壮观。

（十四）棣棠属 *Kerria* DC.

棣棠属仅1种，产于我国秦岭以南各地。

图7-177 黄刺玫

棣棠 *Kerria japonica*（L.）DC.（图7-178）

【识别要点】丛生落叶小灌木，高1～2m。小枝绿色有棱，光滑。叶卵形、卵状椭圆形，尖锐重锯齿，叶面皱褶。花金黄色，单生于侧枝顶端。瘦果，生于盘状花托上，萼片宿存。花期4～5月，果熟期7～8月。

【变种与品种】重瓣棣棠（var. *pleniflora*）。花重瓣。北京、山东、南京等地栽培。

【习性】喜半阴，忌炎日直射，喜温暖湿润气候，不耐严寒，华北地区需选背风向阳处栽植，对土壤要求不严，耐湿。萌蘖性强，病虫害少。

【繁殖】分株、扦插或播种繁殖。宜2～3年更新一次老枝，以促进新枝萌发，使其多开花。

【用途】棣棠花色金黄，枝叶鲜绿，花期从春末到初夏，重瓣棣棠可陆续开花至秋季。适宜栽植花境、花篱或建筑物周围作基础种植材料，墙际、水边、坡地、路隅、草坪、山石旁丛植或成片配植，可作切花。

（十五）李属（樱属）*Prunus* L.

乔木或灌木。单叶互生，常有锯齿。叶柄或叶片基部有时有腺体；托叶小，早落。萼片、花瓣各5；雄蕊多数。核果，通常含1粒种子。

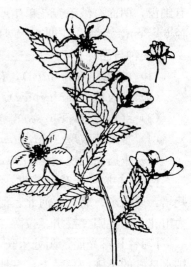

图7-178 棣 棠

李属约200种，产于北温带。我国有140余种，大多是庭园观赏树种和果树。

分 种 检 索 表

1. 李 *Prunus salicina* Lindl. (图 7 - 179)

【识别要点】落叶乔木，高达 12m，树冠圆形。小枝褐色，有光泽，顶芽缺，侧芽单生。叶常倒卵状椭圆形，先端突尖，基部楔形，重锯齿细钝，叶背脉腋有簇毛；叶柄近顶端有2～3 个腺体。花白色，径 1.5～2cm，常 3 朵簇生；萼筒钟状，裂片有细齿。果卵球形，径 4～7cm，黄绿色至紫色，有光泽，外被蜡粉。花期 3～4 月，果期 7～8 月。

【分布】东北、华北、华东、华中均有分布。

【习性】喜光，耐半阴，耐寒，能耐−35℃低温，不耐干旱瘠薄，不耐积水，对土壤要求不严，喜肥沃、湿润的黏壤土。浅根性，根系较广。

【繁殖】嫁接（以桃、梅、山桃、杏实生苗为砧木）、分株、播种繁殖。

图 7-179　李

【用途】花丰盛繁茂，果实量多，是园林、生产相结合的优良树种。可植于庭园、宅旁、村旁、风景区。我国栽培李树已有3 000多年。果可食用；种子可入药、榨油；根、叶、花、树胶可药用。

2. 红叶李（紫叶李） *Prunus cerasifera* **f.** *atropurpurea* **Jacq.**（图 7 - 180）

【识别要点】落叶小乔木，高达 8m。枝、叶片、花萼、花梗、雄蕊均呈紫红色。叶卵形至椭圆形，重锯齿尖细，背面中脉基部密生柔毛。花单生叶腋，淡粉红色，径约 2.5cm，与叶同放。果球形，暗红色。花期 4～5 月；果熟期 7～8 月。

【分布】红叶李是樱李的变型。原产亚洲西南部及高加索。我国江浙一带栽培较多。

【习性】喜光，光照充足处叶色鲜艳，喜温暖湿润气候，稍耐寒，对土壤要求不严，可在黏质土壤中生长。根系较浅，生长旺盛，萌芽力强。

【繁殖】嫁接繁殖，用桃、李、杏、梅或山桃作砧木，也可压条繁殖。应适当修剪长枝，以保持树冠圆满。

图 7 - 180 红叶李

【用途】红叶李叶常年红紫色，春、秋季更艳，是重要的观叶树种。园林中常孤植、丛植于草坪、园路旁、街头绿地、居民新村，也可配植在建筑物前，但要求背景颜色稍浅，才能更好地衬托出丰富的色彩。更宜与其他树种配植，起到"万绿丛中一点红"的效果。

3. 杏（杏花、杏树） *Prunus armeniaca* **L.**（图 7 - 181）

【识别要点】落叶乔木，高达 15m，树冠圆整。树皮黑褐色，不规则纵裂。小枝红褐色。叶宽卵状椭圆形，先端突渐尖，基部近圆形或微心形，钝锯齿，背面中脉基部两侧疏生柔毛或簇生毛，叶柄带红色，无毛。花单生，白色至淡粉红色，萼紫红，先叶开放。果球形，杏黄色，一侧有红晕，径约3cm，有沟槽及细柔毛。核扁平光滑。花期3～4月，果熟期6～7月。

【变种与品种】

（1）山杏（var. *ansu*）。花 2 朵并生，稀 3 朵簇生。果密生绒毛，红色、橙红色，径约2cm。

（2）垂枝杏（var. *pendula*）。枝下垂。叶、果较小。

【分布】我国长江流域以北各地均有栽培，是北方常见的果树。

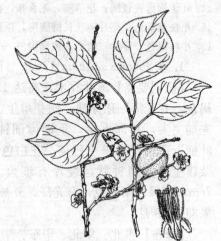

图 7 - 181 杏

【习性】喜光，光照不足时枝叶徒长，耐寒，亦耐高温，喜干燥气候，忌水湿，对土壤要求不严，喜土层深厚、排水良好的沙壤土、砾壤土，稍耐盐碱，耐旱。成枝力较差，不耐修剪。

【繁殖】播种繁殖。优良品种要用实生苗或李、桃等作砧木嫁接繁殖。幼树每年长枝短剪，密枝疏剪，树冠形成后一般不剪。老树可截枝更新，移植宜在秋季。

【用途】"一枝红杏出墙来"，杏树早春开花宛若烟霞，是我国北方主要的早春花木，又称"北梅"。宜群植或片植于山坡，则漫山遍野红霞尽染；于水畔、湖边则"万树江边杏，照在碧波中"。可作北方大面积荒山造林树种。果鲜食或加工果酱、蜜饯，杏仁可入药。

4. 梅（梅花、春梅）*Prunus mume* Sieb. et Zucc.（图 7 - 182）

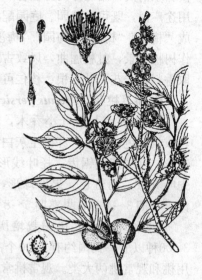

图 7 - 182　梅

【识别要点】落叶乔木，高达 15m，树冠圆整。树皮灰褐色。小枝细长，绿色，先端刺状。叶宽卵形、卵形，先端尾状渐长尖，基部宽楔形、近圆形，细尖锯齿，背面沿脉有短柔毛，叶柄顶端有 2 腺体；托叶早落。花单生或 2 朵并生，先叶开放，白色或淡粉红色，芳香。果球形，一侧有浅沟槽，径 2～3cm，绿黄色密生细毛，果肉粘核，味酸。核有蜂窝状穴孔。花期 1～3 月，果熟期 5～6 月。

【变种与品种】梅花品种达 323 种，根据我国著名梅花专家陈俊愉教授对我国梅花品种的分类如下：

（1）真梅系。

①直脚梅类：是梅花的典型变种，枝直伸或斜展。花型、花色、单瓣或重瓣、花期迟早等有多种变化。常见的有江梅型、宫粉型、朱砂型、绿萼型、玉蝶型等。

②垂枝梅类：枝下垂，形成独特的伞形树冠，花开时花朵向下。宜植于水边，在水中映出其花容，别有风趣。

③龙游梅类：不经人工扎制，枝条自然扭曲如游龙。为梅中的珍品，适合孤植或盆栽。

（2）杏梅系。是梅与杏的天然杂交种。枝、叶都似山杏或杏，开杏花型复瓣花，色似杏花，花期较晚，春末开花，花托肿大，微香。抗寒性较强。

（3）樱李梅系。为 19 世纪末法国人用红叶李与宫粉型梅花远缘杂交而成，我国已引入栽培数个品种。

（4）山桃梅系。山桃梅系是最新建立的系，1983 年用山桃与梅花远缘杂交而成，现仅有'山桃白'梅一个品种，花白色，单瓣。抗寒性强。

【分布】原产于我国西南、四川、湖北、广西等地，现西藏波密海拔 2 100m 的山地沟谷有成片野生梅树，横断山脉是梅花的中心原产地，秦岭以南至南岭各地都有分布。梅花是南京、武汉等城市的市花。

【习性】喜光，稍耐阴，喜温暖湿润气候，不耐气候干燥，早春开花时气温 0℃以下仍可开放。对土壤要求不严，以表土疏松、底土稍带黏质的砾质黏土或砾质壤土生长好，枝条充实、花繁。耐瘠薄，喜排水良好，忌积水。萌芽力强，耐修剪。浙江天台山国清寺有隋梅一株，相传已有 1 300 年；云南昆明黑龙潭尚存唐梅；杭州超山有宋梅，传为苏东坡所植。

【繁殖】以嫁接为主，亦可扦插、播种繁殖。砧木如用实生苗或杏，则生长好，寿命长。如选用桃、山桃作砧木嫁接后，则生长迅速，但寿命短，病虫害较多。扦插多在江南一带应用。播种则是为了培育砧木或培育新品种。梅花栽培管理技术要求较高，冬季疏剪过密枝、枯枝、徒长枝，对长枝要短剪，其叶芽萌发力和成枝力均较强。当花芽萌发时，要抹除不必要的芽，对新梢要予以摘心，促使其生长健壮，以有利于花芽分化。梅花花芽分化在 6 月，此时须适当"扣水""扣肥",限制营养生长,以促进花芽分化。梅树对农药乐果较敏感,慎用。

【用途】梅树苍劲古雅,疏枝横斜,傲霜斗雪,是我国传统名花。栽培历史在2 500年以上。树姿、花色、花型、香味俱佳。自古以来就为人们所喜爱,留下许多咏梅佳句:"疏影横斜水清浅,暗香浮动月黄昏""万花敢向雪中出,一树独先天下春"。梅花品种繁多,园林用途广泛,既可在公园、庭园配植成"梅花绕屋""岁寒三友"的佳景,也可在风景区群植成"梅坞""梅岭""梅园""梅溪"等,构成"踏雪寻梅"的风景;还可盆栽室内观赏,制作树桩盆景,虬枝屈曲,风致古雅。花枝是插花的良好材料;果鲜食或制作蜜饯;鲜花可提取香料;干花、叶、根、核仁可入药。

5. 桃(桃花)*Prunus persica*(L.)Batsch(图7-183)

【识别要点】落叶小乔木,高达8m。小枝红褐色或褐绿色,无毛,芽密生灰白色绒毛。叶椭圆状披针形,叶缘细钝锯齿;托叶线形,有腺齿。花单生,先叶开放,粉红色。果卵球形,密生绒毛,肉质多汁。花期3~4月,果熟期6~8月。

【变种与品种】桃树栽培历史悠久,品种多达3 000种以上,我国约有1 000个品种。按用途可分食用桃和观赏桃两大类。观赏桃常见品种有:

(1)碧桃(f. *duplex*)。花粉红色,重瓣。

(2)白碧桃(f. *alba-plena*)。花白色,重瓣。

(3)红碧桃(f. *rubro-plena*)。花深红色,重瓣。

(4)洒金碧桃(二乔碧桃)(f. *versicolor*)。花红白两色相间或同一株上花两色,重瓣。

(5)寿星桃(f. *densa*)。树形矮小,枝紧密,节间短。花有红色、白色两个重瓣品种。

(6)垂枝桃(f. *pendula*)。枝下垂。花重瓣,有白色、红色、粉红色、洒金色等半重瓣、重瓣不同品种。

图7-183 桃
1. 花枝 2. 花纵剖面 3. 雄蕊
4. 果枝 5. 果核 6. 种仁

(7)紫叶桃(f. *atropurpurea*)。叶紫红色。花淡红色,单瓣或重瓣。

【分布】原产于我国甘肃、陕西高原地带,全国都有栽培,栽培历史悠久。

【习性】喜光,不耐阴,耐干旱气候,有一定的抗寒性,对土壤要求不严,耐贫瘠、盐碱、干旱,需排水良好,不耐积水及地下水位过高。在黏重土壤栽种易发生流胶病。浅根性,根蘖性强,生长迅速,寿命短。

【繁殖】嫁接、播种为主,亦可压条繁殖。用1~2年生实生苗或山桃苗作砧木。栽培时多整形成开心形树冠,控制树冠内部枝条,使其透光良好。北方应注意春灌,南方应注意梅雨季排水。冬施基肥,开花前、花芽分化前施追肥。应加强病虫害的防治,尤其是天牛的危害最甚。

【用途】"桃之夭夭,灼灼其华",桃花烂漫妖媚,品种繁多,栽培简易,是园林中重要的春季花木。孤植、列植、群植于山坡、池畔、山石旁、墙际、草坪、林缘,构成三月桃花满树红的春景。最宜与柳树配植于池边、湖畔，"绿丝映碧波，桃枝更妖艳"，形成"桃红柳绿"江南的动人春色。也可用各种品种配植成专类景点。可盆栽，制作桩景，切花观赏。

6. 榆叶梅（小桃红、山樱桃）*Prunus triloba* Lindl.（图7-184）

【识别要点】落叶灌木，高2～5m。小枝紫褐色，无毛或幼时有毛。叶宽椭圆形至倒卵形，先端渐尖，常3浅裂，粗重锯齿，背面疏生短毛。花1～2朵腋生，先叶开放，粉红色。果球形，有柔毛，果肉薄。花期4～6月，果熟期6～7月。

图7-184 榆叶梅

【变种与品种】

（1）重瓣榆叶梅（f. *plena*）。花大，重瓣，粉红色。

（2）'红花重瓣'榆叶梅（'Roseo-plena'）。花玫红色，重瓣，花期最晚。

（3）鸾枝榆叶梅（var. *atropurpurea*）。花紫红色，以重瓣为多。

【分布】原产于我国华北及东北，生于海拔2100m以下，南北各地都有栽培。

【习性】喜光，耐寒，对土壤要求不严，耐土壤瘠薄，耐旱，喜排水良好，不耐积水，稍耐盐碱。根系发达，萌芽力强，耐修剪。

【繁殖】播种、嫁接繁殖，用桃、山桃或播种实生苗作砧木。若为了培养乔木状单干观赏树，可用方块芽接法在山桃树干上高接。其花朵着生在一年生新枝上，栽培时应注意修剪。

【用途】榆叶梅花团锦簇，灿若云霞，是北方春季的重要花木。常丛植于公园或庭园的草坪边缘、墙际、道路转角处。若与金钟花、迎春、连翘配植，红黄花朵争艳，更显得欣欣向荣，若在常绿树丛前配植最显娇艳。可盆栽或切花观赏。种子可榨油食用。

7. 麦李 *Prunus glandulosa* Thunb.（图7-185）

【识别要点】落叶灌木，高达2m。叶卵状长椭圆形至椭圆状披针形，先端急尖而常圆钝，基部宽楔形，锯齿细钝，无毛或背面中脉疏生柔毛。花粉红或近白色，径约2cm，花梗长约1cm。果近球形，红色，径1～1.5cm。花期4月，先叶开放或与叶同放。

【变种与品种】重瓣粉红麦李（f. *sinensis*）。花重瓣，粉红色，花梗长1～1.6cm。叶披针形至长圆状披针形。

【分布】产于我国中部及北部。日本也有分布。

【习性】喜光，耐寒，适应性强。根系发达。

【繁殖】分株、嫁接（山桃作砧木）繁殖。

【用途】春天开花时满株灿烂，甚为美观，各地庭园常见栽培观赏。宜丛植于草坪、路边、假山旁及林缘，也可作基础种植、盆栽或切花材料。种仁可榨油、入药。

8. 郁李 *Prunus japonica* Thunb.（图7-186）

【识别要点】落叶灌木，高达1.5m。小枝细密，枝芽无毛。叶卵形、卵状披针形，先端渐尖，基部圆形，叶缘锐重锯齿，背面脉上疏生短柔毛，托叶条形有腺齿。花单生或2～3朵簇生，粉红色或白色，径1.5～2cm，花梗长5～10mm。果近球形，深红色，径约1cm。

花期 4～5 月，果熟期 6 月。

图 7-185　麦　李

图 7-186　郁　李

【变种与品种】重瓣郁李（南郁李）（var. kerii）。叶较狭长，无毛。花重瓣，梗短。分布偏南，又名"南郁李"。

【分布】产于我国华北、华中、华南，生于海拔 800m 以下山区的路旁、溪畔、林缘。各地有栽培。日本、朝鲜也有分布。

【习性】喜光，耐寒，耐旱。对土壤要求不严，以石灰岩山地生长最好，耐瘠薄，耐湿。根蘖性、萌芽力强。

【繁殖】播种、分株或扦插繁殖。重瓣郁李常用桃作砧木嫁接。

【用途】郁李是花果兼美的春季花木，常与棣棠、迎春、榆叶梅等春季花木成丛、成片配植在路边、林缘、草坪、坡地、水畔、园路交叉口或作花篱、花境。可盆栽、制作桩景、切花观赏。果可食，核仁入药。

9. 樱桃 *Prunus pseudocerasus* Lindl. （图 7-187）

【识别要点】落叶小乔木，高达 8m。具顶芽，侧芽单生，苞片小而脱落。叶卵形至卵状椭圆形，先端锐尖，基部圆形，重锯齿，齿尖有腺，背面疏生柔毛；叶柄顶端有 2 个腺体。花白色，萼筒有毛，先叶开放，总状花序具花 3～6 朵。果近球形，无沟，红色，径 1～1.5cm。花期 3～4 月，果期 5～6 月。

【分布】河北、陕西、甘肃、山东、山西、江苏、江西、贵州、广西等地有分布。

【习性】喜光，较耐寒，耐干旱瘠薄，喜温暖湿润气候及肥沃、排水良好的沙壤土。萌蘖性强，生长快。

【繁殖】分株、扦插、压条繁殖。

【用途】新叶妖艳，花繁果艳。宜植于山坡、建筑物前、庭园、草坪及园路旁，或配植专类园。果可食用、加工；树皮、枝、叶可入药。

10. 樱花 *Prunus serrulata* Lindl. （图 7-188）

图 7-187　樱　桃

【识别要点】落叶乔木，高达 15m。树皮栗褐色，光滑。小枝赤褐色，无毛，有锈色唇形皮孔。叶卵形至卵状椭圆形，先端尾尖，缘芒状单或重锯齿，无毛，叶柄端有2～4 腺体。花白色或淡红色，单瓣，花梗及萼无毛，3～5朵成短伞房总状花序。果卵形，由红变紫褐色。花期 4月，与叶同放；果熟期 7月。

【变种与品种】

（1）重瓣白樱花（f. *albo-plena*）。花白色，重瓣。华南有悠久的栽培历史。

（2）垂枝樱花（f. *pendula*）。枝开展而下垂。花粉红色，重瓣。

（3）重瓣红樱花（f. *rosea*）。花粉红色，重瓣。

（4）瑰丽樱花（f. *superba*）。花淡红色，重瓣，花型大，有长梗。

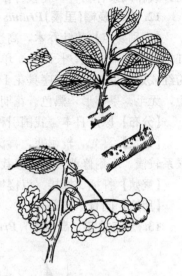

图 7-188　樱　花

【分布】产于我国长江流域，东北南部亦有分布，生于海拔 1 500m 以下。

【习性】喜光，稍耐阴，喜凉爽、通风的环境，不耐炎热，耐寒。喜深厚肥沃、排水良好的土壤，过湿、过黏处不易种植，不耐旱，不耐盐碱。根系浅，不耐移植，不耐修剪，对海潮风及有害气体抗性较弱。

【繁殖】播种、扦插繁殖。但栽培中一般以嫁接为主，砧木用樱桃、桃、杏及樱花的实生苗。

【用途】樱花春日繁花竞放，轻盈娇艳，宜成片群植，落英缤纷，能充分展现其幽雅而艳丽的观赏效果；亦可散植于草坪、溪边、林缘、坡地、路旁，花时艳丽多姿，醉人心扉。花枝可作切花材料。

11. 日本樱花（东京樱花、江户樱花）*Prunus yedoensis* Matsum.（图 7-189）

【识别要点】落叶乔木，高达 15m。树皮暗褐色，平滑。小枝幼时有毛，有顶芽，侧芽单生。叶卵状椭圆形至倒卵形，先端渐尖，重锯齿细尖，具芒，叶背脉上及叶柄有柔毛。花白色至粉红色，径 2～3cm，单瓣或重瓣，微香；萼筒管状，有毛；花梗长约 2cm，有毛；短总状花序具花 3～6 朵。核果近球形，黑色，径约 1cm。花期 4月，果期 8～9月。

【分布】原产日本。我国各地均有栽培。

【习性】喜光，稍耐阴，较耐寒，喜深厚、湿润、排水良好的沙壤土。根系较浅，生长较快，不耐修剪，不耐移栽。抗烟尘能力较弱。

【繁殖】嫁接（以樱桃、桃、杏为砧木）繁殖。

【用途】春天繁花竞放，轻盈娇艳，醉人心扉，成片群植可充分显现其幽雅艳丽的观赏效果。宜植于山坡、建筑物前、庭园、草坪及园路旁，或丛植于常绿树

图 7-189　日本樱花

前，或作风景林树种。花枝可作切花观赏。树皮、嫩叶可入药。

12. 日本晚樱（里樱）*Prunus lannesiana* Wils. （图7-190）

【识别要点】落叶乔木，高达10m。树皮浅灰色，较粗糙。小枝无毛。叶倒卵形，新叶红褐色，先端渐尖，长尾状，单或重锯齿，有长芒；叶柄顶端有2个腺体。花单瓣或重瓣，粉红或近白色；伞房花序具花1～5朵，小苞片叶状，无毛；花梗长1.5～2cm，无毛；萼筒短，无毛。果卵形，黑色。花期4月，果期7月。

【分布】原产日本。我国引种栽培。

【习性】喜光，较耐寒，喜深厚、肥沃、排水良好的土壤。对烟尘及有害气体抗性较弱。根系较浅，不耐修剪，不耐移栽。

【繁殖】扦插、嫁接（以樱桃、桃、杏为砧木）、分蘖繁殖。

【用途】同日本樱花。

13. 云南樱花（高盆樱）*Prunus cerasoides* D. Don. （图7-191）

图7-190 日本晚樱

图7-191 云南樱花

【识别要点】落叶乔木，高达10m。树皮古铜色。小枝紫褐色，无毛。叶倒卵状长椭圆形至椭圆状卵形，长5～10cm，先端长尾尖，重锯齿尖锐，无毛；叶柄顶端有2～3个腺体。花粉红色至深红色，略下垂，2～3（5）聚生；花梗、萼筒无毛，萼片顶端圆钝。花期2～3月。

【分布】产于西藏东南部及云南西北部。

【用途】云南樱花是美丽的观花树种。用途同日本樱花。

14. 冬樱花（冬海棠）*Prunus majestica* Koehne.

【识别要点】落叶乔木，高达25m。树皮灰褐色。小枝绿色，无毛。叶长椭圆形至披针形，半革质，长8～12cm，锯齿细尖，表面叶脉凹下，有光泽。花粉红色，花梗、萼筒无毛，萼片顶端尖。果紫黑色，径0.8～1.2cm。花期12月至翌年1月。

【分布】产于云南。

【习性】喜光，喜温暖湿润气候及肥沃土壤，忌水涝，畏严寒。

【繁殖】播种繁殖。

【用途】冬季开花，花后发暗红色嫩叶，极美丽。宜植于庭园观赏。

15. 稠李（櫖木、稠梨）*Prunus padus* L.（图 7-192）

【识别要点】落叶乔木，高达 15m。树皮黑褐色。顶芽发达，侧芽单生。叶卵状长椭圆形至倒卵形，叶端渐尖，锯齿细锐；叶柄顶端或叶片基部有 2 个腺体。花白色，芳香，花瓣长是雄蕊的 2 倍以上，总状花序下垂，基部有叶。果近球形，径 6～8mm，黑色，有光泽；核有明显皱纹。花期 4～6 月，果期 8～9 月。

【分布】产于我国东北、华北及西北地区。北欧、俄罗斯、朝鲜、日本也有分布。

【习性】喜光，稍耐阴，耐寒，不耐干旱瘠薄，喜肥沃、湿润、排水良好的沙壤土。根系发达，对病虫害抗性强。

【繁殖】播种繁殖。

【用途】花序长而美丽，芳香，秋叶黄红色，果成熟时亮黑色。可作独赏树、庭荫树、行道树、风景林树种。叶可药用。蜜源树种。

图 7-192　稠　李

三十八、豆科 Leguminosae

乔木、灌木、藤本或草本。多为复叶，稀单叶，互生，有托叶。花多两性，萼、瓣各 5，多为两侧对称的蝶形花或假蝶形花，少数为辐射对称；雄蕊 10 枚，常呈二体；单心皮，子房上位；总状、穗状或头状花序。荚果。

豆科约 550 属 17 600 种，分布于全世界。我国产 120 属 1 200 种。

分亚科检索表

1. 花辐射对称，雄蕊 5 至多数，花丝长，多为头状花序；复叶 …………………………… 含羞草亚科
1. 花两侧对称 ……………………………………………………………………………………… 2
2. 花冠不为蝶形，最上 1 瓣在最里面，雄蕊 10 枚，离生；复叶或单叶 ………………… 云实亚科
2. 花冠蝶形，最上 1 瓣在最外面，雄蕊常 10 枚，二体或单体；复叶 …………………… 蝶形花亚科

分 属 检 索 表

1. 花整齐，辐射对称，雄蕊多数，常 10 枚以上（含羞草亚科） …………………………… 2
1. 花不整齐，两侧对称，雄蕊常 10 枚 …………………………………………………………… 5
2. 花丝基部合生；叶二回偶数羽状复叶 …………………………………………………… 合欢属
2. 花丝离生 ……………………………………………………………………………………… 3
3. 二回羽状复叶或退化为 1 叶柄；花多黄色，头状或穗状花序 ………………………… 金合欢属
3. 二回羽状复叶；花白色或淡黄色 ……………………………………………………………… 4
4. 花瓣分离，头状花序；荚果不扭曲 ……………………………………………………… 银合欢属
4. 花瓣基部连合，总状花序；荚果扭曲 …………………………………………………… 海红豆属
5. 花冠不为蝶形，最上方 1 枚花瓣位于最内，各瓣多少有差异（云实亚科） ……………… 6

（一）合欢属 *Albizzia* Durazz.

落叶乔木。二回偶数羽状复叶，互生，小叶全缘，中脉常偏于一侧。花冠 5 裂至中部以上；雄蕊多数，花丝细长，基部合生；头状或穗状花序。荚果带状，通常不开裂。

合欢属约 150 种，产于亚洲、大洋洲、非洲的热带、亚热带地区。我国约 15 种。

分 种 检 索 表

1. 羽片 4～12 对；花粉红色，有柄；头状花序 …………………………………………………… 合欢

1. 羽片 11～20 对；花近白色，无柄；穗状花序 ……………………………………………… 南洋楹

1. 合欢（绒花树、夜合树、马缨花）*Albizzia julibrissin* Durazz. （图 7 - 193）

【识别要点】落叶乔木，高达 16m，树冠伞形。小枝有棱，无毛。羽片 4～12 对，小叶 10～30 对，镰刀形，中脉明显偏上缘，仅背面中脉有毛。头状花序，总梗细长，排成伞房状，萼及花冠均黄绿色；雄蕊多数，长 25～40mm，粉红色。荚果扁条形。花期 6～7 月，

果熟期 9～10 月。

【分布】产于我国黄河流域以南，常生于温暖湿润的山谷林缘。

【习性】喜光，耐侧阴，稍耐寒，华北地区应选平原或低山、小气候较好的地方种植，对土壤适应性强，喜排水良好的肥沃土壤，耐干旱瘠薄，不耐积水。浅根性，有根瘤菌。抗污染能力强，不耐修剪，生长快。树冠易偏斜，分枝点低，复叶朝开暮合，雨天亦闭合。

【繁殖】播种繁殖。为培育通直的主干，育苗期应适当密植，及时修剪侧枝，弱苗可截干，应注意防治天牛及树干溃疡。

【用途】树冠开阔，绿荫浓密，叶清丽纤秀，夏日绒花满树，是优良的庭园观赏树种。可用作行道树、庭荫树，宜在庭园、公园、居民新村、工矿区、郊区"四旁"及风景区种植。配植在山坡、林缘、草坪、池畔、瀑口最为相宜。可孤植、列植、群植，姿态自然潇洒。合欢有固土作用，可作河岸护堤林。

2. 南洋楹（仁人木）*Albizzia falcataria*（L.）Fosberg（图 7-194）

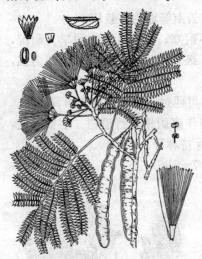

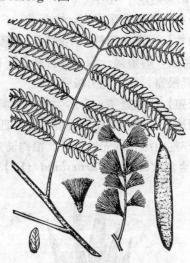

图 7-193　合　欢　　　　　　　图 7-194　南洋楹

【识别要点】常绿大乔木，原产地高达 45m。二回羽状复叶，羽片 11～20 对，小叶 18～20 对，菱状长圆形，长 1～1.5cm，基部歪斜，两面被短毛。花近白色，无柄；穗状花序。荚果带状，长 10～13cm，扁平。花期 4～5 月，果熟期 7～9 月。

【分布】原产南洋群岛，现广泛植于热带、亚热带地区。我国华南及台湾有栽培。

【习性】喜光，喜高温湿润气候及肥沃湿润黏土。根系发达，萌芽力强，生长快，但寿命短，约 25 龄后即衰老。

【繁殖】播种繁殖。播种前需热水浸种处理，并除去外种皮的黏液。为培育通直的主干，应及时修剪下枝。

【用途】树冠开阔，雄伟壮观，枝叶茂密，是优美的庭荫树、行道树及"四旁"绿化树种。适宜孤植于草坪或对植于大门、入口两侧，或列植于街道。

（二）金合欢属 *Acacia* Willa.

具托叶刺或皮刺，稀无刺。二回偶数羽状复叶，互生，或退化为 1 叶柄。花多为黄色，稀白色，花瓣离生或基部合生，雄蕊多数，花丝分离或仅基部合生；头状或穗状花序。

金合欢属约 500 种，产于热带和亚热带，以非洲和澳洲为多。我国产 10 种。

分 种 检 索 表

1. 小叶退化，仅有 1 叶状柄，狭披针形 ················ 台湾相思
1. 小叶不退化 ················ 2
2. 落叶灌木或小乔木，具托叶刺；羽片 4～8 对，小叶 10～20 对 ················ 金合欢
2. 常绿乔木，无刺；羽片 8～20 对，小叶 30～40 对 ················ 3
3. 小叶银灰色，总叶轴上每对羽片间有 1 腺体；荚果无毛 ················ 银荆树
3. 小叶暗绿色，总叶轴上每对羽片间有 1～2 腺体；荚果密被绒毛 ················ 黑荆树

1. 台湾相思（相思树）*Acacia confusa* Merr.（图 7-195）

【识别要点】常绿乔木，高达 15m。幼苗具羽状复叶，长大后小叶退化，仅有 1 叶状柄，狭披针形，长 6～10cm。花黄色，微香。荚果扁带状，长 5～10cm。种子间略缢缩。花期 4～6 月，果熟期 7～8 月。

【分布】产于我国台湾，在福建、广东、广西、云南等地均有栽培。

【习性】强喜光树种，不耐阴，喜暖热气候，不耐寒，喜酸性土，耐旱又耐湿，短期水淹亦能生长，耐瘠薄。深根性且枝条坚韧，能耐 12 级台风。生长迅速，萌芽力强，根系发达，并具根瘤，固土能力极强。

【繁殖】播种繁殖。自然生长易歪斜，分枝多，可通过密植、修枝等培育直干。

【用途】台湾相思树冠婆娑可人，四季常青，可作庭荫树、行道树。生长迅速，适应性强，适作荒山绿化的先锋树种、沿海防风林、水土保持林等。

2. 金合欢 *Acacia farnesiana*（L.）Willd.（图 7-196）

图 7-195 台湾相思

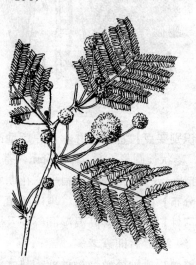

图 7-196 金合欢

【识别要点】落叶灌木或小乔木，高达 9m。小枝常呈"之"字形曲折，具托叶刺。羽片 4～8 对，小叶 10～20 对，线形，长 2～6mm，宽 1～1.5mm。花金黄色，芳香；头状花序腋生，单生或 2～3 簇生，球形，径约 1cm。荚果圆筒形，膨胀，无毛，密生斜纹。花期 3～6 月。

【分布】原产美洲热带，我国分布于浙江、福建、广东、广西、四川、云南、台湾等地。

【习性】喜光，喜温暖气候，不耐寒。喜肥沃、疏松、湿润的微酸性土壤。

【繁殖】播种繁殖。种子要及时采收和播种。

【用途】园林中可植为观赏树或绿篱。花含芳香油，可提取香精。

3. 银荆树（鱼骨松）Acacia dealbata Link（图 7 - 197）

【识别要点】常绿乔木，高达 15m。树皮银灰色。小枝常有棱，被绒毛。羽片 8～20 对，小叶极小，30～40 对，线形，两面有毛，银灰色；总叶轴上每对羽片间有 1 腺体。花黄色，芳香；头状花序呈总状或圆锥状。荚果无毛。花期 1～4 月。

【分布】原产于澳大利亚。我国云南、贵州、四川、广西、浙江、台湾等地有栽培。

【习性】喜光，不耐寒。生长快，根蘖性强，萌芽力强。

【繁殖】播种繁殖。播种前需热水浸种处理。

【用途】羽叶雅致，花序如金黄色的绒球，极其美丽，园林中可植为观赏树。也是造林、保持水土的优良树种。树皮含单宁，为优质鞣料树种。

4. 黑荆树（澳洲金合欢）Acacia mearnsii De Wilde（图 7 - 198）

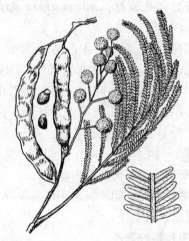

| 图 7 - 197 银荆树 | 图 7 - 198 黑荆树 |

【识别要点】外形极似银荆树，主要区别为：小叶暗绿色，总叶轴上每对羽片间有 1～2 腺体；荚果密被绒毛；花期 12 月至翌年 5 月。

【分布】原产于澳大利亚南部的亚热带地区。我国南部各地均有栽培。

【习性】喜光，不耐寒，耐干旱瘠薄，不耐涝。生长快，萌芽力强，根系发达。

【繁殖】播种繁殖。种皮被蜡质，不易透水，播种前需热水浸种处理，也可沙搓。

【用途】枝叶繁茂，树姿美丽，花期长，是改良土壤、保持水土、蜜源及城乡绿化的优良树种。树皮富含单宁，是世界著名的鞣料树种。

（三）银合欢属 Leucaena Benth.

银合欢 Leucaena leucocephala（Lam.）De Wit（图 7 - 199）

【识别要点】小乔木，高达 8m，树冠平顶状。二回偶数羽状复叶，互生，羽片 4～10 对，小叶 10～15 对，狭椭圆形，长 6～13mm，中脉偏向上缘。花白色，花瓣分离，雄蕊 10 枚，离生；头状花序 1～3 腋生。荚果薄带状。花期 7 月。

【变种与品种】'新'银合欢（'Salvador'）。羽片 5～17 对，小叶 11～17 对，长约 17mm，宽约 5mm。果长达 24cm。

【分布】原产美洲热带，现广泛植于热带地区。华南各省有栽培。

【习性】喜光，耐干旱瘠薄。主根深，抗风力强，萌芽力强。

【用途】银合欢是华南地区良好的荒山造林树种，也可植为园林观赏树种。

图 7-199　银合欢

（四）海红豆属 *Adenanthera* L.

乔木，无刺。二回羽状复叶。花小，萼钟形，5 齿裂；花瓣 5，基部连合；雄蕊 10 枚，分离；总状花序。荚果带状，扭曲，具横隔膜，革质，开裂后旋卷。种子鲜红色。

海红豆属约 12 种，分布于大洋洲及亚洲热带。我国 1 种，产于华南和西南。

海红豆（孔雀豆） *Adenanthera pavonina* var. *microsperma* （Teijsm. et Binn.） Nielsen （图 7-200）

【识别要点】落叶乔木，高达 30m。树干通直，幼树皮灰白色，平滑，老树皮灰黄褐色，细鳞片状开裂。羽片 3～6 对，近对生，小叶 8～18，长圆形或卵形，长 2～5cm，先端钝圆，两面被柔毛。花小，白色或淡黄色，萼及花梗被褐黄色毛；总状花序。荚果黑褐色。花期 5～7 月，果期 8～10 月。

【分布】产于华南及西南地区。

【习性】喜光，幼树稍耐阴，喜深厚、肥沃、湿润、疏松的沙壤土。

【繁殖】播种繁殖。

【用途】优良用材树种，也可栽作园林观赏树。种子鲜红光亮，极美丽，可作装饰品。全株有毒。

图 7-200　海红豆

（五）紫荆属 *Cercis* L.

芽叠生。单叶互生，掌状脉，全缘。花两性，花萼 5 齿裂，红色；花冠假蝶形，上部 1 瓣较小，下部 2 瓣较大；雄蕊 10 枚，花丝分离。荚果扁带状。种子扁平。

紫荆属约 10 种，产于北美洲、东亚及南欧。我国 7 种。

紫荆（满条红） *Cercis chinensis* Bunge. （图 7-201）

【识别要点】落叶乔木，高达 15m，栽培时通常呈丛生灌木状。小枝"之"字形，密生皮孔。叶近圆形，先端骤尖，基部心形。花 5～8 朵簇生于二年生以上的老枝上，萼红色，花冠紫红色。荚果扁，腹缝线有窄翅，网脉明显。花期 4 月，果熟期 9～10 月。

【变种与品种】白花紫荆（var. *alba*）。花白色。

【分布】产于我国黄河流域以南，湖北有野生大树，陕西、甘肃南部、新疆伊宁、辽宁

218

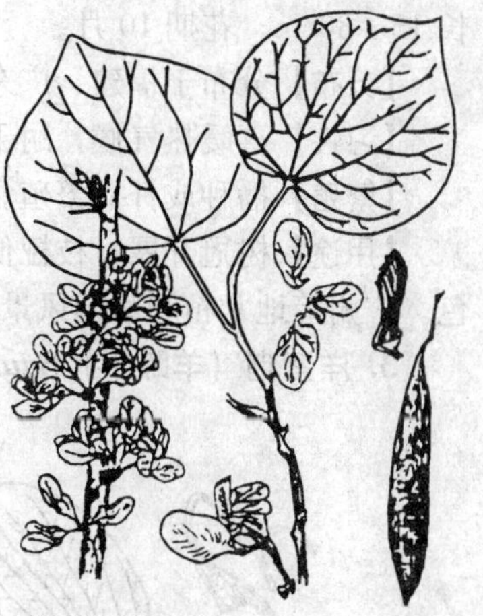

南部亦有栽培。

【习性】喜光，稍耐侧阴。有一定的耐寒性，对土壤要求不严，忌涝。萌蘖性强，深根性，耐修剪，对烟尘、有害气体抗性强。

【繁殖】播种繁殖为主，亦可分株、压条、扦插繁殖，实生苗3年后开花。

【用途】紫荆叶大花密，早春繁花簇生，满枝嫣红，绮丽可爱。适宜在庭院建筑前、门旁、窗外、墙角点缀1~2丛，也可在草坪边缘、建筑物周围及林缘片植、丛植；还可与连翘、金钟花、黄刺玫等配植，花时金紫相映更显艳丽；亦可列植成花篱，前以常绿小灌木衬托。

图7-201 紫荆

（六）羊蹄甲属 *Bauhinia* L.

乔木或灌木。单叶互生，掌状脉，先端常2深裂，全缘。花瓣5，稍不相等，不呈蝶形。

羊蹄甲属约250种，产于热带。我国有6种。

分 种 检 索 表

1. 发育雄蕊5枚 ··· 2
1. 发育雄蕊3~4枚，花淡红色，花期10~11月；叶裂达1/3~1/2 ··················· 羊蹄甲
2. 花紫红色，花期11月至翌年4月，花后不结果；叶裂达1/3 ························ 艳紫荆
2. 花粉红色，花期2~4月；花后结果；叶裂达1/4~1/3 ··························· 洋紫荆

1. 艳紫荆（洋紫荆、红花羊蹄甲）*Bauhinia blakeana* L.

【识别要点】常绿小乔木，高达10m。叶革质，阔心形，先端2裂深约为全叶的1/3，似羊蹄状。花大，总状花序，盛开的花直径几乎与叶相等，花瓣5枚，鲜紫红色，间以白色脉状彩纹，中间花瓣较大，其余4瓣两侧成对排列，极清香。由于花为不孕性，所以花后无果实，花期11月至翌年4月。

【分布】分布于我国香港、广东、广西等地，在华南地区常见，热带地区广为栽培。

【习性】喜光，喜暖热湿润气候，不耐寒，喜酸性肥沃的土壤。生长较快。

【繁殖】扦插或压条繁殖。小苗需遮阳。

【用途】树冠雅致，花大而艳丽，叶形如牛、羊的蹄甲，极为奇特，是热带、亚热带观赏树种的佳品。宜作行道树、庭荫风景树。该花单朵花期4~5d，整株花期长达近半年，艳紫荆以行道树在我国香港地区广为栽培，该花具有花期长、花朵大、花形美、花色鲜、花香浓五大特点。盛开时节，仿佛成千上万的红蝴蝶在树上翩翩起舞，与热闹繁华的街道、大楼交相辉映，显得极为瑰丽壮观，深受人们的喜爱。艳紫荆于1908年发现于港岛西南部薄扶林道海边，1965年被定为香港市花。现在艳紫荆已成为香港特别行政区的重要标志。

2. 羊蹄甲（紫羊蹄甲）*Bauhinia purpurea* L.（图7-202）

【识别要点】常绿小乔木，高达10~12m。叶近革质，宽椭圆形至近圆形，长5~12cm，先端2裂深为全叶的1/3~1/2，裂片端钝或略尖，掌状脉9~13。花大，玫瑰红色，有时白色；花萼裂为几乎相等的2裂片；发育雄蕊3~4枚；伞房花序。荚果扁条形，略弯曲，

长 15～30cm。花期 10 月。

【分布】分布于福建、广东、广西、云南等地。马来西亚、东南亚一带均有栽培。

【习性】喜暖热气候，耐干旱。生长快。

【繁殖】播种或扦插繁殖。

【用途】树冠开展，枝桠低垂，花大美丽，秋、冬开放，叶片形如牛、羊蹄甲，很有特色。广州等地常植为庭园风景树及行道树。

3. 洋紫荆（羊蹄甲）*Bauhinia variegata* L.（图 7 - 203）

图 7 - 202　羊蹄甲

图 7 - 203　洋紫荆

【识别要点】半常绿小乔木，高达 6～8m。叶革质较厚，圆形至广卵形，宽大于长，长 7～10cm，基部圆形至心形，先端 2 裂，深为全叶的 1/4～1/3，裂片端浑圆，掌状脉 11～15。花大，径 10～12cm，粉红色，有紫色条纹；花萼裂为佛焰苞状，先端具 5 小齿；发育雄蕊 5 枚；伞房状总状花序。荚果扁条形。花期 6 月。

【变种与品种】'白花'洋紫荆（'Candida'）。花白色，发育雄蕊 3 枚。

【分布】分布于我国福建、广东、广西、云南等地。越南、印度均有栽培。

【习性】喜光，喜排水良好的土壤。病虫害少，生长较慢，萌芽力强，耐修剪。

【繁殖】播种繁殖。种子采收后即可播种，或将种子干藏至翌年春播。

【用途】花大美丽芳香，华南等地常植为庭园风景树及行道树。

（七）凤凰木属 *Delonix* Raf.

凤凰木属约 3 种，产于非洲热带地区。我国华南引入 1 种。

凤凰木（红楹、火树）*Delonix regia*（Bojer）Raf.

（图 7 - 204）

图 7 - 204　凤凰木

【识别要点】落叶乔木，高达20m，树冠伞形。复叶具羽片10～24对，对生，小叶20～40对，对生，近圆形，长5～8mm，宽2～3mm，基部歪斜，表面中脉下陷，两面均有毛。花萼绿色，花冠鲜红色，上部的花瓣有黄色条纹，总状花序伞房状。果带状，木质，长30～50cm。花期5～8月，在广州一年可开花3～4次。

【分布】原产马达加斯加及非洲热带地区，现广植于热带各地，是我国汕头市市花、厦门市市树。

【习性】喜光，喜暖热湿润气候，不耐寒，对土壤要求不严。根系发达，生长快。不耐烟尘，对病虫害抗性较强。

【繁殖】播种繁殖。种子熟后干藏至翌年春播。播前需浸种。

【用途】凤凰木树冠开阔，绿荫覆地，叶形似羽毛，秀丽柔美，花大而色艳，初夏开放，如火如荼，与绿叶相映更显灿烂。宜在华南地区作行道树、庭荫树。

（八）皂荚属 Gleditsia L.

落叶乔木，稀灌木。具分枝的枝刺，无顶芽，侧芽叠生。一回或兼有二回偶数羽状复叶，互生。花杂性或单性异株，近整齐，萼、瓣各为3～5；雄蕊6～10枚。荚果扁平。

皂荚属约15种，分布于美洲、中亚、东亚和非洲热带。我国约9种。

分 种 检 索 表

1. 枝刺圆柱形；一回羽状复叶；荚果直，不扭曲 ……………………………………………… 皂荚
1. 枝刺扁；一至二回羽状复叶；荚果扭曲 ……………………………………………… 山皂荚

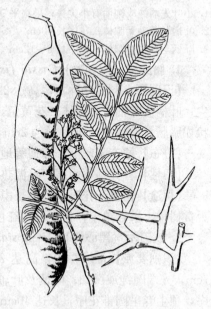

图 7 - 205 皂 荚

1. 皂荚（皂角）Gleditsia sinensis Lam.（图7 - 205）

【识别要点】乔木，高达30m，树冠扁球形。一回羽状复叶，小叶6～14，卵形至卵状长椭圆形，先端钝有短尖头，锯齿细钝，中脉有毛，叶轴与小叶柄有柔毛。总状花序腋生，花序轴、花梗、花萼有柔毛。果带形，弯或直，木质，经冬不凋。种子扁平，亮棕色。花期4～5月，果熟期10月。

【分布】产于我国黄河流域以南，多栽培在低山丘陵、平原地区，农村常见。

【习性】喜光，稍耐阴，喜温暖湿润气候，有一定的耐寒能力。对土壤要求不严，耐盐碱，干燥瘠薄的地方生长不良。深根性，生长慢，寿命较长。

【繁殖】播种繁殖。因种皮厚，发芽慢且不整齐，故在播种前需浸种，然后湿沙层积催芽。

【用途】树冠圆满宽阔，浓荫蔽日，适宜作庭荫树、行道树、风景区、丘陵地作造林树种。农村、郊区"四旁"绿化作防护林或截干作刺篱。果有皂荚素，可用于洗涤。种子、树皮、枝刺可入药。

2. 山皂荚 Gleditsia japonica Miq.（图7 - 206）

【识别要点】乔木，高达20～25m，树冠扁球形。枝刺扁平。一至二回偶数羽状复叶，小叶卵形至卵状披针形，疏生钝锯齿或近全缘。花单性，雌雄异株，雄花序总状，雌花序穗

状。荚果扁薄，革质，常扭曲，棕褐色。花期 5～6 月，果期 10～11 月。

【分布】分布于我国辽宁、河北、山东、江苏、安徽、陕西等地。

【习性】喜光，耐寒，耐干旱，耐石灰性和轻盐碱土，对土壤要求不严，喜温暖湿润气候及深厚肥沃土壤。深根性，寿命长。

【繁殖】播种繁殖。因种皮厚，发芽慢且不整齐，故在播种前需浸种，然后湿沙层积催芽。

【用途】树冠宽广，叶密荫浓。宜作庭荫树、行道树、"四旁"绿化及风景林树种。果荚可代肥皂；种子可榨油，作润滑剂及制肥皂；种子、枝刺、果实可药用。

图 7-206 山皂荚

(九) 铁刀木属 Cassia L.

偶数羽状复叶互生，小叶全缘，有托叶，无小托叶，叶轴上在两小叶间或叶柄上常有腺体。花瓣 5，多黄色，雄蕊 5～10 枚；总状或圆锥花序。荚果。

铁刀木属约 400 种，主要分布于热带。我国产 13 种。

分 种 检 索 表

1. 小叶先端锐尖；果长圆柱形 ··· 腊肠树
1. 小叶先端钝或钝而有小尖头；果扁平 ·· 2
2. 叶柄与总轴无腺体；花序长 40cm ··· 铁刀木
2. 叶柄与总轴有腺体；花序长 8～12cm ··· 黄槐

1. 腊肠树 (阿勃勒) Cassia fistula L. (图 7-207)

【识别要点】落叶乔木，高达 22m。小叶 4～8 对，卵状椭圆形，长 6～15cm，先端渐钝尖；叶柄及叶轴上无腺体。花黄色，径约 4cm；总状花序下垂，长 30～60cm。荚果圆柱形，状如腊肠，长 40～70cm，径约 2cm，黑褐色，不开裂。花期 6 月。

【分布】原产于印度、缅甸等地，我国华南及台湾有栽培。

【习性】喜光，不耐寒，喜温热多湿气候。

【用途】初夏开花时，满树长串状金黄色花朵，为美丽的观赏树种。可作行道树及庭园观赏树种。果含单宁；树皮可作红色染料；种子、树皮、根可药用。

2. 铁刀木 (黑心树) Cassia siamea Linn. (图 7-208)

【识别要点】常绿乔木，高达 20m。小叶 6～10 对，长椭圆形或卵状椭圆形，长 4～7cm，先端圆钝或微凹；叶柄及叶轴上无腺体。花黄色，径 3～4cm；花序腋生者呈总状花序，顶生者呈圆锥花序，长达 40cm。荚果扁条形，微弯，长 15～30cm，宽 1cm。花期 7～12 月，果 1～4 月成熟。

图 7-207　腊肠树

图 7-208　铁刀木

【分布】广布于亚洲热带。我国华南有栽培。

【习性】喜光，也有一定耐阴能力，喜温热气候，耐干旱瘠薄，忌积水，对土壤要求不严。萌芽力强，根系发达。抗烟、抗风，病虫害少。

【繁殖】播种繁殖。播种前需热水浸种处理。

【用途】铁刀木是良好的绿化、观赏及用材、薪炭树种。园林中可作庭荫树、行道树及防护林树种。

3. 黄槐（粉叶决明）Cassia surattensis Burm. f.（C. glauca Lam.）（图 7-209）

【识别要点】落叶灌木或小乔木，高达 4～7m。小叶 7～9
对，长椭圆形至卵形，长 2～5cm，先端圆钝，叶背粉绿色；叶柄及最下部 2～3 对小叶间有 2～3 棒状腺体。花鲜黄色，雄蕊10 枚；总状花序腋生，长 5～8cm。荚果扁条形，长 7～12cm，宽约 1cm。几乎全年有花，主要集中在 3～12 月。

【分布】原产于印度、斯里兰卡、马来群岛及大洋洲。我国云南有分布，南部有栽培。

【习性】喜光，喜深厚、排水良好的土壤。生长快。

【繁殖】播种繁殖。播种前需热水浸种处理。繁殖、栽培较容易。

【用途】黄槐是美丽的观花树种。我国台湾及华南地区广泛栽作庭园观赏树、绿篱及行道树。

（十）无忧花属 Saraca Linn.

无忧花（火焰花）Saraca chinensis Merr. et Chun（S. dives Pierre）（图 7-210）

【识别要点】常绿乔木，高达 25m。偶数羽状复叶互生，小叶 4～7 对，长椭圆形，全

图 7-209　黄　槐

缘，硬革质，嫩叶柔软下垂，先红色后渐变绿色。花无花瓣，花萼管状，先端4裂，花瓣状，橘红色至黄色，小苞片花瓣状，红色；由伞房花序组成顶生圆锥花序。荚果长圆形，扁平或略肿胀。

【分布】产于亚洲热带地区。我国云南及广西南部有分布。

【习性】喜温暖、湿润的亚热带气候，适宜排水良好、湿润肥沃的土壤。

【繁殖】扦插、高空压条或播种繁殖。播种前需沙藏催芽。

【用途】树姿雄伟，叶大荫浓，花盛开如火焰，故又称"火焰花"，是优良的观花树种。在华南地区可栽作庭园观赏树及行道树。树皮、叶可药用。

图 7 - 210　无忧花

（十一）格木属 *Erythrophleum* Afzel. ex G. Don

格木 *Erythrophleum fordii* Oliv.（图 7 - 211）

【识别要点】常绿乔木，高达25m。小枝被锈色毛。二回羽状复叶互生，羽片2～3对，小叶9～13，互生，卵形，全缘，革质。花小而密，白色；狭圆柱形复总状花序。荚果带状，扁平，长10～18cm。花期3～5月，果期10～11月。

【分布】产于我国东南及华南地区，越南也有分布。

【习性】喜光，喜温暖湿润气候，不耐寒，喜肥沃、深厚而湿润土壤。

【繁殖】播种繁殖。因种皮坚硬，不易吸水，播种前需热水浸种。

【用途】树冠苍绿荫浓，为优良观赏树种。材质优良，为上等用材树种。

（十二）刺桐属 *Erythrina* L.

具有皮刺。三出复叶互生，小叶全缘。花大，红色，旗瓣大而长；花萼偏斜，佛焰状；2～3朵成束，排成总状花序。荚果肿胀，念珠状。

刺桐属约30种，分布于热带、亚热带地区。

图 7 - 211　格　木

分 种 检 索 表

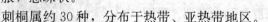

1. 花萼佛焰状，萼口偏斜；花开时旗瓣、翼瓣及龙骨瓣成直角 ·················· 刺桐
1. 花萼截头形，钟状；花开时旗瓣、翼瓣及龙骨瓣近平行 ·················· 龙牙花

1. 刺桐（象牙红）*Erythrina variegate* L.（*E. indica* Lam.）

【识别要点】落叶乔木，高10～20m。小枝粗壮。3小叶，顶生小叶宽卵形或卵状三角形，长10～15cm，侧生小叶较狭，通常无刺。花冠鲜红色，旗瓣长5～6cm，翼瓣和龙骨瓣近相等；花萼佛焰状，萼口偏斜，上部深裂达基部；总状花序顶生，花密集。荚果肿胀，长15～30cm。种子暗红色。花期3月，果9月成熟。

【变种】黄脉刺桐（var. *orentalis*）。叶脉黄色。

【分布】原产亚洲热带。我国华南有栽培。

【习性】喜高温、高湿、向阳的环境和排水良好且肥沃的沙质壤土，不耐寒。

【繁殖】扦插为主，也可播种繁殖。幼树应注意修剪，以培养圆整树形。老树要适当截干，以调整株形。

【用途】常作行道树及庭园观赏树种。树皮可药用。

2. 龙牙花（美洲刺桐）*Erythrina corallodendron* L.（图7-212）

【识别要点】落叶小乔木，高达7m。小枝粗壮。3小叶，顶生小叶菱形或菱状卵形，长4～10cm，叶柄及叶轴有皮刺。花冠深红色，长4～6cm，狭而近于闭合；花萼钟形，先端斜截形，下部有一尖齿；总状花序腋生，花较疏，长30～40cm。荚果长10～12cm。种子深红色，常有黑斑。花期5～6月。

【分布】原产美洲热带。我国华南有栽培，长江流域及其以北地区温室栽培。

【习性】喜暖热气候及肥沃湿润土壤。

【繁殖】播种、扦插繁殖。插条易生根。

【用途】叶鲜绿，花大，红艳夺目，是优良的园林及庭园观赏树种。树皮可药用。

图7-212　龙牙花

（十三）胡枝子属 *Lespedeza* Michx.

落叶灌木、半灌木或草本。无顶芽，侧芽常2～3并生。三出羽状复叶，小叶全缘；托叶小，钻形。总状或头状花序，腋生；花常2朵并生于1宿存苞片内；花冠有或无，花梗无关节；雄蕊二体。荚果扁平，含1粒种子，不开裂。

胡枝子属约90种，分布于欧洲东北部、亚洲及大洋洲。我国约65种。

胡枝子（山扫帚）*Lespedeza kicolor* Turcz.（图7-213）

【识别要点】落叶灌木，高3m。分枝细，嫩枝有柔毛，后脱落。3小叶复叶，小叶卵状椭圆形、宽椭圆形，先端圆钝或凹，有小尖头，两面疏生平伏毛，叶柄密生柔毛，花紫红色。荚果斜卵形，有柔毛。花期7～8月，果熟期9～10月。

【分布】产于我国东北、内蒙古、黄河流域，生于平原、低山区。

【习性】喜光，稍耐阴，耐寒，对土壤要求不严，耐旱，耐瘠薄。根系发达，生长快，萌芽力强，耐刈割。

图7-213　胡枝子

【繁殖】播种、分株繁殖。

【用途】胡枝子花繁色艳，姿态优美。宜丛植于庭园的草坪边缘、水边、假山旁。常用于防护林，是优良的水土保持、改良土壤树种。花为蜜源，嫩叶可作绿肥或饲料，枝条编筐，根入药，种子可食。

（十四）黄檀属 *Dalbergia* L.

奇数羽状复叶或仅 1 小叶，小叶互生，全缘。圆锥花序，萼钟形，5 裂，雄蕊 10 枚或 9 枚，单体或二体。荚果短带状，不开裂。种子 1 或 2~3 粒。

本属约 20 种，分布于热带、亚热带。我国产 30 种。

黄檀（不知春）*Dalbergia hupeana* Hance.（图 7-214）

【识别要点】落叶乔木，高达 20m。树皮呈窄条状剥落。奇数羽状复叶，小叶 7~11，卵状长椭圆形至长圆形，长 3~6cm，叶端钝或微凹。花黄白色，花序顶生或生于小枝上部叶腋。荚果扁。种子 1~3 粒。

【分布】我国秦岭、淮河以南有分布。

【习性】喜光，较耐寒，耐干旱瘠薄，对土壤要求不严，适应性强。生长较慢，发芽迟，俗称"不知春"。

【繁殖】播种繁殖。

【用途】黄檀为荒山、荒地绿化先锋树种。宜作庭荫树，孤植或丛植于草坪、路边。木材淡黄或淡黄褐色，富韧性。

图 7-214 黄檀

（十五）锦鸡儿属 *Caragana* Fabr.

落叶灌木。偶数羽状复叶，互生或簇生，叶轴先端呈刺状；托叶脱落或呈刺状。花黄色，稀白色或粉红色，单生或簇生；雄蕊二体。荚果圆筒形或稍扁，种子多数。

锦鸡儿属约 100 种，分布于亚洲中部或东部、欧洲，我国约 60 种。

锦鸡儿 *Caragana sinica* Rehd.（图 7-215）

【识别要点】落叶灌木，高 1~5m。枝细长，有棱脊线。托叶针刺状，小叶 4 枚，羽状排列，叶轴先端呈刺状。花单生，红黄色，下垂。花期 4~5 月，果期 10 月。

【分布】主产于我国北部及中部，西南也有分布，各地有栽培。

【习性】喜光，稍耐阴，耐寒，对土壤要求不严，耐干旱瘠薄，亦耐湿。萌芽力强，耐修剪。

【繁殖】播种、分株、压条繁殖。

【用途】锦鸡儿叶色秀丽，花形美，花色艳，可植于岩石旁、坡地、小路边，亦可作绿篱，尤其适合作树桩盆景。

图 7-215 锦鸡儿

（十六）刺槐属 *Robinia* L.

柄下芽。奇数羽状复叶，互生，小叶全缘，对生或近对生；托叶变为刺。总状花序腋生，下垂；雄蕊二体。荚果带状，熟时开裂。

刺槐属约 20 种，分布于北美洲及墨西哥。我国引入 3 种。

分 种 检 索 表

1. 乔木；茎、枝无毛；花白色 ··· 刺槐

1. 灌木；茎、枝密生硬刺毛；花粉红色或紫红色 ·················· 毛刺槐

1. 刺槐（洋槐、德国槐）Robinia pseudoacacia L.（图7-216）

【识别要点】落叶乔木，高达25m，树冠椭圆状倒卵形。树皮灰褐色交叉深纵裂。小叶7～19，椭圆形至卵状长圆形，先端圆或微凹，有小芒尖，基部圆。花白色，芳香，旗瓣基部有黄斑。荚果腹缝线有窄翅。花期4～5月，果熟期9～10月。

【变种与品种】

（1）红花刺槐（f. *decaisneana*）。花冠红色。原产北美洲，我国南京、上海、济南等地引入栽培。

（2）无刺槐（f. *inermis*）。无托叶刺。树形美观。原产北美洲，我国青岛引入作行道树、庭荫树。

（3）'香花'槐（'Idahoensis'）。树皮褐色至灰褐色，光滑。小枝棕红色，托叶刺较小。叶片较大。花粉红色或紫红色，花期5月，果期7～8月。埋根繁殖为主。原产西班牙。

【分布】原产北美，20世纪初引入我国山东青岛，现遍布全国，以黄河、淮河流域最为普遍。

【习性】强喜光，不耐阴，喜干燥而凉爽气候，不耐湿热。对土壤适应性强，耐干旱瘠薄，忌低洼积水或地下水位过高。浅根性，在风口易风倒、风折。萌芽力、萌蘖性强。抗烟尘能力强。20龄以前生长较快，以后长势渐衰。寿命短。

【繁殖】播种繁殖，也可分蘖或插根繁殖。

【用途】刺槐花芳香、洁白，花期长，树荫浓密，是各地郊区"四旁"绿化，铁路、公路沿线绿化常用的树种，优良的水土保持、土壤改良树种，荒山造林树种。宜作庭荫树、行道树，也是上等蜜源树种。

2. 毛刺槐（江南槐）Robinia hispida L.（图7-217）

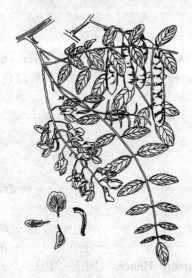

图7-216 刺槐　　　　　　图7-217 毛刺槐

【识别要点】落叶灌木，高达2m。茎、小枝、叶柄、花梗均有红色刺毛。小叶7～13，广椭圆形。花冠粉红色或紫红色。花期5～6月。

【分布】原产北美洲，我国东北南部及华北园林中常有栽培。

【习性】喜光，较耐寒，在京、津地区常种植于背风向阳处。喜排水良好土壤。

【繁殖】嫁接繁殖，以刺槐为砧木。

【用途】毛刺槐花大色美，常植于庭园的草坪观赏。用刺槐高接繁殖，能形成小乔木，可作支干道的行道树。

（十七）紫穗槐属 *Amorpha* L.

本属约25种，分布于北美洲、墨西哥。我国引入1种。

紫穗槐（紫花槐、棉槐） *Amorpha fruticosa* L.（图7-218）

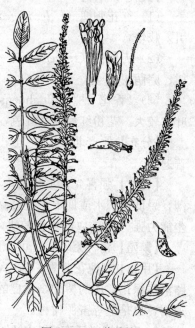

图7-218 紫穗槐

【识别要点】丛生落叶灌木，高4m。嫩枝密生毛，后脱落。小叶窄椭圆形至椭圆形，先端圆或微凹，有芒尖，幼叶有毛，后渐脱落。花小，蓝紫色。果小，短镰刀形，密生瘤状油腺点。花期5~6月，果熟期9~10月。

【分布】原产北美洲，20世纪初我国引入栽培，东北以南均有栽培。

【习性】喜光，耐干冷气候，耐盐碱。根系发达，生长迅速，萌芽力强。抗污染。

【繁殖】播种繁殖，亦可分株或扦插繁殖。

【用途】紫穗槐是荒山、低洼地、盐碱地、沙荒地及农用防护林的主要造林树种。河岸、公路、铁路绿化能保持水土。园林中常配植于陡坡、湖边、堤岸易冲刷处及厂矿、居民区。枝皮作造纸原料，花是蜜源，叶可作饲料，种子榨油，枝条编筐。亦是良好的绿肥植物。

（十八）红豆树属 *Ormosia* Jacks.

乔木。单叶或奇数羽状复叶，常为革质。总状花序或圆锥花序；萼钟形，5裂，花冠略高于花萼，花瓣5，有爪；雄蕊5~10枚，分离。荚果，种子1至数粒，种皮多鲜红色，稀暗红色或黑褐色。

红豆树属约60种，主产于热带、亚热带。我国有26种。

分 种 检 索 表

1. 果实不具横隔，有种子1粒；果皮革质 ································· 软荚红豆树
1. 果实具横隔，有种子1~2粒；果皮木质 ····································· 2
2. 小枝幼时微有毛，后无毛；叶无毛；荚果扁卵圆形 ····················· 红豆树
2. 小枝、叶背密生褐色绒毛；荚果扁平 ································· 花榈木

1. 软荚红豆树（相思豆、红豆树）*Ormosia semicastrata* Hance.（图7-219）

【识别要点】常绿乔木，高达12m。裸芽，小枝疏生黄色柔毛。羽状复叶互生，小叶3~9，革质，长椭圆形，长4~14cm。花瓣白色，圆锥花序腋生。荚果革质，小而呈圆形，种子1粒，种子鲜红色，扁圆形。花期5月，果熟期9~10月。

【分布】分布于我国江西、福建、广东、广西等地。

【习性】喜光，喜暖热气候，不耐寒，喜肥沃湿润土壤，不耐旱。萌芽力强，根系发达，寿命长。

【繁殖】播种繁殖。播种前应浸种，管理上应注意培育主干，否则分枝低。

【用途】枝叶繁茂，树冠开阔，是南方著名的观赏树种。宜作庭荫树、行道树。种子红色，可供装饰用，或制作纪念品。该树因唐代著名诗人王维的《相思》："红豆生南国，春来发几枝。愿君多采撷，此物最相思"而出名。在园林中宜孤植、丛植于草坪、林缘、建筑前，当游人漫步其下，拾得几粒红豆时，亦别有情趣，多几分浪漫。

2. 红豆树（鄂西红豆树）*Ormosia hosiei* Hemsl. et Wils.（图7-220）

图7-219 软荚红豆树

图7-220 红豆树

【识别要点】常绿乔木，高达20m。树皮光滑，灰色。小枝绿色，幼时微有毛，裸芽。奇数羽状复叶，互生，小叶5～9，卵形至倒卵状椭圆形，长5～14cm，无毛。花白色或淡红色，芳香；圆锥花序；花萼密生黄棕色毛。荚果木质，扁卵圆形，先端尖。种子1～2粒，扁圆形，鲜红色，有光泽，种脐白色。花期5月。

【分布】分布于陕西、江苏、湖北、广西、四川、浙江、福建等地。

【习性】喜光，幼树耐阴，喜肥沃湿润土壤。干性较弱，易分枝，侧枝较粗壮。萌芽力强，根系发达，寿命长，生长速度中等。

【繁殖】播种繁殖。播种前应浸种，管理上应注意培育主干，否则分枝低。

【用途】树冠伞形，在园林中可植为庭园观赏树及行道树，或植为片林。种子红色美丽，可作装饰品用。为珍贵用材树种。

3. 花榈木（毛叶红豆树）*Ormosia henryi* Prain（图7-221）

【识别要点】常绿乔木，高达13m，树冠圆球形。树皮光滑，青灰色。小枝、芽及叶背密生褐色绒毛；裸芽叠生。奇数羽状复叶，小叶5～9，倒卵状长椭圆形，革质。花黄白色，圆锥或总状花序。荚果扁平。种子鲜红色。花期6～7月。

【分布】产于我国长江流域以南各地，越南亦有分布。

【繁殖】播种繁殖。

【用途】在园林中可植为庭园观赏树。优良家具用材树种。种子红色美丽，可作装饰品用。枝、叶药用。

图7-221 花榈木

图7-222 槐 树

（十九）槐属 *Sophora* L.

槐属约50种，主产于东亚、北美洲。我国有16种。

槐树（国槐、家槐、豆槐）*Sophora japonica* L. （图7-222）

【识别要点】落叶乔木，高达25m，树冠广卵形。树皮深纵裂。顶芽缺，柄下芽，有毛。1～2年生枝绿色，皮孔明显。奇数羽状复叶，小叶7～17，卵形、卵状椭圆形，先端尖。花黄白色，圆锥花序。荚果肉质不裂，种子间缢缩成念珠状，宿存。种子肾形。花期6～8月，果熟期9～10月。

【变种与品种】

（1）龙爪槐（蟠槐、垂槐）(var. *pendula*)。小枝屈曲下垂，树冠伞形。嫁接繁殖（以槐为砧，高位嫁接）。

（2）堇花槐（var. *violacea*）。翼瓣、龙骨瓣呈玫瑰紫色。花期较迟。

（3）五叶槐（蝴蝶槐）(f. *oligophylla*)。小叶3～5簇生，顶生小叶常3裂，侧生小叶下侧常有大裂片，叶背有毛。嫁接（以槐为砧，高位嫁接）、播种繁殖。

（4）'金枝'槐（'Golden Stem'）。枝条黄色，冬季效果更为明显。金枝槐是从槐树播种苗中选育的，属自然变异。嫁接（以槐为砧）、扦插繁殖。

【分布】原产我国北方，各地都有栽培，是华北平原、黄土高原常见树种。

【习性】喜光，稍耐阴，喜干冷气候，但在炎热多湿的华南地区也能生长。适生于肥沃、深厚、湿润、排水良好的沙壤土。稍耐盐碱，在含盐量0.15%的土壤中能正常生长。抗烟尘及二氧化硫、氯气、氯化氢等有害气体能力强。深根性，根系发达，萌芽力强，生长速度中等，寿命长。

【繁殖】播种繁殖，品种需嫁接繁殖，用实生苗作砧木。一年生幼苗树干易变曲，应于落叶后截干，次年培育直干壮苗，要注意剪除下层分枝，以促使向上生长。大树移植时需要重剪，成活率较高。

【用途】槐树枝叶茂密，浓荫葱郁，是北方城市中主要的行道树、庭荫树，但在江南一带作行道树则易衰老，效果不佳。可配植于公园绿地、建筑物周围、居住区及农村"四旁"绿化。变种龙爪槐盘曲下垂，姿态古雅，最宜在古园林中应用，可对植于门前、庭前两侧或孤植于亭、台、山石一隅，亦可列植于甬道两侧。花是优良的蜜源，花、果、根皮可入药。

三十九、胡颓子科 Elaeagnaceae

灌木或乔木；全体被银白色或褐黄色星芒状鳞片。单叶互生，稀对生，全缘，羽状脉，无托叶。两性花或雌花萼管状，2～4裂，于子房之上收缩，结果时变为肉质；无花瓣；雄蕊着生于萼筒内，与裂片同数或为其倍数；瘦果或坚果。

胡颓子科共3属80余种；我国2属约60种。

（一）胡颓子属 *Elaeagnus* L.

常绿或落叶灌木或小乔木，常有枝刺。叶互生，具柄。花两性或杂性，单生或簇生于叶腋；萼筒长，顶端4裂。坚果，为膨大肉质花萼筒所包围。

胡颓子属约80种；我国约55种。

1. 胡颓子（羊奶子）*Elaeagnus pungens* Thunb.（图7-223）

【识别要点】常绿灌木；枝开展，被褐色鳞片，具枝刺。叶革质，边缘微翻卷或微波状，背面有银白色及褐色鳞片。花银白色，芳香，1～3朵腋生，下垂。果椭圆形，被锈褐色鳞片，熟时棕红色。花期9～12月，果期翌年4～6月。

【变种与品种】

（1）金边胡颓子（var. *aurea*）。叶缘深黄色。

（2）银边胡颓子（var. *variegata*）。叶缘黄白色。

（3）金心胡颓子（var. *federici*）。叶狭小，具有黄心及绿色的狭边。

【分布】分布于长江流域以南各地，在长江以北的常绿、落叶阔叶混交林中也有生长。

【习性】喜光，亦耐阴，喜温暖气候。对土壤要求不严，从酸性到微碱性土壤均能适应，耐干旱瘠薄，亦耐水湿。

图7-223　胡颓子
1. 花枝　2. 果枝　3. 花　4. 果实

【繁殖】以播种为主，亦可扦插和嫁接。

【用途】枝叶浓密，叶具光泽，且有香花红果；其变种叶色美丽，为理想的观叶观果树种。可配植于花丛林缘、建筑物角隅。由于树冠圆形紧密，故常做球形栽培，亦可作为绿篱或盆景材料。对多种有害气体抗性较强，适于污染区厂矿绿化。

2. 沙枣（桂香柳、狭叶胡颓子）*Elaeagnus angustifolia* L.

【识别要点】落叶小乔木或灌木；枝条稠密，全体被银白色鳞片，多枝刺。花两性，1～3朵腋生，芳香，表面银白色，里面黄色；萼钟状，裂片与萼筒等长；雄蕊4枚；花柱上部扭转，基部为筒状花盘所包被。果椭圆形或椭圆状卵形，长0.5～2.5cm，外被鳞斑，熟时黄色，果肉粉质。花期6月，果期10月。

【变种与品种】品种繁多，主要良种有大白沙枣、牛奶头大沙枣、羊奶头沙枣等。

【分布】分布于我国西北各地、内蒙古以及华北的西北部，为本属中分布最北的一种。

【习性】喜光，能产生根瘤。对土壤、气温、湿度要求均不甚严格，山地、平原、沙滩、荒漠地区均能生长，水平根发达，寿命较长，适应性强，根蘖性强，病虫害少。

【繁殖】以播种为主，良种多采用扦插或嫁接繁殖。

【用途】沙枣是我国西北干旱地区营造防护林、水土保持林、薪炭林、风景林和"四旁"绿化的重要树种之一。果可食用；蜜源植物；叶、果、根可入药。

3. 木半夏 *Elaeagnus multiflora* Thunb. （图7-224）

【识别要点】落叶灌木，高达3m。幼枝密被锈褐色鳞片。叶椭圆形、卵形或卵状宽椭圆形，先端钝尖或渐尖，基部楔形，下面密被银白色和散生褐色鳞片，侧脉5～7对；叶柄锈色。花白色，单生；果梗长1.5～4cm，下弯。花期5月，果期6～7月。

【分布】产于我国河北、山东、安徽、浙江、福建、江西、湖北、陕西、四川、贵州等地。日本也有分布。

【习性】生于向阳山坡、灌木丛中。

【用途】果、叶、根供药用；果可制果酒或饴糖等。也可作为观赏树种。

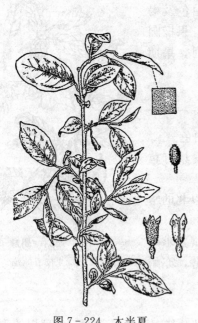

图7-224 木半夏　　　　　　　　　图7-225 沙棘

（二）沙棘属 *Hippophae* L.

落叶灌木或小乔木，具枝刺。叶互生，狭窄，有短柄。花单性，雌雄异株，短总状花序腋生，雄花无柄，萼2裂，雄蕊4枚，雌花有柄，花萼管长椭圆形，包围着子房，顶有微小的裂片2。坚果，为肉质化的萼筒包围。

沙棘属共4种，我国均产。

沙棘（醋柳、酸刺）*Hippophae rhamnoides* L. （图7-225）

【识别要点】落叶灌木或小乔木，有粗刺。叶条形至条状披针形，长 2～6cm，两面均被银白色鳞片，表面后变光滑；叶柄短。花小，先叶开放，淡黄色。果近球形，径 0.5～1cm，橘黄色。花期 3～4 月，果期 9～10 月。

【分布】产于我国华北、西北、西南各地。

【习性】喜光，对气候和土壤的适应性均很强，抗风沙，耐严寒、干旱和高温；对土壤要求不严，耐水湿及盐碱，又能耐干旱瘠薄，但在黏重土上生长不良。根系发达，富含根瘤菌，萌蘖性强，耐修剪。

【繁殖】以播种为主，亦可压条或分根繁殖。

【用途】沙棘是防风、固沙、水土保持的良好树种，也是风沙地区园林绿化的先锋树种。可作绿篱。果可食，种子可榨油。根菌可改良土壤。

四十、山龙眼科 Proteaceae

乔木或灌木，稀草本。单叶互生，稀对生或轮生，全缘或分裂，无托叶。花两性，稀单性；花序头状、穗状、总状；单被花；萼片 4，花瓣状；雄蕊与花萼同数对生；子房 1 室，胚珠多数。蓇葖果、坚果、核果。种子扁平，常有翅。

山龙眼科共 60 属 1 200 多种；我国有 2 属 21 种，引种 2 属 2 种。

银桦属 *Grevillea* R. Br.

约 200 种；我国引入栽培 1 种。

银桦 *Grevillea robusta* A. Cunn.（图 7 - 226）

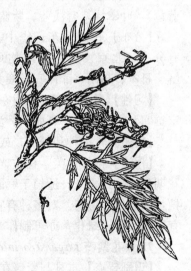

【识别要点】常绿乔木，高达 40m，树干端直，树冠圆锥形。小枝、芽及叶柄密被锈色绒毛。叶互生，二回羽状深裂，裂片披针形，边缘反卷，表面深绿色，叶背密被银灰色丝状毛。总状花序，无花瓣，萼片 4 枚，橙黄色。蓇葖果。花期 5 月，果熟期 7～8 月。

【分布】原产大洋洲。我国南部、西南有栽培。

【习性】喜光，喜温暖湿润气候，适应性强，对土壤要求较严，黏重土壤生长不良，不耐水湿。根系发达，生长快，抗性强，对烟尘和有害气体的抗性较强。

【用途】树干通直，树体高耸，枝叶茂密，叶形优美，自然下垂，是良好的庭荫树种。可作行道树和村镇"四旁"绿化。也是优良的蜜源植物。

图 7 - 226　银　桦

四十一、千屈菜科 Lythraceae

草本或木本。枝通常四棱形。单叶对生，稀轮生或互生，全缘，托叶小或无。花两性，整齐或两侧对称，单生或组成总状、圆锥、聚伞花序；萼 4～8（16）裂，宿存；花瓣与萼片同数或无花瓣；雄蕊 4 至多数，着生于萼筒上；子房上位，2～6 室，胚珠多数，中轴胎座。蒴果；种子无胚乳。

千屈菜科共 25 属 550 种；我国 11 属 48 种，其中木本 6 属。

紫薇属 *Lagerstroemia* L.

常绿或落叶，灌木或乔木。树皮光滑。冬芽端尖，具 2 芽鳞。叶对生或在小枝上互生，叶柄短；托叶小，早落。花两性，整齐，艳丽，组成圆锥花序。蒴果木质，室背开裂；种子多数，顶端有翅。

紫薇属共 55 种；我国 16 种，引入栽培 2 种。

1. 紫薇（百日红、满堂红、痒痒树）*Lagerstroemia indica* L.（图 7 - 227）

【识别要点】落叶灌木或小乔木，高可达
7m。树冠不整齐，枝干多扭曲；老树皮呈长薄
片状，剥落后平滑细腻；小枝略呈四棱形，常
有狭翅。叶椭圆形至倒卵形，几无柄。花序顶
生；花呈红、紫、堇、白等色，萼 6 浅裂，花
瓣 6；果 6 瓣裂。花期 6～9 月，果期 9
～10 月。

【变种与品种】

（1）银薇（var. *alba*）。花白色或微带堇
色，叶与枝淡绿，有纯白、粉白、乳白等品种。

（2）翠薇（var. *rubra*）。花紫堇色（或带
蓝色），叶翠绿，有浅蓝、紫蓝等品种。

【分布】我国华东、华中、华南及西南均
有分布，北京、太原以南均可露地栽培；朝
鲜、日本、越南、菲律宾及澳大利亚也有分布。

图 7 - 227　紫　薇

【习性】喜光，有一定耐寒能力，北京可露地栽培；略耐阴，喜温暖、湿润气候，有一
定抗寒和抗旱能力。喜肥沃、湿润而排水良好的沙壤土。萌芽力强，耐修剪。

【繁殖】常播种和扦插，或分蘖繁殖。

【用途】树形优美，树皮光滑，枝干扭曲，花色艳丽，花朵繁密，花开于少花的夏季，
花期长达数月之久。适植于庭园内、建筑物前，或池畔、路边及草坪等处。可成片、成丛栽
植，或栽作行道树。对多种有害气体有较强的抗性和吸收能力，且对烟尘有一定吸附力，适
宜厂矿及街道绿化；亦可制作盆景和桩景。

2. 大花紫薇 *Lagerstroemia speciosa* Pers.（图 7 - 228）

【识别要点】本种与紫薇在形态上的主要区别为：常绿乔木，高达 20m。叶大，长 10～
25cm，革质。花大，花径 5～7.5cm；花序也大；花萼有 12 条纵棱；花初开时淡红色，后
变紫色。果较大，径约 2.5cm。

【分布】产于东南亚至澳大利亚，我国华南有分布；世界热带地区多栽培。

【习性】喜光，耐半阴，不耐寒，喜暖热气候，喜排水良好的肥沃土壤。

【用途】夏、秋开花，生长健壮，是美丽的观花树种，华南园林绿地常见栽培。木材坚
硬而耐朽，色红而亮，为优质用材。

3. 南紫薇（拘那花）*Lagerstroemia subcostata* Koehne（图 7 - 229）

【识别要点】落叶大灌木或小乔木，高达 2～8m；树皮薄，灰白色；小枝圆筒形。叶长

圆形或长圆状披针形，长 4～10cm，先端渐尖，基部广楔形，叶柄长 2～4mm。花小，径约 1cm，白色；6～7 月开花。蒴果小，椭球形，长 5～7cm。

【分布】产于我国南部及西部地区；日本也有分布。

【用途】江南一些城市偶见栽培观赏。花可药用，能祛毒消瘀。

图 7-228 大花紫薇

图 7-229 南紫薇

四十二、瑞香科 Thymelaeaceae

乔木或灌木，稀草本；树皮纤维丰富。单叶对生或互生，全缘；花排成头状、伞形、总状或穗状花序；花萼通常管状或钟状，4～5 裂，花瓣状；花瓣缺或为鳞片状；雄蕊与萼片同数或为其 2 倍。浆果、坚果或核果，很少为蒴果。

瑞香科约 50 属 500 种；我国有 9 属 90 种。

分 属 检 索 表

1. 头状或短总状花序；花柱极短，柱头大，头状 ·· 瑞香属
1. 头状花序；花柱长，柱头长而线形 ··· 结香属

（一）瑞香属 *Daphne* L.

灌木或亚灌木。叶互生，有时近对生或群集于分枝的上部。花芳香，排成短总状花序或簇生成头状，通常有总苞；花萼 4（5）裂；无花瓣；雄蕊 8～10 枚，呈两轮着生于萼管的近顶部；花盘环状或杯状。核果，有种子 1 粒。

瑞香属约 95 种；我国约有 35 种。

1. 瑞香（睡香）*Daphne odora* Thunb.（图 7-230）

【识别要点】常绿灌木，高达 2m，小枝细长，带紫色。叶互生，长椭圆形至倒披针形，先端钝或短尖，基部窄楔形，质较厚。头状花序，顶生，白色或带紫红色，芳香。果肉质，

圆球形。花期 2～3 月，果期 7～8 月。

【变种与品种】

（1）毛瑞香（var. *atrocaulis*）。花白色，花萼外侧有绢状毛。

（2）'金边'瑞香（'Marginata'）。叶边缘金黄色。花淡紫色，花萼先端 5 裂，白色，基部紫红色，香味浓烈，为瑞香中的珍品。

（3）'白花'瑞香（'Leeucantha'）。花白色。

（4）'蔷薇红'瑞香（'Rosacea'）。花淡红色。

【分布】分布于长江流域以南各地。

【习性】喜阴凉、通风环境，不耐阳光暴晒及高温高湿。耐寒性差。喜排水良好、富含腐殖质的土壤；不耐积水。萌芽力强，耐修剪，易造型。

【繁殖】以扦插为主，亦可压条、嫁接或播种繁殖。

【用途】枝干丛生，四季常绿，早春开花，香味浓郁，具较高观赏价值。宜配植于建筑物、假山、岩石的阴面及树丛的前侧。可盆栽，制作盆景。根、叶可入药。

2. 芫花（闹鱼花、老鼠花）*Daphne genkwa* Sieb. et Zucc.（图 7-231）

图 7-230 瑞香

图 7-231 芫花
1. 叶枝 2. 花枝

【识别要点】落叶灌木，高达 1m。茎多分枝，老枝褐色带紫，幼枝及幼叶背面有淡黄色绢状柔毛。叶对生，长椭圆形至宽披针形，先端急尖，基部阔楔形。花 3～5（7）朵簇生叶腋。紫色或粉红色。果长圆形，肉质。花期 3 月，果期 6～7 月。

【分布】分布于长江流域以南各地以及山东、河南、陕西等地。

【习性】喜光，耐旱，耐寒，喜生于排水良好的轻沙土中。萌蘖力较强。

【繁殖】以扦插为主，也可播种、分株繁殖。

【用途】早春叶前开花，鲜艳美丽，可群植于花坛，或点缀于假山、岩石之间。茎皮纤维为优质纸和人造棉的原料。根、花蕾可入药。

（二）结香属 *Edgeworthia* Meissn.

落叶或常绿灌木。叶互生，通常聚集于分枝顶端。头状花序，腋生于上年生枝端，花先叶或与叶同时开放；花萼管状 4 裂；无花瓣；雄蕊 8 枚，在萼管内排成两轮，花盘杯状。花柱长，柱头线状圆筒形。核果，包藏于宿存的萼管基部。

结香属共 4 种；我国均产。

结香（黄瑞香、打结花、三桠） *Edgeworthia chrysantha* **Lindl.** （图 7 - 232）

【识别要点】落叶灌木，枝条粗壮柔软，常三叉分枝，棕红色。叶长椭圆形至倒披针形，先端急尖，基部楔形并下延。上面有疏柔毛，背面有长硬毛。花黄色，有浓香，40～50 朵集成下垂的花序。果卵形，状如蜂窝。花期 3 月，果期 5～6 月。

【分布】分布于长江流域以南各地及西南和河南、陕西等地。

【习性】喜阴，耐晒；喜温暖湿润气候和肥沃而排水良好的壤土，耐寒性不强。根肉质，过干和积水处不宜生长，根颈处易萌蘖。

【繁殖】分株或扦插繁殖。

图 7 - 232　结　香

【用途】枝条柔软，弯之可打结而不断，故可整成各种形状；花多成簇，芳香浓郁。可孤植、对植、丛植于庭前、路边、墙隅或作疏林下木，或点缀于假山岩石之间、街头绿地及小游园内。也可盆栽，进行曲枝造型。茎皮可供制打字蜡纸、人造棉。根、茎、花均可入药。

四十三、桃金娘科 Myrtaceae

常绿乔木或灌木。单叶对生或互生，全缘，具透明油腺点，无托叶。花两性，单生、簇生或排成各式花序；萼 4～5 裂；花瓣 4～5；雄蕊多数，分离或成簇与花瓣对生，着生于花盘边缘；下位或半下位子房，1～10 室，每室胚珠 1 至多数，中轴胎座，稀侧膜胎座。浆果、蒴果，稀核果或坚果。种子有棱，无胚乳。

桃金娘科约 100 属 3 000 种以上；我国 9 属 126 种（含引入种）。

分 属 检 索 表

1. 叶互生；蒴果在顶端开裂 ··· 2
1. 单叶对生，罕轮生；浆果 ··· 4
2. 萼片与花瓣均连合成花盖，开花时横裂脱落 ·· 桉树属
2. 萼片与花瓣分离，不连合成花盖 ··· 3
3. 雄蕊合生成束，与花瓣对生，白色 ··· 白千层属
3. 雄蕊分离，红色 ··· 红千层属
4. 花 1～3 朵腋生 ··· 桃金娘属
4. 圆锥花序、伞房花序，顶生或腋生 ··· 蒲桃属

（一）桉树属 *Eucalyptus* L′Herit

常绿乔木，稀灌木。叶常互生而下垂，革质，全缘，羽状侧脉在近叶缘处连成边脉。花单生或呈伞形、伞房或圆锥花序，腋生；萼片与花瓣连合成一帽状花盖，开花时花盖横裂脱落；雄蕊多数，分离；萼筒与子房基部合生，子房3～6室，每室具多数胚珠。蒴果顶端3～6裂；种子多数，细小，有棱。

桉树属约600种，原产大洋洲及邻近岛屿；我国引种栽培约80种。

分 种 检 索 表

1. 树皮粗糙，纵裂；叶长卵形或卵状披针形，宽3～7cm ·· 大叶桉
1. 树皮光滑，逐年脱落；叶披针形，宽1～2cm ··· 2
2. 花大，无梗，常单生或2～3朵聚生，花蕾表面有小瘤，被白粉 ·································· 蓝桉
2. 花小，有梗或近无梗，伞房花序，花蕾表面平滑 ··· 3
3. 蒴果罐状，长约1cm；小枝及幼叶有腺毛，具强烈柠檬香味 ·································· 柠檬桉
3. 蒴果球形，径约6mm；小枝红色，细长 ··· 赤桉

1. 柠檬桉 *Eucalyptus citriodora* Hook. f. （图7-233）

【识别要点】高达40m；树皮平滑，通常灰白色，片状脱落后呈斑驳状；小枝及幼叶有腺毛，具强烈柠檬香味。叶互生，幼苗及萌枝的叶卵状披针形，叶柄盾状着生；成熟叶狭披针形，稍呈镰刀状，长10～20cm，背面发白，无毛。伞形花序再排成圆锥状。蒴果罐状，长约1cm。

【分布】原产澳大利亚东部及东北部。我国南部地区有栽培。

【习性】适应性较强，能耐−6℃的低温。

【用途】本种树干洁净，树姿优美，枝叶有浓郁的柠檬香味，是优良的园林风景树和行道树，也是速生用材和芳香油树种。

图7-233 柠檬桉

图7-234 赤 桉
1. 花枝 2. 花序 3. 果序

2. 赤桉 *Eucalyptus camaldulensis* Dehnh.（图7-234）

【识别要点】大乔木，高达25m，胸径2～3m。树皮光滑，暗灰色，片状脱落。树干基部有宿存树皮。嫩枝略有棱。叶片狭披针形至镰刀形。腋生伞形花序，有花4～8朵；花序梗纤细，萼帽状体半球形，顶部收缩呈长喙状，较萼筒长1～2倍。果近球形，果盘明显突起，果瓣4。花期10月至翌年5月。

【分布】原产澳大利亚。我国从华南至西南均有栽培。

【习性】适应性强，生长快，喜深厚、肥沃、湿润的土壤，稍耐碱。

【用途】园林绿地及"四旁"绿化的良好树种。木材红色，坚重，抗腐性强，是速生用材树种。

3. 蓝桉 *Eucalyptus globulus* Labill.（图7-235）

【识别要点】大乔木，高达60m。干多扭转。树皮灰色，薄片状剥落。叶蓝绿色，两型：幼叶对生，卵状矩圆形，基部心形，长3～10cm，无叶柄；成熟叶互生，镰刀状披针形，两面有腺点，长12～30cm，宽1～2cm，叶柄长2～4cm。花单生或2～4朵集生于叶腋，径达4cm，近无柄。蒴果倒圆锥形，有4棱，径2～2.5cm。在昆明4～5月及10～11月间开花，夏季至冬季果熟。种子黑色，有棱。

【分布】原产澳大利亚。我国西南及南部有引种栽培，以云南、广东、广西、四川西南部生长最好。

【习性】喜温暖气候，但不耐湿热，耐寒性不强；最喜光，稍有遮阳即影响生长速度；喜深厚、肥沃、湿润的酸性土壤，不耐钙质土壤。速生树种。

【用途】我国南方荒山造林及"四旁"绿化的良好树种，但树干不通直。

图7-235　蓝桉
1. 花枝　2. 花蕾纵剖面　3. 花　4. 果枝
5. 种子　6. 幼态叶　7. 幼苗

图7-236　大叶桉

4. 大叶桉 *Eucalyptus robusta* Smith（图7-236）

【识别要点】常绿乔木，高达30m，胸径1m。树干挺直，树皮暗褐色，粗糙，深纵裂宿存，不脱落。小枝淡红色。叶革质，卵状长椭圆形至广披针形；叶柄长 1～2cm。花 4～12 朵成伞形花序；花序梗粗而扁，具棱；花径 1.5～2cm，帽状体圆锥形，顶端骤尖，短于萼筒或与萼筒等长。蒴果碗状，径 0.8～1cm。花期 4～5 月和 8～9 月，花后约 3 个月果成熟。

【分布】原产澳大利亚。我国四川、浙江、湖南南部、江西南部、浙江、福建、广东、广西、贵州西南部、陕西南部等地均有栽培。

【习性】极喜光，喜温暖湿润气候，能耐 −5℃ 短期低温，是桉树中最耐寒者；喜肥沃湿润的酸性及中性土壤，不耐干旱瘠薄，极耐水湿。生长迅速，寿命长，萌芽力强，根系深，抗风倒。

【用途】树冠庞大，是庭园和公共绿地的良好绿化树种。可用于沿海地区低湿处的防风林。花期长，是良好的蜜源植物。

（二）白千层属 Melaleuca L.

常绿乔木或灌木。叶互生，披针形或条形，有油腺点，具平行纵脉。花无梗，集生小枝下部，呈头状或穗状花序，有时单生叶腋。花序轴无限生长，花后继续生长；萼筒钟形，5 裂；花瓣 5；雄蕊多数，基部连合成 5 束并与花瓣对生；子房与萼筒合生，3 室。蒴果半球形或球形，顶端 3～5 裂。种子多数，近三角形。

白千层属 100 余种，原产大洋洲；我国引入 2 种。

白千层 Melaleuca leucadendra L. （图 7-237）

【识别要点】乔木，高达 18m。树皮灰白色，厚而疏松，多层纸状剥落。叶互生，狭长椭圆形或披针形，长 5～10cm，有纵脉 3～7 条，先端尖，基部狭楔形。花丝长而白色，密集于枝顶成穗状花序，长达 15cm，形如试管刷。果碗形，径 5～7mm。花期 1～2 月，果秋、冬成熟。

【分布】原产澳大利亚。我国福建、台湾、广东、广西等地有栽培。

【习性】喜光，喜暖热气候，很不耐寒；喜生于土壤肥厚潮湿之地，也能生于较干燥的沙地。生长快，侧根少，不耐移植。

【用途】树体高大雄伟，树皮白色，树姿优美，是优良的行道树及庭园观赏树，又可选作造林及"四旁"绿化树种。树皮及叶可药用，有镇静的功效。

图 7-237　白千层

（三）红千层属 Callistemon R. Br.

红千层属约 30 种，原产澳洲；我国引入 2 种。

红千层 Callistemon rigidus R. Br. （图 7-238）

【识别要点】常绿灌木，高 2～3m。树皮不易剥落。小枝红棕色，有白色柔毛。单叶互生，偶对生或轮生，条形，长 3～8cm，宽 2～5mm，革质，全缘，中脉和边脉明显，硬而无毛，有透明腺点，无柄。顶生穗状花序；花红色，无梗，密集，花瓣 5；雄蕊多数，红色。蒴果半球形，顶部开裂，径 7mm。花期 1～2 月。

【分布】原产澳大利亚。我国南方有栽培。

【习性】喜光，喜暖热气候，不耐寒，华南、西南可露地越冬，华北多盆栽。不耐移植。

【用途】红千层是一种美丽的观赏灌木，华南有栽培。不耐寒，长江流域及北方城市常于温室盆栽观赏。移栽不易成活，故定植以幼苗为好。可丛植庭院或作瓶花观赏。

图 7－238　红千层

图 7－239　桃金娘

（四）桃金娘属 *Rhodomyrtus* Reichb.

桃金娘 *Rhodomyrtus tomentosa* Hassk.　（图 7－239）

【识别要点】常绿灌木，高达 2～3m；枝开展，幼时有毛。单叶对生，偶有 3 叶轮生，长椭圆形，长 4.5～6cm，先端钝尖，基部圆形，全缘，离基 3 主脉近于平行，在背面显著隆起，表面有光泽，背面密生绒毛。花 1～3 朵腋生，径约 2cm，花瓣 5，桃红色，渐褪为白色，雄蕊多数，也桃红色；4～5 月和 11 月开花。浆果椭球形或球形，径 1～1.4cm，紫色，具多数极细小种子。

【分布】产于我国南部至东南亚各国。

【用途】花果皆美，是热带野生观赏树种。根、叶、花、果皆可入药。

（五）蒲桃属 *Syzygium* Gaertn.

常绿乔木或灌木；单叶对生，罕轮生。子房 2～3 室；花排成圆锥花序、伞房花序，顶生或腋生。浆果或核果状。

1. 蒲桃（水蒲桃）*Syzygium jambos* Alston　（图 7－240）

【识别要点】常绿乔木，高达 10m；枝开展，树冠球形；树皮浅褐色，平滑。单叶对生，长椭圆状披针形，长 10～25cm，先端渐尖，基部楔形，全缘，羽状侧脉至近边缘处汇合成边脉，革质而有光泽。花绿白色，径 4～5cm，萼片宿存；顶生伞房花序；4～5 月开花。果球形或卵形，径 2.5～4cm，淡绿色或淡黄色，内含种子 1 粒，罕 2 粒，摇之格格有声；7～8 月果熟。

【分布】产于华南至中印半岛。

【习性】喜光和湿热气候，喜生于河旁水边。

【用途】果味香甜，但水分少，宜制成果冻或蜜饯食用。是热带、南亚热带果树之一。树形美丽，可栽作庭荫树及固堤、防风树种。

2. 赤楠（山乌珠） *Syzygium buxifolium* **Hook. et Arn.** （图 7 - 241）

图 7 - 240 蒲 桃

图 7 - 241 赤 楠

【识别要点】常绿灌木或小乔木，高达 5m；小枝茶褐色，无毛。单叶对生，革质，倒卵状椭圆形，长 2.5～3cm，先端钝，基部楔形，全缘，羽状侧脉汇合成边脉。聚伞花序顶生。

【分布】产于我国长江流域以南各省区山地；越南和日本南部、琉球群岛也有分布。

【习性】不耐寒，生长慢。

【用途】叶形颇似黄杨，可植于庭园观赏。材质坚重致密，作秤杆及雕刻等用。

3. 轮叶赤楠 *Syzygium grijsii* **Merr. et Perry**

【识别要点】常绿灌木或小乔木；小枝四棱形。3 叶轮生，狭椭圆形至倒披针形，长 1.5～3cm，先端钝，基部楔形。花小，白色；呈顶生聚伞花序；5～6 月开花。果球形，径 4～5mm。产于浙江、江西、湖南、广东、广西等地。

（六）番石榴属 *Psidium* **Linn.**

番石榴 *Psidium guajava* **L.** （图 7 - 242）

【识别要点】常绿灌木或小乔木，高达 10m；树皮薄鳞片状剥落后仍较光滑；小枝四棱形。单叶对生，长椭圆形，全缘，革质，背面有柔毛，羽状脉在表面下凹。花白色，芳香，1～3 朵生于总梗上；夏天开花。浆果球形或洋梨形。

【分布】原产南美洲，现广植于热带各地。我国华南地区有栽培。

【用途】果可食，是热带水果之一；叶含芳香油，树皮含单宁，均有药效。

（七）香桃木属 *Myrthus* **Linn.**

香桃木（茂树） *Myrthus communis* **Linn.** （图 7 - 243）

图 7 - 242 番石榴

【识别要点】常绿灌木，高 1～3m；小枝灰褐色，嫩时有锈色毛。单叶对生，或在枝上部为轮生，卵状椭圆形至披针形，长 2.5～5cm，先端尖，全缘，革质而有光泽，具短柄，叶片撕裂或搓揉后有浓烈香味。花白色，或略带紫红色，芳香，径 1.5～2cm，花柄细长（2～2.5cm）；常单生叶腋，或呈聚伞花序。浆果扁球形，长约 1.2cm，紫褐色。花期 5 月，果熟期 10 月。

【变种与品种】小叶香桃木（var. *microphylla*）。叶较小，线状披针形，紧密上升。此外，还有'重瓣'（'Flore Pleno'）、'斑叶'（'Variegata'）、'白果'（'Albo-carpa'）等栽培变种。

【分布】原产南欧地中海地区至西亚；我国上海早有栽培。

【习性】喜光，也能耐半阴，不耐寒；生长慢，耐修剪，寿命长。

【用途】枝叶密生，常绿而芳香；宜植于庭园观赏，或作绿篱材料。

图 7-243 香桃木

四十四、石榴科 Punicaceae

灌木或乔木；小枝先端常呈刺状。单叶，对生或近于簇生，全缘。花 1～5 朵聚生枝顶或叶腋；萼筒钟状或管状，肉质而厚，5～7 裂，宿存；花瓣 5～7；雄蕊多数；子房下位，侧膜胎座；下部中轴胎座，胚珠多数，花柱 1。浆果，外果皮革质；种子多数，外种皮肉质多汁。

石榴科仅 1 属 2 种；我国引栽 1 种。

石榴属 Punica L.

形态特征同科。

石榴（安石榴、海石榴）*Punica granatum* L.

【识别要点】落叶灌木或小乔木。小枝具 4 棱。叶倒卵状长椭圆形，先端尖或钝，基部楔形。花萼钟形，橙红色；花瓣红色，有皱折。果近球形，径 6～8cm，深黄色。花期 5～6 月，果期 9～10 月。

【变种及品种】石榴经数千年栽培驯化，发展成为花石榴和果石榴两类。

（1）花石榴。观花兼观果。常见品种有：

①'白'石榴（'Albescens'）：又称"银"榴，花近白色，单瓣。

②'千瓣白'石榴（'Multiplex'）：花白色，重瓣。花红色者称千瓣红石榴。

③'黄'石榴（'Flavescens'）：花单瓣，黄色。花重瓣者称千瓣黄石榴。

④'玛瑙'石榴（'Legrellei'）：花大，重瓣，花瓣有红花白色条纹或白花红色条纹。

⑤'千瓣月季'石榴（'Nana Plena'）：矮生类型。花红色，重瓣，花期长，在 15℃以上时可常年开花。单瓣者称月季石榴。

⑥'墨'石榴（'Nigra'）：花红色，单瓣。果小，熟时果皮呈紫黑褐色。为矮生类型。

（2）果石榴。以食用为主，兼有观赏价值。有70多个品种，花多单瓣。

【习性】原产地中海地区。我国除严寒地区外均有栽培，其中以江苏、安徽、山东、河南、四川、云南、陕西及新疆等地较多，京、津一带也可地栽。喜阳光充足和温暖气候，在－18℃时受冻害。对土壤要求不严，但喜肥沃湿润、排水良好的石灰质土壤。较耐瘠薄和干旱，不耐水涝。萌蘖性强。

【繁殖】播种、分株、压条、嫁接、扦插繁殖均可，但以扦插繁殖较为普遍。

【用途】枝繁叶茂，花果期长达4～5个月；初春新叶红嫩，入夏花繁似锦，仲秋硕果高挂，深冬铁干虬枝。果被喻为繁荣昌盛、和睦团结的吉庆佳兆。可丛植于阶前、庭中、窗前。对有害气体抗性较强。也是盆景和桩景的好材料，是西班牙、利比亚国花。

四十五、使君子科 Combretaceae

1. 榄仁树（枇杷树）*Terminalia catappa* L.（图7-244）

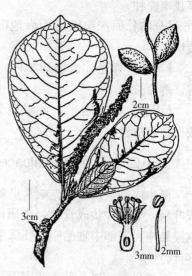

图7-244 榄仁树

【识别要点】半常绿乔木，高达20m。树皮褐色。小枝粗，枝端密被棕色长绒毛。叶厚纸质，常集生枝顶，先端钝圆或尖，基部耳状浅心形，幼叶下面疏被柔毛，后脱落，全缘，侧脉10～12对；叶柄粗，扁平，密被毛，上部具2腺体。穗状花序，单生于近枝顶叶腋；花杂性，两性花生于花序下部，雄花生于花序上部，绿色或白色；花萼杯状，内部被长柔毛，萼齿5；雄蕊10枚，伸出；子房圆柱形；花盘由5个腺体组成，被白色柔毛。果椭圆形或卵圆形，顶端尖，两侧扁，具2纵棱，黄色，果皮木质；种子长椭圆形。花期3～7月，果期7～9月。

【分布】原产于马来半岛，现广布于印度、大洋洲至南美洲。我国福建、台湾、广东、海南、广西、云南等地栽培。

【习性】深根性，稍耐瘠薄。对霜害敏感，苗期易受冻害，后抗寒力渐强。

【繁殖】种子繁殖，浸种24h或沙藏催芽；一年生苗高40～60cm，可出圃造林。

【用途】木材纹理交错，结构细致，较紧密，易加工，不收缩，不开裂，花纹美观；供建筑、造船、车辆、家具等用。种子含粗油脂53%，可榨油供药用、制肥皂或润滑油。果味美，可生食；嫩叶可提取黑色染料。冬季叶色红艳，可供观赏，也可作防风树种。

2. 使君子 *Quisqualis indica* L.

【识别要点】常绿攀缘灌木，小枝被短柔毛。叶革质，对生或近对生，卵形至椭圆形，背面有锈色柔毛。穗状花序顶生。花大，两性，有香气，初开时白色，后变红色。果实卵形。花期5～6月。

【分布】产于我国南部，以及印度、缅甸、菲律宾。

【习性】喜温暖，怕霜冻。在阳光充足、土壤肥沃和背风的环境中生长良好。

【繁殖】用播种、扦插、分株和分根繁殖。

【用途】使君子花色艳丽，叶绿光亮，是园林中供观赏的好树种。花可作切花用。果实可供药用。

四十六、珙桐科（蓝果树科）Nyssaceae

落叶乔木，少灌木。单叶互生，羽状脉，无托叶。花单性或杂性，呈伞状、总状或头状花序，常无花梗或有短花梗；萼小，花瓣常为5，有时更多或无；雄蕊为花瓣数的2倍；子房下位，1（6~10）室，每室1枚下垂胚珠。核果或坚果，3~5室或1室，每室1粒种子，外种皮薄。

珙桐科共3属12种；我国3属9种。

分　属　检　索　表

1. 叶有锯齿；花序有白色大型苞片，无花瓣；核果 ······························ 珙桐属
1. 叶全缘或仅幼树的叶有锯齿；花序无叶状苞片，花瓣小 ······················· 2
2. 雄花序头状，坚果 ··· 喜树属
2. 雄花序伞形，核果 ··· 蓝果树属

（一）珙桐属 *Davidia* Baill.

仅1种，我国特产，为第三纪孑遗植物。

珙桐（鸽子树）*Davidia involucrata* Baill.（图7-245）

【识别要点】落叶乔木，高20m。树冠呈圆锥形。树皮深灰褐色，呈不规则薄片状脱落。单叶互生，广卵形，先端渐长尖，基部心形，缘有粗尖锯齿，背面密生绒毛。花杂性同株，由多数雄花和1朵两性花组成顶生头状花序；花序下有2片大型白色苞片，苞片卵状椭圆形，长8~15cm，上部有疏浅齿，常下垂，花后脱落。核果椭球形，长3~4cm，紫绿色，锈色皮孔显著，内含3~5核。花期4~5月，果10月成熟。

【变种与品种】光叶珙桐（var. *vilmorniana*）。叶仅背面脉上有毛。

【分布】产于湖北西部、四川、贵州及云南北部，生于海拔1 300~2 500m的山地林中。

【习性】喜半阴和温凉湿润气候，略耐寒；喜深厚、肥沃、湿润而排水良好的酸性或中性土壤，忌碱性和干燥土壤。不耐炎热和暴晒。

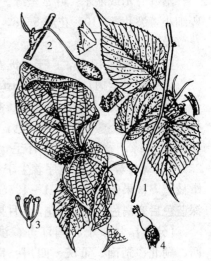

图7-245　珙桐
1. 花枝　2. 果枝　3. 雄花　4. 雌花

【用途】世界著名的珍贵观赏树，树形高大，端正整齐，开花时白色的苞片远观似许多白色的鸽子栖于树端，蔚为奇观，故有"中国鸽子树"之称，国家一级保护树种。宜植于温暖地带的较高海拔地区的庭园、山坡、休疗养所、宾馆、展览馆前作庭荫树，有象征和平的含义。木材供雕刻、制作玩具及美术工艺品。

（二）喜树属 *Camptotheca* Decne.

仅1种，我国所特产。

喜树（千丈树）*Camptotheca acuminata* Decne.（图7-246）

【识别要点】落叶乔木，高达 25～30m。单叶互生，椭圆形至长卵形，长 8～20cm，先端渐尖，基部广楔形，全缘（萌蘖枝及幼树枝的叶常疏生锯齿）或微呈波状，羽状脉弧形，在表面下凹，表面亮绿色，背面淡绿色，疏生短柔毛，脉上尤密；叶柄长 1.5～3cm，常带红色。花单性，雌雄同株，头状花序具长柄；雌花序顶生，雄花序腋生；花萼 5 裂，花瓣 5，淡绿色；雄蕊 10 枚，子房 1 室。坚果香蕉形，有窄翅，长 2～2.5cm，集生成球形。花期 7 月，果 10～11 月成熟。

【分布】分布于长江流域以南各地及部分长江以北地区。垂直分布在海拔 1 000m 以下。

【习性】喜光，稍耐阴；喜温暖湿润气候，不耐寒；喜深厚、肥沃、湿润土壤，在酸性、中性及弱碱性土壤上均能生长。萌芽力强，在前 10 年生长迅速，以后则变缓慢。

图 7 - 246 喜 树
1. 花枝 2. 果序

【用途】主干通直，树冠宽展，叶荫浓郁，是良好的"四旁"绿化树种。

（三）蓝果树属 *Nyssa* Gronov. ex L.

落叶乔木或灌木。叶常全缘。花单性或杂性异株，腋生；雄花序伞形，雌花序头状；花萼细小，裂片 5～10，花瓣 5～8，雄蕊 5～10 枚；子房 1 室，有花盘。核果，顶端有宿存的花萼及花盘。

蓝果树属有 10 种，产于亚洲及北美洲；我国 7 种。

蓝果树（紫树）*Nyssa sinensis* Oliv. （图 7 - 247）

【识别要点】乔木，高 30m。树皮褐色，浅纵裂。小枝淡绿色，实心髓。芽淡紫绿色。叶椭圆状卵形，长 8～16cm，全缘，背面沿脉腋有毛，叶柄淡紫色，长 1～2.5cm。雌雄异株，雄花序着生于老枝上，雌花序着生于嫩枝上。核果椭球形，长 1～1.5cm，幼时紫绿色，熟时深蓝色后变褐色。4 月开花，8 月果熟。

【分布】分布于我国江苏、浙江、安徽、福建、江西、湖北、湖南、重庆、四川、贵州、云南、广东、广西等地。

【习性】喜光，亚热带及暖温带树种，喜温暖湿润气候，在深厚、肥沃的微酸性土壤中生长良好。速生。

图 7 - 247 蓝果树
1. 果枝 2. 雄花

【用途】树体雄伟，干皮美观，秋叶红艳，冬季又有黑果悬挂枝头，是优良的观赏树。在园林中可以孤植或丛植，亦可作城市行道树。

四十七、山茱萸科（四照花科）Cornaceae

乔木或灌木，稀草本。单叶对生，稀互生，通常全缘，多无托叶。花两性，稀单性，排成聚伞、伞形、伞房、头状或圆锥花序；花萼4～5裂或不裂，有时无；花瓣4～5，雄蕊常与花瓣同数并互生；子房下位，通常2室。核果或浆果状核果；种子有胚乳。

本科约14属160余种，主产于北半球；我国产5属40余种。

分　属　检　索　表

1. 花单性，雌雄异株；果为浆果状核果 ………………………………………………… 桃叶珊瑚属
1. 花两性；果为核果 …………………………………………………………………………………………… 2
2. 花序下无总苞片；核果通常近圆球形 ……………………………………………………… 棶木属
2. 花序下有4枚总苞片；核果不为球形 ……………………………………………………………………… 3
3. 头状花序；总苞片大，白色，花瓣状；果实椭圆形或卵形 …………………………… 四照花属
3. 伞形花序；总苞片小，黄绿色，鳞片状；核果长椭圆形 …………………………………… 山茱萸属

（一）棶木属 *Cornus* L.

乔木、灌木，稀草本，多为落叶性。芽鳞2，顶端尖。单叶对生，稀互生，全缘，常具2叉贴生柔毛。花小，两性，排成顶生聚伞花序，花序下无叶状总苞；花部4数，子房下位，2室。果为核果，具1～2核。

棶木属有30余种；我国产20余种，分布于东北、华南及西南，而主产于西南。

分　种　检　索　表

1. 叶互生，核的顶端有近四方的孔穴 ……………………………………………………………… 灯台树
1. 叶对生，核的顶端无孔穴 …………………………………………………………………………………… 2
2. 灌木，花柱圆柱形 ……………………………………………………………………………………… 红瑞木
2. 乔木，花柱棍棒形 ……………………………………………………………………………………………… 毛棶

1. 灯台树（瑞木）*Cornus controversa* Hemsl.（图7-248）

【识别要点】落叶乔木，高15～20m。树皮暗灰色，老时浅纵裂。枝紫红色，无毛。叶互生，常集生枝梢，卵状椭圆形至广椭圆形，长6～13cm，叶端渐尖，叶基圆形，侧脉6～8对，叶表深绿色，叶背灰绿色，疏生贴伏短柔毛，叶柄长2～6.5cm。顶生伞房状聚伞花序，花小，白色。核果球形，径6～7mm，熟时由紫红色变紫黑色。花期5～6月，果9～10月成熟。

【分布】主产于我国长江流域及西南各地，北达东北南部，南至广东、广西及台湾。朝鲜、日本也有分布。常生于海拔500～1600m的山坡杂木林中及溪谷旁。

【习性】喜阳光，稍耐阴；喜温暖湿润气候，有一定耐寒性；喜肥沃湿润而排水良好的土壤。

【用途】树形整齐，大侧枝呈层状生长，宛若灯台，形成美丽的圆锥状树冠。花色洁白、素雅，果实紫红、鲜艳，为优良的庭荫树及行道树。

图7-248　灯台树

2. 红瑞木 *Cornus alba* L.（图7-249）

【识别要点】落叶灌木，高可达3m。枝血红色，无

毛，初时常被白粉，髓大而白色。单叶对生，卵形或椭圆形，叶表暗绿色，叶背粉绿色，两面均疏生贴伏柔毛。花小，黄白色，排成顶生的伞房状聚伞花序。核果斜卵圆形，成熟时白色或稍带蓝色。花期5～6月，果8～9月成熟。

【分布】分布于我国东北、内蒙古及河北、陕西、山东等地。朝鲜、俄罗斯也有分布。

【习性】喜光，性强健耐寒，喜略湿润土壤。

【用途】枝条终年鲜红色，秋叶也为鲜红色，均美丽可观。最宜丛植于庭园草坪、建筑物前或常绿树间，又可栽作自然式绿篱，赏其红枝与白果。冬枝可作切花材料。根系发达，又耐潮湿，植于河边、湖畔、堤岸上，有护岸固土的效果。

图 7 - 249　红瑞木

3. 毛梾（车梁木、小六谷）*Cornus walteri* Wanger.（图 7 - 250）

【识别要点】落叶乔木。树皮暗灰色，常纵裂成长条。幼枝黄绿色至红褐色。单叶对生，卵形至椭圆形，叶端渐尖，叶基广楔形，侧脉4～5对，叶表有贴伏柔毛，叶背密被平伏毛；叶柄长1～3cm。顶生伞房状聚伞花序，径5～8cm；小花白色，径1.2cm。核果近球形，熟时黑色。花期5～6月，果9～10月成熟。

【分布】分布于我国山东、河北、河南、江苏、安徽、浙江、湖北、湖南、山西、陕西、甘肃、贵州、四川、云南等地。

【习性】喜阳光，耐寒，能耐－23℃的低温和43.4℃的高温；喜深厚、肥沃、湿润的土壤，较耐干旱贫瘠，在酸性、中性及微碱性土壤上能正常生长。深根性，萌芽力强，生长快。在自然界常散生于向阳山坡及岩石缝间。

【用途】枝叶茂密，白花可赏，是荒山造林及"四旁"绿化的优良树种。

图 7 - 250　毛　梾
1. 果枝　2. 花　3. 去花瓣及雄蕊的花
4. 雄蕊　5. 果（放大）

4. 梾木 *Cornus macrophlla* Wall.（图 7 - 251）

【识别要点】落叶乔木，高达20m。一年生枝红褐色，疏生柔毛。叶对生，卵状椭圆形至广卵形，长8～16cm，侧脉5～7对，背面灰白色，具倒生短刚毛。花小，黄白色，柱头扁平，微裂；聚伞花序圆锥状。核果蓝黑色。

【分布】产于我国华东、华中及西南地区；日本、巴基斯坦、印度也有分布。

【习性】喜光，对土壤要求不严，在土壤深厚肥沃的石灰岩地区生长良好；生长较快，寿命长。

【用途】树皮和叶可提取栲胶；果实可榨油，供食用及轻工业用；材质坚硬，纹理致密美观，为优良用材。因此是园林绿化结合生产的好树种。

5. 光皮梾木（斑皮抽丝树）*Cornus wilsoniana* Wanger.（图 7 - 252）

图 7 - 251　梾　木

图 7 - 252　光皮梾木

【识别要点】落叶乔木，高达 18m。树皮薄片状脱落，光滑，绿白色。叶对生，椭圆形，表面有平伏柔毛，背面密被乳点及"丁"字形毛，侧脉 3～4（5）对。花白色，呈顶生圆锥状聚伞花序；6 月开花。核果球形，紫黑色；10 月成熟。

【分布】产于我国中西部至南部地区；江苏、浙江一带有栽培。

【习性】喜光，喜深厚、湿润、肥沃的土壤，在酸性土及石灰岩山地均生长良好；生长较快，寿命较长。

【用途】果实可榨油供工业用或食用；木材坚硬致密，纹理美观；树形也颇美观。是产区优良油料、用材及园林绿化树种。

（二）四照花属 Dendrobenthamia Hutch.

小乔木或灌木。叶对生。花两性，小型，多数集合成一圆球形的头状花序，下有大形、白色的总苞片 4 枚，呈花瓣状，卵形或卵状披针形，花部 4 数。核果长圆形，多数集合成球形肉质的聚花果。

我国产 15 种，主产于长江流域以南。

四照花 *Dendrobenthamia japonica* var. *chinensis*（Osborn）Fang（图 7 - 253）

【识别要点】小乔木，高达 8m。嫩枝被白色柔毛，后脱落。叶厚纸质，卵形至卵状椭圆形，侧脉 3～4（5）对，弧形弯曲，两面有柔毛，脉腋具淡褐色绢毛。有小花 20～30，黄白色，密集成球形头状花序。果球形，肉质，橙红色或紫红色。花期 5～6 月，果期 8～9 月。

【分布】产于长江流域、西南及河南、陕西、山西、甘肃等地。

【习性】喜光，稍耐阴，喜温暖湿润气候，较耐寒。对土壤要求不严，以土层深厚、排水良好的沙质壤土生长良好。

【繁殖】常用分蘖及扦插繁殖，也可播种繁殖。

【用途】树姿优美，初夏开花，白色总苞覆盖满树，叶色光亮，入秋变红，衬以红果，光彩耀目。可孤植在堂前、山坡、亭边、榭旁或丛植于草坪、路边、林缘、池畔等处。果可食及酿酒。

（三）山茱萸属 *Macrocarpium* Nakai

落叶乔木或灌木。单叶对生，全缘，脉平行。花两性或杂性，伞形花序，具总苞，花梗基部具关节；花小，4 数，黄色。核果红色或黑色，核骨质，椭圆形，具种子 1 粒。

本属共 4 种，我国产 2 种。

山茱萸（药枣、枣皮）*Macrocarpium officinale*（Sieb. et Zucc.）Nakai（图 7-254）

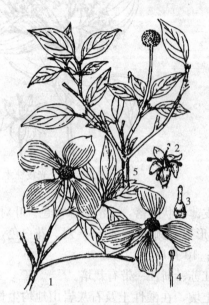

图 7-253　四照花
1. 花枝　2. 花　3. 雄蕊
4. 雌蕊　5. 果枝

图 7-254　山茱萸

【识别要点】落叶小乔木，高达 10m。树皮片状剥落；小枝微呈四棱形。背面脉腋具黄褐色簇毛。花黄色，先叶开放，伞形花序簇生小枝顶端，花 4 数。核果长椭圆形，深红色，萼片和花柱宿存。花期 2～3 月，果期 9～10 月。

【分布】分布于甘肃、山东、浙江、四川、山西等地，现黄河流域以南均有栽培。

【习性】性喜阴湿，喜土壤湿润肥沃。

【用途】花期极早，在我国大部分地区开花始于元月下旬至 3 月上旬，对我国早春缺花的北方是很好的观花植物；其果成熟后，鲜红晰透，像颗颗玛瑙挂满枝头，经冬不凋，因此也是很好的观果树木。园林上，可用于草坪、花坛点缀，也可与其他常绿树种栽植一起形成片林。其果肉、果皮为名贵中药，有"红衣仙子"的美誉。

（四）桃叶珊瑚属 *Aucuba* Thunb.

常绿灌木或小乔木，小枝圆形绿色。单叶对生，全缘或有粗齿。花单性，雌雄异株，排成圆锥花序生于上部叶腋内；萼、花瓣 4，先端常尾尖；雄蕊 4 枚，大花盘四角形；子房下位，1 室。浆果状核果，内含种子 1 粒。

本属约 12 种；我国 10 种。

1. 东瀛珊瑚（青木）*Aucuba japonica* Thunb.（图 7-255）

【识别要点】树高 5m。小枝粗壮，无毛。叶薄革质，缘疏生粗齿，两面油绿有光泽。花序密生刚毛，花小，紫红色或暗紫色，果鲜红色。花期 3～4 月，果期 11 月至翌年 2 月。

【变种与品种】

（1）洒金东瀛珊瑚（var. *variegata*）。叶面散生大小不等的黄色或淡黄色斑点。

（2）齿叶东瀛珊瑚（var. *dentata*）。叶小，边缘具粗锯齿。

（3）大叶东瀛珊瑚（var. *limbata*）。叶大，黄色，边缘具粗锯齿。

（4）姬青木（var. *borealis*）。株形矮小，株高仅 0.3～1.0m。耐寒性强。

图 7-255 东瀛珊瑚

【分布】原产我国台湾及日本。我国长江流域以南可露地栽培。

【习性】喜温暖气候，耐阴，夏季怕日灼，不耐寒，不耐干旱，喜湿润、排水良好、肥沃的土壤。生长势旺盛，耐修剪，病虫害少。对烟害和大气污染抗性强。

【用途】枝繁叶茂，经冬不凋，是珍贵的耐阴观叶灌木，常配植林缘、树下、丛植于庭园一角、假山石背阴面或点缀庭园阴湿之处。华南地区作观赏绿篱，北方盆栽布置厅堂、会场等用。叶可用于切花。

2. 桃叶珊瑚 *Aucuba chinensis* Benth. （图 7-256）

【识别要点】常绿灌木；小枝有柔毛。单叶对生，长椭圆形或倒披针形，长 10～20cm，全缘或上部有疏齿，薄革质，背面有硬毛。花单性，雌雄异株，花瓣 4，卵形，先端长尾尖，反曲；雄蕊 4 枚，很短；雄花呈总状圆锥花序，长 13～15cm，被硬毛。浆果状核果，深红色。

【分布】产于我国台湾、广东、广西、云南、四川、湖北等地。偶见栽培观赏。

四十八、卫矛科 Celastraceae

乔木、灌木或藤本。单叶互生或对生，羽状脉。花小，整齐；两性或单性，绿色，聚伞花序，腋生或顶生；花萼与花瓣 4～5；雄蕊 4～10 枚，与花瓣互生，有花盘；蒴果、浆果或核果；种子常有假种皮。

图 7-256 桃叶珊瑚

卫矛科共 55 属 850 种；我国 12 属 180 余种。

卫矛属 Euonymus L.

小枝绿色，常呈四棱形。叶对生，稀互生或轮生。花各部 4～5，子房与花盘结合。蒴果 4～5 室，每室有种子 1～2 粒；种子具橘红色假种皮。

卫矛属约 200 余种；我国约 100 种。

分 种 检 索 表

1. 落叶灌木或小乔木 ·· 2

1. 常绿灌木或小乔木 ·· 大叶黄杨

2. 灌木，小枝常具2~4条木栓质阔翅；叶近无柄 ······································ 卫矛

2. 小乔木，小枝无木栓质翅；叶柄长1.5~3cm ······································· 丝棉木

1. 大叶黄杨（冬青卫矛、正木）*Euonymus japonicus* L.（图7-257）

【识别要点】常绿灌木或小乔木；小枝呈四棱形。叶革质，有光泽，锯齿细钝，两面无毛。花绿白色。果扁球形，淡红色或带黄色，4深裂。花期5~6月，果期9~10月。

【变种与品种】

（1）金边大叶黄杨（var. *aureo-marginatus*）。叶缘金黄色。

（2）银边大叶黄杨（var. *albo-marginatus*）。叶缘白色。

（3）金心大叶黄杨（var. *aureo-variegatus*）。叶面具黄色斑纹，但不达叶缘。

（4）银斑大叶黄杨（var. *argenteo-variegatus*）。叶有白斑和白边。

图7-257 大叶黄杨

（5）斑叶大叶黄杨（var. *viridi-variegatus*）。叶形大，亮绿色，叶面有黄色和绿色斑纹。

【习性】原产日本，我国南北各地均有栽培，长江流域以南尤多。喜光，亦耐阴，喜温暖湿润气候，较耐寒。对土壤要求不严，但以中性肥沃壤土生长最佳。适应性强，耐干旱瘠薄。生长慢，寿命长，极耐整形修剪。

【繁殖】以扦插为主，可常年进行，亦可播种、压条繁殖。

【用途】枝叶浓密，四季常青，浓绿光亮，其变种叶色斑斓，尤为艳丽可爱。可栽植于花坛、树坛、建筑物、草坪四周，修剪成球形、台形等各种形状。常栽作绿篱，修剪成条形、城墙形等各种形状，使园林整齐规则，也可剪扎成各种几何图形。也可自然式配植于草坪、假山石畔。在城市可用于主干道绿化。对有害气体抗性较强，抗烟尘，是污染区绿化的理想树种。

2. 卫矛（鬼箭羽）*Euonymus alatus*（Thunb.）Sieb.（图7-258）

【识别要点】落叶灌木；小枝硬直而斜出，具2~4条木栓质阔翅。叶狭倒卵形至椭圆形，缘具细锐锯齿，两面无毛，叶柄极短。花黄绿色，常3朵集成花序。果4深裂，紫色。花期5~6月，果期9~10月。

【习性】我国各地均有分布。喜光，耐阴，耐干旱瘠薄。对土壤要求不严，一般酸性、中性、石灰性土壤均能生长。萌芽力强，耐整形修剪。

【繁殖】以播种为主，亦可扦插或分株繁殖。

图7-258 卫 矛

1. 长枝 2. 果枝

【用途】枝翅奇特，早春的嫩叶及秋日枝叶均呈紫红色，且有紫红色的果宿存至冬季，为重要观叶、观果树种之一。孤植、群植于亭台楼阁之间或山石、水边、草地等处。可作盆景，点缀于风景林中。对二氧化硫有较强抗性，适于厂矿区绿化。枝翅、根、叶均可入药。

3. 丝棉木（白杜、明开夜合）Euonymus bungeanus Maxim. （图 7 - 259）

【识别要点】落叶小乔木；树冠圆形或卵圆形，小枝绿色。叶宽卵形至卵状椭圆形，先端渐长尖，基部近圆形，缘具细锯齿；叶柄长 2～3.5cm。花淡红色，3～7 朵组成花序。果淡红色或带黄色，4 深裂。花期 5～6 月，果期 9～10 月。

【习性】产于华东、华北、华中各地。喜光，稍耐阴，耐寒、耐旱、耐潮湿。对土壤要求不严，一般土壤均能良好生长。根系发达，抗风、抗烟尘，萌芽力强。

【繁殖】可播种或扦插，亦可分株繁殖。

【用途】枝叶秀美，秋季果实挂满枝梢，开裂后露出橘红色的假种皮，分外艳丽。可作庭荫树或配植于水边、假山石旁，也可作防护林及工厂绿化树种。在北方，常用其作砧木培养高干大叶黄杨球。木材细韧，供雕刻、制帆杆或滑车等。

图 7 - 259　丝棉木

四十九、冬青科 Aquifoliaceae

乔木或灌木，多为常绿。单叶互生，托叶小或无。花小，整齐，杂性或单性异株，萼 3～6 裂，花瓣 4～5，分离或基部连合，雄蕊 4～5 枚，子房上位，3 至多室，胚珠 1～2。核果，种子有胚乳。

冬青科共 3 属 400 余种，以南美洲为分布中心，我国产 1 属约 118 种，分布于长江以南。

冬青属 Ilex Linn.

常绿，稀落叶。单叶互生，有锯齿或刺状齿，稀全缘。花单性，雌雄异株，稀杂性；腋生聚伞、伞形或圆锥花序，稀单生；萼片、花瓣、雄蕊常为 4 枚。浆果状核果，球形，核 4；萼宿存。

冬青属约 400 种；我国约 118 种。

1. 枸骨（鸟不宿、猫儿刺）Ilex cornuta Lindl. （图 7 - 260）

【识别要点】常绿灌木、小乔木，高 3～4m。小枝无毛。叶硬革质，矩圆形，先端 3 枚尖硬齿，基部平截，两侧各有 1～2 枚尖硬齿，有光泽，花黄绿色，簇生于二年生枝叶腋，雌雄异株。核果球形，鲜红色。花期 4～5 月，果期 9 月。

【变种与品种】

(1) '黄果' 枸骨（'Luteocarpa'）。核果熟时暗黄色。

(2) 无刺枸骨（var. fortunei）。叶全缘，仅先端 1 枚刺齿。

【分布】产于我国长江流域及以南各地，生于山坡、谷地、

图 7 - 260　枸　骨

溪边杂木林或灌丛中。

【习性】喜光，耐阴。喜温暖湿润气候，稍耐寒。喜排水良好、肥沃深厚的酸性土，中性或微碱性土壤亦能生长。耐湿，萌芽力强，耐修剪。生长缓慢，深根性，须根少，移植较困难。耐烟尘，抗二氧化硫和氯气。

【繁殖】播种繁殖容易，也可扦插繁殖。

【用途】枸骨红果鲜艳，叶形奇特，浓绿光亮，是优良的观果、观叶树种。孤植配假山石或花坛中心，丛植于草坪或道路转角处，也可在建筑的门庭两侧或路口对植。宜作刺绿篱，兼有防护与观赏效果。盆栽作室内装饰，老桩作盆景，即可观赏自然树形，也可修剪造型。叶、果枝可插花。枸骨形态与圣诞树（*I. apuifolium* L.）相似，故基督教堂中种植很多。枸骨树皮、枝叶、果实可入药，种子榨油。

2. 冬青 *Ilex chinensis* Sims.（图7-261）

【识别要点】常绿乔木，高达20m。树形整齐，树干通直。树皮平滑不裂。单叶互生，叶薄革质，长椭圆形，疏生浅齿，叶常淡紫色，叶面深绿色，有光泽。雌雄异株，聚伞花序生于当年生枝叶腋，花淡紫红色。核果椭圆形，深红色。花期5～6月，果熟期10～11月。

【分布】产于我国长江流域及以南地区，常生于山坡杂木林中。

【习性】喜光，耐阴，不耐寒，喜肥沃的酸性土，较耐湿，但不耐积水。深根性，抗风能力强，萌芽力强，耐修剪。对有害气体有一定的抗性。

【繁殖】播种繁殖，但种子有隔年发芽的特性，故要低温湿沙层积一年后再播种。

【用途】冬青树冠高大，四季常青，秋、冬红果累累，宜作庭荫树、园景树，亦可孤植于草坪、水边，列植于门庭、墙际、甬道。可作绿篱、盆景，枝可插瓶观赏。

图7-261 冬青　　　　　　　　图7-262 大叶冬青

3. 大叶冬青（苦丁茶）*Ilex latifolia* Thunb.（图7-262）

【识别要点】常绿乔木，高达20m，树冠阔卵形。小枝粗壮有棱。叶厚革质，矩圆形、椭圆状矩圆形，锯齿细尖而硬，叶柄粗。聚伞花序生于二年生枝叶腋，花淡绿色。核果球形，熟时深红色。花期4～5月，果熟期11月。

【分布】产于我国南方，生于低山阔叶林中或溪边。

【习性】喜光，亦耐阴，喜暖湿气候，耐寒性不强，上海可正常生长。喜深厚肥沃的土壤，不耐积水。生长缓慢，适应性较强。

【繁殖】播种或扦插繁殖。

【用途】大叶冬青冠大荫浓，枝叶亮泽，红果艳丽，颇为美丽。大树可孤植于道路转角、草坪、水边，亦可配植于建筑物北面或假山背阴处。嫩叶可代茶（苦丁茶），并有药效。

4. 铁冬青 Ilex rotunda Thunb.（图7-263）

【识别要点】与冬青的区别主要有：小枝红褐色；叶卵形或倒卵状椭圆形，全缘；花黄白色；浆果状核果椭圆形，有光泽，深红色。

【分布】长江流域以南至台湾、西南。

【习性】耐阴，不耐寒。

【用途】绿叶红果，是美丽的庭园观赏树种。叶及树皮可供药用。

图7-263　铁冬青

图7-264　大果冬青

5. 大果冬青 Ilex macrocarpa Oliv.（图7-264）

【识别要点】落叶乔木，高达15m；有长短枝。叶纸质，卵形或卵状椭圆形，长7～12cm，有细钝齿，叶脉两面明显，通常无毛。花白色，芳香。果较大，近球形，径1.2～1.5cm，熟时黑色，果柄长6～14mm。

【变种与品种】长柄大果冬青（var. *longipedunculata*）果成熟时果柄长1.4～3.3cm，约为叶柄长的2倍。产于华东及湖北、四川、贵州、广西等地。

【分布】产于我国西南及中南部。

【习性】喜光，不耐寒。

【用途】木材优良。可用作园林绿化树种。

6. 钝齿冬青（波缘冬青）Ilex crenata Thunb.（图7-265）

【识别要点】常绿灌木或小乔木，高达5m，多分枝。小枝有灰色细毛。叶较小，椭圆形至长倒卵形，长1～2.5cm，先端钝，缘有浅钝齿，背面有腺点，厚革质。花

图7-265　钝齿冬青

白色，雄花3～7朵成聚伞花序，生于当年生枝叶腋，雌花单生。果球形，黑色。花期5～6月，果熟10月。

【变种与品种】龟甲冬青（var. *convexa*）。山东有栽培，小气候良好处可露地越冬。湖南常作球形灌木植物用于园林绿化中，也是良好的盆景材料。

【分布】产于日本、朝鲜及我国福建、广东、山东等地。

【用途】江南庭园中栽培供观赏，或作盆景材料。

五十、黄杨科 Buxaceae

常绿灌木、小乔木。单叶，无托叶。花单性，花序总状、穗状或簇生，萼片4～12或无，花瓣无，雄蕊4～6枚，子房上位3（2～4）室，蒴果或核果状浆果。

黄杨科共6属约100种，分布于热带、亚热带，少数至温带，我国有3属约40余种。

黄杨属 *Buxus* L.

常绿灌木或小乔木，多分枝。单叶对生，羽状脉，全缘，革质，有光泽。花单性，雌雄同株，无花瓣，簇生叶腋或枝端，通常花簇中顶生1雌花，其余为雄花；雄花萼片、雄蕊各4枚；雌花萼片4～6，子房3室，花柱3，粗而短。蒴果，花柱宿存，室背开裂成3瓣，每室含2粒黑色光亮种子。

本属约70种，我国约30种，主产长江流域以南。

1. 黄杨（瓜子黄杨）*Buxus sinica*（Rehd. et Wils.）Cheng（图7-266）

【识别要点】常绿灌木或小乔木，高达7m。枝叶较疏散，小枝有4棱，小枝及冬芽外鳞均有短柔毛。叶倒卵形，长2～3.5cm，先端圆或微凹，基部楔形，叶柄及叶背中脉基部有毛。花簇生叶腋或枝端，黄绿色。花期4月，果7月成熟。

【变种与品种】小叶黄杨（var. *parvifolia*）。分枝密集，小枝节间短。叶椭圆形，基部宽楔形，可制作盆景（图7-267）。

图7-266 黄 杨

图7-267 小叶黄杨

【分布】原产我国中部，长江流域及以南地区有栽培。

【习性】喜半阴，喜温暖湿润气候，稍耐寒。喜肥沃湿润、排水良好的土壤，耐旱，稍耐湿，忌积水。耐修剪，抗烟尘及有害气体。浅根性树种，生长慢，寿命长。

【繁殖】播种、扦插繁殖。宜作 1m 以下的绿篱，植绿篱用 3～4 年生苗。

【用途】黄杨枝叶茂密，叶光亮、常青，是常用的观叶树种。园林中多用作绿篱、基础种植或修剪整形后孤植、丛植在草坪、建筑周围、路边，亦可点缀山石，可盆栽室内装饰或制作盆景。

2. 锦熟黄杨 *Buxus sempervirens* L.（图 7 - 268）

【识别要点】常绿灌木或小乔木，高 6m。小枝密集，四棱形。叶椭圆形至卵状长椭圆形，长 1～3cm，最宽部在中部或中部以下，先端钝或微凹，表面暗绿色，有光泽，背面黄绿色。花簇生叶腋，雄花中的退化雌蕊长为花萼的 1/2。蒴果三角鼎状。花期 4 月，果熟期 7 月。

【分布】原产南欧、北非及西亚，我国华北园林有栽培。

【习性】喜半阴，有一定耐寒能力，较黄杨耐寒能力强。生长极慢，耐修剪。

【用途】常作绿篱及花坛边缘种植材料，也可盆栽观赏。在欧洲园林中应用甚普遍。

3. 雀舌黄杨（细叶黄杨、匙叶黄杨）*Buxus bodinieri* Lerl.（图 7 - 269）

图 7 - 268　锦熟黄杨　　　　　　图 7 - 269　雀舌黄杨

【识别要点】常绿小灌木，高不及 1m。分枝多而密集。叶狭长，倒披针形，革质，两面中脉均明显隆起。花黄绿色。蒴果卵圆形。花期 4 月，果熟期 7 月。

【分布】产于我国长江流域至华南、西南地区。

【用途】有一定的耐寒性；生长极慢。枝叶茂密，植株低矮，耐修剪，最适宜作高约 50cm 的绿篱，或布置花坛边缘，组成模纹图案或文字，也是盆栽观赏的好材料。

五十一、大戟科 Euphorbiaceae

草本或木本，多具乳汁。单叶或三出复叶，互生，稀对生，具托叶。花单性，雌雄同株或异株，聚伞、伞房、总状或圆锥花序；常为单被花，萼状，有时无花被或萼、瓣俱有；花盘常存在或退化为腺体；雄蕊1至多数；子房上位，常3心皮合成3室，每室胚珠1～2，中轴胎座。蒴果，少数为浆果或核果。

大戟科约300属5000种；我国引入72属450余种，主产长江流域以南。

分 属 检 索 表

（一）橡胶树属 *Hevea* Aublet

常绿乔木，多乳汁。掌状三出复叶，互生，小叶全缘，叶柄顶端有腺体。花单性，雌雄同序；圆锥状聚伞花序，花序中央为雌花，其他为雄花；萼5裂；无花瓣；雄蕊5～10枚，花丝连合成筒状；子房3室，每室1胚珠。蒴果3裂；种子大型。

本属约20种，产于美洲热带；我国华南、西南引栽1种。

橡胶树（三叶橡胶树、巴西橡胶树）*Hevea brasiliensis* Muell. - Arg. （图7-270）

图7-270 橡胶树
1. 花枝 2. 果枝 3. 雄花
4. 雄蕊 5. 雌蕊 6. 种子

【识别要点】树高达30m，具白色乳汁。小叶片椭圆形或椭圆状倒披针形，长10～30cm，无毛，小叶柄长6～15mm，总叶柄长5～14cm。花序腋生，密被白色绒毛；雄蕊10枚，排成2轮。果近球形，径约5cm；种子大，黄褐色。花期4～7月，果期8～11月。

【分布】原产于巴西亚马孙河流域热带雨林中；我国广东、广西、云南及台湾均有栽培。

【习性】喜湿热气候，不耐寒，5℃以下即受冻害。喜深厚、肥沃、湿润、排水良好的酸性沙壤土。

【用途】国防及民用工业的重要原料，供制轮胎、绝缘材料、胶鞋、雨衣等。

（二）重阳木属（秋枫属）*Bischofia* Bl.

乔木，有乳汁。顶芽缺。羽状三出复叶，互生，叶缘具锯齿。花单性，雌雄异株；总状或圆锥花序，腋生；萼片5；无花瓣；雄蕊5枚，与萼片对生；子房3室，每室胚珠2。浆果球形。

重阳木属共2种，产于大洋洲及亚洲热带、亚热带；我国均产。

1. 秋枫 *Bischofia javanica* Bl.（图7-271）

【识别要点】常绿乔木，高达40m。枝、叶无毛。小叶片卵形或长椭圆形，长7～15cm，厚纸质，锯齿粗钝。圆锥花序，雌花具3～4花柱。果径8～15mm，熟时蓝黑色。花期4～5月，果期8～10月。

【分布】产于浙江、福建、台湾、湖南、湖北、广东、广西、贵州、云南等地。

【习性】喜光，耐湿。

2. 重阳木（端阳木）*Bischofia racemosa* Cheng et C. D. Chu.（图7-272）

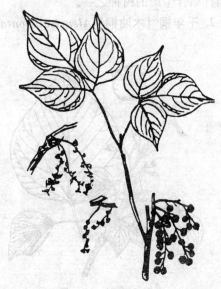

图7-271　秋　枫
1. 果枝　2. 花

图7-272　重阳木

【识别要点】落叶乔木，高达15m。树冠伞形，大枝斜展。小叶卵圆形、椭圆状卵形，细钝齿。总状花序。浆果小，熟时红褐色。花期4～5月，与叶同放；果熟期10～11月。

【分布】产于我国秦岭、淮河流域以南至广东和广西北部，长江流域中下游平原常见。

【习性】喜光，略耐阴。喜温暖气候，耐寒性差。对土壤要求不严，喜生于湿地，在湿润肥沃的沙壤土中生长快。根系发达，抗风能力强。

【用途】重阳木树姿优美，秋叶红艳，浓荫如盖，是优良行道树、庭荫树，也可列植护堤。在草坪、湖边丛植点缀亦很有特点，尤其适合与秋色叶树种配植。

（三）油桐属 *Aleurites* Forst.

乔木，有乳汁。顶芽发达，托叶包被芽体。单叶，互生，全缘或3～5裂，掌状脉，叶柄顶端有2腺体。花单性，雌雄同株或异株，聚伞花序顶生。核果大，种皮厚木质，种仁含油质。

油桐属共3种，产于亚洲南部；我国2种，主产于长江流域以南。

1. 油桐（三年桐）*Aleurites fordii* Hemsl.（图7-273）

【识别要点】落叶乔木，高达12m。树冠扁球形，枝、叶无毛。叶片卵形至宽卵形，长10～20cm，全缘，稀3浅裂，基部截形或心形，叶柄顶端具2紫红色扁平无柄腺体。雌雄同株，花瓣白色，有淡红色斑纹。果球形或扁球形，径 4～6cm，果皮平滑；种子 3～5 粒。花期 3～4 月，果期 10 月。

【分布】原产于我国，主产长江流域以南。河南、陕西和甘肃南部有栽培。

【习性】喜光，喜温暖湿润气候，不耐寒，不耐水湿及干旱瘠薄，在背风向阳的缓坡地带以及深厚、肥沃、排水良好的酸性、中性或微石灰性土壤上生长良好。对二氧化硫污染极为敏感，可作大气中二氧化硫污染的监测植物。

【用途】珍贵的特用经济树种，种子榨油即为桐油，为优质干性油，种仁含油量 51%，是我国重要的传统出口物资。树冠圆整，叶大荫浓，花大而美丽，可植为行道树和庭荫树，是园林结合生产的树种之一。

2. 千年桐（木油桐）*Aleurites montana*（Lour.）Wils.（图 7-274）

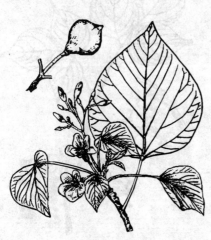

图 7-273 油 桐

图 7-274 千年桐

【识别要点】落叶乔木，高达 15m。单叶互生，广卵圆形，基部心形，常 3～5 掌状裂，裂片全缘，在裂缺底部常有腺体；叶柄端具 2 有柄腺体。花大，白色，多为雌雄异株。核果卵形，有纵脊和皱纹。

【分布】产于我国东南至西南部。

【习性】喜光，喜暖热多雨气候；耐寒性比油桐差，抗病性强，生长快。

【用途】种子可榨油，质量较桐油差。可作嫁接油桐的砧木。

（四）变叶木属 Codiaeum A. Juss.

变叶木属共 15 种，产于马来西亚至澳大利亚北部；我国引入 1 种。

变叶木 *Codiaeum variegatum*（L.）Bl.（图 7-275）

【识别要点】常绿灌木或乔木。幼枝灰褐色，有大而平的圆形叶痕。叶互生，叶形多变，披针形为基本叶形，不分裂或叶片中断成上下两片，质厚，绿色或杂以

图 7-275 变叶木

白色、黄色或红色斑纹。花单性，雌雄同株，腋生总状花序；雄花花萼 5 裂，花瓣 5，雄蕊约 30 枚，花盘腺体 5 枚，无退化雌蕊；雌花花萼 5 裂，无花瓣，花盘杯状；子房 3 室，每室 1 胚珠；花柱 3。蒴果球形，径约 7mm，白色。

【分布】原产于马来西亚岛屿，我国南方均有引栽。

【用途】叶形多变，美丽奇特，绿、黄红、青铜、褐、橙黄等油画般斑斓的色彩十分美丽，是一种珍贵的热带观叶树种。作庭园观赏、花坛、丛植、盆栽均宜。

（五）乌桕属 Sapium P. Br.

乔木或灌木，有乳汁。无顶芽。全体多无毛。单叶互生，全缘，羽状脉，叶柄顶端有 2 腺体。花雌雄同株或同序，圆锥状聚伞花序顶生；雄花极多，生于花序上部；雌花 1 至数朵，生于花序下部；花萼 2～3 裂；雄蕊 2～3 枚；无花瓣和花盘；子房 3 室，每室 1 胚珠。蒴果，3 裂。

乌桕属约 120 种，主产热带；我国约 10 种。

乌桕（蜡子树）Sapium sebiferum（L.）Roxb.（图 7-276）

【识别要点】落叶乔木，高达 15m。树冠近球形，树皮暗灰色，浅纵裂。小枝纤细。叶菱形至菱状卵形，长 5～9cm，先端尾尖，基部宽楔形，叶柄顶端有 2 腺体。花序穗状，长 6～12cm，花黄绿色。蒴果三棱状球形，径约 1.5cm，熟时黑色，果皮 3 裂，脱落；种子黑色，外被白蜡，固着于中轴上，经冬不凋。花期 5～7 月，果期 10～11 月。

【分布】原产于我国，分布甚广，广东、云南、四川，北至山东、河南、陕西均有。

【习性】喜光，喜温暖气候，较耐旱。对土壤要求不严，在排水不良的低洼地和间断性水淹的江河堤塘两岸都能良好生长，对酸性土和含盐量达 0.25% 的土壤也能适应。对二氧化硫及氯化氢抗性强。

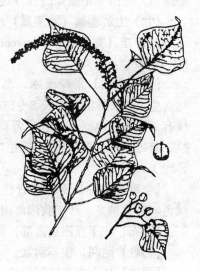

图 7-276　乌　桕

【用途】叶形秀美，秋日红艳，绚丽诱人。在园林中可孤植、散植于池畔、河边、草坪；列植于堤岸、路旁作护堤树、行道树；混生于风景林中，秋日红绿相间，尤为壮观。冬天柏子挂满枝头，经冬不凋，古人有"喜看柏树梢头白，疑是红梅小着花"的诗句。也是重要的工业用木本油料树种，根、皮和乳液可入药。

（六）山麻杆属 Alchornea Sw.

乔木或灌木。植物体常有细柔毛。单叶互生，全缘或有齿，基部有 2 或更多腺体。花单性，雌雄同株或异株，无花瓣和花盘，总状、穗状或圆锥花序；雄花萼 2～4 裂，雄蕊 6～8 枚或更多；雌花萼 3～6 裂，子房 2～4 室，每室 1 胚珠。蒴果分裂成 2～3 个果瓣，中轴宿存；种子球形。

本属共约 70 种，主产于热带地区；我国 6 种。

山麻杆（桂圆木）Alchornea davidii Franch.（图 7-277）

【识别要点】落叶丛生直立灌木，高 1～2m。幼枝有绒毛，老枝光滑。叶宽卵形至圆形；

上面绿色，有短毛疏生；背面带紫色，密生绒毛；叶缘有粗齿，三出脉。新生嫩叶及新枝均为紫红色。花雌雄同株；雄花密生成短穗状花序，萼 4 裂，雄蕊 8 枚；雌花疏生成总状花序，位于雄花序下面，萼 4 裂，子房 3 室，花柱 3。蒴果扁球形，密生短柔毛。种子球形。花期 4～6 月，果期 7～8 月。

【分布】分布于长江流域、西南及河南、陕西等地，山东济南、青岛有栽培。

【习性】喜光，稍耐阴，喜温暖湿润气候，抗寒力较强，对土壤要求不严。萌蘖力强。

【用途】春季嫩叶及新枝均紫红色，浓染胭红，艳丽醒目，是园林中重要的春日观叶树种。

（七）土沉香属（海漆属）*Excoecaria* Linn.

红背桂（青紫木）*Excoecaria cochinchinensis* Lour .（图 7 - 278）

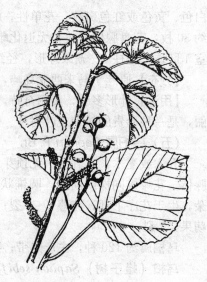

图 7 - 277　山麻杆

【识别要点】常绿灌木，高 1～2m；全体无毛。单叶对生，狭长椭圆形，长 6～13cm，先端尖，基部楔形，缘有细浅齿，表面深绿色，背面紫红色，有短柄。花单性，雌雄异株。蒴果球形，由 3 个小干果合成，红色，径约 1cm。

【变种与品种】变种绿背桂（var. *viridis*）。叶背浅绿色，叶片稍宽。产于我国海南及越南，生于山谷林下。

【分布】产于亚洲东南部，我国广西南部有分布。

【习性】耐阴，很不耐寒。

【用途】华南常于庭园栽培，北方多温室盆栽观赏。

（八）蝴蝶果属 *Cleidiocarpon* Airy-Shaw

蝴蝶果 *Cleidiocarpon cavaleriei* Airy-Shaw（图 7 - 279）

图 7 - 278　红背桂

【识别要点】常绿乔木，高达 30m。树皮灰色，光滑；各部常被星状毛。单叶互生，长椭圆形至披针形，两端尖，长 10～25cm，全缘；叶柄顶端有 2 小腺体。花单性，雌雄同序，无花瓣；圆锥状穗状花序。核果及种子近球形。

【分布】产于我国广西南部、贵州南部、云南东南部及越南北部。

【习性】喜光，喜暖热气候，速生，抗病力强。

【用途】种子含油脂、淀粉，经处理后可食用。枝叶茂密，树形美观，是华南城乡绿化的好树种。因种子的子叶似蝴蝶而得名。

五十二、鼠李科 Rhamnaceae

乔木或灌木，稀草本；常有枝刺或托叶刺。单叶互生或近对生，托叶小；花小，两性，稀单性，通常为聚伞、圆锥花序，腋生；萼4～5裂；花瓣4～5或缺；雄蕊4～5枚，与花瓣对生，花盘肉质；子房上位或埋在花盘内，2～4室，每室胚珠1。核果、蒴果或翅果。

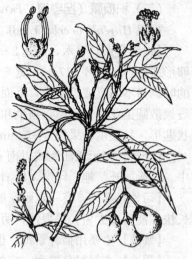

鼠李科约58属900种；我国15属135种。

（一）枣属 Zizyphus Mill.

落叶或常绿，灌木或小乔木。叶互生，基三出脉，稀五出脉；托叶常变为刺。花两性；短聚伞花序，或呈圆锥花序式排列，腋生；花各部5，花柱2裂。核果，1～3室，每室1粒种子。

枣属约100种；我国13种。

枣（红枣）Ziziphus jujuba Mill.（图7-280）

【识别要点】落叶乔木，高达10m。枝有长枝（枣头）、短枝（枣股）和脱落性小枝（枣吊）之分。长枝呈"之"字形曲折，托叶刺长短各1，长刺直伸，短刺钩曲；短枝似长乳头状，在长枝上互生；脱落性小枝为纤细下垂的无芽枝，常3～7簇生于短枝节上，冬季与叶俱落。叶片三出脉。花小，黄绿色，8～9朵簇生于脱落性枝的叶腋，呈聚伞花序。果长椭圆形，暗红色。花期5～6月，果期8～9月。

【变种与品种】栽培品种很多，约680个品种，著名的优良品种有金丝小枣、大枣、郎家园枣、庆枣、无核枣、湘枣、晋枣、义乌大枣等。在园林中栽培观赏的变种有：

（1）无刺枣（var. *inermis*）。枝上无刺。果大，味甜。

（2）缢痕枣（葫芦枣）（var. *lageniformis*）。果实中部或中上部有缢痕，形似葫芦。

图7-280　枣
1.长枝 2.花 3.果 4.核
5.果枝 6.核 7.核

（3）曲枝枣（龙爪枣）（var. *tortuous*）。枝及叶柄均扭曲，状如龙爪柳。亦可盆栽或制成盆景。

【分布】原产我国，栽培很广，南自海口，西达云南、新疆，北达辽宁，以黄河中下游流域和华北平原最为普遍。

【习性】喜光，喜干冷气候，耐寒，耐热，耐旱，耐涝，虽耐湿热，但果实品质较差。对土壤要求不严。平原、沙地、沟谷、山地均可生长，pH5.5～8.5，以微碱性或中性沙壤土生长最好。根系发达，萌蘖性强，耐烟熏，不耐水雾。

【繁殖】以分株和嫁接为主，也可播种繁殖。

【用途】北方著名果树及林粮间作树种，号称"铁杆庄稼"，在园林中是结合生产的好树种。除设置枣园外，可孤植、群植于宅院、堂前、建筑物角隅，或片植于坡地。干枝苍劲，枝叶扶疏，丹实粒粒，别具特色。对多种有害气体抗性较强，可用于厂矿绿化。老根可作桩景。为优良蜜源植物。

（二）枳椇属（拐枣属） *Hovenia* Thunb.

枳椇 *Hovenia acerba* Lindl.

【识别要点】乔木，高达25m，胸径1m。小枝被棕褐色柔毛或无毛。叶宽卵形、椭圆状卵形或心形，长8～17cm，宽6～12cm，先端渐尖或宽楔形，具浅钝细锯齿，上部或近枝顶的叶锯齿不明显或近全缘，上面无毛，下面沿脉被柔毛或无毛；叶柄长2～5cm，无毛。二歧聚散圆锥花序，对称，顶生和腋生，被棕色柔毛；萼片具网状脉或纵纹，无毛。花瓣椭圆状匙形，具短爪。果径5～6.5mm，无毛，黄褐色或棕褐色。花期5～7月，果期8～10月。

【分布】产于长江流域以南各地及河南、甘肃、陕西；生于海拔2100m以下山区树林中、林缘、开旷地。印度、尼泊尔、不丹、缅甸北部也有分布。

【习性】喜光，有一定耐寒能力；对土壤要求不高，在土层深厚、湿润而排水良好处生长快，能长成大树，深根性，萌芽力强。

【繁殖】主要用播种繁殖，也可以扦插、分蘖繁殖。

【用途】心材材色艳丽，宜加工，切面光滑，油漆后光亮性好，易胶粘，不劈裂，为优良家具、胶合板及车厢等用材，也可供制枪托、农具、门、窗等。肉质果序可食，泡酒服治风湿。种子入药，为利尿剂。树形美观，可栽培供观赏。

五十三、省沽油科 Staphyleaceae

1. 省沽油 *Staphylea bumalda* DC. （图7-281）

【识别要点】落叶灌木，高达3～5m；枝细长而开展。三出复叶对生，小叶卵状椭圆形，长5～8cm，缘有细尖齿，背面青白色，脉上有毛；顶生小叶柄长约1cm。花白色，芳香，呈顶生圆锥花序；5月开花。蒴果膀胱状，扁形，2裂。

【分布】产于我国长江中下游流域、华北及辽宁；朝鲜、日本也有分布。

【用途】可植于庭园观赏。种子可榨油制皂及油漆。

〔附〕**膀胱果**（*S. holocarpa* Hemsl.）　与省沽油的主要不同点是：膀胱果小叶较狭，近革质，顶生小叶的叶柄长1.5～4cm；伞房花序；蒴果梨形膨大，3裂。产于黄河以南至长江流域地区。

2. 野鸦椿 *Eusucaphis japonica* Dippel （图7-282）

【识别要点】落叶灌木或小乔木，高达3～8m；小枝及芽红紫色。羽状复叶对生，小叶7～11，长卵形，缘有细齿。花小而绿色，呈顶生圆锥花序；5～6月开花。蓇葖果红色，有直皱纹，状如鸟类砂囊，内有黑亮种子1～3粒；9～10月果熟。

图7-281　省沽油

【分布】产于我国长江流域以南各地，多生于山野林地；日本、朝鲜也有分布。

【习性】喜阴凉潮湿环境，不耐寒。

【用途】秋季红果满树，颇为美观；宜植于庭园观赏。种子可榨油制皂；根及干果可入药。

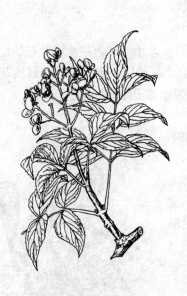

图 7 - 282 野鸦椿

图 7 - 283 银鹊树

3. 银鹊树（瘦椒树）*Tapiscia sinensis* Oliv.（图 7 - 283）

【识别要点】落叶乔木，高达 30m；树皮具清香。羽状复叶互生，小叶 5～9，卵状椭圆形至椭圆状披针形，长 6～12cm，先端渐尖，基部圆形或心形，缘有粗齿，无毛，背面有白粉。花小，杂性异株，萼齿、花瓣、雄蕊各为 5 枚；雄花为柔荑花序，两性花为腋生圆锥花序。核果近球形，径 5～6mm。7 月开花，9 月果熟。

【变种与品种】毛银鹊树（var. *concolor*）。小叶背面无白粉，沿脉及脉腋密被毛。产于湖北及四川东部。

【分布】我国特产，分布于长江流域以南地区。

【用途】秋叶黄色，花芳香，可栽培观赏。树干通直，生长快，材质好。

五十四、无患子科 Sapindaceae

乔木或灌木，稀草本。叶常互生，羽状复叶，稀掌状复叶或单叶，无托叶。花单性或杂性，圆锥、总状或伞房花序；萼 4～5 裂；花瓣 4～5，有时无；雄蕊 8～10 枚；子房上位，多 3 室，每室具 1～2 或更多胚珠，中轴胎座。蒴果、核果、坚果、浆果或翅果。

无患子科约 150 属 2 000 种；我国 25 属 56 种，主产于长江流域以南各地。

分 属 检 索 表

1. 蒴果；奇数羽状复叶 ……………………………………………………………………………… 2
1. 核果；偶数羽状复叶，小叶全缘 ……………………………………………………………… 3
2. 果皮膜质而膨胀；一至二回奇数羽状复叶 ………………………………………………… 栾树属
2. 果皮木质；一回奇数羽状复叶 ……………………………………………………………… 文冠果属
3. 果皮肉质；种子无假种皮 ………………………………………………………………… 无患子属
3. 果皮革质或脆壳质；种子有假种皮，并彼此分离 ………………………………………………… 4

4. 有花瓣；果皮平滑，黄褐色 ⋯⋯⋯⋯⋯⋯⋯⋯⋯⋯⋯⋯⋯⋯⋯⋯⋯⋯⋯⋯⋯⋯⋯ 龙眼属

4. 无花瓣；果皮具瘤状小突起，绿色或红色 ⋯⋯⋯⋯⋯⋯⋯⋯⋯⋯⋯⋯⋯⋯⋯⋯⋯⋯ 荔枝属

（一）栾树属 *Koelreuteria* Laxm.

落叶乔木。芽鳞2枚。一至二回奇数羽状复叶，互生，小叶有齿或全缘。花杂性，不整齐，萼5深裂；花瓣5或4，鲜黄色，披针形，基部具2反转附属物；呈大型圆锥花序，通常顶生。蒴果具膜质果皮，膨大如膀胱状，熟时3瓣裂；种子球形，黑色。

栾树属共4种；我国3种1变种。

1. 栾树 *Koelreuteria paniculata* Laxm. （图7-284）

【识别要点】落叶乔木，树冠近球形。树皮灰褐色，细纵裂，无顶芽，皮孔明显。奇数羽状复叶，有时部分小叶深裂而为不完全二回羽状复叶；小叶卵形或卵状椭圆形，缘有不规则粗齿，近基部常有深裂片，背面沿脉有毛。花金黄色，顶生圆锥花序宽而疏散。蒴果三角状卵形，长4～5cm，顶端尖，成熟时红褐色或橘红色；种子黑褐色。花期6～7月，果9～10月成熟。

【分布】主产于华北，东北南部至长江流域及福建，西到甘肃、四川均有分布。

【习性】喜光，耐半阴。耐寒，耐干旱瘠薄，喜生于石灰质土壤，也能耐盐渍土及短期水涝。深根性，萌蘖力强，生长速度中等，幼树生长较慢，以后渐快。有较强的抗烟尘能力。

【用途】树形端正，枝叶茂密而秀丽，春季嫩叶多为红色，入秋叶色变黄，夏季开花，满树金黄，十分美

图7-284 栾 树

丽，是理想的观赏树种。宜作庭荫树、行道树及园景树，也可用作防护林、水土保持及荒山绿化树种。

2. 复羽叶栾树（西南栾树）*Koelreuteria bipinnata* Franch. （图7-285）

【识别要点】树冠广卵形，树皮暗灰色，片状剥落。小枝暗棕色，密生皮孔。二回羽状复叶，羽片5～10对，每羽片具小叶5～15，卵状披针形或椭圆状卵形，先端渐尖，基部圆形，缘有锯齿。花黄色。顶生圆锥花序。蒴果卵形，红色。花期7～9月，果9～10月成熟。

【分布】原产我国中南及西南部，云南高原常见。

【用途】夏日黄花，秋日红果，宜作庭荫树、园景树、行道树。

3. 全缘叶栾树（黄山栾树）*Koelreuteria bipinnata* var. *integrifolia* T. Chen （图7-286）

【识别要点】与复羽叶栾树的区别为：全缘叶栾树小叶7～11枚，全缘，或偶有锯齿，长椭圆形或广楔形。花金黄色，顶生大型圆锥花序。蒴果椭球形，种子红褐色。花期9月，果10～11月成熟。

【分布】原产江苏、浙江、安徽、江西、湖南、广东、广西等地，山东有栽培。

图 7-285 复羽叶栾树

图 7-286 全缘叶栾树

【习性】耐寒性差，山东一年生苗需防寒，否则苗干易抽干，翌春从根颈处萌发新干，大树无冻害。

【用途】枝叶茂密，冠大荫浓，初秋开花，金黄夺目，不久就有淡红色灯笼似的果实挂满树梢，黄花红果，交相辉映，十分美丽。宜作庭荫树、行道树及园景树栽植，也可用于居民区、工矿区及农村"四旁"绿化。

（二）文冠果属 *Xanthoceras* Bunge

本属仅1种，我国特产。

文冠果（文官果）*Xanthoceras sorbifolia* Bunge（图 7-287）

【识别要点】小乔木。树皮褐色，粗糙条裂。幼枝紫褐色。奇数羽状复叶，互生；小叶9～19，对生或近对生，披针形，长3～5cm，缘有锐锯齿。花杂性，整齐，径约2cm，萼片5；花瓣5；白色，基部有由黄变红的斑晕；花盘5裂，裂片背面各有一橙黄色角状附属物；雄蕊8枚；子房3室，每室7～8胚珠。蒴果椭球形，径4～6cm，果皮木质，室背3裂；种子球形，径约1cm，暗褐色。

【分布】主产于华北，陕西、甘肃、辽宁、内蒙古均有分布。

【习性】喜光，耐严寒和干旱，不耐涝。对土壤要求不严，在沙荒、石砾地、黏土及轻盐碱土上均能生长。深根性，主根发达，萌蘖力强。生长尚快，3～4年生即可开花结果。

【用途】花序大而花朵密，春天白花满树，且有秀丽光洁的绿叶相衬，更显美观，花期可持续20d，并有紫花品种。是优良的观赏兼木本油料树种。

图 7-287 文冠果
1. 花枝 2. 果实 3. 种子

（三）无患子属 *Sapindus* L.

乔木或灌木。无顶芽。偶数羽状复叶，互生，小叶全缘。花杂性异株，圆锥花序；萼片、花瓣各 4～5；雄蕊 8～10 枚；子房 3 室，每室 1 胚珠，通常仅 1 室发育。核果球形，中果皮肉质，内果皮革质；种子黑色，无假种皮。

无患子属约 15 种；我国 4 种。

无患子 *Sapindus mukurossi* Gaertn. （图 7-288）

【识别要点】落叶或半常绿乔木。树冠广卵形或扁球形。树皮灰白色，平滑不裂。小枝无毛，芽两个叠生。小叶 8～14，互生或近对生，卵状披针形，先端尖，基部不对称，薄革质，无毛。花黄白色或带淡紫色，顶生圆锥花序。核果近球形，熟时黄色或橙黄色；种子球形，黑色，坚硬。花期 5～6 月，果熟期 9～10 月。

【分布】分布于我国淮河流域以南各地。

【习性】喜光，稍耐阴。喜温暖湿润气候，耐寒性不强。对土壤要求不严，以深厚、肥沃而排水良好的土壤生长最好。深根性，抗风力强。萌芽力弱，不耐修剪。生长尚快，寿命长。对二氧化硫抗性较强。

图 7-288 无患子
1. 花枝 2. 果枝

【用途】树形高大，树冠广展，绿荫稠密，秋叶金黄，颇为美观。宜作庭荫树及行道树。若与其他秋色叶树种及常绿树种配植，更可为园林秋景增色。

（四）龙眼属 *Dimocarpus* Lour.

常绿乔木。偶数羽状复叶，互生；小叶全缘，叶上面侧脉明显。花杂性同株，圆锥花序；萼 5 深裂；花瓣 5 或缺；雄蕊 8 枚；子房 2～3 室，每室 1 胚珠。核果球形，黄褐色，果皮幼时具瘤状突起，熟时较平滑；假种皮肉质，乳白色，半透明而多汁。

龙眼属共约 20 种，产于亚洲热带；我国 4 种。

龙眼（桂圆）*Dimocarpus longan* Lour.（*Euphoria longan* Stend.）（图 7-289）

【识别要点】树皮粗糙，薄片状剥落。幼枝及花序被星状毛。小叶 3～6 对，长椭圆状披针形，全缘，基部稍歪斜，表面侧脉明显。花黄色。果球形，黄褐色；种子黑褐色。花期 4～5 月，果 7～8 月成熟。

【分布】原产于我国台湾、福建、广东、广西、四川等地。

图 7-289 龙 眼

【习性】稍耐阴，喜暖热湿润气候，稍比荔枝耐寒和耐旱。

【用途】华南地区的重要果树，栽培品种甚多，也常于庭园种植。

（五）荔枝属 *Litchi* Sonn.

本属共2种；我国1种，为热带著名果树。

荔枝 *Litchi chinensis* **Sonn.** （图7-290）

【识别要点】常绿乔木，高达30m，胸径1m。树皮灰褐色，不裂。偶数羽状复叶，互生；小叶2～4对，长椭圆状披针形，全缘，表面侧脉不甚明显，中脉在叶面凹下，背面粉绿色。花杂性同株，无花瓣；顶生圆锥花序；雄蕊8枚；子房3室，每室1胚珠。核果球形或卵形，熟时红色，果皮有显著突起小瘤体；种子棕褐色，具白色、肉质、半透明、多汁的假种皮。花期3～4月，果5～8月成熟。

图7-290 荔 枝

【分布】原产于我国华南、云南、四川、台湾，海南有天然林。

【习性】喜光，喜暖热湿润气候及深厚、富含腐殖质的酸性土壤，怕霜冻。

【用途】华南重要果树，品种很多，果除鲜食外可制成果干或罐头，每年有大量出口。因树冠广阔，枝叶茂密，也常于庭园种植。木材坚重，经久耐用，是名贵用材。

五十五、七叶树科 Hippocastanaceae

落叶乔木，稀灌木。掌状复叶对生；无托叶。圆锥花序或总状花序顶生，花杂性，两性花生于花序基部，雄花生于上部；萼4～5裂；花瓣4～5，大小不等，基部呈爪状；雄蕊5～9枚，着生花盘内部，长短不等；子房上位，3室，每室胚珠2。蒴果，3裂；种子通常1，种脐大，无胚乳。

七叶树科仅1属30余种；我国1属10余种。

七叶树属 Aesculus L.

七叶树属形态特征同七叶树科。

1. 七叶树（天师栗、娑罗树） *Aesculus chinensis* **Bunge.** （图7-291）

【识别要点】落叶乔木，高达25m。树冠庞大，圆球形。小枝光滑粗壮，髓心大；顶芽发达。掌状复叶对生，小叶5～7，缘具细锯齿，背面仅脉上有疏生柔毛。圆锥花序呈圆柱状，顶生，长约25cm，白色，花瓣4。果近球形，径3～5cm，密生疣点，种子深褐色。花期5月，果期9～10月。

【分布】原产黄河流域，陕西、山西、河北、江苏、浙江等地有栽培。

【习性】喜光，耐阴；幼树喜阴。喜温暖湿润气候，较耐寒，畏干热。喜深厚、湿润、肥沃而排水良好的土壤。深根性，寿命长，萌芽力不强。

【繁殖】以播种为主，亦可扦插、高空压条繁殖。

【用途】树姿壮丽，枝叶扶疏，冠如华盖，叶大而形美，开花时硕大的花序竖立于叶簇中，似一个华丽的大烛台，蔚为奇观。世界著名观赏树种和五大佛教树种之一。宜作庭荫树及行道树，可配植于公园、大型庭园、机关、学校周围，如以其他树种陪衬，则更显雄伟壮观。

2. 日本七叶树 *Aesculus turbinata* **Bl.** （图 7－292）

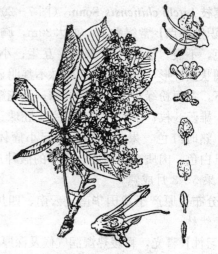

图 7－291　七叶树

1. 长枝　2. 果实

图 7－292　日本七叶树

【识别要点】落叶乔木，通常高达 30m，胸径 2m。小枝淡绿色，当年生者有短柔毛。冬芽卵形，有丰富的树脂。掌状复叶对生，有小叶 5～7 枚。圆锥花序顶生，直立，长 15～25cm，稀达 45cm，基部直径 8～9cm，有绒毛或无毛，花梗长 3～4mm。花较小，直径约 1.5cm。果实倒卵圆形或卵圆形，直径 5cm，深棕色，有疣状突起，成熟后 3 裂；种子赤褐色，直径约 3cm，种脐大型，约占种子的 1/2。花期 5～7 月，果期 9 月。

【分布】原产日本，已引种我国，栽培于青岛、上海等城市。

【习性】能耐干旱、风沙、盐碱等各种不良环境，抗污染，喜光，能耐半阴。

【繁殖】以种子繁殖为主，也可扦插繁殖。果实成熟后湿沙贮藏，待翌年春季播种。扦插繁殖可采用嫩枝扦插或一年生枝条硬枝扦插，使用激素可以提高扦插成活率。嫁接可以增强长势。深根性，不宜多次移植，移植时应带土球，以提高成活率。

【用途】本种系高大乔木，树冠广阔，遮阳条件很好，可作行道树和庭荫树。木材细密，可制造器具和建筑用。

3. 欧洲七叶树 *Aesculus hippocastanum* **L.**

【识别要点】树冠圆而开展，性强健。叶掌状，至少 30cm，5～7 片小叶，叶背绿色。4～5 月开花，花序达 30cm，先白色后由黄色转为玫瑰红色。

【分布】原产希腊北部和阿尔巴尼亚山区。在我国北京、杭州、上海、青岛等地有栽培。

【习性】喜光照，稍耐阴，喜温暖湿润气候及排水良好土壤。

【繁殖】播种繁殖。应避免种植在干燥地区。根系要通过覆盖措施保持湿润和潮湿。

【用途】适合作行道树及观赏用，是高档的绿化树种。

五十六、槭树科 Aceraceae

乔木或灌木。叶对生，单叶或复叶；无托叶。花小，整齐，簇生或排成伞房、伞形、总状或圆锥花序；萼片、花瓣常 4～5，稀无花瓣；雄蕊 4～12 枚，通常 8 枚；花柱 2。翅果，或翅果状坚果。

槭树科共 2 属 200 种以上；我国 2 属约 140 余种。

槭树属 *Acer* L.

乔木或灌木；顶芽发达，鳞芽。单叶，全缘或掌状分裂，或羽状复叶。花杂性同株或单性异株，有花瓣或无花瓣。双翅果，由两个一端具翅的小坚果构成。

本属共 200 种；我国 140 余种。

分 种 检 索 表

1. 五角枫（地锦槭、色木）*Acer mono* Maxim.

【识别要点】落叶乔木，高可达 20m，小枝内常有乳汁。单叶对生，通常掌状 5 裂，基部常心形，裂片卵状三角形，全缘，两面无毛或仅背面脉腋有簇毛。花杂性，伞房花序顶生。果翅张开成钝角，翅长为坚果的 2 倍。花期 4～5 月，果期 9～10 月。

【分布】产于我国长江流域、西南、华北及东北南部，西至四川、陕西，为本属中分布最广的一个种。

【习性】喜光，耐阴。喜温凉湿润气候。对土壤要求不严，在酸性、中性及石灰性土壤上均能生长。生长速度中等，病虫害少。

【繁殖】播种繁殖。

【用途】树姿优美，叶形秀丽，秋季叶渐变为黄色或红色，为著名秋色叶树种。可作庭荫树、行道树，或风景林中的伴生树，与其他秋色叶树或常绿树配植，彼此衬托掩映，可增加秋景色彩之美。

2. 鸡爪槭（鸡爪枫、青枫）*Acer palmatum* Thunb.

【识别要点】落叶小乔木，高可达 7～8m；树冠伞形或圆球形。小枝纤细，紫色或灰紫色。叶掌状 5～7 深裂，通常 7 深裂，裂片卵状长椭圆形至披针形，叶缘具细重锯齿，背面仅脉腋有簇毛。花杂性，伞房花序，花紫红色。果球形，两果翅张开成直角至钝角，幼时紫红色，成熟后棕黄色。花期 5 月，果期 9 月。

【变种与品种】变种及变型很多，常见的有：

（1）红枫（var. *atropurpureum*）。又名紫红叶鸡爪槭、日光红。叶终年红色或紫红色。

（2）细叶鸡爪槭（var. *dissectum*）。又名羽毛枫、绿羽毛。叶掌状深裂达基部，裂片狭长且有羽状细裂，树冠开展而枝略下垂。

（3）深红细叶鸡爪槭（var. *dissectum* f. *ornatum*）。又名红蓑衣槭。外形似细叶鸡爪槭，但叶常年呈古铜红色。

（4）条裂鸡爪槭（var. *linearilobum*）。叶深裂几达基部，裂片线形，缘有疏齿或近全缘。

（5）金叶鸡爪槭（var. *aureum*）。叶全年金黄色。

（6）三色鸡爪槭（var. *matsumucae* f. *roseomarg inatum*）。又名蚂蚁枫。叶有红色、白色、绿色。

（7）小叶鸡爪槭（var. *thunbergii*）。又名深裂鸡爪槭、蓑衣槭，叶较小，掌状 7 深裂，基部心形，裂片披针形，锯齿细尖，单或重锯齿。翅果短小。

【分布】分布于华东、华中各地。现全国各地均有栽培。

【习性】喜温暖、湿润环境，喜光，稍耐阴。对土壤要求不严，但以疏松、肥沃、湿润的土壤生长良好。不耐水涝，较耐干旱。受太阳西晒及潮风影响的地方生长不良。

【繁殖】播种繁殖，园艺栽培品种则嫁接繁殖。

【用途】树姿婀娜，叶形秀丽，园林品种甚多，叶色深浅各异，入秋变红，鲜艳夺目，为珍贵的观叶佳品。宜植于庭园、草坪、花坛、树坛、建筑物前，或与假山配植。亦可盆栽或制作盆景。也是重要的切花材料。枝、叶可入药。

3. 茶条槭 *Acer ginnala* Maxim. （图 7 - 293）

【识别要点】落叶灌木或小乔木，株高 5～7m，冠幅 7～8m，生长 10～20 年后株高可达到 4～6m。树皮灰色粗糙。叶卵状或圆形，单叶对生，叶片亮，深绿色，秋季变为黄色、橘黄色或红色。花白色，清香。果实是翅果，果翅张开成锐角或近于平行，紫红色。花期 5～6 月，果 9 月成熟。

图 7 - 293　茶条槭

【分布】产于东北、黄河流域及长江下游一带。

【习性】弱阳性，耐寒，耐半阴，在烈日下树皮易受灼害；也喜温暖；喜深厚而排水良好的沙质壤土。

【繁殖】繁殖用播种法，生长速度中等。

【用途】树干直，花有清香，夏季果翅红色美丽，秋叶又很易变成鲜红色，翅果成熟前也红艳可爱，是良好的庭园观赏树种，也可栽作绿篱及小型行道树。

4. 三角枫（三角槭）*Acer buergerianum* Miq. （图 7 - 294）

【识别要点】落叶乔木，高可达 20m。树皮长片状剥落，灰褐色。叶 3 裂或少数不分裂，径 3.5～8cm，基部三出脉，裂片三角形，顶端短，渐尖，全缘或微有不整齐锯齿，表面深绿色，背面粉绿色。伞房花序顶生，花小，有短毛。翅果。

【分布】多生长在山谷及溪谷两岸，北自山东，东至台湾南部及广东等地。

【习性】弱阳性，稍耐阴，喜温暖湿润气候和排水良好的偏酸性、中性土壤，较耐水湿，有一定的抗寒性，寿命长约百年。

【繁殖】播种繁殖。

【用途】三角枫树冠端正，枝叶茂盛，园林中适于栽植行道树、庭荫树和护岸树。杭州西湖苏堤中段的三角枫林荫道，夏则绿茵叠翠，凉爽宜人，秋冬黄叶映蓝天，亦耐观赏。幼时可栽作篱垣，枝可彼此连接，久则彼此愈合，又可制作盆景。

5. 元宝枫（华北五角枫、平基槭）Acer truncatum Bunge.（图 7 - 295）

【识别要点】落叶乔木，高 8～12m，胸径可达60cm。树冠球形，嫩枝绿色，后变红褐色及灰棕色，无毛。冬芽卵形，先端尖。单叶近纸质，掌状 5 裂，外缘轮廓近矩圆形，裂深常达叶的中部或中部以上；裂片窄三角形，先端渐尖，全缘稀有疏锯齿，幼树或萌发枝上的叶中间各裂片上部常又分 3 小裂，叶基截形或近心形；掌状脉主脉 5 条出自基部；叶柄长 2.5～7cm。花杂性，雄花与两性花同株，常 6～10 朵组成顶生的伞房花序，萼片、花瓣各 5 片；花冠黄白色。果熟时淡黄褐色；种子扁平，具不明显的脉纹，翅宽 1cm，长与果体相等或略短；果梗长约 2cm。两翅张开成直角或钝角。花期 4～5 月，果期 9～10 月。

【分布】华北各地普遍栽培或野生，在海拔 500m 以下的低山、平原地多见，山西、河南西部山区可达 1 500m；华东、东北南部及西北各地也有分布。

【习性】喜温凉气候及湿润、肥沃、排水良好的土壤，较喜光。耐旱不耐涝，较抗烟，深根性，萌蘖力强。

【繁殖】种子育苗繁殖。

【用途】木材淡红色，坚韧细致，硬度大，强度高，适做建筑、车辆、家具以及沙管、木梭等耐磨器材。种子可榨油，种仁含油 46%～48%，油质清香，含较多的蛋白质和脂肪酸，食用价值可与花生油媲美；油饼可加工制酱油。果皮可提制栲胶；嫩叶可作菜食及代茶。抗烟尘，庇荫性好，是北方城乡工矿区较好的街道绿化树种。

图 7 - 294　三角枫

图 7 - 295　元宝枫

6. 复叶槭 Acer negundo L.

【识别要点】落叶乔木，高达 20m。小枝绿色，无毛。奇数羽状复叶，小叶 3～7（9），春季萌发时小叶卵形，叶缘有不规则锯齿，花单性，雌雄异株，雄花序伞房状，雌花序总状。果翅狭长，张开成锐角或直角。花期 4 月，果期 9 月。

【分布】原产北美洲，我国东北、华北、内蒙古、新疆至长江流域均有栽培。

【习性】喜光，喜干冷气候，暖湿地区生长不良，耐寒。

【繁殖】播种繁殖为主。

【用途】复叶槭枝直叶茂密，入秋叶呈金黄色，可作庭荫树、行道树。

五十七、橄榄科 Burseraceae

橄榄 Canarium album（Lour.）Raeusch（图 7 - 296）

【识别要点】常绿乔木，高 10～20m。羽状复叶互生，托叶早落，小叶 9～15，对生，长椭圆形至卵状披针形，长 6～14cm，先端渐尖，基部偏斜，全缘，革质，无毛，两面细脉均明显凸起，背面网脉上有小窝点（在放大镜下可见）。花小，两性或杂性，芳香，白色；圆锥花序腋生，略短于复叶。核果卵形，长约 3cm，熟时黄绿色。花期4～5 月，果熟期 9～10 月。

图 7-296 橄 榄

【分布】产于我国华南，以及越南、老挝、柬埔寨。

【习性】不耐寒，深根性。

【用途】枝叶茂盛，是华南地区良好的防风林和行道树种。果味先涩后甜，可生食或加工食用，并有药效。

〔附〕**乌榄**（*C. pimela* Leenh.） 与橄榄的主要区别点是：无托叶，小叶 17～21，背面平滑；圆锥花序长于叶；花瓣长为花萼的 3 倍；果熟时紫黑色。产于我国华南至越南、老挝、柬埔寨。广州附近常作果树栽培。果不堪生食，腌制后可作菜食；种子（名榄仁）可榨油或为饼食及肴菜配料佳品。

五十八、漆树科 Anacardiaceae

乔木或灌木。树皮常含乳汁。叶互生，多为羽状复叶，稀单叶，无托叶。花小，单性异株、杂性同株或两性，整齐，常为圆锥花序；花萼 3～5 深裂；花瓣常与萼片同数，稀无花瓣；雄蕊 5～10 枚或更多；子房上位，1 室，稀 2～6 室，每室 1 倒生胚珠。核果或坚果。

漆树科约 60 属 500 余种，主产于北半球温带；我国约 16 属 54 种。

分 属 检 索 表

（一）黄连木属 Pistacia L.

乔木或灌木。顶芽发达。偶数羽状复叶，稀 3 小叶或单叶，互生；小叶对生，全缘。花单性，雌雄异株，圆锥或总状花序，腋生；无花瓣；雄蕊 3～5 枚；子房 1 室，花柱 3 裂。核果近球形；种子扁。

黄连木属共 20 种；我国 2 种，引入栽培 1 种。

1. 黄连木 Pistacia chinensis Bunge（图 7 - 297）

【识别要点】落叶乔木，树冠近圆球形。树皮薄片状剥落。通常为偶数羽状复叶，小叶 10~14，披针形或卵状披针形，先端渐尖，基部偏斜，全缘，有特殊气味。雌雄异株，圆锥花序。核果初为黄白色，后变红色至蓝紫色。花期 3~4 月，先叶开放；果熟期 9~11 月。

【分布】黄河流域及华南、西南均有分布。泰山有栽培。

【习性】喜光，喜温暖，耐干旱瘠薄，对土壤要求不严，以肥沃、湿润而排水良好的石灰岩山地生长最好。生长慢，抗风性强，萌芽力强。

【用途】树冠浑圆，枝叶茂密而秀丽，早春红色嫩梢和雌花序可观赏，秋季叶片变红色可观赏，是良好的秋色叶树种，可片植、混植。

2. 阿月浑子 Pistacia vera L.（图 7 - 298）

图 7 - 297　黄连木

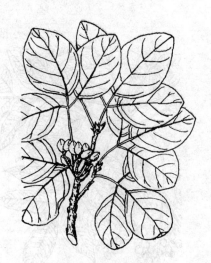

图 7 - 298　阿月浑子

【识别要点】落叶小乔木，高 5~10m；树冠开展，树皮龟裂。羽状复叶互生，小叶 3~7（11），椭圆形或卵形，全缘，先端圆钝，革质。花单性，雌雄异株，圆锥花序。核果卵形至椭球形，黄绿色。

【分布】原产中亚和西亚；我国新疆及西南地区有栽培。

【习性】喜光，能耐 -32.8℃ 的低温，极耐干旱；深根性，萌蘖性强，生长慢。实生苗 8~10 年后开花结果，寿命长达 300~400 年。

【用途】干果味美，为食品工业的珍贵原料；种仁榨油为高级食用油。19 世纪美国引种多次未成，后用我国同属的黄连木作砧木嫁接成功，并在加利福尼亚州大面积栽培，其干果的商品名为"开心果"，产量居世界首位。

（二）漆树属 Toxicodendron（Tourn.）Mill.

落叶乔木或灌木。体内含有乳汁。顶芽发达。奇数羽状复叶或三出复叶，小叶对生。花单性，雌雄异株，圆锥花序腋生；花各部为 5 基数；子房上位，3 心皮，1 室。核果熟时淡黄色，外果皮分离，中果皮与内果皮合生。

漆树属 20 余种；我国 15 种，主产长江流域以南的地区。

1. 漆树 _Toxicodendron vernici flua_ Stokes（图 7 - 299）

【识别要点】落叶乔木。幼树树皮光滑，灰白色；老树树皮浅纵裂。有白色乳汁。奇数羽状复叶，小叶 7～15，卵形至卵状披针形；小叶长 7～15cm，宽 3～7cm，侧脉 8～16 对，全缘，背面脉上有毛。腋生圆锥花序疏散下垂；花小，5 苞数。核果扁肾形，淡黄色，有光泽。花期 5～6 月，果熟期 10 月。

【分布】以湖北、湖南、四川、贵州、陕西为分布中心。东北南部至广东、广西、云南都有栽培。

【习性】喜光，不耐阴，喜温暖湿润、深厚肥沃而排水良好的土壤，不耐干风，不耐水湿。萌芽力强，树木衰老后可萌芽更新。侧根发达。

【用途】经济树种，可割取乳液加工。秋季叶色变红，可用于园林栽培观赏。

2. 野漆树（木蜡树、洋漆树）_Toxicodendron succedaneum_（L.）O. Kuntze（图 7 - 300）

图 7 - 299 漆 树

图 7 - 300 野漆树

【识别要点】落叶乔木，嫩枝及冬芽具棕黄色短柔毛。小叶卵状长椭圆形至卵状披针形，长 4～10cm，宽 2～3cm，侧脉 16～25 对，全缘，表面有毛，背面密生黄色短柔毛。腋生圆锥花序，密生棕黄色柔毛，花小，杂性，黄色。核果扁球形，光滑无毛。花期 5～6 月，果熟期 9～10 月。

【分布】原产于长江中下游流域。

【习性】喜光，喜温暖，不耐寒。耐干旱瘠薄，忌水湿。

【用途】园林及风景区种植的良好秋色叶树种。

（三）盐肤木属 _Rhus_ L.

乔木或灌木，体内有乳液。顶芽缺，柄下芽。叶互生，奇数羽状复叶或三出复叶。花杂性异株或同株，圆锥花序顶生；花各部 5 基数；子房上位，3 心皮，1 室，1 胚珠，花柱 3。核果小，果肉蜡质；种子扁球形。

盐肤木属共 250 种，分布于亚热带和北温带；我国 6 种，引入 1 种。

1. 盐肤木 *Rhus chinensis* Mill.（图 7 - 301）

【识别要点】落叶小乔木，高 8～10m。枝开展，树冠圆球形。小枝有毛，柄下芽。奇数羽状复叶，叶轴有狭翅；小叶 7～13，卵状椭圆形，边缘有粗钝锯齿，背面密被灰褐色柔毛，近无柄。圆锥花序顶生，密生柔毛；花小，5 数，乳白色。核果扁球形，橘红色，密被毛。花期 7～8 月，果 10～11 月成熟。

【分布】我国大部分地区有分布，北起辽宁，西至四川、甘肃，南至海南。

【习性】喜光，喜温暖湿润气候，也耐寒冷和干旱。不择土壤，不耐水湿。生长快，寿命短。

【用途】秋叶鲜红，果实橘红色，颇为美观。可植于园林绿地观赏或点缀山林。

2. 火炬树 *Rhus typhina* L.（图 7 - 302）

图 7 - 301 盐肤木

图 7 - 302 火炬树

【识别要点】落叶小乔木，分枝多。小枝粗壮，密生长绒毛。奇数羽状复叶，小叶 19～23（11～31），长椭圆形披针形，缘有锯齿，先端长渐尖，背面有白粉，叶轴无翅。雌雄异株，顶生圆锥花序，密生毛；雌花序及果穗鲜红色，呈火炬形；花小，5 数。果扁球形，密生深红色刺毛。花期 6～7 月，果 8～9 月成熟。

【分布】原产于北美洲。我国华北、华东、西北 20 世纪 50 年代引进栽培。

【习性】喜光，适应性极强，耐寒，耐旱，耐盐碱。根萌蘖力极强，生长快。

【用途】较好的观花、观叶树种，雌花序和果序均红色且形似火炬，在冬季落叶后，雌树上仍可见满树"火炬"，颇为奇特。秋季叶色红艳或橙黄，是著名的秋色叶树种。可点缀山林或园林栽培观赏。

（四）南酸枣属 *Choerospondias* Burtt et Hill.

落叶乔木。无顶芽。奇数羽状复叶，互生；小叶对生，全缘。花杂性异株，花序腋生；单性花呈圆锥花序，两性花呈总状花序；萼 5 裂，花瓣 5，雄蕊 10 枚，子房 5 室。核果椭圆状卵形，核端有 5 个大小相等的小孔。

南酸枣属仅 1 种，产于我国南部及印度。

南酸枣（酸枣）*Choerospondias axillaris*（Roxb.）Burtt et Hill.（图 7 - 303）

【识别要点】树高达 30m，胸径 1m。树干端直，树皮灰褐色，浅纵裂，老时条片状脱落。小叶 7～15，卵状披针形，先端长尖，基部稍歪斜，全缘，或萌芽枝上叶有锯齿，背面脉腋有簇毛。核果黄色。花期 4 月，果期 8～10 月。

【分布】原产于我国华南及西南，是亚热带低山、丘陵及平原常见树种。

【习性】喜光，稍耐阴；喜温暖湿润气候，不耐寒；喜土层深厚、排水良好的酸性及中性土壤，不耐水淹和盐碱。浅根性，侧根粗大平展，萌芽力强。生长快，对二氧化硫、氯气抗性强。

图 7 - 303　南酸枣

【用途】树干端直，冠大荫浓，是良好的庭荫树、行道树，较适于工矿区绿化。

（五）黄栌属 *Cotinus* Adans.

落叶灌木或小乔木。单叶互生，全缘。花杂性或单性异株，顶生圆锥花序；萼片、花瓣、雄蕊各为 5 枚；子房 1 室，1 胚珠，花柱 3，偏于一侧。果序上有许多羽毛状不育花的伸长花梗；核果歪斜。

黄栌属共 3 种；我国产 2 种。

黄栌 *Cotinus coggygria* Scop.（图 7 - 304）

【识别要点】落叶灌木或小乔木，树冠卵圆形、圆球形至半球形。树皮深灰褐色，不开裂。小枝暗紫褐色，被蜡粉。单叶互生，宽卵形、圆形，先端圆或微凹。花小，杂性，圆锥花序顶生。核果小，扁肾形。花期 4～5 月，果熟期 6 月。

【变种与品种】

（1）红叶栌（var. *cinerea*）。叶椭圆形至倒卵形，两面有毛。

（2）毛黄栌（var. *pubescens*）。小枝及叶中脉、侧脉均密生灰色绢毛。叶近圆形。

图 7 - 304　黄栌

（3）‘紫叶’黄栌（‘Atropurpurea’）。嫩叶萌发至落叶全年均为紫色。

（4）‘垂枝’黄栌（‘Pendula’）。枝条下垂，树冠伞状。

（5）‘四季花’黄栌（‘Semperfloreus’）。连续开花直到入秋，可常年观赏粉紫红色羽状不育花的伸长花梗。

（6）‘美国’红栌（‘Royal Purple’）。叶春、夏、秋均鲜红色，供观赏。

【分布】产于我国西南、华北、西北、浙江、安徽。

【习性】阳性树种，稍耐阴；耐寒。萌蘖性强，生长快。

【用途】重要的秋色叶树种。北京的香山红叶即为本种及其变种。

（六）杧果属 *Mangifera* L.

常绿乔木。单叶，全缘。花杂性，顶生圆锥花序；萼4～5裂；花瓣4～6；雄蕊1～5枚，常1～2个发育；子房1室。核果大，肉质，外果皮多纤维。

共39种，我国5种。

杧果 *Mangifera indica* L.（图7-305）

【识别要点】树高达25m。叶片长椭圆形至披针形，长10～20cm，侧脉两面隆起。花黄色，芳香，花序被毛。果卵形或椭圆形，长8～20cm，熟时黄绿色，果面扁平。花期2～4月，果期6～8月。

【分布】原产于印度及马来西亚。我国华南有栽培。

【用途】世界五大热带水果之一。也可作庭园绿化。

〔附〕**扁桃**（*M. persiciformis* C. Y. Wu et T. L. Ming）　常绿乔木。单叶互生，狭披针形，长13～20cm，全缘。花序无毛，长10～20cm。核果桃形，稍扁，长约5cm，无喙尖，核扁。产于我国广西、云南和贵州。树冠塔形，是优美的园林绿化树种和行道树。

（七）人面子属 *Dracontomelon* Blume

人面子 *Dracontomelon duperreanum* Pierre（图7-306）

图7-305　杧果

图7-306　人面子

【识别要点】常绿乔木，高达25m；具板根。羽状复叶互生，小叶11～17，常互生，长椭圆形，长6～12cm，全缘，基部歪斜，网脉明显，无毛或仅背面脉腋有簇毛。花小，两性；圆锥花序。核果扁球形，径约2cm，熟时黄色；8月果熟。其果核有大小不等5孔，状如人面，故名人面子。

【分布】产于亚洲东南部，我国广东、广西有分布。广州、南宁等地多栽植。

【用途】果供食用，又可入药；木材坚硬耐久，可供建筑、家具等用。

五十九、苦木科 Simaroubaceae

乔木或灌木。树皮味苦。羽状复叶互生，无托叶。花单性或杂性，花小，整齐，圆锥或总状花序；萼 3～5 裂，花瓣 3～5，稀无花瓣，雄蕊与花瓣同数或为其倍数，内生花盘；子房上位，心皮 2～5 离生或合生，胚珠 1。核果、蒴果或翅果。

苦木科 30 属 200 种，分布于热带、亚热带，少数产于温带；我国有 4 属 10 种。

臭椿属（樗属）Ailanthus Desf.

本属约 10 种，产于亚洲、澳洲，我国有 6 种。

臭椿（椿树）Ailanthus altissima Swingle.（图 7 - 307）

【识别要点】落叶乔木，高达 30m。树冠开阔平顶形，无顶芽。树皮灰色，粗糙不裂。小枝粗壮，叶痕大，有 7～9 个维管束痕。一回奇数羽状复叶，小叶 13～25，卵状披针形，先端渐长尖，基部近圆或宽楔形，腺齿 1～2 对，小叶上部全缘，缘有细毛，下面有白粉，无毛或仅沿中脉有毛。翅果褐色，纺锤形。花期 4～5 月，果熟期 9～10 月。

【变种与品种】红果臭椿　果实红色，观赏价值高。

【分布】原产我国，分布极广。

【习性】强喜光，适应干冷气候，耐低温。对土壤适应性强，耐干旱、瘠薄，能在石缝中生长，是石灰岩山地常见的树种。耐盐碱，不耐积水。生长快，深根性，根蘖性强，抗风沙，耐烟尘及有害气体能力极强。

图 7 - 307　臭　椿
1. 果枝　2. 两性花　3. 雄花
4. 果枝　5. 种子

【繁殖】播种繁殖，分蘖或插根繁殖成活率也很高。

【用途】臭椿树干通直高大，树冠开阔，叶大荫浓，新春嫩叶红色，秋季翅果红黄相间，是适应性强、管理简便的优良庭荫树、行道树、公路树。孤植或与其他树种混植都可，尤其适合与常绿树种混植，可增加色彩及空间线条的变化。臭椿适应性强，适于荒山造林和盐碱地绿化，更适于污染严重的工矿区、街头绿化。臭椿树已引种至英国、法国、德国、意大利、美国、日本等国，法国巴黎市铁塔两旁及堤岸上密植臭椿；英国伦敦街头常见，很受欢迎。臭椿木材耐腐，木纤维是优良的造纸原料，叶可饲蚕，种子榨油供工业用。

六十、楝科 Meliaceae

乔木或灌木。羽状复叶稀单叶，互生稀对生，无托叶。花两性，整齐，常呈复聚伞花序；萼小 4～5 裂，花瓣 4～5，分离或基部连合；雄蕊 4～12 枚，花丝连合成筒状，内生花盘，子房上位，常 2～5 室，胚珠 2。蒴果、核果或浆果，种子有翅或无翅。

楝科有 47 属约 800 种，产于热带、亚热带；我国有 14 属约 49 种，产于长江流域及以南地区。

<h1 style="text-align:center">分属检索表</h1>

1. 二至三回奇数羽状复叶，小叶有锯齿，稀近全缘；花较大，淡红紫色或白色；核果 …………… 楝属
1. 一回羽状复叶或 3 小叶复叶，小叶全缘或有不明显的钝锯齿；花小，白色或黄色；蒴果或浆果 ……… 2
2. 浆果；羽状复叶或 3 小叶 ……………………………………………………………………………… 米仔兰属
2. 蒴果；偶数或奇数复叶 ……………………………………………………………………………… 香椿属

（一）楝属 *Mella* Linn.

约 20 种，主产于东南亚及大洋洲。我国有 3 种。

楝树（苦楝、紫花树）*Melia azedarach* Linn. （图 7 - 308）

【识别要点】落叶乔木，高达 30m。树冠开阔平顶形。叶卵形或卵状椭圆形，老叶无毛。花芳香，淡紫色，呈圆锥状复聚伞花序。核果球形，熟时黄色，经冬不凋。花期 4～5 月，果熟期 10～11 月。

【分布】分布很广，自华东、华南、西南至华北南部各地均有分布。

【习性】喜光，喜温暖气候，对土壤要求不严，酸性、中性土壤、石灰岩山地、盐碱地都能生长。稍耐干旱瘠薄，浅根性，侧根发达，耐烟尘。萌芽力强，生长快，寿命短。俗称："3 年椽材 6 年柱，9 年可成栋梁材。"

图 7 - 308 楝 树

【繁殖】播种繁殖，也可插根育苗。幼苗树干易歪，需通过斩梢、抹芽等措施，以培育良好的主干。

【用途】楝树羽叶清秀，紫花芳香，树形优美，是优良的庭荫树、行道树。宜配植在草坪边缘、水边、园路两侧、山坡、墙角，可孤植、列植或丛植，居民新村、街头绿地、工厂单位都可以用，是江南农村"四旁"绿化常用的树种，亦是黄河流域以南低山平原地区速生用材树种。楝树木材供建筑、家具、乐器用，树皮、根可制杀虫药剂，鲜果酿酒，花是优良的蜜源。

（二）香椿属 *Toona* Roem.

香椿属有 15 种，我国产 4 种。

1. 香椿（椿树、椿芽）*Toona sinensis*（A. Juss.）Roem. （图 7 - 309）

【识别要点】落叶乔木，高达 25m。树冠宽卵形，树皮浅纵裂。有顶芽，小枝粗壮，叶痕大，内有 5 个维管束痕。偶数稀奇数羽状复叶，有香气；小叶 10～20，矩圆形或矩圆状披针形，基部歪斜，先端渐长尖。花白色，芳香。蒴果倒卵状椭圆形。花期 6 月，果熟期 10～11 月。

【分布】产于我国辽宁南部、黄河及长江流域，各地普遍栽培。

【习性】喜光，有一定的耐寒性，对土壤要求不严，稍耐盐碱，耐水湿。萌蘖性、萌芽力强，耐修剪，深根性。对有害气体抗性强。

【繁殖】播种繁殖为主，也可分蘖或插根繁殖。

【用途】香椿树干通直，树冠开阔，枝叶浓密，嫩叶红艳，常用作庭荫树、行道树，园林中配植于疏林，作上层骨干树种，其下栽以耐阴花木。香椿是华北、华东、华中低山丘陵或平原地区土层肥厚的重要用材树种、"四旁"绿化树种。香椿木材优良，有"中国桃花心木"之称。嫩芽、嫩叶可食，种子榨油食用或工业用，根、皮、果入药。

2. 红椿（红楝子）*Toona ciliata* Roem. （图 7-310）

图 7-309 香椿

图 7-310 红椿

【识别要点】落叶乔木，高可达 35m。小叶 14~16，对生或近对生，椭圆状披针形，长 8~17cm，全缘，背面仅脉腋有簇生毛。子房和花盘有毛，雄蕊 5 枚。蒴果具大皮孔，长 2.5~3.5cm；种子上端有长翅，下端有短翅。

【分布】产于我国南部和西南部；印度、马来西亚、印度尼西亚也有分布。

【用途】我国南部重要速生用材树种。上等家具用材，有"中国桃花心木"之称。

（三）米仔兰属 *Aglaia* Lour.

米仔兰属约 300 种；我国 10 种，主要分布在华南。

米兰（米仔兰）*Aglaia odorata* Lour. （图 7-311）

【识别要点】常绿灌木或小乔木，高 2~7m，树冠圆球形。多分枝，小枝顶端被星状锈色鳞片。羽状复叶，小叶 3~5，倒卵形至椭圆形，叶轴与小叶柄具狭翅。圆锥花序腋生，花小而密，黄色，径 2~3mm，极香。浆果卵形或近球形。花期自夏至秋。

【分布】分布于我国广东、广西、福建、四川、台湾等地。

【习性】喜光，略耐阴，喜温暖湿润气候，不耐寒，不耐旱，喜深厚肥沃土壤。

【用途】枝繁叶茂，姿态秀丽，四季常青，花香似兰，花期长，是南方优秀的庭园观赏闻味树种。可植于庭前，或盆栽置于室内。

图 7-311 米 兰

1. 花枝　2. 花　3. 雄蕊管

（四）桃花心木属 *Swietenia* Jacq.

大叶桃花心木 *Swietenia macrophylla* King（图 7 - 312）

【识别要点】常绿乔木，高达 40m；树皮淡红褐色。偶数羽状复叶互生，小叶 4～6 对，披针形，先端长渐尖，基部偏斜，全缘，革质而有光泽，背面网脉细致明显。花小，两性，白色，雄蕊 10 枚，花丝合生成坛状，端 10 齿裂，花药内藏；圆锥花序腋生。蒴果木质，卵形；种子顶端有翅，长达 8mm。

【分布】原产美洲热带。在世界热带地区广泛栽培，我国台湾及华南地区有引种，生长良好。

【习性】适生于肥沃深厚土壤，不耐霜冻；生长速度中等。

图 7 - 312 大叶桃花心木

【用途】木材深红褐色，纹理、色泽美丽，是世界著名商品材之一。枝叶茂密，树形美丽，也是园林绿化的优良树种。

六十一、芸香科 Rutaceae

木本或草本，具挥发性芳香油。复叶或单身复叶，互生或对生，叶片上常有透明油腺点，无托叶。花两性，稀单性，整齐，单生、聚伞或圆锥花序，萼 4～5 裂，花瓣 4～5；雄蕊与花瓣同数或为其倍数，有花盘；子房上位，心皮 2～5 或多数，每室 1～2 胚珠。柑果、浆果、蒴果、蓇葖果、核果或翅果。

芸香科约 150 属 1 700 种，产于热带、亚热带，少数产于温带；我国 28 属 154 种。

分属检索表

1. 花单性，蓇葖果或核果 ·· 2
1. 花两性，心皮合生，柑果 ·· 3
2. 枝有皮刺，复叶互生，蓇葖果 ·· 花椒属
2. 枝无皮刺，复叶对生，核果 ·· 黄檗属
3. 3 小叶复叶，落叶性，茎有枝刺，果密被短柔毛 ················ 枸橘属
3. 单身复叶或单叶，果无毛 ·· 4
4. 子房 8～15 室，每室 4～12 胚珠，果较大 ····················· 柑橘属
4. 子房 2～6 室，每室 2 胚珠，果较小 ····························· 金橘属

（一）花椒属 *Zanthoxylum* L.

小乔木或灌木，稀藤本，具皮刺。奇数羽状复叶或 3 小叶，互生，有锯齿或全缘。花单性，雌雄异株，或杂性，簇生、聚伞或圆锥花序；萼 3～8 裂；花瓣 3～8，稀无花瓣；雄蕊 3～8 枚；子房 1～5 心皮，离生或基部合生，各具 2 并生胚珠；聚合蓇葖果，外果皮革质，被油腺点，种子黑色有光泽。

花椒属约 250 种；我国 45 种，主产于黄河流域以南。

1. 花椒 *Zanthoxylum bungeanum* Maxim.（图 7 - 313）

【识别要点】树皮上有许多瘤状突起，枝具宽扁而尖锐的皮刺。奇数羽状复叶，小叶5～

11，卵形至卵状椭圆形，先端尖，基部近圆形或广楔形，锯齿细钝，齿缝处有透明油腺点，叶轴具窄翅。顶生聚伞状圆锥花序，花单性或杂性，雌雄同株，子房无柄。果球形，红色或紫红色，密生油腺点。花期4～5月，果7～9月成熟。

【分布】原产于我国中北部，以河北、河南、山西、山东栽培最多。

【习性】不耐严寒，喜较温暖气候，对土壤要求不严。生长慢，寿命长。

【用途】园林绿化中可作绿篱。果是香料，可结合生产进行栽培。

2. 竹叶椒（竹叶花椒） *Zanthoxylum armatum* **DC.** （图7-314）

图7-313 花 椒

图7-314 竹叶椒

【识别要点】落叶灌木或小乔木，高达4m。枝上皮刺对生，基部宽扁。小叶3～5，卵状披针形，长5～9cm，边缘小齿下有油腺点，叶轴和总叶柄有翅和针状皮刺。花黄绿色，呈腋生圆锥花序。蓇葖果红色。

【分布】分布于长江流域南北各地。

【用途】果可作调味香料；果、根及叶可供药用。也可植于庭园观赏。

（二）黄檗属 *Phellodendron* Rupr.

落叶乔木。顶芽缺，侧芽为柄下芽。奇数羽状复叶对生，叶缘有油腺点。花雌雄异株，聚伞或伞房状圆锥花序顶生；萼片、花瓣、雄蕊各5枚；雌花有退化雄蕊，心皮5，合生，每室1胚珠，柱头5裂。核果，具5核，种子各1。

1. 黄檗（黄波罗、黄柏） *Phellodendron amurense* **Rupr.** （图7-315）

【识别要点】树高达22m。树皮木栓层发达，深纵裂，富弹性，内皮鲜黄色。小枝无毛。小叶卵状披针形，先端尾尖，基部偏斜，锯齿细钝，下面中脉基部有长绒毛。花黄绿色。果球形，熟时紫黑色。花期5～6月，果期10月。

【分布】产于东北大兴安岭、长白山及华北北部。

【习性】喜光，稍耐阴，喜冷凉湿润气候及深厚肥沃土壤，抗寒性强。深根性，抗风力强。

【用途】树冠整齐，生长旺盛，是理想的绿荫树及行道树。与核桃楸、水曲柳等组成混交林，是东北三大阔叶用材树之一。内皮入药，药名"黄柏"。

2. 黄皮树（川黄檗） *Phellodendron chinense* **Schneid.** （图7-316）

图7-315　黄檗

图7-316　黄皮树
1. 果枝　2. 叶（示毛）

【识别要点】树高达20m。树皮灰棕色，薄而开裂，木栓层不发达，内皮黄色，有黏性。小叶长椭圆状披针形至长椭圆状卵形，先端尾尖，基部偏斜，上面中脉密被短毛，下面密被长绒毛，叶轴有密毛。果球形，黑色，果序密集成团。

【分布】主产于四川、云南、湖北、湖南、陕西、甘肃。

【习性】喜光，适应温凉气候，对土壤适应性广。

【用途】可作庭荫树及行道树。

（三）枸橘属（枳属） *Poncirus* Raf.

本属1种，我国特产。

枸橘（枳） *Poncirus trifoliate* （L.）**Raf.** （图7-317）

【识别要点】落叶灌木或小乔木。枝绿色，扁而有棱，枝刺粗长而略扁。三出复叶，叶轴有翅；小叶无柄，有波状浅齿；顶生小叶大，倒卵形，叶基楔形；侧生小叶较小，基稍歪斜。花两性，白色，先花后叶，萼片、花瓣各5，雄蕊8～10枚，子房6～8室。柑果球形，径3～5cm，密被短柔毛，黄绿色。花期4月，果期10月。

【分布】原产华中。现河北、山东、山西以南都有栽培。

【习性】喜光，喜温暖湿润气候，耐寒，能耐−20～−28℃低温，喜微酸性土壤。生长速度中等，萌枝力强，耐修剪。

图7-317　枸　橘
1. 花枝　2. 果枝　3. 种子
4. 去花瓣的花（示雌、雄蕊）

【用途】枝条绿色多刺，春季叶前开花，秋季黄果累累，是观花、观果的好树种，可作为绿篱或刺篱栽培，也可作为造景树及盆景材料。盆栽者常控制在春节前后果实成熟，供室内摆设。是柑橘的优良砧木。

（四）柑橘属 *Citrus* L.

常绿小乔木或灌木，常具枝刺。单身复叶，互生，革质，叶柄常有翼。花两性，单生、簇生、聚伞或圆锥花序；花白色或淡红色，常为 5 数；雄蕊多数，束生；子房无毛，8～15 室，每室 4～12 胚珠。柑果较大，无毛或有毛。

柑橘属约 20 种，产于东南亚；我国 10 种，产于长江流域以南至东南部，北方盆栽。

分 种 检 索 表

1. 柄无翅，只有狭边缘；花里面白色，外面淡紫色；果极酸 ……………………………………………………… 柠檬
1. 柄多少有翅；花白色 ……………………………………………………………………………………… 2
2. 小枝有毛；果特大，径 10cm 以上，中果皮厚海绵质，叶柄有宽大倒心形的翅…………… 柚
2. 小枝无毛；果较小，果皮多少粗糙 ……………………………………………………………………… 3
3. 翅大；果味酸苦，果宿存枝梢供观赏，冬季果色橙黄色，翌年夏季又变青绿，经 4～5 年不落 …… 玳玳
3. 翅窄不及 5mm 或近无翅；果味甘美 ……………………………………………………………… 4
4. 果心充实，果皮与果瓣不易剥离，果近球形；叶柄翅宽 2～5mm ……………………………… 甜橙
4. 果心中空，果皮与果瓣容易剥离，果扁球形；叶柄翅很窄近无翅 ……………………………… 柑橘

1. 柚 *Citrus grandis* （L.） Osbeck. （图 7-318）

【识别要点】小乔木。小枝扁，有毛，有刺。叶卵状椭圆形，叶缘有钝齿，叶柄具宽大倒心形的翼。花两性，白色，单生或簇生叶腋。果球形、扁球形或梨形，径 15～25cm，果皮平滑，淡黄色。3～4 月开花，9～10 月果熟。

【用途】常绿香花观果树种，观赏价值较高，在江南园林庭园常见栽培。近年来常作为盆栽观果的年宵花。

2. 甜橙（广柑）*Citrus sinensis* （L.） Osbeck. （图 7-319）

图 7-318 柚
1. 花枝 2. 果

图 7-319 甜橙

【识别要点】小乔木。小枝无毛，枝刺短或无。叶椭圆形至卵形，全缘或有不显著钝齿；

叶柄具狭翼，柄端有关节。花白色，1至数朵簇生叶腋。果近球形，橙黄色，果皮不易剥离，果瓣10，果心充实。花期5月，果期11月至翌年2月。

【分布】产于亚洲南部；我国长江流域以南各地均有栽培。是著名亚热带水果之一。

【用途】树姿挺立，枝叶稠密，终年碧绿；开花多次，花朵洁白，芳香；果实鲜艳可食，是园林结合生产的优良树种。果皮可药用。

3. 柑橘 *Citrus reticulata* Blanco（图7-320）

【识别要点】小乔木或灌木。小枝较细，无毛，有刺。叶长卵状披针形，叶端渐尖，叶基楔形，全缘或有细锯齿，叶柄近无翼。花黄白色，单生或簇生叶腋。果扁球形，橙黄或橙红色；果皮薄，易剥离。春季开花，10~12月果熟。

【习性】喜温暖湿润气候，耐寒性较强，适宜排水良好、含有机质不多的赤色黏质壤土。

【用途】"一年好景君须记，正是橙黄橘绿时"。柑橘四季常青，枝叶茂密，树姿整齐，春季满树白花，芳香宜人，秋季黄果累累。除作果树栽培外，可植于庭园、园林绿地及风景区供观赏。

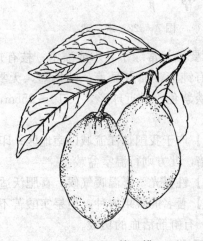

图7-320 柑 橘　　　　　图7-321 柠 檬

4. 柠檬 *Citrus limon* Burm. f.（图7-321）

【识别要点】常绿灌木或小乔木；小枝圆，有枝刺。叶较小，叶柄有狭翅或近无，顶端有关节。花瓣里面白色，外面淡紫色。果椭球形或卵形，径约5cm，一端尖或两端尖。果皮粗糙，较难剥离，柠檬黄色。

【分布】原产亚洲南部，现意大利及美国加利福尼亚州有大量栽培。我国南部有少量栽培，华北偶见盆栽观赏。

【习性】喜光，怕冷，春、夏季需水量大，冬季需少水；不耐移栽。

【用途】果味极酸而芳香，其汁液广泛用于制作饮料、糖果、调料等。

5. 玳玳（玳玳花）*Citrus aurantium* L . var. *amara* Engl.（图7-322）

【识别要点】常绿灌木，高2~5m，是酸橙的变种；枝有刺，无毛。叶卵状椭圆形，长7~10cm，先端渐尖，基部广楔形，叶柄通常具倒心形的宽翅。花白色，极芳香，1至数朵呈总状花序。果扁球形，径7~8cm，熟时橙红色，但到翌年夏天又变青，具花后增大的宿存花萼；果皮味苦，果味酸不堪食。

【分布】原产我国东南部；苏州地区专业温室栽培。

【用途】玳玳是著名的香花之一，可用以窨茶，名"玳玳花茶"；也常盆栽观赏。

6. 枸橼（香圆）*Citrus medica* L.（图7-323）

图7-322 玳 玳

图7-323 枸 橼

【识别要点】常绿小乔木或灌木；枝有短刺。叶长椭圆形，长8～15cm，叶端钝或短尖，叶缘有钝齿，油点显著；叶柄短，无翼，柄端无关节。花单生或呈总状花序；花白色，外面淡紫色。果近球形，长10～25cm，顶端有1乳头状突起，柠檬黄色，果皮粗厚而芳香。

【分布】产于我国长江流域以南地区；印度、缅甸至地中海地区也有分布。在我国南方于露地栽培，北方则行温室盆栽。

【习性】性喜光，喜温暖气候。喜肥沃适湿而排水良好的土壤。一年中可开花数次。

【用途】著名的观果树种，但果实酸苦不堪生食，可入药或做蜜饯。果、叶、花均可泡茶、泡酒，有舒筋活血的功效。

7. 佛手 *Citrus medica* L. var. *sarcodactylis*（图7-324）

【识别要点】常绿灌木，是枸橼的变种；枝刺短硬。叶长椭圆形，长5～12cm，先端圆钝，缘有钝齿，叶面油点明显；叶柄无翅，顶端也无关节。花淡紫色，呈短总状花序。果实分裂如拳（武佛手）或开展如手指（文佛手），黄色，有香气。

【分布】原产我国东南部地区。

【用途】果形奇特，各地常盆栽观赏。果及花均供药用。

（五）金橘属 *Fortunella* Swingle

灌木或小乔木。枝圆形，无或少有枝刺。单叶，叶柄有狭翼。花瓣5，罕4或6，雄蕊18～20枚或呈不规则束。果实小，肉瓣3～6，罕为7。

金橘属约4种，我国原产，分布于浙江、福建、广东等地。

图7-324 佛 手

1. 金橘（金枣、罗浮、牛奶橘）*Fortunella margarita* **Swingle**（图 7 - 325）

【识别要点】常绿灌木。树冠半圆形。枝细密，通常无刺，嫩枝有棱角。叶互生，披针形至长圆形，叶柄有狭翼。花白色，芳香，单生或 2～3 朵集生于叶腋。柑果椭圆形或倒卵形，长约 3cm，金黄色，果皮厚，有香气，果肉多汁而微酸。花期 6～8 月，果熟期 11～12 月。

【习性】喜光，较耐阴，喜温暖湿润气候，喜 pH6～6.5、富含有机质的沙壤土。

【用途】重要的园林观赏花木和盆景材料。盆栽者常控制在春节前后果实成熟，供室内摆设。

2. 金柑（金弹）*Fortunella crassifolia* **Swingle**（图 7 - 326）

图 7 - 325 金 橘

图 7 - 326 金 柑

【识别要点】常绿灌木或小乔木；枝偶有刺。叶卵状披针形或长椭圆形，长 4～9cm，叶中部以上疏生浅齿或全缘，背面浅绿色；叶柄短，翅不显。花白色，芳香。果倒卵形，橙黄色或黄绿色，果瓣 5～7。花期 6 月，果熟期 11 月。

【用途】产于我国浙江；各地常盆栽生产或观赏。果皮薄而味香甜，可生食和加工。

（六）黄皮属 *Clausena* **Burm. f.**

黄皮 *Clausena lansium* **Skeels**（图 7 - 327）

【识别要点】常绿小乔木，高可达 12m；幼枝、叶柄及花序均有小腺体。羽状复叶互生；小叶 5～13，卵状椭圆形至披针形，常偏斜，长 7～12cm，叶缘波状。花小，白色，花蕾有 5 条脊棱；圆锥花序大而直立；春季开花。浆果近球形，长 1.5～2cm，果皮具腺体并有柔毛。

【分布】产于我国华南及西南地区，常栽培。

【用途】果酸或甜，甜者可食，并能助消化；根、叶、果核可入药。

图 7 - 327 黄 皮

（七）九里香属 *Murraya* Koenig ex Linn.

九里香 *Murraya paniculata* Jacks.（图 7 - 328）

【识别要点】常绿灌木或小乔木，高 3～4m；多分枝，小枝无毛。羽状复叶互生；小叶 5～7，互生，卵形或倒卵形，长 2～8cm，全缘，表面深绿有光泽。花白色，极芳香；聚伞花序腋生或顶生；花期 7～11 月。浆果朱红色，近球形。

【分布】产于亚洲热带，我国华南及西南地区有分布。

【用途】花可提芳香油；全株药用。南方常植于庭园观赏；长江流域及其以北地区常于温室盆栽观赏。

图 7 - 328 九里香

六十二、酢浆草科 Oxalidaceae

阳桃 *Averrhoa carambola* L.（图 7 - 329）

【识别要点】常绿小乔木，高达 8～12m。羽状复叶互生；小叶 5～9，卵形至椭圆形，长 3～6cm，先端尖，基部偏斜，全缘。花小，两性，白色或淡紫色，雄蕊 5 长 5 短；腋生圆锥花序；花期春季末至秋季。浆果卵形至长椭球形，长 5～8cm，有 3～5 棱，绿色或黄绿色。

【分布】原产马来西亚及印度尼西亚；现广植于热带各地。

【用途】我国华南有栽培，是南方果树之一。其优良品种果味甜而多汁，宜于生食。也可栽作庭园观赏树。

图 7 - 329 阳 桃

六十三、夹竹桃科 Apocynaceae

乔木、灌木或藤本，稀多年生草本。植物体具乳汁或水质。单叶对生或轮生，稀互生，全缘，稀有细齿，无托叶。花两性，单生或聚伞花序；萼 5 枚，稀 4，基部内面常有腺体；花冠 5，稀 4，喉部常有副冠或鳞片或毛状附属物；雄蕊 5 枚，着生在花冠筒上或花冠喉部，花丝分离，通常有花盘；子房上位，稀半下位，1～2 室。浆果、核果、蒴果或蓇葖果。种子一端有毛或膜质翅。

夹竹桃科约 250 属 2 000 种，主产于热带、亚热带，少数在温带；我国 46 属 176 种。

分 属 检 索 表

5. 枝肉质肥厚，花冠筒喉部无鳞片，蓇葖果 ………………………………………………… 鸡蛋花属
5. 枝不为肉质，花冠筒喉部有被毛的鳞片，核果 ……………………………………………… 黄花夹竹桃属

（一）黄蝉属 *Allemanda* L.

我国引入2种。

1. 黄蝉 *Allemanda neriifolia* Hook. （图7-330）

【识别要点】直立灌木，高达1～2m，具乳汁。枝灰白色。叶3～5枚轮生，椭圆形或倒卵状长圆形，长6～12cm，先端尖或极尖，全缘，除叶背脉上有毛外，其余光滑。花序顶生，花梗有毛，花冠橙黄色；花筒长2cm，内有红褐色条纹；单瓣5枚，左旋。球形蒴果，有长刺。花期5～8月。

【分布】原产巴西。我国长江流域以南广为栽植，北方盆栽。

【习性】喜光，喜温暖湿润气候，不耐寒，抗旱性强。萌蘖性强，生命力强。

【用途】花大美丽，叶绿而光亮，我国南方常作庭园观赏树。全株有毒，应用时注意。

2. 软枝黄蝉 *Allemanda cathartica* L. （图7-331）

图7-330 黄蝉　　　　　　图7-331 软枝黄蝉

【识别要点】与黄蝉的区别有：藤状灌木，长达4m。枝条软，弯曲，具白色乳汁。叶3～4枚轮生，有时对生，长椭圆形，长10～15cm。花冠大型，长7～11cm；花冠筒长3～4cm，基部圆筒状树。其他同黄蝉。

【分布】原产巴西及圭亚那；我国华南有栽培。

【习性】喜光，不耐寒，喜湿润土壤。

【用途】软枝黄蝉是一种美丽的庭园观赏植物，可做成花架、遮阳棚等，也可作为盆栽及屋顶花园材料。植株有毒。

（二）夹竹桃属 *Nerium* L.

常绿灌木或小乔木，含水液。叶3～4枚轮生，稀对生，革质，具柄，全缘，羽状脉，侧脉密生而平行。顶生伞房状聚伞花序；花萼5，基部内面有腺体；花冠漏斗状，5裂，裂片右旋；花冠筒喉部有5枚阔鳞片状副花冠，顶端撕裂；雄蕊5枚，着生于花冠筒中部以上，花丝短，花药内藏且呈丝状，被长柔毛；无花盘；子房由2枚离生心皮组成。蓇葖果2

枚，离生；种子具白色绵毛。

夹竹桃属约4种；我国引入2种。

夹竹桃 Nerium indicum Mill.（图7-332）

【识别要点】常绿直立大灌木，高达5m，含水液。嫩枝具棱。叶3～4枚轮生，枝条下部对生，窄披针形，上面光亮无毛，中脉明显，叶缘反卷。花序顶生；花冠深红色或粉红色，单瓣5枚，喉部具5片撕裂状副花冠，重瓣15～18枚，组成3轮，每裂片基部具顶端撕裂的鳞片。果细长；种子长圆形，顶端种毛长9～12mm。花期6～10月。

【分布】产于伊朗、印度、尼泊尔。我国长江流域以南广为栽植，北方盆栽。

【习性】喜光；喜温暖湿润气候，不耐寒；抗旱性强；抗烟尘及有毒气体能力强；对土壤适应性强，在碱性土上也能正常生长。性强健，管理粗放，萌蘖性强，病虫害少，生命力强。

图7-332　夹竹桃

【用途】姿态潇洒，花色艳丽，兼有桃、竹之胜，自夏至秋花开不绝，有特殊香气，可植于公园、庭院、街头等处。此外，性强健，耐烟尘，抗污染，是工矿区等生长条件较差地段绿化的好树种。全株有毒，可供药用，人、畜误食有危险。

（三）盆架树属 Winchia A. DC.

常绿乔木；具乳汁，枝轮生。叶对生或轮生，羽状侧脉纤细密生几平行。聚伞花序顶生；萼5裂，内面无腺体；花冠高脚碟状，喉部被柔毛；雄蕊5枚，无花盘。蓇葖果2枚合生；种子两端被柔毛。

盆架树属共2种；我国产1种。

盆架树（粉叶鸭脚树、面盆架树）Winchia calophylla A. DC.（图7-333）

【识别要点】树高达25m。大枝分层轮生，平展。叶纸质，边缘内卷，上面有光泽，背面淡绿色。花冠白色。花期4～7月，果期8～11月。

【分布】分布于我国海南及云南。

【习性】喜暖热气候，对二氧化硫、氯气有抗性。

图7-333　盆架树

【用途】树形美观，大枝平展，分层轮生，似面盆架。华南城市绿化中常植于公园及作行道树。

（四）鸡骨常山属 Alstonia R. Br.

糖胶树（黑板树）Alstonia scholaris R. Br.（图7-334）

【识别要点】乔木，高达40m。叶4～7枚轮生，倒卵状长椭圆形，先端钝或钝圆，基部楔形，侧脉40～50对，无毛；叶柄长1.2～2cm。花冠白色，高脚碟状，端5裂，心皮2，离生。蓇葖果双生，分离，红色，细长下垂，长20～57cm。

【分布】产于亚洲热带至大洋洲，华南有分布。

【用途】体内富含乳汁，可提取作口香糖原料。树形美观，在华南一些城市常栽作观赏树和行道树。

（五）鸡蛋花属 _Plumeria_ L.

原产美洲热带地区；我国引入栽培1种1变种。

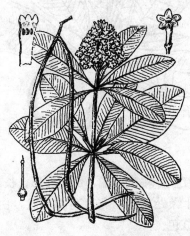

图 7 - 334　糖胶树

图 7 - 335　鸡蛋花

鸡蛋花（缅栀）_Plumeria rubra_ var. _acutifolia_ Bailey. （图 7 - 335）

【识别要点】落叶小乔木，高达5～8m，具乳汁，全株无毛。枝粗壮肉质。单叶互生，常集生于枝端，长圆状倒披针形或长圆形，长20～40cm，先端短渐尖，基部狭楔形，全缘。顶生聚伞花序，花冠外面白色带红色斑纹，里面黄色芳香。蓇葖果双生。花期5～10月。

【分布】原产于墨西哥。我国长江流域以南地区广为栽植，北方盆栽。

【习性】喜光，喜湿热气候，不耐寒，抗旱性强。萌蘖性强，生命力强。

【用途】树形美丽，叶大色绿，花素雅具芳香，作庭园观赏。

（六）黄花夹竹桃属 _Thevetia_ L.

我国栽培2种1变种。

黄花夹竹桃 _Thevetia perruviana_（Pers.）K. Schum. （图 7 - 336）

【识别要点】常绿灌木或小乔木，高达5m，具乳汁，全株无毛。树皮棕褐色，皮孔明显，小枝下垂。单叶互生，线形或线状披针形，长10～15cm，两端长，全缘，光亮，革质，中脉下陷，侧脉不明显。顶生聚伞花序，花黄色，芳香。核果扁三角状球形。花期5～12月。

【分布】原产于美洲热带地区。我国华南地区有栽培，长江流域以北地区盆栽。

【习性】喜光，喜干热气候，不耐寒，抗旱性强。

【用途】枝柔软下垂，叶绿光亮，花色艳黄，花期长，是一种美丽的观花树种，常用作庭园观赏。全株有毒，可提取制药物。

（七）海杧果属 _Cerbera_ Linn.

海杧果 _Cerbera manghas_ L. （图 7 - 337）

图 7 - 336 黄花夹竹桃

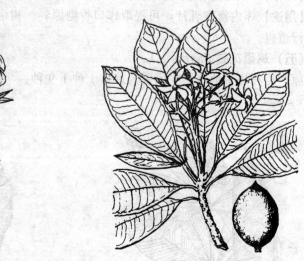

图 7 - 337 海杧果

【识别要点】常绿小乔木,高达 5m;有乳汁。单叶互生,集生枝端,倒披针形,长10~15cm,全缘,有光泽;羽状脉细,在背面凸起,在近叶缘处相连。花冠高脚碟状,白色,中心部带红色;聚伞花序;花期 6 月。核果卵形,熟时红色。

【分布】产于亚洲热带至波利尼西亚沿岸,我国华南海岸亦有分布。

【习性】喜光,喜暖热潮湿气候。

【用途】树形优美,花美丽而芳香,可作庭园绿化树种。果有毒,含强心苷。

六十四、茄科 Solanaceae

枸杞 Lycium chinensis Mill.

【识别要点】落叶灌木或蔓生,高达 5m。茎皮带灰黄色,枝条细长弯曲下垂,侧生短棘刺。单叶互生或枝下部数叶丛生,卵形,长圆形至卵状披针形,长 2~6cm,叶柄短。花腋生,单生或 3~5 朵簇生,淡紫色,花冠漏斗形,先端 5 裂,裂片向外平展。浆果卵圆形至长圆形,鲜红橙色,一果中含种子多至 30 粒,种子扁平,有丰富胚乳。

【分布】原产我国,分布于东北、华北、西北、西南、华东、华南各地。

【习性】喜阳和温暖,耐阴,较耐寒。对土壤要求不严,喜排水良好的石灰质土壤。抗旱性和抗碱性较强,忌黏质土和低湿。

【繁殖】播种、扦插、分株和压条繁殖。扦插繁殖在早春或梅雨期均可。

【用途】枸杞是优良的观果树种,也是重要的木本蔬菜。

六十五、紫草科 Boraginaceae

1. 厚壳树 Ehretia acuminata R. Br. (图 7 - 338)

【识别要点】落叶乔木,高 3~10m,树皮暗灰色,不整齐纵裂。小枝无毛,初绿色,后变灰褐色,有显著皮孔。叶纸质,椭圆形、狭倒卵形或长椭圆形,长 7~16cm,宽 3.5~8cm,先端尖或渐尖,基部楔形、圆形至近心形,边缘有细锯齿,上面疏生短伏毛,下面脉腋处有簇毛；叶柄长 1～2.5cm。圆锥花序顶生或腋生，长达 20cm，疏生短毛，花密集，有香气；花钟状，长 1.5mm，5 浅裂，裂片圆形，花冠白色。核果橘红色，近球形。花期 4 月，果期 7 月。

【分布】产于山东沂蒙山、河南各山区；华东、华中、西南各地均有。

【习性】喜生于湿润的溪边或山地，性耐寒。

【繁殖】播种或分蘖繁殖。

【用途】枝叶繁茂，可作庭园绿化用；叶及果可制土农药，防治棉蚜、红蜘蛛等。

2. 粗糠树 *Ehretia dicksoni* Hance（图 7 - 339）

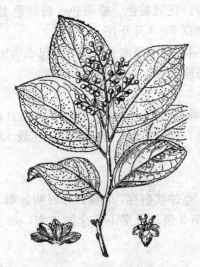

图 7 - 338 厚壳树

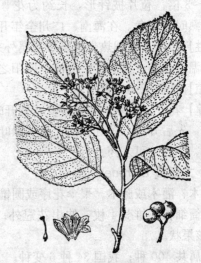

图 7 - 339 粗糠树

【识别要点】落叶乔木，高约15m，胸径20cm。树皮灰褐色，纵裂。枝条褐色，小枝淡褐色，均被柔毛。叶宽椭圆形或倒卵形，先端尖，基部宽楔形或近圆形，边缘具开展的锯齿，上面密生短硬毛，极粗糙，下面密生短柔毛；叶柄长 1～4cm，被柔毛。花萼长 3.5～4.5mm，裂至近中部，裂片卵形或长圆形，具柔毛；花冠筒状钟形，白色至淡黄色，芳香。核果黄色，近球形，直径 10～15mm，内果皮成熟时分裂为 2 个具 2 粒种子的分核。花期 3～5 月，果期 6～7 月。

【分布】产于我国西南、华南、华东。生于海拔 125～2 300m 的山坡树林及土质肥沃的山脚阴湿处。日本、越南、不丹、尼泊尔有分布。

【习性】喜生于山坡疏林及土质肥沃的山脚湿处。

【繁殖】根插育苗。

【用途】可栽培供观赏。

六十六、马鞭草科 Verbenaceae

草本、灌木或乔木。叶对生，稀轮生，单叶或复叶，无托叶。花两性，两侧对称，少辐射对称；花序各式；萼筒状，4～5 裂，宿存；花冠通常 4～5 裂，覆瓦状排列；雄蕊 2 强，很少 2 枚，或 5～6 枚，着生花冠筒上；核果或浆果。

马鞭草科共 80 属 3 000 种；我国 21 属 175 种。

（一）马缨丹属 Lantana L.

直立或半藤状灌木，有强烈气味；茎四方形，有钩刺。单叶对生，缘具圆齿，通常多皱。头状花序，有总梗；苞片长于萼片；花冠筒细长，顶端 4～5 裂，裂片几乎相等或略呈二唇形；雄蕊 4 枚，2 枚在上，2 枚在下，内藏；子房 2 室，每室胚珠 1，花柱短，内藏。核果，外果皮肉质，有骨质的分核 2。

本属共 150 种；我国 1 种，另引栽 1 种。

马缨丹（五色梅）Lantana camara L.

【识别要点】树高 1～2m。植株有臭味。叶卵形至卵状椭圆形，两面有糙毛。花序梗长于叶柄 1～3 倍；苞片披针形，长约为花萼的 3 倍；花冠黄色、橙黄色、粉红色至深红色。果球形，熟时紫黑色。在海南、广州全年开花，北京 7～8 月开花。

【习性】原产于美洲热带地区，虽属外来种，但在我国海南、台湾等地已逸为野生状态。其他地区温室栽培。喜温暖、湿润、向阳之地，适应性强，耐干旱，不耐寒。

【繁殖】扦插或播种繁殖。

【用途】花开于盛夏，花色多变，初开时常为黄或粉红，继而变为橘黄或橘红色，最后呈深红色，先后开放，黄红相间，犹如绿叶扶彩球，艳丽可爱。华南供庭园丛栽、绿篱、地被或盆栽。全株均可入药。

（二）大青属 Clerodendrum L.

小乔木、灌木或藤本。聚伞花序或圆锥花序；萼钟状宿存，5 裂，果时明显增大而有颜色；花冠筒细长，雄蕊 4 枚，伸出花冠外；花柱端 2 裂；子房不完全的 4 室，每室有胚珠 1。浆果核果状。

大青属共 400 种；我国 34 种 6 变种。

1. 海州常山（臭梧桐）Clerodendrum trichotomum Thunb.

【识别要点】落叶灌木或小乔木，高达 4m。嫩枝和叶柄有黄褐色短柔毛；枝髓有淡黄色薄片横隔；裸芽，侧芽叠生。叶对生。聚伞花序顶生或腋生，有红色叉生总梗；萼紫红色，深 5 裂；花冠白色，雄蕊与花柱均突出，但花柱不超出雄蕊。果球形，蓝紫色。花期 8～9 月，果期 10 月。

【习性】产于我国中部，各地均有栽培。喜光，耐阴。喜凉爽、湿润气候。一般土壤均能生长。

【繁殖】播种繁殖。

【用途】花形奇特美丽，且花期长，可供堤岸、悬崖、石隙及林下等处栽植。

2. 龙吐珠（麒麟吐珠）Clerodendrum thomsonae Balf. f.

【识别要点】常绿木质藤本，高 2～3m，茎四棱形，枝髓嫩时疏松，干燥后中空。叶全缘，具短柄。聚伞花序，生于上部叶腋内，花冠筒绿色，呈五角棱状，裂片白色后转粉红色；雄蕊长，突出于花冠外；花期 4～10 月。果肉质，藏于花萼中。

【习性】原产热带非洲西部；我国除华南可露地栽培外，其他各地均需温室越冬。喜光，喜温暖湿润气候，温度不能低于 8℃。

【繁殖】以扦插为主，亦可分株或播种繁殖。

【用途】枝蔓柔细，叶色浓绿，开花繁茂，花萼如玉，花冠绯红，未开放时花瓣抱若圆球形，红白相映，如蟠龙吐珠，为盆栽花卉上品。亦可作花架、垂吊盆花布置。花瓣脱落后，白色萼片停留时间较长，仍可供观赏。全株药用。

3. 赪桐 *Clerodendrum japonicum* （Thunb.）Sweet（图 7 - 340）

【识别要点】落叶灌木。株高 1～2m，幼枝有毛。叶
宽卵形，边缘有细腺齿，叶背有黄色腺点。圆锥状聚伞花
序顶生，花红色，花冠 5 裂，冠筒细长，花期 5～7 月。果
实球形，蓝黑色，果熟期 9～10 月。

【分布】原产我国长江流域及西南各省。

【习性】喜温暖向阳环境，宜于肥沃而排水良好的沙
壤土生长。生长适温 15～30℃，越冬温度宜保持在
10℃以上。

【繁殖】分株、扦插或播种繁殖。分株一般在春季进
行，嫩枝扦插在 25℃温度条件下，30d 生根。多在早春 4
月进行盆播。南方地区可以露地栽培。生长期要求充
足肥水。

【用途】赪桐花大色艳，花期长，南方多用于庭园绿
化；北方均室内盆栽，用于装点书房、客厅。

图 7 - 340 赪 桐

（三）紫珠属 *Callicarpa* L.

灌木或小乔木；通常被星状毛或粗糠状短柔毛；裸芽。叶通常对生，有锯齿，背面有腺
点。花小，4 数，聚伞花序腋生。浆果状核果，球形如珠，成熟时常为有光泽的紫色。

紫珠属共 190 种，我国 40 余种。

1. 白棠子树（小紫珠）*Callicarpa dichotoma*（Lour.）K. Koch.

【识别要点】落叶灌木，高 1～2m。小枝带紫红色，具星状毛。叶边缘上半部疏生锯齿，
背面有黄棕色腺点。花序纤弱，2～3 次分歧，花序梗长为叶柄的 3～4 倍；花冠紫色，药室
纵裂；子房无毛，有腺点。花期 8 月，果期 10～11 月。

【习性】产于我国东部地区。喜光，喜温暖、湿润环境，耐寒，耐阴，对土壤要求不严。

【繁殖】播种，也可扦插或分株繁殖。

【用途】枝条柔细，丛栽株形蓬散，果紫红鲜亮，适于基础栽植和草坪边缘绿化，也可
配植于高大常绿树前、假山石旁作衬托。入冬珠状紫果不落，观赏效果尤佳。根、叶
可入药。

2. 日本紫珠 *Callicarpa japonica* Thunb.

本种与白棠子树在形态上的主要区别：日本紫珠小枝无毛。叶变异大，缘具细锯齿。花
序短，总花梗与叶柄等长或稍短；花冠淡紫色或近白色；花药顶端孔裂。产于华东、华中、
四川、贵州及陕西、甘肃、山西南部，北京、河北有栽培。

（四）莸属 *Caryopteris* Bunge

金叶莸 *Caryopteris divaricata*（Sieb. et Zucc.）Maxim.（图 7 - 341）

【识别要点】丛生灌木，株高 50～60cm，枝条圆柱形。单叶对生，叶楔形，长 3～6cm，
叶先端尖，基部钝圆形，边缘有粗齿。聚伞花序紧密，腋生于枝条上部，自下而上开放；花
萼钟状，二唇形 5 裂，下裂片大而有细条状裂，雄蕊 4 枚；花冠、雄蕊、雌蕊均为淡蓝色，
花期 7～9 月。

【分布】分布于华北、华中、华东及东北地区温带针阔叶混交林区，北部暖温带落叶阔叶林区。

【习性】该树种喜光，也耐半阴、耐旱、耐热、耐寒，在－20℃以上的地区能够安全露地越冬。根据观察，越是天气干旱，光照强烈，其叶片越是金黄；如长期处于半庇荫条件下，叶片则呈淡黄绿色。值得注意的是，金叶莸忌水多，若经常积水或土壤湿度过大，其根、根颈及其附近部位的枝条皮层易腐烂变褐，引起植株死亡。

【繁殖】该树种繁殖较容易，贴近地面蔓生的枝条易产生不定根，形成新的植株。常采用半木质化枝条嫩枝扦插繁殖。该树种栽培管理简单，不需特殊管理，而且耐修剪，成龄植株早春地上留10cm重剪，到秋季即能长到高 50～60cm、冠径40～50cm 的健壮植株，且能大量开花。

【用途】金叶莸花色淡雅、清香，花开于夏、秋季节，是点缀夏、秋季景色的好树种。栽植于草坪边缘、假山等园林小品旁及路边都很适宜，也可与红叶小檗、丰花月季等组合，栽成各种图案的色块，效果极佳。

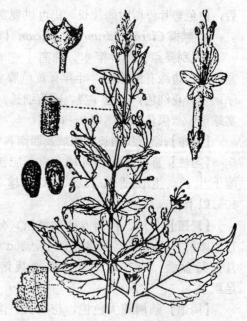

图 7 - 341　金叶莸

六十七、唇形科 Labiatae

木本香薷（柴荆芥）*Elsholtzia stauntonii* **Benth.**（图 7 - 342）

【识别要点】半灌木，茎高 0.7～1.7m。小枝被微柔毛。叶披针形，长 8～12cm，两面脉上被微柔毛，下面密被凹腺点；叶柄长 4～6mm。轮伞花序排列成顶生、疏散、近偏于一侧，长 7～13cm 的假穗状花序；苞片及小苞片披针形或条状披针形；花萼钟状，长约 2mm，外被白色绒毛，齿5，近相等，卵状披针形；花冠玫瑰紫色，长约 9mm，花冠筒内有斜向毛环，上唇直立，顶端微凹，下唇3裂，中裂片近圆形。果椭圆形，无毛。

【分布】产于北京百花山、密云坡头，河北太行山、山西中条山、五台山，河南，山西也有。生于海拔700～1 600m 的河滩、溪边、草坪及石山上。

【习性】喜土层深厚、肥沃、微酸性的土壤。

【繁殖】播种繁殖。

【用途】庭园观赏。

图 7 - 342　木本香薷

六十八、木樨科 Oleaceae

乔木或灌木，稀藤本。单叶或复叶，对生，稀互生。花两性，稀单性，整齐；圆锥、聚伞、总状花序；雄蕊 2～10 枚，着生于花冠筒上。蒴果、浆果、核果或翅果。

木樨科共29属600余种，广布于温带、亚热带及热带地区。我国12属约176种，各地均有。

分属检索表

（一）雪柳属 *Fontanesia* Labill.

落叶灌木或小乔木。冬芽有鳞片2～3对。单叶对生。花小，两性，圆锥花序腋生或顶生于当年生枝上；萼4深裂；花瓣4，分离。翅果扁平，周围有狭翅。

雪柳属共2种。我国产1种。

雪柳 *Fontanesia fortunei* Carr. （图7-343）

【识别要点】树高达5m。小枝四棱形。叶卵状披针形至披针形，全缘。花绿白色或带淡红色，花序顶生，长2～6cm。果宽椭圆形。花期5～6月，果期9～10月。

【分布】分布于我国华东、华中、华北、陕西、甘肃等地，东北南部有栽培。

【习性】喜光，稍耐阴，较耐寒，对土壤要求不严，除盐碱地外，各种土壤均能适应，耐干旱。萌芽力强，生长快。

【繁殖】以扦插、播种繁殖为主，亦可压条繁殖。

【用途】叶细如柳，花繁似雪，故名"雪柳"。枝条柔软，耐修剪，可丛植于庭园或栽为自然式绿篱，为园林绿化及防风林带的下木树种。防风抗尘，抗二氧化硫，可作厂矿绿化树种。枝条供编织，嫩叶可代茶，花为优良蜜源。

图7-343 雪柳

（二）白蜡属 *Fraxinus* L.

乔木，稀灌木。鳞芽或裸芽。奇数羽状复叶，稀单叶，对生，小叶对生。翅果，先端具长翅。

白蜡属约70种，主要分布于温带地区。我国20余种，各地均有分布。

分 种 检 索 表

1. 白蜡（蜡条、青榔木）*Fraxinus chinensis* Roxb.（图 7－344）

【识别要点】落叶乔木，树冠卵圆形。小枝无毛。小叶常 7（5～9），缘有波状齿，背面沿脉有短柔毛，叶柄基部膨大。花序生于当年生枝上，与叶同放或叶后开放；花萼钟状，无花瓣。果倒披针形，基部窄，先端菱状匙形。花期 3～5 月，果期 9～10 月。

【分布】我国南北各地均有分布。

【习性】喜光，稍耐阴，适宜温暖湿润气候。耐旱，耐寒，对土壤要求不严，但以钙质、深厚、湿润沙壤土生长良好。深根性，根系发达，萌芽力、萌蘖力均强，生长快，耐修剪。抗烟尘及有害气体。

【繁殖】以扦插为主，亦可播种或压条繁殖。定植初期不宜留枝过高，也不宜再去下枝，以免徒长，易遭风折或主干弯曲。

【用途】树干端正挺秀，叶绿荫浓，秋日叶色变黄。适于河流两岸、池畔、湖边栽植，作行道树或绿荫树。抗烟尘，对有害气体有较强抗性，适于工矿区绿化。是我国重要的经济树种，可行矮林作业，以放养白蜡虫，枝条可供编织。

图 7-344 白蜡

图 7-345 大叶白蜡

2. 大叶白蜡（花曲柳） *Fraxinus rhynchophylla* **Hance**（*F. chinensis* var. *rhynchophylla* **Hemsl.**）（图 7 - 345）

【识别要点】落叶乔木，高 15～25m。树皮褐灰色，较光滑。小叶常 5（5～7），顶生小叶常特大，锯齿疏而钝，叶轴的节部常被褐色毛。花无花冠，圆锥花序生于当年生枝上。

【分布】产于我国东北及华北地区。各地栽培。

习性、繁殖、用途同白蜡。

3. 湖北白蜡（对节白蜡） *Fraxinus hupehensis* **C. Shang et Su**

【识别要点】落叶乔木，高达 19m。小叶 7～9（11），革质，叶轴有窄翅。花杂性，无花冠，密集簇生成短聚伞花序。翅果匙状倒披针形。

【分布】分布于湖北。

【用途】易于盘枝造型，是很好的盆景制作材料。

4. 水曲柳 *Fraxinus mandshurica* **Rupr.**（图 7 - 346）

【识别要点】落叶乔木，高达 30m，树干通直。树皮灰褐色，浅纵裂。小枝略四棱形。小叶 9～13，近无柄，背面及小叶柄基部密生黄褐色绒毛，叶轴具狭翅。花单性，雌雄异株，无花被，花序侧生于上年生枝上。翅果扭曲，长圆状披针形。花期 5～6 月，果期 10 月。

【分布】产于我国东北、华北。各地栽培。

【习性】喜光，幼时稍耐阴，耐寒，能耐－40℃的严寒，不耐水涝，稍耐盐碱，喜冷湿气候及肥沃、湿润土壤。深根性，根系发达，萌蘖性强，生长较快，寿命较长。

【繁殖】播种、扦插、萌蘖繁殖。种子休眠期长，春播要经高温催芽处理，否则隔年才能发芽。

图 7 - 346　水曲柳

【用途】树形优美，树干端直，枝叶茂密。可作行道树、庭荫树、独赏树、风景林树种。是优良的用材树种。

5. 洋白蜡（宾州白蜡） *Fraxinus pennsylvanica* **Marsh.**（*F. pennsylvanica* var. *lanceolata* **Sarg.**）（图 7 - 347）

【识别要点】落叶乔木，高达 20m。树皮纵裂。小叶 7（9），卵状长椭圆形至披针形，有钝锯齿或近全缘，背面常有短柔毛，有时仅中脉有毛或近无毛。花单性，雌雄异株，无花瓣，有花萼，圆锥花序生于上年生侧枝。果翅较狭，下延至果体中下部或近基部。花期 5～6 月，果期 10 月。

【分布】原产于美国东部及中部。我国北方地区有栽培。

【习性】喜光，耐寒，耐低湿，抗干旱及盐碱力强。生长较快。

【繁殖】播种繁殖。

【用途】树形优美，树干端直，枝叶茂密，叶色深绿而有光泽，秋叶黄色。可作行道树、庭荫树、独赏树及防护林树种，也可作湖岸绿化及厂矿区绿化树种。

6. 美国白蜡 *Fraxinus americana* **L.**（图 7 - 348）

【识别要点】落叶乔木，高达 25～40m。树皮浅灰色或灰褐色，纵裂。小枝无毛，冬芽褐色，叶痕上缘明显下凹。小叶 7～9，卵形至卵状披针形，近全缘，顶端稍有钝齿。花单性，雌雄异株，无花瓣，先叶开放，花序生于上年生枝侧。翅果长圆柱形，黄褐色，花萼宿存。花期3～5月，果期9～10月。

图7-347　洋白蜡

图7-348　美国白蜡

【分布】原产于北美洲，我国北方地区有栽培。

【习性】喜光，稍耐阴，耐寒，耐旱，耐湿，耐盐碱，喜深厚肥沃土壤。深根性，根系发达，生长快，萌芽力、根蘖力强，耐修剪。对烟尘及有害气体抗性较强。

【繁殖】播种繁殖。

【用途】树干端正，叶绿荫浓，秋叶黄色。可作行道树、庭荫树、独赏树、防护林及"四旁"绿化树种。

7. 绒毛白蜡（绒毛梣、津白蜡）*Fraxinus velutina* Torr.（图7-349）

【识别要点】落叶乔木，高达25m，树冠伞形。树皮灰褐色，浅纵裂。小枝、冬芽均生绒毛。小叶5（3～7），椭圆形至卵形，有锯齿，两面有毛或背面有柔毛。花单性，雌雄异株，花萼4～5齿裂，无花瓣；花序生于上年生枝上。果长圆形。花期4月，果期10月。

【分布】原产北美洲。我国黄河中下游及长江下游流域均有引种，以天津栽培最多，现内蒙古南部、辽宁南部也有引种。

【习性】喜光，较耐寒，较耐干旱，耐水湿，较耐盐碱，对土壤要求不严。对城市环境适应性强。对有害气体有抗性，抗病虫害能力强。

【繁殖】播种繁殖。采种后即播；春播于4月下旬。种子需温水浸种催芽。

【用途】枝繁叶茂，树体高大，树干通直，是城市绿化的优良树种。可作行道树、防护林及"四旁"绿化树种，也可作湖岸绿化及工矿区绿化。现已成为天津、连云港等城市的重要绿化树种之一。

图7-349　绒毛白蜡

（三）连翘属 *Forsythia* Vahl.

落叶灌木，枝中空或具片状髓。单叶对生，稀 3 裂或 3 小叶。花 1～5 朵腋生，先叶开放；萼 4 深裂，宿存；花冠钟状，黄色，4 深裂；雄蕊 2 枚，着生于花冠筒基部；花柱细长，柱头 2 裂。蒴果 2 裂，种子有翅。

连翘属约 17 种，分布于欧洲至日本。我国 4 种。

分 种 检 索 表

1. 枝条节间中空；叶有时 3 裂成 3 小叶状；花常单生 ···················· 连翘
1. 枝条节间具片状髓 ·· 2
2. 叶常不裂；枝条直立；花 1～3 朵腋生 ······················· 金钟花
2. 叶有时 3 裂成 3 小叶状；枝条直立或拱形 ······················· 金钟连翘

1. 连翘（黄寿丹、黄花杆）*Forsythia suspensa*（Thunb.）Vahl.（图 7-350）

【识别要点】高达 3m。枝条拱形下垂，小枝黄褐色，稍四棱，髓中空。叶卵形或椭圆状卵形，有时 3 裂成 3 小叶，先端锐尖，基部宽楔形，锯齿粗。花黄色，单生，稀 3 朵腋生；花萼裂片长圆形，与花冠筒等长。蒴果表面散生瘤点，萼片宿存。花期 3～4 月，果期 8～9 月。

【变种与品种】

（1）垂枝连翘（var. *sieboldii*）。枝较细而下垂，枝梢常匍匐地面生根。花冠裂片宽，微开展。

（2）三叶连翘（var. *fortunei*）。叶通常为 3 小叶或 3 裂。花冠裂片窄，常扭曲。

【分布】产于我国北部、中部及东北各省，各地栽培。

【习性】喜光，稍耐阴，耐寒，耐干旱瘠薄，不耐涝，喜温暖湿润气候，对土壤要求不严，喜钙质土。根系发达，萌蘖性强，病虫害少。

【繁殖】以扦插繁殖为主，也可压条、分株、播种繁殖。花后修剪，去除枯弱枝。

【用途】枝条拱形开展，早春花先叶开放，满枝金黄，艳丽可爱，是优良的早春观花灌木。宜丛植于草坪、角隅、建筑物周围、岩石假山旁、路旁、水旁，也可片植于向阳坡地，列植为花篱、花境，或作基础种植。以常绿树作背景，与榆叶梅、紫荆等配植，更显金黄夺目的色彩。果实可入药，叶代茶。

2. 金钟花（黄金条、细叶连翘、迎春条）*Forsythia viridissima* Lindl.（图 7-351）

【识别要点】高 1～3m。枝直立，有时拱形，小枝黄绿色，四棱形，髓薄片状。叶椭圆状长圆形至椭圆状披针形，不裂，先端急尖，基部楔形，中部以上有粗锯齿。花深黄色，1～3 朵腋生，花萼裂片卵圆形，长为花冠筒的 1/2。蒴果先端喙状，萼片脱落。花期 3～4 月，果期 7～8 月。

【分布】产于我国长江流域及西南各地，华北各地园林广泛栽培。

【习性】喜光，耐半阴，较耐寒，耐干旱瘠薄，耐水湿，喜温暖湿润气候，对土壤要求不严。根系发达，萌蘖性强。

【繁殖】播种繁殖为主，亦可扦插、压条、分株繁殖。

【用途】枝条拱曲，金花满枝，宛若鸟羽初展，极为艳丽，是优良的早春观花灌木。宜丛植或片植于建筑物周围、草坪、路旁、林缘、水旁、篱下等。如点缀于其他花丛之中，还可产生色彩对比之美。果可入药。

图 7-350 连 翘
1. 花枝 2. 果枝 3. 果实

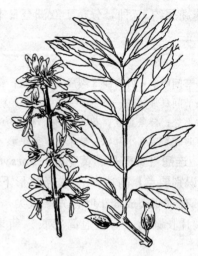

图 7-351 金钟花

3. 金钟连翘 *Forsythia intermedia* Zabel

连翘和金钟花的杂交种，介于两者之间。枝拱形，髓呈片状。叶长椭圆形至卵状披针形，基部楔形，有时 3 深裂或成 3 小叶。花黄色深浅不一。

(四) 丁香属 *Syringa* L.

落叶灌木或小乔木。顶芽常缺。单叶，稀为羽状复叶，对生，全缘，稀羽状深裂。花两性，圆锥花序；萼钟形，4 齿裂，宿存；花冠常紫色，漏斗状，4 裂；雄蕊 2 枚；柱头 2 裂。蒴果 2 裂，种子具翅。

丁香属共 30 种，分布于亚洲和欧洲。我国 20 余种，自西南至东北各地均有。

分 种 检 索 表

1. 花冠筒远比萼长，花丝短或无 ……………………………………………………………… 2
1. 花冠筒比萼稍长或不长，花丝较细长 ……………………………………………………… 暴马丁香
2. 顶芽常缺；花序发自侧芽 ……………………………………………………………………… 3
2. 具顶芽；花序发自顶芽 ………………………………………………………………………… 红丁香
3. 叶宽卵形，宽大于长，先端短尖；花冠筒长 1～1.5cm ……………………………………… 紫丁香
3. 叶卵圆形，宽略小于长，先端渐尖；花冠筒长约 1cm ……………………………………… 欧洲丁香

1. 紫丁香（华北紫丁香）*Syringa oblata* Lindl. （图 7-352）

【识别要点】灌木或小乔木，高达 4m。小枝粗壮无毛。叶宽卵形至肾形，宽大于长，先端短尖，基部心形、截形或宽楔形，全缘。花冠紫色或暗紫色，花冠筒长 1～1.5cm，花药着生于花冠筒中部或中部以上；花序长 6～12cm。果长圆形，先端尖。花期 4～5 月，果期 9～10 月。

【变种与品种】

（1）白丁香（var. *alba*）。叶较小，叶背面微有短柔毛。花白色，单瓣，香气浓。

（2）紫萼丁香（var. *giraldii*）。叶先端狭尖，叶背面及叶缘有短柔毛。花序较大，花瓣、花萼、花轴以及叶柄均为紫色。

（3）佛手丁香（var. *plena*）。花白色，重瓣。

【分布】产于我国东北南部、华北、西北、山东、四川等地。

【习性】喜光，稍耐阴，喜湿润、肥沃、排水良好的沙质壤土或石灰质土壤。不耐水淹，抗寒、抗旱性强。对有害气体抗性较强。

【繁殖】播种、扦插、嫁接、分株、压条繁殖。种子需经层积处理后春播。夏季嫩枝扦插成活率高。华北地区以小叶女贞作砧木；华东偏南地区可高接于女贞。

图 7－352　紫丁香

【用途】枝叶茂密，花丛庞大，"一树百枝千万结"，花开时节，清香四溢，芬芳袭人。秋季落叶时叶变成橙黄色、紫色，为北方应用最普遍的观赏花木之一。通常植于路边、草坪、角隅、林缘或与其他丁香属植物配植成丁香园。也适于工矿区绿化。

2. 欧洲丁香（洋丁香）*Syringa vulgaris* L.（图 7－353）

【识别要点】本种与紫丁香相近，主要识别点有：灌木或小乔木，高可达 7m。叶卵圆形至阔卵形，宽略小于长，先端渐尖，基部截形或阔楔形，秋季落叶时仍为绿色。花蓝紫色，裂片宽，花药着生于花冠筒喉部稍下；花序长10～20cm。果先端急尖。花期 5 月，比紫丁香稍晚。

【分布】原产欧洲，我国华北、江苏等地引栽。

【习性】喜光，耐寒，不耐热，喜湿润而排水良好的肥沃土壤，适合气候冷凉地区栽培。

【繁殖】播种、扦插、分株、嫁接繁殖。

【用途】同紫丁香。

3. 红丁香 *Syringa villosa* Vahl.（图 7－354）

【识别要点】落叶灌木，高 3～5m。小枝粗壮，有疣状突起及星状毛。叶椭圆形，长 6～18cm，表面暗绿色，较

图 7－353　欧洲丁香

皱，背面有白粉，沿中脉有柔毛。花紫红色至近白色，花冠筒近圆柱形，花药在筒口部；花序密集，长 8～20cm。花序轴基部有 1～2 对小叶。果先端稍尖或钝。花期 5～6 月。

【分布】分布于我国东北南部、华北及陕西等地。

【习性】喜光，耐寒，耐旱，稍耐高温。

【繁殖】播种繁殖，也可扦插、嫁接繁殖。

【用途】姿态挺拔，树势强健。可用于各类绿地，与其他花木搭配成丛。

4. 暴马丁香（暴马子、荷花丁香）*Syringa reticulata*（Bl.）Hara. var. *mandshurica*（Maxim.）Hara.（图7-355）

图7-354 红丁香　　　　　　　　　　图7-355 暴马丁香

【识别要点】灌木或小乔木，高可达8m。叶卵形至卵圆形，背面侧脉隆起。花冠白色，花冠裂片较花冠筒长；花丝细长，比花冠裂片长2倍，伸出花冠外；花序大而疏散，长10～15cm。果有疣状突起，先端钝。花期5～6月，果期8～10月。

【分布】产于我国华中、东北、华北及西北各地。

【习性】喜光，耐寒，喜湿润土壤。

【繁殖】播种繁殖。

【用途】姿态丰满，枝叶茂密，花丛庞大。乔木性较强，可作其他丁香的乔化砧，以提高绿化效果。花期晚，在丁香园中有延长观花期的效果。宜植于建筑物周围、草坪、路旁、林缘等，或配植专类园，也可作切花材料。花提取芳香油，亦为优良蜜源植物；树皮、叶提取栲胶；树皮、枝药用。

（五）木樨属 *Osmanthus* Lour.

常绿灌木或小乔木。单叶对生，全缘或有锯齿。花两性或杂性，白色至橙黄色，簇生或呈总状花序，腋生；萼4裂；花冠筒短，4裂；雄蕊2枚，稀4。核果。

木樨属共40种，分布于亚洲东南部及北美洲。我国27种，产于长江流域以南各地。

分 种 检 索 表

1. 叶先端尖，全缘或上半部疏生细锯齿；花淡黄或橙黄色 ┈┈┈┈┈┈┈┈┈┈┈┈┈┈┈┈┈┈ 木樨
1. 叶先端呈刺状，叶缘常有大刺齿；花白色 ┈┈┈┈┈┈┈┈┈┈┈┈┈┈┈┈┈┈┈┈┈┈┈┈ 刺桂

1. 木樨（桂花）*Osmanthus fragrans*（Thunb.）Lour.（图7-356）

【识别要点】常绿小乔木，高达12m，树冠圆头形或椭圆形。侧芽多为2～4叠生。叶革质，全缘或上半部疏生细锯齿。花小，花冠淡黄色或橙黄色，浓香；花序聚伞状簇生叶腋。果椭圆形，熟时紫黑色。花期9～10月，果期翌年4～5月。

【变种与品种】

（1）金桂（var. *thunbergii*）。花金黄色，香味浓或极浓。

（2）银桂（var. *latifolius*）。花黄白或淡黄色，香味浓至极浓。

（3）丹桂（var. *aurantiacus*）。花橙黄或橙红色，香味浓。

（4）四季桂（var. *semperflorens*）。花淡黄或黄白色，一年内花开数次，香味淡。

【分布】原产我国中南、西南地区。淮河流域至黄河流域以南各地普遍地栽。

【习性】喜光，喜温暖湿润气候，耐半阴，不耐寒。对土壤要求不严，但以土层深厚、富含腐殖质的沙质壤土生长良好，不耐干旱瘠薄，忌积水。萌芽力强，寿命长。对有害气体抗性较强。

【繁殖】一般多分株、压条、扦插、嫁接繁殖，亦可播种繁殖。嫁接可用小叶女贞、女贞、小叶白蜡等作砧木；高压法可在春季芽萌动前进行；扦插常在生长季用软枝插。

【用途】四季常青，枝繁叶茂，秋日花开，芳香四溢。常孤植、对植或成丛成片栽植。在园林中多与建筑物和山石相配，常丛植于亭、台、楼、阁附近；在庭园、公园一隅多采用散植；在古典厅前多采用二株对称栽植，古称"双桂当庭"或"双桂留芳"；与牡丹、荷花、山茶等配植，可使园林花开四季。对有害气体有一定的抗性，可用于厂矿绿化。花用于食品加工或提取芳香油，叶、果、根等可入药。

2. 刺桂（柊树）*Osmanthus heterophyllus* (G. Don.) P. S. Green（图 7-357）

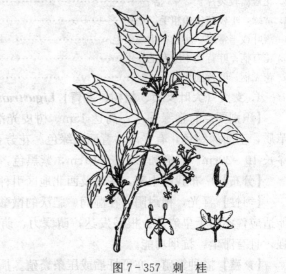

图 7-356 木樨　　　　　　　　　　　　图 7-357 刺桂

【识别要点】常绿灌木或小乔木，高达 6m。叶硬革质，卵状椭圆形，长 3～6cm，叶缘常有 3～5 对大刺齿，偶为全缘。花白色，甜香，簇生叶腋。果熟时蓝色。花期 10～12 月。

【变种与品种】

（1）'金边'刺桂（'Aureo-marginatus'）。

（2）'银边'刺桂（'Argenteo-marginatus'）。

（3）'金斑'刺桂（'Aureus'）。

（4）'银斑'刺桂（'Variegatus'）。

（5）'紫叶'刺桂（'Purpureus'）。叶紫色。

（6）'圆叶'刺桂（'Rotundifolius'）。矮生，叶倒卵形，较小，全缘。

【分布】原产日本及我国台湾。

【习性】喜光，也耐阴，喜肥沃、湿润、排水良好的壤土。

【繁殖】扦插繁殖。

【用途】树形美丽，叶形多变，是优良的园林绿化树种，也可盆栽造景观赏。

（六）女贞属 *Ligustrum* L.

灌木或小乔木，芽鳞 2。单叶对生，全缘。花小，两性，白色；圆锥花序顶生；萼钟状，4 齿裂；花冠 4 裂，镊合状排列；雄蕊 2 枚。浆果状核果，黑色或紫黑色，具种子 1～4 粒。

女贞属共 50 余种，主产于东亚及澳大利亚。我国约 38 种，多分布于长江流域以南及西南。

分 种 检 索 表

1. 叶在生长期绿色 ……………………………………………………………… 2
1. 叶在生长期黄色 ……………………………………………………… 金叶女贞
2. 小枝和花轴无毛 …………………………………………………………… 女贞
2. 小枝和花轴有柔毛或短粗毛 ……………………………………………… 3
3. 花冠筒较裂片稍短或近等长 ……………………………………………… 4
3. 花冠筒较裂片长 2～3 倍 ……………………………………………… 水蜡树
4. 常绿，小枝疏生短粗毛 …………………………………………… 日本女贞
4. 落叶或半常绿，小枝密生短柔毛 ………………………………………… 5
5. 花有柄；叶背面中脉有毛 ………………………………………………… 小蜡
5. 花无柄；叶背面无毛 …………………………………………………… 小叶女贞

1. 女贞（大叶女贞、蜡树、冬青）*Ligustrum lucidum* Ait.（图 7 - 358）

【识别要点】常绿乔木，高达 15m。树皮光滑。枝、叶无毛。叶宽卵形至卵状披针形，革质，上面深绿色，有光泽，背面淡绿色。花芳香，几无梗，花冠裂片与花冠筒近等长；花序长 10～20cm。果椭圆形，长约 1cm，紫黑色，被白粉。花期 6～7 月，果期 11～12 月。

【分布】广布我国中部，华北及西北地区引种栽培。

【习性】喜光，稍耐阴，在湿润、肥沃的微酸性土壤上生长迅速，中性、微碱性土壤亦能适应，不耐干旱瘠薄。根系发达，萌蘖力、萌芽力强，耐修剪整形。对有害气体抗性较强，且有滞尘、抗烟功能。

【繁殖】播种繁殖，亦可扦插或压条繁殖。播种前需热水浸种催芽处理。

【用途】终年常绿，苍翠可爱。可孤植于绿地、广场、建筑物周围，亦可作行道树。江南一带多作绿篱、绿墙栽植。适于厂矿绿化。枝叶可放养白蜡虫。

2. 小叶女贞 *Ligustrum quihoui* Carr.（图 7 - 359）

【识别要点】落叶或半常绿灌木，高 2～3m。枝条疏散，小枝具短柔毛。叶椭圆形至倒卵状长圆形，无毛，先端钝，基部楔形，边缘略向外反卷；叶柄有短柔毛。花芳香，无梗，花冠裂片与筒部等长；花药略伸出花冠外；花序长 7～21cm。核果椭圆形，紫黑色。花期 7～8 月，果期 10～11 月。

【分布】分布于我国中部、东部和西南部。

【习性】喜光，稍耐阴，耐寒，耐干旱，对土壤要求不严，喜深厚、肥沃、排水良好的土壤。对二氧化硫、氟化氢等有害气体抗性强。萌芽力、根蘖性强，耐修剪。

【繁殖】播种、扦插繁殖。

【用途】枝叶紧密圆整，宜作绿篱，或修剪成球形树冠植于广场、建筑物周围、草坪、林缘，也可作工矿区绿化树种。

图 7 - 358　女　贞

图 7 - 359　小叶女贞

3. 小蜡 _Ligustrum sinense_ Lour. （图 7 - 360）

【识别要点】半常绿灌木或小乔木，高 2～7m。小枝密生短柔毛。叶椭圆形，基部楔形或圆形，背面沿中脉有短柔毛。花芳香，花梗细而明显，花冠裂片长于筒部；雄蕊超出花冠裂片；花序长 4～10cm，花序轴有短柔毛。核果近圆形，紫黑色。花期 4～5 月，果期 10～11 月。

【分布】分布于我国长江流域以南各地。

【习性】喜光，稍耐阴，较耐寒。对二氧化硫等有害气体抗性强。萌芽力、根蘖性强，耐修剪。

【繁殖】播种、扦插繁殖。

【用途】枝叶紧密、圆整，园林中主要作绿篱栽植或修剪成长、方、圆等几何形树冠植于广场、建筑物周围、草坪、石旁、池边、林缘等观赏；抗多种有害气体，可植于工矿区；也可作树桩、盆景。

图 7 - 360　小　蜡

图 7 - 361　水蜡树

4. 水蜡树 *Ligustrum obtusifolium* Sieb. et Zucc. （图 7 - 361）

【识别要点】落叶灌木，高达 3m。幼枝有短柔毛。叶长椭圆形，基部楔形，背面有短柔毛，沿中脉较密。花冠筒较裂片长 2～3 倍；花药和花冠裂片近等长；花序短而常下垂，长 2.5～3cm。核果宽椭圆形，黑色。花期 7 月，果期 10～11 月。

【分布】产于华东及华中。

【习性】喜光，较耐寒。

【繁殖】播种、扦插繁殖。

【用途】同小叶女贞。

5. 金叶女贞 *Ligustrum vicaryi* Hort.

【识别要点】为金边卵叶女贞和欧洲女贞的杂交种。常绿或半常绿灌木。叶卵状椭圆形，先端急尖或短渐尖，基部楔形，嫩叶黄色，后渐变为黄绿色，冬叶褐色。花冠裂片与花冠筒近等长或稍短。果紫黑色。花期 5～6 月，果期 9～10 月。

【繁殖】播种、扦插繁殖。

【用途】叶黄色，宜与其他色叶树种配植成彩色图案，或修剪成圆球形树冠植于草坪、路旁、花坛、建筑物前等，或作绿篱。

（七）茉莉属 *Jasminum* L.

灌木。枝条绿色，多四棱形。单叶或复叶，对生，稀互生，全缘。聚伞花序或伞房花序，稀单生；萼钟状，4～9 裂；花冠高脚碟状，4～9 裂；雄蕊 2 枚，内藏。浆果，常双生或其中 1 个不发育而为单生。

茉莉属共 300 种，分布于东半球的热带和亚热带地区。我国 43 种，主要分布于西南至东部、西部。

分 种 检 索 表

1. 单叶 ·· 茉莉
1. 奇数羽状复叶或三出复叶 ······································· 2
2. 叶对生 ··· 3
2. 叶互生 ··· 4
3. 落叶；花径 2～2.5cm，花冠裂片较筒部短 ····················· 迎春
3. 常绿；花径 3～4cm，花冠裂片较筒部长 ····················· 云南素馨
4. 落叶或半常绿；小叶常 3；花萼裂片线形，与萼筒近等长 ····················· 探春
4. 常绿；小叶常 5；花萼裂片三角形，为萼筒长的 1/4～1/3 ····················· 浓香探春

1. 迎春（金腰带）*Jasminum nudiflorum* Lindl. （图 7 - 362）

【识别要点】落叶灌木。枝细长直出或拱形，绿色，四棱。三出复叶，对生，缘有短刺毛。花单生在上年生枝的叶腋，叶前开放，有叶状狭窄的绿色苞片；萼裂片 5～6；花冠黄色，常 6 裂，约为花冠筒长的 1/2。常不结果。花期 2～4 月。

【分布】产于我国中部、北部及西南高山区，各地广泛栽培。

【习性】适应性强，喜光，喜温暖湿润环境，较耐寒，耐旱，但不耐涝。浅根性，萌芽力、萌蘖力强。

【繁殖】扦插、压条或分株繁殖。

【用途】花开极早，绿枝垂弯，金花满枝，为人们早报新春。宜植于路缘、山坡、池畔、

岸边、悬崖、草坪边缘，或作花篱、花丛及岩石园材料。与梅花、水仙花、山茶花并称"雪中四友"。也可护坡固堤，作水土保持树种。

2. 茉莉（茉莉花） *Jasminum sambac* （L.）Ait. （图7-363）

【识别要点】常绿灌木，高0.5～3m。枝细长略呈藤本状。单叶对生，全缘，薄纸质，仅背面脉腋有簇毛。花白色，浓香，常3朵成聚伞花序；花萼裂片8～9，线形。常不结果。花期5～10月。

【分布】原产印度、伊朗、阿拉伯半岛。我国广东、福建及长江流域以南各地栽培。北方盆栽。

【习性】喜光，喜温暖湿润气候及酸性土壤，不耐寒，低于3℃时易受冻害，不耐干旱、湿涝和碱土。

【繁殖】扦插繁殖为主，也可压条或分株繁殖。

【用途】叶翠绿，花洁白、浓香，是著名香花树种。花朵可熏制茶和提炼香精。茉莉为印度尼西亚、菲律宾、巴基斯坦国花，也是江苏省省花。

3. 探春（迎夏） *Jasminum floridum* Bunge. （图7-364）

【识别要点】半常绿蔓性灌木，高达1～3m。小枝绿色，光滑有棱。奇数羽状复叶，互生，小叶3～5。花冠黄色，径约1.5cm，裂片5，长约为花冠筒长的1/2；萼片5，线形，与萼筒等长；聚伞花序顶生。浆果近圆形。花期5～6月。

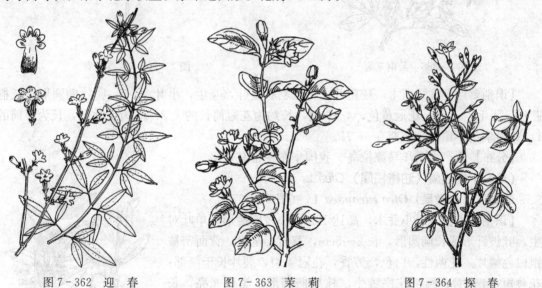

图7-362 迎春　　　　　图7-363 茉莉　　　　　图7-364 探春

【分布】产于我国华北、西北、四川、西藏等地。各地栽培或盆栽观赏。

【习性】较耐寒，但耐寒性较迎春差。

【繁殖】压条、扦插、分株繁殖。

【用途】同迎春。宜植于路缘、坡地、岸边及石隙等处。北方常盆栽观赏。

4. 云南素馨（南迎春） *Jasminum yunnanense* Jienex P. Y. Bai （图7-365）

【识别要点】半常绿灌木，高3～4.5m。枝绿色，细长拱形，绿色，四棱。三出复叶对生，叶面光滑。花黄色，径3.5～4.5cm，花冠6裂或呈半重瓣，花冠裂片较花冠筒长，单生于具总苞状单叶的小枝端。4月开花，花期延续较长时间。

【分布】原产于我国云南，现南方各地广泛栽培。

【习性】喜光，稍耐阴，不耐寒。

【繁殖】扦插繁殖为主，也可压条、分株繁殖。

【用途】枝条细长拱形，四季常青，春季黄花绿叶相衬，艳丽可爱。宜植于水边驳岸，细枝下垂水面，倒影清晰。还可遮蔽驳岸平直呆板等不足之处；植于路缘、坡地及石隙等处均优美。北方常盆栽观赏。

5. 浓香探春（金茉莉）*Jasminum odoratissimum* L.（图7-366）

图7-365 云南素馨

图7-366 浓香探春

【识别要点】常绿灌木，较粗壮。奇数羽状复叶，互生，小叶5～7，卵状椭圆形至长椭圆形，无毛，革质。花冠黄色，4～6裂，长约为花冠筒长的1/2；萼齿三角形，长为萼筒的1/3；聚伞花序顶生。花期5～6月。

【分布】原产大西洋马德拉岛。我国华东一带有栽培。

（八）木樨榄属（油橄榄属）*Olea* L.

油橄榄（齐墩果）*Olea europaea* L.（图7-367）

【识别要点】常绿小乔木，高达10m。小枝四棱形。单叶对生，叶披针形或长椭圆形，长2～5cm，革质，全缘，背面密被银白色鳞片。花两性，白色，芳香，花冠4裂，裂片长于筒部；花萼短，4齿裂；圆锥花序腋生。核果椭圆形，黑色光亮，长2～2.5cm，形如橄榄。花期4～5月，果期10～12月。

【分布】原产地中海一带，是当地重要的木本油料树种。我国长江流域有栽培。

【习性】喜光，喜温暖气候，喜土层深厚、排水良好的石灰质土壤，不耐水湿。

【繁殖】扦插为主，也可播种或嫁接。种子采收后即播。

图7-367 油橄榄

【用途】树姿圆浑，绿叶葱郁，秋日果实满枝，妩媚动人。园林中宜成片栽植，也可作厂矿绿化树种。果核可榨优质油，食用或药用；果可加工食用。

（九）流苏树属 *Chionanthus* L.

有顶芽，侧芽常2叠生。单叶对生。圆锥花序；花萼4裂；花冠白色，4深裂，裂片狭窄；雄蕊2枚。核果肉质，卵圆形，种子1。

本属2种。我国1种，产于西南、东南至北部地区。

流苏树（茶叶树、乌金子） *Chionanthus retusus* **Lindl. et Paxt.** （图7-368）

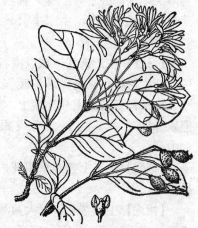

图7-368 流苏树

【识别要点】落叶乔木或灌木，高10～20m。大枝皮常纸状剥落，小枝初有毛。叶卵形至倒卵状椭圆形，先端钝圆或微凹，背面中脉基部有毛，全缘或有时有小齿。花单性，雌雄异株，花冠筒极短，裂片狭披针形。核果椭圆形，蓝黑色。花期4～5月，果期9～10月。

【分布】我国特有，产于黄河中下游流域及以南地区。

【习性】喜光，耐阴，耐寒，耐旱，花期怕干旱风，不耐积水，对土壤要求不严，喜湿润、肥沃土壤。生长较慢，寿命较长。

【繁殖】播种、扦插、嫁接（以白蜡属树种为砧木）繁殖。种皮坚厚，需沙藏层积处理。

【用途】花密优美，花形奇特，秀丽可爱，花期长。宜植于草坪、建筑物前，或以常绿树衬托列植。嫩叶代茶。果实榨油。

六十九、玄参科 Scrophulariaceae

草本、灌木或乔木。单叶，对生、互生或轮生。花两性，通常两侧对称，排成各式花序；萼通常4～5裂；花冠合瓣，4～5裂；雄蕊通常4枚；中轴胎座。蒴果或浆果；种子多数。

玄参科共200属3000种；我国59属634种。

泡桐属 *Paulownia* Sieb. et Zucc.

落叶乔木；小枝粗壮，髓心中空；叶对生，全缘或3～5浅裂，三出脉。花大，聚伞状圆锥花序顶生，以花蕾越冬，密被毛；萼革质，5裂，裂片肥厚；花冠大，近白色或紫色，5裂，二唇形；雄蕊2强；子房2室，花柱细长。蒴果大，室背开裂；种子小，扁平，两侧具半透明膜质翅。

泡桐属共7种，均产我国。

分 种 检 索 表

1. 叶片宽卵形至卵形，背面被无柄的树枝状毛；花淡紫色；果卵形至椭圆状卵形，果皮厚1.5～2.5mm ……………………………………………………………………………………………… 兰考泡桐

1. 叶片长卵形，背面被星状毛；花白色；果椭圆形 ……………………………………………… 2

2. 花冠大，冠幅7.5～8.5cm，里面有大小两种紫斑混生；果长6～10cm，径3～4cm ………… 泡桐

2. 花冠筒细，冠幅4～4.8cm，里面仅有紫色小斑点；果长3.5～6cm，径1.8～2.4cm ……… 楸叶泡桐

泡桐（白花泡桐、大果泡桐） *Paulownia fortunei* **(Seem.) Hemsl.** （图7-369）

【识别要点】树高达 27m，树冠宽阔，树皮灰褐色，平滑，幼体全部被黄色绒毛。叶片长卵形至椭圆状长卵形，先端渐尖，基部心形，全缘，稀浅裂。花冠大，乳白色或微带紫色。果长椭圆形，果皮厚 3～5mm。花期 3～4 月，果期 9～10 月。

【习性】主产长江流域以南各地，现辽宁以南各地都能栽植。速生树种，喜光，喜温暖气候，深根性，适于疏松、深厚、排水良好的壤土和黏壤土，对土壤酸碱度适应范围较广，但以 pH6～7.5 为好。肉质根，喜湿畏涝。萌芽力、萌蘗力强。

【繁殖】生产上普遍采用埋根育苗，亦可埋干、留根、播种繁殖。

【用途】主干端直，冠大荫浓，春天繁花似锦，夏天绿树成荫。适于庭园、公园、广场、街道作庭荫树或行道树。泡桐叶大被毛，能吸附尘烟，抗有害气体，净化空气，适于厂矿绿化。根深，胁地小，为平原地区粮桐间作和"四旁"绿化的理想树种。木材是我国传统出口物资，花、果可供药用。

泡桐属应用栽培较多的还有以下两种，与泡桐的区别见分种检索表。

兰考泡桐（河南桐）*Paulownia elongata* S. Y. Hu

楸叶泡桐（小叶桐、山东桐）*Paulownia catalpifolia* Gong Tong.

图 7-369 泡桐
1. 花枝　2. 果实

七十、紫葳科 Bignoniaceae

落叶或常绿。乔木、灌木或藤本，稀草本。单叶或复叶，对生或轮生，稀互生，无托叶。花两性，大而美丽，两侧对称，顶生或腋生，花单生、簇生或组成总状、圆锥花序；花萼连合，全缘或 2～5 裂；花冠合瓣，5 裂，漏斗状或二唇形，上唇 2 裂，下唇 3 裂；雄蕊 4～5 枚，与裂片同数而互生，其中发育雄蕊 2 枚或 4 枚；子房上位，1～2 室，中轴或侧膜胎座，胚珠多数。蒴果，稀浆果；种子扁平，有翅或毛。

紫葳科约 120 属 650 种，分布于热带；我国有 22 属 49 种，南北各地均有分布。

（一）梓树属 *Catalpa* Scop.

落叶乔木，无顶芽。单叶对生或 3 枚轮生，全缘或有缺裂，基出脉 3～5，叶背脉腋常具腺斑。花大，顶生总状或圆锥花序；花萼 2 裂；花冠钟状，二唇形；发育雄蕊 2 枚，内藏，着生于下唇；子房 2 室。蒴果细长；种子多数，两端具长毛。

梓树属约 11 种；我国 4 种，引入 3 种，主产长江、黄河流域。

分 种 检 索 表

1. 小枝、叶背无毛 ……………………………………………………………………………… 2
1. 小枝、叶背有毛 ……………………………………………………………………………… 3
2. 叶三角形，全缘或中下部有裂片；花白色、粉红色，有紫斑 ……………………… 楸树
2. 叶长卵形，全缘；花白色，有黄条纹紫斑 ……………………………………… 黄金树

3. 叶宽卵形，全缘或顶部有裂片；花乳黄色 ······ 梓树

3. 叶卵形，全缘或幼树叶有裂片 ······ 4

4. 花粉红或淡紫色，喉部有红褐色斑点及黄色条纹 ······ 灰楸

4. 花白色，喉部黄色，具紫斑，有香气 ······ 美国木豆树

1. 楸树 *Catalpa bungei* C. A. Mey.（图 7-370）

【识别要点】树高达 20～30m，树干通直，树冠狭长或倒卵形。树皮灰褐色，浅纵裂。小枝无毛。叶三角状卵形至卵状椭圆形，长 6～15cm，先端渐尖，基部截形或广楔形，全缘或中下部有裂片，两面无毛，基部脉腋有紫斑。顶生伞房状总状花序，有花 5～20 朵，花序有分支毛；花冠白色，内有紫色斑点。蒴果长 25～55cm，直径 5～6mm；种子连毛长 4～5cm，花期 4～5月，果期 9～10 月。

【分布】原产我国，长江下游和黄河流域各地普遍栽培。

【习性】喜光，喜温凉气候，苗期耐庇荫。在深厚肥沃、湿润疏松的中性、微酸性和钙质壤土中生长迅速，不耐干旱和水湿。主根明显、粗壮，侧根发达，萌蘖力、萌芽力都很强。自花不育，需异株或异花授粉。

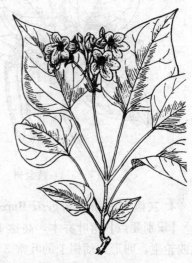

图 7-370　楸　树

【用途】树姿挺秀，叶荫浓郁，花大美丽。抗性强，对二氧化硫及氯气有较强抗性，吸滞灰尘、粉尘能力较强，是优良的绿化树种。花可提取芳香油，也是优质用材树。

2. 黄金树 *Catalpa speciosa* Warder（图 7-371）

【识别要点】原产地树高 38m。叶长卵形，长 15～35cm，全缘，稀 1～2 浅裂，叶背有柔毛，基部脉腋有绿黄色腺斑。花白色，内有黄色条纹及紫色斑点。蒴果粗短，长 20cm，径 1～1.8cm。

【分布】原产于美国中北部，我国 1911 年引入上海，现长江流域以北有栽培。

【习性】强阳性树种，耐寒性差，喜深厚、肥沃、湿润土壤。

【用途】花大美丽，树形优美，多用作行道树、庭荫树及"四旁"绿化树。

3. 梓树 *Catalpa ovata* D. Don.（图 7-372）

【识别要点】树冠宽阔，枝条开展。树皮灰褐色，浅纵裂。嫩枝被短毛。叶广卵形或近圆形，基部心形或圆形，全缘或中部以上 3～5 浅裂，叶背沿脉有毛，基部脉腋有紫斑。顶生圆锥花序，花萼绿色或紫色；花冠淡黄色，内面有黄色条纹及紫色斑纹。蒴果细长下垂；种子具毛。花期 5～6 月，果期 8～11 月。

【分布】产于我国辽宁南部至广东北部，西至西南各地，新疆有栽培。

【习性】喜光，稍耐阴；适生于温带地区，耐寒；喜深厚、肥沃、湿润土壤，不耐干旱瘠薄。抗性强，深根性。

【用途】花大美丽，树冠宽大，是行道树、庭荫树及"四旁"绿化的好树种。常与桑树配植，"桑梓"意即故乡。木材轻软，易加工，可制作琴底板，在乐器业上有"桐天梓地"之说。

图 7 - 371　黄金树

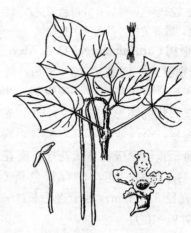

图 7 - 372　梓　树

4. 灰楸 *Catalpa fargesii* **Bureau**（图 7 - 373）

【识别要点】落叶乔木，高达 18m；树皮深灰色，纵裂；小枝灰褐色，有星状毛。叶对生或轮生，卵形，幼树上的叶常 3 浅裂，长 8～16cm，背面密被淡黄色分支软毛。花粉红色或淡紫色，喉部有红褐色斑点及黄色条纹；7～15 朵成聚伞状圆锥花序；4～5 月开花。蒴果长 25～55cm，种子连毛长 5～7.5cm。

【分布】我国华北、西北至华南、西南地区均有分布，是优良速生用材树种，产于山西、河北、山东、安徽、湖南、湖北、河南、陕西、甘肃等地。

5. 美国木豆树（紫葳楸） *Catalpa bignonioides* **Walt.**（图 7 - 374）

图 7 - 373　灰　楸

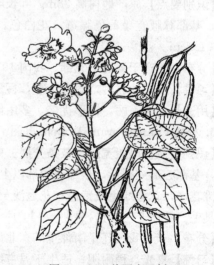

图 7 - 374　美国木豆树

【识别要点】落叶乔木，高达 15～20m；树皮光滑，灰褐色，树冠开展。叶广卵形，长 15～25cm，先端突尖，有时具 2 小侧裂片，背面有毛，幼叶发紫，叶撕破后有臭味。花白色，径约 5cm，喉部黄色，具紫斑，有香气；20～40 朵成顶生圆锥花序，长 20～30cm；花期 6 月中旬。蒴果长 20～40cm，径 6～8mm。

【变种与品种】国外有'金叶'（'ALIrea'）、'紫叶'（'PurpLlrea'）、'矮生'（'Na-na'）等栽培品种。

【分布】原产美国东南部；我国沈阳、南京、合肥、安庆等地有引种栽培。

【习性】适应性强，树势强健，喜排水良好的土壤；生长快。

【用途】叶大荫浓，花香而美，是庭荫、观赏优良树种及速生用材树种。

（二）蓝花楹属 Jacaranda Juss.

蓝花楹（含羞草叶蓝花楹）*Jacaranda mimosifoia* D. Don（图 7 - 375）

【识别要点】落叶乔木，高达 15m。二回羽状复叶对生，羽片通常 15 对以上，每羽片有小叶 10～24 对，小叶长椭圆形，两端尖，全缘，略有毛。花冠二唇形 5 裂，蓝色，长约 5cm，二强雄蕊；圆锥花序；花期春季末至秋季。蒴果木质，卵球形，径约 5.5cm；种子小而有翅。

【分布】原产南美洲热带。

【用途】蓝花楹是一种美丽的观花树木，世界热带、南亚热带地区广泛栽作行道树和庭荫树。我国华南有栽培。

（三）木蝴蝶属 Oroxylum Vent.

木蝴蝶（千张纸）*Oroxylum indicum* Vent.（图 7 - 376）

图 7 - 375 蓝花楹

图 7 - 376 木蝴蝶

【识别要点】乔木，高达 12m。叶大型，二至四回羽状复叶对生，小叶卵形，长达 12cm，全缘。花冠为一面膨大的钟形，端 5 裂，淡紫色或橙红色，径达 8.5cm；雄蕊 5 枚，花萼肉质；呈顶生直立的总状花序。蒴果大，长而扁平，木质，长 30～90cm；种子多数，薄而周围有膜质阔翅。

【分布】产于我国西南部至南部地区；印度及东南亚也有分布。

【用途】在华南可作城市绿化树种。种子可入药。

（四）猫尾树属 Dolichandrone（Fenzl）Seem.

猫尾树 *Dolichandrone caudafelin* Benth. et Hook. f.（图 7 - 377）

【识别要点】常绿乔木，高达 15m；树皮灰黄色，薄片状脱落。羽状复叶对生，小叶 9～13，长椭圆形至卵形，基部常歪斜，全缘，或中上部有细齿，总叶柄基部常有托叶状退化单叶。花冠漏斗状，径 10～12cm，基部暗紫色，上部黄色，裂片 5，发育雄蕊 4 枚，花萼一边开裂；顶生总状花序。蒴果下垂，长 30～60cm，径 2～3cm，密被绒毛，状如猫尾；种子两边有翅。秋、冬开花，翌年 8～9 月果熟。

图 7-377　猫尾树

【分布】产于我国广东及云南南部。广州等地常植为庭园观赏树。

（五）火焰树属 *Spathodea* Beauv.

火焰树（火焰木）*Spathodea campanulata* Beauv.

【识别要点】常绿乔木，高 12～20m。羽状复叶对生，小叶 9～19，卵状长椭圆形至卵状披针形，长达 10cm，全缘，近光滑。花萼佛焰苞状，革质，长约 6cm，花冠钟状，略二唇形，长达 12.5cm，猩红色，雄蕊 4 枚；顶生伞房状总状花序；2～3 月开花。蒴果长椭球形，两端尖，长约 20cm，径约 5cm。

【分布】原产非洲热带；我国云南西双版纳有引种栽培。

【用途】本种树冠开展，花大如火焰，极为美丽，并有黄花类型。在热带和南亚热带地区可栽作庭园观赏树和行道树。火焰树是加蓬的国花。

（六）菜豆树属 *Radermachera* Zou. et More.

菜豆树 *Radermachera sinica* Henlsl.（图 7-378）

【识别要点】落叶乔木，高达 12m；树皮深纵裂。一至三回奇数羽状复叶对生，小叶卵形至椭圆状披针形，长 3～7cm，先端尖，全缘。花冠漏斗状，端 5 裂，多二唇形，黄白色，二强雄蕊；顶生圆锥花序。蒴果细长如豇豆，通常扭曲；种子两侧有膜质翅。花期 5 月，果 9～10 月成熟。

【分布】产于我国广东、广西及云南，在次生阔叶林中常见。

【习性】喜光，喜生于石灰岩山地，在酸性的红壤土上也生长良好。

【用途】在华南地区可栽作园林绿化树及行道树。木材供建筑、板料等用。

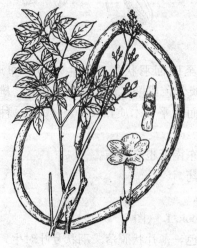

图 7-378　菜豆树

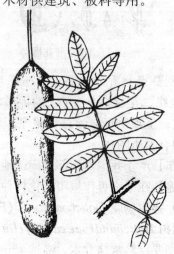

图 7-379　吊瓜树

（七）吊瓜树属 *Kigelia* DC.

吊瓜树（羽叶垂花树）*Kigelia pinnata* DC.（图 7 - 379）

【识别要点】乔木，高达 15m，树冠大。羽状复叶 3 片轮生或对生，小叶 7～9，椭圆状长圆形，长达 12cm。花冠上部钟状二唇形，下部管状，紫红色，长达 7.5cm，二强雄蕊；呈松散下垂而具长柄的圆锥花序，生于老茎上。果长椭球形，长达 40cm，有细长果柄，形似吊瓜。

【分布】原产非洲热带。我国华南植物园 1962 年引自加纳，现已在华南一些城市推广栽培。

【用途】是优良的行道树、庭荫兼观赏树。

七十一、茜草科 Rubiaceae

乔木、灌木、藤本或草本。单叶对生或轮生，常全缘，稀锯齿；托叶位于叶柄间或叶柄内，宿存或脱落。花两性，稀单性，常辐射对称，单生或呈各式花序，多聚伞花序；萼筒与子房合生，全缘或有齿裂，有时其中 1 裂片扩大成叶状；花冠筒状或漏斗状，4～6 裂；雄蕊与花冠裂片同数，互生，着生于花冠筒上；子房下位，1 至多室，常 2 室，每室胚珠 1 至多数。蒴果、浆果或核果。

茜草科共 500 属 6 000 种，主产热带、亚热带。我国 71 属 477 种，主产于西南、东南。

（一）栀子属 *Gardenia* Ellis.

常绿灌木，稀小乔木。单叶对生或 3 枚轮生；托叶膜质鞘状，生于叶柄内侧。花单生，稀伞房花序；萼筒卵形或倒圆锥形，有棱；花冠高脚碟状或漏斗状，5～11 裂；雄蕊 5～11 枚，生于花冠喉部内侧；花盘环状或圆锥状；子房 1 室，胚珠多数。革质或肉质浆果，常有棱。

栀子属约 250 种；我国 4 种。

栀子（黄栀子）*Gardenia jasminoides* Ellis.（图 7 - 380）

【识别要点】常绿灌木，高 1～3m。小枝绿色，有垢状毛。叶长椭圆形，长 5～12cm，端渐尖，基部宽楔形，全缘，无毛，革质而有光泽。花单生枝端或叶腋；花萼 5～7 裂，裂片线形；花冠高脚碟状，先端常 6 裂，白色，浓香；花丝短，花药线形。果卵形，黄色，具 6 纵棱，有宿存萼片。花期 6～8 月，果期 9 月。

【变种与品种】

（1）大花栀子（f. *grandiflora*）。叶较大；花大而重瓣，径 7～10cm。

（2）水栀子（var. *radicana*）。又名雀舌栀子。矮小灌木，茎匍匐，叶小而狭长，花较小。

（3）'玉荷花'（'重瓣'栀子）（'Fortuneana'）。花较大而重瓣，径达 7～8cm；庭园栽培较普遍。

图 7 - 380 栀 子

【分布】原产长江流域以南各地，我国中部及东南部有栽培。

【习性】喜光，也能耐阴，在庇荫条件下叶色浓绿，但开花稍差；喜温暖湿润气候，耐热，也稍耐寒；喜肥沃、排水良好的酸性轻黏壤土，也耐干旱瘠薄，但植株易衰老。抗二氧化硫能力较强。萌蘖力、萌芽力均强，耐修剪。

【用途】叶色亮绿，四季常青，花大洁白，芳香馥郁，又有一定耐阴和抗有毒气体的能力，是良好的绿化、美化、香化材料，成片丛植或植作花篱均极适宜，作阳台绿化、盆花、切花或盆景都十分相宜，也可用于街道和工矿区绿化。

（二）龙船花属 *Ixora* L.

龙船花属约 400 种，主产于热带亚洲和非洲；我国 11 种，产于西南部至东部。

龙船花（仙丹花）*Ixora chinensis* **Lam.** （图 7 - 381）

【识别要点】常绿小灌木，高 0.5～2m。全株无毛。单叶对生，薄革质，椭圆状披针形或倒卵状长椭圆形，长 6～13cm，端钝或钝尖，基部楔形或浑圆，全缘，叶柄极短。顶生伞房状聚伞花序，花序分枝红色；花冠高脚碟状，红色或橙红色；筒细长，裂片 4，先端浑圆。浆果近球形，熟时黑红色。花期 6～11 月。

【分布】原产热带非洲。我国华南有野生。

【习性】喜温暖、高湿环境，不耐寒，耐半阴，喜肥沃、疏松、富含腐殖质的酸性土壤。

【用途】株形美丽，花红色艳，花期长，是理想的观赏花木。

图 7 - 381　龙船花

（三）六月雪属 *Serissa* Comm.

常绿小灌木。枝、叶及花揉碎有臭味。叶小，对生，全缘，近无柄，托叶宿存。花腋生或顶生，单生或簇生；萼筒 4～6 裂，倒圆锥形，宿存；花冠白色，漏斗状，4～6 裂，喉部有毛；雄蕊 4～6 枚，着生于花冠筒上；花盘大，子房 2 室，每室 1 胚珠。球形核果。

本属共 3 种。

六月雪 *Serissa foetida* **Comm.** （图 7 - 382）

【识别要点】常绿或半常绿小灌木，高不及 1m，多分枝。单叶对生或簇生于短枝，长椭圆形，长 0.7～2cm，端有小突尖，基部渐狭，全缘，两面叶脉、叶缘及叶柄上均有白色毛。花小，单生或数朵簇生，花冠白色或淡粉紫色。核果小，球形。花期 5～6 月，果期 10 月。

【变种与品种】

（1）金边六月雪（var. *aureo - marginata*）。叶缘金黄色。

（2）重瓣六月雪（var. *pleniflora*）。花重瓣，白色。

（3）阴木（var. *crassiramea*）。较原种矮小，小枝直伸。叶质地厚，密集。花单瓣，白色带紫晕。

（4）重瓣阴木（var. *crassiramea* f. *plena*）。枝叶似阴木，花重瓣。

【分布】原产我国长江流域以南各地。

【习性】喜温暖、阴湿环境，不耐严寒，喜肥沃的沙质壤土。萌芽力、萌蘖力强，耐修剪。

【用途】枝叶密集，夏日白花盛开，宛如白雪满树，宜作花坛边界、花篱和下木，于庭园路边及步道两侧作花境配植极为别致，交错栽植在山石、岩际也极适宜，还是制作盆景的上好材料。根、茎、叶可入药。

图7-382　六月雪

图7-383　玉叶金花

（四）玉叶金花属 *Mussaenda* L.

玉叶金花（白纸扇）*Mussaenda pubescens* Ait. f.（图7-383）

【识别要点】藤状灌木；小枝有柔毛。单叶对生，卵状长椭圆形至卵状披针形，两端尖，表面无毛或有疏毛，背面被柔毛。花黄色，为顶生伞房状聚伞花序，每个花序中有扩大的白色叶状萼片3～4枚；夏季开花。浆果球形，长8～10mm。

【分布】广布于我国东南部、南部及西南部地区。

【用途】花美丽而奇特，宜栽于庭园观赏。茎、叶入药，能清热疏风。

（五）香果树属 *Emmenopterys* Oliv.

香果树 *Emmenopterys henryi* Oliv.（图7-384）

【识别要点】落叶乔木，高达26m。单叶对生，椭圆形或卵状椭圆形，长10～20cm，全缘。花较大，淡黄色，花冠漏斗状，端5裂，雄蕊5枚；花萼5裂，脱落性，但在花序中有些花的萼片中有一片扩大成叶状，白色而显著，结实后仍宿存；聚伞花序圆锥状，顶生；花期8～10月。蒴果长椭球形，红色，熟后2瓣裂；种子多而细小，周围有不规则膜质翅。

【分布】产于我国西南部及长江流域一带。

【习性】喜温暖气候及肥沃湿润土壤；生长快，根萌蘖性强。

【用途】是优良速生用材树种。树形优美，可栽作庭荫树及观赏树。

图7-384　香果树

（六）团花属 *Anthocephalus* A. Rich.

团花（黄梁木）*Anthocephalus chinensis*（Lam.）A. Rich. ex Walp.（图7-385）

【识别要点】常绿乔木，高达 30～35m；树干通直，大枝平展，树冠伞形。单叶对生，卵状椭圆形至长椭圆形，长 15～25cm，全缘，羽状弧脉明显，幼时背面密被柔毛；托叶大，两片合生包被顶芽，早落。花黄色，子房上部 4 室，下部 2 室；头状花序，单生枝顶。聚花果球形，径 3.5～4cm。

【分布】产于我国广东、广西及云南南部；印度至东南亚地区也有分布。

【习性】喜光，喜高温多湿环境及深厚肥沃土壤。生长异常迅速，9 年生树高达 17.5m，胸径 44.5cm。

【用途】是华南优良的速生用材树种，也可植为庭荫树及行道树。

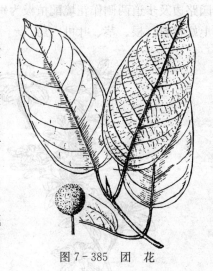

图 7 - 385 团 花

七十二、忍冬科 Caprifoliaceae

灌木，稀为小乔木或草本。单叶，稀复叶，对生。花两性，花萼 4～5 裂；花冠管状，4～5 裂，有时二唇形；雄蕊与花冠裂片同数，且与裂片互生；子房下位，1～5 室。浆果、核果、瘦果或蒴果。

忍冬科共 18 属约 450 种，主要分布于北半球温带。我国 12 属 300 余种，广布南北各地。

分 属 检 索 表

1. 蒴果，开裂 …………………………………………………………………………… 锦带花属
1. 浆果或核果 …………………………………………………………………………………… 2
2. 核果 ………………………………………………………………………………………… 3
2. 浆果 ………………………………………………………………………………………… 忍冬属
3. 果实外被刺状刚毛 …………………………………………………………………………… 猬实属
3. 果实外无刺状刚毛 …………………………………………………………………………… 4
4. 单叶 ………………………………………………………………………………………… 5
4. 奇数羽状复叶 ………………………………………………………………………………… 接骨木属
5. 雄蕊 5 枚，子房 1 室；核果外无宿存苞片 ………………………………………………… 荚蒾属
5. 雄蕊 2 强，子房 4 室；核果被宿存苞片所包被 ………………………………………… 双盾木属

（一）锦带花属 Weigela Thunb.

落叶灌木。冬芽有鳞片数枚。单叶对生，有锯齿。花较大，白色、淡红色或紫红色，聚伞花序或簇生；花萼 5 裂；花冠 5 裂，裂片短于花冠筒；雄蕊 5 枚，短于花冠。蒴果长椭圆形，有喙，2 瓣裂。

本属约 12 种，产于亚洲东部。我国 6 种，产于中部、东南部至东北部。

分 种 检 索 表

1. 花萼裂片披针形，中部以下合生；柱头 2 裂；种子无翅 …………………………………… 锦带花
1. 花萼裂片线形，裂达基部；种子具翅 ……………………………………………………… 2

2. 小枝无毛或近无毛；叶阔椭圆形或倒卵形，表面无毛 ·············· 海仙花

2. 小枝无毛或具二列柔毛；叶椭圆形或长倒卵形，表面稍有毛 ·············· 杨栌

1. 锦带花（五色海棠）Weigela florida（Bunge）A. DC.
（图 7-386）

【识别要点】高达 3m。小枝细，幼时有二列柔毛。叶椭圆形或卵状椭圆形，上面疏生短柔毛，背面毛较密。花 1～4 朵成聚伞花序；萼裂片披针形，分裂至中部；花冠漏斗状钟形，玫瑰红色或粉红色；柱头 2 裂。果柱形。种子无翅。花期 4～6 月，果期 10 月。

图 7-386 锦带花

【变种与品种】

（1）白花锦带花（f. *alba*）。花近白色。

（2）'红花'锦带花（'红王子'锦带花）（'Red Prince'）。花鲜红色，繁密而下垂。

（3）'深粉'锦带花（'粉公主'锦带花）（'Rink Princess'）。花深粉红色，花期早约半个月，花繁密而色彩亮丽，整体效果好。

（4）'亮粉'锦带花（'Abel Carriere'）。花亮粉色，盛开时整株被花朵覆盖。

（5）'变色'锦带花（'Versicolor'）。花由奶油白色渐变为红色。

（6）'紫叶'锦带花（'Purpurea'）。植株紧密，高达 1.5m。叶带褐紫色。花紫粉色。

（7）'花叶'锦带花（'Variegata'）。叶边淡黄白色。花粉红色。

（8）'斑叶'锦带花（'Goldrush'）。叶金黄色，有绿斑。花粉紫色。

（9）'美丽'锦带花（var. *venusta*）。高达 1.8m。叶较小。花较大而多，花萼小，二唇形，花冠玫瑰紫色，裂片短。产于朝鲜，耐寒性强。

【分布】产于我国东北、华北及华东北部，各地都有栽培。

【习性】喜光，耐寒，适应性强，耐瘠薄土壤，以深厚、湿润、腐殖质丰富的壤土生长最好，不耐水涝。萌芽力、萌蘖力强。对氯化氢等有害气体抗性强。

【繁殖】扦插、压条、分株或播种繁殖。易栽植，病虫害少，花开于 1～2 年生枝上，每隔 2～3 年需进行一次更新修剪，以促进新枝生长。

【用途】花繁色艳，花期长，是东北、华北地区重要花灌木之一。宜丛植于草坪、庭园角隅、山坡、河滨、建筑物前，亦可密植为花篱，或点缀假山石旁，或制盆景。花枝可切花插瓶。

2. 海仙花 Weigela coraeensis Thunb.（图 7-387）

【识别要点】高达 5m。小枝粗壮，无毛或近无毛。叶阔椭圆形或倒卵形，背面脉间稍有毛。花数朵组成聚伞花序，腋生，萼片线形，裂达基部；花冠初时乳白色、淡红色，后变深红色；柱头头状。果柱形。种子有翅。花期 6～8 月，果期 9～10 月。

【分布】产于我国华东各地。

【习性】喜光，稍耐阴，较耐寒，耐寒性不如锦带花。北京能露地越冬。喜湿润肥沃土壤。萌蘖性强。

【繁殖】扦插、分株、压条、播种繁殖。

【用途】同锦带花，但观赏价值不及锦带花。

3. 杨栌（日本锦带花）Weigela japonica Thunb.

【识别要点】落叶灌木，高达 3m。小枝光滑或具二列柔毛。叶椭圆形或长倒卵形，长 5～10cm，表面稍有毛，背面脉上有柔毛，叶柄长 2～5mm。花冠钟状漏斗状，长 2.5～3cm，初开时白色，后渐变为深红色，花柱稍露出；萼片线形，裂达基部；有花梗。蒴果光滑。种子具翅。花期 5～6 月。

【变种与品种】华杨栌（水马桑）(var. *sinica*)。高达 6m。叶背密被柔毛，叶柄长 5～12mm。花冠白色至淡桃红色，下部骤狭（图 7 - 388）。产于我国长江流域以南各地。

图 7 - 387 海仙花

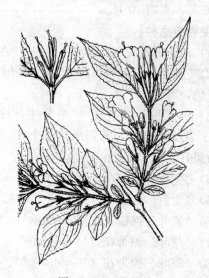

图 7 - 388 华杨栌

【分布】原产日本。我国青岛等地有栽培。

【繁殖】扦插繁殖。

【用途】花叶后开放，先白后红，观赏价值较高。

（二）猬实属 Kolkwitzia Graebn.

仅 1 种，我国特产。

猬实 Kolkwitzia amabilis Graebn.（图 7 - 389）

【识别要点】落叶灌木，高达 3m。枝干丛生，幼枝有柔毛。单叶对生，叶卵形至卵状椭圆形，疏生浅锯齿或近全缘，两面疏生短柔毛。花冠钟状，5 裂，有粉红、桃红、浅紫色等，喉部黄色，有短柔毛；萼 5 裂，密生长刚毛；雄蕊 4 枚；数对组成聚伞花序。瘦果状核果，密被刺毛，萼宿存。花期 5～6 月，果期 8～9 月。

图 7 - 389 猬实

【分布】产于我国中部及西北部。

【习性】喜光，耐阴，喜温凉湿润的环境，对土壤要求不严，耐旱，耐寒。

【繁殖】播种、扦插、分株繁殖。管理粗放，花后酌量修剪，秋后酌量施肥，以促使次年开花更为繁茂。

【用途】树姿优美，花繁叶茂，花色妖艳，果外被刚毛，形似刺猬，为著名的观花赏果灌木。宜丛植于草坪、角隅、山石旁、亭廊、建筑物周围，还可植为花篱、花台，盆栽或作切花材料，是国家三级重点保护树种。

（三）忍冬属 Lonicera L.

直立或攀缘状灌木。单叶对生，全缘，稀有裂。花成对腋生，稀 3 朵顶生，具总梗或缺；每对花具苞片 2 和小苞片 4；萼 5 裂；花冠唇形或整齐 5 裂；雄蕊 5 枚；花柱细长，柱头头状。浆果。

忍冬属约 200 种，分布于北半球温带和亚热带地区。我国 100 余种，南北各地均有。

分 种 检 索 表

1. 花 2 朵生于总花梗顶端，花序下无合生的叶片 ································· 2
1. 花多朵集合成头状花序，花序下 1～2 对叶基部合生 ····················· 5
2. 藤本；苞片叶状，卵形 ·· 金银花
2. 直立灌木；苞片线形或披针形 ··· 3
3. 小枝髓黑色，后变中空；苞片线形；相邻两花的萼筒分离 ·············· 4
3. 小枝髓白色充实；相邻两花的萼筒合生达中部以上 ··················· 郁香忍冬
4. 总花梗短于叶柄；叶有毛，基部楔形 ·································· 金银忍冬
4. 总花梗长于叶柄；叶无毛，基部圆形或近心形 ·················· 鞑靼忍冬
5. 花黄色至橙黄色，2～6 轮，每轮 3 花 ·································· 盘叶忍冬
5. 花橙色至红色，2～4 轮，每轮 6 花 ····························· 台尔曼忍冬

1. 金银忍冬（金银木）Lonicera maackii（Rupr.）Maxim.（图 7 - 390）

【识别要点】落叶灌木，高达 5m。小枝髓黑褐色，后变中空，幼时具微毛。叶卵状椭圆形至卵状披针形，两面疏生柔毛，全缘。花成对腋生，总花梗短于叶柄，苞片线形；花冠唇形，唇瓣长为花冠筒的 2～3 倍，先白色后变黄色，有芳香。果球形，红色。花期 5～6 月，果期 9～10 月。

【变种与品种】红花金银忍冬（f. erubescens）。花较大，淡红色。小苞片和幼叶均带淡红色。

【分布】产于长江流域及以北地区。

【习性】喜光，耐阴，耐寒，耐旱，耐水湿，喜湿润肥沃土壤。萌芽力、萌蘖力强。病虫害少。

【繁殖】播种、扦插繁殖。

【用途】树势旺盛，枝叶扶疏，春夏开花，清雅芳

图 7 - 390 金银忍冬

香，秋季红果累累，晶莹可爱，是良好的观花、观果树种。可孤植、丛植于草坪、路边、林缘、建筑物周围。花可提取芳香油，全株可入药，亦是优良的蜜源植物。

2. 郁香忍冬（香忍冬、香吉利子）Lonicera fragrantissima Lindl. et Paxon.（图 7 - 391）

【识别要点】半常绿或落叶灌木，高 2～3m。枝髓充实，幼枝被刺刚毛。叶卵状椭圆形至卵状披针形，表面无毛，背面疏被平伏刚毛。花成对腋生，苞片条状披针形；花冠唇形，

粉红色或白色，芳香。果椭圆形，长约 1cm，鲜红色，两果合生过半。花期 2～4 月，果期 5～6 月。

【分布】产于我国中部地区。

【习性】喜光，耐阴，耐旱，不耐涝，喜湿润、肥沃、排水良好的土壤。萌蘖性强。

【繁殖】播种、扦插、分株繁殖。

【用途】枝叶茂密，春季先叶开花，花态舒雅，浓香宜人，夏季红果。宜植于草坪、建筑物前、园路旁、转角处、假山石旁及亭际周围。老桩可作盆景。

3. 鞑靼忍冬（新疆忍冬） *Lonicera tatarica* **L.** （图 7-392）

图 7-391 郁香忍冬

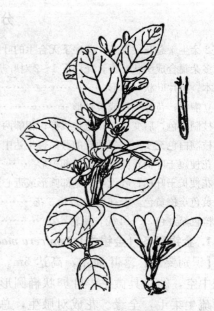

图 7-392 鞑靼忍冬

【识别要点】落叶灌木，高达 3m。小枝中空，老枝皮灰白色。叶卵形或卵状椭圆形，无毛。花成对腋生，总花梗长于叶柄，相邻两花的萼筒分离；花冠唇形，粉红色或白色，里面有毛，花冠筒短于唇瓣。浆果球形，红色，常合生。花期 5 月，果期 9 月。

【分布】原产欧洲及西伯利亚、我国新疆北部。

【习性】喜光，耐半阴，耐寒，耐干旱瘠薄，适应性强，喜温暖湿润，喜肥沃疏松的中性土壤。

【繁殖】播种、扦插繁殖。

【用途】分枝均匀，冠形紧密，花美叶秀，是花果俱佳的观赏灌木。宜植于草坪、建筑物前、路旁、坡地等。

（四）荚蒾属 *Viburnum* L.

灌木或小乔木，冬芽裸露或被芽鳞，常被星状毛。单叶对生，稀轮生；全缘或有齿或裂。花小，圆锥状花序或伞房状聚伞花序，花序边缘常有大型不孕花；花整齐；萼 5 齿裂；花冠辐射状、钟状或高脚碟状；雄蕊 5 枚；花柱极短。浆果状核果。

荚蒾属约 200 种，分布于北半球温带和亚热带地区。我国约 100 种，南北各地均有。

分种检索表

1. 华南珊瑚树（早禾树、珊瑚树）*Viburnum odoratissimum* Ker（图 7 - 393）

【识别要点】常绿小乔木，高可达 10m。枝有小瘤体。叶长椭圆形，长 7～15（20）cm，先端短尖或钝，全缘或中上部有钝齿，革质，背面脉腋有小孔，孔口有簇毛，侧脉 5～8 对。花白色，芳香，花冠筒长不足 2mm，裂片长于筒部，花柱较粗短，柱头不高出萼裂片；圆锥花序顶生。核果卵状椭圆形，红色，熟后转黑色。花期 5 月，果期 9～10 月。

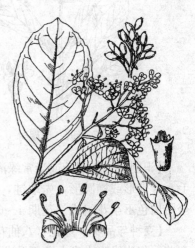

图 7 - 393　华南珊瑚树

【分布】产于我国广东、广西、湖南南部及福建东南部。长江流域城市栽培。

【习性】稍耐阴，喜温暖气候，不耐寒，耐烟尘，对二氧化硫及氯气有较强的抗性及吸收能力，耐火能力强，耐修剪。

【繁殖】扦插繁殖为主，也可播种繁殖。

【用途】枝繁叶茂，红果形如珊瑚，绚丽可爱。在规则式庭园中可修剪成绿篱、绿墙、绿门、绿廊；在自然式园林中宜孤植、丛植等，用于荫蔽遮挡。也是工厂绿化及防火隔离的好树种。嫩叶、枝可药用。

2. 珊瑚树（法国冬青）*Viburnum awabuki* K. Koch（图 7 - 394）

【识别要点】与早禾树相近似。叶较狭，倒卵状长椭圆形，长 6～16cm，先端钝尖，全缘或上部有疏钝齿，革质，侧脉 6～8 对。花白色，芳香；圆锥状聚伞花序顶生。核果倒卵形或倒卵状椭圆形，熟时红色，似珊瑚，经久不变，后转蓝黑色。花期 5～6 月，果期 9～11 月。

【分布】产于我国浙江和台湾，长江流域以南广泛栽培，黄河流域以南各地也有栽培。

【习性】喜光，稍耐阴，不耐寒。耐烟尘，对氯气、二氧化硫抗性较强。根系发达，萌芽力强，耐修剪，易整形。

【繁殖】以扦插繁殖为主，亦可播种繁殖。

【用途】枝叶繁密紧凑，树叶终年碧绿而有光泽，秋季红果累累盈枝头，状若珊瑚，极为美丽，是良好的观叶、观果树种。在庭园中可作为绿墙、绿门、绿廊、高篱或丛植装饰墙角,特别作高篱更优于其他树种,亦可修成各种几何图形。与大叶黄杨、大叶罗汉松同为海岸绿篱三大树种。对多种有害气体有较强抗性,又能抗烟尘、隔音,可用于厂矿及街道绿化。又因枝叶茂密,含水量多,可成行栽植作防火树种。

3. 绣球荚蒾(大绣球、斗球、木绣球) *Viburnum macrocephalum* **Fort.**(图 7 - 395)

图 7 - 394 珊瑚树

图 7 - 395 绣球荚蒾

【识别要点】落叶或半常绿灌木,高达 4m,树冠呈球形。裸芽,幼枝及叶背面密生星状毛。叶卵形或椭圆形,先端钝,基部圆形,细锯齿。大型聚伞花序呈球状,径 15～20cm,全由白色不孕花组成。花期 4～6 月。

【变种与品种】琼花(八仙花)(f. *keteleeri*)。与原种主要区别点为:琼花花序中央为可育花,仅边缘为大型白色不孕花,果椭圆形,先红后黑。果期 9～10 月。

【分布】产于我国长江流域,各地广泛栽培。

【习性】喜光,稍耐阴,喜温暖湿润气候,较耐寒。喜生于湿润、排水良好、肥沃的土壤。萌芽力、萌蘖力强。

【繁殖】扦插、压条、分株繁殖。管理较粗放,移栽修剪要注意培养圆整的树姿。

【用途】树枝开展,繁花满树,洁白如雪球,极为美观。且花期较长,是优良的观花灌木。变型琼花,花扁圆,边缘着生洁白不孕花,宛如群蝶起舞,逗人喜爱。宜孤植于草坪及空旷地、园路两侧、庭中堂前、墙下、窗前或后庭树下,如小片群植也十分壮观。

4. 鸡树条荚蒾(鸡树条子) *Viburnum sargentii* **Koehne.**

【识别要点】落叶灌木,高达 3m。树皮暗灰色,浅纵裂,有明显条棱。叶通常 3 裂,缘有不规则锯齿,掌状三出脉,叶柄顶端有 1～4 腺体;托叶钻形。头状聚伞花序,边缘为大型白色不孕花,中心为乳白色可孕花;花药紫红色。核果近球形,红色。花期 5～6 月,果期 9～10 月。

【变种与品种】天目琼花(var. *calvescens*)。幼枝及花序无毛,叶背面脉腋有簇毛或沿脉疏生平伏长毛。(图 7 - 396)

【分布】我国长江流域、华北、东北、内蒙古均有分布。

【习性】喜光,耐阴,耐寒,耐旱,微酸性及中性土壤都能生长。

【繁殖】播种或分株繁殖。种子采收后即播,或湿沙层积处理至翌年春播。

【用途】树姿清秀，叶形美丽，初夏花白似雪，深秋果似珊瑚，为优美的观花、观果树种。植于草地、林缘、建筑物四周，也可在假山、道路旁孤植、丛植或片植。嫩枝、叶、果可入药。

5. 香荚蒾（香探春）*Viburnum farreri* Stearn.（图7-397）

图7-396 天目琼花

图7-397 香荚蒾

【识别要点】落叶灌木，高达3m。小枝粗壮，褐色，平滑，幼时有柔毛。叶菱状倒卵形至椭圆形，先端尖，有锯齿，羽状脉明显，直达齿端，背面脉腋有簇毛。花冠高脚碟状，5裂，蕾时粉红色，开放后白色，芳香；聚伞状圆锥花序。果椭球形，鲜红色。花期3～4月，先叶开放或花叶同放；果期8～10月。

【分布】产于我国北部，华北园林常见栽培。

【习性】喜光，但不耐夏季强光直射，耐寒性强，不耐积水。萌芽力强，耐修剪。

【繁殖】压条、分株或扦插繁殖。

【用途】树形优美，枝叶扶疏，早春开花，白色而浓香，秋季红果累累，挂满枝梢，是优良的观花、观果灌木。宜孤植、丛植于草坪边、林缘下、建筑物背阴面，亦可整形盆栽。

（五）双盾木属 *Dipelta* Maxim.

落叶灌木或小乔木。叶对生。花单生或聚伞花序，基部具不等数苞片，其中两枚大者包被子房；花冠筒状钟形，略二唇形；雄蕊2强。核果，被宿存苞片所包被。

双盾木属约3种，我国特产，以华中西北部为分布中心。

双盾木 *Dipelta floribunda* Maxim.（图7-398）

【识别要点】落叶灌木或小乔木，高达6m。单叶对生，叶卵形至椭圆状披针形，全缘。花冠筒状钟形，略二唇形，粉红色或白色，喉部橙黄色，花萼管具长柔毛，雄蕊4枚，芳香。核果包藏于宿存苞片和小苞片中，小苞片2，径达2.5cm，形如双盾。花期4～7月，果期8～9月。

【分布】产于我国陕西、甘肃、湖北、湖南、广西、四川等地。

【习性】喜光，耐干旱瘠薄。

【繁殖】播种繁殖。

【用途】花美丽，果形奇特，可用于庭园观赏，丛植或列植。

（六）接骨木属 *Sambucus* L.

落叶灌木或小乔木，稀草本。枝髓较大。奇数羽状复叶对生，有锯齿或裂。花小，整齐，聚伞花序呈伞房状或圆锥状；花萼、花冠3～5裂；雄蕊5枚。核果浆果状。

接骨木属约20种，产于温带和亚热带地区。我国5种，各地均有分布。

接骨木（公道老、扦扦活）*Sambucus williamsii* Hance（图7-399）

图7-398 双盾木　　　　　　　　图7-399 接骨木

【识别要点】落叶灌木或小乔木，高达6m。枝条黄棕色。小叶5～7（11），卵状椭圆形或椭圆状披针形，基部宽楔形，常不对称，有锯齿，揉碎后有臭味。花冠辐射状，5裂，白色至淡黄色；萼筒杯状；圆锥状聚伞花序顶生。果近球形，黑紫色或红色，小核2～3。花期4～5月，果期6～7月。

【分布】产于我国东北、华北、华东、华中、西北及西南地区。各地广泛分布。

【习性】喜光，稍耐阴，耐寒，耐旱，不耐涝，对气候要求不严，适应性强，喜肥沃疏松沙壤土。根系发达，萌蘖性强。

【繁殖】扦插、分株、播种繁殖。

【用途】枝叶繁茂，春季白花满树，夏、秋红果累累，是良好的观赏灌木。宜植于草坪、林缘或水边，也可用于城市、工厂防护林。枝、叶可药用。

 学习小资料

　　小资料1　林荫道：是城市主干道和街道绿化的一种形式。常设在主干道、主要街道以及通往大型公共场所、公园的街道两旁或一边，栽植高大乔木、花灌木、草坪，有遮阳、防烟尘等作用。在林荫道的绿化带上常设置各种游戏设备及货亭、报亭等，以供游憩。

　　小资料2　生态平衡（自然平衡）：指一定的动、植物群落和生态系统在发展过程中，各种对立因素（相互排斥的生物种和非生物条件）通过相互制约、转化、补偿、交换等作用，达到一个相对稳定的平衡阶段。

　　小资料3　生态失衡：指人类不合理地开发利用自然资源，其干预程度超过生态系统的阈值范围，破坏了原有生态平衡，从而对生态环境造成不良影响的一种生态现象。

小资料4 生态报复：指由于人为因素破坏了原有生态平衡，大自然又以自然灾害的形式"回报"人类的一种生态现象。

相对于裸子植物来说，被子植物生活型要复杂得多，既有高大的乔木、花灌木，也有藤木或草本，但其最主要的是具有典型的花和由花发育而来的果实，这是人们最为关注的对象。被子植物的叶宽阔，具有网状的叶脉，其输导组织发达，根系多为直根系，所以又称为阔叶树种。阔叶树根据花瓣的联合与否又可分为离瓣花类和合瓣花类。在阔叶观赏类树种中，尤其要高度关注的是几个特别重要的科，如蔷薇科、木兰科、杜鹃花科、豆科、木樨科等赏花树种，如柿树科、冬青科、石榴科、芸香科等观果树种，如槭树科、金缕梅科、无患子科等观叶树种，如杨柳科、紫葳科、悬铃木科、七叶树科等赏形树种，如榆科、夹竹桃科、玄参科等适应能力特别强的树种。

复习与思考

1. 蔷薇科、豆科、木樨科为我国园林应用比较集中的科，请列举出当地该科植物的园林应用实例。

2. 忍冬科在我国园林中应用非常广泛，仔细观察周围园林中的该科树木，说明其观赏部位及园林特点。

3. 榆科树种何主要特征？榆属和朴属如何区别？

4. 简述蔷薇科的主要特征，分亚科的主要依据以及苹果属和梨属的主要区别。

5. 比较下列树种的异同点：①垂丝海棠和西府海棠；②月季与玫瑰；③日本樱花、日本晚樱和樱花；④梅与杏；⑤麦李与郁李；⑥水栒子与平枝栒子。

6. 根据物候、观赏特性等列举出下列种类观赏树种：①早春先花后叶的树种；②夏季开红花的树种；③适合丛植的观花树种；④适合配植岩石园的树种；⑤适合制作盆景的树种；⑥适合作绿篱的树种。

7. 豆科的主要特征是什么？如何区别含羞草亚科、苏木亚科及蝶形花亚科？

8. 比较皂荚与山皂荚、国槐与刺槐的异同点。

9. 木樨科的主要特征是什么？连翘属、丁香属树种在园林中如何应用？

10. 比较连翘与金钟花、紫丁香与欧洲丁香、白蜡与洋白蜡、小叶女贞与小蜡的异同点。

11. 比较锦带花与海仙花、鸡树条荚蒾与木绣球的异同点。

12. 忍冬属的主要特征是什么？可作垂直绿化的树种有哪些？如何应用？

13. 槭树科树种为我国著名的"枫叶"植物，如何才能准确识别它们？

14. 枣树是我国南北广布的果树，思考在园林中如何应用。

15. 山茶花是我国的传统名花之一，在园林绿化中怎样才能发挥其名花效应？

16. 紫薇若按花色来分，可区分为很多品种，当地都有哪些品种？

17. 当地栽培的石榴为哪种类型？主要有哪些品种？

18. 杜鹃花是我国著名的观花植物，我国野生资源很多，在园林绿化中如何开发利用这些野生种类？

19. 当地马鞭草科植物有哪些？其中哪些可用作园林植物栽培？

20. 茜草科树木在园林绿化中应用非常普遍，请列举当地在园林中应用的种类。

第八章

观 赏 竹 类

【知识目标】 1. 了解竹子的形态术语。
　　　　　　 2. 了解竹子与一般木本植物的主要区别。
　　　　　　 3. 了解竹子在园林绿化建设中的特殊作用。
　　　　　　 4. 了解竹子在中国文化中的作用。
　　　　　　 5. 了解竹子在养护管理中的特点。
【技能目标】 1. 识别园林绿化中常用竹子 20 种。
　　　　　　 2. 会简单进行竹子的养护管理。

　　观赏竹是指具有特殊景观与审美价值的植物。白居易在其《养竹记》中有："竹似贤，何哉？竹本固，固以树德，君子见其本，则思善建不拔者。竹性直，直以立身；君子见其性，则思中立不倚者。竹心空，空以体道；君子见其心，则思应虚受者。竹节贞，贞以立志；君子见其节，则思砥砺名行，夷险一致者。夫如是，故君子人多树为庭实焉"的论述，可见在唐代，我国就已开始大量植竹造园。

　　竹秆挺拔修长，亭亭玉立，它可以表达四时青翠、凌霜傲雪、潇洒多姿、高风亮节、虚心自持、宁折不屈、正直挺拔、助人为乐等情节，有所谓声、影、意、形"四趣"。观赏竹类属禾本科竹亚科，是一类再生性很强的植物，是重要的造园植物材料。

第一节　观赏竹子的分类

一、概述

　　高等植物的分类主要是依靠花，其次是果实，只凭借枝叶特征难以区分不同树种。但竹子一个有性世代只开一次花，有的几年，有的几十年甚至几百年，依不同的竹种而定。如果起源相同，可能成片同时开花。由于竹子极难开花，所以一般情况下主要凭借枝叶等营养器官的特征来区分不同竹种。

　　竹子广泛分布于北纬 46°至南纬 47°的热带、亚热带和暖温带地区，集中分布于南、北回归线之间的广大地区。100 多年来，经过植物分类学家的努力，在竹亚科的分类方面已取得了很大的成绩，目前全世界有 60～70 属 700～800 种；我国有 35 属 300 余种。我国观赏竹资源十分丰富，随着国民经济的迅速发展，城镇绿化建设规模、速度的加快和植物造景水平的提升，观赏竹越来越受到人们的重视并得到普遍应用，但仍有许多较高价值的野生观赏竹种尚待开发利用。

二、主要形态术语

(一)花

竹子的花以小穗为单位，每小穗含若干朵小花。小花有外稃和内稃各 1 枚，向内包围着鳞被、雄蕊和雌蕊（图 8-1）。

(二)竹秆

竹秆是竹子的主体，分为秆茎、秆基和秆柄三个部分（图 8-2）。

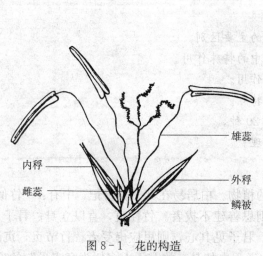

图 8-1　花的构造

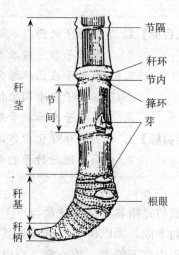

图 8-2　竹秆的构造

1. 秆茎　秆茎是竹秆的地上部，由秆环、箨环、节内、节隔和节间组成。秆茎每节分两环，下环为笋环，又称为箨环，是竹笋脱落后留下的环痕；上环为秆环，是居间分生组织停止生长留下的环痕。秆环和箨环之间的距离称为节内；秆环、箨环、节内合称为节；两节之间称为节间，节间通常中空，节与节之间有节隔相隔。

2. 秆基　秆基是竹秆入土生根部分，由数节至十数节组成，节间缩短而粗大。各节密集生根，形成竹株的独立根系。丛生竹和混生竹的秆基具有芽，可萌笋长竹。秆基、秆柄和竹根合称竹蔸。

3. 秆柄　俗称"螺丝钉"，是竹秆最下端部分，在土中斜向下与竹鞭或母竹的秆基相连，细小、短缩、不生根，由数节或数十节组成，形状如螺丝钉，是竹子地上部与地下部的连接输导枢纽。

(三)地下茎

地下茎是竹子在土壤中横向生长的茎。根据竹子地下茎的形态特征分为三种类型（图 8-3）。

1. 单轴散生型　地下茎包括横走的竹鞭、较短的秆柄和秆基三部分。秆基上的芽形成竹鞭，竹鞭节上生芽生根，鞭芽可形成新的竹鞭，也可出土形成竹秆，竹秆之间距离较长，在地面呈散生状。如紫竹、毛竹、刚竹、斑竹、淡竹等。

2. 合轴丛生型　地下茎粗大短缩，仅由秆柄和秆基两部分组成，无竹鞭。秆基大型芽出土成竹，竹秆在地面形成密集竹丛。如佛肚竹、凤凰竹、青皮竹、慈竹、绿竹、粉单竹等。

此外，还有合轴散生型。秆柄显著增长，形成多节的假鞭，长达 30cm，但鞭芽退化，节上无芽无根，由地下茎顶芽和秆基侧芽出土成竹，使竹秆在地面散生。如龙头竹、大箭竹等。

3. 复轴混生型　兼有单轴型和合轴型两种类型的特点，既有横向生长的竹鞭，鞭芽抽笋长出散生竹秆；又有秆基芽眼萌发的竹笋，长出成丛的竹秆。在地上兼有丛生竹和散生竹。如茶秆竹、苦竹、赤竹、方竹等。

（四）分枝

竹秆是地下茎的第一级分枝；秆节部的分枝为第二级分枝，由秆的侧芽发育而成。根据每节的分枝数可分为以下四种类型（图 8-4）。

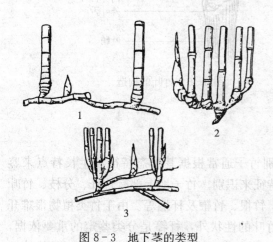

图 8-3　地下茎的类型

1. 单轴散生型　2. 合轴丛生型　3. 复轴混生型

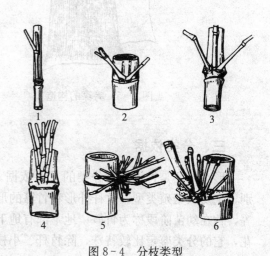

图 8-4　分枝类型

1. 单枝型　2. 二枝型　3、4. 三枝型　5、6. 多枝型

1. 单枝型　竹秆每节单生 1 枝。

2. 二枝型　每节具 2 分枝，通常 1 枝较粗，1 枝较细。

3. 三枝型　竹秆中部节每节具 3 分枝，而秆上部节的每节分枝数可达 5～7。

4. 多枝型　每节具多数分枝，分枝或近于等粗（无主枝型），或其中 1～2 枝较粗长（有主枝型）。

（五）叶

竹子有两种形态的叶，即秆叶和竹叶。

1. 秆叶　竹笋上的变态叶称为秆叶，也称为秆箨或笋箨。秆叶不能进行光合作用，仅仅起着保护居间分生组织和幼嫩的竹秆不受机械创伤的作用。一枚完全的秆箨由箨鞘、箨舌、箨耳、箨叶构成（图 8-5）。

（1）箨鞘。其基部着生于箨环上，整个包被竹秆的节间，外缘通常分离。

（2）箨叶。着生于箨鞘的顶端，通常无柄，宿存或断落。

（3）箨舌。箨舌着生于箨鞘和箨叶的交界处。绝大多数箨鞘具箨舌，有的竹种箨舌退化。

（4）箨耳。箨耳通常着生于鞘顶的两侧。

2. 竹叶　竹叶指着生于枝条上的营养叶，能进行光合作用。竹叶分为叶鞘、叶柄和叶片三部分（图8-6）。

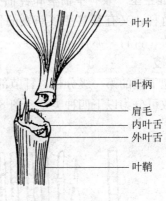

图8-5　笋箨的构造　　　　　图8-6　竹叶的构造

三、分类依据

　　形态特征是竹类植物分类的主要依据。识别竹子通常根据其形态特征和生长特点来鉴别，主要从繁殖类型、竹秆外形和竹箨的形状特征来识别。竹子地上部有竹秆、分枝、竹叶等，竹在幼苗阶段称为竹笋；地下部有地下茎、竹根、竹鞭及秆柄等。由于竹类植物很难开花，它的分类鉴定比较特殊，除竹秆、小枝与竹叶的性状外，秆箨是分类鉴定的重要依据，包括箨鞘、箨舌、箨耳、箨叶和肩毛等。箨叶的形状有三角形、锥形、披针形、卵状披针形、带形等。箨叶在箨鞘上是直立还是反转，其本身是平直还是皱褶、颜色以及其基部宽度与箨鞘顶部宽度之比等都是可以用于分类的性状。不同竹种节间的长短差异显著，如粉单竹节间长达1m，而大佛肚竹节间长仅数厘米。大多数竹种的节间为圆筒形，而方竹的节间为方形，大佛肚竹的节间为盘珠状。秆环隆起的程度随竹种的不同而异。

　　在竹子的系统分类上，地下茎的类型虽然次于花，但在竹子不开花的情况下，它就显得非常重要。按地下茎的类型和地上部形态来划分，观赏竹可分为丛生竹、散生竹和混生竹三大类。

第二节　我国常见的观赏竹种类

一、散生竹

　　单轴散生型竹子具有土中横走的竹鞭，鞭节上生芽、生根或具瘤状突起，芽可萌发出土长成竹秆（也可形成新竹鞭），竹秆在地面呈散生状。散生竹一般在3～5月竹笋出土生长，之后进入高生长期，直至抽枝展叶。待5～6月新竹抽枝展叶后竹鞭生长开始，以8～9月生长最快，10月竹鞭进入孕笋期后，生长减慢且逐渐停止。

　　1. 毛竹（茅竹、楠竹） *Phyllostachys pubescens*（**Carr.**）**Mitf.**（图8-7）

【识别要点】乔木状竹种，高可达 20～25m，地径 12～20cm 或更粗。秆节间稍短，箨环隆起。新秆绿色，有白粉及细毛；老秆灰绿色，节下面有白粉或黑色的粉垢。笋棕黄色，秆箨背面密生黑褐色斑点及深棕色的刺毛；箨舌短宽，两侧下延呈尖拱形，边缘有褐色粗毛；箨叶三角形至披针形，绿色，初直立，后反曲；箨耳小，但肩毛发达。每小枝有 2 - 3 片叶，叶舌隆起，叶耳不明显。

【分布】分布在秦岭、淮河以南，南岭以北；浙江、江西、湖南是分布中心。在海拔 800m 以下的丘陵山地生长最好，山东等地有引种，是我国分布最广的竹种。

【变种及品种】龟甲竹（var. *heterocycla*）。又称佛面竹。秆矮小，仅 3～6m。秆下部节间短缩、膨大，交错成斜面，甚为美观。栽培变种还有花秆毛竹、黄槽毛竹、绿槽毛竹、金丝毛竹等。

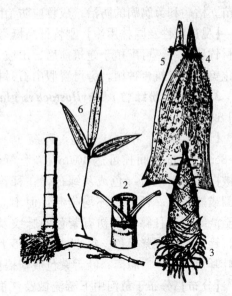

图 8-7　毛　竹
1. 秆、秆基及地下茎　2. 竹节分枝　3. 笋
4. 秆箨背面　5. 秆箨腹面　6. 叶枝

【习性】喜光，亦耐阴。喜湿润凉爽气候，较耐寒，能耐－15℃的低温，若水分充沛时耐寒性更强。喜肥沃湿润、排水良好的酸性土壤。

【栽培】可播种、分株、埋鞭繁殖。11 月至翌年 2 月雨后阴天栽植，成活后经常除草、松土，灌溉、排涝、施肥、疏笋疏竹，钩梢整枝，合理采伐，及时防治笋夜蛾、竹蝗、竹螟、卵圆蝽及毛竹枯梢病。雪压、冰挂、风倒等危害严重地方的竹林应在 10～11 月采取钩梢措施，留枝 15 盘左右。

【观赏特性及园林用途】毛竹秆高叶翠，端直挺秀，最宜大面积种植。在风景区、屋前宅后均可种植，既可美化环境，又具很高的经济价值。

2. 刚竹（胖竹）*Phyllostachys viridis*（Young）McClure

【识别要点】乔木状竹种，秆高达 15m，地径 4～7cm。秆节箨环隆起，秆环不明显。新秆鲜绿色，无白粉或微有白粉。老秆绿色，节下残留白粉。笋黄绿色至淡褐色。秆箨背部有浅棕色斑点，微有白粉。箨叶绿色，常有橘红色边带，平直或反折，无箨耳或肩毛。每小枝有叶 2～6 片，有叶耳和长肩毛，宿存或部分脱落。

【分布】原产我国，分布于黄河至长江流域以南广大地区。多生于平地缓坡。

【变种及品种】

（1）黄槽刚竹（f. *houzeauana*）。主秆节间或节处有黄色或浅绿色纵条纹。

（2）黄皮刚竹（f. *youngii*）。秆金黄色，秆节下或节间内常有绿色纵条纹。

【习性】喜光，亦耐阴。耐寒性较强，能耐－18℃的低温。喜肥沃深厚、排水良好的土壤，较耐干旱瘠薄，耐含盐量 0.1％的轻盐碱土和 pH8.5 的碱性土。

【栽培】从秋后到初春移植 2～3 年生母竹，连蔸挖掘，留来鞭去鞭各长 20～30cm，带土 10～15kg，削去顶端，留枝 4～5 盘栽植。新竹林要搞好灌溉排水、除草施肥工作，注意竹苗立枯病和笋腐病的防治；成竹应防治刚竹茎腐病、竹秆锈病以及刚竹毒蛾等。

【观赏特性及园林用途】刚竹秆高挺秀，枝叶青翠，是长江下游流域各地重要的观赏和用材竹种之一。可配植于建筑前后、山坡、水池边、草坪一角，宜在居民新村、风景区种植绿化美化；宜筑台种植，旁可置假山石衬托，或配植松、梅，形成"岁寒三友"之景。

3. 淡竹（粉绿竹）*Phyllostachys glauca* **McClure**（图8-8）

【识别要点】乔木状竹种，秆高 10～15m，地径2～8cm，中部节间长可达 40cm。新秆绿色至蓝绿色，密被白蜡粉。老秆绿色或灰绿色，在秆箨下方常留有粉圈或黑污垢。秆节两环均隆起，但不高凸。笋淡红色至淡绿色。秆箨背面初有紫色的脉纹及稀疏的褐斑点，箨舌紫色或紫黑色。每小枝有 3～5 片叶，叶鞘初有叶耳及肩毛，后脱落；叶舌紫色或紫褐色。

【分布】分布于黄河中下游流域及江浙一带，为华北地区庭园绿化的主要竹种。

【变种及品种】筠竹（f. *yunzhu*）。秆渐次出现紫褐色斑点或斑块，分布于河南、山西。竹秆匀齐劲直，柔韧致密，秆色美观，常栽于庭园观赏。

【习性】适应性较强，在−18℃左右的低温和轻度盐碱土上也能正常生长，能耐一定程度的干燥瘠薄和暂时的流水浸渍。在辽宁营口能安全越冬。

【栽培】栽植时注意选好 2～3 年生母竹，留30cm 来鞭、50cm 去鞭，深挖穴，栽竹较母株稍深1～2cm，埋土下紧上松，浇足底水。成活后做好常规管理工作。

【观赏特性及园林用途】秆材柔韧，篾性好，适于编织及庭园绿化。

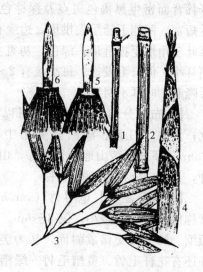

图8-8 淡 竹
1、2. 秆的节，节间及分枝 3. 叶枝
4. 笋 5. 秆箨顶端背面 6. 秆箨顶端腹面

4. 紫竹（黑竹、乌竹）*Phyllostachys nigra* (**Lodd.**) **Munro**（图8-9）

【识别要点】乔木状中小型竹，秆高 3～10m，地径可达5cm。秆节两环隆起，新秆绿色，有白粉及细柔毛，一年后变为紫黑色，毛及粉脱落。箨鞘背面密生刚毛，无黑色斑点。箨舌紫色，弧形，与箨鞘顶部等宽，有波状缺齿。每小枝有叶 2～3 片，披针形，下面有细毛。叶舌微凸起，背面基部及鞘口处常有粗肩毛。

【分布】主要分布于长江流域，陕西、北京紫竹院公园亦有栽培。

【变种及品种】淡紫竹（毛金竹）（var. *henonis*）。

图8-9 紫 竹
1. 秆的一段 2. 叶枝 3. 笋 4. 秆箨背面
5. 秆箨顶端背面 6. 秆箨顶端腹面

秆高可达 7～18m，秆壁较厚，秆绿色至灰绿色。

【习性】性喜温暖、湿润，较耐寒，可耐－20℃低温，北京可露地栽培。亦耐阴，忌积水，对土壤要求不严，以疏松、肥沃、排水良好、微酸性的土壤最为适宜。

【栽培】2～3 月份选 2～3 年生母竹移竹植鞭分株繁殖。华北地区露地栽培需选择避风向阳处，注意冬、春灌溉。紫竹易发笋，过密时应删除老竹。盆景用竹应抑制过高生长，当竹笋长出 10～12 片笋箨时，剥去基部 2 片，之后陆续向上层层剥除，至最低分枝下一节处。

【观赏特性及园林用途】秆紫叶绿，别具特色，极具观赏价值。宜与黄金间碧玉、碧玉间黄金等观赏竹种配植或植于山石之间、园路两侧、池畔水边、书斋和厅堂四周，亦可盆栽观赏。

5. 桂竹（五月季竹、麦黄竹）Phyllostachys bambusoides Sieb. et Zucc.

【识别要点】乔木状竹种，秆高可达 11～20m，地径 8～10cm。新秆绿色或深绿色，秆节两环隆起。笋黄绿色至黄褐色。箨鞘背面密生黑褐色斑点，疏生少量刺毛。箨舌微隆起，呈弧形，先端有纤毛。箨叶橘红色或有绿色边缘，有皱褶、平展或下垂。箨耳较小，有弯曲的长肩毛。每小枝有叶 5～6 片，常保留 2～3 叶，有叶耳及长肩毛，脱落性。

【分布】主要分布于长江流域下游各省区，黄河流域中下游栽培也较多。

【变种及品种】斑竹（f. tanarae）。又称为湘妃竹，竹秆和分枝上有紫褐色斑块或斑点。此外还有黄金间碧玉竹、碧玉间黄金竹。

【习性】喜温暖凉爽气候及土层肥厚、排水良好的沙质土壤，耐干旱瘠薄，抗性较强，能耐－18℃的低温。

【栽培】幼秆节上潜伏芽易萌蘖，常在春、秋两季分株、埋秆繁殖或直接移竹栽植。因秆大株高，笋期晚，当年生竹易受风雪压折，要注意预防。防治象甲虫可注射 40％搏乐（毒死蜱）乳油。

【观赏特性及园林用途】常栽于庭园观赏，是南竹北移的优良竹种。

6. 金竹（黄皮刚竹）Phyllostachys sulphurea（Carr.）et C. Riviere

【识别要点】秆高 6～10m，地径 5～8cm。枝秆金黄色，分枝以下仅具箨环。箨鞘黄色，具绿纵纹及淡棕色斑点；箨舌显著，先端截平，边缘具粗须毛；箨叶细长呈带状，基部宽为箨舌的 2/3，反转，下垂，微皱，绿色，边缘肉红色。叶片常有淡黄色的纵条纹。

【分布】原产于江苏、浙江等地，最高海拔 1 200m。

【变种及品种】

（1）'黄皮绿筋'竹（'Robert Young'）。新秆黄绿色，渐变为黄色，兼有宽窄不等的绿色纵条纹。

（2）'绿皮黄筋'竹（'槽里黄'刚竹)（'Houzeau'）。竹秆绿色，纵槽淡黄色。

【习性】生境山坡林中；7～8 月仍有少量发笋。

【栽培】江浙一带庭园中栽培供观赏，国内外多引种栽于园林中。

【观赏特性及园林用途】竹秆金黄色，风姿独特，颇为壮观，间以绿色纵条纹，非常美丽，为名贵观赏竹种。宜植于庭园内池旁、亭际、窗前，或叠石之间，或于绿地内成丛栽植。

7. 红哺鸡竹（红壳竹）Phyllostachys iridescens C. Y. Yao et S. Y. Chen

【识别要点】秆高 6～12m，径可达 10cm，幼秆被白粉，1～2 年生竹秆逐渐出现黄绿色纵条纹，老秆无条纹；中部节间长 17～24cm，秆环和箨环中度缓隆起。箨鞘紫红色或淡红褐色，边缘紫褐色。

【分布】原产于浙江临安，主要分布在江苏、浙江等地，上海、四川、安徽有分布。

【习性】适应性很强，对土壤要求不高，除积水和盐碱地外，各种土壤均可。

【栽培】移植母竹造林，从秋后至初春均可进行。不需要特殊的栽培管理措施，但竹笋易遭受虫害，必须注意防治。

【观赏特性及园林用途】笋量大，笋期长，箨鞘紫红色，边缘紫褐色，背部密生紫褐色长纤毛，色彩美观。适于大面积片植，也可宅旁栽培，供观赏应用。

8. 乌哺鸡竹 *Phyllostachys vivax* McClure

【识别要点】通常秆高 6～12m，径 3.5～9cm，新秆绿色，节下具白粉；节间初被浓厚蜡粉，具颇明显的纵脊条纹，秆环肿胀。笋箨淡黄褐色，密布黑褐色斑点或斑块；箨叶细长披针形，前半部强烈皱折。箨鞘密被稠密斑点；箨舌短而中部拱起，两侧显著下延。竹叶较长、大而呈簇叶状下垂。

【分布】主要分布于江浙等地，福建南屏、河南、山东等地也有少量分布。

【变种及品种】黄秆乌哺鸡竹 (f. *aureocaulis*)。秆高 4～9m，径 1.5～5cm。秆硫黄色，中下部有几个节间具 1 或数条绿色纵条纹。竹叶较长、大而呈簇叶状下垂，外观醒目。适应北方地区栽种。

【习性】抗寒性强，适应性强，为南竹北移的优良竹种。

【栽培】2～3 月份造林，约 900 株/hm²，其他可参考毛竹。

【观赏特性及园林用途】秆色泽鲜艳，竹叶较大、浓绿，为优良观赏竹种。配景、建成竹林或盆栽观赏效果都非常好。

9. 罗汉竹（人面竹、布袋竹）*Phyllostachys aurea* Carr. ex A. et C. Riviere

【识别要点】秆高 3～8m，径 2～3cm。部分秆中下部节间畸形缩短，节间呈不对称肿胀，或节间于节下有长约 1cm 的一段明显膨大；节环互为歪斜，甚为奇特，秆中部节间正常。新秆绿色，老秆黄绿色，节间长 15～20cm。箨叶带状披针形、下垂，每小枝着叶 2～3 片，竹姿奇异。

【分布】主产于亚热带地区，黄河流域以南均有分布和栽培。

【变种及品种】有花叶、花秆、黄槽等栽培变种。

【习性】性较耐寒，喜肥。适生于温暖湿润、土层深厚的低山丘陵及平原地区。

【栽培】移植母竹时，应注意覆土盖草，充分浇水，并搭支架以防风摇。在庭园中栽培，应保持表土疏松，施肥压青，当竹林发笋生长过密时，要选择老竹疏伐。

【观赏特性及园林用途】竹秆畸形多姿，为优良园林观赏竹种。罗汉竹于庭园空地栽植，以供观赏；下部畸形竹秆多制作手杖用。

10. 早园竹（沙竹）*Phyllostachys propinqua* McClure

【识别要点】秆高 2～10m。新秆绿色具白粉；老秆淡绿色，节下有白粉圈。箨环与秆环均略隆起，每节具 2～3 小枝。小枝具 2～3 片叶，叶片带状披针形，背面基部有毛，叶舌弧形隆起。箨鞘淡紫色或深黄褐色，被白粉，有紫褐色斑点；箨舌淡黄色，弧形；箨叶带状披针形，平直反曲，紫褐色。

【分布】原产浙江、江苏、安徽、江西等地，河南、山西有栽培。

【习性】抗寒性强，能耐短期－20℃低温。适应性强，在轻碱地、沙土及低洼地均能生长。

【栽培】常用分株、埋鞭法繁殖；北京地区露地栽培，避风向阳处可安全越冬。

【观赏特性及园林用途】秆高叶茂，生长强壮，供庭园观赏，是华北园林中栽培的主要竹种。

11. 早竹（燕竹）*Phyllostachys praecox* C. D. Chu et C. S. Chao

【识别要点】秆高7～11m，径4～8cm，节间短而均匀，长约20cm。新秆节带紫色，密被白粉，基部节间常具淡紫色的纵条纹。箨鞘褐绿色，初具白粉，密被褐斑；箨耳及鞘口繸毛不发育；箨舌先端拱凸，具短须毛，中上部箨两侧明显下延；箨叶长矛形至带形，反转，皱褶。

【分布】分布于江苏、浙江、上海、安徽、福建等地。湖南、江西有引种。

【变种及品种】

(1)'黄槽'早竹（'Notata'）。秆绿色，纵槽内黄色。

(2)'花秆'早竹（'Viridisulcata'）。秆黄色，分枝侧有宽绿条纹，其他部分有细绿条纹。

【习性】笋期3月下旬至4月上旬或更早，故谓之早竹。

【栽培】造林株行距3～4m，穴长60～80cm，宽40～50cm，深40～50cm。新栽竹林要及时补植，如遇久旱不雨、土壤干燥，要适时适量浇水。而当久雨不晴、林地积水时需及时排水。注意除草松土，合理施肥，护竹留笋。

【观赏特性及园林用途】早竹笋味鲜美，是江浙一带早春时令鲜菜；黄槽早竹与花秆早竹色泽美观，适于园林栽培应用。

12. 方竹 *Chimonobambusa quadrangularis*（Fenzi）Mak.

【识别要点】方竹秆高3～8m，节间呈四方形，向上逐渐变圆，竹子越大竹秆越方。深绿色，基部生有小疣状突起；秆环基隆起，基部数节常具一圈刺瘤。箨鞘厚纸质，具多数紫色小斑点；箨叶极小，每节3枝或多枝簇生。小枝着叶3～5片，窄披针形。花枝无叶，小穗常簇生成团，主要笋期在秋季。

【分布】主产于华东、华南以及秦岭南坡等亚热带地区。

【习性】喜光，喜温暖湿润气候。适生于土质疏松肥厚、排水良好的沙壤土，低丘及平原均可栽培。多自然分布于阴湿凉爽、空气湿度大的环境中。

【栽培】移植母竹或鞭根埋植法繁殖。庭园中栽植，宜选墙隅、屋旁空隙地，数株丛植并注意浇水培土。冬季可施腐熟厩肥、土杂肥。

【观赏特性及园林用途】方竹秆形四方，别具风韵，为江南庭园常见观赏竹种。秋季出笋，枝叶繁茂，除观秆外，也适宜观笋、观姿。可植于窗前、花台中、假山旁、水池小溪边，甚为优美。在自然环境适宜的旅游景点可以片植。

13. 唐竹 *Sinobambusa tootsik*（Sieb.）Mak.

【识别要点】秆高4～7m，径2～3cm。幼秆绿色，被白粉，节间长40～60cm或更长，秆环隆起，箨环隆起。秆箨早落，初略带淡红棕色，基部紫红色，被棕褐色刺毛，基部边缘密被金黄色茸毛；箨耳自基部箨向上渐增大，卵形至镰刀形，边缘具屈曲长繸毛；箨舌弓状突起，高4mm；箨叶披针形。分枝常为3枝，叶片披针形或狭披针形。

【分布】原产福建，生长于溪边、山坡阔叶林中，从几十米到千米海拔都有分布。我国广东、广西及浙江等地有栽植。

【变种及品种】'花叶'唐竹（'Albostriata'）。绿叶上有白色纵条纹。

【习性】喜湿润气候，能耐一定的阴湿环境；能耐40℃高温及零下低温。

【栽培】根系生长迅速，母株年发笋量多，对环境适应性强，园林绿化中移植成活率达95%以上，除三伏天和三九天外一年四季都可移植，繁殖力极强，当年种第二年即可发新竹，新竹长成后即可形成景观。

【观赏特性及园林用途】竹秆挺拔，分枝开展，枝叶浓密，姿态潇洒，常作庭园观赏，竹林观赏效果佳。既是传统观赏竹，亦是适应当前生态型绿化的优良竹种，可推广到江西、浙江等地广泛栽植，特别适宜在河边湖畔作为防洪固堤竹种。

二、丛生竹

丛生竹指的是合轴丛生型，由秆基大型芽出土成秆，竹秆在地面呈密集丛状。

丛生竹具有比散生竹生长更快、产量更高、开发利用价值更大等优势，对于我国竹业实现可持续发展和生态环境的保护具有重要意义。合轴丛生竹类主要分布在我国华南和西南等地，如四川、云南、广东、台湾、广西等；面积较大的竹林依次为慈竹林、麻竹林、青皮竹林、黄竹林、粉单竹林等。

1. 佛肚竹（佛竹、密节竹）*Bambusa ventricosa* McClure（图8-10）

【识别要点】丛生竹，灌木状，秆高2.5～5m。竹秆圆筒形，节间长10～20cm；畸形秆，节间短，下部节间膨大呈瓶状，长2～3cm。箨鞘无毛，初为深绿色，老时则橘红色，箨耳发达，箨舌极短。

【分布】原产我国广东，分布于江南及西南地区。

【习性】喜温暖湿润气候，喜阳光，但怕北方干燥季节的烈日暴晒，不耐旱，怕水湿，不耐严寒，冬季气温应保持10℃以上，喜疏松和排水良好的壤土。

【栽培】分株繁殖。北方只能在温室内大盆栽植或在种植槽内栽植，越冬温度不得低于5℃；气候干燥时应经常用清水喷洒叶面，春夏两季应适当庇荫；每月施一次稀薄肥水，并耙松土面，以利透气。露地栽培要施有机肥，以促进生长。

【观赏特性及园林用途】佛肚竹茎秆奇特，状若佛肚，黄亮光滑，叶色碧绿，是观赏价值较高的竹类，南方多地栽装饰庭园，北方多盆栽，宜作盆景。

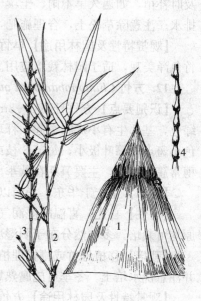

图8-10 佛肚竹
1. 秆箨背面观 2. 叶枝
3. 花枝 4. 畸形秆的段

2. 孝顺竹（凤凰竹、慈孝竹）*Bambusa glaucescens*（Willd.）Sieb. ex Munro（图8-11）

【识别要点】竹秆丛生，高2～7m，径0.5～2.2cm。幼秆稍有白粉，节间上部有白色或棕色刚毛。箨鞘薄革质、硬脆，淡棕色；无箨耳或箨耳很小，有纤毛；箨舌不显著，约1mm。小枝有5～9片叶，二列状排列，窄披针形。

【分布】华南、西南至长江流域各地都有分布。

【变种及品种】

（1）凤尾竹（var. *riviererum*）。植株矮小，秆高常1～2m，径不超过1cm。枝叶稠密纤细，下弯。叶细小，常20片排成羽状，盆栽观赏或作绿篱，耐寒性不及孝顺竹。

（2）花孝顺竹（f. *alphonsokarri*）。节间鲜黄，秆上夹有显著的绿色纵条纹。庭园观赏或盆栽。

还有菲白孝顺竹、条纹孝顺竹、观音竹等栽培种及变种。

【习性】喜温暖湿润气候及排水良好、湿润的土壤，是丛生竹类中分布最广、适应性最强的竹种之一，可以引种北移。

【栽培】园林中常以移植母竹（分蔸栽植）为主。3月份连蔸带土3～5株成丛挖起栽植，母竹留枝2～3盘，

图8-11　孝顺竹
1. 秆的一段　2. 叶枝　3、4. 花枝

其余截去；也可只栽竹蔸。由于孝顺竹地下茎节间短，向外延伸慢，栽植密度要比散生竹大。栽前穴底先填细土，施腐熟厩肥，与表土拌匀，将母竹放下，分层盖土填压实，务必使鞭根与土壤密接，浇足定根水，覆土比母竹原着土略深2～3cm。

【观赏特性及园林用途】孝顺竹枝叶清秀，姿态潇洒，为优良的观赏竹种。可丛植于池边、水畔，亦可对植于路旁、桥头、入口两侧，列植于道路两侧，形成素雅宁静的通幽竹径。

3. 龙头竹（泰山竹）*Bambusa vulgaris* Schrad.

【识别要点】丛生灌木状竹。秆高7～12m，径5～8cm，节间长20～40cm。秆绿色，光滑无毛；箨环隆起，初时有一圈棕色刺毛。箨鞘硬脆，背面密被棕色刺毛，鞘口截平形或中部略隆起呈弓形；箨耳发达，圆形至镰刀状向上耸起，边缘有淡棕色曲折毛；箨舌高1～2mm，边缘锯齿状；箨叶直立，三角形，基部两边缘有灰色曲折毛，腹面有向上的短硬毛。叶片披针形。笋期8～10月。

【分布】我国广东、广西、云南有分布，东南亚广为栽培。

【变种及品种】

（1）'黄金间碧'竹（'青丝金'竹）（'Vittata'）。秆鲜黄色，有显著绿色纵条纹多条。华南庭园常见栽培。

（2）'大佛肚'竹（'Wamin'）。株丛变矮，高2～5m，节间缩短而膨大，各部都膨大，箨鞘背面密生暗褐色刺毛。在华南常植于庭园或盆栽观赏，长江流域以北盆栽，温室越冬。

【习性】喜温暖湿润气候及排水良好、湿润的土壤。

【栽培】华南及滇南园林绿地有栽培。

【观赏特性及园林用途】秆高大、坚硬，能作扛挑及建筑用材。

4. 粉单竹 *Bambusa chungii* McClure

【识别要点】秆高3～7m，径约5cm，顶端下垂甚长。秆表面幼时密被白粉，节间长30～60cm。每节分枝多数且近相等。箨鞘坚硬，鲜时绿黄色，被白粉，背面密生淡色细短

毛；箨环上有一圈较宽的木栓质环；箨耳长而狭窄；箨叶反转，近基部有刺毛。每小枝有叶4～8片，叶片线状披针形，背面无毛或疏生微毛。

【分布】产于我国南部，分布于广东、广西、湖南、福建。

【习性】喜温暖湿润气候，适应性较强，在年平均气温18～20℃，1月平均气温6～8℃，年降水量1400mm以上，都能良好生长，酸性土、石灰性土壤均可。

【栽培】普遍栽植在溪边、河岸及村旁。移鞭繁殖、移竹造林。隔年施肥，生长季施速效肥，冬季施土杂肥，深翻培土，合理砍伐，砍弱留强，砍密留疏。

【观赏特性及园林用途】竹冠略呈半圆形，枝叶雄伟挺拔，四季葱绿，秆和新叶具较多银白色蜡粉，是主要的观叶竹类。可植于园林的山坡、院落或道路、立交桥边，宜作庭园观赏。

5. 单竹（细粉单竹）*Bambusa cerosissima* McClure

【识别要点】单竹秆比粉单竹秆略小，顶端弯垂甚长，箨环无毛，箨鞘背面遍生微毛。

【分布】产于广东。

【习性】同粉单竹。

【栽培】同粉单竹。

【观赏特性及园林用途】植于园林绿地供观赏。

6. 慈竹（钓鱼竹）*Bambusa omeiensis* Chia et Fung［*Neosinocalamus affinis*（Rendle）Keng f.］

【识别要点】秆高5～10m，径3～6cm，顶端细长弧形或下垂如钓丝状。节间长达60cm，贴生长2mm的灰褐色脱落性小刺毛，箨环明显，在秆基数节上下各有宽5～8mm的一圈紧贴白色绒毛。箨鞘革质，背面贴生棕黑色刺毛，先端稍呈"山"字形；箨耳不明显，狭小，呈皱折状，鞘口具长12mm细毛；箨舌高4～5mm，中间凸起成弓形，边缘具纤毛；箨叶直立或外翻，披针形，先端渐尖，基部收缩成圆形，腹面密被白色小刺毛，背面的中部亦疏生小刺毛。

【分布】分布于广西、湖南、湖北、云南、四川、陕西等地。

【变种及品种】'大琴丝'竹（'Flavidorivens'）。竹秆淡黄色间有深绿色条纹。

【习性】喜温暖湿润气候及肥沃疏松土壤，干旱瘠薄生长不良，可耐－7℃低温。

【栽培】宜在江河湖岸栽植。

【观赏特性及园林用途】竹秆丛生，枝叶茂盛而秀丽，适宜围墙内外、房前屋后、亭廊周围种植。

7. 巨龙竹（歪脚龙竹）*Dendrocalamus sinicus* Chia et J. L. Sun

【识别要点】巨龙竹秆径可达30cm以上，是我国最大的竹种。

【分布】主要分布在云南临沧、西双版纳及热带地区。

【习性】喜高温高湿，需要充足的阳光，降水量2000mm，年均温20℃以上。

【栽培】可以在花坛中种植12～20株，成一小片，形成自然竹子景观。

【观赏特性及园林用途】巨大的竹笋是竹笋中的佼佼者，适宜于风景林、寺院和庭园栽植。

8. 麻竹 *Dendrocalamus latiflorus* Munro

【识别要点】秆近直立，高达25m，径8～25cm，节间长30～50cm。幼秆表面被白粉，节微隆起，秆基数节节下具黄棕色毯毛状毛环，并于秆环上具根点。箨鞘呈圆口铲状，顶端两肩广圆，鞘口甚窄，背面被易落的稀疏棕色刺毛；箨耳微弱，线形外翻，鞘口繸毛稀少；箨舌高 2～4mm，边缘细齿状；箨叶翻转，卵状披针形。叶片大型，长 18～30cm，宽 4～8cm。

【分布】自然分布于广东、广西、贵州、云南、台湾及福建省东南部。

【变种及品种】

(1) '葫芦'麻竹('Subconvex')。秆节间缩短膨胀呈葫芦状，介于大小佛肚竹之间，我国台湾中南部有栽培。

(2) '花秆'麻竹('Meinung')。秆黄绿色，有深绿色纵条纹。

【习性】喜温暖湿润气候，但不耐寒；不择土壤，适应性广，抗逆性强，在我国亚热带地区均生长良好。对气温适应范围广，可在温度为 −7～42℃，pH 为 4.5～8 的江河两岸、房前屋后大量种植。

【栽培】株行距为 4m×5m，栽植深度 15cm，栽后用细土压紧根部，浇足定根水，以后经常保持土壤湿润。第二年春季施肥时离竹头 50cm 外开一环沟，深 15cm，把肥料均匀撒沟内覆土压实。

【观赏特性及园林用途】麻竹株丛高大、竹秆通直、竹叶苍翠、竹梢下弯，成片造林可形成独特的景观，观赏和审美价值极高。如将造林与旅游业结合起来，比如建造竹林迷宫等，其观赏价值比毛竹更胜一筹。

三、混生竹

混生竹是介于散生竹和丛生竹之间的一种类型，属于复轴混生型竹类，兼有单轴型与合轴型两种类型的竹鞭，在地上部兼有丛生和散生竹子。换言之，混生竹既能由母竹基部（秆基）的芽繁殖出新竹，又能以竹鞭节上的芽繁殖出新竹。

1. 茶秆竹（青篱竹） *Arundinaria amabilis* McClure ［*Pseudosasa amabilis*（McClure）Keng f.］

【识别要点】混生竹，秆高 2～4m，径 1.5～4cm。秆直，多分枝，秆圆筒形，新秆淡绿色有白粉，枝叶浓密，片植效果好。地下茎复轴混生型。

【分布】主产于广东、广西、湖南，现引种至江苏南京、宜兴，浙江杭州一带，生长尚佳。

【习性】适应性强，对土壤要求不严，喜酸性、肥沃和排水良好的沙壤土。

【栽培】移竹栽植，以春季为宜。要搞好抗旱排涝、护笋养竹、松土除草等工作。茶秆竹鞭根较浅，松土不宜太深，一般松土 15～20cm 为宜。

【观赏特性及园林用途】适用于园林绿化，可配植于亭榭叠石之间。可作温室花卉支柱、花园竹篱等，为园林中优良观赏竹种。

2. 箬竹 *Indocalamus tessellates*（Munro）Keng f.

【识别要点】矮生竹类，秆高 1～2m，径 2.5～5cm。秆簇生，圆柱形，每节有 1～3 分枝。秆箨宿存，长 20～25cm，仅边缘下部具纤毛，箨舌弧形。叶大，长可达 45cm 以上，宽超过 10cm，矩圆披针形，背面散生一行黏毛，次脉 15～18 对，小横脉极明显。地下茎为复轴型。

【分布】产于我国长江流域各地，生于低丘山坡。

【习性】喜温暖湿润，较耐寒。

【栽培】可在春、秋两季挖株丛分割繁殖。栽植后及时浇透水，生长季每月施稀薄肥水1次，保持土壤经常湿润。华北地区可在避风向阳处露地越冬。

【观赏特性及园林用途】用作庭园丛植，点缀山石坡坎，也可密植作绿篱。

3. 苦竹 *Arundinaria amara* Keng（*Pleioblastus amarus* Keng f.）

【识别要点】地下茎复轴混生型，秆散生；秆高3～7m，径2～5cm，新秆具厚白粉，秆环、箨环均隆起，箨环常有一圈木栓质的箨鞘残留物，每节分枝3～6，通常5枝，无明显主枝；箨鞘无斑点，或有时具紫色小斑点，有淡棕色刺毛。叶条状披针形。

【分布】产于我国长江流域及云南、贵州等地。

【变种及品种】垂枝苦竹（var. *pendulifolius*）　枝叶下垂，箨鞘近无粉，箨舌凹截。

【习性】适应性强，不同类型土壤均能良好生长；耐寒性较强，北京能露地栽培。

【栽培】2～3月移植母竹或竹鞭，成活率较高。

【观赏特性及园林用途】常植于庭园观赏。其变种垂枝苦竹，秆材挺拔，枝繁叶茂，美丽异常，为园林中优良的观赏竹种。

4. 阔叶箬竹 *Indocalamus latifolius*（Keng）McClure（图8-12）

【识别要点】竹秆混生型，灌木状，秆高约1m，径5mm，通直，近实心；每节分枝1～3，与主秆等粗。箨鞘质坚硬，鞘背具棕色小刺毛，箨舌平截，小枝有叶1～3片，近叶缘有刚毛，背面白色微有毛。

【分布】原产我国，分布于华东、华中地区及陕西汉江流域，山东南部有栽培。

【习性】喜光，喜温暖湿润气候，稍耐寒；喜土壤湿润，稍耐干旱。

【栽培】移植母竹繁殖。生长过密时应及时疏除老秆、枯秆。

【观赏特性及园林用途】植株低矮，叶色翠绿，是园林中常见的地被植物，亦是北方常见的观赏竹种。丛植点缀假山、坡地，也可以密植成篱，适合于林缘、山崖、台坡、园路、石砌台阶左右丛植；亦可植于河边、池畔，既可护岸，又颇具野趣。

图8-12　阔叶箬竹花枝

5. 华箬竹 *Sasa sinica* Keng

【识别要点】小灌木，高不足1m，秆细而圆，每节1分枝。枝端具1～2片大型叶，叶椭圆状披针形。箨鞘宿存，淡紫色。

【分布】产于安徽黄山、浙江天目山。生于海拔1 000m的林下或山间路旁。

【习性】中性，喜温暖湿润气候，不耐寒。

【栽培】可播种、分株、埋鞭，以埋鞭法最为常用。

【观赏特性及园林用途】姿态优美，可栽植于庭园观赏，宜与土坡、山石配植，或作为地被、基础栽植。

6. 菲白竹 *Sasa fortunei*（van Houtte）Fiori

【识别要点】低矮竹类，秆每节具2至数分枝或下部为1分枝。叶片狭披针形，边缘有纤毛，有明显的小横脉；叶鞘淡绿色，一侧边缘有明显纤毛，鞘口有数条白缘毛。叶面上有白色或淡黄色纵条纹，菲白竹即由此得名。

【分布】原产日本。我国华东地区有栽培。

【习性】喜温暖湿润气候，好肥，较耐寒，忌烈日，宜半阴，喜肥沃疏松、排水良好的沙质土壤。

【栽培】在2～3月份将成丛母株连地下茎带土移植，随挖随栽，生长季移植则必须带土。栽后要浇透水并移至阴湿处养护一段时间。盆栽宜用肥沃园土或腐叶土加少量沙作基质。

【观赏特性及园林用途】菲白竹植株低矮，叶片秀美，常植于庭园观赏；栽作地被、绿篱或与假石相配都很合适；也是盆栽或盆景中配植的好材料。它端庄秀丽，案头、茶几上摆置一盆，别具雅趣。

7. 箭竹 *Fargesia spathacea* Franch.

【识别要点】秆高约2m，径1cm。新秆具白粉，箨环显著突出，常留有残箨，每节具多枝。箨鞘厚纸质，具明显紫色条纹，背面常密被暗棕色直立刺毛。箨舌弧形，淡紫色；箨叶淡绿色，开展或反曲。小枝具2～4叶，叶鞘常紫色，具脱落性淡黄色肩毛；叶矩圆状披针形。

【分布】我国特有种，分布于湖北、四川、云南、甘肃南部、江西。

【习性】适应性强，耐寒冷，耐干旱瘠薄，在避风、空气湿润的山谷生长茂密。

【栽培】分株、埋鞭、埋秆繁殖，管理粗放。

【观赏特性及园林用途】箭竹是大熊猫喜食的竹种。秆直，分枝细长，可搭置棚架，供园林绿化用。

8. 矢竹（日本箭竹） *Pseudosasa japonica* （Sieb. et Zucc.） Mak.

【识别要点】秆高2～5m，径1～2cm，节间长达40cm，秆环略歪斜；每节1分枝，枝与秆近等粗，向上伸展。箨鞘宿存，短于节间，密被前伸刺毛，基部无毛；无箨耳和繸毛；箨叶细长，线状披针形；箨舌平截。每小枝具叶4～7片。

【分布】原产日本及朝鲜南部，华东一些城市偶有栽培。

【变种及品种】'花瓶'矢竹（'Tsutsumiana'）。下部节间膨大，似长花瓶状，1934年在日本发现。

【习性】喜潮湿、肥沃土壤，能耐-15℃低温，可在北方栽植。

【栽培】以移植母竹造园或繁殖。造园移栽时3～5株一丛，丛状取苗。可作林下栽植、盆栽或经剪伐后作为地被竹造景。

【观赏特性及园林用途】矢竹竹冠较窄，竹秆挺直，姿态优美，宜用于庭园观赏。

9. 芦竹（荻芦竹） *Arundo donax* L.

【识别要点】多年生粗壮丛生草本，秆高2～6m，径1～2cm。秆稍木质化，粗壮，可分枝。叶片长30～60cm，宽2～5cm，条状披针形，除边缘外两面光滑无毛，叶散生于秆上；叶鞘长于节间。顶生圆锥花序直立，花果期9～12月。

【分布】原产地中海，我国长江流域以南亦有分布，多生于河岸、湖滩及道旁湿地。

【变种及品种】斑叶芦竹（var. *versicolor*）。又名彩叶芦竹或花叶芦竹，叶片具白色或淡黄色边或条纹，观赏价值更高，花期7～9月。

【习性】性喜温暖、水湿，较耐寒，对土壤适应性较强，可在微酸性或微碱性土壤中生长，喜疏松肥沃土壤。地下根茎可耐-5℃低温。

【栽培】早春挖取有幼芽的根茎分栽，灌足水，经常保持土壤湿润，极易成活。华北地区选避风向阳处露地栽培,冬季地上部干枯,春季自地下茎重新萌发。

【观赏特性及园林用途】在园林中常植于水边或岛上观赏;庭园中可丛植、行植,花叶及高大雄浑花序供观赏。

10. 倭竹(鹅毛竹)*Shibataea chinensis* Nakai

【识别要点】秆高 1m 左右,直径 3~4mm;秆环明显肿胀;节内较长,可达 3~5mm,秆壁厚而中空小;每节具 3~5 枝。笋箨膜质,迟落或宿存,具纵脉,顶端生有缩小叶;枝与秆的角度较开展,在其腋间还有膜质的先出叶。箨鞘纸质,箨舌高达 3~4mm,具柔毛,顶端截形或凸起;箨片小,斜披针形。每枝仅具 1 叶,或稀具 2 叶,叶卵状披针形,似鹅毛。颖果长卵形。

【分布】产于我国东南沿海各省,浙江、福建天然分布。日本西南部也有分布。

【习性】喜温暖、湿润环境,稍耐阴。浅根性,在疏松、肥沃、排水良好的沙质壤土中生长良好。

【栽培】倭竹竹秆矮小密生,叶大而茂,可作地被植物栽培。

【观赏特性及园林用途】江南地区常植于庭园作地被植物,上海、杭州、台湾、广州等地栽培供观赏。

 学习小资料

小资料 1 观赏竹常见类型

(一)观秆竹类

1. 秆形 方竹、螺节竹;大佛肚竹、佛肚竹、罗汉竹、龟甲竹、辣韭矢竹、肿节竹等;筇竹、肿节苦竹、少花肿节竹等。

2. 秆色 ①紫色:紫竹、刺黑竹、筇竹、白目暗竹、业平竹;②黄色:黄皮桂竹、黄皮京竹、黄皮刚竹、金竹、安吉金竹;③白色:粉单竹、粉麻竹、绿粉竹、梁山慈竹、华丝竹;④秆绿色,节间或沟槽有黄色条纹:银丝竹、花巨竹、黄槽石绿竹、黄槽刚竹、银明竹、绿皮黄筋竹;⑤秆黄色,节间或沟槽有绿色条纹:小琴丝竹、黄金间碧玉竹、花吊丝竹、金镶玉竹、花毛竹、金明竹、金竹、黄皮乌哺鸡竹、花秆哺鸡竹、紫条纹慈竹;⑥秆具其他色彩斑纹:斑竹、筇竹、紫蒲头石竹、紫线青皮竹、撑篙竹、红壳竹。

(二)观叶竹类

1. 叶型 ①阔叶型:如箬竹、华箬竹等;②狭长型:如大明竹等。

2. 叶色 ①叶绿色具白色条纹:小寒竹、菲白竹、铺地竹、白纹阴阳竹;②叶具其他色彩条纹:黄条金刚竹、菲黄竹、山白竹。

小资料 2 观赏竹的主要用途

1. 竹林 毛竹、淡竹、桂竹、刚竹、茶秆竹、花毛竹、粉单竹、慈竹、绿竹、青皮竹、紫线青皮竹、撑篙竹、车筒竹、细粉单竹、麻竹等大型竹种。

2. 片植 大中型竹种均可,尤以秆形奇特、姿态秀丽的竹种为佳,如斑竹、紫竹、方竹、黄金间碧玉竹、螺节竹、佛肚竹、龟甲竹、罗汉竹、金镶玉竹、银丝竹、粉单竹、筇竹、花毛竹、金竹、大明竹等。

3. 绿篱 以丛生竹、混生竹为宜，如孝顺竹、青皮竹、慈竹、梁山慈竹、吊丝竹、花吊丝竹、慧竹、泰竹、凤尾竹、花孝顺竹、大明竹、矢竹、绿篱竹、观音竹等。

4. 地被或护坡的镶边 最常见的是铺地竹、箬竹、菲白竹、鹅毛竹、赤竹、江山倭竹、翠竹、菲黄竹、矢竹、黄条金刚竹等。

5. 孤植 以色泽鲜艳、姿态秀丽的丛生竹为佳，如孝顺竹、花孝顺竹、凤尾竹、佛肚竹、黄金间碧玉竹、碧玉间黄金竹、慈竹、紫线青皮竹、崖州竹、大琴丝竹、银丝竹等。

6. 盆景用竹 以秆形奇特或有斑纹、枝叶秀美的中小型竹种为宜。如佛肚竹、凤尾竹、菲白竹、菲黄竹、方竹、筇竹、肿节竹、罗汉竹、黄槽竹、金镶玉竹、螺节竹、斑竹、紫竹、鹅毛竹、江山倭竹、翠竹、辣韭矢竹、白纹阴阳竹等。

7. 障景 如茶秆竹、苦竹、孝顺竹、花孝顺竹、矢竹、垂枝苦竹等密生性竹种为佳。

小资料 3 立竹度：竹林采伐后单位面积上保留的竹株数。合理的立竹度取决于竹种、立地条件和经营水平等因素。一般立地条件好、集约经营、小径竹种的竹林的立竹度要大些。

本章小结

本章概述了竹类植物的主要形态术语和分类知识。花是生殖器官；竹秆是竹子的主体，分秆茎、秆基和秆柄 3 部分；地下茎分单轴散生型、合轴丛生型、复轴混生型 3 种类型；每节的分枝数可分为单枝型、二枝型、三枝型、多枝型 4 种类型；竹子有秆叶和叶两种形态。观赏竹可分为散生竹、丛生竹和混生竹 3 大类。

重点介绍了我国常见 31 种观赏竹的形态特征、分布情况、生态习性、栽培要点、观赏特性及园林用途等。其中散生竹 13 种：毛竹、刚竹、淡竹、紫竹、桂竹、金竹、红哺鸡竹、乌哺鸡竹、罗汉竹、早园竹、早竹、方竹、唐竹；丛生竹 8 种：佛肚竹、孝顺竹、龙头竹、粉单竹、单竹、慈竹、巨龙竹、麻竹；混生竹 10 种：茶秆竹、箬竹、苦竹、阔叶箬竹、华箬竹、菲白竹、箭竹、矢竹、芦竹、倭竹。

复习与思考

1. 竹子的叶、秆和秆叶（秆箨）有何特点？
2. 竹花与阔叶树种的花有何区别？
3. 竹鞭由哪几部分组成？如何来判断行鞭的方向？
4. 利用所学知识来解释"竹不过槽"和"东家栽竹，西家出笋"的现象。
5. 举例说明观赏竹类的观赏价值。

实训实习

1. 识别当地竹种若干。
2. 调查当地的观赏竹子种类（列表）。

第九章

观赏棕椰类

棕榈类植物具有很高的观赏价值，它们优美独特的树姿，健壮通直的树干，姿态幽雅的叶片，乃至全株由根、茎、叶、花、果等每一部分所显示出的气质、风韵与美感，深受人们喜爱。我国常见的观赏棕榈类树种主要指棕榈科植物，也包括百合科、苏铁科和旅人蕉科的部分植物。

第一节　概　　述

一、棕榈类植物的名称及特征特性

1. 名称　棕榈科也称为椰子科，一般以掌状叶子的称为棕、榈或葵；羽状叶子的称为椰子。棕榈科植物名称在不同的华人社会中叫法很不一致，例如国内的王棕，在国际上称为大王椰子，散尾葵则称黄椰子。海南岛的食用椰子在国外称为可可椰子。因此国际上分辨棕榈品种的方法都是以它的拉丁学名来进行，中文名字很少采用。据记载全世界有棕榈科植物207 属 2 800 种；但随着近期新的树种不断被发现，目前已超过 250 属 3 500 种。

2. 特征特性　棕榈科植物多为常绿树种，有乔木、灌木和藤本。茎干单立或蘖生，多不分枝，树干上常具宿存叶基或环状叶痕，呈圆柱形。叶大型，羽状或掌状分裂，通常集生树干顶部；小叶或裂片针形、椭圆形、线形，叶片革质，全缘或具锯齿、细毛等。花小而多，雌雄同株或异株，圆锥状肉穗花序，具 1 至数枚大型佛焰苞；浆果、核果或坚果。形态各异，有的高达 60m，如安第斯蜡椰；藤类有的长达 100m，而有的茎极短，如象牙椰子；茎粗的可达 1m，如智利蜜椰，而细的不到 2cm，如袖珍椰子；果实大小因种类不同差异极大，直径 1～50cm，重几克到 25kg。

棕榈植物一般分布在南北纬 40°之间，但大部分分布于泛热带及暖亚热带，以海岛及滨海热带雨林为主，是典型的滨海热带植物。但有些属、种在内陆、沙漠边缘以至温带都有分布，这些树种具有耐寒、耐贫瘠及耐旱等特征。

热带棕榈植物大多数具有耐阴性，尤其幼苗期需要较荫蔽的环境。也有不少乔木型树种为强阳性，成龄树需要阳光充足的环境。棕榈类植物对土壤环境的适应性很强，滨海地带的海岸、沼泽地、盐碱地、沙土地为酸性土壤及石灰质土壤，都有棕榈类植物分布。有的耐旱，有的喜湿；有的耐瘠，有的喜肥；大多数种类抗风性都很强。一般来说，耐寒棕榈与热带棕榈栽培相似，只是耐寒棕榈的发芽时间较长，一般需要1年以上；另外，耐寒棕榈普遍不喜欢高温潮湿环境。

二、棕榈类植物在园林绿化上的应用

棕榈类植物树干笔直，富有弹性，抗风能力强；叶片宽大，四季常青，终生不落，不污染环境；没有粗根，根系不露地面，抗盐耐碱，无病虫害；树形稳定，不用修剪，管理方便。因此，在园林绿化上的应用前景非常广阔。以下是几种最基本的应用方式。

1. 行道树 大型单干棕榈类植物树干笔直没有分枝，不会妨碍驾驶员视线，特别是栽植在回旋处和路口的棕榈，既能美化、绿化道路，又能使驾驶员对来往车辆一目了然。这类棕榈植物树冠高高在上，对货柜车或双层巴士等高大车辆的通过无障碍。在公路上高速行驶的车辆所引起的疾风往往对其他植物的生长不利，但由于棕榈类是一柱擎天，下面的疾风对它顶上的树冠生长影响不大。棕榈类植物也不像其他树木经常有碎叶子掉在地上，淤塞下水道。因此，用棕榈植物作行道树不但能够突出植物的清奇秀丽，而且能够显出道路的宽阔通直。

2. 海边绿化 目前国内能够直接种植于海边的乔木类寥寥无几。海边栽植的植物必须能承受潮湿而有咸气的海风长期吹伴，季节性的飓风吹袭，由天空直射或水面、地面反射的强烈阳光，以及适应生长在海边瘠薄及重沙质的泥土。很多棕榈植物的原产地就是各大洋中的海岛，所以能够适应海边的这种自然条件。适宜海边种植的棕榈植物有好几十个品种。

3. 游泳池边绿化 热带棕榈植物一般喜水，不易感染病害，不吸引昆虫及毒蛇作巢，不掉碎叶，没有分枝，是一类十分清洁安全的游泳池边用树。同时，还能美化水面，例如在池边种植高低均等的软叶刺葵或岩海枣，柔软鲜绿的叶片随风飘动，似一把梳子为水体打扮，水面波光粼粼，两者交相辉映，亮丽迷人。如将两种株高的毛冻椰等距种植于池边，则自然形成一道波浪线，有延伸水体的功能。如将掌状类型的棕榈植物种植于池边，既能反衬出水体平湖似镜、宁静安逸，又能体现出植株的刚劲挺拔。值得一提的是，国内常用的食用椰子树不能采用，因为风会把椰子吹下来，造成人体伤害。

4. 公共场所绿化、美化 棕榈类植物最主要的特点就是不分枝，具有简洁明快的自然整形特征；其次，棕榈类植物的叶大型，每一片叶独具观赏价值并极富感染力。这些都是双子叶树木、松柏类树木难以具备的园林特征。双子叶树木的整形多靠人工修剪，虽然体现个体的整形美以及群体的韵律美，但却破坏了原有的自然美。因此，利用棕榈植物造景，能达到自然美、生态美及艺术美的高度统一，让观赏者感受自然，超脱世俗，感悟到"棕榈景观"的诗情画意。另外，棕榈植物与其他花木混交还可以取得园艺设计上的完美效果。

5. 室内美化 棕榈类植物为室内美化提供最多选择。假如需要在室内长期摆放一种高1m以上的耐阴盆栽植物，在欧美，办公室里摆放最多的室内盆栽植物就是璎珞椰子，而我国台湾竹节椰子是一种非常普遍的开张庆典礼品，它比花篮、花牌要耐用。在国外有许多居民在客厅摆放棕榈植物作点缀及净化空气用。

6. 作为提供即时效果的高大乔木 在现代社会，经常需要园艺工作者在数天内摆放好一项绿化展览来陪衬某些大型展会。在采用高大乔木时，因为树木一般在移植后会掉叶子及需要修剪，往往不能采用。由于棕榈植物只有须根而没有主根，移植时可以整棵小心地挖出来并可以保持现状，多天不掉叶子，用完以后又可以整株种回地里，而不影响其生长。所以，棕榈类植物经常被用作"紧急性"绿化材料而采用。

7. 干旱地区的绿化植物 棕榈类植物中的一些种类耐旱耐寒性很强，可以种植在沙漠或沙漠边缘，华盛顿葵和加那利海枣就是其中常见的两种。前者在美国加利福尼亚州地区的沙漠随处可见，我国西北的沙漠地区目前绿化用树的品种很少，使用棕榈类植物是一条新的途径。

第二节　我国常见的观赏棕榈类树种

一、棕榈科 Arecaceae（Palmae）

常绿乔木或灌木。单干，多不分枝，树干上常具宿存叶基或环状叶痕。叶大型，羽状或掌状分裂，常集生树干顶部；叶柄基部具纤维质叶鞘。花小，两性、单性或杂性；圆锥状肉穗花序。浆果、核果或坚果。

棕榈科共 217 属 3 000 种；我国 22 属约 70 种。

棕榈科分属检索表

1. 棕竹（筋头竹）*Rhapis excelsa*（Thunb.）A. Henry（图 9 - 1）

【识别要点】常绿丛生灌木，树高 2～3m，茎圆柱形，有节。叶掌状，5～10 片深裂，裂片较宽；叶柄顶端的小戟突常半圆形。果近球形，种子球形。

【分布】产于我国华南及西南地区。

【变种及品种】'花叶'棕竹（'Variegata'）。叶有黄色条纹。

【习性】喜温暖、阴湿及通风良好的环境和排水良好、富含腐殖质的沙壤土。夏季温度以 20～30℃为宜，冬季温度不可低于 4℃。萌蘖力强，适应性强。

【栽培】分株或播种繁殖。我国南方可露地栽培；北方盆栽冬季在室内越冬，夏季需搭棚遮阳。

【观赏特性及园林用途】株丛挺拔，叶形秀丽，宜配植于花坛、廊隅、窗下、路边、丛植、列植均可；亦可盆栽或制作盆景，供室内装饰。

2. 棕榈 *Trachycarpus fortunei*（Hook. f.）H. Wendl.

【识别要点】常绿乔木，树高 2.5～10m。树干常有残存的老叶柄以及黑褐色叶鞘。叶形如扇，径 50～80cm，裂片条形，多数，坚硬，先端 2 浅裂；叶柄长 0.5～1m，两侧具细锯齿。花淡黄色。果肾形，径 5～10mm，熟时黑褐色，略被白粉。

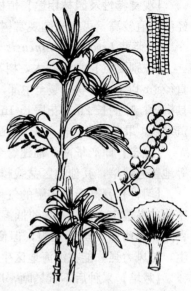

图 9-1 棕竹

【分布】产于华南沿海至秦岭、长江流域以南，我国大部分地区有栽培。

【习性】喜温暖、湿润气候及肥沃、排水良好的石灰性、中性或微酸性土壤。是棕榈科最耐寒的植物之一；大树喜光，小树耐阴。浅根性，无主根，易被风吹倒。

【栽培】播种繁殖，10～11月果实充分成熟后，随采随播效果最好。棕榈栽植五要点：选择壮苗；起好土球；剪除叶片 1/2～2/3 浅栽；栽后注意保湿防晒；土壤通气排水良好。

【观赏特性及园林用途】树干挺拔，叶姿优雅。适宜对植、列植于庭前、路边、入口处，或孤植、群植于池边、林缘、草地边角、窗前，颇具南国风光。也可盆栽，布置会场及庭园。耐烟尘，可吸收多种有害气体，宜在工矿区种植。

3. 琼棕 *Chuniophoenix hainanensis* Burret

【识别要点】常绿灌木至小乔木，高 3～8m，茎直立，直径 4～8cm。叶团扇形，宽50～80cm，掌状深裂，裂片线形，先端渐尖或 2 浅裂；叶柄具沟槽，无刺。圆锥花序腋生，主轴和分枝上有管状总苞和漏斗状小苞片；花两性，紫红色。浆果球形，直径 1.5cm，熟时黄色至红色，外果皮薄革质，中果皮肉质；种子球形，径约 1cm，灰白色。

【分布】分布于海南岛陵水、保亭、琼中。

【习性】产地常年高温多湿，年平均温为 21～23℃，年降水量达 2 200～2 400mm，相对湿度85%以上。土壤为砖红壤，pH4.5～5.5。生于山坡下部、沟谷两旁的阴湿环境中。

【栽培】种子或分株繁殖。春季或雨季栽植，小苗带宿土，大苗带土球。

【观赏特性及园林用途】适于庭园栽培或桶栽，供观赏。

4. 糖棕（扇叶糖棕）*Borassus flabellifera* L.

【识别要点】常绿乔木，高 12～18m，单干粗大，干径达 1m。有呈"人"字形开裂的叶柄（鞘）残基及环状叶柄（鞘）痕。叶大如蒲葵，径约 1.5m；掌状深裂，裂片约 80，披针形或线状披针形，先端 2 裂；叶柄宽大，边缘有锯齿。花单性，雌雄异株；果球形，径15～20cm，熟时棕色。

【分布】产于印度、缅甸、柬埔寨等地；我国华南、东南及西南省区有引种。

【习性】喜阳光充足、气候温暖干燥的生长环境，较怕寒冷，生长适温为 22～30℃，越冬温度不能低于 8℃，对土壤的要求不严，但以疏松肥沃的壤土为最好。

【栽培】以播种繁殖为主，适于无霜冻地区庭园栽培。

【观赏特性及园林用途】植株高大，生长较快，花序割汁可制糖，是热带木本产糖作物。经济价值较高，可作庭园观赏树种。

5. 蒲葵 *Livistona chinensis* （Jacq.）R. Br. （图 9 - 2）

【识别要点】常绿乔木，树高 10～20m。叶片直径 1m 以上，掌状分裂至中部，裂片条状披针形，具横脉；叶柄长 2m。花序长 1m，腋生；花无柄，黄绿色。果椭圆形，长 1.8～2cm，熟时蓝黑色。

【分布】原产华南，福建、台湾、广东、广西等地普遍栽培，其他地区盆栽越冬。

【习性】喜高温、多湿的气候及肥沃、富含腐殖质的黏壤土。能耐 0℃ 的低温，耐水湿和咸潮。喜光，亦耐阴。虽无主根，但侧根发达，密集丛生，抗风力强，能在沿海地区生长。

【栽培】采种后不宜暴晒，应立即播种。春季或雨季带土球栽植；盆栽夏季要适当遮阳或置半阴环境，避免干旱；北方入温室越冬。江南一带可栽植于背风向阳庭园，用包草法越冬。

图 9 - 2 蒲 葵

【观赏特性及园林用途】为热带及亚热带地区优美的庭荫树和行道树，可孤植、丛植、对植、列植。生长缓慢，也可盆栽。

6. 高山蒲葵（大蒲葵）*Livistona saribus* （Lour.）Merr. ex A. Cheval.

【识别要点】高达 15～20m。叶扇形，长 1.5m，掌状裂叶，裂片 80～100，裂口深浅不一，裂片披针形或长线形，先端 2 裂；叶柄细长，有大倒刺，柄基有纤维状物，叶柄基部在干上呈莲座状排列。果球形，直径 1.6～2.5cm，熟时浅蓝色，中果皮淡黄色，种子球形。

【分布】产于亚洲东南部、印度尼西亚及菲律宾群岛；我国海南有分布，华南、东南与西南有引种。

【习性】参考蒲葵。

【栽培】播种繁殖，栽培管理参考蒲葵。

【观赏特性及园林用途】在我国云南南部景洪寨子里是最高、最显眼的树木；适于我国南方庭园栽培或作行道树。

7. 澳洲蒲葵 *Livistona australis* （R. Br.）Mart.

【识别要点】高 8～23m，干径 40cm。叶大型，宽 1～1.5m，具下垂细长裂片，掌状叶分裂至中部以下；叶柄两侧常有刺齿。圆锥花序。核果球形，紫黑色。

【分布】原产澳大利亚东部，我国台湾、广东、广西及云南有引种栽培。

【习性】喜阳光，耐寒；生长缓慢。

【栽培】可用播种繁殖。可植于热带、南亚热带及中亚热带地区。

【观赏特性及园林用途】应用很广，主要用于城市街道、公园和庭院绿化，宜列植、丛植。

8. 美丽蒲葵（俾斯麦榈、霸王棕）*Livistona speciosa* Kurz

【识别要点】常绿大乔木，高近 10m，干径 25cm，掌状裂叶，径 1～1.5m，裂片约 75，蓝灰色；叶柄长，有刺状齿。花单性，雌雄异株。果卵球形，果柄长达 1.9cm。

【分布】原产马达加斯加，我国华南、东南有引种。

【习性】喜温暖湿润气候，喜肥沃、深厚、疏松及排水良好的土壤；要求雨量充沛。

【栽培】播种繁殖。种植地应选背风向阳及能灌溉之地，生长期每月追肥 1~2 次，干旱时喷水，保持湿度。

【观赏特性及园林用途】蓝灰色的叶片引人注目，可作我国南方行道树和庭荫树。

9. 加州蒲葵（丝葵、老人葵、华盛顿棕榈）*Washingtonia filifera* H. Wendl.

【识别要点】常绿乔木。树干粗壮通直，可高达 20~30m，干近基部略膨大，径可达 1.3m，表面横向叶痕明显，茎上端密覆"枯叶裙"。叶 20~30 片聚生于干顶，灰绿色，掌状深裂，径达 1.8m，先端二叉分裂，边缘具有白色丝状纤维，叶柄密生刺。肉穗花序，花两性。核果球形，熟时黑色。

【分布】原产美国加利福尼亚州。1998 年引入我国，现长江流域以南地区均有栽植。

【习性】喜温暖、湿润、向阳的环境。较耐寒，在 −5℃ 的短暂低温下不会造成冻害。较耐旱和耐瘠薄土壤，适应性较强。

【栽培】播种繁殖。幼苗移植宜在春季雨后或雨季进行，移植后需适当遮阳。及时松土除草，深翻扩穴施肥，防治病虫害。小树应适当修剪，大树一般不修剪。

【观赏特性及园林用途】加州蒲葵是美丽的风景树，干枯的叶子下垂覆盖茎干，远看像老人的胡子；叶裂片间具有白色纤维丝，似老人的白发，又名"老人葵"。宜栽植于庭园观赏，也可作为行道树。是华南、华东地区最受欢迎的树种之一。

10. 鱼尾葵 *Caryota ochlandra* Hance

【识别要点】常绿乔木，树高约 20m。干单生，叶二回羽状全裂，长 2~3m，裂片暗绿色，厚而硬，形似鱼尾，叶缘有不规则的锯齿。圆锥状肉穗花序下垂，长达 3m。果径1.8~2cm，熟时淡红色。

【分布】原产亚洲热带，我国华南有分布。

【习性】喜温暖湿润及光照充足的环境，也耐半阴，忌强光直射和暴晒，不耐寒。喜排水良好、疏松肥沃的酸性土壤。

【栽培】主要以播种法繁殖。盆栽用土为草炭土、园土、沙各 1/3 混合。生长旺季大量浇水，盆土保持一定的湿润程度，同时向植株和地面喷水，增加空气湿度。春、秋季每月施肥 1~2 次，除夏季遮阳以免强光直射外，其他季节保证有明亮的光线，尤其冬季。越冬温度白天在 18~23℃，夜晚保持在 10℃ 以上。每年早春换盆一次，剪除枯黄老叶。

【观赏特性及园林用途】茎干挺拔，树形优美，叶形奇特，华南城市常作庭荫树或行道树，也适于广场、草地孤植、丛植，还可盆栽作室内装饰用。

11. 刺葵（小针葵）*Phoenix loureirii* Kunth

【识别要点】茎丛生或单生，高 5~7m，常有叶柄（鞘）纤维。叶长 2~3m，灰绿色，羽状全裂，每侧有羽片 80~100，单生或 2~3 片聚生，在叶中轴上排成 4 列；羽片长线形，基部内折 30°，中轴基部羽片呈长刺状。果长圆形，熟时橙黄色。

【分布】产于我国南方，现南方城乡广为种植。印度亦有分布。

【习性】耐旱，耐水湿，较耐寒。

【栽培】播种繁殖。栽培养护管理参考其他刺葵。

【观赏特性及园林用途】适于庭园栽培，供观赏，也可作绿篱。

12. 长叶刺葵（加那利海枣）*Phoenix canariensis* Hort. ex Chab.

【识别要点】常绿乔木，高达 10～15m，树干粗壮。羽状复叶，长达 5～6m，拱形。总轴两侧有 100 多对小叶，小叶基部内折，长 20～40cm；基部小叶刺状。穗状花序，花单性，雌雄异株。浆果球形。

【分布】产于非洲西部加那利群岛。我国引种栽培。

【习性】喜高温多湿的热带气候，稍能耐寒。喜充足的阳光。在肥沃的土壤中生长快而粗壮，也能耐干旱瘠薄的土壤。

【栽培】播种繁殖。适于南亚热带常绿阔叶林区、热带季雨林区栽培，春夏带土移植，大苗栽后要立支柱防风，成活后松土除草施肥。北方盆栽温室越冬。

【观赏特性及园林用途】树干高大雄伟，羽叶细裂而伸展，形成一密集的羽状树冠，颇显热带风光。华南宜作行道树或园林绿化树种。北方可盆栽、桶栽。

13. 软叶刺葵（江边刺葵）*Phoenix roeblenii* O′Brien.

【识别要点】常绿灌木，单干或丛生，高 1～3m，干上有残存的三角形状叶柄基。叶羽状全裂，长 1～2m，常拱垂；小叶柔软，二列，近对生，长 20～30cm，宽 1cm，顶端渐尖，基生小叶退化成细长的刺。肉穗花序，雌雄异株。果矩圆形，长 1.4cm，直径 6mm，具尖头，枣红色。

【分布】原产印度、缅甸、泰国以及我国云南西双版纳等地，华南有栽培。

【习性】喜阳，喜湿润、肥沃土壤。喜光，能耐阴。

【栽培】播种繁殖。春夏移植，小苗带宿土，大苗带土球；栽培养护简单，可盆栽。

【观赏特性及园林用途】软叶刺葵树形美丽，别名美丽针葵，广州等地适宜庭园及道路绿化，可丛植、群植、坛植、列植或与水体、景石配植；北方地区可盆栽摆设，为室内绿化的好树种。也是插花衬叶的良好材料。

14. 枣椰子（伊拉克蜜枣、海枣）*Phoenix dactylifera* L.

【识别要点】常绿乔木，高 20～25m，胸径 30～40cm。羽状复叶，簇生干顶，长可达 3～4m，小叶条状披针形，长 30～40cm，在叶轴两侧呈"V"字形上翘，基部裂片退化成坚硬锐刺。花单性，雌雄异株。果长圆形，熟时橙红色，其形似枣，果肉可食。

【分布】原产于亚洲西部与非洲北部，我国华南、滇南有栽培。

【习性】喜温暖湿润环境，喜光，不耐阴，有较强的抗干旱能力，生长适温为 20～30℃，不宜低于 0℃，对土壤要求不严，以肥沃、排水良好的壤土为佳。

【栽培】以种子繁殖为主。茎干基部常有吸芽出现，可待其长出须根后，将其剥离另植。栽植时要施足底肥，并定期追肥，有机肥或无机肥均可。移植要带完整的土球，并适量剪取基部叶片，减少水分蒸腾，促进植株快速恢复生长。我国热带与南亚热带地区可露地栽培，其他地区均需保温越冬。

【观赏特性及园林用途】植株高大，株形优美，树冠密集，极具观赏价值，适于孤植作景观树种，也可列植于湖畔、池边、路边等处作行道树，可在庭园、校园、公园、游乐区、廊宇等列植、群植，尤其适于海滨造园应用或温室盆栽观赏。

15. 桄榔（砂糖椰子）*Arenga pinnata*（Wurmb.）Merr.

【识别要点】常绿乔木，高达 12m。叶鞘宽大，留干，边缘纤纹成粗长针状，黑色。羽状复叶簇生于茎顶，长 6～8m；小叶条状，先端分裂或有锯齿。花序腋生有异臭，花单性，雌雄同株异序。果近球形。

【分布】原产马来西亚、印度。我国海南、广东、广西、云南有分布。

【习性】喜温暖湿润和背风向阳的环境，不耐寒。幼苗期需较高温度，冬季最低温度不能低于 16℃。

【栽培】播种繁殖，喜肥沃、疏松的土壤。宜春季移栽，应考虑静风和遮光。

【观赏特性及园林用途】株形高大壮观，巨大的羽状叶片形成天然华盖；适合作行道树、庭荫树、观赏树。

16. 椰子 *Cocos nucifera* L. （图 9-3）

【识别要点】乔木；树干上有明显的环状叶痕和叶鞘残基。叶片羽裂，簇生干顶，裂片基部明显向外折叠。花单性，雌雄同序，由叶丛中抽出。核果大，顶端微具三棱，外果皮革质，中果皮厚纤维质，内果皮骨质坚硬，近基部有 3 个萌发孔；种子 1，胚乳（即椰肉）白色肉质，与内果皮黏着，内有一大空腔储藏着液汁。

【分布】产于全球热带地区。我国海南、台湾及云南南部 2 000 多年前就有栽培，现在广东、广西、福建均有栽培。

【习性】为典型喜光树种，在高温、湿润、阳光充足的海边生长发育良好。根系发达，抗风力强。

【栽培】播种繁殖时，不要将整个坚果用土覆盖，可用利刀削去芽眼附近外果皮，斜放于苗床上，2 个月后发芽，适当遮阳，经移植后待苗高长至 1m 左右再定植；苗期对钾肥需求量大，要多施钾肥。北方温室栽培，越冬温度不得低于 15℃。

图 9-3 椰 子
1. 全相 2. 果横剖面

【观赏特性及园林用途】树形优美，苍翠挺拔，冠大叶多，在热带、南亚热带地区可作行道树，孤植、丛植、片植均宜，组成特殊的热带风光。

17. 王棕（大王椰子）*Roystonea regia*（H. B. K.）O. F. Cook.

【识别要点】常绿乔木，树高达 20m，树干光滑，有环纹，幼时基部膨大，后渐中下部膨大。羽状复叶长达 3～4m；小叶条状披针形，长 60～90cm，宽 2.5～4.5cm，软革质，通常排成 4 列，基部外折；叶鞘包干，绿色光滑。圆锥花序初时斜举，开花结果后下垂。果近球形，熟时红褐色至紫黑色；种子卵形。

【分布】原产古巴及巴拿马，广植于热带地区，我国华南及云南等地有栽培。

【习性】喜高温、多湿的热带气候，亦能耐短暂的 0℃ 低温。喜充足阳光和疏松肥沃的土壤。20 年以上发育正常的植株开始开花结果。

【栽培】春季至夏季播种繁殖，耐粗放管理。用大苗、大树需带土球栽植时，要提前3～4 个月作"断根"处理，春、夏阴雨天进行，挖大穴，施足基肥，立支柱。

【观赏特性及园林用途】树姿高大雄伟，树干笔挺端直。华南适作行道树和风景树，孤植、丛植或片植均具优美观赏效果。

18. 酒瓶椰子 *Hyophore lagenicaulis* H. E. Moore

【识别要点】株高 2～7m，单干，地表处较细，向上干茎膨大如酒瓶，最大处直径 60～80cm，再往上渐细，环节显著。羽状复叶，小叶线状披针形，长 40～50cm。肉穗花序，螺旋状排列。浆果椭圆，熟果黑褐色。

【分布】原产地毛里求斯、马达加斯加岛。我国华南、东南有引种。

【习性】性喜高温多湿、日照良好，耐瘠，但不耐寒，生育适温 22～32℃。沙质壤土最佳，排水需良好。

【栽培】播种繁殖，定期施肥可促进生长。春夏带土移植，冬季注意防寒，可盆栽。

【观赏特性及园林用途】树形美丽，以观赏为主，在南方无霜冻地区适合作庭园栽培、行道树或盆栽观赏。

19. 皇后葵（金山葵）*Arecastrum romanzoffianum*（Cham.）Becc.

【识别要点】常绿乔木，高可达 15m。干直立，中上部稍膨大，光滑有环纹。羽状复叶呈光亮深绿色，长达 5m，每侧小叶 200 枚以上，长达 1m，带状，常 1 或 3～5 枚聚生于叶轴两侧，分布较为零乱，是皇后葵在棕榈科植物中最明显的识别特征。雌雄同株异花。果实卵圆形，橙黄色，当年或隔年成熟。

【分布】原产于巴西、阿根廷、玻利维亚。我国南方引种栽培。

【习性】喜温暖、湿润、向阳和通风的环境，能耐−2℃低温。喜肥沃而湿润的土壤，有较强的抗风力，能耐咸潮，不耐干旱。

【栽培】用播种繁殖。春夏带土移植，大苗立支架防风，可盆栽。

【观赏特性及园林用途】皇后葵树干挺拔，簇生叶片有如松散的羽毛，酷似皇后头上的冠饰。可作华南庭园观赏树或行道树，亦可作海岸绿化材料。

20. 假槟榔（亚历山大椰子）*Archontophoenix alexandrae* H. Wendl. et Drude

【识别要点】常绿乔木，树高达 25m 左右，树干具阶梯状环纹，基部略膨大。羽状复叶，长 2～3m；小叶排成 2 列，条状披针形；叶鞘膨大抱茎，绿色光滑。花单性，雌雄同株，花序下垂。果卵状球形，熟时红色。

【分布】原产澳大利亚，我国华南及云南等地有栽培。

【习性】喜高温、高湿和避风向阳的气候，不耐寒，喜微酸性沙壤土。

【栽培】播种繁殖。管理粗放，移栽易活，可在城市及风景区大力推广应用。株行距3～6m，穴施基肥，浇定根水，立支柱防风。

【观赏特性及园林用途】树干通直高大，环纹美丽，叶片披垂碧绿，随风招展，浓荫遍地，是优美的热带风光树种之一，华南城市常作庭园风景树或行道树。

21. 三药槟榔 *Areca triandra* Roxb.

【识别要点】常绿丛生灌木，高 3～4m，直径 2.5～4cm，茎干细长如竹，绿色，具明显环状叶痕。叶羽状全裂，长 1m 或更长，约 17 对羽片，顶端一对合生。雌雄同株。果实卵状纺锤形，熟时由黄色变为深红色。种子椭圆形至倒卵球形。

【分布】产于印度、中南半岛及马来半岛等亚洲热带地区。我国台湾、广东、云南等地有栽培。

【习性】喜温暖、湿润和背风、半荫蔽的环境，耐阴性很强，不耐寒，小苗期易受冻害，但随苗木的成长，能不断提高抗寒能力。

【栽培】用播种或分株繁殖。南方露地栽培，春季或雨季移植，无论是幼苗或成龄树都应在林荫下培植，晚秋应避开北风侵袭，宜放在南向的地方。北方盆栽，温室越冬，幼株每年春季换盆一次，成年株 3 年换盆一次。

【观赏特性与园林用途】形似翠竹，姿态优雅，树形美丽，具浓厚的热带风光气息，宜布置庭园或盆栽；宜丛植点缀于草地上。在热带及亚热带地区，它既是庭园、别墅绿化的珍贵树种，也是会议室、展厅、宾馆、酒店等装饰的观叶植物。

22. 散尾葵 *Chrysalidocarpus lutescens* H. Wendl.

【识别要点】常绿丛生灌木。株高约 8m，茎干如竹，有环纹。叶片羽状全裂，长约 1m，拱形；羽状小叶披针形，先端柔软，平滑细长，叶柄稍弯曲，亮绿色；细长的叶柄和茎干金黄色。基部多分蘖。

【分布】原产非洲马达加斯加岛，热带地区多有栽培。我国引种栽培广泛。

【习性】喜温暖、潮湿，生长适温 25℃。喜阳光充足，也较耐阴。喜疏松、肥沃、排水良好的土壤。花期 3～4 月。适宜生长在疏松、排水良好、富含腐殖质的土壤，越冬最低温度要在 10℃以上。

【栽培】在明亮的室内可以较长时间摆放观赏，在较阴暗的房间也可连续观赏 4～6 周，观赏价值较高，是大量生产的盆栽棕榈科植物之一。

【观赏特性及园林用途】散尾葵株形秀美，枝叶茂密，形态潇洒，四季常青，耐阴性较强，是著名的高档盆栽观叶植物。华南多作观赏树栽于草地、树荫、宅旁；幼树可盆栽，大株种植于木桶，可布置大楼门厅、大堂客厅、餐厅、会议室、居室、书房、卧室或阳台。切叶是插花材料。

23. 董棕（孔雀椰子） *Caryota urens* L.

【识别要点】常绿乔木，树高 15～25m，地径 25～65cm；茎干黑褐色，具明显的环状叶痕，叶鞘包裹茎干生长到一定时期才脱落；二回羽状复叶，长 5～7m，宽 3～5m，老叶弓状下垂；小叶宽斜菱形，在叶中轴两侧水平展开。穗状花序。核果球形，熟时深红色；种子近球形。肉质须根。

【分布】原产印度、我国西部，主要分布于广西、云南及西藏南部，华南、东南有种植。

【习性】耐寒能力较强，寿命短，约 20 年生开花后不久即死亡。

【栽培】叶片生长相当慢，应加强管理，延长观赏寿命。春夏移栽，大苗需带土球。夏季注意防治红叶螨、叶斑病。

【观赏特性及园林用途】树形优美壮观，茎干雄壮，叶片大型，像孔雀开屏一样，是理想的园林绿化树种，适宜作行道树及园林景观树。

二、百合科 Liliaceae

多年生草本，少数种类为灌木或有卷须的半灌木。茎直立或攀缘，具鳞茎或根状茎。叶基生或茎生，茎生叶通常互生，少有对生或轮生。花两性，茎生或组成总状、穗状、伞形花序。蒴果或浆果；种子多数，成熟后常为黑色。

百合科约 240 属 4 000 多种，分布于温带及亚热带；我国有 60 多属约 600 种。

1. 凤尾兰（菠萝花） *Yucca gloriosa* L.

【识别要点】常绿灌木或小乔木，高达 2.5m。叶剑形，密集螺旋排列茎上，质坚硬，有白粉，顶端硬尖，老叶边缘有时具疏丝。圆锥花序高 1m 以上；花乳白色，杯状，下垂。蒴果椭圆状卵形，长 5～6cm，不开裂。花期 10～11 月。

【分布】原产北美洲东部及东南部，现我国长江流域和黄河两岸普遍栽植。

【习性】喜光亦耐阴，耐旱，耐水湿，耐土壤贫瘠。生长强健，对土肥要求不高，但喜排水良好的沙土，有一定耐寒性，抗污染。

【栽培】分株繁殖，也可用茎切块繁殖。春季或秋季裸根带宿土移植，花期注意防风，冬、春灌水。北京可露地栽培，也可盆栽。

【观赏特性及园林用途】凤尾兰树态奇特，叶形如剑，叶色常年浓绿，花色洁白，数株成丛，高低不一，开花时花茎高耸挺立，繁多的白花下垂，姿态优美，是良好的绿化及庭园观赏树木，常植于花坛中央、建筑物前、草坪中、路旁，或作绿篱等栽植用。对有害气体抗性强，为工矿区理想的绿化植物。

2. 假叶树 *Ruscus aculeatus* L.

【识别要点】常绿灌木，丛生。株高一般 30～70cm，茎绿色，多分枝，具线条状棱线。叶退化成小鳞片，长 2～4mm。在鳞片腋间长出卵形叶状枝，长约 1.5cm，顶端锐尖为刺状，从形态和功能上都代替叶片。小型花，白色，生于叶状枝中脉的中下部。浆果球形，直径约 1cm，熟时红色。

【分布】原产南欧和北非。我国有引种，偶见盆栽。

【习性】喜温暖、潮湿、半阴环境；具肉质根，耐干旱，不耐寒，忌强光照射。喜微酸性的沙壤土，但对土壤要求不严，一般黏质土也可生长。

【栽培】分株繁殖。盆栽假叶树宜用疏松肥沃、排水透气的微酸性壤土作为盆土。浇水掌握"不干不浇，浇则浇透"的原则，勿积水，忌干旱。空气干燥时应向植株喷水，以增加湿度，避免叶状枝干边。每 15d 左右施一次腐熟的稀薄液肥。

【观赏特性及园林用途】华南可于庭园、花坛、花境配植，北方可温室盆栽观赏。花枝干燥后，可染色作为装饰。

3. 朱蕉（红叶铁树）*Cordyline terminalis*（L.）Kunth（图 9 - 4）

【识别要点】灌木，高达 3m，茎通常不分枝。叶常聚生茎顶，绿色或紫红色，叶端渐尖，叶基狭楔形；腹面有宽槽，基部抱茎。圆锥花序生于上部叶腋，花淡红色至紫色，罕黄色。

【分布】分布于我国华南地区。

【变种及品种】栽培变种多，如黄条绿、红条绿、红边绿、五彩、绿叶、丽叶等。

【习性】喜高温多湿气候，干热地区宜植于半阴处，忌碱土。

图 9 - 4 朱 蕉

【栽培】可用扦插、分株、播种等法繁殖。露地栽培一般春季移栽；盆栽 2～3 年换盆一次，室内放置不宜时间过长，以 10d 为好。

【观赏特性及园林用途】具有常青不凋的翠叶或紫红斑彩的叶色，华南多作庭园观赏，长江流域及其以北地区常温室盆栽观赏，作室内装饰用。

4. 柬埔寨龙血树（海南龙血树）*Dracaena cambodiana* Pierre et Gagn.

【识别要点】乔木状，高 3～4m。叶聚生于茎顶，长 50～70cm，基部抱茎，无柄。圆锥花序长约 40cm，花乳白色。

【分布】产于我国海南、云南南部至中印半岛，越南、柬埔寨有分布。

【习性】喜暖热气候，耐旱，喜钙质土。年平均温度 25℃左右，年降水量 894～1 123mm。常生于干燥沙土。

【栽培】参考巴西木。

【观赏特性及园林用途】为美丽的庭园及室内观叶植物。

5. 香龙血树（巴西木、巴西铁树）*Dracaena fragrans*（L.）Ker Gawl.

【识别要点】常绿乔木。叶簇生于茎顶，叶狭长椭圆形，长 40～90cm，宽 6～10cm，尖稍钝，弯曲成弓形，有亮黄色或乳白色的条纹；叶缘鲜绿色，且具波浪状起伏，有光泽。花淡黄色，有芳香。

【分布】原产非洲几内亚和阿尔及利亚等热带地区。

【变种及品种】有金心、金边、黄边等栽培变种。

【习性】性喜光照充足、高温、高湿的环境，亦耐阴，耐干燥，在明亮的散射光和北方居室较干燥的环境中生长良好。

【栽培】扦插繁殖。露地栽培应选择半阴环境，春季移栽。盆栽每年早春换盆或换土，室内摆放在光线充足的地方；夏季高温时喷雾、在叶片上喷水，保持湿润，每周浇水 1～2 次，不宜过多，以防树干腐烂；生长期应适当进行根外追肥，用 100 倍稀释液喷叶片，每半月一次。冬季室温不可低于 5℃。注意防治红蜘蛛、蓟马、介壳虫等。

【观赏特性及园林用途】巴西木株形整齐，茎干挺拔，是颇为流行的室内大型盆栽观叶花木，常在客厅、书房、起居室内摆放，格调高雅，带有南国情调。

6. 富贵竹（仙达龙血树）*Dracaena sanderiana* Sander.

【识别要点】常绿灌木，高 1.5～2m，一般不分枝，有节似竹，黄绿色。叶轮生，叶端渐尖，形似柳叶，边镶有白色或黄白色纵条纹，叶长 13～23cm，宽约 2cm。

【分布】原产非洲西部喀麦隆和刚果、加那利群岛和亚洲的热带地区，20 世纪 80 年代初引入我国。

【变种及品种】主要栽培品种有金边富贵竹（叶片边缘有黄色宽条斑）和银边富贵竹（叶片两侧有白色宽条斑）。

【习性】喜高温多湿和半阴环境，对光照要求不严，宜生长于疏松肥沃的土壤。长期置于室内，只要有足够的水分就能旺盛生长。有一定的抗寒能力，能耐 2℃的低温。

【栽培】富贵竹管理粗放，既可单株盆栽，亦可采用多株分层次进行组合式盆栽。扦插繁殖。夏季宜适当遮阳，忌阳光直射；宜经常向枝叶及周围环境喷洒水分，6～9 月要保持盆土充分湿润。冬季注意加温保暖工作，保持 5℃以上温度。

【观赏特性及园林用途】其茎有貌似竹节的特征，茎叶纤秀柔美，极富竹韵，象征大吉大利。适于作小型盆栽，布置居室、书房、客厅等处，可置于案头、茶几、台面上，富贵典雅，玲珑别致。茎干可塑性强，可以进行单枝弯曲造型，也可切段组合造型为"富贵竹塔"，层次错落有致，节节高升，寓意朝气蓬勃、奋发向上，象征吉祥、富贵、开运聚财。

7. 剑叶铁树（细叶千年木）*Cordyline stricta* Endl.（图 9-5）

【识别要点】常绿灌木，单干，高 2～3m。叶聚生顶端，线状披针形，光亮，无柄，常拱垂。圆锥花序顶生或侧生；花青紫色，5～7 月开花。

【分布】原产大洋洲。我国广东、广西均有栽培，其他省区温室盆栽。

【变种及品种】

（1）三色千年木（'Tricolor'）。呈现出红、黄、绿三色，叶面上有清晰的竖长条纹。

（2）七彩千年木。叶面上呈现出清而不乱的白色、乳白色、黄色、奶黄色、大红色、粉色、深绿色、淡绿色等多种彩色，构成长条纹的叶片。

图 9-5　剑叶铁树

【习性】喜光、喜热、喜湿润的环境，也较耐阴。温度在 20～35℃生长旺盛。冬季若低于 10℃，必须采取保温措施。空气相对湿度 80％左右。

【栽培】扦插或分株繁殖。栽培管理上要注意光照和温度。

【观赏特性及园林用途】色鲜艳丽，五彩缤纷，可作小型或中型盆栽，是室内茶几、案头、窗台上陈设的观叶佳品。如果将单干独头顶端打掉后，在母株的顶端部位上发出几个芽，即长出几个分枝，每个分枝上都发出密集美观的叶片来，其观赏价值就更高。华南可栽培于庭园观赏。

三、苏铁科 Cycadaceae

常绿木本。茎干粗短，不分枝或很少分枝。叶有两种：一为互生于主干上呈褐色的鳞片状叶，其外有粗糙绒毛；一为生于茎端呈羽状的营养叶。雌雄异株，顶生头状花序，无花被。种子呈核果状，有肉质外果皮。

苏铁科共有 1 属约 200 余种，分布于热带、亚热带地区；我国有 1 属 14 种。

1. 苏铁 Cycas revoluta Thunb.

【识别要点】常绿棕榈状木本植物，茎高达 2～5m。叶羽状，长 0.5～1.2m，厚革质而坚硬，羽片条形，长达 18cm，边缘显著反卷；种子卵形而微扁，长 2～4cm。花期 6～8 月，种子 10 月成熟，熟时红色。

【分布】原产亚洲热带，我国华南有分布。

【习性】喜暖热湿润气候及酸性土壤，不耐寒，在温度低于 0℃时易受害。生长速度缓慢，寿命 200 余年。10 年以上的植株在南方每年均可开花。

【栽培】可用播种、分蘖、埋插等法繁殖。盆栽用富含腐殖质的沙质壤土，每周施一次饼肥水；夏季多浇水，早晚均需叶面喷水。入秋后盆土保持较干燥为好。冬季移入低温温室或室内越冬，翌年 4 月移到室外。注意防止介壳虫。

【观赏特性及园林用途】苏铁树形优美，能反映热带风光，暖地常布置于花坛的中心或盆栽布置于大型会场内供装饰用；长江流域以北城市常盆栽观赏，温室越冬。

2. 华南苏铁（刺叶苏铁）Cycas rumphii Miq.

【识别要点】高 4～8m，分枝或不分枝，有明显的叶基与叶痕。羽状叶长 1～2m，先端羽片常突然缩短或渐短，叶柄两侧有短刺；小叶 50～80 对，长披针状条形，直或微弯，边缘平或微反曲。种子圆形，顶端常凹陷，成熟时暗橙黄色。

【分布】产于亚洲南部至大洋洲北部。分布于我国广东、广西和云南南部。

【习性】喜强光，喜温暖干燥及通风良好；不耐寒，生长缓慢，以肥沃、微酸性的沙质土壤为宜。

【栽培】播种或分蘖繁殖。华南可栽于庭园；其他省区盆栽，冬季置于温室过冬。

【观赏特性及园林用途】树形优美，华南各地于庭园观赏；长江流域及北方城市盆栽观赏。

3. 篦齿苏铁（凤尾蕉）Cycas pectinata Buch. -Hamilt.

【识别要点】干茎粗大，高可达 3m。小叶较厚，宽 0.6～0.8cm，边缘平或微翻卷，叶脉两面隆起，且叶表叶脉中央有 1 凹槽；叶柄短，有疏刺。

【分布】产于亚洲热带，分布于我国云南南部，四川、广州有栽培。

【习性】生于亚洲热带南部，海拔 1 500m 以下的常绿阔叶疏林下或次生灌丛间。

【栽培】种子繁殖。幼苗生长缓慢，需加强苗期管理。同时在母树根基能萌生新苗，也可以分蘖繁殖。

【观赏特性及园林用途】云南、四川一带常植于庭园及园林绿地，可盆栽观赏。

4. 攀枝花苏铁 Cycas panzhihuaensis L. Zhou et S. Y. Yang

【识别要点】茎粗壮，圆柱形，不分枝，高 2.5～4m，密披暗褐色宿存的叶基和叶痕。羽状复叶，叶柄两侧有短刺，小叶线形。雌雄异株，雄花序松球状，雌花序半球形。肉质根，无主根，根部有大量的珊瑚状菌根。

【分布】我国的特产种，主要分布在四川南部及云南北部。

【习性】喜日照充足气候，耐旱，耐瘠薄，适于微酸性至中性、微碱性土壤。

【栽培】种子寿命较短，第一年发芽率为 95%，第二年只有 5%，应及时播种。

【观赏特性及园林用途】植株顶部簇生着一根根羽状翠绿大叶，仿佛凤凰鸟的尾巴，故称"凤凰蕉"；种子像红皮鸡蛋，所以有"凤凰蛋"的美称，可供园林栽培观赏。

四、旅人蕉科 Strelitziaceae

旅人蕉（扇芭蕉）Ravenala madagascariensis Adans.

【识别要点】常绿乔木状植物。株高约 10m，茎直立，不分枝，常丛生。叶大型，具长柄和叶鞘，呈二纵列互生，排于茎顶，呈折扇状，叶片长椭圆形，长 3～4m。蝎尾状聚伞花序腋生，总苞船形，白色。蒴果木质，熟时 3 瓣裂。

【分布】原产非洲马达加斯加岛，深受当地人喜爱，被誉为国树。我国广州及海南有少量栽培。

【习性】喜光，喜高温多湿气候，夜间温度不能低于 8℃。喜疏松、肥沃、排水良好的土壤，忌低洼积涝。

【栽培】分株繁殖。栽植时要注意叶子的排列方向，以便于观赏。盆栽者于早春或开花后，结合换盆从根茎处切开分栽。夏季不耐阳光直射，需适当遮阳和通风，或于叶面喷水增湿降温。寒地冬季应移入阳光充足的室内越冬，室温保持在 13～18℃。栽培中如通风不良易遭介壳虫危害。

【观赏特性及园林用途】植株高大挺拔，姿态优美，貌似树木，实为草本，叶片硕大奇异，状如芭蕉，左右排列，对称均匀，犹如一把摊开的绿纸折扇，又像孔雀开屏，极富热带自然风光。华南适宜在庭园、公园、风景区栽植观赏。

学习小资料

小资料 1 我国棕榈类植物的引种概况：棕榈类植物的发现并被引种有 100 多年历史。我国在 100 多年以前，广东、福建一带沿海城市及侨乡陆续引进一些观赏价值较高的棕榈树种，如福建的福州、仙游，广东的广州等都有上百年的棕榈大树。新中国成立后尤其近 30 年来我国棕榈植物引种不断加快，其中华南植物园、西双版纳植物园、厦门植物园等单位在大量引种的同时不断加强相关研究。据不完全统计，我国现已引种栽培棕榈科植物 94 属 322 种。当前商业用途以绿化观赏为目的的引种方兴未艾。据规划，厦门为建成"椰风海韵"的热带海滨城市，拟计划引种全科的 30% 树种（约 900 种），驯化筛选合适的如有 50%，可有 400 多种用以替换一部分其他树种，以构成一幅美丽热带风光的城市生态景观。

小资料 2 棕榈油：是从油棕树上的棕果中榨取出来的，它被人们当成天然食品来使用已超过五千年的历史。油棕的原产地在西非。1870 年，油棕传入马来西亚，当时只是作为一种装饰植物。直到 1917 年才进行第一次的商业种植。棕榈油是植物油的一种，能替代其他油脂，可代替的有大豆油、花生油、向日葵油、椰油、猪油和牛油等。

小资料 3 抗性植物：指对各种不良环境和污染物具有一定适应力和抵抗力的植物。包括避性植物和耐性植物，前者可通过一定的机制不吸收环境中的污染物或避开严酷的环境条件而免受伤害；后者具有特殊生理机制，能吸收某些污染物而不受伤害，把吸收入体内的污染物经代谢转化，使其失去毒性，或改变生理生化进程，降低其对毒物的敏感性，或将污染物及其代谢产物排出体外。

本章小结

本章概述了棕榈类植物的名称、分类、用途。重点介绍了我国常见的 35 种观赏棕榈类树种。其中棕榈科 23 种：棕竹（筋头竹）、棕榈、琼棕、糖棕（扇叶糖棕）、蒲葵、高山蒲葵（大蒲葵）、澳洲蒲葵、美丽蒲葵（俾斯麦棕、霸王棕）、加州蒲葵（丝葵、老人葵）、鱼尾葵、刺葵、长叶刺葵（加那利海枣）、软叶刺葵（江边刺葵）、枣椰子（伊拉克蜜枣、海枣）、桃椰（砂糖椰子）、椰子、王棕（大王椰子）、酒瓶椰子、皇后葵（金山葵）、假槟榔（亚历山大椰子）、三药槟榔、散尾葵、董棕（孔雀椰子）；百合科 7 种：凤尾兰（菠萝花）、假叶树、朱蕉（红叶铁树）、柬埔寨龙血树（海南龙血树）、香龙血树（巴西木、巴西铁树）、富贵竹（仙达龙血树）、剑叶铁树（细叶千年木）；苏铁科 4 种：苏铁、华南苏铁（刺叶苏铁）、篦齿苏铁（凤尾蕉）、攀枝花苏铁；旅人蕉科 1 种：旅人蕉（扇芭蕉）。

复习与思考

1. 什么是棕榈类植物？它有什么特点？在园林绿化中如何应用？

2. 简述棕榈科植物的特点、生长习性及其在园林栽培中的应用。

3. 苏铁科与百合科的主要观赏树种有哪些？我国南北方绿化场所有何区别？

1. 识别当地棕榈类树种若干。

2. 调查当地观赏棕榈类树种（列表）。

第十章

观 赏 蔓 木 类

【知识目标】1. 了解观赏蔓木的基本类型。
2. 了解观赏蔓木在养护管理中的特点。
3. 了解观赏蔓木在园林绿化建设中的作用。
【技能目标】识别观赏蔓木 15 种。

第一节　概　述

植物的生长习性及枝条伸展方式多种多样。木本植物中大多数种类都具有粗壮的茎干，可以直立向上生长；但有些木本植物，自身不能很好直立，必须攀附他物向上生长或匍匐地面蔓延，这类树木称为蔓木类。观赏蔓木类树种是垂直绿化或立体绿化必不可少的植物材料，对山坡、路坎、墙面、屋顶、篱垣、棚架、立体绿化以及林下、室内绿化等都有其他植物不可替代的作用。在一些建筑密集、空间窄小的老城区，它们在开拓立体绿化空间、丰富绿化形式、改善城市生态景观和环境质量方面，更有独特的应用前景。

一、观赏蔓木类植物的类型

根据攀缘习性的不同，可将观赏蔓木分成缠绕茎类、特有攀缘器类、匍匐类、复式攀缘类等四种类型。

（一）缠绕茎类

这类植物不具有特化的攀缘器官，而是依靠主茎缠绕其他植物或物体向上生长，这种茎在植物学上称为缠绕茎。缠绕茎类植物的种类很多、很常见，应用也最广泛。它们的攀缘能力较强，不少种类的高度可达 20m，如紫藤、葛藤等，都是棚架、柱状体、高篱及山坡崖壁绿化、美化的良好材料。根据缠绕方向的不同，可将这类植物分为右手螺旋形、左手螺旋形、乱旋形三类。

1. 右手螺旋形　缠绕方向与右手握其支持物时（拇指向上）其他手指伸握方向相同，如尖叶清风藤、常春油麻藤（图 10 - 1）等。

2. 左手螺旋形　缠绕方向与右手螺旋形缠绕茎类植物方向相反，如鸡矢藤（图 10 - 2）、忍冬等。

3. 乱旋形　茎无固定的旋转方向，既有向右旋也有向左旋的，如何首乌、文竹等。

图 10-1 常春油麻藤右手螺旋形缠绕

图 10-2 鸡矢藤左手螺旋形缠绕

（二）特有攀缘器官类

这类植物具有特有的攀缘器官，这些器官来源于枝、叶等器官的变态，依靠这些特殊的器官将自身固定在支持物上，向上或侧方生长。常见的攀缘器官有四种。

1. 卷须 依据形成卷须的器官不同，又可分为茎（枝）卷须、叶卷须、花序卷须。

（1）茎（枝）卷须。由茎或枝的先端变态特化而成的卷曲攀缘器官，分枝或不分枝，依植物种类而异，常见于葡萄科（图 10-3）、西番莲科等。

（2）叶卷须。由叶柄、叶尖、托叶或小叶等叶片不同部位特化而成的卷曲攀缘器官（图 10-4），如铁线莲属、硪子藤等。

图 10-3 葡萄的茎卷须

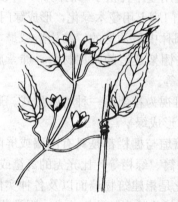

图 10-4 叶卷须

（3）花序卷须。由花序的一部分特化成卷须缠绕，如珊瑚藤等。

2. 吸盘 由枝的先端变态特化而成的吸附攀缘器官。其顶端变成扁平的小圆盘状物，当接触支持物后，分泌出黏胶，将植物粘吸于支持物上。有些种类可牢固吸附于光滑物体表面生长，如爬山虎（图 10-5）、五叶地锦及崖爬藤等可在玻璃、瓷砖等表面生长。它们是墙壁屋面、石崖堡坎及粗大树干表面绿化的理想植物。

图 10-5 爬山虎吸盘

3. 吸附根 由茎的节上生出的气生不定根。它们也能分泌出胶状物质，将植物体固定在遇到的支持物上。随着植物的生长，不断产生新的气生根，植株便会不断向上攀缘，如常春藤、扶芳藤等。

4. 棘刺类 茎或叶具刺状物，借以攀附他物上升或直立。这类植物攀缘能力较弱，生长初期应以人工牵引或捆缚，辅助其向上生长，如藤本月季、钩藤等。

（三）复式攀缘类

有些攀缘植物兼具几种攀缘能力。如葎草（俗名拉拉藤），既为缠绕茎，同时生有倒钩刺，这些以两种以上攀缘方式来攀缘生长的植物，称为复式攀缘植物。

（四）匍匐类

匍匐类植物不具有攀缘植物的缠绕能力或攀缘结构。茎细长、柔弱，缺乏向上攀升的能力，通常只能匍匐平卧地面或向下垂吊，是地被、坡地绿化及盆栽悬吊应用的极好材料。

二、观赏蔓木类植物在园林绿化中的应用

观赏蔓木类植物在园林绿化中的应用，要根据环境特点、建筑物类型、绿化功能的要求等，结合蔓木自身的生长特性、体量大小、寿命长短、生长速度、物候变化、观赏特点等选用。下面介绍几种常用的应用形式。

1. 建造绿柱 对于灯柱、廊柱、大型树干等粗大的柱形物体，可选用缠绕类或吸附类蔓木盘绕或包裹柱形物体，形成绿线、绿柱或花柱。古藤盘柱的绿化更近自然，大型藤本如落葵属、常绿油麻藤、紫藤等有时可将树体全部覆盖。

2. 建造绿廊、绿门 选用蔓木种植于廊的两侧，并设置相应的攀附物使植物攀附而上，覆盖廊顶形成绿廊；也可在门廊上用蔓木绿化，形成绿门。

3. 栽植棚架 棚架是园林中最常见的、结构造型最丰富的构筑物之一。生长旺盛、枝叶茂密、观花观果的蔓木是棚架建造的常用材料，如紫藤、藤本月季、忍冬、叶子花、葡萄、凌霄、猕猴桃、使君子等。

4. 制作绿亭 绿亭也可视为花架的一种特殊形式。通常是在亭阁形状的支架四周种植生长旺盛、枝叶浓密的蔓木形成绿亭。

5. 篱垣与栅栏绿化 篱垣与栅栏都是具有围墙或屏障功能的构筑物，结构多样，用蔓木使其形成绿墙、花墙、绿篱、绿栏等，比光秃的篱笆或栅栏更显自然、和谐，生气勃勃。

6. 墙面绿化 墙面绿化是指建筑物墙面以及各种实体围墙表面的绿化。墙面绿化除具有生态功能外，也是一种建筑物外表的装饰艺术。观赏蔓木类是墙面绿化的最好材料。

7. 屋顶绿化 屋顶绿化的形式有地被覆盖、棚架、垂挂等形式。可用人工配制的种植土在平顶屋面种植蔓木，形成地毯式的保护层；在低层楼房或平房，可采用地面种植，然后牵引至房顶覆盖的方式。也可在屋顶选用蔓木搭建棚架，既可降低室内温度、美化屋顶，又可提供纳凉休闲的场所。在屋顶种植时，应选用适应性强，耐热、耐旱、抗风、耐寒的阳性植物。

8. 山石绿化 在假山、山石的局部用蔓木类攀附其上，能使山石生辉，更富自然情趣。藤蔓与山石的配置是我国传统的园林手法之一，有时再用白粉墙相衬，使其在形式上更添诗情画意，常用的蔓木有紫藤、凌霄、爬山虎、常春藤等。

9. 护坡及堡坎绿化 护坡与堡坎绿化是城市立体绿化及高速公路、铁路绿化的一个重要方面。利用观赏蔓木类植物进行该方面绿化，不但可以防止水土流失，保护坡面、堡坎，

而且能够起到美化装饰坡面、堡坎的功能。

10. 地面覆盖及室内垂吊绿化 蔓木类植物的应用形式还有很多，如有些地方在花坛中当成地被植物栽培；有的被用作室内垂吊绿化；还有人将其栽培成盆景等。

第二节 我国常见的观赏蔓木类树种

一、紫茉莉科 Nyctaginaceae

草本、灌木或乔木，有时攀缘状。单叶互生或对生。聚伞花序，花辐射对称，常围以有颜色的苞片组成的总苞。瘦果，有棱或有翅。

分布于热带和亚热带地区，美洲尤盛。共 30 属 290 种；我国有 2 属 7 种，产于西南部至台湾。

1. 叶子花（三角花、九重葛、毛宝巾）*Bougainvillea spectabilis* Willd.

【识别要点】常绿攀缘状灌木。枝具有锐刺，拱形下垂，枝叶密生柔毛。单叶互生，卵形或卵状椭圆形。花顶生，常 3 朵簇生于大型叶状苞片内，苞片卵圆形，鲜红色，为主要观赏部位。华南冬春间开花，长江流域 6～12 月开花。

【分布】原产巴西，我国各地有栽培。

【习性】喜充足光照，喜温暖湿润气候，不耐寒，在 3℃ 以上方可安全越冬，15℃ 以上才能开花。对土壤要求不严，在排水良好、含矿物质丰富的黏重壤土中生长良好，耐贫瘠，耐碱，耐干旱，忌积水，萌发力强，耐修剪。

【变种及品种】变种有砖红叶子花；品种有红花重瓣、白花重瓣、斑叶等。

【栽培】扦插、压条和嫁接繁殖。南方地栽，于距建筑物 1m 处挖穴，深 40cm，宽 60cm，施基肥后栽植，浇透水，适当遮阳，成活后立支架，使其攀缘而上，2 年可布满架面。花期过后要对过密枝、内膛枝、徒长枝、病弱枝等进行疏剪。生长期修剪一般 1～3 次。盆栽最适温度 15～30℃，每次开花后要及时清除残花，以减少养分消耗。害虫主要有叶甲和蚜虫，病害主要有枯梢病，应注意防治。

【观赏特性及园林用途】茎干千姿百态，左右旋转，或自己缠绕，打结成环；枝蔓较长，柔韧性强，可塑性好，人们常将其编织后用于花架、花柱、绿廊、拱门和墙面的装饰，或修剪成各种形状；苞片大，色彩鲜艳如花，南方宜庭园种植或作绿篱及修剪造型，老株可制作树桩盆景。长江流域及其以北适宜温室盆栽。

2. 光叶子花（宝巾）*Bougainvillea glabra* Choisy

【识别要点】枝叶无毛或近无毛，苞片多为紫红色。其他特征与叶子花相似。

【变种及品种】有斑叶、金叶、黄花、白花等变种。

【分布】原产巴西，现我国各地有栽培。

【习性】同叶子花。

【栽培】在北方作盆栽，冬季在 10℃ 以上温室过冬。可修剪成球形。为使其分枝多，可少施氮肥，多施磷、钾肥，适当控制水分。

【观赏特性及园林用途】树形纤巧、花色艳丽，可制成盆景置于阳台、几案，十分雅致。南方地区可作花架绿化材料。

二、蓼科 Polygonaceae

草本，稀木本。茎节部常膨大。单叶互生，稀对生。花小，常两性；穗状、总状或圆锥花序；稀单生或簇生。瘦果具 3～4 棱或两面突起，有时具翅，种子 1。

约 40 属 800 种；我国（包括引种在内）有 14 属 228 种。

珊瑚藤 *Antigonon leptopus* **Hook. et Arn.**

【识别要点】半木质藤本。单叶互生，箭形至长卵形，叶端锐，基部心形，叶全缘少有呈波浪状，具叶鞘。圆锥花序与叶对生，夏季开花，粉红色。果褐色，三棱形，藏于宿存的花萼中。

【变种及品种】栽培品种有'白花'珊瑚藤（'Album'）。

【分布】原产于墨西哥及中美洲；我国华南有栽培。

【习性】喜温暖气候，喜光及肥沃壤土，需排水良好。生育适温 22～30℃。

【栽培】可扦插，但以播种为主。春至夏季生育期，水分要充足。

【观赏特性及园林用途】春末至秋季均能开花，花密成串，粉红色，花期极长，异常美丽。适合花架、绿荫棚架栽植，为垂直绿化的好材料，常植于庭园观赏。

三、葡萄科 Vitaceae

藤本，稀直立灌木。枝上卷须与叶对生，单叶或复叶。花小，两性或杂性，排成与叶对生的聚伞、圆锥花序或伞房花序；花部 5 数，花瓣分离或有时帽状黏合成块脱落；浆果。

约 12 属 700 种；我国 9 属 112 种。

1. 葡萄 *Vitis vinifera* **L.** （图 10 - 6）

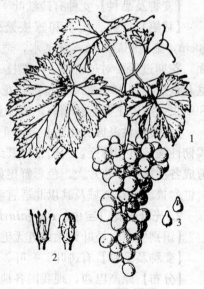

【识别要点】藤蔓长达 30m。茎皮长条状剥落；具分叉卷须，与叶对生。叶 3～5 掌状浅裂，裂片尖，具不规则粗锯齿。花序与叶对生。果球形或椭球形，成串下垂，绿色、紫红色等多种颜色，表面被白粉。

【分布】原产亚洲西部，我国引种栽培已有 2 000 余年，分布极广，南自长江流域，北至辽宁中部均有栽培。

【变种及品种】栽培品种达 300 多个，著名的如'红地球''玫瑰香''巨峰''无核白''牛奶''白香蕉''龙眼'等。

【习性】喜光，喜干燥和夏季高温的大陆性气候，较耐寒。对土壤要求不严，除重黏土、盐碱土外均能适应。发根能力强，几乎植株的各部分都能形成愈伤组织及根的原始体。

图 10 - 6　葡萄
1. 果枝　2. 花　3. 种子

【栽培】以扦插为主，也可压条或嫁接繁殖。应注重土肥水管理及冬夏季修剪，及时防治病虫害。

【观赏特性及园林用途】世界主要水果树种之一，是园林绿化结合生产的理想树种。除辟专类园作果树栽培外，常用于长廊、门廊、棚架、花架等建造。翠叶满架，硕果晶莹，为果、叶兼赏的优秀树种。

2. 爬山虎（爬墙虎、地锦） *Parthenocissus tricuspidata* （Sieb. et Zucc.） Planch.（图 10 - 7）

【识别要点】落叶藤本；卷须短，多分枝，顶端有吸盘。叶形变异很大，通常宽卵形，先端多 3 裂，或深裂成 3 小叶，基部心形，边缘有粗锯齿。花序常生于短枝顶端两叶之间。果球形，蓝黑色，被白粉。

【分布】分布于我国华南、华北至东北各地。

【习性】对土壤及气候适应能力很强，喜阴，耐寒，耐旱，在较阴湿、肥沃的土壤中生长最佳。

【栽培】栽培容易，管理简单，可扦插、压条或播种繁殖。在墙根种植，应离墙基 50cm 挖坑，株距 1～1.5m 为宜。移栽时重短截促发枝，定植初期要适当浇水，将其主茎导向墙壁或其他支持物，即可自行攀缘。

【观赏特性及园林用途】生长势强，蔓茎纵横，能借吸盘攀附，且秋季叶色变为红色或橙色。可配

图 10 - 7 爬山虎

植攀附于建筑物墙壁、墙垣、庭园入口、假山石峰、桥头石壁或老树干上。对氯气抗性强，可作厂矿、居民区垂直绿化，亦可作护坡保土植被。

3. 异叶爬山虎（异叶地锦） *Parthenocissus dalzielii* Gagnep.

【识别要点】植株无毛，营养枝上单叶，边缘有粗齿；花果枝上三出复叶，中间小叶倒长卵形，侧生小叶斜卵形，基部极偏斜，叶缘小齿或近全缘。聚伞花序，果熟时紫黑色。

【分布】产于河南、浙江、江西、福建、台湾、湖北、四川、贵州、广东、重庆，生于海拔 200～3 800m 山岩陡壁和山坡、山谷林中。

【习性】喜光及空气湿度高的环境，在我国较干燥地区和季节，吸盘形成难，故吸附能力较差。

【栽培】同爬山虎。

【观赏特性及园林用途】同爬山虎。

4. 粉叶爬山虎（粉叶地锦） *Parthenocissus thomsoni* （Laws.） Planch.

【识别要点】落叶攀缘藤本。幼枝有 4～6 棱脊；嫩叶带紫色，卷须 3～5 分枝，末端具吸盘。掌状复叶互生；小叶 5，狭椭圆形至椭圆形，长 3～6cm，宽 1.5～2.5cm，先端长渐尖，基部楔形，边缘中部以上有疏锯齿，背面带粉白色。聚伞花序与叶对生；花 5 基数。浆果黑色。花期 9 月。

【分布】分布于我国东部及西南各地。

【习性】喜光，稍耐寒，耐旱，也耐湿，耐瘠薄，对土壤适应性强。

【栽培】同爬山虎。

【观赏特性及园林用途】常攀附墙壁、岩石或乔木上。

5. 美国地锦（五叶地锦） *Parthenocissus quinquefolia* （L.） Planch.

【识别要点】掌状复叶，小叶 5，质较厚，叶缘具大而圆的粗锯齿。与爬山虎相似，落

叶大型茎卷须吸附型大藤本，顶端具吸盘的卷须长，吸盘大，5～12分枝，幼枝紫红色。圆锥花序。果蓝黑色，径约7mm。花期6～8月，果熟期9～10月。

【分布】原产美国东部。我国引种栽培，现各地有分布，以北部栽培较早、较多。

【习性】喜光及空气湿度高的环境，耐寒，耐旱，耐湿，也耐阴，对土壤适应性强。在我国较干燥地区和季节，吸盘形成难，故吸附能力较差。

【栽培】较爬山虎更耐寒，沈阳可露地栽培，但攀缘能力、吸附能力较差，墙面上的植株有时被大风刮掉。

【观赏特性及园林用途】生长甚旺，秋叶变红，新枝叶亦红色，比爬山虎更美丽，值得在我国南方湿润地区推广。宜用于屋面、墙壁等绿化，可作地被植物栽培。

四、豆科 Leguminosae

草本或木本。多数豆科植物都是复叶。荚果。

约690属17 600余种，有很多种类的根部含有根瘤菌。

1. 紫藤 Wisteria sinensis (Sims) Sweet. （图10-8）

【识别要点】缠绕性大藤本，茎左旋形，长达18～30m。小枝被柔毛。羽状复叶互生，小叶7～13，对生，卵状长椭圆形至卵状披针形，先端渐尖，幼时密被平伏白色柔毛，老时近无毛。花蝶形，淡紫色，具芳香，总状花序下垂；荚果长条形，密被黄色绒毛，长10～15cm。花期4～6月，果期9～10月。

【分布】原产我国长江流域及其以北地区，现各地广为栽培。

【变种及品种】

(1) 银藤（var. *alba*）。花白色，香气浓郁。

(2) '重瓣'紫藤（'Plena'）。花重瓣，色近堇色。

还有粉花紫藤、重瓣白花紫藤、乌龙藤、丰花紫藤等。

【习性】喜光，对气候和土壤适应性强；有一定耐干旱、瘠薄和水湿能力，但以深厚肥沃而排水良好的壤土为佳。主根深，侧根少，不耐移植。对二氧化硫、氟化氢和氯气等有害气体抗性强。生长快，寿命长。

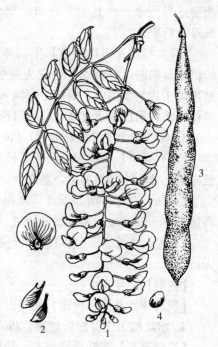

图10-8 紫 藤
1. 花枝　2. 花瓣　3. 果　4. 种子

【栽培】以播种为主，亦可扦插、分根、压条或嫁接繁殖。春季萌芽前裸根栽植，成年大树桩应带土球或重剪后栽植，均易成活。要求光照良好，休眠期施肥、短截修剪，花后适当疏枝除萌。

【观赏特性及园林用途】藤枝虬屈盘结，枝叶茂盛；春季先叶开花，紫花串串，穗大味香；荚果形大，为著名观花藤本植物。园林中常作棚架、门廊、凉亭、枯树灯柱及山石绿化材料，或修整成灌木状，栽植于草坪、门庭两侧、假山石旁，或点缀于湖边池畔，别具风姿。也可用于厂矿区垂直绿化，或作树桩盆景。花枝可作插花材料。

2. 多花紫藤 *Wisteria floribunda*（Willd.）DC.

【识别要点】落叶藤木，茎右旋形，长达9m，枝条细柔。奇数羽状复叶互生，小叶13～19对，对生，长椭圆形或披针形，两面具毛，尤其幼嫩部位均有毛，老叶近无毛。花紫色或蓝紫色，花期5月，芳香。总状花序，顶生或腋生，花冠蝶形，紫色转紫蓝色，小花密簇成穗，悬垂性，长达30～50cm。

【分布】原产日本。常分布于我国长江流域及其以南地区，南北各地均有栽培。

【变种及品种】'红花'（'Rubra'）、'早花'（'Praecox'）、'斑叶'（'Variegata'）、'矮生'（'Nana'）、白多花紫藤、粉多花紫藤、玫瑰多花紫藤、重瓣多花紫藤、葡萄多花紫藤、长序多花紫藤等。

【习性】喜光，喜排水良好的土壤。极耐寒，可以耐受－15℃以下低温。

【栽培】常在长江流域及其以南地区庭园栽培。可向北方地区推广。

【观赏特性及园林用途】紫藤的长序品种，花序长达50～90cm，偶可达150cm，成为紫藤中的奇观。可攀缘棚架、老树干等。

3. 藤萝 *Wisteria villosa* Rehd.

【识别要点】与紫藤的区别要点有：叶成熟时背面仍密被白色长柔毛；花淡紫色，花序长约30cm；荚果密生灰白色绒毛。

【分布】主产华北，江苏、安徽、山东有栽培。

【习性】同紫藤。

【栽培】同紫藤。

【观赏特性及园林用途】庭园栽培，供观赏。

4. 白花藤萝 *Wisteria venusta* Rehd. et Wils.

【识别要点】攀缘状落叶藤本，茎左旋形，长达10m以上；嫩枝有毛，最后无毛。叶为单数羽状复叶，小叶9～13片，椭圆状披针形，先端渐尖，基部圆形至近心形，两面有绢毛。总状花序下垂，花白色，开放前略带白粉，微香。荚果长15～20cm，密生绒毛。

【分布】产于我国华北。

【习性】同紫藤，5月花叶同时开放。

【栽培】北京、天津、青岛等地栽培。

【观赏特性及园林用途】可作盆景，其他用途同紫藤。

5. 葛藤 *Pueraria lobata*（Willd.）Ohwi（图10-9）

【识别要点】落叶藤本，全株有黄色长硬毛。三出复叶，顶生小叶菱状卵形，有时浅裂，叶背有粉霜；侧生小叶偏斜。总状花序腋生；花冠紫红色，翼瓣的耳长大于宽。荚果线形，长5～10cm，扁平，密生长硬黄毛。块根厚大。花期3～4月，果期8～11月。

【分布】分布极广，除新疆、西藏外几乎遍及全国。常见于山坡及疏林中。

【习性】葛藤性强健，喜光，耐干旱瘠薄，不择土壤，生长迅速，植株常伏地生长，蔓延力强，枝叶稠

图10-9 葛 藤
1. 花枝 2. 果枝 3. 根

密，是良好的水土保持地被材料。

【栽培】可用播种或压条法繁殖。栽培极粗放，极耐修剪，很少见病虫害。

【观赏特性及园林用途】葛藤是一种园林结合生产的理想植物，也是《中国药典》收载的草药，在自然风景区中可选择利用。

6. 云实 Caesalpinia decapetala（Roth）Alston

【识别要点】落叶攀缘灌木，茎密生倒钩状刺。二回偶数羽状复叶，羽片 3～8 对，小叶 6～12 对，长椭圆形，顶端圆，微凹，基部圆形，微偏斜，背面有白粉。圆锥花序顶生，花黄色。荚果长椭圆形，顶端圆，沿腹缝线有宽 3～4mm 的狭翅；种子 6～9 粒。花期 5 月，果期 8～10 月。

【分布】分布于我国长江流域以南各省。生于山坡、岩石旁、灌木丛中，以及平原、丘陵、河旁。

【习性】喜光，适应性强。

【栽培】常用扦插和播种繁殖。溃疡病的枝条应剪除烧毁，并喷洒波尔多液防治；锈病用 50%萎锈灵可湿性粉剂 2 000 倍液喷洒。有介壳虫危害，可用 50%二溴磷乳油 1 500 倍液喷杀。

【观赏特性及园林用途】藤盘曲有刺，活泼美丽，常在庭园中丛栽，形成春花繁盛、夏果低垂的自然野趣。平原地区常作绿篱，有较强防卫作用。

7. 常春油麻藤（常绿油麻藤）Mucuna sempervirens Hemsl.

【识别要点】常绿或半常绿藤本；长 10m 以上。三出复叶，互生；顶端小叶卵状椭圆形，先端尖尾状，基部阔楔形；两侧小叶斜卵形。总状花序，花大，下垂，蜡质，有臭味；花冠暗紫色或紫红色。荚果长条形，种子扁，近圆形，棕色。

【分布】主产于我国福建、云南、浙江、陕西、四川、贵州、云南等地，日本也有分布。

【习性】喜温暖湿润气候，耐阴，耐干旱，喜排水良好的土壤。生于林边，多攀附于大树上，藤蔓有时横跨沟谷。

【栽培】播种法繁殖。栽培较容易，定植时一定要立好支柱、棚架栅栏或竹篱，或植于露空花墙、假山石旁，令其攀缘。

【观赏特性及园林用途】常春油麻藤高大，叶片常绿，老茎开花，在自然式庭园及森林公园中栽植更为适宜，可用于大型棚架、崖壁、沟谷等处绿化。

8. 鸡血藤 Millettia reticulata Benth.

【识别要点】木质藤本，除花序和幼嫩部分有黄褐色柔毛外，其余无毛。羽状复叶；小叶 7～9，卵状长椭圆形或卵状披针形，长 3～10cm。总状花序顶生，下垂，序轴有黄色疏柔毛，花多而密集；花冠紫色或玫瑰红色。荚果长条形，无毛，种子扁圆形。花果期 7～10 月。

【分布】我国华东、中南及西南均有分布。

【习性】生于林中、灌丛或山沟。

【栽培】栽培管理比较粗放，枝蔓拥挤时剪去老枝更新，伏旱期适当浇水。

【观赏特性及园林用途】鸡血藤花冠非常漂亮，呈暗红紫色。它的茎内含有一种特殊物质，当茎被切断以后，其木质部就立即出现淡红棕色，不久慢慢变成鲜红色汁液流出来，很像鸡血，因此，人们称其为鸡血藤。常栽于庭园观赏。

五、毛茛科 Ranunculaceae

草本、木本或木质藤本。叶对生或互生，单叶或复叶，全缘或分裂。花辐射对称或两侧对称，单性或两性。瘦果或蓇葖果，有时为浆果或蒴果。

共 50 属 1 900 种，主产北温带；我国有 40 属 736 种，各地均产。

1. 铁线莲 *Clematis florida* Thunb.

【识别要点】落叶或半常绿藤本。二回三出复叶，常对生；小叶卵形或卵状披针形，有时有少数浅缺刻。花单生具 2 叶状苞片，花瓣状萼片 6 枚，白色、淡黄白色，背有绿条纹等，雄蕊紫色。5～6 月开花。

【分布】产于长江中下游流域至华南。

【习性】常与灌木丛伴生，喜凉爽，茎基部与根部略有庇荫环境，茎上部宜光照较充足，性耐寒，喜疏松肥沃、排水良好的微酸性或中性土壤。忌冬季干冷、水涝或夏季干旱、无保水力的土壤。

【变种及品种】'重瓣'铁线莲（'Plena'）、'蕊瓣'铁线莲（'Sieboldii'）。

【栽培】播种、分株、压条繁殖。生长季要随时绑扎，固定蔓生新梢。墙垣旁种植，要距墙基不少于 30cm；适时修剪。

【观赏特性及园林用途】铁线莲花大而美丽，开花时蔚为壮观，为优良的垂直绿化植物和园林观赏植物，宜植于庭园，设架令其攀缘。

2. 转子莲 *Clematis patens* Morr. et Decne

【识别要点】落叶藤本，茎 6 纵纹，长达 4m，幼时有毛。羽状复叶，下部叶具两对广展的小叶，上部叶三出或单叶，卵状披针形。花单生枝顶，花径 8～15cm；花梗有绒毛，无苞片，具 6～8 枚萼片，白色或淡黄白色，花期 5～6 月。瘦果。

【分布】产于我国华北、东北以及朝鲜、日本。

【习性】喜光，喜肥沃而排水良好土壤，5～6 月开花。

【变种及品种】国外有蓝色、紫色、白色、粉色、红色、重瓣、大花等品种。

【栽培】同铁线莲。

【观赏特性及园林用途】原种花白色，栽培品种花色甚丰，可点缀园墙、棚架、围篱及凉亭，供垂直绿化。

3. 山铁线莲 *Clematis montana* Buch. -Ham. ex DC.

【识别要点】落叶藤本，长达 8～12m。三出复叶，花白色，1～5 朵簇生。

【分布】产于我国西南及长江流域。

【变种及品种】有粉红、浅紫、浅蓝、大花等栽培变种。

【习性】在北方地区多不耐寒，5～6 月开花。

【栽培】同铁线莲。

【观赏特性及园林用途】同铁线莲，国外庭园常见栽培观赏。

六、番荔枝科 Annonaceae

乔木或灌木，有时攀缘状。单叶互生；花两性，稀单性。果实肉质，形成分离的浆果，或与花托合生成肉质球状浆果。种子通常具假种皮。

共 120 属约 2 100 种，广布于热带和亚热带；我国有 24 属 120 种，分布于西南至台湾，大部分产于华南及云南南部。

鹰爪花（鹰爪兰） *Artabotrys hexapetalus* **(L. f.) Bhand.**

【识别要点】常绿攀缘灌木，高达 4m。单叶互生，叶矩圆形或广披针形，长 6～16cm，宽 3～5cm，先端渐尖。花 1～2 朵生于钩状的花序柄上，淡绿或淡黄色，极香。浆果卵圆形，长 2.5～4cm。花期 5～8 月。

【分布】原产印度、菲律宾及我国南部。

【习性】喜温和气候及较肥沃、排水良好的土壤，喜光，耐半阴，但不耐寒。

【栽培】播种、扦插繁殖均可。幼苗期需适当绑扎、牵引，开花后可自行借花梗攀附。

【观赏特性及园林用途】花期满园香郁，为著名香花藤木，华南各地常栽培于庭园观赏，用于花架、花墙栽植，也可与山石配植。

七、木通科 Lardizabalaceae

木质藤本，稀为灌木。叶互生，掌状复叶，少数为羽状复叶；花辐射对称，常排成总状花序。果肉质，有时开裂，卵形或近肾形。

共 40 余种，分布在喜马拉雅山、日本和智利；我国有 5 属 35 种 6 变种，主产于秦岭以南各省区。

1. 木通 *Akebia quinata* **(Thunb.) Decne.**

【识别要点】落叶木质藤本。掌状复叶；小叶 5，倒卵圆形或椭圆形，先端钝或微凹。花序总状，腋生，长约 8cm；花单性，无花瓣，萼片淡紫色，腋生总状花序。聚合蓇葖果肉质，10 月果熟，紫色。花期 4～5 月。

【分布】产于我国长江流域及东南、华南。

【习性】喜温暖湿润气候，稍耐阴，生于山坡、灌丛或沟边。

【栽培】播种苗开花结实晚，压条、分株、扦插苗可提前开花。修剪时，要注意保存较多开花母枝。

【观赏特性及园林用途】花叶秀丽，宜作遮阳棚、花架材料。

2. 三叶木通 *Akebia trifoliata* **(Thunb.) Koidz.**

【识别要点】落叶木质藤本，长达 10m。茎灰褐色。掌状复叶，小叶 3 片，卵圆形，先端凹缺，基部圆形，边缘具不规则浅波齿。总状花序腋生；雌花褐红色，生于花序基部；雄花暗紫色，较小，生于花序上端。浆果肉质，椭圆形，橘黄色，长约 8cm，直径 4cm。成熟后沿腹缝线开裂，故称"八月炸"或"八月瓜"，味甜可食；种子多数，椭圆形，棕色。

【分布】分布于河北、山西、山东、河南、甘肃和长江流域以南。

【习性】喜阴湿，较耐寒，北京可露地越冬。在微酸、多腐殖质的黄壤中生长良好，也能适应中性土壤。茎蔓常匍地生长。花期 4 月，果期 8～9 月。

【栽培】参考木通。

【观赏特性及园林用途】三叶木通春、夏季开紫红色花，叶形、叶色别具风趣，且耐阴湿环境。配植阴木下、岩石间或叠石洞壑旁，叶蔓纷披，野趣盎然。

3. 串果藤 *Sinofranchetia chinensis* **(Franch.) Hemsl.**

【识别要点】落叶木质大藤本，长达 9m。三出复叶。雌雄同株或异株。总状花序腋生，下垂，花瓣白色，有紫色条纹。浆果长圆形，蓝紫色，串状悬垂；种子多，黑色。

【分布】分布于云南、四川、湖北、甘肃、陕西等地。目前在我国西南、中南、西北地区栽培。

【习性】性喜温暖湿润气候，稍耐阴。是美丽的观果树种。

【栽培】播种繁殖，幼苗期应稍遮阳，防止暴晒。

【观赏特性及园林用途】蓝紫色果实长串下垂，为美丽观果树种，可供庭园绿化。

4. 大血藤 *Sargentodoxa cuneata* （Oliv.） Rehd. et Wils.

【识别要点】落叶藤本。茎褐色。二出复叶互生，中间小叶菱状卵形，先端尖，基部楔形，全缘，有柄，两侧小叶较大，基部两侧不对称。花单性，雌雄异株，总状花序腋生，下垂。浆果卵圆形。种子卵形，黑色，有光泽。花期3～5月，果期8～10月。

【分布】主产湖北、四川、江西、河南、江苏；安徽、浙江亦产。

【习性】生于山坡疏林、溪边；有栽培。

【栽培】播种繁殖，幼苗期适当遮阳，立支柱令其缠绕。

【观赏特性及园林用途】可植于庭园，供花架、花格垂直绿化。

八、防己科 Menispermaceae

藤本，多木质。枝叶常有苦味。花小而不鲜艳，单性异株，虫媒传粉，组成各式花序。核果，外果皮肉质，成熟时红色，内果皮（核）木质或骨质。

约65属350种，分布于热带和亚热带，温带很少；我国有19属70余种，产于长江流域及其以南各地，少数属种在华北和东北也能见到。

蝙蝠葛 *Menispermum dauricum* DC.

【识别要点】落叶缠绕木质藤本，长达13m；根状茎圆柱形，细长，皮棕褐色，常层状脱落。小枝淡绿色，有细条纹。单叶互生，叶盾状三角形或多角形，基部近心形或截形，边缘5～7浅裂。圆锥花序腋生，花单性，雌雄异株。核果近圆形，熟时黑紫色。果期7～8月。

【分布】产于我国东北、华北和华东。

【习性】耐寒。生长在山坡丛林中或攀缘于岩石上；多生于海拔200～1 500m山地灌丛中或攀于岩石上。

【栽培】播种、扦插及分株繁殖，栽培管理容易。

【观赏特性及园林用途】用于垂直绿化和地被植物，可作地面覆盖材料。

九、猕猴桃科 Actinidiaceae

乔木、灌木或藤本。单叶互生。花两性、杂性或单性异株，单生、簇生或成聚伞、圆锥花序。浆果或蒴果。

猕猴桃科共4属370种；我国2属43种。

1. 猕猴桃（中华猕猴桃）*Actinidia chinensis* Planch. （图10-10）

【识别要点】缠绕性藤本，枝褐色，有柔毛；髓大，白色，层片状。叶纸质，近圆形、宽倒卵形至椭圆状卵形，顶端钝圆或微凹，有时渐尖，缘有芒状细锯齿，上面暗绿色，背面密生灰白色星状绒毛。雌雄异株，芳香。果椭球形或卵形，长3～5cm，密被黄棕色有分枝的长柔毛。花期 5～6 月，果期 10 月。

图 10 - 10　猕猴桃
1. 花枝　2. 果实

【分布】原产我国，广布于长江流域以南各地，北到河南、山西、陕西、甘肃，现我国很多地区作为果树栽培，栽培品种已有 10 多个。

【习性】喜光，耐阴。多生于土壤湿润、肥沃的溪谷、林缘，适应性强，酸性、中性土壤上均能生长。根系肉质，主根发达，形成簇生状的侧根群。萌芽力强，有较好的自然更新习性。

【栽培】播种繁殖，也可用半木质化枝条扦插。栽培管理参考葡萄。

【观赏特性及园林用途】藤蔓虬攀，花大叶特，果实圆柱状。适于花架、绿廊、绿门配植，也可任其攀附于树上或山石陡壁之上，为花果并茂的优良棚架材料。

2. 软枣猕猴桃（猕猴梨） *Actinidia arguta*（Sieb. et Zucc.）Planch. ex Miq.

【识别要点】落叶大藤本，可长达 30m，径粗 10～18cm。一年生枝灰色或淡灰色，有时有灰白色的疏柔毛，小枝螺旋状缠绕。具长圆状浅色皮孔，髓片状，白色或浅褐色，老枝光滑无毛。叶互生；叶片稍厚，卵圆形，基部圆形或近心形，稀为楔形，常无毛，仅背面脉腋上有淡棕色或灰白色柔毛，嫩时脉上被短柔毛。腋生聚伞花序。浆果球形至长圆形，光滑无斑点，两端稍扁平，熟时暗绿色。花期 6～7 月，果期 8～9 月。

【分布】分布于我国黑龙江、吉林、山东及华北、西北以及长江流域，朝鲜、日本、俄罗斯也有分布。

【习性】生于阔叶林或针阔混交林中。

【栽培】同猕猴桃。

【观赏特性及园林用途】可作棚架绿化材料。

3. 木天蓼（葛枣猕猴桃） *Actinidia polygama* Franch. et Sav.

【识别要点】落叶藤木，长 4～6m，枝髓白色，不为片状。叶近卵形，先端锐尖，贴生细齿，仅背脉有毛。浆果黄色，有尖头，无斑点。雄株部分叶片为白色。

【分布】产于我国东北、西北、西南、湖北、山东。

【习性】喜光，稍耐阴，喜温暖，也有一定的耐寒能力。

【栽培】管理粗放。

【观赏特性及园林用途】可植于庭园观赏。

4. 深山木天蓼（狗枣猕猴桃） *Actinidia kolomikta*（Maxim.）Maxim.

【识别要点】落叶藤木，枝髓褐色，片状。叶卵形或卵状椭圆披针形，有重锯齿，先端尖，基部心形，脉腋密生柔毛。雄株叶片中上部变白色或粉红色。白花，单生。浆果卵状椭球形，淡黄绿色。

【分布】产于我国华北、东北、西北、西南及江西。

【习性】耐寒性强。

【栽培】同猕猴桃。

【观赏特性及园林用途】宜作垂直绿化，可观赏斑彩叶片及果实。

十、紫葳科 Bignoniaceae

乔木、灌木、藤本，稀草本。叶对生，稀互生，单叶或一至三回羽状复叶。花两性，二唇形，总状花序或圆锥花序。蒴果常2裂，细长圆柱形或阔椭圆形扁平；种子极多，有膜质翅或丝毛。

紫葳科约有120属560种，广泛分布于热带、亚热带地区；我国约有13属60余种，多分布于热带雨林地区。

1. 炮仗花 *Pyrostegiu venusta* （Ker.-Gawl.）Micrs （*P. ignca Prcsl.*）

【识别要点】常绿藤木。茎粗壮，有棱，小枝有纵槽纹。复叶对生，小叶3枚，卵状椭圆形，顶生小叶线形，卷须3叉。花冠橙红色，管状，长约6cm，端5裂，稍呈二唇形，外反卷，有明显白色，顶生圆锥花序，下垂。蒴果。

【分布】原产巴西；我国华南、云南南部等地有栽培。

【习性】喜温暖湿润气候，不耐寒。花期初春。

【栽培】扦插、压条繁殖。生长期间注意水肥供应，切忌翻蔓，株高2m时摘除顶尖促进分枝。

【观赏特性及园林用途】炮仗花花橙红，累累成串，状如炮仗，花期较长，为美丽的观赏藤木，多植于建筑物旁或棚架上。

2. 凌霄 *Campsis grandiflora* （Thunb.）Schum.

【识别要点】藤蔓长达9～10m。借气根攀缘；树皮灰褐色，呈细长状纵裂；小枝紫褐色。羽状复叶对生，小叶7～9，叶缘疏生粗齿，长卵形至卵状披针形。顶生聚散花序或圆锥花序，花冠唇状漏斗形，红色或橘红色；花萼绿色，5裂至中部，有5条纵棱。果长如豆荚；种子有膜质翅。花期5～8月；果期10月，蒴果细长，先端钝。

【分布】原产长江流域中、下游地区，现从海南到北京各地均有栽培。

【习性】喜光，喜温暖，颇耐寒。宜于背风向阳、排水良好的沙质壤土上生长；耐干旱，不耐积水，萌芽力、萌蘖性均强。花粉有毒，能伤眼睛，须加注意。

【栽培】以扦插为主，亦可分根、压条或播种繁殖。春、秋带土球移植，成活后立支架诱引攀缘。注意花前追肥，秋冬剪除过密枝条和枯枝。

【观赏特性及园林用途】柔条纤蔓，夏季开红花，花大色艳且花期长。可搭棚架，作花门、花廊，可攀缘老树、假山石壁、墙垣等作垂直绿化遮阳材料，还可作桩景材料，为园林中夏秋主要观花棚架植物。

3. 美国凌霄 *Campsis radicans* （L.）Seem.

【识别要点】与凌霄相似，藤蔓长10m以上。小叶较多，9～13，叶缘疏生4～5齿，叶背面脉上有柔毛。花冠较小，橘黄或深红色，花萼棕红色，无纵棱，萼裂较浅，深约1/3。蒴果先端尖。花期7～9月。

【分布】原产美国西南部。我国引种栽培。

【变种及品种】'黄花'（'Flava'）。花鲜黄色。

【习性】抗寒性较凌霄为强。

【栽培】我国各地庭园常见栽培，方法同凌霄。

【观赏特性及园林用途】同凌霄，北京园林中应用观赏的绝大部分是美国凌霄。

十一、五加科 Araliaceae

多年生草本、灌木至乔木，有时攀缘状。叶互生，稀对生或轮生，单叶或羽状复叶或掌状复叶。花小，两性或单性，辐射对称，常排成伞形花序或头状花序，稀为穗状花序和总状花序。浆果或核果。

共 80 属 900 种，广布于两半球的温带和热带地区；我国 23 属 160 种，分布极广，但主产地为西南部，其中 5 属伸展至黄河流域以北。

1. 常春藤 Hedera nepalensis K. Koch var. sinensis（Tobl.）Rehd.（图 10 - 11）

【识别要点】常绿大藤本，长可达 30m。嫩枝上有锈色鳞片。叶两型：营养枝上的叶三角状卵形或戟形，全缘或 3 浅裂；花果枝上的叶椭圆状卵形至卵状披针形，全缘。伞形花序单生或 2～7 朵聚生，顶生；花淡黄色或绿白色，微香。果球形，径 1cm，熟时橙红或橙黄色。花期 9～11 月，果期翌年 4～5 月。

【分布】产于我国华中、华南、西南及陕西、甘肃等地。

【习性】极耐阴，不耐寒，喜温暖湿润气候，能耐短暂−15℃低温，对土壤要求不严，喜湿润、肥沃、排水良好的中性或酸性土壤。

【栽培】采用扦插和播种繁殖。在建筑物的阴面或半阴面，春季带土球穴植，适当短截主蔓，促发侧枝，使其尽快爬满墙面。

图 10 - 11 常春藤
1. 幼枝 2. 果序

【观赏特性及园林用途】常春藤又名中华常春藤，四季常青，蔓枝密叶，是垂直绿化的主要树种之一，又是极好的木本地被植物。常用以攀缘假山石、陡坡、围墙、树干、建筑物上，穿云裂石，别具一格；也可盆栽放置室内及窗台绿化观赏，呈现出一片文静、温顺、披垂、飘逸的典雅风采。

2. 洋常春藤 Hedera helix L.

【识别要点】常绿藤本，借气生根攀缘。幼枝上有星状柔毛。单叶互生，营养枝上叶 3～5 浅裂；花果枝上叶无裂，卵状菱形。伞形花序。果球形，翌年 4～5 月果熟时黑色。

【分布】原产欧洲，国内外普遍栽培。

【变种及品种】我国盆栽品种有斑叶、金边、银边、金心、彩叶等。

【习性】喜温暖湿润及半阴条件，喜肥沃、湿润且排水良好的壤土，不耐干燥和寒冷，长江流域最适生长。

【栽培】扦插繁殖极易生根，夏季宜避日光直晒，并剪去过密枝蔓；可墙旁种植，或绑扎各种支架，牵引整形。

【观赏特性及园林用途】洋常春藤是室内、窗台、阳台等绿化的好材料；也可栽于庭园作垂直绿化及地被植物。江南庭园作攀缘墙垣、假山绿化材料，北方城市常盆栽作室内及窗台绿化材料。

十二、忍冬科 Caprifoliaceae

灌木、小乔木或木质藤本，很少草本。单叶对生，稀轮生，很少为奇数羽状复叶。花序聚伞状，或由聚伞花序集合成伞房或圆锥式的复花序，有时因聚伞花序中央的花退化而仅具2朵花，排成总状或穗状花序；花两性，花冠合瓣、辐状、筒状、高脚碟状、漏斗状或钟状，有时花冠二唇形。果实为肉质浆果、核果、蒴果、瘦果或坚果。

忍冬科共13属约500种，主要分布于北温带和热带高海拔山地；我国有12属200余种，大多分布于华中和西南各地。

1. 金银花 Lonicera japonica Thunb.（图10-12）

【识别要点】常绿或半常绿缠绕藤本。茎皮条状剥落；枝中空；幼枝暗红褐色，密生柔毛和腺毛。叶卵形至卵状椭圆形，基部圆形或心形；幼叶两面具柔毛，后上面无毛。花总梗，叶状苞片密生柔毛和腺毛；花冠唇形，上唇4裂而直立，下唇反转，花冠筒与裂片等长；先白色，渐变为略带紫色，后转黄色，有芳香。果蓝黑色。花期5～7月，果期8～10月。

【分布】我国南北均有分布，各地栽培和利用历史悠久。

【变种及品种】

（1）红金银花（var. *chinensis*）。茎及嫩叶带紫红色，叶近光滑，背脉稍有毛。花冠外面带紫红色。

（2）紫脉金银花（var. *repens*）。叶近光滑，叶脉常带紫色，叶基部有时有裂，花冠白色带淡紫色，上唇分裂约1/3。

（3）黄脉金银花（var. *aureo-reticulata*）。叶较小，脉黄色。

图10-12　金银花

（4）'四季'金银花（'Semper Florens'）。春至秋末陆续开花不断。

另外，还有紫叶金银花、斑叶金银花。

【习性】适应性强，喜光，亦耐阴，耐寒性强，耐干旱，耐水湿；酸性、碱性土壤均能适应。根系发达，萌蘖性强，茎基着地即能生根。

【栽培】可播种、扦插、压条和分株繁殖。春季栽植，2～3株一丛，植于半阴处，需有他物供其攀缘。

【观赏特性及园林用途】为色香兼备、花叶皆美的蔓性藤本，秋叶常为紫红色，经冬不凋。春夏开花不绝，先白后黄，黄白相映，故名"金银花"。可作篱垣、凉台、绿廊、花架、棚架等垂直绿化材料，因其枝条细软，亦可盘扎成各种形状。可植于山坡、沟边等处作地被植物。老桩可作盆景。

2. 贯月忍冬（贯叶忍冬或穿叶忍冬）Lonicera sempervirens L.

【识别要点】常绿或半常绿缠绕藤本，长6m。叶对生，无叶柄或近无柄，抱茎；叶片卵形至椭圆形，花序下1～2对叶片基部合生。花轮生，每轮通常6朵，2至数轮组成顶生穗状花序，花冠长筒状或漏斗形，橘红色至深红色。浆果红色。花期5～8月，果期9～10月。

【分布】原产北美洲东南部，我国上海、杭州、北京、沈阳等地均有栽培。

【习性】喜光，稍耐寒，土壤以偏干为宜，在疏松肥沃壤土生长良好，适应性强。

【栽培】通常用种子繁殖，扦插亦可。上海等地常盆栽观赏。

【观赏特性及园林用途】晚春至秋季陆续开花，叶形奇特，花色艳丽且花期长，在暖地可攀附园墙、拱门或金属架上，形成美丽的花墙、花门及花篱，为良好的棚架垂直绿化观赏藤本。

3. 盘叶忍冬 Lonicera tragophylla Hemsl.

【识别要点】落叶缠绕藤木。叶表面光滑，背面密生柔毛或至少沿中脉下部有柔毛，花序下的一对叶片基部合生，花在小枝端轮生。头状花序，1～2轮，每轮有花3～6朵；花冠黄色至橙黄色，上部外面略带红色，长筒状，二唇形，长7～9cm，雄蕊5枚，伸出花冠外。浆果红色。

【分布】产于我国中部及西部，沿秦岭各省山地均有分布。

【习性】性耐寒。

【栽培】播种或扦插繁殖。栽培时要搭设棚架，或种植在透孔墙垣边，以便攀缘生长。

【观赏特性及园林用途】花大而美丽，也可观果，为良好的庭园观赏藤木，可用作棚架、花廊等垂直绿化。

十三、卫矛科 Celastraceae

乔木或灌木，常攀缘状。单叶对生或互生。花通常两性，有时单性，辐射对称，排成腋生或顶生的聚伞花序或总状花序或单生。蒴果、浆果或翅果；种子常有假种皮。

卫矛科共55属850种，分布于热带和温带地区；我国有13属184种。

1. 扶芳藤 Euonymus fortunei（Turcz.）Hand.-Mazz.

【识别要点】常绿匍匐或攀缘性藤木，小枝微起棱，有小瘤状突起皮孔。如任其匍匐生长则随地生根。叶薄革质，椭圆形，缘具细钝齿。花小，绿白色，聚伞花序。果淡黄紫色，近球形，稍有凹陷。花期5～6月，果期10～11月。

【分布】分布于黄河流域以南各地。

【变种及品种】

（1）爬行卫矛（var. radicans）。叶小，长椭圆形，先端较钝，叶缘锯齿尖而明显，背面叶脉不明显，质地较厚；匍匐地面，易生不定根。

（2）'花叶'爬行卫矛（'Gracilis'）。叶有白色、黄色或粉红色边缘，易生气生根。

（3）紫叶扶芳藤（f. colorata）。叶秋季变为紫色。

【习性】喜温暖气候，耐阴，较耐寒，适应性强，喜阴湿环境，常匍匐于林缘岩石上。若生长在干燥瘠薄之地，叶质增厚，色黄绿，气根增多。

【栽培】播种或扦插繁殖。可栽于湖边湿地，也可栽于干旱坡地，栽时灌足水。

【观赏特性及园林用途】枝叶碧绿光亮，终年苍翠，入秋常变红色，有极强的攀缘能力，庭园中常用于覆盖地面、掩覆墙面、坛缘或将其攀附在假山、老树干、岩石上。也可盆栽。

2. 南蛇藤 Celastrus orbiculatus Thunb.（图10-13）

【识别要点】落叶藤本，髓心充实，长达 12m。单叶互生，叶倒卵形至倒卵状椭圆形，先端短突尖，基部近圆形，缘具钝锯齿。花序腋生或在枝端与叶对生；花小，常 3 朵腋生成聚伞状，单性异株。果球形，橙黄色，熟时 3 瓣裂，假种皮深红色。花期 5～6 月，果期 9～10 月。

【分布】华东、华中、西南、华北、东北及西北均有分布。

【习性】适应性强，喜光，耐阴，耐寒，耐旱，但以温暖湿润气候及肥沃、排水良好的土壤较好；多生于海拔 1 000m 上下山地灌木丛中，有时缠绕大树或岩畔生长。

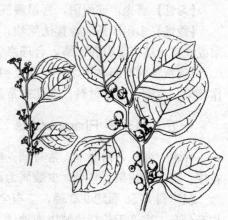

图 10 - 13　南蛇藤

【栽培】可播种、扦插或压条繁殖。栽培需备攀附物，或靠墙垣、山石，或立支架、搭栅栏；也可长成灌木状。

【观赏特性及园林用途】秋季树叶经霜变红或黄，且有红色假种皮，艳丽宜人。宜作棚架、墙壁、岩壁等垂直绿化材料，或植于溪流池塘岸边作地面覆盖材料，颇具野趣。果枝瓶插，可装饰居室。

十四、蔷薇科 Rosaceae

绝大多数为灌木或乔木，少数为草本。常有刺及明显的皮孔。单叶或复叶，常有托叶。花多两性，整齐、离瓣，极稀为单性或稍不整齐。果实类型很多，如蓇葖果、瘦果、梨果或核果。

蔷薇科共有 126 属 3 300 余种，广泛分布于北半球温带至亚热带，南半球为数很少。我国有 51 属 1 000 余种。

木香 *Rosa banksiae* Ait.

【识别要点】落叶或半常绿攀缘灌木，高达 6m，枝细长绿色，光滑而少刺。小叶 3～5，罕 7，长椭圆状披针形，缘有细齿，托叶线形，与叶柄离生，早落。花常为白色或淡黄色，径约 2.5cm，单瓣或重瓣，芳香；萼片全缘，花梗细长；3～5 朵排成伞形花序。果近球形，红色。花期 4～5 月。

【分布】原产我国中南及西南部，现国内外园林及庭园中普遍栽培观赏。

【变种及品种】

(1) 单瓣白木香 (var. *normalis*)。花白色，单瓣，芳香。

(2) 单瓣黄木香 (f. *lutescens*)。花黄色，单瓣，近无香。

(3) 重瓣白木香 (var. *albo-plena*)。花白色，重瓣，香味最为浓烈；常为 3 小叶，栽培最普遍。

(4) 重瓣黄木香 (var. *lutea*)。花淡黄色，重瓣，淡香；常为 5 小叶。

此外，还有金樱木香 (*R. fortuneana* Lihdi)，可能是木香与金樱子 (*R. laevigata* Michx) 的杂交种，藤本，小叶 3～5，有光泽；花单生，大型，重瓣，白色，香味极淡，花梗有刚毛。

【习性】喜光，亦耐阴，喜温暖气候，有一定耐寒性，北京选背风向阳处栽植。

【栽培】多用压条或嫁接法繁殖；扦插虽可，但较难成活。生长快，管理简单，应设棚架或立架，适当牵引和绑缚，合理修剪。

【观赏特性及园林用途】晚春至初夏开花，芳香袭人，在我国黄河流域以南各地普遍栽作棚架、凉廊、花篱材料；在北方常盆栽并编扎成"拍子"形等在园林中应用。

十五、鼠李科 Rhamnaceae

乔木、灌木，稀藤本。常有刺。单叶互生。花小，两性，稀杂性或单性异株，多为聚伞花序。核果、翅果、坚果，少数属为蒴果。

鼠李科共58属约900种，广布全球，主要分布于北温带。我国有15属约135种，南北均有分布，主产于长江流域以南地区。

雀梅（雀梅藤、对节刺）*Sageretia thea*（Osbeck）Johnst.

【识别要点】有刺攀缘灌木，落叶或常绿。小枝灰色或褐色，密生短柔毛，有刺状短枝。单叶近对生，卵形或倒卵椭圆形，边缘有细锯齿，表面青绿而有光泽。花小，绿白色，穗状圆锥花序。核果近球形，成熟时紫黑色。

【分布】原产我国长江流域及东南沿海，日本和印度也有分布，为亚热带适生树种。

【习性】喜温暖、湿润气候，不耐寒；喜光，稍耐阴；适应性强，对土壤要求不严，酸性、中性和石灰质土均能适应。耐旱，耐水湿，耐瘠薄。根系发达，萌发力强，耐修剪。常生长于山坡路旁、灌木丛中。

【栽培】可用播种、扦插和分株繁殖，也可到山区挖取野生雀梅老桩进行培育，成形较快。雀梅为岭南派和苏派的主要盆景树种，其他地区也常采用。

【观赏特性及园林用途】可作绿篱及垂直绿化材料，也适合配植于山石中。是制作盆景的重要材料，素有盆景"七贤"之一的美称。

十六、爵床科 Acanthaceae

草本、灌木或藤本。叶大多对生。花两性，通常组成总状花序、穗状花序、聚伞花序或头状花序，有时单生或簇生。蒴果。

爵床科共300属3 000余种，主要分布在热带地区，但也见于地中海、美国及澳大利亚。我国约有50属400余种，以云南省最多，四川、贵州、广西、广东和台湾等地也很丰富，只有少数的种类分布至长江流域。

大花老鸦嘴 *Thunbergia grandiflora* Roxb.

【识别要点】常绿大藤本，被粗毛。单叶对生，三角状卵圆形或心形，先端渐尖，基部心形，两面粗糙、有毛，叶缘有角或浅裂。花大，腋生，漏斗状，稍二唇形5裂，多朵单生下垂或总状花序，初花蓝色，盛花浅蓝色，末花近白色，花期5～11月。蒴果具喙。

【分布】产于孟加拉国，现广植于热带和亚热带地区。

【变种及品种】有'白花'品种（'Alba'）。

【习性】性喜阳光充足、土质湿润、排水良好的避风地。喜温暖潮湿环境，越冬温度10℃以上。

【栽培】播种或扦插繁殖。幼苗期经常保持土壤湿润，生长期每两周追施稀薄肥水1次，秋季适当修剪，以保持株形。盆栽时应以支架或悬吊栽培。

【观赏特性及园林用途】大花老鸦嘴植株粗壮，覆盖面大，花繁密，色彩艳丽，朵朵成串下垂，花期较长，可供大型棚架、花架、棚廊、篱垣垂直绿化。

十七、桑科 Moraceae

薜荔 *Ficus pumila* L.（图 10 - 14）

【识别要点】常绿藤本，借气生根攀缘。小枝有褐色绒毛。叶互生，全缘，基部3主脉。叶异型：营养枝上的叶薄而小，心状卵形或椭圆形，长约2.5cm，柄短而基部歪斜；结果枝上的叶大而宽，革质，卵状椭圆形，长3～9cm，上面光滑，下面网脉隆起并构成显著小凹眼。隐花果单生叶腋，梨形或倒卵形，熟时暗绿色。花期4～5月，果熟期9～10月。

【分布】产于长江流域及其以南地区。

【变种及品种】

（1）'小叶'薜荔（'Minima'）。叶特细小，是点缀假山及矮墙的理想材料。

（2）'斑叶'薜荔（'Variegata'）。绿叶上有白斑。

【习性】喜温暖湿润气候，耐阴，耐旱，不耐寒。

图 10 - 14 薜 荔

【观赏特性及园林用途】叶厚革质，经冬不凋，深绿有光泽，可配植于岩坡、假山、墙垣上，或点缀于石矶、主峰、树干上，郁郁葱葱，可增强自然情趣。

十八、夹竹桃科 Apocynaceae

络石属 *Trachelospermum* Lem.

常绿攀缘藤木。具白色乳汁。单叶对生，有短柄，羽状脉。聚伞花序顶生、腋生或近腋生；花萼5裂，内面基部具5～10枚腺体；花白色，高脚碟状，裂片5，右旋；雄蕊5枚，着生于花冠筒内面中部以上，花丝短，花药围绕柱头四周；花盘环状，5裂；子房由2离生心皮组成。果双生，长圆柱形；种子顶端有毛。

约30种，分布于亚洲热带或亚热带；我国10种6变种，分布广泛。

1. 络石 *Trachelospermum jasminoides*（Lindl.）Lem.（图 10 - 15）

【识别要点】常绿藤木。茎长达10m，赤褐色。幼枝有黄色柔毛，常有气生根。叶薄革质，椭圆形或卵状披针形，长2～10cm，全缘，脉间常呈白色，表面无毛，背面有柔毛。腋生聚伞花序；萼5深裂，花后反卷；花冠白色，芳香，裂片5，右旋形如风车；花冠筒中部以上扩大，喉部有毛；花药内藏。线形果，对生，长15cm；种子有白色毛。花期4～5月，果期7～12月。

【分布】主产长江、淮河流域以南各地。

【变种及品种】

（1）石血（var. *heterophyllum*）。叶形异，通常狭披针形。

（2）'斑叶'络石（'Variegatum'）。叶圆形，色杂，白色、绿色，后变为淡红色。

【习性】喜光，耐阴；喜温暖湿润气候，耐寒性弱；对土壤要求不严，抗干旱，不耐积水。萌蘖性强。

【观赏特性及园林用途】叶色浓绿，四季常青，冬叶红色，花繁色白，且具芳香，是优美的垂直绿化和常绿地被植物，植于枯树、假山、墙垣旁，攀缘而上，均颇优美。根、茎、叶、果可入药。乳汁对心脏有毒害作用。

2. 紫花络石 *Trachelospermum axillare* Hook. f.

【识别要点】与络石的区别有：花冠紫色；叶革质，倒披针形、倒卵形或倒卵状矩圆形，长 8～15cm。

【分布】分布于西南、华南、华东、华中等地。其他同络石。

图 10-15 络 石

学习小资料

小资料1 观赏蔓木类：按观赏树种在园林应用中的地位和作用，可分设花木类、叶木类、林木类、阴木类、篱木类、蔓木类和竹类。蔓木类泛指木质藤本植物，亦称藤木类，按树木的性状分为常绿蔓木类和落叶蔓木类；按其主要观赏特征可分为观叶、观花、观果三类。

小资料2 层外植物（层间植物）：指森林中无确定层次的植物成分，如藤本植物、附生植物和寄生植物等。在温暖潮湿的森林中，层外植物种类最为丰富。

小资料3 立体绿化：是指一切离开地面的绿化。作为一种特殊空间的绿化形式，立体绿化在各类建筑物或构筑物的立面、屋顶、地下及上部空间进行多层次、多功能的绿化美化。当前立体绿化在发展趋势上，体现出高技术、多形式、生态化、大型化等显著特点，其中，高技术指植物栽培容器绿化模块和建筑现有结构系统的连接构件、植物材料、栽培介质、浇灌系统、施工技术、养护措施的七大系统技术；多形式指不同立体绿化类型导致不同表现设计形式，屋顶绿化、墙面垂直绿化，甚至阳台、柱体、斜坡、棚架、立交桥等立面空间绿化使植物种类的选择、花纹图案的配置多样化。在 2011 年中国（萧山）花木节园林绿化高峰论坛上，专家提出了"立体绿化是城市发展的生态补偿方式，也是新型的城市绿化方式，21 世纪在中国将取得较快发展"的观点，可见立体绿化的发展前景比较明朗，也将成为绿化重要研究新对象。

本章小结

本章概述了观赏蔓木类树种的类型及在园林绿化中的应用。重点介绍了我国常见的 45

种观赏蔓木类树种的形态特征、生长习性及园林用途。其中：紫茉莉科 2 种：叶子花（三角花、九重葛、毛宝巾）、光叶子花（宝巾）；蓼科 1 种：珊瑚藤；葡萄科 5 种：葡萄、爬山虎（爬墙虎、地锦）、异叶爬山虎（异叶地锦）、粉叶爬山虎（粉叶地锦）、美国地锦（五叶地锦）；豆科 8 种：紫藤、多花紫藤、藤萝、白花藤萝、葛藤、云实、常春油麻藤（常绿油麻藤）、鸡血藤；毛茛科 3 种：铁线莲、转子莲、山铁线莲；番荔枝科 1 种：鹰爪花（鹰爪兰）；木通科 4 种：木通、三叶木通、串果藤、大血藤；防己科 1 种：蝙蝠葛；猕猴桃科 4 种：猕猴桃（中华猕猴桃）、软枣猕猴桃（猕猴梨）、木天蓼（葛枣猕猴桃）、深山木天蓼（狗枣猕猴桃）；紫葳科 3 种：炮仗花、凌霄、美国凌霄；五加科 2 种：常春藤、洋常春藤；忍冬科 3 种：金银花、贯月忍冬、盘叶忍冬；卫矛科 2 种：扶芳藤、南蛇藤；蔷薇科 1 种：木香；鼠李科 1 种：雀梅（雀梅藤、对节刺）；爵床科 1 种：大花老鸦嘴；桑科 1 种：薜荔；夹竹桃科 2 种：络石、紫花络石。

复习与思考

1. 什么是蔓木类植物？蔓木类植物可分为哪些类型？这些植物在园林中如何应用？
2. 我国地形复杂，葡萄科蔓木种类较多，如何在园林绿化中发挥它们的观赏价值？
3. 我国野生猕猴桃科植物种类形态各异，在园林绿化中如何开发利用这类植物资源？
4. 观赏蔓木类的特化器官有哪些？
5. 调查当地已广泛应用于垂直绿化的藤本植物。

实训实习

1. 识别当地蔓木类树种若干。
2. 调查当地观赏蔓木类树种资源（列表）。

实 训 指 导

实训一 叶及叶序的观察

1. 目的要求 叶的外部形态和叶序的类型是鉴定树木种类的重要依据之一，本实训的主要目的就是通过对树木叶及叶序的观察，掌握叶的外部形态，叶各部分的鉴别特征，叶脉类型及单、复叶的区别原则。具体如下：

（1）叶。完全叶、叶片、叶柄、托叶、叶腋、单叶、复叶、总叶柄、叶轴、小叶。

（2）脉序。网状脉、羽状脉、三出脉、离基三出脉、平行脉、掌状脉、主脉、侧脉、细脉。

（3）叶序。互生、对生、轮生、簇生、螺旋状着生。

（4）叶形。鳞形、锥形、刺形、条形、针形、披针形、倒披针形、匙形、卵形、倒卵形、圆形、长圆形、椭圆形、菱形、三角形、心形、肾形、扇形。

（5）叶先端。尖、微凸、凸尖、芒尖、尾尖、渐尖、骤尖、钝、截形、微凹、凹缺、倒心形、二裂。

（6）叶基。楔形、截形、圆形、耳形、心形、偏斜、盾状、合生穿茎。

（7）叶缘。全缘、波状、锯齿、重锯齿、三浅裂、掌状裂、羽状裂。

（8）复叶类型。单身复叶、二出复叶、掌状三出复叶、羽状三出复叶、奇数羽状复叶、偶数羽状复叶、二回羽状复叶、三回羽状复叶、掌状复叶。

（9）叶的变态。托叶刺、卷须、叶鞘。

2. 材料、用具 苹果、大叶黄杨、桃、毛白杨、垂柳、无花果、梨、鹅掌楸、油松、七叶树、刺五加、棕榈、女贞、枸杞、珊瑚树、夹竹桃、刺槐、合欢、竹、红瑞木、银杏、雪松、皂荚、胡枝子、柑橘、葡萄、紫叶小檗、酸枣等树种的带叶枝条。事先做几套叶形、叶尖、叶基、叶缘、单叶、复叶、叶脉类型的腊叶标本。可根据各地区或一年四季的变化，选取各种材料，只要满足本实验的观察要求即可。

3. 方法步骤

（1）观察叶的组成。取苹果或其他树种（根据各地情况选择代表树种）带叶枝条，可看到叶柄基部两侧各有一片小叶，即为托叶。叶片与枝之间有叶柄相连，叶片锯齿缘。凡由托叶、叶柄、叶片三个部分组成的叶，称为完全叶。如果缺少其中的一部分或两部分的叶，称为不完全叶。

对准备的实验材料（新鲜的或压制成的腊叶标本）逐一进行观察，并填写表实-1，说明哪些是完全叶，哪些是不完全叶。

（2）观察叶形、叶尖、叶基、叶缘。

388

取马褂木叶片进行观察，具有 4～6 个裂片，外形似马褂，叶基为宽楔形，裂片全缘，叶先端下凹。

表实-1　完全叶和不完全叶的代表树种

序号	完全叶	不完全叶	序号	完全叶	不完全叶

观察其他实验材料中的叶形、叶尖、叶基，说明它们各有哪些特点。观察时，请使用叶的形态术语（图实-1）。

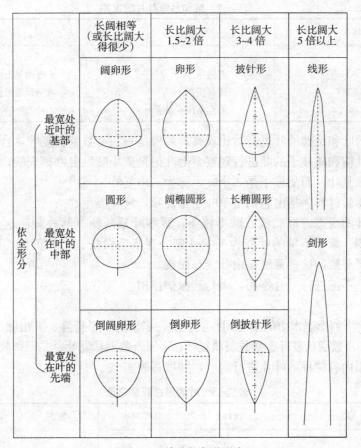

图实-1　单叶的各种形态

（3）观察叶脉种类。

① 取珊瑚树（或其他代表树种）叶，叶片中间有一条明显的主脉，两侧有错综复杂的网状脉。观察毛白杨（根据各地情况选择代表树种）的叶片，叶片基部即分出几条侧脉，直达叶片顶端，这种叶脉称为掌状脉（网状脉的一种）。网状脉是双子叶植物的特征。

② 观察竹类的叶脉，中间有一条主脉，两侧有多条与主脉平行的侧脉。平行脉是单子叶植物的特征。

③ 观察红瑞木的叶片，其特点是侧脉呈弧状，在叶先端会合。

观察其他实验材料的叶脉类型。

（4）观察叶序类型。取毛白杨枝条，观察叶的着生情况，发现叶呈螺旋状排列，每个节上着生 1 叶，这种叶序是互生。取大叶黄杨枝条，观察其每个节上有 2 叶相对着生，这种叶序是对生。观察夹竹桃的枝条，在枝条的每个节上着生 3 叶，这种叶序是轮生。观察雪松针叶在长枝上的着生，呈螺旋状散生，这种类型为螺旋状着生。观察银杏叶在短枝上的着生方式，数叶着生在短枝上，这种类型为簇生。

观察其他实验材料，说明它们的叶序类型。

（5）观察单叶和复叶。

① 取梨和月季的叶片进行观察，它们的叶片主要区别见表实-2。

表实-2　梨和月季叶片的区别

区别特征	梨	月　季
叶数量	1	3～5
叶基部	有侧芽	小叶基部无侧芽
枝顶（叶轴顶）	枝有顶芽	叶轴顶端无芽
叶脱落	着生小枝不脱落	小叶与叶轴一起脱落

②取合欢的叶和刺槐的叶进行对比观察，刺槐是一回奇数羽状复叶，合欢是二回偶数羽状复叶。取七叶树和胡枝子的叶进行观察，七叶树是 7 小叶发自叶柄先端，各具小叶柄，这种类型称为掌状复叶；而胡枝子是 3 小叶，称为三出复叶。

观察其他实验材料，指出它们是单叶还是复叶，复叶类型。

（6）观察叶的变态。取刺槐、酸枣枝条，观察叶基两侧有两枚刺，这是由托叶变化而来，称为托叶刺。紫叶小檗的叶变为叉状叶刺。观察毛白杨、大叶黄杨、珊瑚树枝条的顶芽，可见到层层芽鳞，这些芽鳞是由叶变态而成。

叶变态后，不能进行光合作用，而是起保护作用。

4. 作业

（1）请绘出下列形态术语的示意图：羽状脉、三出脉、平行脉、五出脉、掌状三出复叶、羽状三出复叶、奇数羽状复叶、偶数羽状复叶、一回奇数羽状复叶、二回奇数羽状复叶。

（2）对校园内各树种的叶片进行观察，并填写表实-3。

表实-3　叶的形态观察记录

序号	形态	树种	序号	形态	树种

实训二　茎及枝条类型的观察

1. 目的要求　通过对树木树皮外观、枝条形态及芽形状的观察，掌握下列术语：

（1）芽。顶芽、侧芽、假顶芽、柄下芽、并生芽、叠生芽、裸芽、鳞芽。

（2）枝条。节、节间、叶痕、叶迹、托叶痕、芽鳞痕、皮孔、髓中空、片状髓、实心髓。

（3）枝条变态。枝刺、卷须、吸盘。

（4）树皮。光滑、粗糙、细纹裂、块状裂、鳞状裂、浅纵裂、深纵裂、片状剥落、纸状剥落、横向浅裂。

2. 材料、用具

（1）材料。大叶黄杨芽、枫杨芽、意大利杨枝条、英国梧桐（二球悬铃木）枝条、杜仲枝条、金银木枝条。

（2）用具。刀片、显微镜。

3. 方法步骤

（1）芽形态观察。取大叶黄杨顶芽，用利刀将其正中剖开，用放大镜可见到中央有一圆锥体，为茎尖；四周被许多幼叶层层包裹，最外围的数层与幼叶在质地、形态上均不同，称为芽鳞。鳞片具有厚的角质层，保护芽内部组织安全过冬，这种芽称为鳞芽。取枫杨的芽，观察其外围没有芽鳞包被，这种芽称为裸芽。

（2）枝条的形态。取意大利杨的枝条进行观察，着生叶的部位称为节，两节之间的部位为节间。在叶与节之间着生芽的部位称为叶腋；叶腋内着生的芽称为腋芽或侧芽；在枝条顶端着生的芽称为顶芽。秋季叶脱落后，在枝条上留下的痕迹称为叶痕；叶痕上有一定数目和排列方式的维管束痕迹，称为叶迹；在枝条上还可看到芽鳞脱落后的痕迹，称为芽鳞痕；树皮上散布着小裂口，称为皮孔。意大利杨的分枝方式为单轴分枝，因而有明显的粗而直的主干。

取英国梧桐的枝条，用同样的方法观察节、节间、叶腋、腋芽、顶芽、叶痕等部分。它的分枝方式与意大利杨不同，是合轴分枝。其特点是枝条的顶芽生长不正常或死亡，顶芽附近的一个腋芽代替顶芽发育成新枝，结果使枝条偏斜，侧枝上的顶芽到一定时期又停止生长或死亡，依次腋芽代替，这种分枝方式为合轴分枝。仔细观察其叶腋内并没有芽，将叶柄掰掉，在叶柄基部内有一芽，称为柄下芽。

（3）髓心观察。取杜仲枝条，从中间剖开，观察其髓心是一片一片的，称为片状髓。取金银木枝条，用枝剪剪断，观察其髓心是空心的，称为空心髓，也称为小枝中空。取意大利杨枝条，用枝剪剪断，观察其髓心为实髓心。

4. 作业

（1）绘出下列形态术语的示意图：顶芽、侧芽、假顶芽、柄下芽、并生芽、叠生芽、片状髓。

（2）观察校园内各树种的茎及枝条，并填写表实-4。

表实-4 茎的形态观察记录

序号	形态	树种	序号	形态	树种

实训三　花及花序的观察

花是植物的生殖器官，是变态的枝条。花托就是茎的缩短部分，在花托上所生的变态叶即花叶，包括花萼、花冠、雄蕊、雌蕊，由外向内依次排列在花托上。不管花的形态结构怎样变化，凡是一朵典型的花，总是由以下几部分组成。花的最外层，有几片绿色小片称为萼片，所有的萼片称为花萼。紧靠花萼的通常颜色鲜艳的叶状结构，称为花瓣，所有的花瓣称为花冠。花萼和花冠合称为花被。花冠内有雄蕊，每个雄蕊由一细长花丝和花丝顶端囊状的花药组成。在花的中央有个瓶状结构，称为雌蕊。雌蕊的顶端称为柱头，靠基部的瓶状结构称为子房。连接柱头和子房的部分称为花柱。每朵花常有一个花柄与茎枝相连。

花在花枝上按一定的次序排列，形成了一定类型的花序。着生花的部分称为花轴，花轴与小枝相连。花轴生长方式不同，所形成的花序类型也不同，一般分为两大类，即无限花序和有限花序。无限花序是指花轴可以连续不断地生长，花轴下部的花先开放，逐渐向上部发展，或者花轴较短，花朵密集，边缘的花先开，逐渐向中央发展。有限花序是花轴的伸长受到顶端花朵的限制，顶端的花最先开放，逐渐向下，或自中间向外围发展。

花和花序是鉴别树种最主要的特征之一，因为它们具有稳定的遗传特性。

1. 目的要求　认识花的形态和基本结构，了解花在形成果实和种子过程中的作用。通过实验观察，了解花的多样性和花序的类型。重点掌握下列的形态术语的概念。

（1）花。完全花、不完全花、两性花、单性花、花被、单被花、双被花。

（2）花冠类型。蔷薇形花冠、蝶形花冠、筒状花冠、漏斗状花冠、钟状花冠、唇形花冠。

（3）雄蕊类型。单体雄蕊、两体雄蕊、二强雄蕊、多体雄蕊。

（4）花序类型。穗状花序、柔荑花序、头状花序、肉穗花序、隐头花序、总状花序、伞房花序、伞形花序、圆锥花序。

2. 材料、用具

（1）材料。新鲜或保存于5％福尔马林液里的苹果花、梨花、月季花（单瓣）、国槐花、刺槐花、珍珠梅花、毛白杨花（雄花序和雌花序）、无花果花、泡桐花、玉兰花等。

（2）用具。镊子、解剖针、放大镜、刀片等。

3. 方法步骤

（1）月季花的观察，参照图实- 2。用镊子取一朵月季花，从花的外面向内依次观察。首先看到在最外面的绿色小片，为萼片，排列组成一轮，合称花萼，有保护花蕾的作用，并能进行光合作用。在花萼的内方是花冠，由5片红色的花瓣组成，相互分离（属于离瓣花），辐射对称，这种花冠称为蔷薇形花冠。花瓣是花中最显著的部分，与萼片互生排列。在花冠内方可见多枚雄蕊。中央部分是雌蕊，有柱头、花柱和子房。

桃花、梨花、苹果花都可以用来观察，

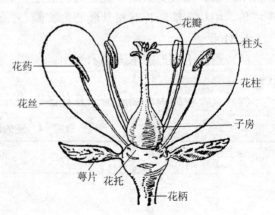

图实- 2　花的构造

每一种植物花部的组成情况是不同的，但其基本结构是一致的。根据各地的植物分布、季节变化、取材的难易，可加以选择取材。

（2）花多样性的观察。取苹果花，剖开花朵，可见雌蕊和雄蕊，这类花称为两性花。观察毛白杨的花，只能见到雄蕊或雌蕊，这类花称为单性花；雄蕊和雌蕊同时长在不同的植株上，称为雌雄异株。此外，由于植物种类不同，花的结构组成也有差异，如柳树花无花萼、花冠，只有雄蕊或雌蕊，这类花称为无被花。白玉兰的花萼和花瓣极为相似，这类花称为同被花。还有一种花仅有花萼或花冠，这类花是单被花。

（3）花序的观察。取刺槐的花序进行观察，能看到在花轴上有规律地排列着花朵，每朵花都有一个花柄与花轴相连，在整个花轴上有不同发育程度的花朵，着生在花轴下面的花朵发育较早，而接近花轴顶部的花发育较迟，这类花序称为总状花序。

取梨的花序进行观察，看到每朵花有近等长的花柄，在花轴顶端辐射状着生，外形像一把撑开的伞。花序上花的发育有迟有早，在伞形外围的花朵发育较早，靠中央的花发育较迟，这种类型的花序称为伞形花序。

观察国槐的花序，在总花梗上着生的不是单花，而是一个总状花序，这类花序称为圆锥花序。

取紫穗槐的花序进行观察，有一总花梗，小花梗极短，生于总花轴上，密集，这类花序称为穗状花序。

以上介绍的仅仅是部分花序类型，此外还有多种，可参考下列检索表加以划分。

1. 花轴可继续向上生长，花轴下部花或边缘花先开（无限花序） …………………………………… 2
1. 花轴不能继续生长，顶端花先开放（有限花序） …………………………………………………… 9
2. 花轴长，花轴上的花由基部向顶端开放 …………………………………………………………… 3
2. 花轴短缩，花轴上的花由外向内开放 ……………………………………………………………… 7
3. 花无柄 ………………………………………………………………………………………………… 4
3. 花有柄 ………………………………………………………………………………………………… 6
4. 花轴软而下垂 …………………………………………………………………………………… 柔荑花序
4. 花轴直立 ……………………………………………………………………………………………… 5
5. 花轴肉质化 ……………………………………………………………………………………… 肉穗花序
5. 花轴非肉质化 …………………………………………………………………………………… 穗状花序
6. 花柄相等 ………………………………………………………………………………………… 总状花序
6. 花柄不等长 ……………………………………………………………………………………… 伞房花序
7. 具等长的花柄 …………………………………………………………………………………… 伞形花序
7. 花无柄 ………………………………………………………………………………………………… 8
8. 花轴顶端膨大呈头状或扁平 …………………………………………………………………… 头状花序
8. 花轴顶端膨大，中央部分下陷呈囊状 ………………………………………………………… 隐头花序
9. 花轴顶芽发育成花后，仅有一个侧芽相继发育成花 ………………………………………… 单歧聚伞花序
9. 花轴顶芽发育成花后，有两个或两个以上侧芽相继发育成花 ………………………………… 10
10. 同时生出两等长侧枝，其顶发育成花 ………………………………………………………… 二歧聚伞花序
10. 顶芽成花后，其下发生两个以上侧枝，其顶发育成花 ……………………………………… 多歧聚伞花序

4. 作业

（1）每人绘出下列形态术语的示意图：穗状花序、柔荑花序、总状花序、伞房花序、伞形花序、圆锥花序。

（2）在开花期对校园内各树种的花进行观察，并填写表实-5。

表实-5　花的形态观察记录

序号	形态	树种	序号	形态	树种

实训四　果及果序的观察

果实一般在开花受精后，由花内子房发育而成。子房内完成受精后的胚珠发育成种子，子房壁同时生长，并发生一系列的变化，发育成果皮。这种由子房发育而成的果实，称为真果。但果实并不是仅由子房发育而来，有时花的其他部位，如花托、花序轴等都参与果实的形成，这类果实称为假果。

1. 目的要求　了解果实的形态构造，认识果实的各种类型：

（1）聚合果。聚合蓇葖果、聚合核果、聚合浆果、聚合瘦果。

（2）聚花果。

（3）单果。蓇葖果、荚果、蒴果、瘦果、颖果、角果、翅果、坚果、浆果、柑果、梨果、核果。

2. 材料、用具

（1）材料。新鲜或干制、浸制的果实标本，如桃、苹果、广玉兰、无花果、紫丁香、悬钩子等树种的果实。

（2）用具。刀片、钳子。

3. 方法步骤

（1）桃果实的观察。先观察桃果实的外形，特别是尚未成熟的果实，其表面有毛，在果实的一侧有条凹槽，是心皮背缝线的连接处，说明桃果实的子房壁由单个心皮组成。果实表皮有毛，是外表皮上的附属物，果实上还有角质层或蜡质（幼果尤为突出）。

用刀片切开果实，看到外果皮以内直至中间坚硬的桃核，这厚厚的一层俗称桃肉，是中果皮，它由许多层薄壁细胞组成，细胞内富含各种有机物质，如有机酸、糖等。坚硬部分为桃核，是内果皮，它由子房的内壁发育而来，细胞特化，全为硬细胞，所以桃核特别坚硬。用钳子夹开桃核，能见到由胚珠发育成的种子。这类果实称为核果。

（2）苹果果实观察。把一个苹果纵切为二，另一个苹果横切（图实-3）。苹果果皮外表面光滑而富有蜡质，能防止果实失水和病虫害侵入；中间是多汁的果肉。在果实横切面上，用肉眼可见在果肉中的束状排列的小点，是维管束的横切面。在果实中央分成5室，每室内有成对的种子。果室呈膜状，半木质化，这些果室是真正的果实部分，是由5个心皮组成的子房发育而来，而人们食用的肥厚多汁的果肉是由花托形成，因此，苹果的果实除子房发育以外，花托部分也参与了果实的形成，这样的果实称为假果。苹果的果实类型属于梨果。

以上解剖的桃和苹果，都是由一朵花内的一个雌蕊经传粉、受精，不断生长发育而形

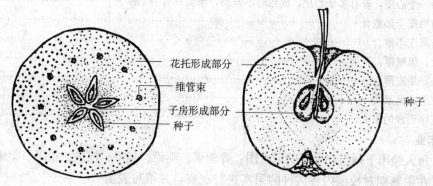

图实-3　苹果果实横切和纵切示意

成，称为单果。

　　（3）广玉兰果实的观察。春季开放的广玉兰花，到了秋冬结成纺锤状的果实。观察成熟的果实，可见到一个个开裂的小果，裂缝中有鲜红色的种子。每一个小果，都是由一个雌蕊的子房发育而来。即广玉兰一朵花里有许多雌蕊，它们分别形成果实，集生于同一个隆起的花托上，这类果实称为聚合果。

　　（4）桑树果实的观察。桑树的果实，俗称桑葚。可食用的果肉是由花萼变化而来，食用时感到的硬粒是真正的果实，这类果实称为聚花果。

　　根据果实的结构组成、果皮质地、开裂与否等情况，可将果实分为各种类型，具体分类参见下面的果实类型检索表。

1. 由一朵花的单个子房形成的果实（单果） ··· 2
1. 果实由多个子房形成 ·· 14
2. 果皮肉质 ··· 3
2. 果皮干燥 ··· 6
3. 子房壁肉质，具一个或几个心皮 ·· 5
3. 部分果皮肉质 ·· 4
4. 外果皮薄，中果皮肉质，内果皮石质，单心皮，只有一个种子 ······················· 核果
4. 果皮外部肉质，内部纸质，花托肉质，几个心皮，种子多数 ························· 梨果
5. 子房壁有硬的外皮 ·· 瓠果
5. 子房壁有革质外皮 ·· 柑果
6. 果实开裂 ··· 7
6. 果实不开裂 ··· 10
7. 单心皮 ··· 8
7. 两个或多个心皮 ·· 9
8. 沿两条缝线开裂 ·· 荚果
8. 沿一条缝线开裂 ·· 蓇葖果
9. 两个或多个心皮，开裂方式多样 ·· 蒴果
9. 两个心皮，成熟时分离，假隔膜宿存 ·· 角果
10. 果皮外延呈翅状 ··· 翅果
10. 果皮不为翅状 ·· 11
11. 两个或多个心皮，未成熟时联合，成熟时分开 ·· 分果

11. 一般为一个心皮，若有多个心皮，成熟时不开裂，果实只有一个种子 ·············· 12
12. 种子与果皮全部愈合 ··· 颖果
12. 种子与果皮不愈合 ··· 13
13. 果实大，果壁厚，石质 ·· 坚果
13. 果实小，果皮薄 ·· 瘦果
14. 一朵花形成的果实 ··· 聚合果
14. 整个花序形成的果实 ··· 聚花果

4. 作业

（1）每人绘出下列形态术语的示意图：蓇葖果、荚果、坚果、核果、柑果、梨果、浆果。

（2）在果熟期对校园内各树种的果实进行观察，并填写表实-6。

表实-6　果实类型观察记录

序号	形态	树种	序号	形态	树种

实训五　观赏树木的物候观测与记载

1. 目的要求　物候观测是对树木的生长发育过程进行观察记载，从而了解本地区的树种与季节的关系和一年中树木展叶、开花、结果和落叶休眠等生长发育规律。

2. 材料、用具

（1）材料。校园内树种4种（由学生自选）。

（2）用具。记录夹、记录表。

3. 方法步骤

（1）在校园内任意选择4个树种，其中落叶乔木1种、花灌木1种、藤本1种、常绿树种1种。

（2）观测并做好记录（填写表实-7）。

表实-7　物候观测记录

树种名称：	科、属：

展叶初期：	展叶期：	春叶变色期：
开花初期：	盛花期：	
果实成熟期：	果实脱落期：	
秋叶变色期：	落叶期：	
生长环境条件：		
生长情况：		

观测人：＿＿＿＿＿＿　完成时间：＿＿＿＿＿＿

展叶期：从开始发芽到叶完全展开，分为展叶初期和展叶期。展叶初期指刚开始展叶；

展叶期指大多数叶已不再生长。

开花期：从开始开花到花开始凋谢，分为开花初期和盛花期。

果熟期：果实开始成熟的时间。

叶变色期：大部分树叶开始变色。

落叶期：大部分叶开始脱落。

4. 作业

（1）将调查树种按展叶期、开花期、果熟期、叶变色期、落叶期、休眠期 6 个时间段绘制物候图谱。

（2）对所调查树种进行分析，写出其生物学特性和所需要的环境条件。

（3）写出物候观测报告。

实训六 观赏树木检索表的编制

1. 目的要求 分类检索表是鉴别植物必不可少的工具，本实训的主要目的是通过对校园内树种进行形态观察和查阅有关书籍，列出校园树种名录，并根据检索表编制原则，将树种名录内的所有树种编制成检索表。从而学会检索表的编制方法。

2. 材料、用具 当地植物志、树木志、树木图谱、分类检索表、树种形态特征观察记录表。

3. 方法步骤

（1）对校园内所有树种进行形态特征观察，并做好记录（填写表实-8）。

表实-8 树种形态特征观察记录

树种名称：

序　号	内　容	主要特征
1	性状	
2	树皮	
3	小枝	
4	叶类型	
5	叶缘	
6	叶序	
7	花	
8	花序	
9	果	
10	种子	

观察人：　　　　　　　　　　　　　　　　年 月 日

性状：乔木、灌木或藤本，以及树形等。

树皮：颜色、皮孔形状、树皮光滑还是开裂、有无剥落、有无皮刺等。

小枝：颜色、形状、芽的情况、有无枝刺等。

叶类型：单叶、复叶类型。

花：花冠类型、颜色、雄蕊、雌蕊、开花期。

果：果实类型、颜色、成熟期。

种子：种子形状、颜色、有无附属物。

（2）汇总调查记录，并编制本校园内的树种名录。

（3）根据平行检索表的编制原则，借助有关书籍，将树种名录内的所有树种编制成平行检索表。

（4）检索表编制完毕后，要对树种进行查阅，以检查检索表是否准确。

4. 作业　对校园内树种进行调查，编制树种名录；并将树种名录内树种编制成平行检索表。

实训七　鉴定裸子植物标本

1. 目的要求　培养学生识别、鉴定树木标本的基本技能；掌握各树种的形态描述及识别要点；通过对相近树种形态进行对比观察，掌握其区别特征。

2. 材料、用具　裸子植物各树种的腊叶标本、新鲜标本。

3. 方法步骤

（1）将要鉴定的树木标本放入标本盒，并编号。

（2）根据课堂所学科、属的形态特征，将标本分科、分属。

（3）比较同属相近树种的异同点，根据课堂所学知识，鉴定各树木标本。

（4）总结各树种的识别要点（填写表实-9）。

表实-9　裸子植物各树种形态特征

序号	特征\树种	性状	树冠	树皮	枝条	叶形	叶序	球果	种子
1									
2									
3									
4									

4. 作业　总结各树种的识别要点；编制部分树种分类检索表。

实训八　鉴定被子植物标本

1. 目的要求　培养学生识别、鉴定树木标本的基本技能；掌握各树种的形态描述及识别要点；通过对相近树种形态进行对比观察，掌握其区别特征。

2. 材料、用具　被子植物各树种的腊叶标本、新鲜标本。

3. 方法步骤

（1）将要鉴定的树木标本放入标本盒，并编号。

（2）根据课堂所学科、属的形态特征，将标本分科、分属。

（3）比较同属相近树种的异同点，根据课堂所学各树种的识别要点，鉴定各树木标本。

（4）总结各树种的识别要点（填写表实-10）。

表实-10　被子植物各树种形态特征

序号　特征树种	性状	刺型	叶型	叶序	叶脉	叶缘	花性	花序	果实	观赏部位
1										
2										
3										
4										

4. 作业　总结各树种的识别要点；编制部分树种分种检索表。

实训九　观赏树木的冬态识别

树木在生长季节中的鉴定方法，通常是以花、叶、果等为主要特征进行鉴定。但在冬季，特别是落叶树木，只剩秃枝，形态完全改观，不可能再按照花、叶的特征来识别树木，这就需要学习树种冬态的识别方法。

1. 目的要求　通过对几个树种的冬态观察、鉴定，掌握树种冬态识别的方法。

2. 材料、用具

（1）材料。选择当地落叶树木5种。

（2）用具。记录夹、记录表、放大镜、枝剪、解剖针、解剖刀。

3. 方法步骤

（1）学会进行冬态观察。从性状、树皮、枝条、叶痕、冬芽、附属物等方面进行观察表实-11。

表实-11　树种冬态观察记录

树种：

性状_____　树冠形状_____
树皮：皮孔形状_____　外皮质地_____　厚度_____　颜色_____　内皮颜色_____
枝条：分枝方式_____　一年生枝颜色_____　二年生枝条颜色_____
枝条形状_____　枝条髓心状态_____　长短枝_____
叶痕：长枝上叶痕_____　短枝上叶痕_____
叶迹：长枝上叶迹_____　短枝上叶迹_____
冬芽：类型_____　形状_____　颜色_____　大小_____
附属物_____
冬态识别要点_____
_____
_____

调查人：_____　　　　观测时间：_____

性状：主要观察乔木、灌木、木质藤本，以及树冠形状等。

树皮：外皮形状、质地、厚度和颜色，内皮颜色。

枝条：分枝方式、一年生和二年生枝条颜色、附属物（如毛、刺等）、枝条的形状、枝条髓心状态、有无长短枝。

叶痕：形状、颜色、排列情况。

叶迹：数量、排列情况。

冬芽：类型（顶芽、侧芽、鳞芽、裸芽、花芽、混合芽、叶芽等）、形状（圆形、圆锥形、纺锤形、披针形、椭圆形、倒卵形、卵形、圆筒形等）、颜色等。

附属物：枝刺、皮刺、托叶刺、毛、卷须、吸盘、气生根、木栓翅、残果、枯叶等，它们的颜色、形状、着生位置。

（2）对所选树种进行观察记载。以银杏为例进行观察（图实-4）。

性状：落叶大乔木，树冠宽卵形。

树皮：灰褐色，长块状开裂或不规则纵裂。

枝条：一年生小枝淡褐黄色或带灰色，无毛；二年生小枝深灰色，枝皮不规则裂纹。有长短枝之分，短枝矩形。

叶痕：在短枝上有密集叶痕，叶痕半圆形，棕色，叶痕在长枝上螺旋状互生，叶迹2个。

芽：顶芽发达，宽卵形，侧芽近无柄。

小结银杏冬态识别要点如下：落叶乔木，树冠宽卵形，树皮纵裂。叶痕在长枝上互生，在短枝上密集着生，叶痕半圆形，顶芽发达，宽卵形，侧芽近无柄。

以同样的方式对所选当地树种进行观察。

4. 作业 完成5个树种的冬态观测记载，并进行归纳总结。

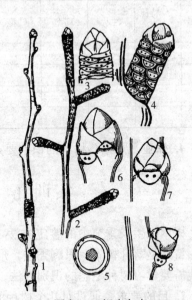

图实-4 银杏冬态
1. 长枝 2. 短枝
3、4. 短枝（放大） 5. 枝横切面
6. 顶芽（放大） 7、8. 侧芽（放大）

实训十 当地观赏树木树种调查

1. 目的要求 了解当地观赏树木的种类、生长习性、园林配植情况；掌握树种调查方法。

2. 材料、用具

（1）材料。当地观赏树木5种（自选）。

（2）用具。记录夹、调查表、海拔仪、卷尺、放大镜、解剖针、解剖刀等。

3. 方法步骤（填写表实-12）

（1）形态观测记录。

性状：乔木、灌木、木质藤本，常绿、落叶。

叶：叶形、正反面叶色、叶缘、叶脉、叶附属物（毛）。

枝：小枝颜色、有无长短枝。

皮孔：大小、形状、分布情况。

树皮：颜色、开裂方式、光滑度。

变态器官（枝刺、卷须、吸盘）：着生位置、形状、大小、颜色。

芽：种类、颜色、形状。

花：花冠类型、花色、花序种类、气味等。

果实：种类、形状、颜色、大小。

（2）立地条件调查记录。

土壤：种类、质地、颜色、pH 等。

地形：种类、海拔、坡向、坡度、地下水位。

（3）总结所调查树种的形态特征、生长地选择、园林用途、配植情况，并对其观赏价值作出评价。

表实-12　观赏树木观测记录

树种名称_____		性状_____	
叶形_____	单叶或复叶_____	复叶种类_____	
小叶数量_____	叶色_____	叶缘_____	
叶的附属物（如毛）_____			
叶脉类型_____		叶脉数量_____	
小枝颜色_____		长短枝情况_____	
皮孔：大小_____	颜色_____	形状_____	分布_____
树皮：颜色_____	开裂方式_____	光滑度_____	
变态器官：着生位置_____	形状_____	大小_____	颜色_____ 分布情况_____
芽：种类（顶芽或侧芽）_____	颜色_____	形状_____	
花：花冠_____	花色_____	花瓣数量_____	花序_____
果实：种类_____	形状_____	颜色_____	大小_____
土壤：种类_____	质地_____	颜色_____	pH_____
地形：种类_____	海拔_____ 坡向_____	坡度_____	地下水位_____
土壤肥力评价_____			
生长情况_____			
形态特征_____			
适宜生长地_____			
园林用途_____			
观赏价值_____			

调查者：_____　　记录者：_____　　观测时间：_____

4. 作业　对调查的 5 个树种进行分析，写出调查报告。

实训十一　观赏树木标本的采集、鉴定与腊叶标本的制作

1. 目的要求　巩固并运用树木知识，掌握树木分类、标本采集、制作的基本方法；学会使用植物分类的工具书，识别当地主要观赏树种 150～200 种（变种及变型）。

2. 材料、用具

（1）材料。标本采集地点选在具有不同生境，树木种类丰富，交通方便，离学校较近的树木标本园、森林公园等地。

（2）用具。教材、当地树木检索表、当地树木志或图谱、标本夹、标本纸、标本绳、修

枝剪、高枝剪、放大镜、海拔仪、军用铁锹、采集袋、采集标签、笔、记录夹、记录表、采集筒、针、线、扁锥、胶水、鉴定卡片、号牌若干。

3. 方法步骤

(1) 将班级分成 6 个实习小组，每个小组以 6~8 人为宜，明确分工，发放实习用品，以小组为单位领取：标本夹（2 个，配好标本绳）、标本纸（若干）、修枝剪（4 把）、记录笔（1 支）、放大镜（1 个）、海拔仪（1 个）、记录夹（1 个）、记录纸（若干）、号牌（若干），每人自备教材、当地树木检索表。

(2) 安排教学实习日程，明确实习目的，严格实习纪律，并集中介绍本地地理、气候、土壤、植被概况及教材外有关种类，推荐有关工具书和资料。

(3) 现场采集、识别、编号、记录、压制标本。

(4) 在室内整理、翻倒标本，并进行分类、鉴定、名录整理等工作。

(5) 制作腊叶标本，每组完成 150 个树种的腊叶标本各 1~2 份。

(6) 使用工具书，填写鉴定标签。

(7) 在腊叶标本的左上角贴上原始采集记录表，在右下角贴上鉴定标签。

4. 作业

(1) 以小组为单位，每组完成 150 个树种的腊叶标本各 1~2 份。

(2) 每人编写实习报告，内容如下：指导教师，时间，地点，采集标本名录，代表种的识别、生态环境、分布、园林用途，收获和建议。

附：腊叶标本的采集与制作

1. 树木标本的重要作用　我国幅员辽阔，地跨寒温带、温带、亚热带及热带，地形复杂，有木本植物 1 万余种，组成了浩瀚的树木世界，也给人类带来了生命和繁荣。因此必须对它们进行科学的研究，以便合理的开发和利用。

研究树木，就要认识树木，必须了解树木的形态特征、分类、分布、习性及用途。新鲜植物是最直观的教具，但由于时间、季节、地区等客观条件的限制，无法及时得到合适的材料，这就需要平时采集新鲜植物制成标本供使用。

树木标本是将新鲜树木材料的一部分（包括根、茎、叶、花、果、种子等）用物理或化学的方法处理后，再保存起来的实物样品。

2. 标本采集的工具　为了采集较完整的标本，必须具备一套采集工具，主要有修枝剪、高枝剪、军用铁锹、标本夹、标本绳、吸水纸、采集袋、采集筒、采集标签、采集记录表等。

采集标签，是用硬纸裁成长方形的小纸片，2cm×1cm。一端穿上小线绳。

标本采集标签

采集号数_____	采集日期_____
科名_____	种名_____
采集地_____	
采集人_____	

采集记录

采集人＿＿＿＿＿＿＿＿＿＿＿＿＿　采集号＿＿＿＿＿＿＿＿＿＿＿＿＿　采集日期＿＿＿＿＿＿＿＿＿＿＿

采集份数＿＿＿＿＿＿＿＿＿＿＿＿＿＿＿＿＿＿　采集地点＿＿＿＿＿＿＿＿＿＿＿＿＿＿＿＿＿

海拔＿＿＿＿＿＿＿＿＿＿＿＿＿＿＿＿＿＿＿＿　土壤＿＿＿＿＿＿＿＿＿＿＿＿＿＿＿＿＿＿

环境＿＿

性状＿＿

株高＿＿＿＿＿＿＿＿＿＿＿＿＿＿＿＿＿＿＿　胸径＿＿＿＿＿＿＿＿＿＿＿＿＿＿＿＿＿＿

形态：根＿＿＿＿＿＿＿＿＿＿＿＿＿＿＿＿＿＿＿＿＿＿＿＿＿＿＿＿＿＿＿＿＿＿＿＿＿

　　　茎（树皮）＿＿＿＿＿＿＿＿＿＿＿＿＿＿＿＿＿＿＿＿＿＿＿＿＿＿＿＿＿＿＿＿

　　　叶＿＿＿＿＿＿＿＿＿＿＿＿＿＿＿＿＿＿＿＿＿＿＿＿＿＿＿＿＿＿＿＿＿＿＿＿＿

　　　花＿＿＿＿＿＿＿＿＿＿＿＿＿＿＿＿＿＿＿＿＿＿＿＿＿＿＿＿＿＿＿＿＿＿＿＿＿

　　　果＿＿＿＿＿＿＿＿＿＿＿＿＿＿＿＿＿＿＿＿＿＿＿＿＿＿＿＿＿＿＿＿＿＿＿＿＿

用途＿＿

土名＿＿

科名＿＿＿＿＿＿＿＿＿＿＿＿＿＿＿＿＿＿＿　中名＿＿＿＿＿＿＿＿＿＿＿＿＿＿＿＿＿＿

拉丁学名＿＿＿＿＿＿＿＿＿＿＿＿＿＿＿＿＿＿＿＿＿＿＿＿＿＿＿＿＿＿＿＿＿＿＿＿＿

备注＿＿＿＿＿＿＿＿＿＿＿＿＿＿＿＿＿＿＿＿＿＿＿＿＿＿＿＿＿＿＿＿＿＿＿＿＿＿＿

（1）采集号。采集时编写的号码，必须与标本上的采集标签号一致，否则会使标本失去价值。在采集标本时号码不能重复，采集记录中的采集号与标签号要一一对应，在同一地点、同一时间采集的同一种植物编同一号，否则都应编不同号。

（2）采集地点。记录该标本的详细采集地点。要记录市、区（县）、乡（镇）、村，或重要山川河流的名称。因为每一植物都有分布区，可以查阅相应地区的参考资料，以利鉴定学名，因此采集地非常重要，一定要认真填写。

（3）生态环境。记录该种生长的环境条件，如平地、丘陵、路旁、灌丛、山坡、林下、山顶、山谷、阴生、阳生等。

（4）株高、胸径。株高是植物的高度，胸径是离地面1.3m高处的直径。

（5）性状。指乔木、小乔木、灌木、草本、藤本，寄生、腐生等。

（6）形态。记录颜色、大小、气味、树皮剥落裂纹、形状等。

（7）用途。记录该种是否可用作观赏、用材、薪炭、食用、榨油、药用等。

3. 标本采集

（1）被采集标本所具有的特征。

① 所采集的标本应该具有完整性。高等植物的根、茎、叶等营养器官是鉴定特征之一，但因生长环境不同而有所差异，而花、果具有较稳定的遗传性，最能反映树木的固有特性，是识别和鉴别植物的重要依据。因此采集标本时必须尽量采到根、茎、叶、花、果实俱全的标本。

在实际工作中，做到这一点较为困难，因为一般情况下花、果是不能同时存在的，这是由物候期不同而造成的，除非特殊需要，一般不这样做。如果要做这种标本，必须分期采集，分期压制，最好装订在一起。

② 选择具有典型特征、生长健壮、姿态良好的植株或枝条作为标本。在采集标本时这点尤为重要，如果采集的标本没有代表性，特征不典型，那么这份标本就会失去它的价值。例如，明开夜合萌生枝条的叶子很大，而且不典型，就不能采；小叶朴由于受虫害分泌物的

刺激，枝条膨大，其叶有 6 种变型叶之多，因此采集时最好有花或果。

③ 选择无病虫害的枝条作为标本。由于病虫害，很可能会导致叶变形，造成特征不明显。此外如果用有病虫害的枝条或叶压成标本，会影响其美观，失去观赏价值。

（2）采集标本应注意的几个问题。

① 在采集标本时，所采集的一年生枝条要充分木质化，并且要带有一小段二年生枝条。一般情况下，没有充分木质化的枝条上的叶还没有发育完全，不可取。二年生枝条上的树皮颜色和皮孔形状、裂纹情况已基本稳定，因此必须带有二年生枝段。

② 采集带花的标本时尽可能选择刚开花或将开的花蕾，既能反映各部分的特征，花的各部分又不易脱落。

③ 采集标本时应根据台纸的大小，选择大小适中的标本，不宜过大或过小，太大会显得臃肿，太小又会显得空旷无物，影响标本的美观。一般选台纸大小的 3/5 为宜。

④ 采集标本时要注意各种树木的花果期，以便及时采到需要的标本。有的植物先花后叶，如榆、柳、紫荆等，要注意勤观察，以便及时采到花的标本，待长叶后再在原树上采集叶的标本，编不同的号。

⑤ 对选择的标本要进行整形，目的是使标本既美观，又能真实反映树木原来的形态。为了便于整形，在采集时就要注意观察树木的生长姿态、花果的着生位置等。

⑥ 对于叶片极大的树种，不可能采集整片叶子。若是单叶可沿中脉的一边剪下，如蒲葵、檫树等；若是复叶可采集总轴一边的小叶。无论怎样采都必须留下叶片的顶端和基部，还可以去掉复叶中间部分，留下两头。但这些情况必须有记载说明，如核桃、葱木、楝树等。

4. 标本的清理　标本采集后，在制作前还必须经过清理，除去枯枝烂叶、凋萎的花果，若叶子太密集，还应适当修剪，但要留下一点叶柄，以示叶片的着生情况。如果标本上有泥沙，还应进行冲洗，但不要损伤标本，冲洗后要适当晾晒，将水分蒸发掉。标本清理完毕后应尽快进行压制，否则时间太久，有的标本的花、叶容易变形，影响效果。

5. 标本的压制　压制标本是将标本逐个平铺在几层吸水纸上，上下再用标本夹压紧，使之尽快干燥、压平。压制方法是先在标本夹的一片夹板上放几层吸水纸，然后放上标本，再放几层纸，使标本与吸水纸相互隔，最后再将另一片标本夹板压上，用绳子捆紧。标本夹的高度以可将标本捆紧又不倾倒为宜，一般 30cm 左右，每层所夹的纸一般为 3～5 张。薄而软的花、果可先用软的纸包好再夹，以免损伤。初压标本应尽量捆紧，以使标本压平，并与吸水纸接触紧密，容易干。3～4d 后标本开始干燥并逐渐变脆，这时捆扎不可太紧，以免损伤标本。进行标本压制时要注意以下问题：

（1）压制时应尽量使枝、叶、花、果平展，并且使部分叶背向上，以便观察叶背的特征。花的标本最好有一部分侧压，以展示花柄、花萼、花瓣等各部位的形状；还要解剖几朵花，依次将雄蕊、雌蕊、花盘、胎座等各部位压在吸水纸内干燥，更便于观察该植物的特征。

（2）压制标本时对于叶比较大的标本比较好压，而很多情况叶都不容易展平。在压制时，应先将标本放在吸水纸上，再用一层吸水纸先盖住标本基部，一只手按住，另一只手从基部向顶端展叶，吸水纸再慢慢压上，这样就会使叶子压得比较平，以后换纸时，注意将没有展好的叶子展平。

（3）对于松、杉、柏等裸子植物，往往压制1～2个月后，细胞仍没死亡，致使叶、花脱落。这类标本需要在开水里烫片刻杀死细胞后再压，效果会更好。

（4）标本放置要注意首尾相错，以保持整叠标本平衡，受力均匀，不致倾倒。有的标本花、果较粗大，压制时常使纸凸起，叶因受不到压力而皱折，这种情况可用几张纸叠成纸垫，垫在凸起的口周，或将较大的果进行风干。如核桃、核桃楸、榛子、板栗等。

（5）注意经常换纸。换纸是否及时是关系标本质量的关键步骤。标本压好后，往往由于不注意换纸，致使标本发霉变黑，因此必须每天换纸。初压的标本水分多，通常每天要换2～3次，第三天后每天叫换一次，以后可以几天换一次，直至干燥为止。遇上多雨天气，标本容易发霉，换纸更为重要。最初几次要注意整形，将皱折的叶、花摊开，展示出主要特征。换下的湿纸要及时晒干或烘干。用烘干的热纸换，效果较好。换纸时要轻拿轻放，先除去标本上的湿纸，换上几张干纸，然后一只手托住标本上面的干纸，另一只手托住标本下面的湿纸，迅速翻转，使干纸的一面翻到底下，湿纸翻到上面，再除去湿纸，换上干纸，这样可以减少标本移动，避免损伤。

植物标本由于质地不同，其干燥速度也不同，有的标本几天就干了，有的标本半个月、一个月才干。所以换纸时应随时将已干的标本取出，以减少工作量。有条件的可将不同质地的标本分开压，如杨、柳等速生树种含水量较高，压制时如不及时换纸，极易变色；而一些旱生树种，如榆、荆条等含水分少，不仅易干，而且不易变色。如果将它们分别压制，会减少它们之间水分的传递，否则含水少的标本也会由于受含水多的标本影响导致变色。

有些标本宜重点压制，如接骨木、忍冬属树种，由于果实含水量大，很不易干，叶干了，而果实尚未干，又导致叶子受潮或脱落，因此对它们的果实要重点压制，多用干纸或单独压果实，等干后，制作标本时要制作在一起。

标本的干燥速度越快越不易变色，为了使标本快速干燥并保持原色，可以用熨斗熨干，或在45～60℃的恒温箱中烘干。

6. 标本的装订　标本压制好以后，为了长期保存标本不受损伤，同时也为了便于观察研究，就要进行装订。装订是将标本固定在一张白色的台纸上，装订标本也称上台纸。

台纸要求质地坚硬，用白板纸或道林纸较好。使用时需要裁成一定大小，一般30～42cm，要注意与使用的标本盒配套。

台纸也可用薄糨糊刷几层废纸，最上面裱上一层白纸压平，干后裁成规定尺寸。

标本装订一般分为3个步骤，即消毒、装订和贴记录标签。

（1）消毒。标本压干后，常常有害虫或虫卵，必须经过化学药剂（目前一般用次氯酸钠溶液）消毒，杀死虫卵、真菌孢子等，以免标本蛀虫。将压干的标本放入浸渍片刻，即用竹夹钳出，放在吸水纸上夹入标本夹，使之干燥。还可用紫外光灯消毒，这种方法较好。

（2）装订。先将标本放在台纸的适当位置，一般直放或适当偏斜，留出台纸的左上角或右下角，以便贴采集记录和标签。放置时要注意形态美观，又要尽可能反映植物的真实形态。如杨树的柔荑花序是下垂的，板栗的雄花序是直立的，这些都要尽可能地反映出来。位置确定好以后，还要适当剪去过于密集的叶、花和枝条等，然后进行装订。装订方法主要有两种：

① 间接粘贴法：在台纸的下面选好几个固定点，用扁形锥子紧贴枝条、叶柄、花序、叶片中脉两边扎数对纵缝，将纸条两端插入缝中，穿到台纸反面，将纸条收紧后，用胶水在

台纸背面粘紧。容易脱落的叶、花等可用透明胶带固定。

② 针线固定法：用针线代替扁锥和纸条来固定标本。

（3）贴记录标签。标本装订后，在右下角贴上鉴定标签，在左上角贴上采集记录。鉴定标签所列内容如下：

树木鉴定卡片

科名＿＿＿＿＿＿＿＿＿＿＿＿＿＿＿＿＿＿＿　采集号＿＿＿＿＿＿＿＿＿＿＿＿＿＿＿＿＿＿＿＿＿＿

学名＿＿

中文名＿＿

采集地＿＿

采集人＿＿＿＿＿＿＿＿＿＿＿年＿＿＿＿＿月＿＿＿＿＿日

鉴定人＿＿＿＿＿＿＿＿＿＿＿年＿＿＿＿＿月＿＿＿＿＿日

采集记录是从采集记录本中对号入座，其内容已填好，只需贴上即可。在贴标签和采集记录时，标签只粘四个角，必要时可以更换，但采集记录必须粘牢，不能更换。

7. 标本的保存　制成的腊叶标本必须妥善保存，否则易被虫蛀或发霉，造成不必要的损失。

将制成的腊叶标本放入标本盒中，在标本盒一侧贴上口曲纸，注明科名、种名，把一个科的标本集中在一起放在标本架上或标本柜中。每个标本盒只能装一份标本。

在没有标本盒的情况下，标本保存更应小心，为防止标本之间的摩擦损伤标本，最好用硬纸或牛皮纸隔开。为了防止因潮湿损伤标本，最好用塑料薄膜封住。

实训十二　手工艺品的制作（选）

亲自动手创作一些小工艺品，不仅是一种乐趣，而且也是增长知识、开阔眼界的一种新的探索。在欢快的美的创作中，汲取乐观向上和积极进取的精神，消除学习紧张的疲劳，丰富文化生活。

利用植物材料，如根、茎、叶、花、果等，可制作成各种各样的小手工艺品，大家非常熟悉的根雕艺术，就是利用植物的根，主要是树木的根瘿和瘤进行取舍加工而创作出来的工艺品；利用树木的树皮，如白桦的树皮，可制作出各种山水图案；利用植物的叶片、花可制作各种人物、动物图案。

1. 目的要求　学会利用植物材料制作小手工艺品的方法。

2. 材料、用具

（1）材料。树木竹藤、枯枝怪根，各种类型的叶片和花。

（2）用具。乳胶、胶水、透明胶条、清漆、白硬纸板（30cm×40cm）、锯、木锉、雕刻刀、砂纸、剪子等。

（3）试剂。高锰酸钾、碳酸钠、氢氧化钠。

3. 方法步骤

（1）根雕工艺品的制作。根雕要经过选料、构思、造型、磨光、配座、着色、上蜡等工艺（图实-5）。

①选料：枯木根有千姿百态。选择木质较硬、有韧性、没有裂纹的怪根比较适宜。如果

图实-5 根雕作品

选用的料本身是枯干的，不再缩水变形，立即可以构思造型。如果是湿料，经初步整理后，需要在锅中经沸水煮，加入少量漂白粉，然后用福尔马林溶液浸泡数天，干透后再用。

② 构思：根雕的造型讲究"依形度势，象形取意"，要充分利用它特有的殊姿异态和纹理，巧妙的构思，达到源于大自然，又美于大自然，美就美在似与不似之间——神似。

③ 造型：构思成熟后，就要开始对原料精心加工造型，加工的部位应尽量不露人工雕琢的痕迹。

④ 磨光：作品造型完成后，有的需要用细砂纸将雕刻过的部位打磨光滑，有些作品不需这样做。

⑤ 配座：根雕作品完成后，必须配以底座，以利摆放。由于根的原料本身不可能是有规格的，有的为了服从主题需要，不能把原料底部锯平，所以配底座首先要注意使作品有稳重感。底座的用料可用木头、有机玻璃、竹、石等。底座不管用什么原料、什么形式，都应当从作品的主题内容和构思出发，使底座和作品浑然一体，衬托作品更加神采奕奕。

⑥ 着色：根雕作品是否需要着色，可根据作者的设计意图，有的原料固有色泽很美观，可不着色。如果需要着色，色彩可选紫檀色、米黄色、熟褐色等。一般的根雕作品选用紫檀色，显得古雅稳重。它是用高锰酸钾溶液浸泡后达到的效果。

⑦ 上蜡：作品着色后，为了使作品防潮，同时增加作品的亮度，一般都要上蜡。就是将作品徐徐加温，然后涂上一层白蜡。也有的根雕作品不上蜡，而是罩清漆。

（2）茎叶花手工制作。茎叶花手工制作要经过选料、构思、造型、粘贴、干燥等工艺（图实-6）。

① 选料：选择新鲜植物的茎、叶、花，茎以小枝条或嫩茎为宜，叶选择各种叶形，花以离瓣花为主，颜色多样。

② 构思：要根据所选择的材料，巧妙的构思，组成各种题材的、有意义的图案，如人物、动物等。

③ 造型：将准备好的白硬纸板平铺在桌面上，根据构思摆放所选择的材料，组成图案。

④ 粘贴：用胶水或透明胶带将摆放好的图案粘贴好，使其固定。

⑤ 编写文字说明：对自己的作品进行文字说明。

⑥ 干燥：由于作品原料都是新鲜的植物材料，如果要长期保存，最好用吸水纸将其压

图实-6　母子情深（由柳树叶和紫叶小檗叶制成）

制好，翻倒几遍使其干燥。

（3）叶脉书签的制作。

① 选择外形满意、老嫩适中、叶脉清晰而坚韧的树叶，用清水洗净。

② 在烧杯内注入100ml清水，加2.5g碳酸钠和3.5g氢氧化钠，用酒精灯加热，煮沸。

③ 将树叶放入烧杯内，加热6~8min，不断搅动。叶片在溶液的腐蚀下，叶肉部分容易去掉。

④ 用镊子取出叶片，平铺在左手掌中，用右手食指在流水中仔细磨去叶片内的叶肉部分，直到露出清晰的叶脉。

⑤ 用水彩颜料将叶脉染成需要的颜色，压平、风干、塑封。

这样就将叶脉书签制作完毕。

4. 作业　用植物的叶、花制作一个小工艺品。

木本植物常用形态术语

一、性状

1. 乔木　树体高在5m以上，有明显主干（3m以上），分枝点距地面较高的树木。又可依其高度分为伟乔木、大乔木、中乔木及小乔木。如毛白杨、油松、雪松、北京丁香等。

2. 灌木　树体矮小，通常在5m以下，没有明显的主干，靠近地面有分枝的树木。如紫丁香、叶底珠、小紫珠、桃金娘等。

3. 亚灌木（半灌木）　基部木质化，上部草质，每年仅上部枯死的植物，是介于草本和木本之间的一种木本植物。如沙蒿、罗布麻、铁杆蒿等。

4. 木质藤本　茎干柔软，不能直立，靠依附他物支持而上的植物。包括缠绕、攀缘、匍匐三种类型。如南蛇藤等。

二、根

1. 根系　由幼胚的胚根发育成根，根系为植物的主根和侧根的总称（附图-1）。

附图-1　根　系
1. 直根系　2. 须根系

（1）直根系。主根粗长，与侧根有明显区别的根系。如侧柏、毛白杨等。

（2）须根系。主根不发达或早期死亡，而由茎的基部发生许多较细的不定根形成的根系。如棕榈、蒲葵等。

2. 根的变态

（1）板根。热带树木在干基与根颈之间形成板壁状凸起的根。如榕树、人面子等。

（2）呼吸根。伸出地面或浮在水面用以呼吸的根。如水松、池杉的屈膝状呼吸根。

（3）附生根。用以攀附他物的不定根。如络石、凌霄、爬山虎等。

（4）气生根。茎上产生的不定根，悬垂在空气中，有时向下伸入土中，形成支持根。如榕树从大枝上发生多数向下垂直的根。

（5）寄生根。着生在寄主组织内，以吸收水分和养料的根。如桑寄生、槲寄生等。

三、树皮

树木树皮分为如下 15 种类型（附图-2）。

附图-2 树　皮

1. 梧桐　2. 臭椿　3. 圆柏　4. 柿树　5. 油松
6. 槐树　7. 桃树　8. 白皮松　9. 白桦

1. 平滑　表面平滑无裂。如大叶白蜡（幼树）、梧桐等。

2. 粗糙　表面不平滑，也无较深沟纹，呈不规则脱落的粗糙状。如朴树、臭椿、臭松等。

3. 细纹裂　表面呈浅而细的开裂。如水曲柳等。

4. 方块状裂　表面呈方块状的裂纹。如柿树、君迁子（黑枣）等。

5. 鳞块状纵裂　表面呈不规则的块状开裂。如油松等。

6. 鳞片状开裂　表面呈不规则的片状开裂。如鱼鳞云杉等。

7. 浅纵裂　表面呈纵条状或近于"人"字形的浅裂。如喜树、紫椴等。

8. 深纵裂　表面呈纵条状或近于"人"字形的深裂。如刺槐、栓皮栎、国槐等。

9. 窄长条浅裂　表面呈细条状的浅裂。如圆柏、杉木等。

10. 不规则纵裂　表面呈不规则的纵条状或近于"人"字形的开裂。如黄檗等。

11. 横向浅裂　表面呈浅而细的横向开裂。如桃树、樱花等。

12. 鳞状剥落　表面呈不规则的鳞片状脱落。如榔榆、木瓜等。

13. 片状剥落　表面呈不规则的薄片状脱落。如悬铃木、白皮松等。

14. 长条片剥落　表面呈长条片状的脱落。如蓝桉等。

15. 纸状剥落　表面呈纸状分层脱落。如白桦、红桦等。

四、树形

观赏树木树形包括如下 8 种类型（附图-3）。

1. 棕榈形　如棕榈等。

2. 尖塔形　如雪松等。

3. 圆柱形　如箭杆杨、龙柏等。

4. 卵形　如加拿大杨、悬铃木等。

5. 广卵形　如白榆、槐树等。

6. 圆球形　如杜梨等。

7. 平顶形　如合欢等。

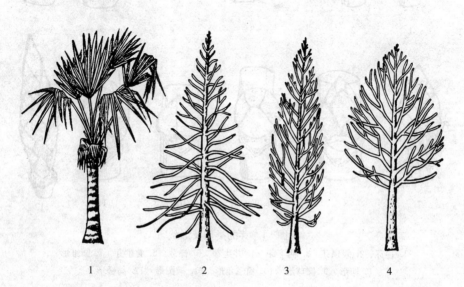

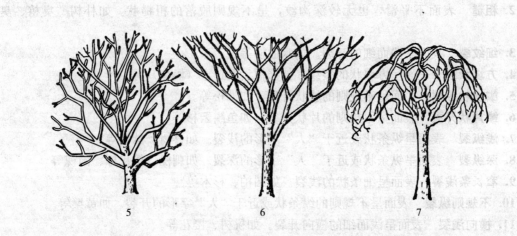

附图-3 树 形

1. 棕榈形 2. 尖塔形 3. 圆柱形 4. 卵形 5. 圆球形 6. 平顶形 7. 伞形

8. 伞形 如凤凰木、龙爪槐等。

五、芽

芽是指尚未萌发的枝和花的雏形（附图-4）。其外部包被的鳞片称为芽鳞，通常由叶变态而成。

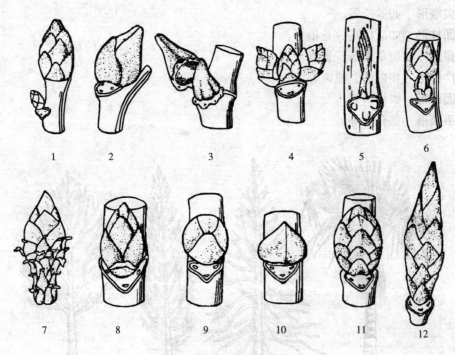

附图-4 芽的类型及形状

1. 顶芽 2. 假顶芽 3. 柄下芽 4. 并生芽 5. 裸芽 6. 叠生芽 7. 圆锥形
8. 卵形 9. 圆球形 10. 扁三角形 11. 椭圆形 12. 纺锤形

1. 顶芽　生于枝顶的芽。

2. 腋芽　生于叶腋的芽，形体一般较顶芽小，又称为侧芽。

3. 假顶芽　顶芽退化或枯死后，能代替顶芽生长发育的最靠近枝顶的腋芽。如柳、板栗等。

4. 柄下芽　隐藏于叶柄基部内的芽。如悬铃木等。

5. 单生芽　单个独生于一处的芽。

6. 并生芽　数个并生在一起的芽。位于外侧的芽称为副芽，位于中间的芽称为主芽。如桃树等。

7. 叠生芽　数个上下重叠在一起的芽。位于上部的芽称为副芽，位于最下的称为主芽。如枫杨、皂荚、紫穗槐等。

8. 花芽　将发育成花或花序的芽。

9. 叶芽　将发育成枝条的芽。

10. 混合芽　将同时发育成枝和花的芽。

11. 裸芽　没有芽鳞的芽。如枫杨、山核桃等。

12. 鳞芽　有芽鳞的芽。如加拿大杨、苹果等。

芽的形状主要有：

（1）圆球形。芽形状如圆球。如白榆花芽。

（2）卵形。形状如卵，狭端在上。如青杆。

（3）椭圆形。其纵切面为椭圆形。如青檀。

（4）圆锥形。芽体渐上渐窄，横切面为圆形。如云杉。

（5）纺锤形。芽体两端渐狭，状如纺锤。如水青冈。

（6）扁三角形。芽体纵切面为三角形，横切面为扁圆形。如柿树。

六、枝条

1. 枝条的基本形态　枝条是着生叶、花、果等器官的轴（附图-5）。

（1）节。枝上着生叶的部位。

（2）节间。相邻两节之间的部分。节间较长的枝条称为长枝，如加拿大杨、毛白杨等；节间极短的枝条称为短枝，又称短距，一般生长极为缓慢，如银杏、枣、油松等。

（3）叶痕。叶脱落后叶柄基部在小枝上留下的痕迹。

（4）维管束痕（叶迹）。叶脱落后维管束在叶痕中留下的痕迹，其形状不一，散生或聚生。

（5）托叶痕。托叶脱落后留下的痕迹，常呈条状、三角状或围绕枝条成环状。

（6）芽鳞痕。芽开放后，芽鳞脱落留下的痕迹，其数目与芽鳞数相同。

（7）皮孔。枝条上的表皮破裂所形成的小裂口。根据树种不同，其形状、大小、颜色、疏密等各有不同。

（8）髓。指枝条的中心部分。髓按形状（附图-6）可分为：

① 空心：小枝全部中空，或仅节间中空而节内有髓片隔。如连翘、金银木等。

② 片状：小枝具片状分隔的髓心。如核桃、杜仲、枫杨等。

③ 实心：髓体充满小枝髓部。其横断面形状有圆形（榆树）、三角形（鼠李属）、方形

（荆条）、五角形（杨属）、偏斜形（椴树）等。

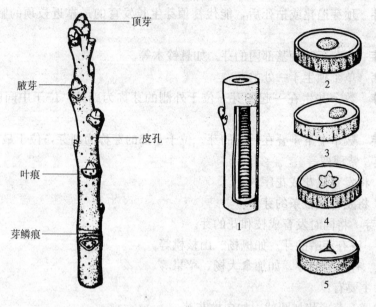

附图-5 枝 条

附图-6 髓的类型
1. 片状髓　2. 圆形髓　3. 偏斜形髓
4. 五角形髓　5. 三角形髓

2. 分枝的类型（附图-7）

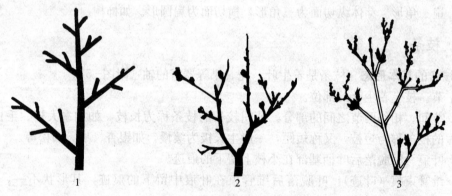

附图-7 分枝类型
1. 单轴分枝　2. 合轴分枝　3. 假二叉分枝

　（1）总状分枝（单轴分枝）。主枝的顶芽生长占绝对优势，并长期持续生长形成主轴，侧芽发育形成侧枝。如银杏、杉木、毛白杨等。

　（2）合轴分枝。无顶芽或当主枝的顶芽生长减缓或趋于死亡后，由其最接近一侧的腋芽相继生长发育形成新枝，以后新枝的顶芽生长停止，又为它下面的腋芽代替，如此相继形成的分枝类型。如榆树、桑等。

　（3）假二叉分枝。是合轴分枝的一种特殊形式。无顶芽或当主枝的顶芽生长减缓或趋于死亡后，由顶芽下对生的两个侧芽发育为两个相同的分枝，如此相继形成的分枝类型。

3. 枝条的变态（附图-8）

（1）枝刺。枝条变成硬刺，刺分枝或不分枝。如皂荚、山楂、石榴等。

（2）卷须。茎柔韧，具缠绕性能。如葡萄等。

（3）吸盘。位于卷须的末端呈盘状，能分泌黏质以黏附他物。如爬山虎等。

七、叶

1. 完全叶和不完全叶（附图-9）　由叶片、叶柄和托叶组成的叶为完全叶，如桃；叶片、叶柄、托叶中仅具其一或其二的叶为不完全叶，如桑。

（1）叶片。叶柄顶端的宽扁部分。

（2）叶柄。叶片与枝条连接的部分。

（3）托叶。叶柄基部两侧的小型叶状体。

（4）叶腋。指叶和枝间夹角内的部位，常具腋芽。

2. 叶形　指叶片的形状（附图-10）。

（1）鳞形。叶细小成鳞片状。如侧柏、柽柳、木麻黄等。

（2）锥形（钻形）。叶短而先端尖，基部略宽。如柳杉等。

（3）刺形。叶扁平狭长，先端锐尖或渐尖。如刺柏等。

（4）条形。叶扁平狭长，两侧边缘近平行。如冷杉、水杉等。

（5）针形。叶细长，顶端尖如针状。如油松、白皮松等。

（6）披针形。叶长为宽的5倍以上，中部或中部以下最宽，两端渐狭。如桃、柳等。

（7）倒披针形。颠倒的披针形，叶上部最宽。

（8）匙形。状如汤匙，全形狭长，先端宽而圆，向下渐窄。

（9）卵形。形如鸡卵，长为宽的2倍或更少。

（10）倒卵形。颠倒的卵形，最宽处在上端。如白玉兰等。

（11）圆形。形状如圆盘，叶长宽近相等。如圆叶鼠李、黄栌等。

（12）长圆形（矩圆形）。长方状椭圆形，长约为宽的3倍，两侧边缘近平行。

（13）椭圆形。近于长圆形，但中部最宽，边缘自中部起向两端渐窄，尖端和基部近圆形，长为宽的1.5～2倍。

（14）菱形。近斜方形。如小叶杨、乌桕等。

（15）三角形。叶状如三角形。如加拿大杨等。

附图-8　枝条的变态
1. 枝刺　2. 吸盘　3. 卷须

附图-9　叶

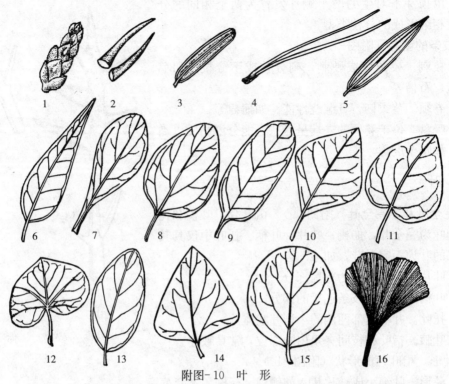

附图-10 叶 形

1. 鳞形 2. 锥形 3. 条形 4. 针形 5. 刺形 6. 拔针形 7. 匙形 8. 卵形 9. 长圆形
10. 菱形 11. 心形 12. 肾形 13. 椭圆形 14. 三角形 15. 圆形 16. 扇形

（16）心形。叶状如心脏，先端尖或渐尖，基部内凹，具2圆形浅裂及1弯缺。如紫丁香等。

（17）肾形。叶状如肾形，先端宽钝，基部凹陷，横径较长。

（18）扇形。叶顶端宽圆，向下渐狭。如银杏等。

3. 叶先端 叶片的顶端，又称为叶尖。常见叶先端形状（附图-11）有以下几种。

（1）急尖。叶片顶端突然变尖，先端成一锐角。如女贞等。

（2）渐尖。叶片的顶端逐渐变尖。如夹竹桃等。

（3）微凸（具小短尖头）。中脉的顶端略伸出先端。

（4）凸尖（具短尖头）。叶先端由中脉延伸于外而形成一短突尖或短尖头。

（5）芒尖。凸尖延长成芒状。

（6）尾尖。先端渐狭长呈尾状。

（7）骤尖（骤凸）。先端逐渐尖削成一个坚硬的尖头，有时也用于表示突然渐尖头。

（8）钝。先端圆钝或窄圆。

（9）截形。叶先端平截。

（10）微凹。先端圆，顶端中间稍凹。如黄檀等。

（11）凹缺。又称微缺，先端凹缺稍深。如黄杨等。

（12）二裂。先端具二浅裂。如银杏等。

4. 叶基 指叶的基部。常见叶基形状（附图-12）有下列几种。

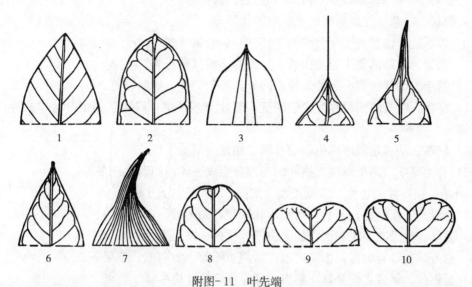

附图-11　叶先端

1.尖　2.微凸　3.凸尖　4.芒尖　5.尾尖　6.渐尖　7.骤尖　8.微凹　9.凹缺　10.二裂

（1）下延。叶基自着生处起贴生于枝上。如杉木、柳杉、八宝树等。

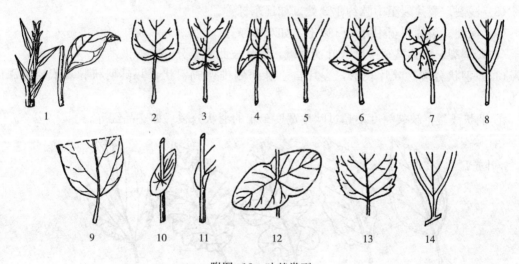

附图-12　叶基类型

1.下延　2.心形　3.耳垂形　4.箭形　5.楔形　6.戟形　7.盾形　8.歪斜形
9.圆形　10.穿茎　11.抱茎　12.合生穿茎　13.截形　14.渐狭

（2）渐狭。叶基两侧向内渐缩形成具翅状叶柄的叶基。

（3）楔形。叶下部两侧渐狭成楔子形。如北京丁香等。

（4）截形。叶基部平截。如元宝枫等。

（5）圆形。叶基部呈圆形。如山杨等。

（6）耳垂形。叶基部两侧各有一耳垂形裂片。如辽东栎等。

（7）心形。叶基部心脏形。如紫荆、紫丁香等。

（8）歪斜形。叶基部两侧不对称。如白榆、椴树等。

（9）鞘状。叶基部伸展形成鞘状。如沙拐枣等。

（10）盾形。叶柄着生于叶背部的一点。如蝙蝠葛等。

（11）戟形。叶基两侧小裂片向外，呈戟形。如打碗花等。

（12）箭形。叶基两侧小裂片尖锐、向下，形似箭头。如慈菇等。

（13）穿茎。叶基两侧裂片完全包围茎，裂片与茎合生，以致茎似由叶片中央穿出。如鼠曲草等。

（14）抱茎。基部延展而成抱茎的叶鞘。如元宝草等。

（15）合生穿茎。两个对生无柄叶的基部合生成一体。如盘叶忍冬等。

5. 叶缘　指叶片的边缘。常见类型（附图-13）有以下几种。

（1）全缘。叶缘整齐，不具任何锯齿和缺裂。如丁香、白玉兰等。

（2）波状。边缘波浪状起伏。如毛白杨、槲树、槲栎等。

（3）锯齿。边缘有尖齿，齿端向前，齿两边不等。如白榆、苹果等。

（4）重锯齿。锯齿之间又具小锯齿。如春榆、榆叶梅等。

（5）齿牙（牙齿状）。边缘有尖锐的齿牙，齿端向外，齿的两边近相等。如苎麻等。

（6）钝齿。齿端钝圆。如大叶黄杨等。

（7）缺刻。边缘具不整齐较深的裂片。

（8）浅裂。裂片裂至中脉约1/3处。如辽东栎等。

（9）深裂。裂片裂至中脉1/2以上。如鸡爪槭等。

（10）全裂。裂片裂至中脉或叶柄顶端，裂片彼此完全分开。如银桦等。

（11）羽状分裂。叶片长形，裂片自主脉两侧排列成羽状，并具羽状脉。依缺裂深度分为：

① 羽状浅裂：缺裂深度不超过叶片宽度1/4的羽状分裂。如一品红等。

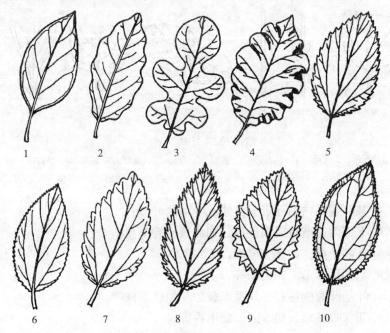

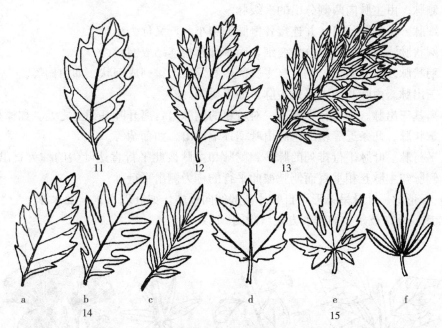

附图-13 叶缘类型

1. 全缘 2. 波状 3. 深波状 4. 皱波状 5. 锯齿 6. 细锯齿 7. 钝齿 8. 重锯齿 9. 齿牙

10. 小齿牙 11. 浅裂 12. 深裂 13. 全裂 14. 羽状分裂（a. 羽状浅裂 b. 羽状深裂 c. 羽状全裂）

15. 掌状分裂（d. 掌状浅裂 e. 掌状深裂 f. 掌状全裂）

② 羽状深裂：缺裂深度超过叶片宽度 1/4 的羽状分裂。如山楂等。

③ 羽状全裂：缺裂深度几乎达到中脉的羽状分裂。如日本槭等。

（12）掌状分裂。叶近圆形，裂片排列成掌状，并具掌状脉。依缺裂深度又分为：

① 掌状浅裂：缺裂深度不超过叶片宽度 1/4 的掌状分裂。如槭树等。

② 掌状深裂：缺裂深度超过叶片宽度 1/4 的掌状分裂。如梧桐等。

③ 掌状全裂：缺裂深度几乎达到叶片中心叶柄处的掌状分裂。如大麻等。

6. 叶脉及脉序 脉序是叶脉在叶片上的排列方式。叶脉及脉序的类型见附图-14。

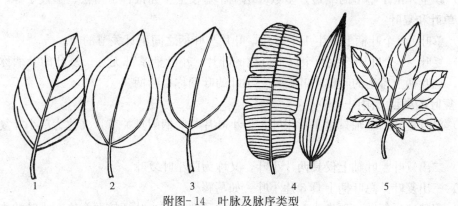

附图-14 叶脉及脉序类型

1. 羽状脉 2. 三出脉 3. 离基三出脉 4. 平行脉 5. 掌状脉

（1）主脉。叶片中部较粗的叶脉，又称为中肋或中脉。

（2）侧脉。由主脉向两侧分出的次级脉。

（3）细脉。由侧脉分出，并连接各侧脉的细小脉，又称为小脉。

（4）网状脉。指叶脉数回分枝变细，而小脉互相连结成网状。

（5）羽状脉。主脉明显，侧脉自主脉的两侧发出，排列成羽状。如白榆等。

（6）三出脉。由叶基伸出 3 条主脉。如枣树等。

（7）离基三出脉。羽状脉中最下一对较粗的侧脉出自离开叶基稍上之处。如樟树等。

（8）掌状脉。几条近等粗的主脉由叶柄顶端生出。如葡萄等。

（9）平行脉。叶脉平行排列的脉序。侧脉和主脉彼此平行直达叶尖的称为直出平行脉，如竹类；侧脉与主脉互相垂直而侧脉彼此平行的称为侧出平行脉。

（10）弧形脉。叶脉呈弧形，自叶片基部伸向顶端。如红瑞木、车梁木等。

7. 叶序　叶在枝条上的排列方式（附图-15）。

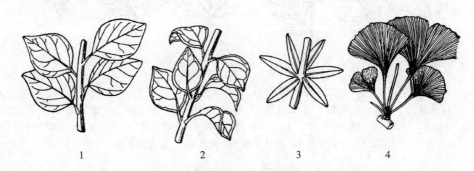

附图-15　叶序类型
1. 互生叶　2. 对生叶　3. 轮生叶　4. 簇生叶

（1）互生。每节着生一叶，依次交互着生，节间有距离。如杨、柳等。

（2）螺旋状着生。每节着生一叶，呈螺旋状排列。如杉木、云杉、冷杉等。

（3）对生。每节相对着生两叶。如金银木、连翘等。

（4）轮生。每节有规则地着生 3 片或 3 片以上的叶，排成一轮。如夹竹桃等。

（5）簇生。由于茎节的缩短，多数叶丛生于短枝上。如银杏、雪松、金钱松等。

8. 单叶和复叶

（1）单叶。1 个叶柄上着生 1 个叶片，叶片与叶柄之间不具关节的叶。

（2）复叶。1 个叶柄着生两个以上分离的叶片，小叶柄基部无芽。复叶的叶柄称总叶柄或叶轴；总叶柄上着生的叶称小叶；每一小叶的叶柄称小叶柄。

9. 复叶的类型（附图-16）

（1）单身复叶。叶轴只生 1 片小叶，但小叶片与叶柄间具关节，又称为单小叶复叶。如柑橘。

（2）二出复叶。叶轴上仅具两片小叶，又称为两小叶复叶。

（3）三出复叶。总叶柄上具 3 片小叶。如葛藤。

（4）羽状三出复叶。顶生小叶着生在叶轴的顶端，其小叶柄较两个侧生小叶的小叶柄为长。如胡枝子。

（5）掌状三出复叶。3 片小叶都着生在叶轴顶端，小叶柄近等长。如橡胶树。

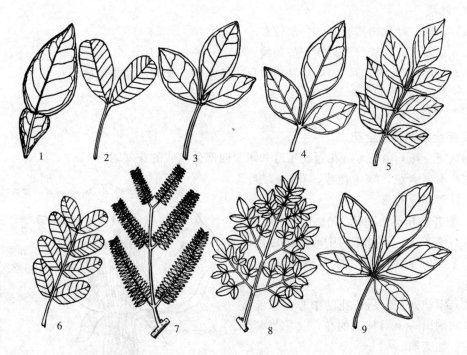

附图-16　复叶类型

1. 单身复叶　2. 二出复叶　3. 掌状三出复叶　4. 羽状三出复叶　5. 奇数羽状复叶
6. 偶数羽状复叶　7. 二回羽状复叶　8. 三回羽状复叶　9. 掌状复叶

（6）羽状复叶。小叶生于叶轴的两侧，呈羽毛状排列。

（7）奇数羽状复叶。羽状复叶的叶轴顶端只有1个小叶。如国槐。

（8）偶数羽状复叶。羽状复叶的叶轴顶端有两个小叶。如皂荚。

（9）二回羽状复叶。叶轴有1次分枝的羽状复叶。分枝连同其上小叶称为羽片，羽片的轴称为羽片轴或小羽轴。如合欢。

（10）三回羽状复叶。叶轴有2次分枝的羽状复叶。如南天竹。

（11）掌状复叶。各小叶着生在叶轴顶端，呈掌状。如荆条、七叶树等。

10. 叶的变态　除冬芽的芽鳞、花的各部分、苞片及竹箨等叶的变态外，还有下列几种（附图-17）：

（1）托叶刺。由托叶变成的刺。如刺槐、酸枣等。

（2）叶卷须。由叶片或托叶变为纤弱细长的须状物，用于攀缘。

（3）叶状柄。小叶退化，叶柄呈扁平的叶状体。如相思树等。

（4）叶鞘。由数枚芽鳞组成，包围针叶基部。如油松等。

（5）托叶鞘。由托叶延伸而成。如木蓼。

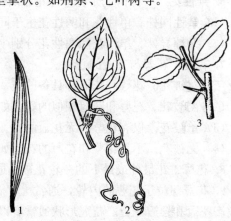

附图-17　叶变态

1. 叶状柄　2. 卷须　3. 托叶刺

11. 叶质

(1) 肉质。叶片肉质肥厚，含水较多。

(2) 纸质。叶片较薄而柔软。如刺槐。

(3) 革质。叶片较厚，表皮明显角质化，叶坚韧、光亮。如橡皮树。

八、花

1. 完全花和不完全花

(1) 完全花。由花萼、花冠、雄蕊和雌蕊四部分组成的花（附图-18）。

(2) 不完全花。缺少花萼、花冠、雄蕊或雌蕊任何部分的花。

2. 整齐花和不整齐花

(1) 整齐花。通过花的中心点可以剖出两个以上对称面的花，又称为辐射对称花。如桃花。

(2) 不整齐花。通过花的中心点只能按一定方向剖出一个对称面的花，又称为两侧对称花。如紫荆。

3. 两性花和单性花

(1) 两性花。兼有雄蕊和雌蕊的花。

(2) 单性花。只有雄蕊或雌蕊的花。

4. 雌花和雄花

(1) 雌花。只有雌蕊没有雄蕊或雄蕊退化的花。

(2) 雄花。只有雄蕊没有雌蕊或雌蕊退化的花。

5. 雌雄同株和雌雄异株

(1) 雌雄同株。雄花和雌花生于同一植株上。

(2) 雌雄异株。雄花和雌花分别生于不同植株上。

6. 杂性花 一株树上兼有单性花和两性花。

(1) 杂性同株。单性花和两性花生于同一植株上。

(2) 杂性异株。单性花和两性花分别生于不同植株上。

7. 花被 花萼与花冠的总称。

(1) 双被花。花萼和花冠都具备的花。

(2) 同被花。花萼和花冠相似的花。如白玉兰、蜡梅、樟树等。

(3) 单被花。仅有花萼而无花冠的花。如白榆、板栗等。

(4) 无被花。不具花萼和花冠的花。如杨、柳等。

8. 花萼 花最外或最下的一轮花被，通常绿色，由萼片组成。分为离萼与合萼两种。

9. 花冠 位于花萼的内轮，通常大于花萼，质较薄，呈现各种颜色，由花瓣组成。分为离瓣花冠和合瓣花冠。花冠形状通常有以下几种（附图-19）：

(1) 筒状花冠（管状花冠）。花冠大部分合生成管状或圆筒状。如紫丁香。

(2) 漏斗状花冠。花冠下部筒状，向上渐渐扩大成漏斗状。如鸡蛋花、黄蝉。

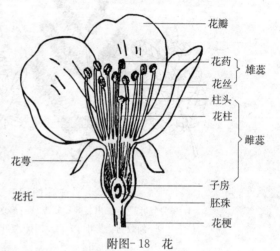

附图-18　花

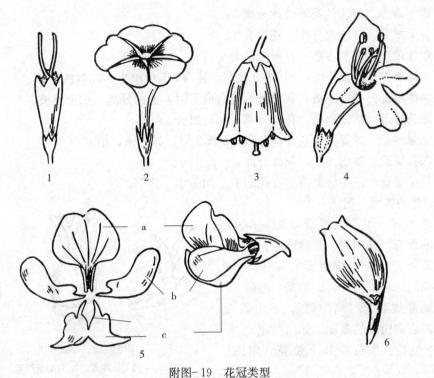

附图-19　花冠类型

1. 筒状　2. 漏斗状　3. 钟形　4. 唇形　5. 蝶形（a. 旗瓣　b. 翼瓣　c. 龙骨瓣）　6. 舌状

　　（3）钟状花冠。花冠筒宽而稍短，上部扩大成钟形。如吊钟花。

　　（4）高脚碟状。花冠下部窄筒形，上部花冠裂片突向水平开展。如迎春。

　　（5）坛状花冠。花冠筒膨大为卵形或球形，上部收缩成短颈，花冠裂片微外曲。如柿树。

　　（6）唇形花冠。花冠稍呈二唇形，上面 2 裂片多少合生为上唇，下面 3 裂片为下唇。如唇形科植物。

　　（7）蔷薇形花冠。由 5 个分离花瓣排列成辐射状。如月季。

　　（8）蝶形花冠。花瓣覆瓦状排列成蝶形。上面一瓣最大，称为旗瓣；两侧的两片称为翼瓣；最内的两片顶端合生，称为龙骨瓣。

　　（9）舌状花冠。花冠筒短，花冠裂片向一侧延伸呈舌状，此种花冠为菊科植物所特有。

10. 雄蕊的类型（附图-20）

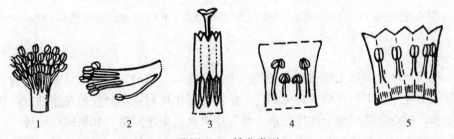

附图-20　雄蕊类型

1. 单体雄蕊　2. 二体雄蕊　3. 聚药雄蕊　4. 二强雄蕊　5. 冠生雄蕊

（1）离生雄蕊。雄蕊的花丝彼此分离。

（2）合生雄蕊。在雄蕊群中，花丝合生。

（3）单体雄蕊。雄蕊多数，花丝全部合生筒状。如扶桑。

（4）二体雄蕊。雄蕊10枚，其中9枚花丝连合，1枚单生。如刺槐。

（5）多体雄蕊。雄蕊多数，花丝基部连合成多组，上部分离。如金丝桃。

（6）聚药雄蕊。雄蕊数枚，花丝分离，花药聚合。

（7）二强雄蕊。雄蕊4枚，花丝分离，2长2短。如荆条、柚木。

（8）四强雄蕊。雄蕊6枚，花丝分离，4长2短。

（9）冠生雄蕊。花中雄蕊着生在花冠上，如茄子、紫草。

11. 雌蕊的类型（附图-21）

（1）单雌蕊（单心皮雌蕊）。由一心皮构成一室的雌蕊。如刺槐、紫穗槐等。

（2）复雌蕊（合心皮雌蕊）。由两个以上心皮构成的雌蕊。如楝树、油茶、泡桐。

（3）离心皮雌蕊（离生雌蕊）。由若干个彼此分离心皮组成的雌蕊。如白兰花。

12. 下位花、周位花和上位花（附图-22）

附图-21　雌蕊类型
1. 离心皮雌蕊　2. 合心皮雌蕊

（1）下位花。花萼、花冠、雄蕊着生的位置低于子房。子房位置为上位子房。

（2）周位花。子房仅以底部与花托中央相连，花萼、花冠、雄蕊生于花托内壁上部周围，围绕子房。子房的位置为上位子房如桃花，或半下位子房如绣球花。

（3）上位花。当花托凹下，花托本身肉质膨大与子房愈合时，花萼、花冠、雄蕊着生在子房之上。子房位置为下位子房。

附图-22　下位花、周位花、上位花
1. 下位花（上位子房）　2. 周位花（上位子房）　3. 周位花（半下位子房）　4. 上位花（下位子房）

13. 花序的类型（附图-23）

（1）穗状花序。多数无柄或近无柄花互生排列在不分枝的花序轴上。如紫穗槐。

（2）柔荑花序。多数无柄或近无柄花的单性花互生排列在不分枝的花序轴上，花序轴通常柔软下垂，雄花序花后整个花序脱落，雌花序果熟后果序脱落。如杨柳科树种。

（3）头状花序。花轴短缩，顶端膨大，上面着生许多无梗花，呈圆球形。如悬铃木、构树等。

（4）肉穗花序。与穗状花序相似，但花序轴肉质肥厚，分枝或不分枝。

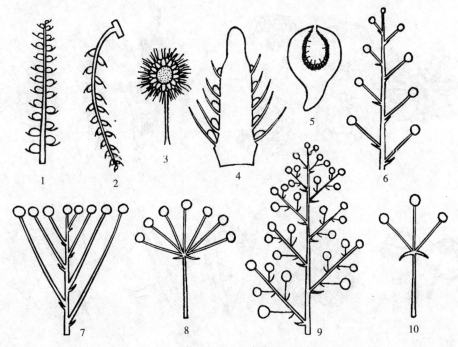

附图-23 花序类型

1. 穗状花序 2. 柔荑花序 3. 头状花序 4. 肉穗花序 5. 隐头花序
6. 总状花序 7. 伞房花序 8. 伞形花序 9. 圆锥花序 10. 聚伞花序

（5）佛焰花序。外面为一大型佛焰苞所包被的肉穗花序。如棕榈科植物。

（6）隐头花序。花序轴膨大，顶端向轴内凹陷形成囊状，花着生在囊状内壁上，花完全隐藏在膨大的花序轴内。如无花果、榕树等。

（7）总状花序。许多有柄花互生排列在不分枝的花序轴上，花梗近等长。如刺槐等。

（8）伞房花序。与总状花序相似，但花梗不等长，下部的花梗长，渐上递短，使整个花序顶成一平头状。如山楂等。

（9）伞形花序。各小花集生在花轴的顶端，花梗近等长，花的排列呈伞状。如刺五加等。

（10）圆锥花序（复总状花序）。花序轴有分枝，每一分枝呈一总状花序，外形圆锥状。如栾树等。

（11）聚伞花序。是有限花序的一种，花轴顶端的花先开放，花轴顶端不再向上产生新的花芽，开花顺序为从上向下或从内向外。

（12）复聚伞花序。花轴顶端着生一花，其两侧各有一分枝，每分枝上着生聚伞花序，或重复连续二歧分枝的花序。如卫矛等。

九、果实

果实的主要类型有以下几种（附图-24）。

1. 聚合果 由一朵花中的多数离心皮雌蕊的每一个子房（心皮）发育形成的果实，这些果聚合在一个花托上。根据小果类型分为：

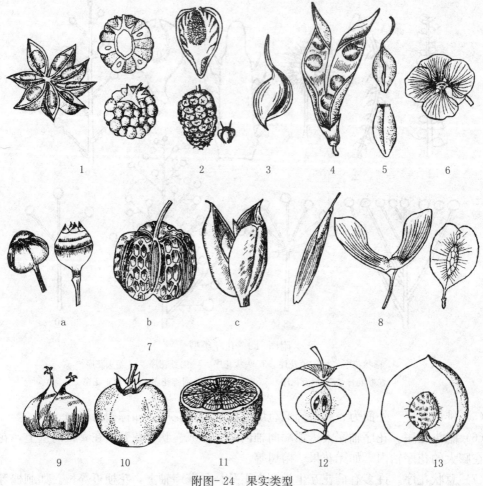

附图-24　果实类型

1. 聚合果　2. 聚花果　3. 蓇葖果　4. 荚果　5. 颖果　6. 胞果
7. 蒴果（a. 瓣裂　b. 室背开裂　c. 室间开裂）
8. 翅果　9. 坚果　10. 浆果　11. 柑果　12. 梨果　13. 核果

（1）聚合蓇葖果。每一个单心皮形成一个蓇葖果。如玉兰。

（2）聚合核果。每一个单心皮形成一个小核果。如悬钩子。

（3）聚合瘦果。每一个单心皮形成一个瘦果。如铁线莲。

2. 聚花果　由整个花序发育形成的果实。如桑葚、无花果、菠萝蜜。

3. 单果　由一花中的一个子房或一个心皮形成的单个果实。

（1）蓇葖果。由单雌蕊或离生雌蕊发育形成，成熟时心皮沿背缝线或腹缝线开裂。如银桦。

（2）荚果。由单心皮雌蕊发育形成，成熟时沿腹缝线和背缝线两边开裂，或不裂。如豆科植物。

（3）蒴果。由复雌蕊形成的果实，成熟时有多种开裂方式，室背开裂、室间开裂、孔裂、瓣裂。如杜鹃花、香椿。

（4）瘦果。由1或数心皮子房发育形成，内含1粒种子的干果，不开裂。如铁线莲、菊科植物。

（5）颖果。由合生心皮形成1室1胚珠的果实，果皮和种皮完全愈合。如多数竹类。

（6）胞果。由合生心皮雌蕊上位子房形成的果实，果皮薄，膨胀疏松地包围种子，而与种皮极易分离。如青葙子、地肤子等。

（7）翅果。瘦果状带翅的干果，由合生心皮的上位子房形成。如榆树、槭树。

（8）坚果。果皮坚硬，由合生心皮形成1室1胚珠的果实。如板栗。

（9）浆果。由合生心皮上位子房形成的果实，外果皮薄，中果皮和内果皮肉质多浆。如葡萄、柿子、荔枝。

（10）柑果。实为一种浆果，由合生心皮上位子房形成果实。外果皮革质，中果皮疏松纤维状，内果皮膜质，室内生有多个汁囊。如柑橘类。

（11）梨果。由合生心皮下位子房及花托形成的肉质假果。如梨、苹果。

（12）核果。由单心皮的上位子房形成1室1种子的肉质果。外果皮薄，中果皮肉质或纤维质，内果皮骨质。如桃、杏的果实。

十、裸子植物常用形态术语

裸子植物常用形态术语图示见附图-25。

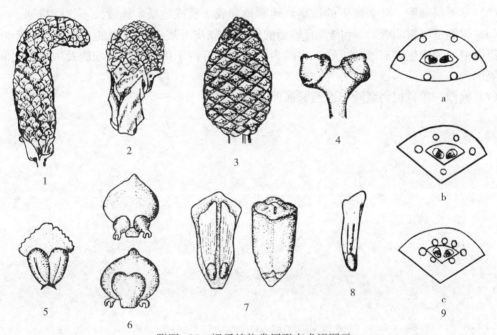

附图-25　裸子植物常用形态术语图示
1. 雄球花　2. 雌球花　3. 马尾松球果　4. 银杏雌球花　5. 雄球花一个雄蕊
6. 雌球花珠鳞的背腹面　7. 马尾松种鳞　8. 马尾松种子　9. 树脂道（a. 边生　b. 中生　c. 内生）

1. 球花

（1）雄球花。由多数雄蕊着生于中轴上所形成的球花，相当于小孢子叶球。雄蕊相当于小孢子叶，花药（即花粉囊）相当于小孢子囊。

（2）雌球花。由多数着生胚珠的鳞片组成的球花，相当于大孢子叶球。

（3）珠鳞。松、杉、柏等科树种的雌球花上着生胚珠的鳞片，相当于大孢子叶。

（4）珠座。银杏的雌球花顶部着生胚珠的鳞片。

（5）珠托。红豆杉科树木的雌球花顶部着生胚珠的鳞片，通常呈盘状或漏斗状。

（6）套被。罗汉松属树木的雌球花顶部着生胚珠的鳞片，通常呈囊状或杯状。

（7）苞鳞。承托雌球花上珠鳞或球果上种鳞的苞片。

2. 球果　松、杉、柏科树木的成熟雌球花，由多数着生种子的鳞片（即种鳞）组成。

（1）种鳞。球果上着生种子的鳞片。

（2）鳞盾。松属树种的种鳞上部露出部分，通常肥厚。

（3）鳞脐。鳞盾顶端或中贮存器凸起或凹陷部分。

3. 叶　松属树种的叶有两种：原生叶螺旋状着生，幼苗表现为扁平条形，后成膜质苞片状鳞片，基部下延或不下延；次生叶针形，2针、3针或5针一束，生于原生叶腋部不发育短枝的顶端。

（1）气孔线。叶上面或下面气孔纵向连续或间断排列成的线。

（2）气孔带。由多条气孔线紧密并生所连成的带。

（3）中脉带。条形叶下面两气孔带之间的凸起的绿色中脉部分。

（4）边带。气孔带与叶缘之间的绿色部分。

（5）皮下层细胞。叶表皮下的细胞，通常排列成1层或数层，连续或不连续排列。

（6）树脂道（树脂管）。叶内含有树脂的管道。靠皮下层细胞着生的为边生，位于叶肉薄壁组织中的为中生，靠维管束鞘着生的为内生，也有位于接连皮下层细胞及内皮层之间形成分隔的。

（7）腺槽。柏科植物鳞叶下面凸起或凹陷的腺体。

参 考 文 献

陈其兵.2007.观赏竹配置与造景［M］.北京：中国林业出版社.

陈有民.2011.园林树木学［M］.2版.北京：中国林业出版社.

高润清.1995.园林树木学［M］.北京：中国建筑工业出版社.

贺士元.1984.北京植物志［M］.北京：北京出版社.

胡芳名，谭晓风，刘惠民.2006.中国主要经济树种栽培与利用［M］.北京：中国林业出版社.

蒋永名，翁智林.2006.园林绿化手册［M］.2版.上海：上海科学技术出版社.

李景侠，康永祥.2005.观赏植物学［M］.北京：中国林业出版社.

林有润.2003.观赏棕榈［M］.哈尔滨：黑龙江科学技术出版社.

刘海桑.2002.观赏棕榈［M］.北京：中国林业出版社.

龙雅宜.2004.园林植物栽培手册［M］.北京：中国林业出版社.

芦建国.2000.园林植物栽培学［M］.南京：南京大学出版社.

潘文明.2000.实用装饰园艺［M］.北京：中国农业出版社

任宪威，姚庆渭，王木林.1990.中国落叶树木冬态［M］.北京：中国林业出版社.

王凌晖.2007.园林树种栽培养护手册［M］.北京：化学工业出版社.

夏征农.2003.大辞海（农业科学卷）［M］.上海：上海辞书出版社.

张天麟.2005.园林树木1200种［M］.北京：中国建筑工业出版社.

张文科.2004.竹［M］.北京：中国林业出版社.

郑恭.1989.造园学［M］.上海：上海交通大学出版社.

郑万钧.1983.中国树木志［M］.北京：中国林业出版社.

中国风景园林学会，上海市园林科学研究所.园林［J］.第188—258期.

祝尊凌.2007.园林树木栽培学［M］.南京：东南大学出版社.

卓丽环，陈龙清.2004.园林树木学［M］.北京：中国农业出版社.

图书在版编目（CIP）数据

观赏树木 / 潘文明主编 . —3 版 . —北京：中国
农业出版社，2014.11（2019.1 重印）
"十二五"职业教育国家规划教材
ISBN 978-7-109-19628-5

Ⅰ. ①观…　Ⅱ. ①潘…　Ⅲ. ①观赏树木-高等职业教
育-教材　Ⅳ. ①S718.4

中国版本图书馆 CIP 数据核字（2014）第 227026 号

中国农业出版社出版
（北京市朝阳区麦子店街 18 号楼）
（邮政编码 100125）
责任编辑　王　斌

北京万友印刷有限公司印刷　新华书店北京发行所发行
2001 年 8 月第 1 版　2014 年 12 月第 3 版
2019 年 1 月第 3 版北京第 3 次印刷

开本：787mm×1092mm　1/16　印张：28.25
字数：670 千字
定价：63.00 元
（凡本版图书出现印刷、装订错误，请向出版社发行部调换）